Springer-Lehrbuch

T0259950

Dietrich Pelte

Physik für Biologen

Die physikalischen
Grundlagen der Biophysik und anderer
Naturwissenschaften

Mit 151 Abbildungen und 22 Tabellen

 Springer

Professor Dr. Dietrich Pelte
Physikalisches Institut
der Universität Heidelberg
Philosophenweg 12
69120 Heidelberg

E-mail: pelte@physi.uni-heidelberg.de

ISBN 3-540-21162-4 Springer-Verlag Berlin Heidelberg New York

Bibliografische Information der Deutschen Bibliothek
Die Deutsche Bibliothek verzeichnet diese Publikation in der Deutschen Nationalbibliografie; detaillierte bibliografische Daten sind im Internet über <http://dnb.ddb.de> abrufbar.

Springer ist ein Unternehmen von Springer Science+Business Media
springer.de

© Springer-Verlag Berlin Heidelberg 2005
Printed in Germany

Einbandgestaltung: deblik Berlin
Titelbilder: deblik Berlin
Satz: Druckfertige Vorlagen des Autors
29/3150WI - 5 4 3 2 1 0 - Gedruckt auf säurefreiem Papier

Vorwort

Dieses Buch behandelt die Methoden, mit deren Hilfe die Physik sich ein Verständnis über die beobachtbaren, und damit im engeren Sinne messbaren, Naturphänomene verschafft. Die Forderung nach der Messbarkeit grenzt die Methodik der Physik auf bestimmte Bereiche der Natur ein, aber auch diese Bereiche sind so groß, dass bis heute die physikalische Forschung keineswegs an ihre Grenzen gestoßen ist, sich dagegen immer weiter entwickelt.

Worin besteht die Methodik der Physik? Der wohl wichtigste Schritt in der Erkenntniskette besteht in der Übersetzung der Beobachtungen in die Sprache der Mathematik, die es erlaubt, Zusammenhänge zwischen beobachtbaren Größen zu formulieren und Zusammenhänge mit anderen Beobachtungen zu erkennen. Dieser Schritt macht die physikalische Methodik anwendbar auf viele Probleme, die zunächst gar nicht als "physikalisch" angesehen werden, die sich aber nichts desto weniger mit messbaren Größen beschäftigen. Dazu gehören unter anderem so wesensfremde Gebiete wie die Biowissenschaften oder die Wirtschaftswissenschaften.

Die modernen Biowissenschaften benutzen die physikalische Methodik in steigendem Maß, sie wird zur Beschreibung biologischer Zusammenhänge immer wichtiger. Es ist daher keine Frage, dass ein Biologe wenigstens mit den Grundlagen der physikalischen Methodik vertraut sein sollte. Dieses Lehrbuch gibt eine Einführung in die Physik, wobei der wichtige Schritt, nämlich die Übersetzung der Beobachtung in die mathematische Sprache, nicht ausgeblendet wird, sondern ein wesentlicher Inhalt dieses Lehrbuchs ist. Dabei wird besonderer Wert darauf gelegt, dass der Leser den Schritt von der Beobachtung zu der Formulierung eines physikalischen Gesetzes, d.h. in die mathematische Sprache, nachvollziehen kann. Denn das Ziel für einen Studenten der Biowissenschaften ist nicht, eine Vielzahl von physikalischen Gesetzen kennen und auswendig zu lernen, sondern zu verstehen, wie das Ergebnis von Beobachtungen in mathematische Gleichungen umgesetzt wird, und dieses Verständnis dann auf die Probleme in seinem eigenen Fachgebiet anzuwenden.

Trotzdem sind die Anforderungen an die mathematischen Kenntnisse des Lesers dieses Lehrbuchs nicht besonders hoch, sie überschreiten nicht das Niveau, das mit dem Abschluss der gymnasialen Oberstufe erreicht sein sollte. Denn beim Lernen mithilfe dieses Lehrbuchs wird mehr die Fähigkeit zum logischen und konsequenten Denken verlangt als z.B. die Fähigkeit, mit komplexen Funktionen umgehen zu können. Und dieses Lehrbuch ist auch keine Einführung in die Biophysik, es vermittelt vielmehr die physikalischen Grundlagen, die zum Studium der Biophysik benötigt werden.

Die Themenauswahl in diesem Lehrbuch orientiert sich an den Physikvorlesungen, die der Autor für Studenten in den ersten Semestern mit Haupt- und Nebenfach Physik an der Universität Heidelberg gehalten hat. Begleitend zu den Vorlesungen fanden Tutorien statt, in denen die Studenten anhand von Aufgaben den Vorlesungsstoff angewendet haben. Bei der Frage, ob dieses Lehrbuch auch die entsprechenden Aufgaben mitenthalten sollte, haben sich der Autor und der Verlag letztendlich dagegen entschieden. Denn ein Aufgabenteil mit den zugehörigen Lösungen würde den Umfang des Lehrbuchs, der etwa 500 Seiten betragen sollte, bei weitem übersteigen. Dieses Lehrbuch ist daher auch als Begleitbuch zu den Physikvorlesungen an deutschen Hochschulen gedacht, wobei sich die Studenten in Arbeitsgruppen mit Aufgaben aus dem behandelten Gebieten der Vorlesungen auseinandersetzen müssen. Der Lehrstoff ist so gestaltet, dass er den Anforderungen in der Vor- und Diplomprüfung im Nebenfach Physik entspricht.

Der Autor ist dem Physikalischen Institut der Universität Heidelberg verpflichtet, das ihm erlaubte, auch nach seinem Ausscheiden aus dem aktiven Dienst dieses Lehrbuch in der vertrauten Umgebung fertigzustellen. Und er dankt dem Springer-Verlag für die Unterstützung bei der Anfertigung des LATEX-Manuskripts.

Heidelberg, März 2004   *Dietrich Pelte*

Inhaltsverzeichnis

Teil II Moderne Physik

Teil I

Klassische Physik

1

Einführung

Die Physik beschreibt Zustände und ihre Veränderungen mit der Zeit, also Zustandsänderungen. Um einen Zustand zu beschreiben, benötigen wir Größen, die diesen Zustand charakterisieren. Diese bezeichnet man als die Zustandsgrößen. Bei den Zustandsgrößen handelt es sich im Allgemeinen um messbare Größen, die durch Beziehungen miteinander verknüpft sind. Diese Beziehungen werden als physikalische Gesetze bezeichnet, d.h. die physikalischen Gesetze sind das Ergebnis unserer Bemühungen, die Zustände und ihre Veränderungen zu beschreiben und die dabei beobachtbaren Zusammenhänge letztendlich auf fundamentale Prinzipien zurückzuführen.

Ganz wichtig ist, dass Zustandsgrößen im Allgemeinen messbare Größen sind. Das bedeutet, die Gültigkeit der physikalischen Gesetze kann durch Messungen nachgeprüft werden. Messungen in der Natur selbst sind oft außerordentlich schwierig, da diese Messungen Einflüssen ausgesetzt sind, die der Messende, also der Experimentator, nicht kontrollieren kann. Zum Beispiel können die Gesetzmäßigkeiten des freien Falls nicht mithilfe von Regentropfen untersucht werden, weil bei derartigen Untersuchungen die ständig wechselnden Windbedingungen einen nicht kontrollierbaren Einfluss ausüben würden. Messungen in der Natur werden daher oft Resultate ergeben, die mit großen Fehlern behaftet sind. Seit Galileo Galilei (1564 - 1642) hat sich daher die "Experimentelle Physik" entwickelt, sodass Beziehungen zwischen den Zustandsgrößen heute durch entsprechende Laborexperimente verifiziert werden. Im Labor lassen sich nämlich die unerwünschten Einflüsse auf den Messprozess viel leichter kontrollieren, die Ergebnisse von Laborexperimenten sind wesentlich genauer. Mit dem Messprozess werden wir uns in Kap. 1.3 vertraut machen.

In dem Kap 1.1 wollen wir uns zunächst einen generellen Überblick über die Zustände mit ihren Zustandsgrößen und die Ursachen für ihre zeitlichen Veränderungen verschaffen.

1.1 Die fundamentalen Kräfte in der Natur

Zustände in der Natur werden immer im Raum und in der Zeit beobachtet, d.h. ein physikalisches Gesetz wird, neben vielen anderen Zustandsgrößen ξ_i, auch immer die Zustandsgrößen x, y, z für den Ort, und die Zustandsgröße t für die Zeit enthalten:

$$f(\{\xi_i\}, t, x, y, z) = 0 \ . \tag{1.1}$$

Dabei können die Zustandsgrößen ξ_i selbst wieder implizit vom Ort und von der Zeit abhängen. Veränderungen eines Zustands geschehen immer mit der Zeit, und das physikalische Gesetz (1.1) muss diese Veränderung richtig und experimentell verifizierbar beschreiben. Was sind nun die Ursachen für Zustandsänderungen?

Der Grund für Zustandsänderungen ist im Allgemeinen das Wirken von Kräften auf den Zustand. In der Natur kennen wir heute 4 fundamentale Kräfte:

- Die Gravitationskraft
- Die elektrische Kraft
- Die starke Kraft
- Die schwache Kraft

Die Eigenschaften dieser Kräfte wollen wir jetzt behandeln.

1.1.1 Die Gravitationskraft

Die Gravitationskraft F_G ist die fundamentale Kraft, die uns am vertrautesten ist. Sie ist dafür verantwortlich, dass wir "auf dem Erdboden bleiben", d.h. sie beschreibt die anziehende Kraft zwischen Körpern mit Masse. Daher ist sie für einen großen Teil der Phänomene verantwortlich, die wir auf der Erde und am Himmel direkt beobachten können.

Die Ursache für die Existenz der Gravitationskraft ist die **schwere Masse** m.

Da das Wirken dieser Kraft immer die Existenz von zwei Massen m_1 und m_2, zwischen denen sie wirken kann, voraussetzt, ist es einleuchtend, dass sie proportional zu dem Produkt aus diesen beiden Massen ist:

$$F_G \propto m_1 \, m_2 \ .$$

Von ebenso großer Wichtigkeit ist, über welchen Abstand r zwischen den beiden Massen diese Kraft wirken kann. Diese Frage wurde zum ersten Mal von Cavendish (1731 - 1810) experimentell mit Hilfe der von ihm entwickelten Gravitationswaage untersucht. Sein experimentelles Ergebnis war, dass die Gravitationskraft quadratisch mit der Entfernung zwischen den Massen abnimmt:

$$F_G \propto \frac{m_1 m_2}{r^2} \; .$$

Die beiden letzten wichtigen Fragen sind, wie stark diese Kraft ist und ob sie immer nur anziehend wirkt, oder ob sie auch abstoßend zwischen den Massen wirken kann. Die erste Frage wird beantwortet durch die Einführung einer Proportionalitätskonstanten Γ, die ein Maß für die Gravitationsstärke ist. Der Wert dieser Gravitationskonstanten ist durch die Maßeinheiten bestimmt, mit denen wir die Zustandsgrößen m und r messen wollen. Auf diese Frage kommen wir im Kap. 1.3 zurück. Die Frage, ob die Gravitationskraft nur anziehend ist, muss bejaht werden. Bis heute ist kein Experiment bekannt, mit dem zweifelsfrei eine abstoßende Wirkung der Gravitationskraft nachgewiesen wurde. Dieses Ergebnis wird dadurch berücksichtigt, dass die Gravitationskraft immer negativ ist. Das heißt, sie wird beschrieben durch die Beziehung

$$F_G = -\Gamma \, \frac{m_1 m_2}{r^2} \; .$$

Durch diese Beziehung wird u.a. auch ausgedrückt, dass die Gravitationskraft zwar mit dem Abstand zwischen den Massen abnimmt, dass sie aber erst dann verschwindet, wenn der Abstand sehr groß wird, d.h. für $r \to \infty$. Eine Kraft mit dieser Eigenschaft bezeichnet man als **langreichweitig** im Gegensatz zu einer **kurzreichweitigen** Kraft, deren Stärke schon bei endlichen Abständen verschwindet.

1.1.2 Die elektrische Kraft

Die elektrische Kraft F_C verdankt ihre Existenz der Tatsache, dass Körper nicht nur Masse besitzen, sondern unter Umständen auch geladen sein können.

Die Ursache für die elektrische Kraft ist die **elektrische Ladung** q.

Diese Kraft ist von ebenso großer Bedeutung wie die Gravitationskraft, denn sie ist verantwortlich für die Bindung der Naturbausteine zu komplexen Systemen. Als Naturbausteine wollen wir hier die positiv geladenen Atomkerne und die negativ geladenen Elektronen ansehen, die sich zunächst zu Atomen, dann zu Molekülen und schließlich zu makroskopischen Einheiten, wie z.B. dem Muskelgewebe, binden.

Die Eigenschaften der elektrischen Kraft sind in vielen Aspekten denen der Gravitationskraft sehr ähnlich. Diese Tatsache wurde zuerst von Coulomb (1736 - 1806) in einem Experiment entdeckt, das ganz ähnlich zu der Gravitationswaage von Cavendish aufgebaut war und deswegen den Namen Coulomb-Waage erhalten hat. Beide Kräfte unterscheiden sich natürlich durch ihre Ursache (ersetze Massen m durch elektrische Ladungen q) und durch ihre Stärke (ersetze Gravitationskonstante Γ durch elektrische Feldkonstante ϵ_0). In den Maßeinheiten, die wir im Kap. 1.3 einführen werden, lautet die Beziehung für die elektrische Kraft:

$$F_C = \frac{1}{4\pi\epsilon_0} \frac{q_1 q_2}{r^2} \, .$$

Diese Beziehung zeigt, dass auch die elektrische Kraft eine langreichweitige Kraft ist. Aber wichtiger ist, dass die elektrische Kraft im Gegensatz zur Gravitationskraft sowohl anziehend wie auch abstoßend sein kann. Dies liegt daran, dass wir 2 elektrische Ladungstypen in der Natur kennen.

In der Natur gibt es
positive Ladungen $q^+ = +|q|$ und negative Ladungen $q^- = -|q|$.

Die Kraft ist daher anziehend (F_C ist negativ), wenn das Produkt $q_1 q_2$ negativ ist, dagegen ist sie abstoßend (F_C ist positiv), wenn das Produkt $q_1 q_2$ positiv ist: "Gleichnamige Ladungen stoßen sich ab, ungleichnamige Ladungen ziehen sich an".

Ein anderer wichtiger Unterschied zwischen der Gravitationskraft und der elektrischen Kraft ist, dass die elektrische Ladung gequantelt ist.

Alle in der Natur beobachtbaren Ladungen q sind Vielfache einer **Elementarladung** e.

In den von den Naturbausteinen aufgebauten komplexen Systemen sind im Allgemeinen gleichviel positive Ladungen q^+ wie negative Ladungen q^- vorhanden, d.h. diese Systeme sind nach außen neutral, also ungeladen. Dies ist der Grund dafür, dass in unserem täglichen Leben das Wirken der Gravitationskraft soviel leichter beobachtbar ist als das Wirken der elektrischen Kraft.

1.1.3 Die kurzreichweitigen Kräfte

In der Natur existieren noch zwei kurzreichweitige fundamentale Kräfte, die **starke Kraft** F_S und die **schwache Kraft** F_W.

Die Ursache für die starke Kraft ist die **starke Ladung**,
die Ursache für die schwache Kraft ist die **schwache Ladung**.

Die Worte "starke" und "schwache" Ladung sind nur ein Ausdruck dafür, dass manche elementare Bausteine der Natur Eigenschaften besitzen, die als Ursache für die starke bzw. schwache Kraft anzusehen sind. In der Elementarteilchenphysik werden diese Kräfte mit einem Formalismus beschrieben, der im Rahmen dieses Lehrbuchs nicht behandelt werden soll.

Die Reichweiten der starken und schwachen Kraft sind kürzer als der Durchmesser des Atomkerns, und daher ist ihre Wirkung auf den Atomkern und die noch kleineren Naturbausteine, die ihn aufbauen, beschränkt. Wir können die Wirkung dieser Kräfte daher nur bei den Zustandsänderungen des Atomkerns beobachten, und die Möglichkeiten der Beobachtung sind erst im 20. Jahrhundert entwickelt worden. Trotzdem sind auch diese Kräfte von großer Bedeutung, denn sie garantieren die Stabilität der Atomkerne, und sie sind verantwortlich für die Energieabstrahlung von der Sonne, die Voraussetzung für unsere Existenz ist. Wir werden uns wieder mit diesen Kräften in Kap. 16 beschäftigen, wenn wir z.b. die Gesetzmäßigkeiten des radioaktiven Zerfalls behandeln.

Abschließend wollen wir uns in der folgenden Zusammenstellung noch einen Überblick über die wichtigsten Eigenschaften der in der Natur vorkommenden **fundamentalen Kräfte** verschaffen:

Kraft	Ursache	Reichweite	Relative Stärke
Gravitationskraft	Schwere Masse	∞	1
Elektrische Kraft	Elektrische Ladung	∞	10^{36}
Starke Kraft	Starke Ladung	10^{-15} m	10^{38}
Schwache Kraft	Schwache Ladung	10^{-18} m	10^{24}

Obwohl daher die Gravitationskraft die Kraft mit der bei weitem geringsten Stärke ist, ist sie dennoch die Kraft, die als erste von Newton (1643 - 1727) in seinen berühmten "Philosophiae Naturalis Principia Mathematica" wissenschaftlich untersucht wurde.

Anmerkung 1.1.1: Um die Eigenschaften der 4 fundamentalen Kräfte zu erforschen, muss ihre Wirkung auf zwei Probeteilchen innerhalb der vorgegebenen Reichweiten experimentell möglichst vollständig vermessen werden. Dies ist, wegen ihrer großen Reichweiten, relativ problemlos möglich für die Gravitationskraft und die elektrische Kraft. Im Falle der kurzreichweitigen Kräfte ist dies aber schwierig, denn oft besitzen die Probeteilchen auch die gleichnamige elektrische Ladung. Im Experiment muss daher zunächst die abstoßende Wirkung der elektrischen Kraft überwunden werden. Dazu sind sehr große Energien notwendig, die Temperaturen von über 10 Mrd. °C entsprechen. Solche hohen Temperaturen werden im Inneren von Sternen erreicht, in Laborexperimenten erfordern sie den Bau großer Beschleunigeranlagen.

Anmerkung 1.1.2: In der modernen Physik wird der Begriff der Kraft ersetzt durch den Begriff des Felds bzw. der Wechselwirkung. Wir werden die physikalische Messgröße "Feld" erst bei der Behandlung der elektrischen Kraft einführen. Bei der Behandlung der Gravitation beschränken wir uns auf die Kraft F_G, obwohl auch in diesem Fall das Feldkonzept ohne Schwierigkeiten benutzt werden könnte.

Anmerkung 1.1.3: Natürlich sind die Fragen interessant,

- ob sich die 4 fundamentalen Kräfte wirklich fundamental unterscheiden,
- ob weitere fundamentale Kräfte in der Natur existieren, die bisher nicht entdeckt wurden.

In der Tat ist es gelungen, die elektrische und die schwache Kraft zu der elektroschwachen Wechselwirkung zu vereinen. Die sich aus der Vereinigung ergebenden Folgerungen sind experimentell verifiziert. An der Vereinigung der elektro-schwachen Wechselwirkung mit der starken Wechselwirkung wird z.Z. gearbeitet. Dagegen scheint es im Augenblick ziemlich aussichtslos, auch die Gravitationskraft mit den restlichen 3 fundamentalen Kräften zu vereinen. Und schließlich gibt es bisher kein Experiment, das auf die Existenz weiterer fundamentaler Kräfte hinweist.

1.2 Klassische oder moderne Physik?

Der Lehrstoff in diesem Lehrbuch ist geordnet in zwei großen Blöcken, dem Block "**Klassische Physik**" (Kap. 1 - 10) und dem Block "**Moderne Physik**" (Kap. 11 - 18) . Diese Ordnung ist nicht prinzipieller Natur, denn in beiden Blöcken basieren die physikalischen Gesetze auf den gleichen fundamentalen Prinzipien. Diese Ordnung wird vielmehr nahegelegt durch die Anforderungen an den Messprozess.

Es ist eine Erkenntnis des 20. Jahrhunderts, dass manche der Zustandsgrößen sich nicht kontinuierlich verändern, sondern in diskreten Schritten, wobei die Schrittweite bestimmt wird durch das **Planck'sche Wirkungsquantum**

$$h = 6{,}626 \cdot 10^{-34} \ \text{kg m}^2 \ \text{s}^{-1}. \tag{1.2}$$

Das Planck'sche Wirkungsquantum h ist eine **Naturkonstante**. Das bedeutet, ihr Wert ist überall im Universum gleich und hat sich, soweit wir heute wissen, seit Entstehung des Universums auch nicht verändert. Eine Zusammenstellung der wichtigsten, heute bekannten Naturkonstanten findet sich im Anhang 7.

Die Maßeinheit von h ist kg m^2 s^{-1}, d.h. sie ist zusammengesetzt aus den Maßeinheiten kg, m und s. Wie wir im nächsten Kap. 2 lernen werden, ist das kg die Maßeinheit für die Masse, m die Maßeinheit für den Ort und s die Maßeinheit für die Zeit. Von Heisenberg (1901 - 1976) wurde gezeigt, dass es kein Experiment geben kann, dass eine höhere Messgenauigkeit besitzt als die, die durch h festgelegt ist. Das bedeutet, dass Experimente mit großen Massen im Prinzip eine sehr hohe Orts- und Zeitauflösung besitzen können. Die Grenzen der Auflösung sind in jedem Fall so hoch, dass sie vollständig überdeckt werden von den Messfehlern, die bei jeder Messung auftreten. Die Quantisierung der Messgrößen ist im Experiment daher nicht beobachtbar, innerhalb der Messfehler erscheint die Messgröße als kontinuierlich variabel. Phänomene, die diese Bedingung einer nicht beobachtbaren Quantisierung erfüllen, werden wir in dem Block "Klassische Physik" behandeln.

Experimente mit sehr kleinen Massen (z.B. Masse des Elektrons $m_e = 9{,}11 \cdot 10^{-31}$ kg) erreichen im Prinzip Genauigkeiten, die größer sind als die durch h festgelegte Grenze. Und dann wird die Quantisierung der Messgröße im Experiment sichtbar. Phänomene aus diesem Bereich werden wir im Block "Moderne Physik" behandeln. Da sehr kleine Massen Geschwindigkeiten erreichen können, die makroskopische Massen nicht erreichen, behandelt dieser Block auch die Phänomene, die erst bei Geschwindigkeiten nahe der Lichtgeschwindigkeit beobachtbar werden.

Wir wollen noch die Bedeutung der fundamentalen Prinzipien, die in beiden Blöcken gültig sind, an Hand eines Beispiels verdeutlichen. Eines dieser Prinzipien besagt, dass in einem abgeschlossenen System die Energie erhalten sein muss. In speziellen Fällen gilt dieses Erhaltungsgesetz auch für eine besondere Form der Energie, die mechanische Energie. Das Erhaltungsgesetz lautet dann:

Klassische Physik (Kap. 2.3)	Moderne Physik (Kap. 12.6.2)
$W_{\text{tot}} = W_{\text{kin}} + W_{\text{pot}}$	$E_{\text{tot}} = E + W_{\text{pot}}$

Mit Hilfe dieser Beziehungen lassen sich die Bewegungsgleichungen eines Teilchens ableiten. Im Fall der klassischen Physik ergibt dies das 2. Newton'sche Axiom (Kap. 2.2.1), im Fall der modernen Physik werden wir nur die nichtrelativistische Näherung des Erhaltungsgesetzes betrachten und erhalten so die Schrödinger-Gleichung (Kap. 14.3). Auf jeden Fall führt in beiden Blöcken das gleiche Prinzip zu den Bewegungsgleichungen, und welche dieser Bewegungsgleichungen wir zu benutzen haben, wird durch die experimentellen Gegebenheiten bestimmt.

1.3 Der Messprozess

In der experimentellen Physik sind die Durchführung von Experimenten, die Analyse der Messdaten und ihre Interpretation von entscheidender Bedeutung. Ziel einer Messung ist immer das Messergebnis, das sich zusammensetzt aus der Messgröße und dem zugehörigen Messfehler. Wir wollen jetzt diese Begriffe nacheinander diskutieren.

1.3.1 Die Messgröße

Die Messgröße ξ ergibt sich durch Angabe des im Experiment gefundenen Messwerts $\langle \xi \rangle$ und der Maßeinheit $[\xi]$, auf die sich der Messwert bezieht:

$$\xi = \langle \xi \rangle \, [\xi] \, .$$

Das bedeutet, man erhält den Messwert durch Vergleich mit einer vorher festgelegten Maßeinheit. In diesem Lehrbuch werden wir, bis auf besondere Fälle, die Maßeinheiten benutzen, die im **Système International d'Unités**

(SI) festgelegt wurden und von der Bundesrepublik Deutschland im Jahr 1969 gesetzlich übernommen wurden. Bei den meisten Maßeinheiten ist ihre Festlegung durch die physikalischen Gesetze vorgeschrieben. Es gibt nur 7 Maßeinheiten, die sog. **Basismaßeinheiten** , die sich nicht durch physikalische Gesetze festlegen lassen, sondern die durch eine besondere Messvorschrift definiert werden müssen. Im SI sind dies die folgenden in Tabelle 1.1 festgelegten Basismaßeinheiten.

Tabelle 1.1. Die Basismessgrößen im SI

Basismessgröße	Symbol	Basismaßeinheit	Bezeichnung
Länge	l	$[l] = \mathrm{m}$	Meter
Zeit	t	$[t] = \mathrm{s}$	Sekunde
Masse	m	$[m] = \mathrm{kg}$	Kilogramm
Elektrischer Strom	I	$[I] = \mathrm{A}$	Ampere
Temperatur	T	$[T] = \mathrm{K}$	Kelvin
Stoffmenge	$\widetilde{n}$	$[\widetilde{n}] = \mathrm{mol}$	Mol
Lichtstärke	L	$[L] = \mathrm{cd}$	Candela

Die Messvorschriften, die diese Basimaßeinheiten definieren, werden dann beschrieben, wenn in den folgenden Kapiteln eine Basismessgröße zum ersten Mal erscheint. In vielen Fällen wird eine Kombination von Basismaßeinheiten auch zu einer neuen Maßeinheit zusammengefasst, die dann ein neues Symbol und eine neue Bezeichnung erhält. Darauf wird jedesmal hingewiesen werden.

Die Messgrößen in der Physik können von sehr verschiedenem Charakter sein. Es gibt Messgrößen, wie z.B. die Masse oder die Zeit, bei denen genügt die Angabe eines einzigen Messwerts und die Angabe der Maßeinheit, um sie eindeutig zu bestimmen. Solche Messgrößen nennt man skalare Messgrößen.

Skalare Messgrößen erfordern die Angabe eines Messwerts und der Maßeinheit.

Auf der anderen Seite gibt es Messgrößen, bei denen die Angabe nur eines Messwerts nicht reicht, um sie eindeutig zu bestimmen. Ein Beispiel für derartige Messgrößen, die wir bereits kennengelernt haben, ist die Kraft. Die Kraft besitzt nicht nur eine Stärke F, sondern sie wirkt zwischen zwei Probeteilchen, durch deren Position im Raum eine Richtung $\widehat{e}$ festgelegt wird. Mit $\widehat{e}$ kennzeichnen wir einen Einheitsvektor, d.h. dieser Vektor hat die Länge $|\widehat{e}| = 1$ und seine Richtung legt eine bestimmte Richtung im Raum fest. Die Kraft ist daher eine vektorielle Messgröße, die sich formal folgendermaßen schreiben lässt:

$$\boldsymbol{F} = F\,\widehat{e}\,. \tag{1.3}$$

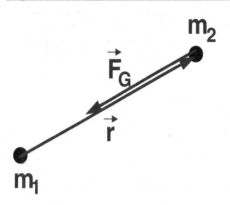

Abb. 1.1. Die Orientierung der Vektoren $\boldsymbol{F}_G$ und $\boldsymbol{r}$. Aus der Orientierung folgt $\widehat{\boldsymbol{F}}_G = -\widehat{\boldsymbol{r}}$, und die Kraft $\boldsymbol{F}_G$ ist anziehend

Die Größe F wird allgemein als Komponente des **Vektors** $\boldsymbol{F}$ bezeichnet, dagegen wird der Betrag (Länge) des Vektors $\boldsymbol{F}$ mit $|\boldsymbol{F}|$ gekennzeichnet. Es ist wichtig, zwischen der Komponente und dem Betrag eines Vektors zu unterscheiden. Denn die Komponente F ist nur dann positiv, d.h. $F = |\boldsymbol{F}|$, wenn der Vektor $\boldsymbol{F}$ die gleiche Richtung hat wie der Einheitsvektor $\widehat{\boldsymbol{e}}$. Dagegen ist die Komponente immer negativ, d.h. $F = -|\boldsymbol{F}|$, wenn $\boldsymbol{F}$ und $\widehat{\boldsymbol{e}}$ entgegengesetzt gerichtet sind. Der letzte Fall ist uns bei der Gravitationskraft begegnet: $\boldsymbol{F}_G$ ist immer anziehend, d.h. die Richtung der Kraft ist immer entgegengesetzt zu der Richtung des Einheitsvektors $\widehat{\boldsymbol{r}}$, der durch die Lage der beiden Probemassen mit Abstand r im Raum festgelegt ist. Der Abstandsvektor zwischen den Probemasse ist $\boldsymbol{r} = r\,\widehat{\boldsymbol{r}}$, siehe Abb. 1.1. Ähnliche Überlegungen gelten auch für die elektrische Kraft, d.h. beide Kräfte sind vektorielle Messgrößen, ihre exakten Definitionen lauten:

Gravitationskraft: $\qquad \boldsymbol{F}_G = F_G\,\widehat{\boldsymbol{r}} = -\Gamma\,\dfrac{m_1\,m_2}{r^2}\,\widehat{\boldsymbol{r}}\;.$ $\qquad$ (1.4)

Elektrische Kraft: $\qquad \boldsymbol{F}_C = F_C\,\widehat{\boldsymbol{r}} = \dfrac{1}{4\pi\epsilon_0}\,\dfrac{q_1\,q_2}{r^2}\,\widehat{\boldsymbol{r}}\;.$ $\qquad$ (1.5)

Die Gleichung (1.3) ist zwar formal richtig, sie erlaubt aber eine exakte Bestimmung der Richtung von $\widehat{\boldsymbol{e}}$ bzw. $\boldsymbol{F}$ erst dann, wenn die 3 voneinander unabhängigen Richtungen des Ortsraums mit Hilfe der x-,y-,z-Achsen eines rechtwinkligen Koordinatensystems festgelegt werden. Ein derartiges Koordinatensystem nennt man ein **kartesisches Koordinatensystem**, seine Achsrichtungen werden durch die Einheitsvektoren $\widehat{\boldsymbol{x}},\widehat{\boldsymbol{y}},\widehat{\boldsymbol{z}}$ bestimmt. Die Lage des Ursprungs dieses Systems (Kreuzungspunkt aller 3 Achsen) ist im Prinzip willkürlich: Der Ursprung kann im Raum beliebig verschoben werden. Dieser Verschiebung entspricht eine Parallelverschiebung aller Vektoren, d.h. Vektoren können beliebig parallel verschoben werden, ohne dass sich das physikalische Problem dadurch ändert.

Es ist jedoch sinnvoll, die Lage des Ursprungs so zu wählen, dass sie den Besonderheiten des physikalischen Problems entspricht. Zum Beispiel legt die Abb. 1.1 es nahe, den Koordinatenursprung in den Ort einer der Massen, etwa

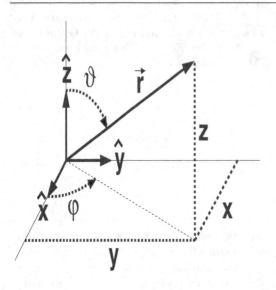

den der Masse m_1, zu legen. Dann kann jeder Vektor beschrieben werden durch seine Komponenten bezüglich der Koodinatenachse, die Komponente ergibt sich durch die Projektion des Vektors auf die Achsen. Für den Abstand r und die Kraft F ergibt sich allgemein (siehe Abb. 1.2):

$$r = x\,\widehat{\boldsymbol{x}} + y\,\widehat{\boldsymbol{y}} + z\,\widehat{\boldsymbol{z}} \,, \tag{1.6}$$

$$\boldsymbol{F} = F_x\,\widehat{\boldsymbol{x}} + F_y\,\widehat{\boldsymbol{y}} + F_z\,\widehat{\boldsymbol{z}} \,. \tag{1.7}$$

Für die Komponenten gilt unter der Voraussetzung, dass $\boldsymbol{F}$ und r die entgegengesetzte Richtung besitzen:

$$
\begin{aligned}
x &= |r| \sin\vartheta\cos\varphi \,, & F_x &= |\boldsymbol{F}| \sin(\pi-\vartheta)\cos(\pi+\varphi) \,, \\
y &= |r| \sin\vartheta\sin\varphi \,, & F_y &= |\boldsymbol{F}| \sin(\pi-\vartheta)\sin(\pi+\varphi) \,, \\
z &= |r| \cos\vartheta & F_z &= |\boldsymbol{F}| \cos(\pi-\vartheta) \,.
\end{aligned}
$$

Die Transformationen

$$|\boldsymbol{F}| \to |\boldsymbol{F}| \quad , \quad \vartheta \to \pi - \vartheta \quad , \quad \varphi \to \pi + \varphi \,, \tag{1.8}$$

bzw. in Komponenten ausgedrückt

$$F_x \to -F_x \quad , \quad F_y \to -F_y \quad , \quad F_z \to -F_z \tag{1.9}$$

bezeichnet man als **Spiegelung**. Die Spiegelung spielt in der Physik eine besondere Rolle, wir werden darauf z.B. in den Kap. 2.1.1 und 18.1.3 noch zurückkommen. Eine weitere Vereinfachung lässt sich in solchen Fällen durchführen, in denen z.B. $\boldsymbol{F}$ nur von r abhängt. Dann können wir die x-Achse in die Richtung von $\widehat{r}$ drehen und es gilt $\boldsymbol{F} = F\,\widehat{\boldsymbol{x}}$. Das heißt in diesem speziellen Koordinatensystem besitzt F nur eine Komponente ungleich null, das Problem ist nur noch 1-dimensional.

Trotzdem müssen in jedem Fall alle 3 Komponenten einer Vektor-Messgröße im Experiment bestimmt werden.

Vektorielle Messgrößen erfordern die Angabe von 3 Messwerten und der Maßeinheit.

Mithilfe der Komponenten lässt sich auch der Betrag eines Vektors einfach berechnen:

$$|\boldsymbol{F}| = \sqrt{F_x^2 + F_y^2 + F_z^2} = \sqrt{F^2} \ , \tag{1.10}$$

$$|\boldsymbol{r}| = \sqrt{x^2 + y^2 + z^2} = \sqrt{r^2} \ . \tag{1.11}$$

Wir haben die Kraft F und den Abstand r als Beispiele für vektorielle Messgrößen gewählt, so wie die Masse m und die Zeit t als Beispiele für skalare Messgrößen gewählt wurden. Es gibt in der Natur noch wesentlich mehr vektorielle wie auch skalare Messgrößen, die wir im Laufe der Kapitel kennenlernen werden. Es gibt sogar Messgrößen, die noch mehr als nur drei Messwerte benötigen, um sie eindeutig zu bestimmen. Diese sog. **Tensor-Messgrößen** werden wir allerdings nicht benutzen, was darauf hinausläuft, dass manche physikalische Probleme in diesem Lehrbuch vereinfacht behandelt werden.

Anmerkung 1.3.1: Wir haben gelernt, dass das kartesische Koordinatensystem beliebig verschoben und gedreht werden kann, ohne dass sich dabei das physikalische Problem verändert. Diese Invarianzen gegen Translationen und Rotationen kommen uns zwar natürlich vor, sie sind aber von fundamentaler Bedeutung, denn sie sind eng verknüpft mit der Existenz von Erhaltungsgesetzen in der Natur. Eines haben wir bereits kennengelernt: Die Erhaltung der Energie. Weitere Erhaltungsgesetze werden wir noch kennenlernen.

Anmerkung 1.3.2: Die mathematische Behandlung von vektoriellen Messgrößen ist zwar nur ein mathematisches und kein physikalisches Problem, es sollen aber trotzdem die wichtigsten Regeln im Anhang 1 zusammengestellt werden. Zu diesen Regeln kommen später noch die Regeln der skalaren und vektoriellen Multiplikation von Vektoren. Im Anhang 4 finden sich die wichtigsten Beziehungen zwischen den harmonischen Funktionen $\sin\varphi$ und $\cos\varphi$.

1.3.2 Der Messfehler

Das Ergebnis einer einzelnen Messung besitzt immer einen Messfehler, der im besten Fall die durch h festgelegte untere Grenze erreicht. Im Allgemeinen sind die Messfehler jedoch wesentlich größer und durch die Messapparatur selbst bedingt.

Wir unterscheiden zwei Arten von Messfehlern:

- Systematische Fehler
- Statistische Fehler

Systematische Fehler entstehen z.B. durch eine fehlerhafte Messapparatur oder durch die falsche Eichung einer ansonsten fehlerfreien Apparatur. Häufig gelingt es, derartige Fehler durch Kontrollmessungen zu entdecken und die Fehlerquellen auszuschalten.

Systematische Fehler können im Prinzip durch eine bessere Messapparatur reduziert oder sogar vermieden werden.

Ist dies unmöglich, z.B. wegen extensiver Kosten für die Verbesserung, muss die Größe der systematischen Fehler wenigstens abgeschätzt und die geschätzte Größe bei der Angabe des Messergebnisses mitangegeben werden.

    Statistische Fehler werden verursacht durch unkontrollierbare äußere Einflüsse auf die Messapparatur.

Die Ursachen für statistische Fehler sind unkontrollierbare äußere Einflüsse.

Sie machen sich dadurch bemerkbar, dass bei jeder Wiederholung einer Messung das Messergebnis etwas von den Ergebnissen früherer Messungen abweicht. Die Messergebnisse schwanken um einen gewissen häufigsten Wert. Das heißt, sie bilden eine Verteilung, die bei einer endlichen Anzahl von durchgeführten Messungen diskret ist. In der Abb. 1.3 ist z.B. gezeigt, wie diese Messwertverteilung $P(x)$ etwa aussieht, wenn man 1000-mal eine Länge x misst und diese Messungen nur statistische Schwankungen aufweisen. Die Verteilung $P(x)$ gibt die Wahrscheinlichkeit an, dass ein bestimmter Messwert x in dem Intervall $x_i < x \leq x_{i+1}$ wirklich bei den Messungen aufgetreten ist. Die Wahrscheinlichkeitsverteilung ist ungefähr symmetrisch um den Wert $\langle x \rangle$, von dem wir sagen würden, er sei der wahre Messwert, wenn wir nur genauer hätten messen können. In der mathematischen Statistik wird diese Aussage quantifiziert:

Eine Größe x, die durch sehr viele äußere Einflüsse statistischen Schwankungen ausgesetzt ist, besitzt die Verteilung

$$P(x) = \tfrac{1}{\sqrt{2\pi}\,\sigma}\, e^{-(x-\langle x \rangle)^2/(2\,\sigma^2)} \ . \tag{1.12}$$

Diese Verteilung, die **Normalverteilung** oder **Gauss-Verteilung** genannt wird, ist im Gegensatz zu unserer Messwertverteilung kontinuierlich, denn für die Mathematik ist es keine Schwierigkeit, unendlich viele Messungen durchzuführen und so die Intervallbreite $x_i < x \leq x_{i+1}$ gegen null gehen zu lassen. Da auch dies eine Wahrscheinlichkeitsverteilung ist, muss gelten

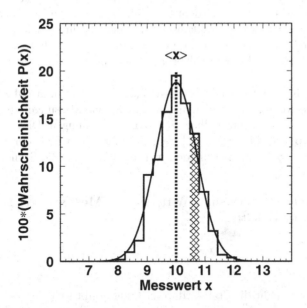

Abb. 1.3. Messwerthistogramm mit darübergelegter Kurve der zugehörigen Gauss-Verteilung. Die schraffierte Fläche zeigt die Intervallbreite dieser Messung, der Schätzwert für der wahren Messwert beträgt $\langle x \rangle = 10$

$$\int\limits_{-\infty}^{+\infty} P(x)\mathrm{d}x = 1 \; , \tag{1.13}$$

denn die Wahrscheinlichkeit, irgendeinen Wert zu messen, muss 1 sein.

Das 1. Moment dieser Verteilung bezeichnet man als den **wahren Wert**, er ergibt sich zu

$$\langle x \rangle = \int\limits_{-\infty}^{+\infty} x \, P(x)\mathrm{d}x \; . \tag{1.14}$$

Der Verteilungsparameter σ^2 wird **Varianz** genannt, er ergibt sich aus dem 2. Moment der Verteilung

$$\sigma^2 = \langle x^2 \rangle - \langle x \rangle^2 = \int\limits_{-\infty}^{+\infty} x^2 \, P(x)\mathrm{d}x - \langle x \rangle^2 \; . \tag{1.15}$$

Die Varianz oder besser die **Standardabweichung** $\sigma = \sqrt{\sigma^2}$ ist offensichtlich ein Maß für die Breite der Verteilung. Sie sagt aus, dass ungefähr 68% aller

Ergebnisse der Einzelmessungen in dem Intervall $\langle x \rangle \pm \sigma$ liegen, 95% in dem Intervall $\langle x \rangle \pm 2\sigma$, und 99,7% in dem Intervall $\langle x \rangle \pm 3\sigma$. Die Normalverteilung kommt bei der Behandlung physikalischer Probleme sehr oft vor, sie wird uns z.B. wieder begegnen, wenn wir die Geschwindigkeitsverteilung von Atomen untersuchen, die oft und unkontrollierbar miteinander zusammenstoßen (Kap. 6.2.1).

Diese Beziehungen für den wahren Wert $\langle x \rangle$ und die Standardabweichung σ nützen uns nur wenig, da wir niemals unendlich viele Messungen durchführen können, sondern immer nur endlich viele, z.B. n Messungen. Diese bezeichnet man als **Stichprobe** $\{x_1, x_2, ..., x_n\}$ vom Umfang n. Mit Hilfe der Stichprobe können wir aber Schätzwerte für den wahren Wert und die Standardabweichung angeben.

Der **Schätzwert** für den wahren Wert, genannt **Messwert** der Stichprobe, ist das arithmetische Mittel:

$$\langle x \rangle = \frac{1}{n} \sum_{i=1}^{n} x_i \,, \tag{1.16}$$

und als Schätzwert für die Standardabweichung ergibt sich

$$\sigma = \sqrt{\frac{1}{n-1} \sum_{i=1}^{n} (x_i - \langle x \rangle)^2} \,. \tag{1.17}$$

Der Schätzwert der Standardabweichung ist der Fehler, mit dem jede Einzelmessung behaftet ist. Der Messfehler Δx der Stichprobe ist jedoch kleiner, da sich die Fehler der Einzelmessungen bei der Mittelwertbildung zum Teil kompensieren.

Für den **Messfehler** Δx bei einer Stichprobe vom Umfang n ergibt sich

$$\Delta x = \frac{\sigma}{\sqrt{n}} = \sqrt{\frac{1}{n(n-1)} \sum_{i=1}^{n} (x_i - \langle x \rangle)^2} \,. \tag{1.18}$$

Das bedeutet, man kann trotz einer großen Standardabweichung bei jeder Einzelmessung immer noch ein sehr genaues Messergebnis erzielen, wenn man die Messungen nur oft genug wiederholt. Beachten Sie aber, dass diese Verbesserung nur mit der Wurzel aus der Anzahl der Messungen zunimmt, d.h. um ein doppelt so gutes Messergebnis zu erzielen, muss man viermal länger messen. Und Voraussetzung ist, dass der Messfehler tatsächlich nur von statistischer Natur ist.

Für eine beliebige Zustandsgröße wird das Messergebnis daher in der Form

$$\xi = (\langle \xi \rangle \pm \Delta\xi)\,[\xi] \qquad\qquad (1.19)$$

angegeben. Diese Angabe sagt aus, dass bei einer erneuten Stichprobe von gleichem Umfang n das Messergebnis mit einer Wahrscheinlichkeit von 68% in dem Intervall $\langle \xi \rangle \pm \Delta\xi$ liegt, mit 95% Wahrscheinlichkeit in dem Intervall $\langle \xi \rangle \pm 2\Delta\xi$, und mit 99,7% Wahrscheinlichkeit in dem Intervall $\langle \xi \rangle \pm 3\Delta\xi$. Unter Umständen muss zusätzlich eine Abschätzung des systematischen Fehlers gesondert angegeben werden.

Häufig wird aus den Messergebnissen mit Hilfe physikalischer Gesetze $\eta = f(\{\xi_j\})$ der Wert einer nicht gemessen Größe η berechnet. In diesem Fall muss aus den Messfehlern der k Größen ξ_j $(1 \leq j \leq k)$ auf die Genauigkeit geschlossen werden, mit welcher der Wert von η wirklich angegeben werden kann. Dies geschieht mit Hilfe des Gesetzes über die **Fehlerfortpflanzung**:

$$\Delta\eta = \sqrt{\sum_{j=1}^{k} \left(\frac{\mathrm{d}f}{\mathrm{d}\xi_j}\right)^2 \Delta\xi_j^2}\;. \qquad\qquad (1.20)$$

Hierbei ist $\frac{\mathrm{d}f}{\mathrm{d}\xi_j}$ die Ableitung der Funktion $f(\{\xi_j\})$ nach der Messgröße ξ_j an der Stelle $\xi_j = \langle \xi_j \rangle$.

Als Beispiel wollen wir den Bremsweg eines Autos betrachten, das von einer Anfangsgeschwindigkeit $v_0 = 100$ km h^{-1} zur Ruhe abgebremst wird, wobei der Gleitreibungskoeffizient der Räder mit dem Erdboden $\mu_g = 1$ beträgt. Die statistische Unsicherheit bei der Messung der Geschwindigkeit, die auch die Polizei berücksichtigt, ist ± 5 km h^{-1}, d.h. im SI ist die Anfangsgeschwindigkeit $v_0 = (28 \pm 1{,}4)$ m s^{-1}. Wegen der unkontrollierbaren Straßenverhältnisse kann der Gleitreibungskoeffizient nur mit einem Fehler angegeben werden: $\mu_g = 1 \pm 0{,}1$. Den Zusammenhang zwischen Bremsweg s, Geschwindigkeit v_0 und Gleitreibungskoeffizient μ_g werden wir in Kap. 2.2.2 ableiten, er ergibt sich zu (siehe Gleichung (2.39))

$$s = \frac{v_0^2}{2\,\mu_g\,g}\;, \qquad\qquad (1.21)$$

wobei $g = 9{,}81$ m s^{-2} die Erdbeschleunigung ist. Mit Hilfe des Gesetzes der Fehlerfortpflanzung erhalten wir für die Schwankung des Bremswegs:

$$\Delta s = \sqrt{\left(\frac{v_0}{g\,\mu_g}\,\Delta v_0\right)^2 + \left(\frac{v_0^2}{2\,g\,\mu_g^2}\,\Delta\mu_g\right)^2}\;. \qquad\qquad (1.22)$$

Setzen wir die Werte ein, ergibt sich

$$\Delta s = \sqrt{16 + 16} = 5{,}7\ \text{m}, \qquad\qquad (1.23)$$

d.h. das Ergebnis lautet $s = (40 \pm 5{,}7)$ m. In diesem einfachen Fall könnten wir dies durch Messung des Bremswegs, also durch eine Kontrollmessung, nachprüfen. Ergibt die Kontrollmessung ein anderes Ergebnis, besitzt das Experiment entweder einen systematischen Fehler, oder die Beziehung (1.21) gilt nicht für das Problem der Abbremsung eines Autos.

Anmerkung 1.3.3: Da jedes Messergebnis einen Messfehler aufweist, ist die Angabe des Messwerts nur bis zu der Genauigkeit sinnvoll, die dem Messfehler entspricht. Zum Beispiel ist die Angabe $x = (3{,}48561 \pm 0{,}56)$ m sinnlos, denn die letzten 5 Stellen des Messwerts besitzen keine Aussagekraft. Die Stellen, die Aussagekraft besitzen, bezeichnet man als signifikante Stellen, ihre Anzahl ist durch die im Experiment erreichte Genauigkeit gegeben. Zum Beispiel gilt für das Planck'sche Wirkungsquantum $h = (6{,}6260755 \pm 0{,}0000040) \cdot 10^{-34}$ kg m^2 s^{-1}, d.h. die Naturkonstante h ist mit 6 signifikanten Stellen bekannt.

Anmerkung 1.3.4: In der Literatur werden oft auch verwendet der

- **relative Fehler** $\frac{\Delta \xi}{\xi}$ (ohne Einheit),
- **prozentuale Fehler** $\frac{\Delta \xi}{\xi} 100\%$.

Berechnen wir die relativen Fehler für das oben behandelte Beispiel, so gilt

$$\frac{\Delta s}{s} = \sqrt{\left(2\,\frac{\Delta v_0}{v_0}\right)^2 + \left(\frac{\Delta \mu_g}{\mu_g}\right)^2} = \sqrt{0{,}01 + 0{,}01} = 0{,}141 \;,$$

und dies stimmt mit dem Ergebnis (1.23) überein, erfordert aber weniger Rechenaufwand.

Die Physik des Massenpunkts

Mit dem Massenpunkt wird eine Methode in die physikalische Behandlung von Problemen eingeführt, die Physiker oft benutzen.

Der **Massenpunkt** ist die idealisierte Vereinfachung eines Körpers, der zwar Masse m, aber kein Volumen V besitzt.

Der Ersatz der tatsächlichen Zustände in der Natur durch ein ideales Modell geschieht, um das Problem zu vereinfachen. Ein Körper ohne Volumen kann nämlich seine innere Struktur nicht verändern, da er keine innere Struktur besitzt. Er kann z.B. sein Volumen nicht verändern, und er kann sich auch nicht um eine körpereigene Achse drehen. Daher gilt:

Jeder Körper, der keine inneren **Freiheitsgrade** besitzt, kann als Massenpunkt behandelt werden.

Die einzige Bewegung, die ein Massenpunkt ausführen kann, ist die Translation, d.h. die Bewegung entlang einer Bahnkurve durch den Ortsraum. Zur Festlegung dieser Bewegung benötigen wir Ortsvektoren $r(t)$, die sich stetig mit der Zeit t verändern. Es ist also notwendig, die Einheiten der folgenden Messgrößen zu definieren, da all diese Größen Basismessgrößen im SI sind (siehe Tabelle 1.1):

- Die Einheit der **Masse** ist $[m] =$ kg.

Das Kilogramm ist die Masse eines Platin-Iridium Zylinders, der im "Bureau International des Poids et Mesures" in Sevrès bei Paris aufbewahrt wird.

Die Genauigkeit dieser Definition hängt von der Güte der Massen-Messgeräte (Waagen) ab und beträgt etwa 6 signifikante Stellen.

- Die Einheit der **Zeit** ist $[t] =$ s.

Die Sekunde ist die Zeitdauer von 9192631770 Schwingungsperioden des Lichts, das beim Übergang zwischen den Hyperfeinniveaus des Grundzustands von ^{137}Cs emittiert wird.

Die Genauigkeit dieser Definition wird durch die Messgeräte zur Bestimmung der Lichtfrequenz bestimmt und beträgt 9 signifikante Stellen.

- Die Einheit der **Länge** ist $[l] = $ m.

Das Meter ist die Weglänge, die das Licht im Vakuum im 299792458ten Teil einer Sekunde zurücklegt.

Die Genauigkeit dieser Definition hängt davon ab, wie präzise die Vakuumlichtgeschwindigkeit gemessen werden kann, und beträgt 8 signifikante Stellen.

Aus diesen Definitionen ergibt sich unmittelbar der mit hoher Präzision gemessene Wert für die **Vakuumlichtgeschwindigkeit**

$$c = 299792458 \text{ m s}^{-1} \approx 3 \cdot 10^8 \text{ m s}^{-1} \ . \tag{2.1}$$

Die Vakuumlichtgeschwindigkeit ist eine Naturkonstante und die höchste Geschwindigkeit, die ein Massenpunkt im Grenzfall erreichen kann.

2.1 Die Kinematik des Massenpunkts

Die prinzipiell möglichen Zustände eines Massenpunkts, die wir jetzt behandeln wollen, sind:

- Die Ruhe

Die Trajektorie des ruhenden Massenpunkts ist

$$\boldsymbol{r}(t) = r\,\widehat{\boldsymbol{e}} \text{ mit } r = \text{ konst und fester Richtung } \widehat{\boldsymbol{e}}. \tag{2.2}$$

Obwohl es seltsam erscheint, auch die Ruhe stellt eine spezielle Form der Bewegung dar.

- Die Bewegung

Die Trajektorie des Massenpunkts ist in Abb. 2.1 dargestellt. Zur Zeit t zeigt der Ortsvektor $\boldsymbol{r}(t)$ auf einen Punkt der Trajektorie, zu einem etwas späteren Zeitpunkt lautet der Ortsvektor $\boldsymbol{r}(t + \Delta t)$, d.h. er hat sich um

$$\Delta \boldsymbol{r} = \boldsymbol{r}(t + \Delta t) - \boldsymbol{r}(t)$$

verändert. Das Verhältnis $\Delta \boldsymbol{r}/\Delta t$ ist ein Maß für die Stärke der Veränderung, die wir als **Durchschnittsgeschwindigkeit** bezeichnen:

$$\langle \boldsymbol{v} \rangle = \frac{\Delta \boldsymbol{r}}{\Delta t} = \frac{\boldsymbol{r}(t + \Delta t) - \boldsymbol{r}(t)}{\Delta t} \ . \tag{2.3}$$

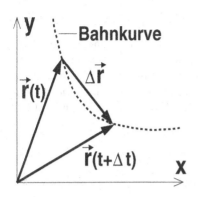

Abb. 2.1. Darstellung der Bahnkurve (*gestrichelt*) eines Massenpunkts in der *x-y*-Ebene. Die Ortsvektoren zum Massenpunkt zu den Zeiten t und $t + \Delta t$ sind ebenfalls dargestellt, so wie die Veränderung des Ortsvektors Δr

Die Durchschnittsgeschwindigkeit ist abhängig von dem Zeitintervall Δt. Jedoch ergibt sich für $\langle v \rangle$ ein eindeutiger Vektor, wenn man Δt gegen null gehen lässt: Seine Richtung ist die Tangentenrichtung an die Trajektorie im Punkt mit Ortsvektor $r(t)$. Diese eindeutige Geschwindigkeit wird **Momentangeschwindigkeit** oder auch nur Geschwindigkeit genannt:

$$v = \lim_{\Delta t \to 0} \frac{\Delta r}{\Delta t} = \lim_{\Delta t \to 0} \frac{r(t + \Delta t) - r(t)}{\Delta t} \; .$$

In der Mathematik bezeichnet man den Grenzübergang $\Delta t \to 0$ als 1. Ableitung der Funktion $r(t)$ nach t zur Zeit t.[1]

$$v(t) = \frac{\mathrm{d}r(t)}{\mathrm{d}t} \; .$$

Die **Geschwindigkeit** ist die erste Ableitung der Ort-Zeit-Funktion nach der Zeit

$$v = \frac{\mathrm{d}r}{\mathrm{d}t} \quad , \quad [v] = \mathrm{m\,s}^{-1} \; . \tag{2.4}$$

Die Funktion $r(t)$, welche die **Trajektorie** beschreibt, ist eine Vektor-Funktion, d.h. sie besitzt in einem kartesischen Koordinatensystem die 3 Komponenten $x(t)$, $y(t)$, $z(t)$. Und entsprechend wird auch die Geschwindigkeit durch eine Vektor-Funktion $v(t)$ dargestellt mit den Komponenten

$$v_x(t) = \frac{\mathrm{d}x(t)}{\mathrm{d}t} \quad , \quad v_y(t) = \frac{\mathrm{d}y(t)}{\mathrm{d}t} \quad , \quad v_z(t) = \frac{\mathrm{d}z(t)}{\mathrm{d}t} \; . \tag{2.5}$$

Und für die Geschwindigkeit gilt daher

---

[1] Um die Abhängigkeit einer Funktion f von einem speziellen Messwert ξ zu zeigen, verwenden wir oft, aber nicht immer, die Schreibweise $f(\xi)$.

$$v(t) = v_x(t)\,\widehat{x} + v_y(t)\,\widehat{y} + v_z(t)\,\widehat{z}\ . \tag{2.6}$$

Wir wollen jetzt einige Beispiele betrachten, zunächst die **geradlinige** Bewegung. Geradlinig bedeutet, dass sich die Bewegungsrichtung mit der Zeit nicht verändert. Das kartesische Koordinatensystem kann mit seinem Ursprung auf die Trajektorie verschoben werden, und die x-Achse kann in die Trajektorienrichtung gedreht werden. Dann lauten die Ortsvektoren zu jedem Ort auf der Trajektorie

$$r(t) = r(t)\,\widehat{x}\ . \tag{2.7}$$

Wir können zwei einfache Fälle unterscheiden:

- Verändert sich $r(t)$ linear mit t, also gilt $r(t) = v\,t$, dann ist die Geschwindigkeit konstant:
$$\frac{\mathrm{d}}{\mathrm{d}t}\,r(t) = v\ .$$
- Verändert sich $r(t)$ quadratisch mit t, also gilt $r(t) = b\,t^2$, dann verändert sich die Geschwindigkeit linear mit t:
$$\frac{\mathrm{d}}{\mathrm{d}t}\,r(t) = v(t) = a\,t \text{ mit } a = 2b\ .$$

Eine Bewegung, bei der die Geschwindigkeit selbst eine Funktion der Zeit ist, nennen wir **beschleunigte** Bewegung. In dem speziellen Fall, den wir hier betrachten, ist die Bewegung geradlinig beschleunigt.

Die **Beschleunigung** ist die erste Ableitung der Geschwindigkeit-Zeit-Funktion nach der Zeit

$$a = \frac{\mathrm{d}v}{\mathrm{d}t}\ , \quad [a] = \mathrm{m\ s^{-2}}\ , \tag{2.8}$$

und die 2. Ableitung der Ort-Zeit-Funktion nach der Zeit

$$a = \frac{\mathrm{d}^2 r}{\mathrm{d}t^2}\ . \tag{2.9}$$

Die Beziehung (2.9) für die Definition der Beschleunigung a ist äquivalent zu der Beziehung (2.8), denn die Geschwindigkeit selbst ist die 1. Ableitung der Ort-Zeit-Funktion nach der Zeit. In der Komponentenschreibweise lauten diese Definitionen

$$a_x = \frac{\mathrm{d}^2 x(t)}{\mathrm{d}t^2} = \frac{\mathrm{d}v_x(t)}{\mathrm{d}t}\ ,$$
$$a_y = \frac{\mathrm{d}^2 y(t)}{\mathrm{d}t^2} = \frac{\mathrm{d}v_y(t)}{\mathrm{d}t}\ , \tag{2.10}$$
$$a_z = \frac{\mathrm{d}^2 z(t)}{\mathrm{d}t^2} = \frac{\mathrm{d}v_z(t)}{\mathrm{d}t}\ .$$

Bei der Angabe der Komponenten von a fehlt der Hinweis auf eine mögliche Zeitabhängigkeit, und dies ist mit Absicht so geschehen. Wir werden nämlich nur gleichförmig beschleunigte Bewegungen betrachten, bei denen die Beschleunigung sich in der Größe und in der Richtung zeitlich nicht verändert. Spielt dieser Spezialfall in der Natur eine Rolle?

Ja, denn die Gravitationskraft zwischen der **Erde** und einem Massenpunkt m auf der Erdoberfläche ist in guter Näherung konstant, da die Erde (fast) eine Kugel mit dem Radius $r_\oplus = 6{,}375 \cdot 10^6$ m ist. Die Masse der Erde beträgt $m_\oplus = 5{,}977 \cdot 10^{24}$ kg, im SI beträgt der Wert der Gravitationskonstanten $\Gamma = 6{,}674 \cdot 10^{-11}$ m^3 kg^{-1} s^{-2}. Daher ergibt sich die Gravitationskraft zu

$$\boldsymbol{F}_G = -\Gamma \, \frac{m_\oplus}{r_\oplus^2} \, m \, \widehat{\boldsymbol{r}} = -g \, m \, \widehat{\boldsymbol{r}} = -G \, \widehat{\boldsymbol{r}} \ . \tag{2.11}$$

$G = m \, g$ wird als **Gewicht** der Masse m bezeichnet, g ist die (fast) konstante **Erdbeschleunigung**, die einen Wert

$$g = \Gamma \, \frac{m_\oplus}{r_\oplus^2} = 9{,}81 \text{ m s}^{-2} \tag{2.12}$$

besitzt. Eine Masse m, die zur Zeit $t = t_0$ aus der Höhe h auf den Erdboden fällt, erfährt genau diese Erdbeschleunigung, wenn $h \ll r_\oplus$ gilt. Kann man aus dieser Tatsache die Trajektorie der frei fallenden Masse bestimmen?

Bisher haben wir mit Hilfe der bekannten Trajektorie $\boldsymbol{r}(t)$ durch ein- bzw. zweifache Differentiation die Geschwindigkeit $\boldsymbol{v}(t)$ und die Beschleunigung $\boldsymbol{a}$ berechnet. Jetzt muss dieser Rechengang in umgekehrter Richtung durchlaufen werden. Die Umkehrung der Differentiation ist die Integration. Außerdem vereinfachen wir das Problem durch Drehung der y-Achse in die Richtung $\widehat{\boldsymbol{r}}$. Dann gilt $\boldsymbol{a} = a \, \widehat{\boldsymbol{r}} = -g \, \widehat{\boldsymbol{y}}$, und wir erhalten

$$v_y(t) = \int_{t_0}^{t} a \, \mathrm{d}t = a \, (t - t_0) = a \, t + v_{y,0} \ . \tag{2.13}$$

$v_{y,0}$ wird als Integrationskonstante bezeichnet. In unserem Beispiel ist $v_{y,0}$ die Anfangsgeschwindigkeit zur Zeit $t = t_0$, also $v_{y,0} = 0$. Ebenso erhalten wir

$$y(t) = \int_{t_0}^{t} v_y \, \mathrm{d}t = \int_{t_0}^{t} a \, t \, \mathrm{d}t = \frac{1}{2} \, a \, (t^2 - t_0^2) = \frac{1}{2} \, a \, t^2 + y_0 \ . \tag{2.14}$$

y_0 ist wiederum die Integrationskonstante, also der Anfangsort der Masse zur Zeit $t = t_0$, d.h $y_0 = h$. Setzen wir $a = -g$, so folgt für die Trajektorie der frei fallenden Masse m:

$$y(t) = h - \frac{1}{2} \, g \, t^2 \ .$$

Die Ort-Zeit-Funktion verändert sich beim freien Fall quadratisch mit der Zeit.

Diese Beispiele sind sehr einfach, denn durch geschickte Ausrichtung des Koordinatensystems haben wir ein 1-dimensionales Problem erhalten. Lässt sich ein Problem so nicht vereinfachen, ergeben sich bei der Berechnung der Trajektorie trotzdem keine neuen Schwierigkeiten, denn es gilt das **Superpositionsprinzip der Kinematik**:

Die Bewegung eines Massenpunkts auf einer beliebigen Trajektorie lässt sich immer zerlegen in die voneinander unabhängigen Bewegungen längs der 3 Achsen eines kartesischen Koordinatensystems.

Das bedeutet, wir errechnen die Gesamttrajektorie aus den **Trajektorien** längs der Koordinatenachsen. Also

$$r(t) = \frac{1}{2}\,a\,t^2 + v_0\,t + r_0\;. \tag{2.15}$$

Wir wollen das an Hand eines Beispiels untersuchen.

- Der **schiefe Wurf**

Der schiefe Wurf ist die beliebige Bewegung eines Massenpunkts unter dem Einfluss der Erdbeschleunigung. Man kann sich leicht klarmachen, dass diese Bewegung immer in einer Ebene stattfinden muss, die senkrecht zur Erdoberfläche gerichtet ist. Von der Erdoberfläche wollen wir annehmen, dass sie für das Problem des schiefen Wurfs als eben angenommen werden kann. Dann lässt sich die Wurfebene durch die x- und y-Achsen eines Koordinatensystems beschreiben, wobei die y-Achse, wie im letzten Beispiel, senkrecht auf der Erdoberfläche steht. Wir kennen also die Beschleunigungskomponenten

$$a_x = 0 \quad , \quad a_y = -g\;.$$

Daraus ergeben sich für die Trajektorien längs der x- und y-Achsen

$$x = v_{x,0}\,t + x_0 \quad , \quad y = -\frac{1}{2}\,g\,t^2 + v_{y,0}\,t + y_0\;. \tag{2.16}$$

Diese beiden Gleichungen sind in der Tat alles, was wir wissen müssen, um den schiefen Wurf vollständig zu beschreiben. Bekannt sein müssen allerdings die Integrationskonstanten $v_{x,0}, v_{y,0}, x_0, y_0$, die auch Anfangsbedingungen genannt werden. Wir wollen als besondere Anfangsbedingungen wählen $x_0 = y_0 = 0$, d.h. der Wurf beginnt an der Erdoberfläche (siehe Abb. 2.2). Dann lässt sich sehr einfach die Zeit in den beiden Gleichung (2.16) eliminieren, und wir erhalten als **Bahnkurve** in der x-y-Ebene

$$y(x) = \frac{v_{y,0}}{v_{x,0}}\,x - \frac{g}{2\,v_{x,0}^2}\,x^2$$

$$= (\tan \varphi_0)\,x - \frac{g}{2\,v_0^2 \cos^2 \varphi_0}\,x^2$$

$$\text{mit } \cos \varphi_0 = \frac{v_{x,0}}{|v_0|} \;,\; \sin \varphi_0 = \frac{v_{y,0}}{|v_0|}\;.$$

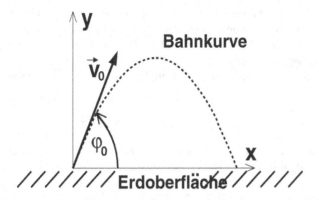

Abb. 2.2. Die Bahnkurve (*gestrichelt*) des schiefen Wurfs. Die Anfangswerte sind $x_0 = y_0 = 0$ und $v_{x,0}, v_{y,0}$, aus denen sich v_0 und $\tan \varphi_0$ berechnen lassen

Diese Bahnkurve beschreibt eine Parabel, die Wurfparabel. Ihr Scheitelpunkt ergibt sich aus der Maximumsbedingung (siehe Anhang 4)

$$\frac{\mathrm{d}y(x)}{\mathrm{d}x} = 0$$

$$\rightarrow \quad x_{\max} = \frac{v_{x,0}\,v_{y,0}}{g} = \frac{v_0^2 \sin 2\,\varphi_0}{2\,g}$$

$$\rightarrow \quad y_{\max} = \frac{v_{x,0}^2}{2\,g} = \frac{v_0^2 \cos^2 \varphi_0}{2\,g}\;.$$

Die Wurfparabel ist symmetrisch zum Scheitelpunkt $x_{\max}$, und daraus ergibt sich als Reichweite des Wurfs

$$R = 2\,x_{\max} = \frac{v_0^2 \sin 2\varphi_0}{g}\;.$$

Die Funktion $\sin 2\varphi_0$ erreicht ihren größten Wert für $2\,\varphi_0 = \pi/2$, also $\varphi_0 = \pi/4$. Das heißt, wird der Wurf von der Erdoberfläche unter einem Winkel von $45°$ gestartet, erreicht der Wurf die größte Reichweite $R_{\max}$ und eine Höhe $h_{\max}$ mit den Werten

$$R_{\max} = \frac{v_0^2}{g}\quad,\quad h_{\max} = \frac{v_0^2}{4g}\;.$$

2.1.1 Die gleichförmige Kreisbewegung

Im Gegensatz zur Gleichung (2.2) erfolgt die Kreisbewegung eines Massenpunkts auf der Trajektorie

$$\boldsymbol{r}(t) = r\,\widehat{\boldsymbol{e}}(t) \text{ mit } r = \text{ konst,} \qquad (2.17)$$

d.h. die Richtung $\hat{e}(t)$ verändert sich mit der Zeit. Diese Veränderung besitzt wegen $r = $ konst einen Mittelpunkt, den Kreismittelpunkt O, und sie definiert eine Ebene, die Kreisebene. Den Ursprung des kartesischen Koordinatensystems legen wir in O, in der Ebene befinden sich die x- und y-Achsen des Koordinatensystems. Dann lautet die Komponentenschreibweise der Richtung $\hat{e}(t)$:

$$\hat{e}(t) = (\cos \varphi(t))\,\hat{x} + (\sin \varphi(t))\,\hat{y} \ . \tag{2.18}$$

Die Bewegung auf dem Kreis ist gleichförmig, wenn die Veränderung von $\varphi(t)$ gleichförmig ist, d.h. wenn gilt

$$\varphi(t) = \omega\,t \quad , \quad [\omega] = \text{s}^{-1}. \tag{2.19}$$

Dabei ist $\varphi(t)$ der Kreiswinkel und ω die konstante Winkelgeschwindigkeit.

Um den Kreiswinkel zu messen, kennen wir zwei Verfahren: Das Winkelmaß und das Bogenmaß (siehe Abb. 2.3).

- Das **Winkelmaß** φ , $[\varphi] = {}^{\circ}$ "Winkelgrad".

Definition: $\varphi = 1^{\circ}$ entspricht dem 360sten Teil des Vollkreises.

- Das **Bogenmaß** φ , $[\varphi] = \text{Rad}$ "Radiant".

Definition: $\varphi = $ (Bogenlänge auf dem Kreis)/(Radius des Kreises) $= s/r$.

Aus diesen Definitionen wird klar, dass die Einheiten $^{\circ}$ bzw. Rad nicht wirklich Einheiten sind, denn das Verhältnis ist in beiden Fällen einheitenlos. Vielmehr dienen sie zur Unterscheidung, welches der beiden Verfahren zur Winkelmessung benutzt wurde. Wir werden den Winkel meistens im Bogenmaß angeben und die Kennzeichnung Rad dann fortlassen. Nur wenn wir das Winkelmaß benutzen, werden wir die Kennzeichnung $^{\circ}$ verwenden.

Wichtig ist auch, von welchem Punkt ab und in welche Richtung der Winkel φ zu messen ist. Definitionsgemäß wird der Winkel von der x-Achse

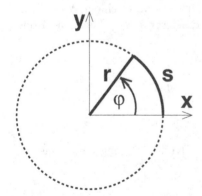

Abb. 2.3. Definition des Winkels φ in Einheiten des Bogenmaßes durch $\varphi = s/r$, wobei r der Radius eines Kreises ist und s die Bogenlänge auf dem Kreis. Beachten Sie die Richtung $x \to y$, in der φ zunimmt

in Richtung zur y-Achse gemessen. Damit hat es den Anschein, als ob die gleichförmige Kreisbewegung auf ein 2-dimensionales Problem reduziert werden kann, wie der schiefe Wurf. Das ist jedoch nicht der Fall, denn die x-y-Ebene kann im Raum eine beliebige Orientierung besitzen. Zur Kennzeichnung der Orientierung benutzen wir die z-Achse, die senkrecht auf der x-y-Ebene steht. Dabei entsteht folgendes Problem: Eine Ebene besitzt 2 Seiten, eine Ober- und eine Unterseite. Auf welcher Seite soll die z-Achse stehen?

Diese Frage wird mit Hilfe des Vektor-Produkts (siehe Anhang 3) eindeutig beantwortet. Und zwar muss die z-Achse auf der Seite stehen, sodass gilt

$$\widehat{x} = \widehat{y} \times \widehat{z} \, , \, \widehat{y} = \widehat{z} \times \widehat{x} \, , \, \widehat{z} = \widehat{x} \times \widehat{y} \, . \tag{2.20}$$

Jede dieser Gleichungen beschreibt den gleichen Sachverhalt, nämlich dass die Richtungen $\widehat{x}$, $\widehat{y}$, $\widehat{z}$ die Achsen eines **rechtshändigen** kartesischen Koordinatesystems definieren. Diese Bezeichnung ist so zu verstehen, dass $\widehat{x}$ die Richtung des Daumens, $\widehat{y}$ die Richtung des Zeigefingers, und $\widehat{z}$ die Richtung des Mittelfingers hat, wenn man diese Finger der rechten Hand rechtwinklig spreizt. Gleichzeitig beschreibt die Krümmung der rechten Hand die Richtung, in der sich $\varphi(t)$ verändert, wenn der Daumen in die Richtung $\widehat{z}$ zeigt.

Eine Spiegelung $x \to -x$, $y \to -y$, $z \to -z$ macht aus einem rechtshändigen Koordinatensystem ein **linkshändiges** Koordinatensystem:

$$-\widehat{x} = (-\widehat{y}) \times (-\widehat{z}) = \widehat{y} \times \widehat{z} = -(\widehat{z} \times \widehat{y}) \, .$$

Das bedeutet

$$\widehat{x} = \widehat{z} \times \widehat{y} \, , \, \widehat{y} = \widehat{x} \times \widehat{z} \, , \, \widehat{z} = \widehat{y} \times \widehat{x}$$

sind die Definitionsgleichungen für ein linkshändiges Koordinatensystem. Ein derartiges Koordinatensystem werden wir nie benutzen.

Nach diesen Vorbemerkungen sind wir jetzt in der Lage, die Trajektorie der gleichförmigen Kreibewegung zu untersuchen. In Komponentenschreibweise lautet sie

$$x(t) = r \cos \omega t \, , \tag{2.21}$$
$$y(t) = r \sin \omega t \, .$$

Die Bahngeschwindigkeit auf dem Kreis erhalten wir durch die 1. Ableitung der Ort-Zeit-Funktion nach der Zeit (beachten Sie Anhang 4)

$$v_x(t) = -r \, \omega \sin \omega t = r \, \omega \cos (\omega t + \pi/2) \, , \tag{2.22}$$
$$v_y(t) = r \, \omega \cos \omega t = r \, \omega \sin (\omega t + \pi/2) \, .$$

Vergleichen wir diese Komponenten von $\boldsymbol{v}(t)$ mit den Komponenten von $\boldsymbol{r}(t)$, so erkennen wir, dass die Richtung $\widehat{v}$ um den Winkel $\pi/2$, d.h. 90°, zur Richtung $\widehat{e}$ gedreht ist. Das bedeutet, $\widehat{v}$ steht sowohl senkrecht auf $\widehat{e}$ wie auch senkrecht auf $\widehat{z}$ (siehe Abb. 2.4). Die Gleichung (2.22) in Verbindung mit

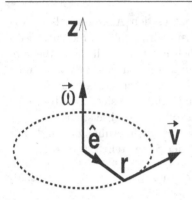

Gleichung (2.20) ist daher so zu interpretieren, dass für die Bahngeschwindigkeit auf dem Kreis gilt

$$v(t) = r\,\omega\,(\widehat{z} \times \widehat{e}(t)) = (\omega\,\widehat{z}) \times (r\,\widehat{e}(t)) = \omega \times r(t) \; . \tag{2.23}$$

Also auch die **Winkelgeschwindigkeit** ist ein Vektor $\omega = \omega\,\widehat{z}$, d.h. seine Richtung zeigt in Richtung $\widehat{z}$ eines rechthändigen Koordinatensystems. Ihre Komponente ergibt sich aus der Zeit T, die benötigt wird, um den Kreis einmal zu durchlaufen,

$$\omega = \frac{v}{r} = \frac{2\pi}{T} > 0 \; . \tag{2.24}$$

Da auch die Komponente r von $r(t)$ immer positiv ist, muss auch die Komponente v von $v(t)$ immer positiv sein, d.h. es gilt für eine Kreisbewegung:

$$r > 0 \quad , \quad v > 0 \; . \tag{2.25}$$

Schließlich berechnen wir jetzt die Bahnbeschleunigung durch die 1. Ableitung der Geschwindigkeit-Zeit-Funktion nach der Zeit und erhalten

$$a_x(t) = -r\,\omega^2 \cos \omega t \; , \tag{2.26}$$
$$a_y(t) = -r\,\omega^2 \sin \omega t \; ,$$

d.h. die Bahnbeschleunigung lautet wegen $\widehat{e} = \widehat{r}$

$$a(t) = -r\,\omega^2\,\widehat{r} = -\frac{v^2}{r}\,\widehat{r} \; . \tag{2.27}$$

Der Beschleunigungsvektor ist also immer entgegengesetzt gerichtet zu der Richtung $\widehat{r}$; man nennt diesen Vektor die Zentripetalbeschleunigung a_{ZP}. In Bezug auf die so definierte Richtung lautet seine Komponente

$$a_{ZP} = -r\,\omega^2 = -\frac{v^2}{r} \; . \tag{2.28}$$

Es ist wichtig, sich klar zu machen, dass die Zentripetalbeschleunigung immer existieren muss, wenn sich ein Körper auf einer Kreisbahn bewegen soll.

Für die Bewegung auf einer Kreisbahn muss eine **Zentripetalbeschleunigung** $a_{ZP} = -r\,\omega^2\,\widehat{r}$ existieren, die immer auf den Kreismittelpunkt gerichtet ist.

Es gibt mehrere Methoden, die Zentripetalbeschleunigung zu erzeugen, denn Kreisbewegungen treten häufig in der Natur auf, z.B. bei der Bewegung des Monds um die Erde, oder wenn ein Auto um die Kurve fährt. Über diese Methoden werden wir in den folgenden Kapiteln einiges erfahren.

2.1.2 Die beschleunigte Kreisbewegung

Bei der gleichförmigen Kreisbewegung wirkt nur eine Beschleunigung, die immer auf den Kreismittelpunkt gerichtet ist: Die Zentripetalbeschleunigung a_{ZP}. Es kann aber auch geschehen, dass ein Massenpunkt zusätzlich auf seiner Kreisbahn beschleunigt wird. Diese tangentiale Beschleunigung muss dann von der Form

$$a_t = r\,\frac{d^2\varphi}{dt^2}\,\widehat{v} \tag{2.29}$$

sein, wobei $d^2\varphi/dt^2$ sowohl positiv wie auch negativ sein kann. In Kap. 2.2.4 werden wir ein Beispiel dafür kennenlernen.

Anmerkung 2.1.1: Zwischen dem Winkel, gemessen im Winkelmaß, und dem Winkel im Bogenmaß gibt es natürlich eine Umrechnungsformel. Sie lautet

$$1° = \frac{2\pi}{360} = 0{,}0175 \text{ Rad} .$$

Wenn wir unserer Schreibkonvention folgen, ergeben sich daraus folgende Äquivalenzen:

$$45° = \frac{\pi}{4} ,$$
$$90° = \frac{\pi}{2} ,$$
$$180° = \pi .$$

Anmerkung 2.1.2: Die Unterscheidung zwischen rechtshändigem und linkshändigem Koordinatensystem ist auch in der Natur von einiger Bedeutung. Zum Beispiel gibt es eine rechtsdrehende und eine linksdrehende Milchsäure. Physikalisch werden diese unterschieden durch die Ausrichtung von $\widehat{z}$: Bei der rechtsdrehenden Milchsäure zeigt $\widehat{z}$ in Blickrichtung, bei der linksdrehenden Milchsäure ist $\widehat{z}$ entgegengesetzt gerichtet zur Blickrichtung. In beiden Fällen wird aber immer ein rechtshändiges Koordinatensystem benutzt.

Anmerkung 2.1.3: Bei einer Spiegelung wird aus einem rechtshändigen ein linkshändiges Koordinatensystem. Viele Vektoren, wie z.B. r oder v, wechseln dabei ihr Vorzeichen:

$$r \to -r \; ,$$
$$v \to -v \; .$$

Solche Vektoren nennt man **polare** Vektoren. Für andere Vektoren, die neben Betrag und Richtung auch eine Drehrichtung enthalten, gilt dies aber nicht, z.B. für die Winkelgeschwindigkeit ω:

$$\omega \to \omega \; \text{bei Spiegelung.}$$

Diese Vektoren werden definiert durch ein Vektor-Produkt aus polaren Vektoren, wie z.B. (beachten Sie Gleichung (2.20))

$$\omega = \frac{\omega}{r\,v}\left(r \times v\right) \; .$$

Man nennt derartige Vektoren **axiale** Vektoren. Physikalische Gesetze, die vektorielle Messgrößen enthalten, müssen auf ihrer linken und rechten Seite das gleiche Verhalten gegen Spiegelungen aufweisen. Das bedeutet, sie besitzen auf den beiden Seiten entweder einen polaren Vektor oder einen axialen Vektor, siehe z.B. Gleichung (3.18).

2.2 Die Dynamik des Massenpunkts

Aus Kap. 1 wissen wir, dass Zustandsänderungen durch Kräfte F bewirkt werden. Eine Bewegungsänderung wird immer charakterisiert durch die Beschleunigung a. Es gilt daher, einen Zusammenhang zwischen F und a zu finden.

2.2.1 Die Newton'schen Axiome

Der einfachste Zusammenhang wäre

$$F \propto a \; , \tag{2.30}$$

und dies ist in der Tat richtig, wie zuerst von Newton erkannt wurde. Die Proportionalität (2.30) ist so zu verstehen, dass sich ein Massenpunkt jeder Bewegungsänderung widersetzt, die nur durch eine Kraft überwunden werden kann. Diese Eigenschaft einer Masse bezeichnet man als ihre Trägheit. Die Stärke der Trägheit ist offensichtlich durch die Proportionalitätskonstante gegeben, und Newton nannte die Proportionalitätskonstante "**träge Masse**" m_{Tr}. Der exakte Zusammenhang zwischen Kraft und Beschleunigung lautet daher

$$F = m_{\text{Tr}}\, a \; . \tag{2.31}$$

Hier taucht zunächst eine neue Masse m_{Tr} auf, die im Prinzip verschieden von der schweren Masse m sein kann, die die Ursache für die Gravitationskraft ist. Ob beide Massen verschieden oder gleich sind, muss durch das Experiment entschieden werden. Ist die Gleichung (2.31) richtig, dann muss für den freien Fall eines Massenpunkts nach Gleichung (2.11) gelten

$$m_{\text{Tr}}\, \boldsymbol{a} = -m\,g\,\widehat{\boldsymbol{r}} \ .$$

Eine Messung des Verhältnisses a/g sollte den Wert für das Massenverhältnis m/m_{Tr} liefern. Alle bisherigen Experimente haben ergeben $a/g = 1$, woraus folgt $m/m_{\text{Tr}} = 1$, und daher gilt:

Das Ergebnis aller bisherigen Gravitationsexperimente ist die Gleichheit von träger und schwerer Masse mit einem relativen Fehler von 10^{-10}:

$$m_{\text{Tr}} = m \ .$$

Wir können jetzt die 3 Newton'schen Axiome angeben, die die Grundlage für die Dynamik von Körpern unter dem Einfluss von Kräften bilden. Sie werden als Axiome bezeichnet, weil sie sich zur Zeit ihrer Formulierung nicht auf noch fundamentalere Prinzipien zurückführen und sich daher nur experimentell verifizieren ließen.

Axiom 1: Ein Körper bewegt sich geradlinig gleichförmig, wenn keine äußeren Kräfte auf ihn wirken.

Axiom 2: Die Bewegungsänderung eines Körpers wird durch äußere Kräfte bewirkt und ist diesen proportional:

$$\boldsymbol{F} = m\,\boldsymbol{a} \quad , \quad [F] = \text{kg m s}^{-2} = \text{N} \quad \text{"Newton"}$$

Axiom 3: Die Kraft $\boldsymbol{F}_1^{(2)}$, die der Körper 2 auf den Körper 1 ausübt, ist gleich, aber entgegengesetzt gerichtet zu der Kraft $\boldsymbol{F}_2^{(1)}$, die der Körper 1 auf den Körper 2 ausübt:

$$\boldsymbol{F}_1^{(2)} = -\boldsymbol{F}_2^{(1)} \ .$$

In diesem Lehrbuch bezeichnet der obere Index in Klammern das System, auf das sich die physikalische Messgröße bezieht. $\boldsymbol{F}_1^{(2)}$ ist daher die Kraft, welche die im System (2) ruhende Masse auf die Masse 1 ausübt. Ist das System nicht durch den oberen Index spezifiziert, wird automatisch das System zugrunde gelegt, in dem der Beobachter (Experimentator) ruht.

Das 1. Newton'sche Axiom wird auch als **Relativitätsprinzip** bezeichnet, denn es impliziert, dass alle Systeme, die sich geradlinig gleichförmig zueinander bewegen, äquivalent sind. Denn die Massenpunkte in diesen Systemen unterliegen keinen äußeren Kräften, sondern nur den inneren Kräften zwischen ihnen. Daher gelten in allen derartigen Systemen die gleichen physikalischen Gesetze, die den Zusammenhang zwischen inneren Kräften und Zustandsänderungen beschreiben. Auf die Bedeutung solcher Systeme, die man auch Inertialsysteme nennt, kommen wir später noch zurück. Und weiterhin: Ein System, auf das keine äußeren Kräfte oder Drehmomente (siehe Kap. 3.2) wirken, nennt man ein **abgeschlossenes System**.

Auf der anderen Seite ist ein System, auf das äußere Kräfte wirken, beschleunigt und unterscheidet sich deswegen von allen Inertialsystemen. In einem beschleunigten System wirken zusätzlich zu den inneren Kräften noch weitere äußere Kräfte auf die Massenpunkte, die Trägheitskräfte genannt werden. Dabei ist für die Existenz von Trägheitskräften allein notwendig, dass das System beschleunigt ist, d.h. die Natur der Trägheitskräfte spielt keine Rolle. Die Trägheitskräfte F_{Tr} werden allein definiert durch das 2. und 3. Newton'sche Axiom

$$F_{\mathrm{Tr}} = -m\,a\,, \qquad (2.32)$$

wobei a die Beschleunigung des Systems ist. Die Trägheitskräfte behandeln wir in Kap. 2.2.3

2.2.2 Die abgeleiteten Kräfte

Wir kennen die 4 fundamentalen Kräfte, aber diese Kräfte scheinen, abgesehen von der Gravitationskraft, nur wenig mit unserem täglichen Leben zu tun zu haben, das bestimmt wird durch Kräfte wie die Muskelkraft, die Motorkraft, die Reibungskraft und andere. Diese Kräfte bezeichnen wir als abgeleitete Kräfte, denn sie sind im Prinzip alle nur verschiedene Erscheinungsformen einer fundamentalen Kraft, der elektrischen Kraft. Es gibt einige Fälle, wo sich die abgeleiteten Kräfte durch sehr einfache physikalische Beziehungen beschreiben lassen, und mit zwei Fällen wollen wir uns jetzt beschäftigen.

• Die elastische Kraft

Wir kennen das: Wollen wir eine Feder auseinanderziehen, so müssen wir dazu eine Kraft aufbringen, und die Kraft muss umso stärker sein, je weiter wir die Feder auseinanderziehen. Die Kraft der Feder F wirkt also der Kraft, die die Auslenkung x aus der Ruhelage der Feder bewirkt, entgegen

$$F = -D\,x\,. \qquad (2.33)$$

D wird Federkonstante genannt, sie besitzt die Einheit $[D] = \mathrm{N\,m}^{-1}$. Die Gleichung (2.33) heißt Hooke'sches Gesetz.

Jede Kraft, die die Eigenschaft $F \propto -x$ besitzt, wird als **elastische** oder **harmonische Kraft** bezeichnet.

In Kap. 2.2.4 werden wir uns mit der Bewegung befassen, die ein Massenpunkt ausführt, auf den eine elastische Kraft wirkt.

- Die Reibungskraft

Auch diese Kraft ist uns aus dem täglichen Leben wohl bekannt: Versuchen wir, einen Koffer über den Boden zu schleifen, benötigen wir zunächst eine Kraft, um ihn überhaupt in Bewegung zu versetzen, und dann eine Kraft, um ihn in Bewegung zu halten. Die Ursache für diese Kraft, die Reibungskraft F_R, ist offensichtlich, sie besteht in der Kontaktfläche zwischen dem Koffer und dem Erdboden. Und zwar haben wir aus Erfahrung auch gelernt, dass die Reibungskraft umso größer ist, je größer das Gewicht $G = m\,g$ des Koffers ist.

Verallgemeinern wir diese Beobachtungen, so hat die Reibungskraft folgende Eigenschaften:

(1) Sie ist proportional zu F_n, der Stärke der Normalkraft, die zwischen zwei sich berührenden Oberflächen wirkt.

(2) Sie wirkt immer entgegengesetzt zu der Bewegung in Richtung $\widehat{x}$ parallel zu den Oberflächen.

Das bedeutet, für die Reibungskraft ergibt sich folgende Proportionalität

$$F_R \propto -F_n\,\widehat{x} \ .$$

Dies ist zunächst nur eine Proportionalität, die Proportionalitätskonstante hängt entscheidend von der Oberflächenbeschaffenheit ab und davon, ob der Körper noch ruht (Haftreibungskoeffizient μ_h) oder ob er sich schon bewegt (Gleitreibungskoeffizient μ_g). Wir folgern daher:

Zwischen der Kontaktfläche von zwei sich berührenden Körpern wirken Kräfte, und zwar die

$$\text{Haftreibung: } F_{R,h} = -\mu_h\,F_n\,\widehat{x} \ . \qquad (2.34)$$

$$\text{Gleitreibung: } F_{R,g} = -\mu_g\,F_n\,\widehat{x} \ . \qquad (2.35)$$

Dabei gilt immer $\mu_g < \mu_h$.

Man muss also mindestens die Kraft $F \geq F_{R,h}$ aufbringen, um einen Körper in Bewegung zu setzen, und die Kraft $F = F_{R,g}$ ist notwendig, um ihn in Bewegung zu halten. Beachten Sie den Unterschied zwischen elastischer Kraft und Reibungkraft bezüglich ihrer x-Abhängigkeiten: Die elastische Kraft ist proportional zur Auslenkung $-x\,\widehat{x}$, die Reibungkraft ist konstant und besitzt die Richtung $-\widehat{x}$.

Wir wollen die Wirkung der Reibungskräfte an Hand von 3 Beispielen untersuchen.

(1) Ein Körper auf der **schiefen Ebene**

Diese Situation ist in Abb. 2.5 dargestellt. Die x-Achse steht senkrecht auf der schiefen Ebene, die y-Achse liegt parallel zu ihr. Neben der Reibungskraft $F_{R,h} = -F_x\,\widehat{y}$ wirkt auf den Körper die Gravitationskraft $F_G = G\,\widehat{e}$ mit den Komponenten

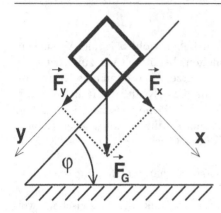

Abb. 2.5. Ein Klotz auf einer schiefen Ebene, die einen Neigungswinkel φ gegen die Horizontale hat. Die Gewichtskraft $\boldsymbol{F}_G$ lässt sich zerlegen in die normale Komponente $F_n = F_x = F_G \cos\varphi$, und in die tangentiale Komponente $F_t = F_y = F_G \sin\varphi$

$$F_x = G\cos\varphi \quad \text{und} \quad F_y = G\sin\varphi \ . \tag{2.36}$$

Der Körper wird vom Ruhe- in den Gleitzustand übergehen, wenn $F_y + F_{R,h} = 0$, d.h.

$$G\sin\varphi = \mu_h\, G\cos\varphi \ .$$

Daraus ergibt sich der Böschungswinkel zu $\varphi = \operatorname{atan}\mu_h$. Da μ_h im Prinzip alle Werte zwischen 0 und ∞ annehmen kann, liegt der Böschungswinkel zwischen 0° und 90°.

(2) Das Auto in einer Kurve

Damit ein Auto eine kreisförmige Kurve mit Radius r durchfahren kann, muss eine Zentripetalkraft

$$\boldsymbol{F}_{ZP} = m\,\boldsymbol{a}_{ZP} = -m\,\frac{v^2}{r}\widehat{\boldsymbol{r}}$$

vorhanden sein. Diese kann nur durch die Haftreibung der Autoreifen mit dem Erdboden $\boldsymbol{F}_{R,h} = -\mu_h\, g\,m\,\widehat{\boldsymbol{r}}$ erzeugt werden. Daher ist die maximale Geschwindigkeit, mit der das Auto die Kurve durchfahren kann, gegeben durch

$$m\,\frac{v^2}{r} = \mu_h\, g\, m \quad \rightarrow \quad v = \sqrt{\mu_h\, g\, r} \ .$$

Die Kurvengeschwindigkeit ist also unabhängig von der Masse des Autos, wohl aber abhängig von dem Haftreibungskoeffizienten μ_h: Je kleiner der Kurvenradius r ist, umso größer muss μ_h sein.

(3) Der Bremsweg eines Autos

Da der Betrag der Gleitreibung $|F_{R,g}| = \mu_g\, G$ konstant ist, ist das Problem der Abbremsung eines Autos äquivalent zu dem des freien Falls, Gleichung (2.15). Wir erhalten für die Geschwindigkeit-Zeit-Funktion des Autos $v = v_0 - \mu_g\, g\, t$.

Die Abbremszeit, das ist die Zeit, die das Auto benötigt, um von der Anfangsgeschwindigkeit v_0 in den Ruhezustand $v = 0$ zu gelangen, ergibt sich zu

$$t = \frac{v_0}{\mu_g\, g} \; . \qquad (2.37)$$

Für die Ort-Zeit-Funktion des Autos mit Anfangsort $s_0 = 0$ gilt

$$s = v_0\, t - \frac{1}{2}\, \mu_g\, g\, t^2 \; . \qquad (2.38)$$

Setzen wir in diese Gleichung die Abbremszeit (2.37) ein, erhalten wir als Bremsweg

$$s = \frac{v_0^2}{\mu_g\, g} - \frac{v_0^2}{2\,\mu_g\, g} = \frac{v_0^2}{2\,\mu_g\, g} \; . \qquad (2.39)$$

Der Bremsweg steigt also quadratisch mit der Anfangsgeschwindigkeit.

Anmerkung 2.2.1: Harmonische Kräfte sind deswegen von so großer Bedeutung, weil sie in sehr guter Näherung das dynamische Verhalten von Massenpunkten beschreiben, die aus ihrer Ruhelage ausgelenkt werden. In einem sehr komplizierten Fall ist das z.B. die Auslenkung eines einzelnen Atoms in der gebundenen Struktur sehr vieler Atome. Im Kap. 4.1 werden wir uns damit befassen.

Anmerkung 2.2.2: Die Eigenschaften der Reibungskräfte werden bestimmt durch die Kontaktfläche, die deswegen auch vorhanden sein muss. Nur starre Körper besitzen feste Oberfächen, nicht aber Flüssigkeiten oder Gase. Trotzdem treten auch dort Reibungskräfte auf, die allerdings anders beschrieben werden müssen, da die Kontaktfläche fehlt. Als Folge werden die Reibungskräfte in Flüssigkeiten und Gasen abhängig von der Strömungsgeschwindigkeit, siehe Kap. 5.2.2.

2.2.3 Die Trägheitskräfte

Trägheitskräfte auf einen Massenpunkt wirken immer, wenn das System, in dem der Massenpunkt anfänglich ruhte (ein derartiges Inertialsystem existiert immer), beschleunigt wird. Ist a die Beschleunigung, dann beträgt die Trägheitskraft auf m

$$\boldsymbol{F}_{\mathrm{Tr}} = -m\, \boldsymbol{a} \; . \qquad (2.40)$$

Wir wollen zwei Fälle betrachten.

(1) Lineare Beschleunigung $\boldsymbol{a}$

Dieser Fall tritt auf, wenn das System unter dem Einfluss der Erdbeschleunigung g frei fällt. Die Folge ist, dass frei fallende Körper kein Gewicht besitzten, denn die Gravitationskraft $\boldsymbol{F}_{\mathrm{G}} = -G\widehat{\boldsymbol{r}}$ wird kompensiert durch die

Trägheitskraft $F_{\mathrm{Tr}} = G\hat{r}$, d.h. für die resultierende Kraft in dem beschleunig-ten System gilt $F_{\mathrm{G}} + F_{\mathrm{Tr}} = 0$. Der Körper ruht also in diesem System.

Ein anderes Beispiel, dem wir laufend in unserem Alltag begegnen, ist die Beschleunigung a eines Fahrzeugs. Während des Beschleunigungsvorgangs erfahren die Insassen die Trägheitskraft $F_{\mathrm{Tr}} = -m\,a$, die sie straucheln lässt, falls sie keinen festen Halt haben.

(2) Zentripetalbeschleunigung $a_{\mathrm{ZP}} = -\omega^2\,r\,\hat{r}$

Ein Massenpunkt in einem System auf einer Kreisbahn erfährt eine Trägheits-kraft

$$F_{\mathrm{ZF}} = m\,\frac{v^2}{r}\,\hat{r} . \tag{2.41}$$

Diese Kraft wird **Zentrifugalkraft** genannt, sie wirkt immer in Richtung $\hat{r}$ des Radiusvektors. Auf der Zentrifugalkraft beruht z.B. die Wirkungsweise einer Zentrifuge, mit deren Hilfe Massen voneinander getrennt werden können, da F_{ZF} massenabhängig ist.

In einem rotierenden System tritt eine zusätzliche Trägheitskraft auf, wenn der Massenpunkt in diesem System eine Geschwindigkeit $v^{(\mathrm{R})}$ besitzt, und die **Coriolis-Kraft** F_{Cor} genannt wird. Die Hochstellung $^{(\mathrm{R})}$ weist darauf hin, dass die Geschwindigkeit in dem rotierenden System (R) gemessen wird. Ein ruhender Beobachter (B) außerhalb des rotierenden Systems wird dagegen eine Geschwindigkeit $v^{(\mathrm{B})}$ messen, die sich von $v^{(\mathrm{R})}$ unterscheidet. Wir wollen uns die Ursachen für diesen Unterschied überlegen und nehmen dazu an, dass $v^{(\mathrm{B})} = v^{(\mathrm{B})}\,\hat{r}$ radial nach außen gerichtet ist. Während sich der Massenpunkt für den Beobachter geradlinig bewegt, dreht sich das System unter ihm weg und die Bahnkurve, vom System (R) aus betrachtet, ist gekrümmt, wie in Abb. 2.6 dargestellt. Grund für die Abweichung von der Geradlinigkeit muss die Beschleunigung a_{Cor} sein. Während eines kleinen Zeitintervalls Δt beträgt die Veränderung Δs der Ortsvektoren $\Delta r(t)$ im System (R) bei gleichmäßiger Beschleunigung a_{Cor}:

$$\Delta s = \Delta(\Delta r) = \frac{1}{2}\,a_{\mathrm{Cor}}\,\Delta t^2 = -\omega\,\Delta r\,\Delta t ,$$

woraus sich ergibt

$$a_{\mathrm{Cor}} = -2\,\omega\,\frac{\Delta r}{\Delta t} = -2\,\omega\,v^{(\mathrm{R})} .$$

Bei dieser Plausibilitätsbetrachtung haben wir angenommen, dass sich der Massenpunkt in der Ebene bewegt, die durch die Rotation des Systems (R) um die Achse mit Richtung $\hat{\omega}$ gebildet wird. Besitzt dagegen $v^{(\mathrm{R})}$ die gleiche Richtung wie $\hat{\omega}$, d.h. gilt $\hat{\omega} \times v^{(\mathrm{R})} = 0$, so ist auch $a_{\mathrm{Cor}} = 0$. In der Tat lautet die korrekte Beziehung für die Coriolis-Beschleunigung bzw. Coriolis-Kraft

$$a_{\mathrm{Cor}} = -2\,(\omega \times v^{(\mathrm{R})}) \quad , \quad F_{\mathrm{Cor}} = -2\,m\,(\omega \times v^{(\mathrm{R})}) . \tag{2.42}$$

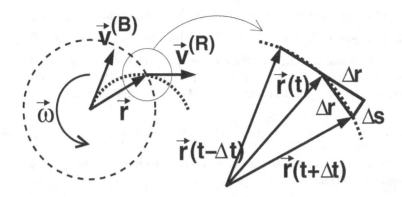

Abb. 2.6. *Links*: Die gekrümmte Bahnkurve (*gepunktet*) eines Massenpunkts in dem System (R), das sich mit Winkelgeschwindigkeit $\boldsymbol{\omega}$ dreht, während sich dieser Massenpunkt im System (B) eines ruhenden Beobachters geradlinig gleichförmig mit Geschwindigkeit $\boldsymbol{v}^{(B)}$ bewegt. $\boldsymbol{r}$ ist der Ortsvektor des Massenpunkts zur Zeit t in (R). *Rechts*: Vergrößerter Ausschnitt der Bahnkurve, in dem die Lagen der Ortsvektoren zu den Zeiten $t - \Delta t, t, t + \Delta t$ zu sehen sind und die Veränderungen, die die Ortsvektoren während dieser Zeiten erfahren

Da die Erde ein rotierendes System bildet, sind Zentrifugal- und Coriolis-Kraft für uns so bekannte Phänomene, dass wir sie nicht mehr wahrnehmen. Zum Beispiel ist die Coriolis-Kraft verantwortlich für die Ausbildung der Hochdruck- und Tiefdruckgebiete und damit des Winds im Erdklima. Der französische Physiker Foucault (1819 - 1868) war es auch, dem es mit Hilfe der Coriolis-Kraft zum ersten Mal gelang, die Rotation der Erde um die Süd-Nord-Achse experimentell nachzuweisen. Dieses Experiment trägt daher seinen Namen: Foucault-Pendel.

2.2.4 Die Bewegungsgleichung

Das 2. Newton'sche Axiom bildet die Grundlage für die Behandlung der Dynamik eines Massenpunkts m in der klassischen Physik: Es verknüpft die Kraft $\boldsymbol{F}(\boldsymbol{r}, t)$ auf den Massenpunkt mit seiner Bewegungsänderung:

$$\frac{\mathrm{d}^2 \boldsymbol{r}(t)}{\mathrm{d}t^2} = \frac{\boldsymbol{F}(\boldsymbol{r}, t)}{m} \ . \tag{2.43}$$

Diese Gleichung wird in der Mathematik als Differentialgleichung 2. Ordnung bezeichnet, ihre Lösung ergibt die Trajektorie $\boldsymbol{r}(t)$ des Massenpunkts. Die Lösung der Gleichung (2.43) ist ein mathematisches Problem, die Formulierung der für ein spezielles Problem relevanten Kraft $\boldsymbol{F}(\boldsymbol{r}, t)$ dagegen das physikalische Problem. Im Anhang 6 werden wir uns kurz mit den Eigenschaften von Differentialgleichungen beschäftigen. Hier wollen wir jetzt anhand von 3 Problemen näher untersuchen, welche Trajektorien sich durch Lösung der

Differentialgleichung für eine ausgewählte Kraft ergeben.

(1) Der Massenpunkt unter der Wirkung einer **harmonischen Kraft**

Für die harmonische Kraft können wir bei geeigneter Wahl des Koordinatensystems ansetzen: $\boldsymbol{F}(x) = -D\,x\,\hat{\boldsymbol{x}}$, d.h. dieses Problem lässt sich 1-dimensional behandeln und führt zu der **Bewegungsgleichung**

$$\frac{\mathrm{d}^2 x}{\mathrm{d}t^2} = -\frac{D}{m}\,x = -\omega^2\,x \quad \text{mit} \quad \omega = \sqrt{\frac{D}{m}} \;. \tag{2.44}$$

Die allgemeine Lösung dieser harmonischen Differentialgleichung ist eine harmonische Funktion:

$$x(t) = \overline{x}\sin\left(\omega t + \delta\right) \,, \tag{2.45}$$

wie Sie durch Einsetzen in Gleichung (2.44) leicht verifizieren können. Diese Lösung enthält zwei Integrationskonstanten (weil die Differentialgleichung (2.43) von 2. Ordnung ist), nämlich die Anfangsbedingungen: **Amplitude** $\overline{x}$ und **Phase** δ. Die Werte der Anfangsbedingungen werden nicht durch die Differentialgleichung festgelegt, sondern durch das Problem, d.h. sie können für jedes Problem andere Werte besitzen. Nehmen wir z.B. ein Problem, für das zur Zeit $t = 0$ die Ort-Zeit-Funktion des Massenpunkts den Wert $x(0) = 0$ besitzt, und die Geschwindigkeit-Zeit-Funktion den Wert $v(0) = \overline{v}$. Dann ergibt sich

$$\delta = 0 \quad , \quad \overline{x} = \frac{\overline{v}}{\omega} \,,$$

und die Trajektorie des Massenpunkts ist

$$x(t) = \frac{\overline{v}}{\omega}\sin\omega t \;. \tag{2.46}$$

Ganz unabhängig von den tatsächlichen Werten der Anfangsbedingungen gilt:

Unter dem Einfluss einer harmonischen Kraft $F(x) = -D\,x$ führt der Massenpunkt m eine harmonische Bewegung aus mit der Trajektorie

$$x(t) = \overline{x}\sin\left(\omega t + \delta\right) \,,$$

wobei die Werte der Anfangsbedingungen $\overline{x}$, δ sich aus Ort und Geschwindigkeit des Massenpunkts zur Zeit $t = t_0$ ergeben.

Bei der Behandlung der Schwingungen in Kap. 7.1 werden wir auf die harmonischen Bewegungen zurückkommen.

(2) Der Massenpunkt unter der Wirkung der **Gravitationskraft**

Dieses Problem ist bereits so schwierig, dass wir es allgemein im Rahmen dieses Lehrbuchs nicht lösen können. Auf der anderen Seite zeigt uns die Natur, wie die Lösungen aussehen müssen: Die Planeten und Kometen bewegen sich unter dem Einfluss der Gravitationskraft der Sonne, und dabei treten geschlossene Bahnkurven (Planeten) wie auch offene Bahnkurven (viele Kometen) auf. Formal lautet die Bewegungsgleichung für beide

$$\frac{d^2 r(t)}{dt^2} = -\Gamma \frac{m_\odot}{r(t)^2} \widehat{r}(t) \;, \tag{2.47}$$

wobei $m_\odot = 1{,}989 \cdot 10^{30}$ kg die Masse der Sonne ist. Die Lösung für einen besonders einfachen Fall kennen wir allerdings bereits: Gilt $r(t) = $ konst, dann ergibt sich als Lösung der Differentialgleichung (2.47) die gleichförmige Kreisbewegung Gleichung (2.17)

$$r(t) = r\,\widehat{e}(t) \;.$$

Der Kreis gehört zu der Klasse der Kegelschnitte, und in der Tat sind alle Lösungen der Gleichung (2.47) Kegelschnitte, d.h. also entweder Kreise, Ellipsen, Parabeln oder Hyperbeln. Die Bahn der Erde unterscheidet sich nur wenig von einer Kreisbahn, und wir wollen diese Bahn etwas genauer untersuchen.

Damit ein Massenpunkt sich auf einer Kreisbahn bewegen kann, muss eine Zentripetalbeschleunigung $a_{ZP} = -\omega^2\,r\,\widehat{r}$ vorhanden sein. Für die Bahn der Erde wird diese erzeugt durch die Gravitationsbeschleunigung $a_G = -\Gamma\,(m_\odot/r^2)\,\widehat{r}$, d.h. es muss gelten

$$\omega^2\,r = \Gamma \frac{m_\odot}{r^2} \quad \rightarrow \quad \omega^2\,r^3 = \Gamma\,m_\odot = \text{konst.} \tag{2.48}$$

Wegen Gleichung (2.24) gilt daher auch $r^3/T^2 = $ konst, wenn r der Radius der (kreisförmigen) Umlaufbahn und T die Umlaufzeit ist. Dieses Ergebnis ist ein Sonderfall aus den allgemeineren 3 Gesetzen, die **Kepler** (1571 - 1630) auf Grund von Beobachtungen aufgestellt hat:

1. Gesetz: Die Planeten bewegen sich auf Ellipsen, in deren einem Brennpunkt die Sonne steht.
2. Gesetz: Der Ortsvektor $r(t)$ von der Sonne zum Planeten überstreicht in gleichen Zeiten gleiche Flächen.
3. Gesetz: Die Quadrate der Umlaufzeiten der Planeten verhalten sich wie die Kuben ihre großen Halbachsen.

Wir haben den Sonderfall für das 3. Kepler'sche Gesetz gerade behandelt. Das 2. Kepler'sche Gesetz entspricht der Drehimpulserhaltung, die wir in Kap. 3.3 behandeln werden. Das 1. Kepler'sche Gesetz ist eine Konsequenz der Bewegungsgleichung (2.47) für die Gravitationskraft.

(3) Das **mathematische Pendel**

Es gibt einen Spezialfall für die Bewegung eines Massenpunkts unter der Wirkung der Gravitationskraft: Die Bewegung auf einer Kreisbahn senkrecht zur

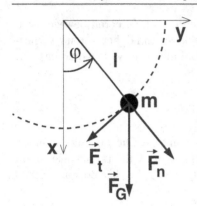

Abb. 2.7. Bewegung eines Massenpunkts auf einer Kreisbahn unter dem Einfluss seiner Gewichtskraft $\boldsymbol{F}_G$ auf der Erdoberfläche. Die Gewichtskraft kann in eine Normalkomponente $F_n = F_G \cos\varphi$ und eine Tangentialkomponente $F_t = F_G \sin\varphi$ zerlegt werden, wobei φ der momentane Auslenkwinkel des Massenpunkts aus der Vertikalen ist

Erdoberfläche, wobei auf den Massenpunkt die Kraft $\boldsymbol{F}_G = G\,\widehat{\boldsymbol{x}}$ wirkt. Dieser Fall eines "mathematischen Pendels" ist in Abb. 2.7 dargestellt. Die Kraft $\boldsymbol{F}_G$ kann in zwei Komponenten zerlegt werden, in die Komponente $F_n = G\cos\varphi$ normal zur Bahnkurve und in die Komponente $F_t = G\sin\varphi$ tangential zur Bahnkurve. Die Normalkomponente ist für die Bewegung auf der Kreisbahn ohne Bedeutung, sie wird immer vollständig kompensiert durch die elastischen Kräfte des Fadens mit konstanter Länge l, der den Massenpunkt auf die Kreisbahn zwingt (diese Fadenkraft erzeugt auch die notwendige Zentripetalkraft).

Die Tangentialkomponente F_t ist dagegen verantwortlich für eine beschleunigte Bewegung (Beschleunigung $a_t = l\,\mathrm{d}^2\varphi/\mathrm{d}t^2$, siehe Kap. 2.1.2), die durch folgende Bewegungsgleichung beschrieben wird

$$\frac{\mathrm{d}^2\varphi}{\mathrm{d}t^2} = -\frac{G}{l\,m}\sin\varphi = -\frac{g}{l}\sin\varphi \ . \tag{2.49}$$

Die Gleichung (2.49) hat nicht die Form der harmonischen Differentialgleichung (2.44), denn für die Rückstellkraft gilt nicht $F(\varphi) \propto -\varphi$, sondern $F(\varphi) \propto -\sin\varphi$. Die Lösung kann daher auch nicht eine harmonische Funktion sein. Für kleine Winkel φ kann die Funktion $\sin\varphi$ aber in eine **Taylor-Reihe** um $\varphi = 0$ (siehe Anhang 5) entwickelt werden

$$\sin\varphi = \varphi - \frac{1}{3!}\,\varphi^3 + \frac{1}{5!}\,\varphi^5 - \dots \ . \tag{2.50}$$

Bricht man diese Entwicklung nach dem 1. Glied ab, dann ergibt sich eine harmonische Bewegungsgleichung

$$\frac{\mathrm{d}^2\varphi}{\mathrm{d}t^2} = -\omega^2\,\varphi \quad \text{mit} \quad \omega = \sqrt{\frac{g}{l}} \tag{2.51}$$

und der harmonischen Lösung

$$\varphi(t) = \overline{\varphi}\sin(\omega t + \delta) \ . \tag{2.52}$$

Zur Diskussion dieser Lösung verweisen wir auf das Problem (1). Es ist aber klar, dass bei größeren Amplituden $\overline{\varphi}$ diese harmonische Lösung mithilfe der nächsten Glieder in der Taylor-Entwicklung (siehe Anhang 5) korrigiert werden muss.

2.3 Energie und Energieerhaltung

Auch das kennen wir aus unserem Alltag: Heben wir eine Masse m gegen die Gravitationskraft $\boldsymbol{F}_\mathrm{G} = -G\,\widehat{\boldsymbol{y}}$, so müssen wir eine Arbeit W verrichten. Wie groß ist diese Arbeit? Unsere Erfahrung sagt uns:

- Die Arbeit ist umso größer, je größer die Strecke $\boldsymbol{s} = s\,\widehat{\boldsymbol{y}}$ ist, um die wir die Masse m anheben.
- Es ist aber keine Arbeit nötig, um die Masse m auf einer reibungsfreien Unterlage um die Strecke $\boldsymbol{s} = s\,\widehat{\boldsymbol{x}}$ senkrecht zur Kraft $\boldsymbol{F}_\mathrm{G}$ zu verschieben.

Es kommt also nicht allein auf die Länge $|\boldsymbol{s}|$ der Strecke $\boldsymbol{s}$ an, sondern darauf, welche Richtung $\boldsymbol{s}$ relativ zur Kraft $\boldsymbol{F}$ besitzt. In der Mathematik lassen sich diese Zusammenhänge mithilfe des Skalar-Produkts (siehe Anhang 2) schreiben: $W = \boldsymbol{F} \cdot \boldsymbol{s}$. Dies ist allerdings nur dann richtig, wenn sich $\boldsymbol{F}$ längs der Wegstrecke $\boldsymbol{s}$ nicht verändert. Allgemein lautet die

Definitionsgleichung für die **Arbeit**, die benötigt wird, um eine Punktmasse m vom Ort s_0 nach s gegen die Kraft $\boldsymbol{F}$ zu verschieben:

$$W = \int_{s_0}^{s} \boldsymbol{F} \cdot \mathrm{d}\boldsymbol{s} \quad , \quad [W] = \mathrm{N\,m} = \mathrm{J} \quad \text{``Joule''} . \tag{2.53}$$

Beachten Sie das Vorzeichen: Da wir die Masse gegen die Kraft verschieben, $\boldsymbol{s}$ und $\boldsymbol{F}$ also entgegengesetzte Richtung besitzen, ist W negativ. Das bedeutet: Wir müssen die Arbeit verrichten. Über die Definition der korrekten Vorzeichen müssen wir uns später noch mehr Gedanken machen.

Die Definition (2.53) wirft sofort mehrere Fragen auf.

- Wegabhängigkeit der Arbeit

Die Orte s_0 und s definieren nur den Anfang und das Ende des Wegs. Ist die Arbeit unabhängig davon, welchen Weg wir zwischen s_0 und s zurücklegen? Die Antwort hängt von den Eigenschaften der Kraft $\boldsymbol{F}$ ab. Wir ordnen Kräfte allgemein in zwei Klassen:

Konservative Kräfte sind solche Kräfte, bei denen der Wert von W unabhängig von dem Weg in der Gleichung (2.53) ist. Zu dieser Klasse von Kräften gehören z.B. die Gravitationskraft und die elektrische Kraft. Die Bedingung dafür, dass eine Kraft konservativ ist, verlangt, dass die Verschiebug eines Körpers auf einem geschlossenen Weg insgesamt keine Arbeit erfordert:

Bedingung für konservative Kräfte

$$\oint \boldsymbol{F} \cdot \mathrm{d}\boldsymbol{s} = 0 \; . \tag{2.54}$$

Diese besondere Form des Integrals bedeutet, dass die Integration über einen geschlossenen Weg durchzuführen ist, z.B. über einen Kreisweg.

Nichtkonservative Kräfte sind die Kräfte, welche die Bedingung (2.54) nicht erfüllen. Auch für solche Kräfte kennen wir bereits ein Beispiel: Die Reibungskraft $\boldsymbol{F}_{\mathrm{R}} \propto -\hat{\boldsymbol{s}}$. Diese Proportionalität besagt unmittelbar, dass das Integral (2.54) niemals null sein kann, unabhängig davon, wie der Weg von s_0 nach s aussieht, insbesondere auch dann nicht, wenn der Weg geschlossen ist.

• Richtung zwischen $\boldsymbol{F}$ und s

Es gibt besondere Kräfte, die stehen immer senkrecht auf dem Weg , und dann gilt für jedes Element $\mathrm{d}\boldsymbol{s}$ des Wegs $\boldsymbol{F} \cdot \mathrm{d}\boldsymbol{s} = 0$. Eine solche Kraft ist z.B. die Coriolis-Kraft $\boldsymbol{F}_{\mathrm{Cor}}$ (Gleichung (2.42)), da $\boldsymbol{v}^{(\mathrm{R})}$ und $\mathrm{d}\boldsymbol{s}$ die gleiche Richtung haben. Ein weiteres Beispiel ist die Lorentz-Kraft, die wir in Kap. 8.3.2 behandeln werden. Die Verschiebung eines Körpers unter der Wirkung der Coriolis- bzw. Lorentz-Kraft erfordert daher keine Arbeit.

Die Arbeit, die durch Gleichung (2.53) definiert wurde, ist nur eine besondere Form einer viel allgemeineren physikalischen Messgröße, der Energie. Aus der Definition ergibt sich, dass unter Verrichtung von Arbeit der Körper gegen eine Kraft verschoben wird, sich daher seine Lage ändert. Wir verrichten eine Arbeit, der Körper gewinnt aber an Lageenergie. Für den Begriff "Lageenergie" verwendet man das Wort potenzielle Energie, und zwar wird durch die Verschiebung die potenzielle Energie des Körpers um ΔW_{pot} verändert.

Die Änderung der **potenziellen Energie** eines Körpers ist gegeben durch

$$\Delta W_{\mathrm{pot}} = -\int_{s_0}^{s} \boldsymbol{F} \cdot \mathrm{d}\boldsymbol{s} \; . \tag{2.55}$$

Beachten Sie das Vorzeichen: Diesmal ist $W_{\mathrm{pot}} > 0$, denn der Körper gewinnt potenzielle Energie. Mithilfe von Gleichung (2.55) lässt sich die potenzielle Energie eines Körpers $W_{\mathrm{pot}}(s) = \Delta W_{\mathrm{pot}} + W_{\mathrm{pot}}(s_0)$ definieren

$$W_{\mathrm{pot}}(s) = -\int_{s_0}^{s} \boldsymbol{F} \cdot \mathrm{d}\boldsymbol{s} + W_{\mathrm{pot}}(s_0) \; . \tag{2.56}$$

Diese Definition wird erst dann eindeutig, nachdem wir die Normierungskonstante $W_{\mathrm{pot}}(s_0)$ vorgegeben haben. Wie das geschieht, werden wir anhand einiger Beispiele später sehen.

Die Gleichung (2.53) lässt aber auch noch eine andere Interpretation zu. Erinnern wir uns, dass das 2. Newton'sche Axiom den Zusammenhang zwischen Kraft $\boldsymbol{F}$ und Beschleunigung $\boldsymbol{a} = \mathrm{d}\boldsymbol{v}/\mathrm{d}t$ herstellt. Setzen wir diesen Zusammenhang in die Gleichung (2.53) ein, ergibt sich

$$\int_{s_0}^{s} \boldsymbol{F} \cdot \mathrm{d}\boldsymbol{s} = m \int_{v_0}^{v} \frac{\mathrm{d}\boldsymbol{v}}{\mathrm{d}t} \cdot \mathrm{d}\boldsymbol{s} = m \int_{v_0}^{v} \frac{\mathrm{d}\boldsymbol{s}}{\mathrm{d}t} \cdot \mathrm{d}\boldsymbol{v} = m \int_{v_0}^{v} \boldsymbol{v} \cdot \mathrm{d}\boldsymbol{v}$$

$$= \frac{1}{2} m \left(v^2 - v_0^2 \right) = \Delta W_{\mathrm{kin}} .$$

Diese Form der Energie ist verknüpft mir der Bewegung (v) eines Körpers, und man definiert:

Die **kinetische Energie** eines Körpers mit der Masse m und der Geschwindigkeit v ist

$$W_{\mathrm{kin}}(v) = \frac{1}{2} m v^2 . \tag{2.57}$$

Die Normierungskonstante ist eindeutig: $W_{\mathrm{kin}}(0) = 0$.

Die Summe aus potenzieller und kinetischer Energie wird die **mechanische Energie** genannt: $W_{\mathrm{mech}} = W_{\mathrm{pot}} + W_{\mathrm{kin}}$, und die Herleitungen von ΔW_{pot} und ΔW_{kin} ergeben unmittelbar $\Delta W_{\mathrm{pot}} + \Delta W_{\mathrm{kin}} = 0$. Und daraus folgt schließlich:

Die mechanische Energie in einem abgeschlossenem System, in dem nur konservative Kräfte wirken, ist erhalten

$$W_{\mathrm{mech}} = W_{\mathrm{pot}} + W_{\mathrm{kin}} = \text{konst.}$$

Dies ist ein Erhaltungsgesetz, aber ist es auch ein strenges Erhaltungsgesetz? W_{pot} und W_{kin} sind nur zwei spezielle Formen der Energie. Wir werden noch lernen, dass es weitere Formen der Energie gibt. Streng gilt nur das Erhaltungsgesetz der Energie, wenn wir alle diese Energieformen W_i mit berücksichtigen.

Erhaltungsgesetz der Energie:
In einem abgeschlossenen System bleibt die Gesamtenergie erhalten

$$\sum_i W_i = W_{\mathrm{tot}} = \text{konst.} \tag{2.58}$$

Wir wollen den Sonderfall der Erhaltung der mechanischen Energie jetzt auf 2 Probleme anwenden.

(1) Die **harmonische Kraft**

Diese Kraft hat die Form $F(x) = -D\,x$, und daher ergibt sich, wenn wir in der Ruhelage $x_0 = 0$ die Normierung auf den Wert $W_{\text{pot}}(0) = 0$ festlegen:

$$W_{\text{pot}}(x) = -\int_0^x (-D\,x) \cdot dx = \frac{1}{2} D\,x^2 \ ,$$

$$W_{\text{kin}}(v) = \frac{1}{2} m\,v^2 \ ,$$

$$W_{\text{mech}} = \frac{1}{2} m\,v^2 + \frac{1}{2} D\,x^2 = \text{konst.} \tag{2.59}$$

Welchen Wert besitzt W_{mech}? Diesen können wir berechnen, wenn wir die Ort-Zeit-Funktion (2.46) für die harmonische Bewegung in Gleichung (2.59) einsetzen:

$$x(t) = \frac{\overline{v}}{\omega} \sin \omega t \rightarrow W_{\text{pot}}(t) = \frac{1}{2} D \frac{\overline{v}^2}{\omega^2} \sin^2 \omega t = \frac{1}{2} m\overline{v}^2 \sin^2 \omega t \ , \tag{2.60}$$

$$v(t) = \overline{v} \cos \omega t \rightarrow W_{\text{kin}}(t) = \frac{1}{2} m\overline{v}^2 \cos^2 \omega t \ .$$

Das heißt, wir erhalten für die konstante mechanische Energie

$$W_{\text{mech}} = \frac{1}{2} m\overline{v}^2 \left(\sin^2 \omega t + \cos^2 \omega t\right) = \frac{1}{2} m\overline{v}^2 \ . \tag{2.61}$$

Diese Herleitung lehrt uns, dass bei der harmonischen Bewegung ein periodischer Wechsel zwischen der potenziellen Energie $W_{\text{pot}}(t)$ und der kinetischen Energie $W_{\text{kin}}(t)$ bei konstanter mechanischer Energie W_{mech} stattfindet. Im zeitlichen Mittel ergibt sich

$$\langle W_{\text{pot}} \rangle = \langle W_{\text{kin}} \rangle = \frac{1}{4} m\overline{v}^2 = \frac{1}{2} W_{\text{mech}} \ . \tag{2.62}$$

(2) Die **Gravitationskraft**

Diese Kraft hat die Form $F_{\text{G}} = -\Gamma\,(m_1\,m_2)/r^2\,\hat{r}$, und diese Kraft ist konservativ. Das bedeutet, dass wir bei der Berechnung der Änderung der potenziellen Energie von r_0 nach r einen Weg längs r wählen können. Dies ergibt

$$W_{\text{pot}}(r) = \Gamma\,m_1\,m_2 \int_{r_0}^r \frac{1}{r^2} \hat{r} \cdot dr + W_{\text{pot}}(r_0)$$

$$= -\Gamma\,m_1\,m_2 \left(\frac{1}{r} - \frac{1}{r_0}\right) + W_{\text{pot}}(r_0) \tag{2.63}$$

Wir legen die Normierung $W_{\text{pot}}(r_0)$ so fest, dass $W_{\text{pot}}(r \rightarrow \infty) = 0$ gilt. Das verlangt

$$W_{\text{pot}}(r_0) = -\Gamma \frac{m_1\,m_2}{r_0} \quad \rightarrow \quad W_{\text{pot}}(r) = -\Gamma \frac{m_1\,m_2}{r} \ . \tag{2.64}$$

Verlangen wir von einem Körper auch, dass $W_{\mathrm{kin}}(r \to \infty) = 0$ gilt, dann verlangt die Erhaltung der mechanischen Energie

$$W_{\mathrm{mech}} = W_{\mathrm{kin}} + W_{\mathrm{pot}} = \frac{1}{2}\,m_1\,v^2 - \Gamma\,\frac{m_1\,m_2}{r} = 0\;. \qquad (2.65)$$

Dieses Erhaltungsgesetz erlaubt uns z.B. zu berechnen, welche Geschwindigkeit ein Körper besitzen muss, um die Erdoberfläche vollständig zu verlassen (**2. kosmische Geschwindigkeit**). Es ergibt sich

$$v_{\mathrm{II}} = \sqrt{2\,\Gamma\,\frac{m_\oplus}{r_\oplus}} = 11{,}2\;\mathrm{km\;s}^{-1}\;. \qquad (2.66)$$

Auf der anderen Seite darf die Geschwindigkeit kleiner sein, wenn der Körper nur auf einer erdnahen Bahn die Erde umkreist. Diese **1. kosmische Geschwindigkeit** folgt aus der Gleichheit von Gravitationskraft und Zentripetalkraft

$$v_{\mathrm{I}} = \sqrt{\Gamma\,\frac{m_\oplus}{r_\oplus}} = 7{,}8\;\mathrm{km\;s}^{-1}\;. \qquad (2.67)$$

Für einen Körper mit Masse m, der sich in geringer Höhe $h = r - r_\oplus$ über dem Erdboden befindet, lässt sich die Gleichung (2.63) vereinfachen. Für diesen Körper gilt unter Berücksichtigung von Gleichung (2.12)

$$W_{\mathrm{pot}}(h) = W_{\mathrm{pot}}(r) - W_{\mathrm{pot}}(r_\oplus) = -\Gamma\,m\,m_\oplus\left(\frac{1}{r_\oplus + h} - \frac{1}{r_\oplus}\right) \qquad (2.68)$$

$$\approx m\,\Gamma\,\frac{m_\oplus}{r_\oplus^2}\,h = m\,g\,h\;.$$

Dieser Ausdruck wird i.A. benutzt, wenn man die potenzielle Energie von Massen angibt, die das Gewicht $G = m\,g$ besitzen.

2.3.1 Leistung

Die Leistung ist die Energie, die pro Zeit von einer Energieform W_i in andere Energieformen umgewandelt wird.

$$P_i = \frac{\mathrm{d}W_i}{\mathrm{d}t}\quad,\quad [P] = \mathrm{J\;s}^{-1} = \mathrm{W}\quad\text{"Watt"}\;. \qquad (2.69)$$

Das Wesentliche an dieser Aussage ist, dass wegen des Energieerhaltungsgesetzes die Energie nicht verloren gehen kann. Wenn wir den Mount Everest besteigen, leuchtet uns das sofort ein: Wir verwandeln chemische Energie, die im Körper gespeichert ist, in potenzielle Energie (und thermische Energie).

Die Besteigung innerhalb einer kurzen Zeit ist daher eine große Leistung. Aber wie steht es mit einem 100-m-Sprint in unter 10 s? Auch hier wird chemische Energie umgewandelt, und zum Schluss entsteht daraus nur thermische Energie. Ist das eine große Leistung?

Anmerkung 2.3.1: Wir haben bisher nur zwei Energieformen, die mechanischen Energieformen W_{kin} und W_{pot} kennengelernt. Es gibt aber wesentlich mehr, z.B. die elektrische Energie, die thermische Energie oder die Kernenergie. Das Energieerhaltungsgesetz gestattet, dass Energie zwischen diesen Formen beliebig umgewandelt werden kann. Das ist aber nicht der Fall: Alle Energieformen können in thermische Energie umgewandelt werden, aber thermische Energie kann nur beschränkt in die anderen Energieformen zurückgewandelt werden. Mit dieser Sonderstellung der thermischen Energie beschäftigen wir uns in Kap. 6.3.

Anmerkung 2.3.2: Für die harmonische Kraft haben wir in Gleichung (2.62) gefunden

$$\langle W_{pot} \rangle = \langle W_{kin} \rangle \ .$$

Gilt das immer für die zeitlich gemittelten Werte der potenziellen und kinetischen Energie? Nein, der Zusammenhang zwischen diesen Mittelwerten ist abhängig von dem Kraftgesetz. Für **Zentralkräfte** der Form

$$\boldsymbol{F} \propto -r^k \, \widehat{\boldsymbol{r}}$$

lässt sich zeigen, dass

$$\langle W_{pot} \rangle = \frac{2}{k+3} \, W_{mech} \quad , \quad \langle W_{kin} \rangle = \frac{k+1}{k+3} \, W_{mech} \ .$$

Diese Beziehungen nennt man das **Virialtheorem**. Aus dem Theorem folgt unmittelbar, dass es in der Natur keine Zentralkraft mit $k = -3$ geben darf, weil für diesen Wert von k die Energien divergieren. Aber $k = -2$ ist erlaubt, und dieser Fall entspricht der Gravitationskraft und der elektrischen Kraft.

Anmerkung 2.3.3: Man kann aus der Erhaltung der mechanischen Energie auch das 2. Newton'sche Axiom ableiten. Wir besitzen nicht die mathematischen Fähigkeiten, um dies allgemein tun zu können, aber in einer Dimension ergibt sich aus der Bedingung

$$W_{mech} = \frac{1}{2} \, m \, v^2 - \int F \, dx = \ \text{konst}$$

für die kinetische Energie bei Ableitung nach der Zeit

$$\frac{m}{2} \, \frac{dv^2}{dt} = \frac{m}{2} \, \frac{dv^2}{dv} \, \frac{dv}{dt} = m \, \frac{dv}{dt} \, v$$

und für die potenzielle Energie bei Ableitung nach der Zeit

$$\frac{d}{dt} \left(\int F \, dx \right) = \frac{d}{dx} \left(\int F \, dx \right) \frac{dx}{dt} = F \, v \ .$$

Insgesamt also

$$\left(m \frac{\mathrm{d}v}{\mathrm{d}t} - F \right) v = 0 \,,$$

und dies ist das 2. Newton'sche Axiom für die Bewegung in einer Richtung, wenn $v \neq 0$.

2.4 Impuls und Impulserhaltung

Die Erhaltung der Gesamtenergie W_{tot} ist nicht das einzige Erhaltungsgesetz in der Natur. Ein weiteres Erhaltungsgesetz ist implizit bereits in dem 3. Newton'schen Axiom enthalten. Mithilfe des 2. Newton'schen Axioms ergibt sich daraus

$$m_1 \frac{\mathrm{d}\boldsymbol{v}_1}{\mathrm{d}t} = -m_2 \frac{\mathrm{d}\boldsymbol{v}_2}{\mathrm{d}t} \,, \tag{2.70}$$

oder für ein endliches Zeitintervall Δt

$$\left(\boldsymbol{F}_1^{(2)} + \boldsymbol{F}_2^{(1)} \right) \Delta t = m_1 \, \Delta \boldsymbol{v}_1 + m_2 \, \Delta \boldsymbol{v}_2 = 0 \,. \tag{2.71}$$

Die Geschwindigkeitsintervalle lauten, falls die Massenpunkte m_1 und m_2 aus dem Ruhezustand $v_{1,0} = 0$ und $v_{2,0} = 0$ beschleunigt wurden

$$\Delta \boldsymbol{v}_1 = \boldsymbol{v}_1 \quad \text{und} \quad \Delta \boldsymbol{v}_2 = \boldsymbol{v}_2 \,,$$

und daher

$$m_1 \boldsymbol{v}_1 + m_2 \boldsymbol{v}_2 = 0 \quad \text{mit} \quad \widehat{\boldsymbol{v}}_1 \cdot \widehat{\boldsymbol{v}}_2 = -1 \,. \tag{2.72}$$

Das bedeutet, während des Beschleunigungsvorgangs ist die physikalische Messgröße $\boldsymbol{p} = m \, \boldsymbol{v}$ erhalten geblieben:

$$\boldsymbol{p}_1 + \boldsymbol{p}_2 = 0 \quad , \quad [p] = \text{kg m s}^{-1}. \tag{2.73}$$

Erhaltungsgesetz des Impulses:
Der **Impuls** p eines Massenpunkts m mit der Geschwindigkeit $\boldsymbol{v}$ ist definiert als

$$\boldsymbol{p} = m \, \boldsymbol{v} \,. \tag{2.74}$$

Für ein abgeschlossenes System mit n Massenpunkten gilt das Impulserhaltungsgesetz

$$\sum_{i=1}^{n} \boldsymbol{p}_i = \boldsymbol{p}_{\mathrm{tot}} = \text{konst.} \tag{2.75}$$

Mithilfe des Relativitätsprinzips (siehe Kap. 2.2.1) können wir immer ein abgeschlossenes System finden, in dem

- der Impuls einer Masse m_i den Wert $\boldsymbol{p}_i = 0$ besitzt, oder
- der Gesamtimpuls den Wert $\boldsymbol{p}_{\text{tot}} = 0$ besitzt wie in Gleichung (2.73). Dieses System bezeichnet man als **Schwerpunktsystem**.

Wir wollen die erste Möglichkeit wählen und den Stoß zwischen 2 Massen m_1 und m_2 untersuchen, wobei die Masse m_1 vor dem Stoß ruht. Die Frage ist, welche Konsequenzen haben Energie- und Impulserhaltung auf die Kinematik der beiden Massen nach dem Stoß.

2.4.1 Elastische und inelastische Stöße zwischen zwei Massen

Ruht die Masse m_1 vor dem Stoß, dann ist der Gesamtimpuls

$$\boldsymbol{p}_{\text{tot}} = \boldsymbol{p}_{\text{i},2} = m_2\,\boldsymbol{v}_{\text{i},2}\ . \tag{2.76}$$

Der Index i bezieht sich auf den Anfangszustand (i = "initial"). Nach dem Stoß besitzen i.A. beide Massen einen Impuls, und dann gilt

$$\boldsymbol{p}_{\text{tot}} = \boldsymbol{p}_{\text{f},1} + \boldsymbol{p}_{\text{f},2} = m_1\,\boldsymbol{v}_{\text{f},1} + m_2\,\boldsymbol{v}_{\text{f},2} \tag{2.77}$$

und daher

$$\boldsymbol{p}_{\text{i},2} = \boldsymbol{p}_{\text{f},1} + \boldsymbol{p}_{\text{f},2}\ . \tag{2.78}$$

Der Index f bezieht sich auf den Endzustand (f = "final").

Legen wir das Koordinatensystem so, dass die x-Achse in Richtung von $\widehat{\boldsymbol{p}}_{\text{i},2}$ zeigt, dann können wir das Stoßproblem auf ein 2-dimensionales Problem in der x-y-Ebene reduzieren. Die Gleichung (2.78) zerfällt daher in 2 Gleichungen für die x- und y-Komponenten, mit deren Hilfe wir 4 Unbekannte, $p_{\text{f},1,x}$, $p_{\text{f},1,y}$, $p_{\text{f},2,x}$ und $p_{\text{f},2,y}$ bestimmen müssen. Ohne weitere Annahmen ist dies unmöglich.

Annahme 1: Die kinetische Energie bleibt im Stoß erhalten.

Dann gilt zusätzlich

$$\frac{(p_{\text{i},2})^2}{2\,m_2} = \frac{(p_{\text{f},1})^2}{2\,m_1} + \frac{(p_{\text{f},2})^2}{2\,m_2}\ . \tag{2.79}$$

Einen derartigen Stoß nennt man einen elastischen Stoß. Wir erhalten mit Gleichung (2.79) eine weitere Bestimmungsgleichung, die allerdings nicht ausreicht, um das Problem des elastischen Stoßes eindeutig zu machen. Eindeutig wird das Problem z.B. dadurch, dass alle Impulse die gleiche Richtung $\widehat{\boldsymbol{x}}$ besitzen. Dann handelt es sich um einen elastischen zentralen Stoß. Es ergibt sich

$$p_{i,2} = p_{f,1} + p_{f,2} \, ,$$

$$\frac{(p_{i,2})^2}{2\,m_2} = \frac{(p_{f,1})^2}{2\,m_1} + \frac{(p_{f,2})^2}{2\,m_2}$$

mit den eindeutigen Lösungen

$$v_{f,2} = \frac{m_2 - m_1}{m_1 + m_2}\,v_{i,2} \quad , \quad v_{f,1} = \frac{2\,m_2}{m_1 + m_2}\,v_{i,2} \, . \tag{2.80}$$

Es können folgende Situationen auftreten: (1) $m_2 \gg m_1$ (elastischer Stoß schwere Masse gegen leichte Masse)

$$v_{f,2} \approx v_{i,2} \quad , \quad v_{f,1} \approx 2\,v_{i,2} \, . \tag{2.81}$$

(2) $m_2 = m_1$ (elastischer Stoß zwischen gleichen Massen)

$$v_{f,2} = 0 \quad , \quad v_{f,1} = v_{i,2} \, . \tag{2.82}$$

(3) $m_2 \ll m_1$ (elastischer Stoß leichte Masse gegen schwere Masse)

$$v_{f,2} \approx -v_{i,2} \quad , \quad v_{f,1} \approx 0 \, . \tag{2.83}$$

Diese Situation wird später bei der Behandlung der kinetischen Gastheorie von Bedeutung sein.

Annahme 2: Die kinetische Energie bleibt im Stoß nicht erhalten.

Derartige Stöße nennt man inelastische Stöße. Für die Behandlung dieser Stöße benötigen wir weitere Informationen, um das Problem eindeutig zu lösen. Wir wollen nur einen Fall behandeln: Die beiden stoßenden Körper vereinigen sich während des Stoßes zu einem Körper. Dann verlangt die Erhaltung des Gesamtimpulses

$$m_2\,v_{i,2} = (m_1 + m_2)\,v_f \tag{2.84}$$

mit der eindeutigen Lösung

$$v_f = \frac{m_2}{m_1 + m_2}\,v_{i,2} \, . \tag{2.85}$$

Es lässt sich leicht nachprüfen, dass in diesem Stoß die kinetische Energie nicht erhalten bleibt:

$$W_{f,kin} = \frac{m_1 + m_2}{2}\,v_f^2 = \frac{m_2}{m_1 + m_2}\,W_{i,kin} < W_{i,kin} \, . \tag{2.86}$$

Wo ist die kinetische Energie hingegangen? Wir werden später lernen, dass sie sich in thermische Energie verwandelt hat.

Anmerkung 2.4.1: Stöße zwischen zwei Körpern verlangen nicht, dass sich die Körper während des Stoßes auch wirklich mit ihren Oberflächen berühren. Es genügt, dass zwischen den Körpern eine Kraft wirkt, die den anfänglichen Bewegungszustand der Körper verändert. In diesem Fall spricht man allgemein von einem Streuprozess, für den natürlich auch das Impulserhaltungsgesetz gelten muss. Bleibt zusätzlich noch die kinetische Energie erhalten, dann handelt es sich um elastische Streuung. Streuprozesse bilden eine oft angewandte Methode zur Untersuchung der Kräfte zwischen Körpern. In Kap. 16.1.1 wird ein derartiges Streuexperiment beschrieben, die Rutherford-Streuung.

3

Die Physik des starren Körpers

Unter einem starren Körper verstehen wir ein System von n Massenpunkten, die sich in festen Abständen zueinander befinden. In der Natur wird ein solches System realisiert durch den idealen Kristall mit fester **Gitterstruktur**, wobei die Atome in dem Gitter starr über den Abstand d miteinander verbunden sind, siehe Abb. 3.1. Der starre Körper besitzt daher ein endliches Volumen von der Größenordnung $V = n\,d^3$, und seine Gesamtmasse m ergibt sich durch Summation über alle Massenpunkte.

Wir definieren daher als **Massendichte** des starren Körpers

$$\rho_{\mathrm{m}} = \frac{\mathrm{d}m}{\mathrm{d}V} \quad \text{mit} \quad V = \int_V \mathrm{d}V \quad \text{und} \quad m = \int_V \mathrm{d}m = \int_V \rho_{\mathrm{m}}\,\mathrm{d}V \ . \tag{3.1}$$

Dabei ist $\mathrm{d}V$ ein Volumenelement des starren Körpers und $\mathrm{d}m$ die darin enthaltene Masse. Auf Grund des Modells für einen starren Körper muss ρ_{m} ortsabhängig sein mit einer charakteristischen Länge d. Für den Atomabstand gilt $d \approx 10^{-10}$ m, d.h. wenn Experimente nicht diese Ortsauflösung erreichen, ist die Masse des Körpers praktisch homogen über sein Volumen verteilt, und ρ_{m} wird ortsunabhängig:

Abb. 3.1. Das Modell eines starren Körpers, in dem Atome mit festen Abständen d zu ihren Nachbaratomen angeordnet sind

$$m = \rho_{\mathrm{m}} \int_V \mathrm{d}V = \rho_{\mathrm{m}} V \; . \tag{3.2}$$

3.1 Die Kinematik des starren Körpers

Wie kann sich ein starrer Körper bewegen? Neben den Bewegungsformen (Ruhe und Translation), die auch ein Massenpunkt besitzt, entsteht wegen seines endlichen Volumens eine neue Bewegungsform, die Rotation um eine Achse durch den Körper. Wir werden diese Bewegungsmöglichkeiten eines starren Körpers jetzt untersuchen. Und wir werden mit der Translation beginnen, weil wir mit dieser Bewegungsform schon vertraut sind durch die Behandlung des Massenpunkts.

3.1.1 Translation des starren Körpers

Wir wissen, dass äußere Kräfte die Ursache für die translatorische Bewegung eines Massenpunkts sind. Wenn wir voraussetzen, dass diese Kräfte sich über dem Volumen eines starren Körpers nicht verändern, dann wirken auf jeden Massenpunkt des Körpers die gleichen Kräfte, und jeder Massenpunkt wird die gleiche Bewegung v_{m} ausführen. Und diese Bewegung ist auch die Bewegung v_{S} des starren Körpers insgesamt, denn

$$v_{\mathrm{S}} = \frac{1}{m} \int_V v_{\mathrm{m}} \, \mathrm{d}m = \frac{v_{\mathrm{m}}}{m} \int_V \mathrm{d}m = v_{\mathrm{m}} \; . \tag{3.3}$$

Man kann daher die Bewegung des Körpers durch die Bewegung eines ausgezeichneten Punkts des Körpers beschreiben. Für diesen Punkt wählen wir den **Massenmittelpunkt** S mit Ortsvektor r_{S}, der definiert wird durch

$$r_{\mathrm{S}} = \frac{1}{m} \int_V r_{\mathrm{m}} \, \mathrm{d}m = \frac{\rho_{\mathrm{m}}}{m} \int_V r_{\mathrm{m}} \, \mathrm{d}V \; . \tag{3.4}$$

Die **Translation** eines starren Körpers lässt sich so behandeln, als ob alle äußeren Kräfte auf nur einen Punkt wirken, den Massenmittelpunkt S des Körpers mit der Gesamtmasse m.

Dieser Punkt wird manchmal auch als **Schwerpunkt** bezeichnet. Bezüglich der Translation haben wir daher die Bewegung des Körpers auf die eines Massenpunkts zurückgeführt, und daher gelten auch die Beziehungen, die wir für einen Massenpunkt hergeleitet haben, z.B.

- Kinetische Energie: $W_{\mathrm{trans}} = \frac{1}{2} m v_{\mathrm{S}}^2$.
- Impuls: $p = m v_{\mathrm{S}}$.
- Potenzielle Energie: $W_{\mathrm{pot}} = W_{\mathrm{pot}}(r_{\mathrm{S}})$.
  Eine hinreichende Bedingung für diese Gleichheit ist die oben gemachte Annahme über die Ortsunabhängigkeit der äußeren Kräfte.

3.1.2 Rotation des starren Körpers

Jeder, der schon einmal einen Rugbyball geworfen oder gefangen hat, weiß von den komplizierten Bewegungen, die dieser Ball ausführen kann. Wirft man den Ball geschickt, dann führt er zusätzlich zur Translation nur eine schnelle Rotation um eine Achse aus, die während des Flugs im Raum eine feste Richtung zu haben scheint. Wir wollen uns in diesem Kapitel mit dem Problem beschäftigen, welche physikalischen Bedingungen erfüllt sein müssen, damit der Wurf so unkompliziert wird, also die Drehachse, um die sich der Körper dreht, ihre Richtung während des Flugs im Raum nicht verändert.

Bei seiner Rotation dreht sich ein starrer Körper um diese Drehachse mit der Winkelgeschwindigkeit $\boldsymbol{\omega}$. Wie bisher wollen wir annehmen, dass $\boldsymbol{\omega}$ gleichzeitig auch die Richtung $\hat{\boldsymbol{z}}$ der z-Achse eines kartesischen Koordinatensystems angibt, d.h. es gilt $\boldsymbol{\omega} = \omega\,\hat{\boldsymbol{z}}$.

Bedingung (1):
Wir verlangen, dass die Drehachse durch den Massenmittelpunkt des Körpers geht.

Wäre das nicht der Fall, würde auf den Massenmittelpunkt S die Zentrifugalkraft $\boldsymbol{F}_{\mathrm{ZF}} = m\,\omega^2 r_{\mathrm{S}}\,\hat{\boldsymbol{r}}_{\mathrm{S}}$ wirken, siehe Abb. 3.2(a). Die Wirkung dieser Trägheitskraft auf den Körper könnten wir nur dadurch unterdrücken, dass wir die Drehachse lagern. Dann muss das Lager eine Gegenkraft $\boldsymbol{F}_{\mathrm{L}}$ erzeugen, welche die Zentrifugalkraft kompensiert, sodass $\boldsymbol{F}_{\mathrm{ZF}} + \boldsymbol{F}_{\mathrm{L}} = 0$ gilt. Unsere Bedingung ist also notwendig, damit keine Kräfte auf das Lager bei der Drehung ausgeübt werden, die Drehachse also auch ohne das Lager ihre Lage im Raum beibehält.

Wir führen jetzt einen neuen Abstandsvektor ein: Der Abstand eines Massenpunkts von der Drehachse $\hat{\boldsymbol{z}}$ ist

$$r_\perp = r_\perp\,\hat{\boldsymbol{r}}_\perp = r\sin\vartheta\,\hat{\boldsymbol{r}}_\perp\;. \tag{3.5}$$

Wir haben zwar dadurch, dass die Drehachse $\hat{\boldsymbol{z}}$ durch S geht, erreicht, dass Zentrifugalkräfte auf S nicht mehr auftreten, das impliziert aber nicht, dass nicht auf jeden Massenpunkt dm noch eine Zentrifugalkraft

$$d\boldsymbol{F}_{\mathrm{ZF}} = \omega^2\,r_\perp\,dm \tag{3.6}$$

wirkt. Diese Zentrifugalkraft ist dafür verantwortlich, dass auf den Massenpunkt ein **Drehmoment** $d\boldsymbol{M} = \boldsymbol{r} \times d\boldsymbol{F}_{\mathrm{ZF}}$ ausgeübt wird, das bei Summation über alle Massenpunkte zu einem resultierenden Drehmoment $\boldsymbol{M} = \int_V d\boldsymbol{M}$ auf den starren Körper führt, siehe Abb. 3.2(b). Wir werden uns in Kap. 3.2 noch im Detail mit der Frage beschäftigen, wie Drehmomente auf die Bewegung des starren Körpers wirken. Aus unserer Erfahrung wissen wir, dass das Drehmoment $\boldsymbol{M}$ versucht, die Hantel in Abb. 3.2. von der Lage (b) in die Lage (c) zu drehen. Im Augenblick interessiert uns allerdings mehr die Frage, ob es ein Drehachse $\hat{\boldsymbol{z}}$ gibt, für die $\boldsymbol{M} = 0$ gilt.

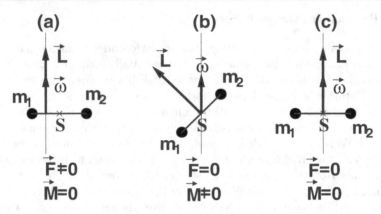

Abb. 3.2. Die Drehung einer Hantel um die Drehachse z. Im Fall (a) geht die Drehachse nicht durch den Massenmittelpunkt S der Hantel, die Figurenachse steht aber senkrecht auf der z-Achse. Die Folge ist, dass auf den Massenmittelpunkt die Zentrifugalkraft $F_{\mathrm{ZF}} = F \neq 0$ ausgeübt wird, aber kein Drehmoment $M = 0$. Im Fall (b) geht die Drehachse durch den Massenmittelpunkt, aber die Figurenachse steht nicht mehr senkrecht auf der z-Achse. Die Folge ist, dass die Zentrifugalkraft auf den Massenmittelpunkt verschwindet, $F = 0$. Aber jetzt wird infolge der Zentrifugalkräfte auf m_1 und m_2 ein Drehmoment auf die Hantel ausgeübt, $M \neq 0$. Die Winkelgeschwindigkeit $\boldsymbol{\omega}$ und der Dreimpuls $\boldsymbol{L} = m(\boldsymbol{r} \times \boldsymbol{v})$ zeigen nicht mehr in die gleiche Richtung. Im Fall (c) geht die Drehachse durch den Massenmittelpunkt und steht senkrecht auf der Figurenachse. Dann ist $F = M = 0$ und die Drehung erfolgt kräftefrei

Um zu erkennen, wie diese Bedingung erfüllt werden kann, müssen wir $\boldsymbol{M}$ berechnen. Wir führen dazu den Einheitsvektor $\hat{\boldsymbol{n}}$ ein, der senkrecht auf der von $\boldsymbol{r}$ und $\hat{\boldsymbol{r}}_\perp$ gebildeten Ebene steht: $\hat{\boldsymbol{n}} = \hat{\boldsymbol{r}} \times \hat{\boldsymbol{r}}_\perp (\sin\theta)^{-1}$. Das durch die Zentrifugalkraft $d\boldsymbol{F}_{\mathrm{ZF}}$ auf den Massenpunkt dm erzeugte Drehmoment $d\boldsymbol{M}$ zeigt ebenfalls in die Richtung $\hat{\boldsymbol{n}}$. Die Lage der für dieses Problem wichtigen Vektoren ist in Abb. 3.3 gezeigt. Aus dieser Abbildung ergibt sich für das Gesamtdrehmoment

$$\boldsymbol{M} = \omega^2 \int_V \boldsymbol{r} \times \boldsymbol{r}_\perp \, dm = \omega^2 \int_V r\, r_\perp \sin\theta\, \hat{\boldsymbol{n}} \, dm \tag{3.7}$$

$$= \omega^2 \int_V r_\perp z\, \hat{\boldsymbol{n}} \, dm = -\omega^2 \left(\int_V y\, z \, dm\, \hat{\boldsymbol{x}} - \int_V x\, z \, dm\, \hat{\boldsymbol{y}} \right)$$

Eine hinreichende Bedingung dafür, dass bei der Rotation um die z-Achse durch die Zentrifugalkräfte kein Drehmoment auf den starren Körper ausgeübt wird, ist also, dass die **Deviationsmomente**

$$D_x^{(z)} = \int_V x\, z \, dm \quad , \quad D_y^{(z)} = \int_V y\, z \, dm \tag{3.8}$$

verschwinden. Dies ist in der Abb 3.2(b) nicht der Fall, denn

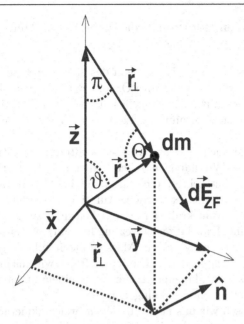

Abb. 3.3. Die Lage der wichtigsten Vektoren und Winkel, die bei der Behandlung der Hanteldrehung in Abb. 3.2(b) auftreten. r ist der Abstandsvektor der Masse dm vom Koordinatenursprung, $r_\perp$ ist der Abstandsvektor von der Drehachse z. Der Normalenvektor $\widehat{n}$ steht senkrecht sowohl auf r wie auch auf $r_\perp$. $\widehat{n}$ legt gleichzeitig die Richtung des Drehmoments dM fest, das durch die Zentrifugalkraft dF_{ZF} auf die Masse dm erzeugt wird

$$D_x^{(z)} = x\,z\,m_1 + (-x)\,(-z)m_2 \neq 0 \qquad (3.9)$$
$$D_y^{(z)} = y\,z\,m_1 + (-y)\,(-z)m_2 \neq 0$$

In der Abb. 3.2(c) dagegen verschwinden die Deviationsmomente, da für diese Stellung der Hantel $z = 0$ gilt. Jede Drehachse, für welche die Deviationsmomente verschwinden, nennt man eine **Hauptträgheitsachse**. Ein starrer Körper besitzt immer mindestens 3 senkrecht aufeinanderstehende Hauptträgheitsachsen, die sich dadurch ergeben, dass in den Integralen (3.8) die Koordinaten x , y , z zyklisch vertauscht werden. Sind die Massenpunkte des starren Körpers symmetrisch um eine Achse verteilt, wie in Abb. 3.2(c), dann ist diese Symmetrieachse auch Hauptträgheitsachse.

Bedingung (2):
Wir verlangen, dass die Drehachse eine Hauptträgheitsachse des Körpers ist.

Wir haben damit erreicht, dass weder Kräfte noch Drehmomente auf das Lager der Drehachse wirken. Wir bezeichnen eine Rotation um diese Drehachse als kräftefreie Rotation.

Bei einer **kräftefreien Rotation** ist die Drehachse im Raum auch ohne Lager fest ausgerichtet.

Das bedeutet, dass bei einer Translation des starren Körpers die Drehachse diese Bewegung mitmacht, ohne ihre Orientierung zu verändern. Nur solche Bewegungen, die sich aus einer Translation und einer Rotation um eine fest ausgerichtete Drehachse zusammensetzen, werden wir in den nächsten Abschnitten betrachten.

Dabei ist es gar nicht so einfach, eine kräftefreie Rotation auf der Erde zu verwirklichen. Wir haben nämlich bisher nur die Wirkungen auf den rotierenden Körper betrachtet, die durch die bei der Rotation entstehenden Trägheitskräfte verursacht werden. Auf einen rotierenden Körper wirkt aber auch die Gravitationskraft. Um deren Wirkung zu kompensieren, muss ein Körper, der keine Translationsbewegung ausführt, in seinem indifferenten Gleichgewichtspunkt, d.h. in seinem Massenmittelpunkt S, gelagert werden. Mit diesen Gleichgewichtsbedingungen beschäftigen wir uns im nächsten Kap. 3.1.3. Auf die Effekte, die bei einer Lagerung in einem anderen Punkt auftreten, werden wir kurz in Kap. 3.3 eingehen.

Schließlich müssen wir uns noch überlegen, welche kinetische Energie mit der Rotation um $\hat{z}$ verbunden ist. Die Bahngeschwindigkeit jedes Massenpunkts beträgt

$$v = \omega\, r_\perp \left(\hat{z} \times \hat{r}_\perp \right) , \tag{3.10}$$

und daher ergibt sich die kinetische Energie der Rotation zu

$$W_{\mathrm{rot}} = \frac{1}{2} \int_V v^2 \, \mathrm{d}m$$

$$= \frac{1}{2}\, \omega^2 \int_V r_\perp^2 \, \mathrm{d}m = \frac{1}{2}\, I^{(z)}\, \omega^2 . \tag{3.11}$$

Das **Trägheitsmoment** eines starren Körpers bezüglich der Hauptträgheitsachse z ist gegeben durch

$$I^{(z)} = \int_V r_\perp^2 \, \mathrm{d}m = \int_V (x^2 + y^2) \, \mathrm{d}m \tag{3.12}$$

$$[I] = \mathrm{kg\ m}^2.$$

Das bedeutet, die Rotationsenergie eines starren Körpers, der sich um seine Hauptträgheitsachse z mit der Winkelgeschwindigkeit ω dreht, ist gegeben durch

$$W_{\mathrm{rot}} = \frac{1}{2}\, I^{(z)}\, \omega^2 . \tag{3.13}$$

Wir werden in Kap. 3.2 lernen, wie man $I^{(z)}$ für einige Körper berechnet. Mit der Rotation ist auch ein Impuls verbunden, der Drehimpuls L. Diesen werden wir in Kap. 3.3 behandeln.

Anmerkung 3.1.1: Der rotierende Körper auf der Erde spürt eine zusätzliche Trägheitskraft, die durch die Rotation der Erde um ihre Süd-Nord-Achse hervorgerufen wird. Die Wirkung dieser Kraft kann nicht kompensiert werden, ohne dass man die Drehachse des Körpers lagert. Auf diesem Phänomen beruht die Wirkungsweise des Kreiselkompasses, mit dem wir uns aber nicht weiter beschäftigen werden.

3.1.3 Statik des starren Körpers

Die Untersuchungen, unter welchen Bedingungen ein starrer Körper ruht, werden unter dem Begriff "**Statik**" zusammengefasst. Im Prinzip kennen wir diese Bedingungen bereits aus den Kap. 3.1.1 und 3.1.2:

Ein starrer Körper ruht nur dann, wenn keine äußeren Kräfte F und Drehmomente $M = r \times F$ auf in wirken.

Hierbei ist r der Ortsvektor vom Koordinatenursprung zu dem Punkt des Körpers, an dem die Kraft F auf ihn wirkt. Bei der Formulierung dieser Bedingungen erscheint es so, als ob sie nicht eindeutig seien. Denn wer legt fest, wo sich der Koordinatenursprung befindet? In der Tat aber sind diese Bedingungen unabhängig davon, wo sich der Koodinatenursprung befindet. Warum? Die Gleichgewichtsbedingungen besagen für n Kräfte

$$\sum_{i=1}^{n} F_i = 0 \quad , \quad \sum_{i=1}^{n} r_i \times F_i = 0 \ . \tag{3.14}$$

Verschieben wir den Koordinatenursprung um eine Strecke d, dann lauten diese Bedingungen mit dem neuen Koordinatenursprung

$$\sum_{i=1}^{n} F_i = 0 \quad , \quad \sum_{i=1}^{n} (r_i + d) \times F_i = \sum_{i=1}^{n} r_i \times F_i + d \times \sum_{i=1}^{n} F_i = 0 \ ,$$

weil bei dem Gesamtdrehmoment beide Summanden definitionsgemäß null sind. Wir können daher das Koordinatensystem so verschieben, dass das Statikproblem möglichst einfach wird.

Das ist auch notwendig, denn statische Probleme sind im allgemeinen Fall nicht eindeutig zu lösen. Das ergibt sich aus den Gleichgewichtsbedingungen (3.14), die nach Komponenten zerlegt 6 homogene Gleichungen für $6n$ Unbekannte ergeben. Also müssen $6n-6$ Größen in diesem System bekannt sein, um 6 Unbekannte zu bestimmen. Allerdings mit der Einschränkung, dass sich 5 Unbekannte nur als Funktion der 6. angeben lassen, da das Gleichungssystem (3.14) homogen ist.

Wir wollen dies zunächst an einem einfachen Beispiel demonstrieren und fragen: Welche Richtung und Stärke muss die Gleichgewichtskraft F besitzen, damit ein Körper unter dem Einfluss der Gravitationskraft $F_G = -G\,\hat{y}$ ruht?

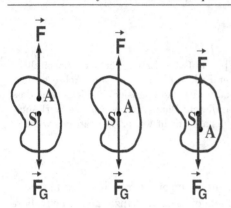

Abb. 3.4. Die drei Gleichgewichtsla-
gen eines starren Körers unter dem
Einfluss seiner Gewichtskraft F_G.
S kennzeichnet den Massenmittelpunkt, A den Angriffspunkt der Un-
terstützungskraft F. Links zeigt die
stabile Lage, die Mitte die indifferen-
te Lage, und rechts die instabile Lage

Wir legen das Koordinatensystem mit seinem Ursprung in den Massenmittelpunkt S des Körpers und bezeichnen den Ortsvektor zum Angriffspunkt A
der Kraft F mit r_A. Dann sind 6 Größen bekannt, nämlich $r_S = 0$ und
$F_G = -G\,\widehat{y}$, und die restlichen 6 Unbekannten gilt es mithilfe der Gleichgewichtsbedingungen

$$F_G + F = 0 \quad , \quad r_A \times F = 0$$

zu bestimmen. Die Lösung ist

$$F_G = -F = G\,\widehat{y} \quad \text{und}$$
$$r_A = 0 \quad \text{oder} \quad r_A = r_A\,\widehat{y} \,.$$

Das bedeutet, die Gleichgewichtsbedingungen werden für beliebige Werte von
r_A erfüllt, wenn der Unterstützungspunkt auf der y-Achse liegt.

Wir unterscheiden 3 Fälle des **statischen Gleichgewichts**, siehe Abb.
3.4:

- Der Angriffspunkt A liegt oberhalb des Massenmittelpunkts S: $y_A > y_S$.
  Dies ist die Bedingung für ein stabiles Gleichgewicht des Körpers. Eine
  kleine Verrückung des Körpers um δx erzeugt ein Drehmoment, das den
  Körper zurück in die stabile Gleichgewichtslage treibt.
- Der Angriffspunkt A liegt im Massenmittelpunkts S: $y_A = y_S$.
  Dies bezeichnet man als indifferentes Gleichgewicht, denn die Verrückung
  δx erzeugt kein Drehmoment, der Körper ruht in seiner neuen indifferenten
  Gleichgewichtslage.
- Der Angriffspunkt A liegt unterhalb des Massenmittelpunkts S: $y_A < y_S$.
  In diesem Fall ist das Gleichgewicht instabil. Jede beliebig kleine Verrük-
  kung δx erzeugt ein Drehmoment, das den Körper aus seiner instabilen
  Gleichgewichtslage in seine stabile Gleichgewichtslage $y_A > y_S$ treibt.

Was zeichnet die stabile Gleichgewichtslage aus? Der Abstand zwischen dem
Angriffspunkt A und dem Massenmittelpunkt S beträgt $h = y_S - y_A$. Für

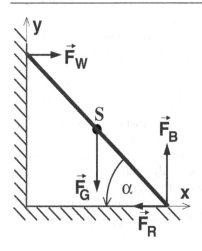

Abb. 3.5. Das Leiterproblem: Bei welchem Winkel α rutscht die Leiter weg? Das wird bestimmt durch die Kräfte $\boldsymbol{F}$ und die durch sie erzeugten Drehmomente $\boldsymbol{M}$, die auf die Leiter wirken

die stabile Gleichgewichtslage ergibt sich daher $h < 0$. Unter dem Einfluss der Gravitationskraft besitzt der starre Körper dann die minimale potenzielle Energie

$$W_{\text{pot}}(y_{\text{A}}) = -m\,g\,h \ .$$

Der stabile Gleichgewichtszustand ist dadurch ausgezeichnet, dass er der Zustand mit der geringsten potenziellen Energie ist.

Wir wollen anschließend noch ein nicht so einfaches Problem betrachten: Die **Leiter** an der Wand unter der Wirkung von Gravitations- und Reibungskraft; diese Situation ist in Abb. 3.5 dargestellt. Die gezeigten Kraftrichtungen ergeben sich für einen Spezialfall, den wir uns jetzt überlegen wollen. Auf die Leiter wirken insgesamt 4 Kräfte $\boldsymbol{F}_{\text{G}}$, $\boldsymbol{F}_{\text{R}}$, $\boldsymbol{F}_{\text{B}}$ und $\boldsymbol{F}_{\text{W}}$. Wir legen den Ursprung des Koordinatensystems in den Unterstützungspunkt B auf dem Boden, dann sind die folgenden Größen bekannt (die Länge der Leiter ist l, die Ortsvektoren zu den Angriffspunkten der Kräfte erhalten denselben Index wie die Kräfte)

$$\boldsymbol{F}_{\text{G}} = -G\,\widehat{\boldsymbol{y}} \quad , \quad \boldsymbol{F}_{\text{R}} = -\mu_{\text{h}}\,G\,\widehat{\boldsymbol{x}}$$
$$\boldsymbol{r}_{\text{B}} = \boldsymbol{r}_{\text{R}} = 0 \quad , \quad \boldsymbol{r}_{\text{W}} = 2\,\boldsymbol{r}_{\text{G}} = l\,(-\cos\alpha\,\widehat{\boldsymbol{x}} + \sin\alpha\,\widehat{\boldsymbol{y}}) \ .$$

Außerdem setzen wir voraus, dass das Problem nur in der x-y-Ebene behandelt werden muss. Dann ergeben die Gleichgewichtsbedingungen (3.14)

$$F_{\text{W,y}} + F_{\text{B,y}} = G \quad , \quad F_{\text{W,x}} + F_{\text{B,x}} = \mu_{\text{h}}\,G$$
$$l\cos\alpha\,(2\,F_{\text{W,y}} + F_{\text{B,y}}) - l\sin\alpha\,(2\,F_{\text{W,x}} + F_{\text{B,x}}) = 0 \ .$$

Daraus folgt

$$F_{\text{B,y}} = 2\,G + \tan\alpha\,(2\,\mu_{\text{h}}\,G - F_{\text{B,x}}) \ ,$$

d.h. wir erhalten als Lösung $F_{W,x}$, $F_{W,y}$, $F_{B,y}$ als Funktionen von $F_{B,x}$. Für den Spezialfall $F_{B,x} = F_{W,y} = 0$, der in Abb. 3.5 dargestellt ist, ergibt sich als Lösung

$$F_{W,x} = \mu_h\, G \quad , \quad F_{B,y} = G \quad , \quad \tan \alpha = \frac{1}{2\,\mu_h}\;.$$

Dies ist die Situation, bei der die Leiter gerade noch nicht wegrutscht. Jeder Winkel $\alpha < \mathrm{atan}\,(2\,\mu_h)^{-1}$ bringt die Leiter ins Rutschen. Je kleiner der Haftreibungskoeffizient μ_h ist, umso größer muss α sein, d.h. umso steiler muss die Leiter stehen. Es ist übrigens kein Versehen, dass die Reibung der Leiter mit der Wand nicht berücksichgt wurde. Würden wir auch diese Reibungskraft berücksichtigen, wäre das Problem i.A. mithilfe der bekannten Größen nicht zu lösen. Nur für den Spezialfall $F'_{R,y} = -\mu'_h\, F_{W,x} = -\mu'_h\, \mu_h\, G$ ergibt sich

$$\tan \alpha = \frac{1 - \mu'_h\, \mu_h}{2\,\mu_h}\;,$$

d.h. der Grenzwinkel für den Übergang ins Rutschen wird etwas kleiner.

3.2 Die Dynamik des starren Körpers

Für die Translation des starren Körpers müssen wir die Dynamik nicht neu entwickeln. Sie wurde zurückgeführt auf die Dynamik des Massenmittelpunkts S:

$$m\,\frac{d\boldsymbol{v}_S}{dt} = \boldsymbol{F}\;. \tag{3.15}$$

Die äußere Kraft $\boldsymbol{F}$ bewirkt eine Bewegungsänderung $d\boldsymbol{v}_S/dt$ des starren Körpers.

Für die Rotation müssen wir die Dynamik jetzt entwickeln und überlegen uns zunächst, welche Größe die Änderung der kräftefreien Rotation $\boldsymbol{\omega} = \omega\,\widehat{\boldsymbol{z}}$ bewirkt. Dazu legen wir den Koordinatenursprung in den Massenmittelpunkt S. Eine äußere Kraft $\boldsymbol{F}$ allein wird nicht ausreichen, entscheidend ist, an welchem Punkt $\boldsymbol{r}$ des Körpers diese Kraft angreift. Greift sie z.B. im Massenmittelpunkt S an, ist also $\boldsymbol{r} = \boldsymbol{r}_S = 0$, dann wird diese Kraft nur eine Änderung der Translation nach Gleichung (3.15) verursachen, aber keine Änderung der Rotation. Für letztere muss $\boldsymbol{r} \neq \boldsymbol{r}_S$ gelten.

Die Größe, die eine Änderung der **Rotation** bewirkt, ist das **Drehmoment**

$$\boldsymbol{M} = \boldsymbol{r} \times \boldsymbol{F}\;. \tag{3.16}$$

Damit das Drehmoment nicht auch die Ausrichtung der Drehachse verändert, d.h. damit die Rotation weiterhin kräftefrei ist, muss das Drehmoment die Richtung von $\boldsymbol{\omega}$ besitzen, d.h. es muss gelten $\boldsymbol{M} = M\,\widehat{\boldsymbol{\omega}}$.

Wir betrachten jetzt die Wirkung des Drehmoments $\mathrm{d}\boldsymbol{M}$ auf einen Massenpunkt $\mathrm{d}m$ und benutzen dazu das 2. Newton'sche Axiom

$$\mathrm{d}m\,\boldsymbol{r}_\perp \times \frac{\mathrm{d}\boldsymbol{v}}{\mathrm{d}t} = \mathrm{d}\boldsymbol{M} \quad \text{wobei} \quad \boldsymbol{r}_\perp \times \frac{\mathrm{d}\boldsymbol{v}}{\mathrm{d}t} = r_\perp^2\,\frac{\mathrm{d}\omega}{\mathrm{d}t}\,\widehat{\boldsymbol{\omega}}\,, \qquad (3.17)$$

da $r_\perp = $ konst für einen ausgewählten Massenpunkt. Durch Integration über den gesamten Körper ergibt sich daraus

Die **Bewegungsgleichung** eines um seine Hauptträgheitsachse z rotierenden starren Körpers lautet

$$I^{(z)}\,\frac{\mathrm{d}\omega}{\mathrm{d}t} = M\,. \qquad (3.18)$$

Dabei ist $I^{(z)} = \int_V r_\perp^2\,\mathrm{d}m$ das Trägheitsmoment des starren Körpers.

M kann das Drehmoment einer einzelnen Kraft sein, die an einem einzigen Massenpunkt angreift (dann verändert der starre Körper auch seine translatorische Bewegung), oder M ergibt sich aus der Gesamtheit aller Kräfte, die an sehr vielen, im Grenzfall an allen Massenpunkten angreifen (dann verändert der starre Körpers u.U. allein seine Rotationsbewegung).

Die Gleichung (3.18) beschreibt also die Dynamik der (kräftefreien) Rotation, während die Gleichung (3.15) die Dynamik der Translation beschreibt. Beide Gleichungen haben ihren Ursprung in dem 2. Newton'schen Axiom. Für die gleichförmig beschleunigte Translation haben wir die Ort-Zeit-Funktion (2.15) durch Integration der Gleichung (3.15) gefunden. Durch Integration der Gleichung (3.18) ergibt sich entsprechend die Winkel-Zeit-Funktion für die gleichförmig beschleunigte Rotation:

$$\varphi(t) = \frac{1}{2}\,\frac{\mathrm{d}\omega}{\mathrm{d}t}\,t^2 + \omega_0\,t + \varphi_0 \quad \text{mit} \quad \frac{\mathrm{d}\omega}{\mathrm{d}t} = \frac{M}{I^{(z)}}\,. \qquad (3.19)$$

Ein wichtiger Parameter für das Studium der Rotationen ist das Trägheitsmoment $I^{(z)}$. Wir wollen seinen Wert für einige Körper bezüglich einer ausgesuchten Hauptträgheitsachse angeben.

- Die **Vollkugel**
  Für die Vollkugel mit ihrer hohen Symmetrie ist jede Achse durch den Massenmittelpunkt gleichzeitig auch Hauptträgheitsachse. Das bedeutet, die Vollkugel mit Radius R besitzt nur ein Trägheitsmoment $I = \frac{2}{5}\,m\,R^2$.

- Der **Vollzylinder**
  Der Vollzylinder hat, wegen seiner besonderen Symmetrie, eine ausgezeichnete Hauptträgheitsachse. Das ist die Achse durch die beiden Kreismittelpunkte der Ober- und Unterflächen mit Radius R. In Bezug auf diese Achse beträgt das Trägheitsmoment des Vollzylinders $I^{(z)} = \frac{1}{2}\,m\,R^2$.

- Der **Hohlzylinder**

  Der Hohlzylinder unterscheidet sich vom Vollzylinder dadurch, dass bei ersterem die Gesamtmasse auf den Zylindermantel homogen verteilt ist. Er besitzt, wie der Vollzylinder, eine ausgezeichnete Hauptträgheitsachse. In Bezug auf diese Achse beträgt das Trägheitsmoment des Vollzylinders $I^{(z)} = m R^2$.

Kennen wir das Trägheitsmoment $I^{(z)}$ des starren Körpers um die Hauptträgheitsachse z, so lässt sich das Trägheitsmoment $I^{(a)}$ um jede beliebige zu z parallele Achse a angeben. Diese a-Achse muss nicht einmal durch den Körper gehen, das zugehörige Trägheitsmoment ergibt sich zu

$$I^{(a)} = \int_V (\boldsymbol{r}_\perp + \boldsymbol{R}_\perp)^2 \, \mathrm{d}m = I^{(z)} + m R_\perp^2 \qquad (3.20)$$

$$\text{weil} \quad \int_V \boldsymbol{r}_\perp \, \mathrm{d}m = 0 \ .$$

Der Ortsvektor $\boldsymbol{R}_\perp$ ist der konstante Abstandsvektor zwischen den parallelen Achsen z und a (**Satz von Steiner**).

Den Einfluss des Trägheitsmoments auf die Bewegung wollen wir anhand eines Beispiels untersuchen. Vollkugel, Vollzylinder und Hohlzylinder mit gleichen Massen und Radien rollen unter dem Einfluss der Gravitationskraft $\boldsymbol{F}_\mathrm{G} = -G\,\widehat{\boldsymbol{y}}$ von der Höhe h eine schiefe Ebene herab. Welche Geschwindigkeit besitzen sie am Ende der Ebene? Wir wollen diese Problem nicht mithilfe der Bewegungsgleichungen (3.15) und (3.18) lösen, sondern das Energieerhaltungsgesetz benutzen. Zu Beginn besitzen alle Körper nur die potenzielle Energie $W_\mathrm{pot} = m\,g\,h$, am Ende besitzen sie nur die kinetische Energie $W_\mathrm{kin} = W_\mathrm{trans} + W_\mathrm{rot} = \frac{1}{2}(m\,v_\mathrm{S}^2 + I^{(z)} \omega^2)$. Daraus folgt

$$m\,g\,h = \frac{1}{2}\,m\,v_\mathrm{S}^2 \left(1 + \frac{I^{(z)}}{m\,R^2}\right) \quad \text{wegen} \quad v_\mathrm{S}^2 = \omega^2 R^2 \ . \qquad (3.21)$$

Die Endgeschwindigkeiten betragen also für

$$\text{Vollkugel:} \quad v_\mathrm{S} = \sqrt{\frac{10\,g\,h}{7}} \ .$$

$$\text{Vollzylinder:} \quad v_\mathrm{S} = \sqrt{\frac{4\,g\,h}{3}} \ .$$

$$\text{Hohlzylinder:} \quad v_\mathrm{S} = \sqrt{g\,h} \ .$$

Die Vollkugel erreicht die höchste Geschwindigkeit. Der Grund ist, dass ihre Masse am stärksten um den Massenmittelpunkt konzentriert ist.

3.3 Drehimpuls und Drehimpulserhaltung

Die Bewegungsgleichungen für die Translation und die Rotation lassen sich auch schreiben

$$\frac{d\boldsymbol{p}}{dt} = \boldsymbol{F} \quad , \quad \frac{d\boldsymbol{L}}{dt} = \boldsymbol{M} . \tag{3.22}$$

Dabei ist eine neue physikalische Messgröße eingeführt worden.

Der **Drehimpuls** eines rotierenden Körpers mit Trägheitsmoment $I^{(z)}$ ist definiert durch

$$\boldsymbol{L} = I^{(z)} \boldsymbol{\omega} \quad , \quad [L] = \text{kg m}^2 \text{ s}^{-1} = \text{N m s}. \tag{3.23}$$

Mithilfe des Drehimpulses können wir auch die Rotationsenergie (3.13) anders definieren

$$W_{\text{rot}} = \frac{1}{2} \frac{L^2}{I^{(z)}} . \tag{3.24}$$

Aber dieser einfache Zusammenhang zwischen $\boldsymbol{\omega}$, $\boldsymbol{L}$ und W_{rot} ergibt sich nur, weil wir ausschließlich kräftefreie Rotationen betrachtet haben. Für einen einzelnen Massenpunkt dm des starren Körpers ergibt die Definitionsgleichung (3.23)

$$d\boldsymbol{L} = r_\perp \, dm \, r_\perp \, \boldsymbol{\omega} = r_\perp \, dm \, v \, \widehat{\boldsymbol{\omega}} = \boldsymbol{r} \times d\boldsymbol{p} . \tag{3.25}$$

Die Verallgemeinerung $\boldsymbol{L} = \int_V \boldsymbol{r} \times d\boldsymbol{p}$ gilt in allen Fällen, dagegen gilt $\boldsymbol{L} = I^{(z)} \boldsymbol{\omega}$ nur in den Fällen, in denen die Rotation um eine der Hauptträgheitsachsen erfolgt. Zur Veranschaulichung betrachten wir noch einmal die Abb. 3.2. In dem Fall (c) erfolgt die Rotation um eine Hauptträgheitsachse und daher ist $\widehat{\boldsymbol{L}} = \widehat{\boldsymbol{\omega}}$. In dem Fall (b) stimmen Drehachse $\widehat{\boldsymbol{\omega}}$ und Hauptträgheitsachse nicht überein, und daher ist $\widehat{\boldsymbol{L}} \neq \widehat{\boldsymbol{\omega}}$. Wie aus Abb. 3.3 ersichtlich, liegt das daran, dass $\widehat{\boldsymbol{r}}_\perp$ nicht in der von $\boldsymbol{r}$ und $\boldsymbol{p}$ definierten Ebene liegt. Zur Erfüllung dieser Bedingung ist es keineswegs notwendig, dass wie bei der Rotation $\boldsymbol{r}$ und $\boldsymbol{p}$ senkrecht aufeinanderstehen. In der Abb. 3.6 ist ein Fall gezeigt, bei dem sich ein Körper mit konstantem Impuls $\boldsymbol{p}$ auf einen anderen Körper zubewegt. Auch in diesem Fall liegt $\boldsymbol{r}_\perp$ in der von $\boldsymbol{r}$ und $\boldsymbol{p}$ definierten Ebene; dieser Bewegung entspricht daher ein Drehimpuls

$$\boldsymbol{L} = \boldsymbol{r} \times \boldsymbol{p} = r_\perp \, p \, \widehat{\boldsymbol{n}} \quad \text{mit} \quad r_\perp \, p = \text{konst}, \tag{3.26}$$

wobei $\widehat{\boldsymbol{n}} = \widehat{\boldsymbol{r}} \times \widehat{\boldsymbol{p}}$ die feste Orientierung der Ebene angibt. Die überraschende Erkenntnis ist, dass auch die geradlinige Bewegung einer Masse m einen Drehimpuls $\boldsymbol{L} = m \, \boldsymbol{r} \times \boldsymbol{v}$ enthält, der sich während der Bewegung nicht verändert.

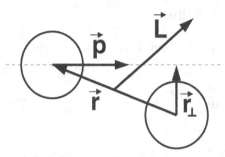

Abb. 3.6. Auch wenn sich ein Körper geradlinig gleichförmig mit Impuls p auf einen anderen Körper zubewegt, steckt in dieser Bewegung ein Drehimpuls L, der zeitlich konstant bleibt

Das Wort "**Drehimpuls**" impliziert daher nicht in jedem Fall die Rotation als Bewegungsform.

Kommen wir zurück zu wirklichen Rotationen. Falls $\widehat{L} \neq \widehat{\omega}$, wird die Drehachse $\widehat{\omega}$ nicht mehr eine feste Richtung im Raum besitzen. Auf der anderen Seite erkennen wir anhand der Gleichung (3.22), dass auch in diesem Fall eine ausgezeichnete Richtung existiert, falls keine äußeren Drehmomente auf den Körper wirken, also $M = 0$ ist.

Erhaltungsgesetz des Drehimpulses:
In einem abgeschlossenen System bleibt der Gesamtdrehimpuls erhalten

$$\sum_i L_i = L_\text{tot} = \text{ konst.} \tag{3.27}$$

Unsere bisherigen Überlegungen zur festen Ausrichtung der Drehachse erweisen sich daher als Bedingungen dafür, dass $\widehat{\omega} = \widehat{L}$. Denn der Drehimpuls bleibt in jedem Fall fest ausgerichtet, wenn das System abgeschlossen ist. Zeigt $\widehat{\omega}$ nicht in die Richtung des Drehimpulses, so wird die Drehachse $\widehat{\omega}$ um die Drehimpulsachse $\widehat{L}_\text{tot}$ mit der Winkelgeschwindigkeit Ω rotieren, und zwar mit einem Drehimpuls L_Ω, sodass zu jeder Zeit gilt

$$L + L_\Omega = L_\text{tot} = \text{ konst.} \tag{3.28}$$

Diese Rotation der Drehachse sollte nicht verwechselt werden mit der **Präzession** der Drehimpulsachse $\widehat{L}_\text{tot}$, die auftritt, wenn der rotierende Körper nicht mehr im Massenmittelpunkt S unterstützt wird, also die Gravitationskraft $F_\text{G} = -G\,\widehat{y}$ auf ihn wirkt. In diesem Fall ist das System nicht mehr abgeschlossen, d.h. das Erhaltungsgesetz (3.27) gilt nicht mehr. Welche Bewegung führt der Körper aus?

Wir legen den Koordinatenursprung in den Unterstützungspunkt des Körpers auf der Drehachse, um die er mit Winkelgeschwindigkeit $\omega = \omega\,\widehat{z}$ und Drehimpuls $L = I^{(z)}\,\omega$ rotiert. Die Gravitationskraft F_G erzeugt ein Drehmoment $M = z_\text{S}\,G\,\widehat{x}$ auf den Körper, unter dessen Einfluss sich die Drehachse um die y-Achse dreht, da nach Gleichung (3.22) dL parallel zu M steht. Aus

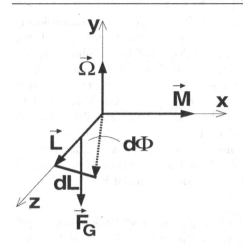

Abb. 3.7. Die Lage der Vektoren an einem Körper, der um die z-Achse rotiert und nicht in seinem Massenmittelpunkt unterstützt ist. Durch seine Gewichtskraft F_G wird ein Drehmoment M erzeugt, das die z-Achse um die y-Achse mit der Winkelgeschwindigkeit Ω dreht

Abb. 3.7 und Gleichung (3.22) ergeben sich folgende Zusammenhänge:

$$d\Phi\, L = dL \quad , \quad \frac{dL}{dt} = M \quad \rightarrow \quad \frac{d\Phi}{dt}\, L = M \ ,$$

d.h. die Präzessionsgeschwindigkeit $\Omega = d\Phi/dt$ ergibt sich zu

$$\Omega = \frac{M}{L} = \frac{z_S\, G}{I^{(z)}\, \omega} \ . \tag{3.29}$$

Der Gesamtdrehimpuls beträgt dann

$$L + L_\Omega = L_{\text{tot}} \ , \tag{3.30}$$

aber in diesem Fall präzessiert die Drehimpulsachse $\widehat{L}_{\text{tot}}$ um die y-Achse, die

Tabelle 3.1. Vergleich zwischen den Bewegungsgesetzen der Translation und der Rotation um eine Hauptträgheitsachse

Translation		Rotation	
Ortsvektor	r	Drehwinkel	φ
Geschwindigkeit	v	Winkelgeschwindigkeit	$\omega = d\varphi/dt\ (\widehat{r} \times \widehat{v})$
Beschleunigung	$a = dv/dt = d^2r/dt^2$	Winkelbeschl.	$d\omega/dt = d^2\varphi/dt^2$
Masse	m	Trägheitsmoment	$I^{(z)}$
Impuls	$p = m\,v$	Drehimpuls	$L = I^{(z)}\,\omega$
Kraft	$F = dp/dt$	Drehmoment	$M = dL/dt$
Kin. Energie	$W_{\text{trans}} = m\,v^2/2$	Kin. Energie	$W_{\text{rot}} = I^{(z)}\,\omega^2/2$
Ortstrajektorie		Kreistrajektorie	
$r(t) = (dv/dt)\,t^2/2 + v_0\,t + r_0$		$\varphi(t) = (d\omega/dt)\,t^2/2 + \omega_0\,t + \varphi_0$	

fest im Raum steht: Sie ist definiert durch die Richtung der Gravitationskraft. Als Kinder waren wir mit dieser Bewegung sehr vertraut. So bewegt sich ein Kreisel, wenn die Kreiselachse nicht mehr senkrecht auf dem Erdboden steht. Die formale Behandlung der Translations- und Rotationsbewegungen weisen offensichtlich große Ähnlichkeiten auf. Allerdings sollten wir uns auch daran erinnern, dass Bewegungsgesetze der Translation polare Vektoren miteinander verknüpfen, die der Rotation aber axiale Vektoren, siehe Anmerkung 2.1.3. Die wichtigsten Gesetze der Translation und der Rotation um eine Hauptträgheitsachse sind in Tabelle 3.1 zusammengefasst. Ein wichtiger Unterschied ist, dass Translationen mithilfe des Ortsvektors $r(t)$ beschrieben werden, Rotationen durch den Drehwinkel φ, der ein Skalar ist.

Anmerkung 3.3.1: Die Beziehung $L = r \times p$ spielt bei den Stößen zwischen zwei Körpern eine große Rolle. Ist der Stoß zentral, besitzen r und p die gleiche Richtung, d.h. der Drehimpuls L ist null für zentrale Stöße. Für nicht zentrale Stöße (siehe Abb. 3.6) ist dagegen stets $L \neq 0$. In jedem Fall muss der Drehimpuls während des Stoßes erhalten bleiben. Diese Forderung schränkt den Wertebereich der kinematischen Größen weiter ein, als wir in Kap. 2.4.1 diskutiert haben, aber für zentrale Stöße sind die Ergebnisse weiterhin korrekt.

Anmerkung 3.3.2: Für einen Kreis mit Radius r beträgt die Fläche dA eines Kreissegments $dA = \frac{1}{2} r^2 d\varphi$. Bewegt sich ein Körper auf einer Kreisbahn, so ist die pro Zeiteinheit überstrichene Fläche

$$\frac{dA}{dt} = \frac{1}{2} r^2 \omega = \text{konst},$$

weil der Drehimpuls $L = m r^2 \omega$ zeitlich sich nicht verändern darf. Dies ist die Aussage des 3. Kepler'schen Gesetzes in Kap. 2.2.4.

4

Die Physik des deformierbaren Körpers

Im letzten Kap. 3 haben wir angenommen, dass die Abstände zwischen den Massenpunkten (Atomen) eines starren Körpers sich nicht verändern. Zum Beispiel auch dann nicht, wenn eine äußere Kraft F_n normal zu seiner Oberfläche auf den Körper wirkt. Diese Annahme ist in vielen Fällen gerechtfertigt, aber nicht in allen. Denn der Gleichgewichtsabstand d zwischen zwei Massenpunkten des Körpers wird bestimmt durch die Kraft zwischen den Massenpunkten. Und folglich hängt auch sein Verhalten gegenüber äußeren Kräften von den Eigenschaften der inneren Kräfte ab. Die inneren Kräfte haben ihren Ursprung in der elektrischen Kraft, sie lassen sich aber nicht einfach durch Gleichung (1.5) beschreiben und werden daher als **Van-der-Waals-Kräfte** bezeichnet.

4.1 Die harmonische Näherung

Weil die Gleichgewichtslage eines Massenpunkts bestimmt wird durch seine potenzielle Energie, wollen wir statt der inneren Kräfte die mit ihnen verbundene potenzielle Energie $W_{pot}(r)$ untersuchen, wobei r der jetzt als variabel angenommene Abstand des Massenpunkts zu seinem nächsten Nachbarn ist. Das Verhalten von $W_{pot}(r)$ als Funktion von r können wir uns folgendermaßen überlegen:

- Für $r > r_{max}$ muss $W_{pot}(r) \to 0$ gelten, denn beide Massenpunkte sind praktisch freie Teilchen, d.h. es wirken keine Kräfte mehr auf sie.
- Für $r < r_{min}$ muss $W_{pot}(r) \to \infty$ gelten, denn andernfalls würden sich alle Massenpunkte unter der Wirkung einer starken äußeren Kraft F_n zu einem einzigen Massenpunkt vereinen.
- Für $r_{min} < r < r_{max}$ muss $W_{pot}(r) < 0$ gelten, denn die potenzielle Energie muss für $r = d$ ein Minimum besitzen, damit ein stabiler **Gleichgewichtszustand** existiert.

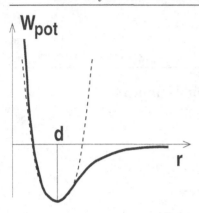

Abb. 4.1. Abhängigkeit der potenziellen Energie eines Atoms vom Abstand r zu seinem nächsten Nachbaratom. Die gestrichelte Parabel stellt die harmonische Näherung um das Minimum der potenziellen Energie dar

Experimentell hat man gefunden, dass sich die potenzielle Energie eines Massenpunkts in einem Körper am besten durch die **Lennard-Jones-Funktion** beschreiben lässt, die in Abb. 4.1 dargestellt ist:

$$W_{\text{pot}}(r) = C_{\text{r}}\, r^{-12} - C_{\text{a}}\, r^{-6} \quad \text{mit} \quad C_{\text{r}} > 0 \quad \text{und} \quad C_{\text{a}} > 0 \ . \tag{4.1}$$

Diese Funktion hat ein Minimum an der Stelle $r = d$ mit folgenden Werten:

$$d = \sqrt[6]{\frac{2\, C_{\text{r}}}{C_{\text{a}}}} \quad \text{und} \quad W_{\text{pot}}(d) = -\frac{C_{\text{a}}^2}{4\, C_{\text{r}}} \ . \tag{4.2}$$

Das bedeutet, die experimentell bestimmbaren Werte von d und $W_{\text{pot}}(d)$ legen die Parameter C_{r} (repulsiver Anteil) und C_{a} (attraktiver Anteil) fest. Besonders wichtig ist, dass wir die Lennard-Jones-Funktion um die Stelle $r = d$ in eine **Taylor-Reihe** (siehe Anhang 5) entwickeln können

$$W_{\text{pot}}(d - r) = \tag{4.3}$$
$$W_{\text{pot}}(d) + \frac{(d - r)^2}{2!} \frac{\mathrm{d}^2 W_{\text{pot}}(d)}{\mathrm{d}r^2} + \frac{(d - r)^3}{3!} \frac{\mathrm{d}^3 W_{\text{pot}}(d)}{\mathrm{d}r^3} + \dots \ .$$

Das lineare Glied in der Entwicklung (4.3) muss verschwinden, weil wir die Funktion (4.1) um ihr Minimum herum entwickeln. Für kleine Auslenkungen $x = d - r$ können wir die Entwicklung nach dem quadratischen Glied abbrechen und erhalten

$$W_{\text{pot}}(x) = -\frac{C_{\text{a}}^2}{4\, C_{\text{r}}} + D\, \frac{x^2}{2} \quad \text{mit} \quad D = \frac{\mathrm{d}^2 W_{\text{pot}}(d)}{\mathrm{d}r^2} > 0 \ . \tag{4.4}$$

Diese Abhängigkeit der potenziellen Energie von der Auslenkung x aus der Ruhelage ist charakteristisch für eine **harmonische** bzw. **elastische Kraft**.

Wird ein Massenpunkt des Körpers durch eine äußere Kraft F um die Länge x aus seiner Ruhelage ausgelenkt, erzeugen die inneren Kräfte eine Gegenkraft, die proportional zur Auslenkung ist.

Wie überträgt sich dieses Verhalten eines Massenpunkts auf das Verhalten des Gesamtkörpers, der aus n Massenpunkten besteht?

4.2 Elastische Verformungen

Bei kleinen Auslenkungen der Massenpunkte aus ihrer Gleichgewichtslage sind die Verformungen des Körpers elastisch und reversibel. Das bedeutet, der Körper kehrt in seinen stabilen Ausgangszustand zurück, wenn die äußeren Kräfte verschwinden. Werden die Kräfte und damit die Auslenkungen zu groß, bleibt der Körper permanent deformiert. Man nennt dies, im Gegensatz zur elastischen Verformung, eine plastische Verformung.

Maßgeblich für die elastische Verformung ist das Verhältnis der auf den Körper wirkenden Kräfte ΔF zu der Körperoberfläche ΔA.

Das Verhältnis $S = \Delta F/\Delta A$ wird **Spannung** genannt mit der Maßeinheit [S] $= \mathrm{N\,m^{-2}}$.

Wir unterscheiden zwischen folgenden Kräften:

- Kräfte, die normal auf die Körperoberfläche wirken, erzeugen die **Normalspannung**

$$\sigma = \frac{\Delta F_\mathrm{n}}{\Delta A} \ . \tag{4.5}$$

Die Normalspannung ist verantwortlich für die Dehnung und die Biegung eines Körpers, siehe Abb. 4.2.

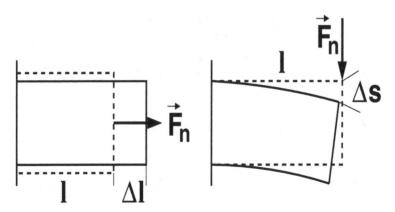

Abb. 4.2. Die Wirkung einer Normalkraft auf einen deformierbaren Körper, der einseitig (links) fixiert ist. *Links* dehnt sich der Körper um die Strecke Δl aus, *rechts* biegt er sich um die Strecke Δs durch

Dehnung: Die relative Dehnung $\Delta l/l$ hängt linear von der Normalspannung σ ab:

$$\frac{\Delta l}{l} = \frac{1}{E}\,\sigma \ . \tag{4.6}$$

Der Parameter E wird **Elastizitätsmodul** genannt, er ist charakteristisch für das Material des Körpers. Dabei wird angenommen, dass der Körper immer an einem Ende fixiert ist. Der Elastizitätsmodul besitzt die Maßeinheit $[E] = \mathrm{N\,m^{-2}}$.

Biegung: Die maximale Durchbiegung $\Delta s/l$ hängt linear von der Normalkraft F_n ab:

$$\frac{\Delta s}{l} = \frac{\Phi_\mathrm{n}}{E}\,F_\mathrm{n} \ . \tag{4.7}$$

Der **Geometriefaktor** Φ_n beschreibt die Gestalt des Körpers und die Art seiner Fixierung. Er besitzt die Maßeinheit $[\Phi_\mathrm{n}] = \mathrm{m^{-2}}$.

- Kräfte, die tangential auf die Körperoberfläche wirken, erzeugen die **Tangentialspannung**

$$\tau = \frac{\Delta F_\mathrm{t}}{\Delta A} \ . \tag{4.8}$$

Die Tangentialspannung ist verantwortlich für die Scherung und die Torsion eines Körpers, siehe Abb. 4.3.

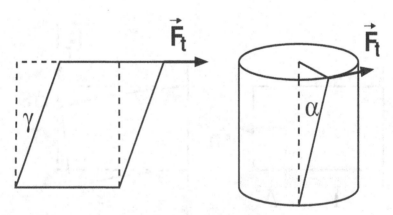

Abb. 4.3. Die Wirkung einer Tangentialkraft auf einen deformierbaren Körper, der einseitig (unten) fixiert ist. *Links* führt der Körper eine Scherung um den Winkel γ aus, *rechts* führt er eine Torsion um den Winkel α aus

Scherung: Der Scherwinkel γ hängt linear von der Tangentialspannung τ ab:

$$\gamma = \frac{1}{G}\,\tau \ . \tag{4.9}$$

Der Parameter G wird **Schubmodul** genannt, er ist charakteristisch für das Material des Körpers. Dabei wird angenommen, dass der Körper immer an einer Fläche fixiert ist. Der Schubmodul besitzt die Maßeinheit $[G]$ = N m^{-2}.

Torsion: Der Torsionswinkel α hängt linear von dem tangentialen Drehmoment M_t ab:

$$\alpha = \frac{\Phi_t}{G}\,M_t \ . \tag{4.10}$$

Der **Geometriefaktor** Φ_t beschreibt die Gestalt des Körpers und die Art seiner Fixierung. Er besitzt die Maßeinheit $[\Phi_t] = $ m^{-3}.

Daraus folgern wir, dass allgemein gelten muss:

Im elastischen Bereich besteht ein linearer Zusammenhang zwischen der Verformung ϵ eines Körpers und der äußeren Spannung S (**Hooke'sches Gesetz**).

Dies ist in Abb. 4.4 dargestellt. Für kleine Spannungen ist der Zusammenhang linear. Wird die Spannung zu groß, erfolgt der Übergang vom elastischen in den plastischen Bereich, der Körper verändert seine Gestalt irreversibel, bis er zunächst fließt und dann zerreißt.

Wir wollen die Dehnung und Biegung noch etwas detaillierter betrachten.

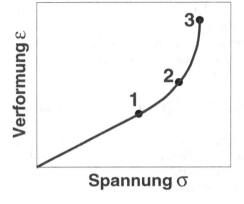

Abb. 4.4. Die Abhängigkeit der Verformung von der Spannung. Die lineare Abhängigkeit bis 1 ist charakteristisch für die elastische Verformung, zwischen 1 und 2 ist die Verformung plastisch, der Fließbereich liegt zwischen 2 und 3, im Punkt 3 zerreißt der Körper

4.2.1 Die elastische Dehnung

Wird ein Körper durch eine Normalkraft geringfügig gedehnt, so folgt die Dehnung dem Hooke'schen Gesetz

$$\epsilon_l = \frac{\Delta l}{l} = \frac{1}{E}\,\sigma \;. \tag{4.11}$$

Gleichzeitig verändert der Körper aber auch seinen Querschnitt, den wir mithilfe der Breite b beschreiben wollen. Die relative Breitenänderung $\epsilon_b = \Delta b/b$ hängt mit ϵ_l über die **Poisson-Zahl** μ zusammen

$$\epsilon_b = -\mu\,\epsilon_l \;. \tag{4.12}$$

Das negative Vorzeichen berücksichtigt die Tatsache, dass bei einer Verlängerung des Körpers sein Querschnitt kleiner werden muss. Für die Veränderung des Körpervolumens ergibt sich:

$$\Delta V = (l + \Delta l)\,(b + \Delta b)^2 - l\,b^2 \approx b^2\,\Delta l + 2\,b\,l\,\Delta b \;,$$

wobei alle Terme, die quadratisch in den Veränderungen sind, vernachlässigt wurden. Die relative Volumenänderung ist daher

$$\epsilon_V = \frac{\Delta V}{V} = \frac{\Delta l}{l} + 2\,\frac{\Delta b}{b} = \frac{\sigma}{E}\,(1 - 2\,\mu) \;. \tag{4.13}$$

Da für die relative Volumenänderung $0 < \epsilon_V < 1$ gelten muss, erhalten wir als Wertebereich der Poisson-Zahl

$$0 < \mu < \frac{1}{2} \;. \tag{4.14}$$

Die Beziehung (4.13) wurde hergeleitet unter der Voraussetzung, dass die Normalkraft einseitig wirkt. Betrachten wir einen Fall, bei dem Normalkräfte auf allen Seiten wirken (für einen Kubus sind das die sechs Kräfte auf jede der drei sich parallel gegenüberliegenden Flächen), dann gilt entsprechend

$$\epsilon_V = 3\,\frac{\sigma}{E}\,(1 - 2\,\mu) \;. \tag{4.15}$$

Diesen Fall bezeichnet man als Kompression, und die Änderung der Normalkraft pro Fläche wird Druckänderung ΔP genannt. Demnach gilt das Kompressionsgesetz

$$-\frac{\Delta V}{V} = \frac{1}{K}\,\Delta P \quad \text{mit} \quad \frac{1}{K} = \frac{3}{E}\,(1 - 2\,\mu) \;. \tag{4.16}$$

Das negative Vorzeichen trägt wiederum der Tatsache Rechnung, dass eine Verringerung des äußeren Drucks eine Vergrößerung des Volumens zur Folge hat. Der Faktor K wird **Kompressionsmodul** genannt, seinen Kehrwert $\kappa = 1/K$ bezeichnet man als **Kompressibilität**.

4.2.2 Die elastische Biegung

Wir wollen uns in diesem Kapitel nur ganz grob über die Bedeutung des Geometriefaktors Φ_n informieren, der bei der Biegung eines Körpers eine Rolle spielt. Dazu wollen wir eine einfache Geometrie wählen, z.B. einen langen Balken mit der Länge l, der Breite b und der Höhe h. Die Normalkraft F_n soll am Balkenende längs der z-Achse auf die Oberseite des Balkens wirken, welche die x-y-Ebene definiert. Der Balken sei an dem anderen Ende fixiert.

Betrachten wir die Biegung des Balkens im Detail (Abb. 4.5), so wird deutlich, dass der Balken sich an seine Oberseite verlängert, dagegen an seiner Unterseite verkürzt. Den Bereich des Balkens, der keine Längenänderung erfährt, bezeichnet man als neutrale Faser. Der **Geometriefaktor** unter diesen Bedingungen ist gegeben durch

$$\Phi_n = \frac{l^2}{3\,B} \quad \text{mit} \quad B = b \int_{-h/2}^{+h/2} z^2 \, \mathrm{d}z = \frac{b\,h^3}{12} \,. \tag{4.17}$$

Der Parameter $B = \int z^2 \mathrm{d}A$ wird als **Flächenträgheitsmoment** bezeichnet, sein Wert hängt offensichtlich von der Querschnittsgestalt des Körpers ab. Für einen runden Balken mit Radius r beträgt das Flächenträgheitsmoment z.B. $B = (\pi/4)\,r^4$.

Das Flächenträgheitsmoment ist entscheidend, wie stark sich ein Körper biegt: B muss bei gegebener Balkenlänge groß sein, damit $\Delta s/l$ klein ist. Zum Beispiel ist ein rechteckiger Balken mit Masse m für $b < h$ wesentlich weniger biegsam, als derselbe Balken mit $h < b$. Auch die Verteilung der Kraft F_n ist wichtig. Wird die Kraft nicht einseitig, sondern gleichmäßig über den ganzen Balken verteilt, so beträgt der Geometriefaktor unter sonst gleichen Bedingungen, d.h. bei weiterhin einseitiger Fixierung, nur noch

$$\Phi_n = \frac{l^2}{8\,B} \,. \tag{4.18}$$

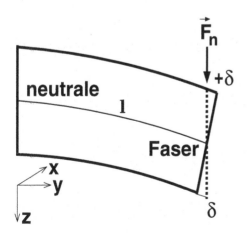

Abb. 4.5. Ein Balken biegt sich unter der einseitigen Normalkraft F_n durch. Nur die neutrale Faser behält die Länge l des Balkens, seine Unterseite verkürzt sich um δ, seine Oberseite verlängert sich um δ

Ist der Balken dagegen beidseitig fixiert, so beträgt der Geometriefaktor $\Phi_n = 5\,l^2/(384\,B)$. Die Durchbiegung ist dann in der Mitte des Balkens maximal, aber wesentlich geringer als bei der einseitigen Fixierung.

Die Kunst, möglichst unbiegsame Körper zu konstruieren, besteht also darin, die Querschnittsform optimal zu gestalten und ein Material mit hohem Elastizitätsmodul E zu verwenden. In der Technik verwendet man T- und Doppel-T-Träger aus Stahl, aber die Natur ist ein unübertroffener Lehrmeister bei dieser Aufgabe.

5

Die Physik der Flüssigkeiten

Der flüssige Zustand ist einer der drei **Aggregatzustände** der Materie.

Es existieren in der Natur drei Aggregatzustände der Materie: Der feste Zustand, der flüssige Zustand und der gasförmige Zustand.

Mit dem festen Aggregatzustand haben wir uns in den Kap. 3 (Starrer Körper) und Kap. 4 (Deformierbarer Körper) befasst. Darauf aufbauend können wir folgende Kriterien für die verschiedenen Aggregatzustände formulieren:

- Der **feste Zustand** besitzt ein festes Volumen und eine feste Oberfläche. Beide Eigenschaften können nur unter Wirkung sehr starker äußerer Kräfte in geringem Maße verändert werden.
- Der **flüssige Zustand** besitzt ein festes Volumen, aber eine freie Oberfläche. Zur Veränderung des Flüssigkeitsvolumens bedarf es starker äußerer Kräfte, dagegen besitzt die Flüssigkeitsoberfläche keine feste Form. Die Form wird erst definiert durch ein Gefäß, in dem sich die Flüssigkeit befindet.
- Der **gasförmige Zustand** besitzt weder ein festes Volumen noch eine feste Oberfläche. Beide werden erst definiert, wenn sich das Gas in einem Behälter befindet.

Materie kann von einem Aggregatzustand in einen anderen wechseln. Diesen Wechsel bezeichnet man als Phasenübergang, so wie die Aggregatzustände auch als Phasen bezeichnet werden. Offensichtlich wird bei dem Phasenübergang fest - flüssig die starre Ordnung der Atome zu einem Gitter (siehe Abb. 3.1) aufgegeben, die Atome bzw. Moleküle können sich nach dem Phasenübergang bei gegenseitiger Wechselwirkung und festem Volumen mehr oder minder frei bewegen. Dieser Phasenübergang ist daher mit dem Verlust von Ordnung verbunden, eine Feststellung, die uns noch in Kap. 6.5.1 weiter beschäftigen wird. Ein weiterer Ordnungsverlust vollzieht sich bei dem Phasenübergang flüssig - gasförmig. Im gasförmigen Zustand befinden sich die

Atome bzw. Moleküle in vollständig ungeordneter Bewegung, die dominiert wird allein durch die elastischen Zusammenstöße zwischen ihnen.

Da Flüssigkeiten ohne Gefäß keine definierte Oberfläche besitzen, können nur äußere Normalkräfte F_n auf sie wirken. Jede Tangentialkraft würde die Oberfläche so verändern, dass eine äußere Kraft zur Normalkraft wird. Die Wirkung einer Normalkraft ist gegeben durch den **Druck**, also durch das Verhältnis von Normalkraft pro Fläche

$$P = \frac{\Delta F_n}{\Delta A} \ . \tag{5.1}$$

Im Gleichgewichtszustand, d.h. bei einer ruhenden Flüssigkeit, muss der Druck überall auf der Oberfläche und im Inneren einer zugleich masselosen Flüssigkeit (warum die Flüssigkeit masselos sein sollte, wird in Kap. 5.1 erklärt) gleich sein, d.h. es gilt

$$P = \frac{F_n}{A} \tag{5.2}$$

überall in der Flüssigkeit, unabhängig von der Form des Gefäßes, in dem sich die Flüssigkeit befindet, siehe Abb. 5.4a.

Die Gleichheit des Drucks im Inneren wird gewährleistet durch die inneren Kräfte, die sich jeder Volumenänderung bei einer Veränderung des äußeren Drucks widersetzen,

$$\frac{\Delta V}{V} = -\kappa \, \Delta P \ . \tag{5.3}$$

Die **Kompressibilität** κ einer Flüssigkeit ist sehr gering, sie ist in der Größenordnung von $\kappa \approx 5 \cdot 10^{-10}$ Pa^{-1}. Die Folge davon ist:

Flüssigkeiten sind praktisch inkompressibel, sie verändern ihr Volumen auch unter der Wirkung sehr starker Normalkräfte nur geringfügig.

Können weitere, zusätzliche innere Kräfte, insbesondere solche, welche die freie Bewegung der Atome bzw. Moleküle in der Flüssigkeit behindern, vernachlässigt werden, nennt man die Flüssigkeit eine **ideale Flüssigkeit**. Anderenfalls handelt es sich um eine **reale Flüssigkeit**.

Anmerkung 5.0.1: Manchmal wird das Plasma als vierter Aggregatzustand der Materie bezeichnet. Der Plasmazustand existiert unter normalen Bedingungen nicht auf der Erde, sondern nur im Inneren eines Sterns. Als Plasma bezeichnet man ein Gemisch aus positiv ionisierten Atomen und negativen Elektronen, das nach außen neutral ist. Ein derartiges Gemisch kann sich nur bei sehr hohen Temperaturen entwickeln.

5.1 Ruhende Flüssigkeiten

Wir wollen jetzt die Eigenschaften von ruhenden Flüssigkeiten untersuchen, die wir auch in unserem Alltag beobachten können. Die Annahme, dass die Flüssigkeit masselos sei, ist notwendig, wenn die Wirkung der Gravitationskraft auf die Flüssigkeit unberücksichtigt bleiben soll. Dies erlaubt eine einfachere Beschreibung der Beobachtung, die Annahme der Masselosigkeit ist aber nicht essentiell für diese Beschreibung.

- Die **hydraulische Presse**

Ist die Flüssigkeit masselos, ist der Druck überall in der Flüssigkeit gleich: $P_1 = P_2$. Für die Normalkräfte auf zwei verschiedene Oberflächen gilt also

$$\frac{F_{n,1}}{A_1} = \frac{F_{n,2}}{A_2} , \tag{5.4}$$

oder

$$F_{n,2} = F_{n,1} \frac{A_2}{A_1} = X F_{n,1} . \tag{5.5}$$

Der Verstärkungsfaktor X der Kraft ist also gegeben durch des Flächenverhältnis A_2/A_1. Apparate, welche diese Folgerung aus der Gleichheit des Drucks in einer Flüssigkeit technisch anwenden, bezeichnet man als hydraulische Pressen.

- **Schweredruck** und **hydrostatischer Druck**

Natürlich besitzen die Atome bzw. Moleküle in der Flüssigkeit eine Masse, auf welche die Gravitationskraft $\boldsymbol{F}_G = -m\,g\,\widehat{\boldsymbol{y}}$ wirkt. Diese Kraft vergrößert den Druck im Inneren einer Flüssigkeit mit zunehmender Tiefe $h = y_0 - y$, wobei y_0 die Position der Flüssigkeitsoberfläche ist, auf die der äußere Druck P_0 wirkt. Dieser Druck ist überall in der Flüssigkeit vorhanden, aber in der Tiefe h existiert noch der zusätzliche Schweredruck P_G, der durch die Gravitationskraft verursacht wird:

$$P_G = \frac{\rho_{m,fl}\,V\,g}{A} = \rho_{m,fl}\,g\,h , \tag{5.6}$$

wobei $\rho_{m,fl}$ die Massendichte der Flüssigkeit ist. Der Gesamtdruck in der Tiefe h ist demnach

$$P = P_0 + P_G = P_0 + \rho_{m,fl}\,g\,h , \tag{5.7}$$

diesen Druck nennt man den hydrostatischen Druck. Die lineare Zunahme des hydrostatischen Drucks mit der Tiefe ist eine Konsequenz aus der Inkompressibilität von Flüssigkeiten. Später werden wir lernen, dass die Linearität nicht mehr gilt, wenn die Substanz kompressibel ist, wie z.B. bei Gasen.

Die Existenz des hydrostatischen Drucks hat folgende Phänomene zur Folge:

● **Auftrieb**

Auf einen Körper, der sich vollständig in einer Flüssigkeit befindet, wirkt an seiner Oberseite der hydrostatische Druck

$$P_\text{o} = P_0 + \rho_\text{m,fl}\, g\, h_\text{o}\ ,\tag{5.8}$$

und an seiner Unterseite der hydrostatische Druck

$$P_\text{u} = P_0 + \rho_\text{m,fl}\, g\, h_\text{u} > P_\text{o}\ .\tag{5.9}$$

Die Druckdifferenz $\Delta P = P_\text{u} - P_\text{o}$ führt zu einer in $\widehat{\boldsymbol{y}}$ gerichteten Auftriebskraft

$$\boldsymbol{F}_\text{A} = \Delta P\, A\, \widehat{\boldsymbol{y}} = \rho_\text{m,fl}\, g\, (h_\text{u} - h_\text{o})\, A\, \widehat{\boldsymbol{y}} = m_\text{fl}\, g\, \widehat{\boldsymbol{y}}\ .\tag{5.10}$$

Die Stärke dieser Auftriebskraft ist also gleich dem Gewicht der verdrängten Flüssigkeit.

● **Archimedisches Prinzip**

Die Auftriebskraft $\boldsymbol{F}_\text{A}$ wirkt der Gravitationskraft $\boldsymbol{F}_\text{G} = -G\,\widehat{\boldsymbol{y}}$ auf den Körper in der Flüssigkeit entgegen. Er erhält dadurch in der Flüssigkeit ein geringeres Gewicht G':

$$G' = G - F_\text{A} = (m - m_\text{fl})\, g = V\, g\, (\rho_\text{m} - \rho_\text{m,fl})\ .\tag{5.11}$$

Die Differenz $\Delta G = G - G'$ zwischen den Gewichten innerhalb und außerhalb der Flüssigkeit beträgt

$$\Delta G = V\, g\, \rho_\text{m,fl} = \frac{G}{\rho_\text{m}}\, \rho_\text{m,fl}\ ,\tag{5.12}$$

und kann zur Bestimmung der Massendichte des Körpers verwendet werden, wenn die Massendichte der Flüssigkeit bekannt ist

$$\rho_\text{m} = \frac{G}{\Delta G}\, \rho_\text{m,fl}\ .\tag{5.13}$$

Diese Methode wurde, der Geschichte nach, zum ersten Mal mit Wasser als Flüssigkeit von Archimedes (285 - 212 v.Chr.) angewendet. Sie funktioniert allerdings nur dann, wenn sich der Körper vollständig im Wasser befindet, wenn also $\rho_\text{m,fl} < \rho_\text{m}$ bzw. $G > F_\text{A}$ gilt. Wir unterscheiden:

1. Ist $G > F_\text{A}$, dann sinkt ein Körper in einer Flüssigkeit.

2. Ist $G = F_\text{A}$, dann schwebt ein Körper in einer Flüssigkeit.

3. Ist $G < F_\text{A}$, dann schwimmt ein Körper in einer Flüssigkeit. Dabei ist das von dem Körper verdrängte Flüssigkeitsvolumen V_fl kleiner als das Körpervolumen V, und zwar ergibt sich $V_\text{fl} = V\, \rho_\text{m}/\rho_\text{m,fl}$.

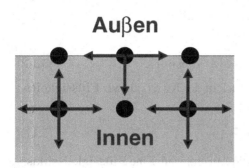

Außen

Innen

Abb. 5.1. Die inneren Kräfte auf ein Atom kompensieren sich im Inneren einer Flüssigkeit, da sich auf allen Seiten ein Nachbaratom befindet. Auf der Oberfläche kompensieren sie sich nicht, da sich außen keine Nachbaratome befinden. Dadurch entsteht auf der Oberfläche eine resultierende Normalkraft, die in das Innere der Flüssigkeit gerichtet ist

Auf der Erdoberfläche müssen Flüssigkeiten immer von Wänden eingeschlossen sein, um die Wirkung des Schweredrucks zu kompensieren. Wollen wir den Schweredruck ausschalten, haben wir oben einfach eine masselose Flüssigkeit betrachtet. Dies ist eine hypothetische Flüssigkeit, d.h. sie existiert nicht wirklich. Man kann aber auch auf der Erdoberfläche Flüssigkeiten ohne den Einfluss der Gravitationskraft untersuchen, indem man sie frei fallen lässt, siehe Kap. 2.2.3. Auf eine frei fallende Flüssigkeit wirken keine äußeren Kräfte mehr, sondern allein ihre inneren Kräfte. Unter dem Einfluss dieser Kräfte treten neue Phänomene auf, die wir jetzt betrachten wollen.

- **Spezifische Oberflächenenergie**

Die inneren Kräfte entstehen durch die Wechselwirkungen der Atome bzw. Moleküle einer Flüssigkeit untereinander, sie sind dafür verantwortlich, dass die Flüssigkeit einen Gleichgewichtszustand mit festem Volumen besitzt. Im Inneren einer Flüssigkeit kompensieren sich alle Kräfte zwischen einem Atom und seinen Nachbaratomen zu einer resultierenden Kraft $F = 0$, siehe Abb. 5.1. An der Oberflächen fehlen aber die Nachbarn auf der Außenseite, und daher entsteht eine resultierende Normalkraft, die nach innen gerichtet ist und den Druck P in der Flüssigkeit erzeugt. Diese Normalkräfte sind auch verantwortlich für die stabile Oberflächenform der Flüssigkeit, d.h. Abweichungen von der Gleichgewichtsform führen zu einer Zunahme der potenziellen Energie (siehe Kap. 3.1.3). Diese Zusammenhänge werden beschrieben durch die Oberflächenenergie pro Oberfläche, also die spezifische Oberflächenenergie

$$\chi = \frac{\Delta W_A}{\Delta A} \quad , \quad [\chi] = \text{N m}^{-1} \, , \tag{5.14}$$

die man unglücklicherweise oft auch als **Oberflächenspannung** bezeichnet (Die Spannung S hat die Einheit $[S] = \text{N m}^{-2}$).

Die Gleichgewichtsform einer frei fallenden Flüssigkeit ist daher die Form, die bei gegebenem Volumen die kleinste Oberfläche besitzt, und das ist die Kugel. Will man die Kugelgestalt verändern, d.h. die Gleichgewichtsform verlassen, muss dazu Arbeit verrichtet werden, weil die potenzielle Energie zunimmt. Diese Arbeit ergibt sich zu

$$dW_A = F_n\, dx = P\,A\, dx = P\, dV = \chi\, dA \ . \tag{5.15}$$

Für eine Kugel mit Radius r gilt

$$dV = 4\pi\, r^2\, dr \quad , \quad dA = 8\pi\, r\, dr \ , \tag{5.16}$$

und daraus ergibt sich für den Innendruck in der Kugel, die wir **Flüssigkeitstropfen** nennen

$$P = \frac{2\,\chi}{r} \ . \tag{5.17}$$

Ein Tropfen besitzt eine Oberfläche, die Außenfläche. Eine **Flüssigkeitsblase** besitzt dagegen 2 Flächen, die Innen- und die Außenfläche. Und daher beträgt der Innendruck in einer Blase

$$P = \frac{4\,\chi}{r} \ . \tag{5.18}$$

In beiden Fällen ist der Druck umso größer, je kleiner der Radius ist. Und im Grenzfall geht $P \to \infty$, wenn $r \to 0$. Eine Blase neu mit $r = 0$ zu erzeugen, z.B. in kochendem Wasser, ist daher im Prinzip unmöglich (Siedeverzug)[1]. Es gelingt nur, wenn sich Keime für die Blasenbildung mit Krümmungsradien $r > 0$ in dem Wasser befinden.

• **Grenzflächen**

Im allgemeinen Fall bildet die Oberfläche einer Substanz immer eine Grenzfläche zu einem anderen Medium. Zum Beispiel kann die Flüssigkeitsoberfläche eine Grenzfläche zu einem Gas oder zu einem Festkörper sein. Dann werden an diesen Grenzflächen nicht nur die (nach innen gerichteten) inneren Kräfte zwischen den Atomen der Flüssigkeit wirken, sondern auch die Kräfte zwischen den Atomen auf beiden Seiten der Grenzfläche. Die ersteren Kräfte nennt man die **Kohäsionskräfte** der Substanz, die letzteren die **Adhäsionskräfte** an einer Grenzfläche zwischen Substanz und Medium. Für das Verhalten einer Flüssigkeit an der Grenzfläche (k, l) ist entscheidend, wie stark die Kohäsionskräfte verglichen mit den Adhäsionskräften sind. Charakterisieren wir deren relative Stärke wiederum durch eine spezifische Energiedichte $\chi_{(k,l)}$ an der Grenzfläche, dann gilt

$\chi_{(k,l)} > 0$ wenn Kohäsion (k) größer als Adhäsion (k, l) ,

$\chi_{(k,l)} < 0$ wenn Kohäsion (k) kleiner als Adhäsion (k, l).

Diese Vorzeichenregel sagt etwas aus über die Richtung der resultierenden Normalkraft: Diese Kraft zeigt in die Substanz (k), wenn die spezifische Energiedichte $\chi_{(k,l)}$ positiv ist, und sie zeigt in das Medium (l), wenn die spezifische Energiedichte $\chi_{(k,l)}$ negativ ist.

---

[1] Eigentlich sollte man von einem Gastropfen in einer Flüssigkeit reden, aber der Namen "Gasblase" ist geläufiger.

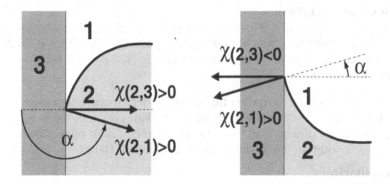

Abb. 5.2. Das Verhalten einer Flüssigkeit an der Grenzfläche zu einem festen Körper. *Links* ist der Fall einer nichtbenetzenden Flüssigkeit gezeigt, *rechts* der einer benetzenden Flüssigkeit

In der Abb. 5.2 sind die Verhältnisse an den Grenzflächen gezeigt, die sich zwischen den drei Aggregatzuständen gasförmig(1), flüssig(2) und fest(3) ausbilden. Bildet die Flüssigkeitsoberfläche mit der festen Wand einen Winkel α, dann verlangt die Gleichgewichtsbedingung $\sum F_{\mathrm{n,i}} = 0$:

$$\chi_{(2,3)} + \chi_{(3,1)} + \chi_{(2,1)} \cos \alpha = 0 \ . \tag{5.19}$$

$\chi_{(2,1)}$ entspricht unserer bisherigen spezifischen Oberflächenenergie: $\chi_{(2,1)}$ ist immer positiv, denn die Normalkräfte zeigen in die Flüssigkeit und erzeugen den Innendruck.

$\chi_{(3,1)}$ beschreibt das Verhalten an der Grenzfläche zwischen dem festen und dem gasförmigen Medium. Diese Grenzfläche verändert sich praktisch nicht, und daher gilt $\chi_{(3,1)} \approx 0$.

Die Gleichgewichtsbedingung (5.19) reduziert sich daher auf

$$\cos \alpha = -\frac{\chi_{(2,3)}}{|\chi_{(2,1)}|} \tag{5.20}$$

und ergibt eine Bedingung dafür, welchen Winkel die Flüssigkeitsoberfläche mit der festen Wand bildet. Wir unterscheiden (siehe Abb. 5.2):

(1) Nichtbenetzende Flüssigkeiten.
In diesem Fall ist $\chi_{(2,3)} > 0$ und damit $\alpha > 90°$, die Flüssigkeitsoberfläche ist also konvex gekrümmt. Diese Verhältnisse liegen dann vor, wenn die Kohäsion zwischen den Atomen der Flüssigkeit größer ist als die Adhäsion mit den Atomen der Wand.

Ein Beispiel für dieses Verhalten finden wir in der Grenzfläche zwischen Quecksilber und Glas.

(2) Benetzende Flüssigkeiten.
In diesem Fall ist $\chi_{(2,3)} < 0$ und damit $\alpha < 90°$, die Flüssigkeitsoberfläche ist also konkav gekrümmt. Diese Verhältnisse liegen dann vor, wenn die Kohäsion zwischen den Atomen der Flüssigkeit kleiner ist als die Adhäsion mit den Atomen der Wand.

Ein Beispiel für dieses Verhalten finden wir in der Grenzfläche zwischen Methanol und Glas. Ein besonders interessanter Fall tritt auf, wenn $|\chi_{(2,3)}| > |\chi_{(2,1)}|$ wird. In diesem Fall hat die Gleichung (5.20) keine Lösung, die Flüssigkeit kriecht an der Wand empor und aus dem Gefäß.

- **Kapillarität**

Das unterschiedliche Verhalten von nichtbenetzenden und benetzenden Flüssigkeiten lässt sich auch so interpretieren, dass es bei letzteren energetisch vorteilhafter ist, wenn die Grenzfläche fest-flüssig möglichst groß wird, denn die damit verbundene potenzielle Energie nimmt ab. Auf der anderen Seite muss dabei Arbeit gegen die Gravitationskraft auf die Atome der Flüssigkeit verrichtet werden. Und daher stellt sich ein neuer Gleichgewichtszustand ein, sodass der Verlust an Grenzflächenenergie $\Delta W_A = -P\,\Delta V$ gleich groß ist wie der Gewinn an Gravitationsenergie $\Delta W_{\text{pot}} = m_{\text{fl}}\,g\,h$:

$$P\,\Delta V = m_{\text{fl}}\,g\,h\ .\tag{5.21}$$

Praktisch bedeutet dies, dass eine benetzende Flüssigkeit in einem engen Rohr (Kapillare) gegen die Gravitationskraft nach oben aufsteigt, während eine nichtbenetzende Flüssigkeit mit der Gravitationskraft nach unten absinkt. Diese Verhältnisse sind in der Abb. 5.3 dargestellt. Wir nehmen an, dass die Flüssigkeitsoberfläche die Form einer Kugelschale mit dem Krümmungsradius r besitzt, und die Kapillare den Durchmesser $2\,r_K$ hat. Dann besteht folgender Zusammenhang zwischen r_K und r

$$r = \frac{r_K}{\cos\alpha}\ ,\tag{5.22}$$

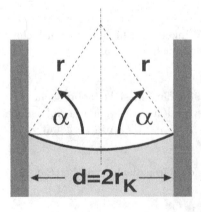

Abb. 5.3. Eine benetzende Flüssigkeit in einer Kapillaren. Die Flüssigkeitsoberfläche ist konkav gewölbt, die Flüssigkeit steigt in der Kapillaren hoch, weil sich dadurch die potenzielle Energie des Systems verringert ($\xi(2,3)$ ist negativ)

und der durch diese Kugelschale erzeugte Druck ergibt sich nach Gleichung (5.17) zu

$$P = \frac{2\,|\chi_{(2,1)}|}{r} = \frac{2\,|\chi_{(2,1)}|\cos\alpha}{r_K}. \tag{5.23}$$

Aus den Gleichgewichtsbedingungen (5.20) und (5.21) folgt daher

$$\frac{2\,|\chi_{(2,1)}|\cos\alpha}{r_K} = \rho_{m,fl}\,g\,h \quad \rightarrow \quad h = -\frac{2\,\chi_{(2,3)}}{\rho_{m,fl}\,g\,r_K}. \tag{5.24}$$

Ist $\chi_{(2,3)} < 0$ (benetzende Flüsigkeit), so steigt die Flüssigkeit in der Kapillaren, ist $\chi_{(2,3)} > 0$ (nichtbenetzende Flüsigkeit), so sinkt die Flüssigkeit in der Kapillaren.

- **Wasserlöslichkeit**

Zum Schluss soll noch kurz erwähnt werden, dass die spezifische Grenzflächenenergie auch dafür verantwortlich ist, ob sich eine Flüssigkeit in Wasser löst oder nicht. Lösliche Flüssigkeiten(k) (z.b. Methanol) unterscheiden sich von unlösliche Flüssigkeiten(k) (z.b. Öl) dadurch, dass erstere eine Grenzfäche mit Wasser(k,l) bilden, an der $\chi_{(k,l)} < 0$ gilt, während für letztere $\chi_{(k,l)} > 0$ ist.

Anmerkung 5.1.1: Die spezifische Oberflächenenergie bzw. Grenzflächenenergie sind keine Materialkonstanten, sondern sie sind z.b. temperatur- und druckabhängig. Im Falle der Wasserlöslichkeit kann die Grenzflächenenergie durch Tenside so beeinflusst werden, dass unlösliche Flüssigkeiten löslich werden. Tenside sind organische Verbindungen (sog. Hydrotope) mit einem hydrophilen (wasserfreundlichen) und hydrophoben (wasserfeindlichen) Ende. Während der hydrophile Teil in das Wasser hineigezogen wird, können wasserunlösliche Moleküle an den aus dem Wasser ragenden hydrophoben Teil binden und werden dadurch wasserlöslich.

5.2 Strömende Flüssigkeiten

Flüssigkeiten können strömen, und auf den ersten Blick sieht es so aus, als ob diese Zustandsänderung wegen der Inkompressibilität der Flüssigkeiten einer Translation des festen Körpers ähnelt: Jedes Atom bzw. Molekül in der Flüssigkeit bewegt sich lokal mit der gleichen Geschwindigkeit v. Die Bahnkurven, auf denen die Atome sich dabei bewegen, wären dann parallel. Man bezeichnet diese Bahnkurven als **Stromfäden**. Aber es gibt einen wesentlichen Unterschied zu der Bewegung eines Festkörpers: Flüssigkeiten besitzen keine feste Oberfläche, und daher passen sie sich der Gestalt des Gefäßes an, durch das sie hindurchströmen. Die Stromfäden sind deswegen im Allgemeinen nicht parallel, wir wollen aber zunächst voraussetzen, dass sie überall getrennt voneinander verlaufen, d.h. sich nicht durchmischen. Eine Strömung mit voneinander getrennten Stromfäden nennt man eine **laminare Strömung**. Treten in der Strömung Wirbel auf, bei denen sich die Stromfäden durchmischen, ist die Strömung **turbulent**.

In allen Fällen muss wegen der Inkompressibilität das Flüssigkeitsvolumen dV_i, das pro Zeitintervall dt durch den Eingangsquerschnitt dA_i in das Gefäß eintritt, genau so groß sein wie das Volumen dV_f, das pro Zeitintervall dt durch den Austrittsquerschnitt dA_f aus dem Gefäß wieder austritt:

$$\frac{dV_i}{dt} = \frac{dV_f}{dt} \quad \rightarrow \quad A_i\, \frac{dx_i}{dt} = A_f\, \frac{dx_f}{dt} \ . \tag{5.25}$$

Daraus ergibt sich

Strömende Flüssigkeiten gehorchen der **Kontinuitätsgleichung**

$$\int\limits_{A_i} \boldsymbol{v}_i \cdot d\boldsymbol{A}_i = \int\limits_{A_f} \boldsymbol{v}_f \cdot d\boldsymbol{A}_f \ , \tag{5.26}$$

wobei A_i der Eingangsquerschnitt und $\boldsymbol{v}_i$ die Eingangsgeschwindigkeit, bzw. A_f der Ausgangsquerschnitt und $\boldsymbol{v}_f$ die Ausgangsgeschwindigkeit sind.

Sind die Geschwindigkeiten konstant über die Flächen und strömt die Flüssigkeit senkrecht auf die Flächen, so ergibt sich aus der allgemein gültigen Kontinuitätsgleichung (5.26) der Spezialfall (5.25).

5.2.1 Ideale Flüssigkeiten

Wir wollen die Konsequenzen der Kontinuitätsgleichung zunächst für ideale Flüssigkeiten betrachten, also solche Flüssigkeiten, bei denen die inneren Kräfte zwischen den Atomen bzw. Molekülen nicht zu Reibungsverlusten führen. Dann muss die mechanische Energie $W_{mech} = W_{kin} + W_{pot}$ der Flüssigkeit erhalten bleiben. Aufgrund der Kontinuitätsgleichung verändert sich u.U. die Geschwindigkeit der Flüssigkeit, also ihre kinetische Energie. Und diese Änderung muss durch eine entsprechende Änderung der potenziellen Energie ausgeglichen werden, siehe Gleichung (5.15).

$$\Delta W_{kin} = \frac{\Delta m}{2}\left(v_f^2 - v_i^2\right) \quad , \quad \Delta W_{pot} = \Delta V\left(P_f - P_i\right) \ . \tag{5.27}$$

Und daher wegen der Erhaltung der mechanischen Energie

$$\Delta W_{kin} + \Delta W_{pot} = 0 \quad \rightarrow \quad \frac{\rho_m}{2}\left(v_f^2 - v_i^2\right) = P_i - P_f \ . \tag{5.28}$$

Betrachten wir P als den hydrostatischen Druck, dann ergibt sich

Für eine ideal strömende Flüssigkeit gilt die Erhaltung der mechanischen Energie (**Bernoulli'sches Gesetz**)

$$\frac{\rho_m}{2} v^2 + P + \rho_m\, g\, h = \text{ konst.} \tag{5.29}$$

Man bezeichnet den Term

- P als den **statischen Druck**,
- $(\rho_m/2)\, v^2$ als den **Staudruck**,
- $\rho_m\, g\, h$ als den **Schweredruck**.

Die wichtigste Aussage des Bernoulli'schen Gesetzes ist, dass der hydrostatische Druck in einer Flüssigkeit abnimmt, wenn die Strömungsgeschwindigkeit ansteigt, also der Staudruck zunimmt. Diese Druckabnahme kann man mithilfe von Steigröhren, die nach dem Bernoulli'schen Gesetz arbeiten, sichtbar machen, wie es in Abb. 5.4b dargestellt ist. In der rechten und linken Steigröhre gilt

$$P + \frac{\rho_m}{2} v_1^2 + \rho_m\, g\, h_1 = \text{ konst,}$$

in der mittleren Steigröhre gilt

$$P + \frac{\rho_m}{2} v_2^2 + \rho_m\, g\, h_2 = \text{ konst.}$$

In allen Steigröhren herrscht ein konstanter statischer Druck P, aber zwischen der linken bzw. rechten Steigröhre und der mittleren gilt

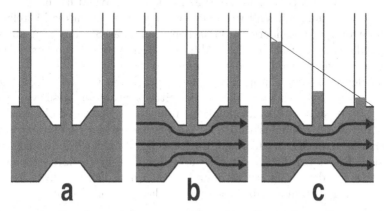

Abb. 5.4. Die Druckverteilung in einer Flüssigkeit. Der Fall a stellt eine ruhende Flüssigkeit dar, der Fall b eine strömende ideale Flüssigkeit und der Fall c eine strömende reale Flüssigkeit. Die schwarzen Kurven zeigen die Stromfäden, die nicht verwirbelt sind, da es sich in den Fällen b und c um eine laminare Strömung handelt

$$h_1 > h_2 \quad \text{weil} \quad v_1 < v_2 \ .$$

Eine weitere Folge der höheren Geschwindigkeit v_2 ist, dass auf die Wände der Rohrverengung eine nach innen gerichtete, also anziehende Querkraft wirkt. Dieser Effekt wird z.b. bei der Wasserstrahlpumpe zum Evakuieren eines Gasbehälters genutzt. Das Bernoulli'sche Gesetz gilt für alle reibungsfreien und laminaren Strömungen, und das beste Beispiel für derartige Strömungen sind nicht Flüssigkeitsströmungen, sondern Gasströmungen. Die wichtigsten Anwendungen hier sind die Kräfte auf einen Tragflügel, die einem Flugzeug das Fliegen ermöglichen oder dem Rotor einer Windkraftanlage die Drehung im Wind.

5.2.2 Reale Flüssigkeiten

Das Druckverhalten in einer realen, strömenden Flüssigkeit wird niemals ein Bild wie in Abb. 5.4b liefern, sondern wird so aussehen, wie in Abb. 5.4c dargestellt: Der Druck in der Flüssigkeit nimmt von der Eintritts- bis zur Austrittsöffnung linear mit der durchströmten Rohrlänge l ab, wenn das Rohr einen konstanten Querschnitt $A_Q = (\pi/4)\,d^2$ besitzt. Dabei ist nicht das Kontinuitätsgesetz (5.26) verletzt, denn die mittlere Strömungsgeschwindigkeit v ist überall im Rohr gleich groß. Aber das Bernoulli'sche Gesetz (5.29) ist verletzt, denn die mechanische Energie der Flüssigkeit nimmt ab. Der Grund dafür ist, dass ein Teil der mechanischen Energie benutzt wird, um Arbeit gegen die inneren Reibungskräfte F_R der Flüssigkeit zu verrichten. Diese Arbeit führt zur Erwärmung der Flüssigkeit infolge der Strömung.

Wir wollen die Strömung durch ein Rohr mit konstantem Durchmesser $d = 2R$ jetzt näher untersuchen. Die Reibungskräfte F_R in der Flüssigkeit entstehen durch Kohäsion, die Adhäsionskräfte zwischen Flüssigkeit und Rohrwand sollen so stark sein, dass die Flüssigkeit an der Wand haftet. Die Orte gleicher Geschwindigkeit sind wegen der Rohrsymmetrie um die Mittelachse z nicht Stromfäden, sondern Stromflächen, und zwar Stromröhren mit der z-Achse als Symmetrieachse, siehe Abb. 5.5. Den Abstand von der z-Achse kennzeichnen wir durch die Größe $r_\perp$, und daher gilt $v_z(r_\perp = R) = 0$. Dann muss in der strömenden Flüssigkeit offensichtlich ein Geschwindigkeitsgradient $dv_z/dr_\perp < 0$ existieren, damit die mittlere Strömungsgeschwindigkeit $v = \langle v_z \rangle > 0$ ist. Das Geschwindigkeitsprofil $v_z(r_\perp)$ in dem Rohr wird bestimmt durch die Reibungskräfte F_R. Anders als bei der Reibung zwischen festen Körpern, bei der es allein auf die Normalkraft an der Kontaktfläche ankam (siehe Gleichung (2.34)), hängen die Reibungskräfte in einer strömenden Flüssigkeit von der Größe der Strömungsflächen und dem Geschwindigkeitsgradienten zwischen ihnen ab (beachten Sie, dass $dv_z/dr_\perp$ negativ ist)

$$F_R = \eta\, A_F\, \frac{dv_z}{dr_\perp}\, \widehat{z} = 2\pi\,\eta\,l\,r_\perp\, \frac{dv_z}{dr_\perp}\, \widehat{z} \ . \tag{5.30}$$

Man bezeichnet dies als das **Newton'sche Reibungsgesetz**, die Proportionalitätskonstante η in diesem Gesetz nennt man **Viskosität**, sie besitzt die

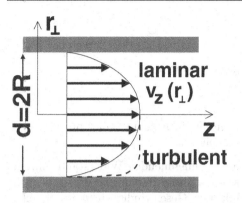

Abb. 5.5. Geschwindigkeitsprofil $v_z(r_\perp)$ einer laminaren Strömumg durch ein Rohr. Zum Vergleich ist *gestrichelt* in der unteren Hälfte der Strömung auch das über lange Zeiten gemittelte Geschwindigkeitsprofil gezeigt für den Fall, dass die Strömung turbulent wird

Einheit $[\eta] = \mathrm{Pa\ s}$. Die Strömung wird verursacht durch eine Normalkraft auf die Strömungsröhre an der Eintrittsöffnung, für die gilt

$$F_n = P\, A_Q\, \widehat{z} = P\, \pi\, r_\perp^2\, \widehat{z}\ . \tag{5.31}$$

Im Gleichgewicht, d.h. bei konstanter Strömungsgeschwindigkeit, muss gelten

$$F_n + F_R = 0 \quad \rightarrow \quad \frac{dv_z}{dr_\perp} = -\frac{P\, r_\perp}{2\,\eta\, l}\ . \tag{5.32}$$

Dies ist eine Differentialgleichung für das Geschschwindigkeitsprofil $v_z(r_\perp)$ mit der Randbedingung $v_z(R) = 0$, die Lösung lautet

$$v_z(r_\perp) = \frac{P}{4\,\eta\, l}\left(R^2 - r_\perp^2\right)\ . \tag{5.33}$$

Also hat das Geschwindigkeitsprofil die Gestalt einer Parabel (siehe Abb. 5.5) mit der maximalen Geschwindigkeit $v_{z,\mathrm{max}} = P\,R^2/(4\,\eta\, l)$ auf der Rohrachse z.

Aus diesem Ergebnis lassen sich folgende Schlüsse ziehen:

- Die mittlere Strömungsgeschwindigkeit beträgt

$$v = \langle v_z\rangle = \frac{1}{\pi\, R^2}\int_0^R v_z(r_\perp)\, 2\pi\, r_\perp\, dr_\perp = \frac{P}{8\,\eta\, l}\, R^2\ . \tag{5.34}$$

- Die **Volumenstromstärke**, also das pro Zeit durch das Rohr transportierte Flüssigkeitsvolumen, beträgt

$$\frac{dV}{dt} = \pi\, R^2\, v = \frac{\pi R^4}{8\,\eta\, l}\, P\ . \tag{5.35}$$

Die Volumenstromstärke verändert sich also bei sonst gleichen Bedingungen mit der vierten Potenz des Rohrdurchmessers. Man nennt dies das

Poisseuille'sche Gesetz.

• Der **Strömungswiderstand** ist gegeben durch

$$F_W = P A_Q = 8\pi \eta l v \ . \tag{5.36}$$

Der Widerstand bei der Strömung durch ein Rohr ist daher proportional zur mittleren Strömungsgeschwindigkeit v.

Reibungskräfte, die zu einem linear mit v zunehmenden Widerstand führen, nennt man **Stokes'sche Reibungskräfte.** Diese Reibungskräfte sind auch vorhanden, wenn ein Körper sich mit der Geschwindigkeit v durch eine Flüssigkeit bewegt. Ist dieser Körper eine Kugel mit Durchmesser d, dann findet man z.B.

$$F_W = 3\pi \eta d v \ . \tag{5.37}$$

Die Stokes'schen Reibungskräfte beschreiben die Strömung aber nur dann korrekt, wenn diese laminar ist, d.h. die Strömungsflächen sich nicht durchmischen. Ob eine Strömung noch laminar oder schon turbulent ist, hängt von den Größenverhältnissen der Kräfte ab, die die Strömung antreiben. Dies sind zum einen die Normalkräfte, die für den Staudruck verantwortlich sind: $F_n \propto \rho_m v^2 d^2$. Diese Kräfte wirken destabilisierend, sie führen zur Turbulenz. Stabilisierend wirken dagegen die Widerstandskräfte $F_W \propto \eta d v$. Das Verhältnis zwischen beiden Kräften ist gegeben durch die **Reynolds-Zahl**

$$\mathrm{Re} = \frac{\rho_m d v}{\eta} \ . \tag{5.38}$$

Dabei ist d eine die Geometrie der Strömung charakterisierende Größe, also z.B. für ein Rohr dessen Länge, für eine Kugel deren Durchmesser.

Ist der Wert der Reynolds-Zahl kleiner als ein Grenzwert $\mathrm{Re_{krit}}$, so ist die Strömung laminar. Gilt auf der anderen Seite $\mathrm{Re} > \mathrm{Re_{krit}}$, dann ist die Strömung turbulent.

Für die Strömumg durch ein langes Rohr mit konstantem Querschnitt beträgt der Grenzwert

$$\mathrm{Re_{krit}} \approx 2000 \ . \tag{5.39}$$

Für $\mathrm{Re} > \mathrm{Re_{krit}}$, also für turbulente Strömungen durch ein Rohr, nimmt der Strömungswiderstand sprunghaft zu. Und die Zunahme hängt nicht mehr nur linear von der Strömungsgeschwindigkeit ab, sondern dieser Zusammenhang ist für turbulente Strömungen quadratisch.

Der Widerstand einer mit v strömenden Flüssigkeit oder eines sich mit v durch eine Flüssigkeit bewegenden Körpers beträgt

$$F_\mathrm{W} = c_\mathrm{W}\, A_\mathrm{Q}\, \frac{\rho_\mathrm{m}}{2}\, v^2 \;. \tag{5.40}$$

Dieser Widerstand wird bestimmt durch 3 Faktoren, den Widerstandsbeiwert c_W, die angeströmte Fläche A_Q und den Staudruck $(\rho_\mathrm{m}/2)\,v^2$. Entscheidend ist die Größe des Widerstandsbeiwerts c_W. Die Gleichung (5.40) in Verbindung mit (5.36) und (5.38) liefert z.B als Widerstandsbeiwert für eine laminare Strömung durch ein Rohr mit dem Durchmesser d und der Länge l den Wert

$$c_\mathrm{W}(\text{Rohr}, \text{lam}) = \frac{64}{\mathrm{Re}}\frac{l}{d} \;. \tag{5.41}$$

Der **Widerstandsbeiwert** c_W nimmt für laminare Strömungen also mit der Reynolds-Zahl ab, wie in Abb. 5.6 dargestellt. Das gilt auch, wenn sich ein Körper durch eine Flüssigkeit bewegt, wenn diese Bewegung laminar ist. Zum Beispiel für eine Kugel finden wir

$$c_\mathrm{W}(\text{Kugel}, \text{lam}) = \frac{24}{\mathrm{Re}} \;. \tag{5.42}$$

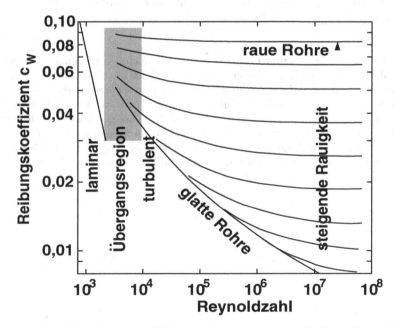

Abb. 5.6. Die Abhängigkeit des Widerstandsbeiwerts c_W von der Reynolds-Zahl Re. Für kleine Reynolds-Zahlen ist die Strömung laminar, c_W ist umgekehrt proportional zu Re. Bei Vergrößerung der Reynolds-Zahl erfolgt der Umschlag in die turbulente Strömung, und c_W erreicht für sehr große Reynolds-Zahlen einen konstanten Wert

Dagegen wird der Widerstandsbeiwert für turbulente Strömungen durch ein Rohr für sehr große Reynolds-Zahlen unabhängig von der Reynolds-Zahl, hängt aber stark von der Oberflächenbeschaffenheit der Rohrinnenwand, d.h. ihrer **Rauigkeit** ab. Auch dieses Verhalten ist in Abb. 5.6 dargestellt. Selbst für sehr glatte Rohre ergeben sich Werte

$$c_W(\text{Rohr},\text{turb}) = 0{,}01\,\frac{l}{d} \quad \text{für Re} = 10^6 \ ,$$

verglichen mit

$$c_W(\text{Rohr},\text{lam}) = 0{,}0001\,\frac{l}{d} \ ,$$

wenn die Strömung dann noch laminar wäre. Die Widerstandsbeiwerte steigen also um zwei Größenordnungen, wenn die laminare Strömung in eine turbulente Strömung umschlägt. Mit diesem Umschlag ändert sich nicht nur der Widerstandsbeiwert, sondern auch das Geschwindigkeitsprofil der Strömung wird ein anderes. Lokal treten Wirbel auf, dadurch vermischen sich die Stromflächen und die Beschreibung der Geschwindigkeitsverteilung wird lokal unmöglich. Über längere Zeiten gemittelt erkennt man aber, dass die Austrittsgeschwindigkeiten aus dem Rohr wesentlich weniger abhängig von $r_\perp$ sind, als es für laminare Strömungen beobachtet wird. Das Geschwindigkeitsprofil ist daher flacher, so wie es in Abb. 5.5 angedeutet ist.

Anmerkung 5.2.1: Es wurde bereits erwähnt, dass auch Gasströmungen eine wichtige Bedeutung besitzen. Zunächst erscheint es, als ob die Physik der Gasströmungen sehr unterschiedlich von der der Flüssigkeitsströmungen sei, weil erstere eine wesentlich geringere Zähigkeit η besitzen. Auf der anderen Seite ist aber auch die Gasdichte ρ_m wesentlich kleiner, sodass die Reynolds-Zahlen bei gegebener Geschwindigkeit v etwa die gleichen Werte besitzen. Es gibt also auch laminare Gasströmungen für Re $<$ Re$_{\text{krit}}$. Der bedeutende Unterschied ist aber, dass Gase im Gegensatz zu Flüssigkeiten kompressibel sind und daher die Ergebnisse dieses Kapitels nicht einfach auf Gasströmungen übertragen werden können.

6

Thermodynamik

Die Thermodynamik befasst sich überwiegend mit den Zustandsänderungen der Gase. Aber wir werden erkennen, dass die Gesetze der Thermodynamik oft so allgemein sind, dass sie sich auch auf die anderen Aggregatzustände der Materie, d.h. Flüssigkeiten und feste Körper, anwenden lassen. Das ist einer der Gründe, warum die Thermodynamik eine so außerordentliche Bedeutung in der Physik der Vielteilchensysteme besitzt.

Wie wir bereits wissen, besitzen die Gase weder eine feste Oberfläche noch ein festes Volumen. Ein Gas entspricht daher einem Vielteilchensystem, dessen innere Kräfte vernachlässigbar klein sind. Bei Abwesenheit von äußeren Kräften können sich die n Teilchen des Systems daher frei bewegen mit der einzigen Einschränkung, dass sie ab und zu miteinander kollidieren. Damit diese Stöße immer elastisch sind, sollten die Teilchen keine innere Struktur besitzen, d.h. sie sollten sich wie Massenpunkte ohne Eigenvolumen verhalten. Ein Gas, das diese beiden Anforderungen (kein Eigenvolumen der Teilchen und keine Kräfte zwischen ihnen) erfüllt, nennt man ein **ideales Gas**.

Gibt es in der Natur ideale Gase? Unter gewissen Bedingungen sind alle Gase in der Natur fast ideale Gase. Am besten erfüllen allerdings die Edelgase die Anforderungen an das ideale Gas, und von denen besonders das Helium. Sollen die physikalischen Gesetze des idealen Gases experimentell verifiziert werden, sollte in dem Experiment Helium als Substanz verwendet werden.

Das ideale Gas ohne äußere Kräfte kann nicht existieren. Es würde sich in den ganzen Raum, also das Universum, ausbreiten. Auf ein endliches Volumen beschränkt werden kann es nur durch äußere Kräfte, also z.B. durch die Kraft, welche die Wände eines Behälters auf das Gas ausüben, oder durch die Gravitationskraft. Wie bei den Flüssigkeiten sind diese Kräfte immer Normalkräfte, die einen Gasdruck P erzeugen. Aber im Gegensatz zu den Flüssigkeiten sind Gase kompressibel, sie verändern unter der Wirkung des Drucks P ihr Volumen V. Und zwar sind die relative Druckänderung und die damit einhergehende relative Volumenänderung gleich groß

$$\frac{\Delta P}{P} = -\frac{\Delta V}{V} \, . \tag{6.1}$$

Das negative Vorzeichen weist darauf hin, dass eine Druckerhöhung eine Volumenverminderung bewirkt. Mit der Volumenänderung ist eine Veränderung des Massendichte des Gases verbunden, wenn die Teilchenzahl bei der Zustandsänderung konstant bleibt. Und zwar folgt aus der Gleichung (6.1) für die Massendichten bei zwei verschiedenen Drücken P_0 und P

$$\frac{\rho_m(P)}{\rho_m(P_0)} = \frac{P}{P_0} \ , \tag{6.2}$$

d.h. die Massendichte hängt linear vom Gasdruck ab.

Für die Gase der Erdhülle ist natürlich der durch die Gravitation erzeugte Schweredruck immer vorhanden. Um den Schweredruck zu berechnen, können wir die Gleichung (5.6) nicht direkt übernehmen, denn die darin auftauchende Massendichte ρ_m ist jetzt nicht mehr konstant. Aber es gilt weiterhin, dass jede beliebig kleine Gasschicht dy für eine Veränderung des Schweredrucks dP verantwortlich ist. Wir verwenden dasselbe Koordinatensystem wie in Gleichung (5.6) und erhalten

$$dP = \rho_m(P)\, g\, dy = \rho_m(P_0)\, \frac{P}{P_0}\, g\, dy \ . \tag{6.3}$$

Dies ist eine Differentialgleichung erster Ordnung für die Druckabhängigkeit $P(y)$ mit der Lösung

$$P(h) = P_0 \exp\left(\frac{\rho_m(P_0)}{P_0}\, g\,(y - y_0)\right) = P_0 \exp\left(-\frac{\rho_m(P_0)}{P_0}\, g\, h\right) \ , \tag{6.4}$$

wobei wir zur einfacheren Darstellung die Schreibweise $\exp(x) = e^x$ benutzt haben. Außerdem bezeichnet $h = y_0 - y$ jetzt die Höhe der Gassäule über der Erdoberfläche, d.h. der Gasdruck nimmt mit zunehmender Höhe ab. Die Beziehung (6.4) wird daher auch **barometrische Höhenformel** genannt. Die beiden Parameter P_0 und $\rho_m(P_0)$ sind Gasdruck und Massendichte an der Erdoberfläche. Sie besitzen im zeitlichen Mittel die Werte

$$P_0 = 1{,}01325 \text{ bar} \quad , \quad \rho_m(P_0) = 1{,}2255 \text{kg m}^{-3} \ . \tag{6.5}$$

Das Ergebnis (6.4) demonstriert die große Bedeutung, welche die Kompressibilität der Gase, bzw. die Inkompressibilität der Flüssigkeiten auf das Verhalten des Schweredrucks besitzt.

Bei Flüssigkeiten nimmt der Schweredruck linear mit der Tiefe zu, bei Gasen nimmt der Schweredruck exponentiell mit der Höhe ab.

Die Stärke der Abnahme wird bestimmt durch die Massendichte $\rho_m(P_0)$, und diese ist für die verschiedenen Gasbestandteile bei gleicher Teilchenzahl sehr verschieden. Die Massendichten von Wasserstoff (H_2) und Helium (He) sind wesentlich geringer als die von Sauerstoff (O_2) und

Stickstoff (N_2). Dies hat zur Folge, dass die äußersten Schichten der Gashülle der Erde mit Wasserstoff bzw. Helium angereichert sind, die bodennahe Luft aber diese Gase praktisch nicht enthält. Setzt man die Werte (6.5) in die barometrische Höhenformel (6.4) ein, findet man, dass innerhalb einer Höhendifferenz von 10 m praktisch keine Veränderung des Gasdrucks stattfindet. Der Einfluss der Höhenabhängigkeit des Gasdrucks auf Laborexperimente zum Studium der Gasgesetze kann daher vernachlässigt werden.

Anmerkung 6.0.2: Bei der Entmischung der Gase in der Erdatmosphäre spielt auch der Auftrieb (siehe Kap. 5.1), den leichte Gase in schwereren Gasen erfahren, eine ganz wesentliche Rolle. Interessant ist, dass der Wasserdampfgehalt(H_2O) in der Luft relativ konstant ist, obwohl H_2O leichter ist als O_2 oder N_2. Dies liegt daran, dass H_2O in den höheren Luftschichten einen Phasenübergang vom gasförmigen in den flüssigen Zustand durchführt und die schwerere Flüssigkeit wieder auf die Erdoberfläche abregnet.

6.1 Die Zustandsgrößen des idealen Gases

Im vorhergehenden Kapitel haben wir den Druck P und das Volumen V benutzt, um das Verhalten des idealen Gases zu beschreiben. Man nennt P und V daher **makroskopische Zustandsgrößen**, denn sie lassen sich relativ leicht experimentell bestimmen. Auf der anderen Seite haben wir uns ein Modell des idealen Gases gemacht, dass aus n Massenpunkten besteht. Die Teilchenzahl n kann man als **mikroskopische Zustandsgröße** betrachten, aber sie ist nicht so leicht experimentell zu bestimmen. Wir wollen dieses mikroskopische Gasmodell noch weiter entwickeln und insbesondere untersuchen, welche Zusammenhänge zwischen den mikroskopischen und den makroskopischen Zustandsgrößen bestehen.

Die n Gasteilchen, von denen jedes die Masse m besitzt, bewegen sich frei, sie besitzen also eine kinetische Energie ε und einen Impuls $\wp$. Auch ε und $\wp$ sind mikroskopische Zustandsgrößen, sie unterliegen aber starken zeitlichen Schwankungen. Denn bei jedem elastischen Stoß zwischen zwei Teilchen verändern sie sich. Wir können allerdings im Falle von $\wp$ vorhersagen, welchen zeitlichen Mittelwert $\langle \wp \rangle$ der Impuls eines Teilchens besitzen wird. Da jedes Teilchen mit gleicher Wahrscheinlichkeit alle möglichen Geschwindigkeiten $\boldsymbol{v} = v\,\widehat{\boldsymbol{v}}$ über einen großen Zeitraum annehmen wird, muss gelten

$$\langle \wp \rangle = 0 \ . \tag{6.6}$$

Das ideale Gas ist ein System aus sehr vielen derartiger Teilchen, und daher darf sich der Massenmittelpunkt des Gases zeitlich nicht verändern, wenn keine Zustandsänderungen an ihm vorgenommen werden. Wir können ohne Einschränkung $\boldsymbol{r}_S = 0$ annehmen, und obwohl sich jedes Teilchen natürlich in ungeordneter Translationsbewegung befindet, gilt dies auch für jedes Teilchen gemittelt über eine sehr lange Zeit.

Die mittlere kinetische Energie eines Teilchens $\langle \varepsilon \rangle = (m/2) \langle v^2 \rangle$ lässt sich nicht so leicht vorhersagen, wir wissen aber, dass sie positiv sein muss. Im nächsten Kapitel werden wir lernen, dass sie mit einer weiteren makroskopischen Zustandsgröße des idealen Gases verknüpft ist, der Temperatur T. Die Temperatur lässt sich experimentell relativ leicht bestimmen, die mittlere kinetische Energie eines Teilchens dagegen nicht.

Im SI ist die **Temperatur** eine Basismessgröße, d.h. für ihre experimentelle Bestimmung muss ein Messverfahren definiert werden.

- Die Einheit der Temperatur ist $[T] = $ K   "Kelvin".

Die Temperatur $T = 1$ K ist der 273,16te Teil der thermodynamischen Temperatur des Tripelpunkts von Wasser.

Diese Definition der **Kelvin-Skala** benutzt Begriffe, die uns noch nicht bekannt sind. Deswegen ist es praktisch, dass diese Skala in dem Temperaturbereich unseres Alltags fast identisch ist mit der **Celsius-Skala**, die folgendermaßen definiert ist:

Das Celsius ist der 100ste Teil der Temperaturdifferenz zwischen dem Siedepunkt ($T_\mathrm{D} = 100\,°\mathrm{C}$) und dem Eispunkt ($T_\mathrm{E} = 0\,°\mathrm{C}$) des Wassers bei dem Luftdruck P_0.

In der Kelvin-Skala besitzen diese beiden Fixpunkte für die Definition der Temperatur die Werte $T_\mathrm{D} = 373{,}15$ K und $T_\mathrm{E} = 273{,}15$ K, d.h. es besteht zwischen der Kelvin-Skala und der Celsius-Skala der Zusammenhang

$$T = \left(\frac{T}{\mathrm{C}} + 273{,}15 \right) \mathrm{K} \approx \left(\frac{T}{\mathrm{C}} + 273 \right) \mathrm{K}. \tag{6.7}$$

Zwischen den makroskopischen Zustandsgrößen P, V, T bestehen Beziehungen, die uns aus unserem Alltag geläufig sind.

- Erhöht sich die Temperatur eines Gases, vergrößert sich bei konstantem Gasvolumen der Gasdruck

$$\frac{\Delta P}{P} = \gamma\, \Delta T \quad , \quad [\gamma] = \mathrm{K}^{-1}. \tag{6.8}$$

- Erhöht sich die Temperatur eines Gases, vergrößert sich bei konstantem Gasdruck das Gasvolumen

$$\frac{\Delta V}{V} = \gamma\, \Delta T \quad , \quad [\gamma] = \mathrm{K}^{-1}. \tag{6.9}$$

Bis auf das Vorzeichen sind diese beiden Gleichungen konsistent mit der Gleichung (6.1), und für ideale Gase hat der **Volumenausdehnungskoeffizient** den Wert

$$\gamma = \frac{1}{273{,}15} \ \mathrm{K}^{-1} \ . \tag{6.10}$$

Man beachte aber, dass die Randbedingungen für die Zustandsänderungen sehr verschieden sind, nämlich konstanter Gasdruck, konstantes Gasvolumen, oder für Gleichung (6.1) konstante Gastemperatur.

Dieses Verhalten eines (idealen) Gases kann man benutzen, um ein Gasthermometer zur Messung von Temperaturen zu bauen. Man misst entweder die Veränderung des Gasdrucks oder des Gasvolumens mit der Temperatur, wobei Druck oder Volumen an den Temperaturfixpunkten geeicht werden müssen. Heute sind Thermometer gebräuchlicher, welche die Temperaturabhängigkeit anderer physikalischer Messgrößen ausnutzen:

(1) Der elektrische Widerstand $R(T)$ ist temperaturabhängig.

(2) Die elektrische Kontaktspannung $U(T)$ ist temperaturabhängig.

(3) Der Länge eines Festkörpers $l(T)$ ist temperaturabhängig. Und zwar gilt ähnlich zu Gleichung (6.9) $\Delta l/l = \alpha\,\Delta T$, allerdings ist der lineare Ausdehnungskoeffizient α sehr viel kleiner als der Volumenausdehnungskoeffizient γ eines Gases. Diese Methode funktioniert auch mit Flüssigkeiten, wenn die Volumenänderung des Gefäßes bei der Temperaturänderung vernachlässigt werden kann. Andernfalls müssen die Störeffekte durch das Gefäß in der Eichung berücksichtigt werden.

6.2 Die kinetische Gastheorie

Im Labor muss ein Gas in einem Behälter eingeschlossen sein, damit an ihm Experimente durchgeführt werden können. Welche Wirkung haben dann die Gasteilchen mit kinetischer Energie ε und Impuls $\wp$, wenn sie mit der Behälterwand kollidieren?

Bei jeder Kollision wird Impuls auf eine der Wände mit Fläche $\boldsymbol{A}_x$ übertragen. Da die Teilchenmasse m vernachlässigbar klein gegen die Wandmasse ist, beträgt der Impulsübertrag auf die Wand nach Gleichung (2.83)

$$\Delta p_x = 2\,|\wp_x| \ , \tag{6.11}$$

wenn die Impulsrichtung $\widehat{\wp}_x$ und die Flächenrichtung $\widehat{\boldsymbol{A}}_x = \widehat{\boldsymbol{x}}$ parallel zueinander sind (dies entspricht der Situation eines zentralen, elastischen Stoßes). Die Anzahl der Teilchen Δn, die pro Zeit Δt auf die Wand A_x treffen, ergibt sich zu

$$\frac{\Delta n}{\Delta t} = \frac{n}{V}\,A_x\,\frac{\Delta x}{\Delta t} = \frac{\rho}{2}\,A_x\,\frac{|\wp_x|}{m} \tag{6.12}$$

$$\text{mit der Teilchenzahldichte} \quad \rho = \frac{n}{V} \ .$$

Der Faktor $1/2$ berücksichtigt die Tatsache, dass nur die Teilchen mit $\wp_x = |\wp_x|\,\widehat{\wp}_x$ auf die Wand zufliegen und kollidieren, aber gleichviel Teilchen mit

$\wp_x = -|\wp_x|\,\widehat{\wp}_x$ von der Wand wegfliegen und nicht kollidieren. Der totale Impulsübertrag pro Zeit auf eine Wand beträgt daher

$$\frac{\Delta n\,\Delta p_x}{\Delta t} = \rho\,A_x\,\frac{\wp_x^2}{m}\;. \tag{6.13}$$

Der Impulsübertrag pro Zeit entspricht einer auf die Wand ausgeübten Normalkraft F_n und damit einem Gasddruck

$$P = \frac{F_n}{A_x} = \rho\,\frac{\wp_x^2}{m} \quad\rightarrow\quad PV = n\,\frac{\wp_x^2}{m}\;. \tag{6.14}$$

Mithilfe dieser sehr einfachen Überlegungen ist es gelungen, die makroskopischen Zustandsgrößen P und V mit den mikroskopischen Zustandsgrößen n und $\wp_x^2$ zu verbinden. Aber einige Probleme müssen noch gelöst werden:

- Wie viele Teilchen n sind in dem Volumen V bei dem Druck P wirklich vorhanden?
- Der Impuls $\wp_x$ eines Teilchens unterliegt statistischen Schwankungen. Für welchen Wert $\wp_x^2$ ist Gleichung (6.14) richtig?

Wir wollen uns zunächst mit dem 1. Problem beschäftigen und das 2. im nächsten Kapitel behandeln.

Die Anzahl der Teilchen n im Volumen V hängt von der Größe des Volumens und der Teilchendichte ρ, bzw. von der Masse m und der Massendichte ρ_m ab. Im SI ist die Teilchenmenge $\tilde{n}$ eine Basismessgröße, und das bedeutet, m und ρ_m müssen definiert werden, um $\tilde{n} = n/n_A$ festzulegen. Man verwendet für diese Definition einen festen Körper mit fester Massendichte:

- Die Einheit der **Stoffmenge** ist $[\tilde{n}] = \mathrm{mol}$.

1 mol einer Substanz ist die Menge, die so viele Teilchen enthält, wie sich Atome in 0,012 kg des Kohlenstoffisotops ^{12}C befinden. In 1 mol ^{12}C befinden sich

$$n_A = 6{,}0221367\cdot 10^{23}\ \text{Atome.} \tag{6.15}$$

Die Teilchenzahl n_A in 1 mol einer Substanz wird **Avogadro-Zahl** genannt. Mithilfe der Stoffmenge $\tilde{n}$ lassen sich einige wichtige Beziehungen zwischen mikroskopischen und makroskopischen Messgrößen aufstellen.

Die **molare Masse** einer Substanz ist die Masse von 1 mol dieser Substanz. Sie ergibt sich zu

$$m_{\mathrm{Mol}} = n_A\,m\;, \tag{6.16}$$

wobei m die Masse eines Substanzteilchens ist. Für ^{12}C wissen wir aus der Definition $m_{\mathrm{Mol}}(^{12}\mathrm{C}) = 0{,}012$ kg, und daraus ergibt sich

$$m(^{12}\text{C}) = \frac{m_{\text{Mol}}(^{12}\text{C})}{n_A} = 1{,}99 \cdot 10^{-26} \text{ kg.} \qquad (6.17)$$

Das Kohlenstoffisotop ^{12}C enthält $A = 12$ Nukleonen, und daher lässt sich die Masse eines Nukleons angeben, die als **atomare Masseneinheit** u benutzt wird:

$$m_N = 1\text{u} = \frac{m(^{12}\text{C})}{12} = 1{,}66 \cdot 10^{-27} \text{ kg.} \qquad (6.18)$$

Mit sehr guter Näherung[1] lassen sich daraus die Massen aller Elemente X mit A Nukleonen und damit auch ihre molaren Massen berechnen,

$$m_{\text{Mol}}(X) = n_A \, m(X) = n_A \, A \, \text{u.} \qquad (6.19)$$

Als Beispiele betrachten wir
$m(\text{H}_2) \approx 2 \text{ u} = 3{,}32 \cdot 10^{-27} \text{ kg}$, $m_{\text{Mol}}(\text{H}_2) \approx 0{,}002 \text{ kg.}$
$m(\text{He}) \approx 4 \text{ u} = 6{,}64 \cdot 10^{-27} \text{ kg}$, $m_{\text{Mol}}(\text{He}) \approx 0{,}004 \text{ kg.}$
$m(\text{N}_2) \approx 28 \text{ u} = 4{,}65 \cdot 10^{-26} \text{ kg}$, $m_{\text{Mol}}(\text{N}_2) \approx 0{,}028 \text{ kg.}$
$m(\text{O}_2) \approx 32 \text{ u} = 5{,}31 \cdot 10^{-26} \text{ kg}$, $m_{\text{Mol}}(\text{O}_2) \approx 0{,}032 \text{ kg.}$

Die molare Masse einer Substanz ergibt sich also in Übereinstimmung mit Gleichung (6.19) zu

$$m_{\text{Mol}}(X) = A \cdot 10^{-3} \text{ kg} \qquad (6.20)$$

und enthält n_A Teilchen. Die beliebige Masse ist gegeben durch

$$m(X) = \tilde{n} \, m_{\text{Mol}}(X) \qquad (6.21)$$

und enthält $n = \tilde{n} \, n_A$ Teilchen. Wir kennen daher die Teilchenzahl n einer Substanz mit Nukleonenzahl A, wenn wir ihre Stoffmenge $\tilde{n}$, d.h. ihre Masse m kennen.

6.2.1 Die Maxwell'sche Geschwindigkeitsverteilung

Als nächstes Problem müssen wir die statistischen Schwankungen der Teilchenimpulse $\wp_x$ analysieren. Diese entstehen durch die elastischen Kollisionen der Teilchen untereinander, die zufällig und unkontrollierbar erfolgen. Damit gelten die Voraussetzungen, die auch die Grundlage für die Ergebnisse des Kap. 1.3.2 bildeten. Wegen $\langle \wp_x \rangle = 0$ besitzen die Gasteilchen daher eine Verteilung (vgl. mit Gleichung (1.12))

$$dn(\wp_x) = n \, \frac{1}{\sqrt{2\pi}\,\sigma} \, \exp\left(-\frac{\wp_x^2}{2\,\sigma^2}\right) d\wp_x \ , \qquad (6.22)$$

---

[1] Dies ist nur eine Näherung, weil das Massendefizit des Atomkerns (siehe Kap. 16.1.2) nicht berücksichtigt ist.

die angibt, wie viele Teilchen $n \, dn(\wp_x)$ ihren Impuls im Intervall $\wp_x$ bis $\wp_x +$ $d\wp_x$ besitzen. Entscheidend ist, wie groß die Varianz σ^2 dieser Verteilung ist. Da σ^2 die Breite einer Impulsverteilung ist, muss $\sigma^2 \propto m$ gelten. Nicht ableiten, sondern nur experimentell verifizieren lässt sich, dass auch $\sigma^2 \propto T$ ist. Insgesamt gilt

$$\sigma^2 = k \, m \, T \; , \tag{6.23}$$

wobei die Proportionalitätskonstante k als **Boltzmann-Konstante** bezeichnet wird, die den Wert

$$k = 1{,}38066 \cdot 10^{-23} \; \text{J K}^{-1} \tag{6.24}$$

besitzt. Die Impulsverteilung aller Teilchen, die in oder entgegengesetzt zur Richtung $\hat{x}$ fliegen, lautet daher

$$dn(\wp_x) = n \, \frac{1}{\sqrt{2\pi \, m \, k \, T}} \, \exp\left(-\frac{\wp_x^2}{2 \, m \, k \, T}\right) \, d\wp_x \; , \tag{6.25}$$

und mithilfe von Gleichung (1.18) ergibt sich daraus unmittelbar der Mittelwert

$$\langle \wp_x^2 \rangle = \sigma^2 = 2 \, m \, \frac{k \, T}{2} \; . \tag{6.26}$$

Aus der Schreibweise von Gleichung (6.26) ist erkennbar, dass alle Teilchen, die sich in nur einer Richtung des Raums bewegen, eine mittlere kinetische Energie

$$\langle \varepsilon_x \rangle = \frac{\langle \wp_x^2 \rangle}{2 \, m} = \frac{1}{2} \, k \, T \tag{6.27}$$

besitzen. Da neben der Richtung $\hat{\wp}_x$ noch die beiden anderen, dazu senkrechten Richtungen $\hat{\wp}_y$ und $\hat{\wp}_z$ existieren und jedes Teilchen sich mit gleicher Wahrscheinlichkeit in jede dieser Richtungen bewegen kann, erhalten wir für das totale Impulsquadrat

$$\langle \wp^2 \rangle = \langle \wp_x^2 \rangle + \langle \wp_y^2 \rangle + \langle \wp_z^2 \rangle = 3 \, \langle \wp_x^2 \rangle \tag{6.28}$$

und für den totalen Mittelwert der kinetischen Energie eines Teilchens

$$\langle \varepsilon \rangle = \frac{3}{2} \, k \, T \; . \tag{6.29}$$

Wir können mithilfe der Gleichung (6.25) auch angeben, wie die entsprechende Impulsverteilung aussieht. Sie ergibt sich aus dem Superpositionsprinzip der Kinematik in Kap. 2.1 zu

$$dn(\wp_x, \wp_y, \wp_z) = n^{-2} \, dn(\wp_x) \, dn(\wp_y) \, dn(\wp_z) \; , \tag{6.30}$$

oder im Detail

$$\mathrm{d}n(\wp) = \frac{n}{(2\pi\, m\, k\, T)^{3/2}}\, \exp\left(-\frac{\wp_x^2 + \wp_y^2 + \wp_z^2}{2\, m\, k\, T}\right)\, \mathrm{d}\wp_x \mathrm{d}\wp_y \mathrm{d}\wp_z \quad (6.31)$$

$$= \frac{4\pi\, n}{(2\pi\, m\, k\, T)^{3/2}}\, \exp\left(-\frac{\varepsilon}{k\, T}\right)\, \wp^2\, \mathrm{d}\wp\,,$$

wobei wir benutzt haben, dass bei einer ungeordneten Translationsbewegung für den Phasenraumfaktor gilt (siehe Gleichung (6.126))

$$\mathrm{d}\wp_x \mathrm{d}\wp_y \mathrm{d}\wp_z = 4\pi\wp^2\, \mathrm{d}\wp\,. \quad (6.32)$$

Es ist üblich, diese Verteilung nicht als Funktion des Teilchenimpulses $\wp$, sondern der Teilchengeschwindigkeit $v = \wp/m$ auszudrücken. Nach einigen Umformungen ergibt sich:

Die **Maxwell'sche Geschwindigkeitsverteilung** für die Teilchen im idealen Gas lautet

$$\mathrm{d}n(v) = \frac{4\, n}{\sqrt{\pi}}\, \left(\frac{m}{2\, k\, T}\right)^{3/2}\, v^2\, \exp\left(-\frac{m\, v^2}{2\, k\, T}\right)\, \mathrm{d}v\,. \quad (6.33)$$

Diese Geschwindigkeitsverteilung für die Teilchen in einem idealen Gas enthält als einzigen freien Parameter die Temperatur T. Mit wachsender Temperatur wird $\mathrm{d}n(v)/\mathrm{d}v$ immer breiter, und das Maximum der Verteilung, das sich beim Wert der wahrscheinlichsten Geschwindigkeit v_{max} befindet, verschiebt sich zu

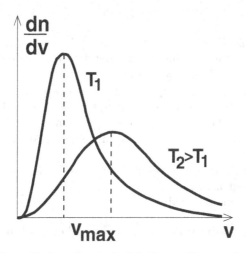

Abb. 6.1. Die Maxwell'schen Geschwindigkeitsverteilungen der Teilchen in zwei idealen Gasen mit unterschiedlichen Temperaturen $T_2 > T_1$. Je höher die Temperatur, umso höher ist der Wert v_{max} der wahrscheinlichsten Geschwindigkeit

immer größeren Werten von v_{max}, wie in Abb. 6.1 dargestellt. Es ergeben sich folgende Werte für die charakteristischen Geschwindigkeitsgrößen

$$\langle v^2 \rangle = \frac{3\,k\,T}{m}\;, \tag{6.34}$$

$$\langle v \rangle = \sqrt{\frac{8}{3\pi}}\,\langle v^2 \rangle\;, \tag{6.35}$$

$$v_{max} = \sqrt{\frac{2}{3}}\,\langle v^2 \rangle\;. \tag{6.36}$$

Diese Größen sind alle etwas verschieden voneinander, was darauf zurückzuführen ist, dass die Verteilung (6.33) nicht symmetrisch um v_{max} ist. Die Gleichung (6.34) ist äquivalent zur Gleichung (6.29). Und insbesondere sind wir jetzt in der Lage, der Gleichung (6.14) mithilfe der Gleichung (6.27) ihre endgültige Form zu geben

$$PV = n\,k\,T = \tilde{n}\,R\,T \quad \text{mit} \quad R = n_A\,k = 8{,}314 \text{ J K}^{-1}. \tag{6.37}$$

Die **Zustandsgleichung des idealen Gases** lautet

$$PV = \tilde{n}\,R\,T\;. \tag{6.38}$$

Die Konstante R wird **universelle Gaskonstante** genannt. Besteht das ideale Gas aus einem Gemisch mit mehreren Gasen, die sich alle im Volumen V und im thermischen Gleichgewicht mit Temperatur T befinden, so gilt entsprechend für jede einzelne Komponente

$$P_i\,V = \tilde{n}_i\,R\,T\;, \tag{6.39}$$

wobei $P = \sum P_i$ der Gesamtdruck und $\tilde{n} = \sum \tilde{n}_i$ die Gesamtstoffmenge des idealen Gases im Volumen V sind. Man nennt P_i den **Partialdruck** der Komponente i und $\tilde{n}_i$ ihre Teilmenge. Im Folgenden werden wir meistens annehmen, dass das ideale Gas einkomponentig mit Druck P und Stoffmenge $\tilde{n}$ ist, die sich bei Zustandsänderungen nicht verändert. Die Zustandsgleichung idealer Gase verknüpft daher die vier makroskopischen Zustandsgrößen P, V, T, $\tilde{n}$ miteinander, aber wir haben sie mithilfe eines mikroskopischen Modells hergeleitet.

Da Druck, Temperatur und Volumen über die Zustandsgleichung voneinander abhängen, legt man ihre Werte für eine definierte Bedingung fest, die Normalbedingung genannt wird.

Unter der **Normalbedingung** gilt für $\tilde{n} = 1$ mol eines idealen Gases

$$P_0 = 101325 \text{ Pa} \quad,\quad T_0 = 273{,}15 \text{ K} \quad,\quad V_0 = 0{,}0224 \text{ m}^3\;. \tag{6.40}$$

6.2.2 Die Wärmekapazitäten

Im vorigen Kapitel haben wir die mittlere Energie eines Teilchens mit der Gastemperatur verknüpft. Im idealen Gas besitzen die Teilchen nur kinetische Translationsenergie, und zwar erhält jede der Translationsbewegungen in die drei unabhängigen Raumrichtungen die gleiche Energie $\langle \varepsilon \rangle = 1/2 \, kT$. Jede dieser speziellen Bewegungen stellt einen Freiheitsgrad dar, d.h. eine Möglichkeit, wie das Teilchen Energie aufnehmen kann. Als Verallgemeinerung folgern wir das **Gleichverteilungsgesetz**

Alle möglichen Freiheitsgrade eines Teilchens zur Energieaufnahme sind gleichberechtigt und besitzen pro Freiheitsgrad eine Energiekapazität

$$\langle \varepsilon \rangle = \frac{1}{2} kT \; . \tag{6.41}$$

Man bezeichnet die Summe der Energien aller Teilchen als die **innere Energie** U eines Vielteilchensystems, für die in nichtrelativistischer Näherung und für das ideale Gas folglich gilt

$$U = n \, \langle \varepsilon \rangle = n \, \frac{f}{2} kT \; , \tag{6.42}$$

wobei f die Gesamtzahl der Freiheitsgrade ist. Die kinetische Gastheorie ergibt allgemein einen Zusammenhang zwischen der Änderung der inneren Energie ΔU und der Änderung der Temperatur ΔT des Systems

$$\Delta U = \tilde{n} \, C_V \, \Delta T \quad \text{mit} \quad C_V = \frac{f}{2} R \, , \, [C_V] = \text{J K}^{-1} \, \text{mol}^{-1}. \tag{6.43}$$

Die Größe C_V wird als **molare Wärmekapazität** bezeichnet. In der Literatur finden sich noch andere Definitionen für die Wärmekapazität:

$$\Delta U = c \, \Delta T \rightarrow c = \tilde{n} \, C_V \qquad \text{(Wärmekapazität } c\text{)},$$
$$\Delta U = c_{\text{m}} \, m \, \Delta T \rightarrow c_{\text{m}} = \tilde{n} \, C_V / m \qquad \text{(spezifische Wärmekapazität } c_{\text{m}}\text{)}.$$

Wir werden in diesem Lehrbuch die molare Wärmekapazität C_V benutzen, wobei der Index V bedeutet, dass die Zustandsänderung bei konstantem Volumen V vorgenommen wird. Diese Einschränkung ist nur von Bedeutung bei Gasen; feste Körper und Flüssigkeiten sind inkompressibel und verändern ihr Volumen bei Zustandsänderungen praktisch nicht, sodass für sie gilt $C_V = C$. Für ein ideales Gas mit einer Gesamtzahl von $f = 3$ Freiheitsgraden können wir die molare Wärmekapazität sofort angeben, sie beträgt

$$C_V = \frac{3}{2} R = 12{,}471 \text{ J K}^{-1} \, \text{mol}^{-1}, \tag{6.44}$$

d.h. sie ist über den gesamten Temperaturbereich konstant. Diese Temperaturunabhängigkeit wird experimentell aber nur dann beobachtet, wenn ein

Gas die Anforderungen des idealen Gases erfüllt. Ist das nicht der Fall, können sich die molaren Wärmekapazitäten mit der Temperatur verändern, weil reale Gase auch eine innere Struktur besitzen und damit die Anzahl der Freiheitsgrade f u.U. mit wachsender Temperatur größer wird als $f = 3$ des idealen Gases.

Was bestimmt die Anzahl der Freiheitsgrade eines Teilchens, und unter welchen Bedingungen tragen sie zur inneren Energie eines Systems bei? Prinzipiell beschreibt jeder Freiheitsgrad eine Möglichkeit, wie ein Teilchen

Tabelle 6.1. Die Anzahl f der Freiheitsgrade von Festkörpern, Flüssigkeiten und Gasen bei tiefer und hoher Temperatur.

| | feste Körper | ideales Gas | reale Gase und Flüssigkeiten | | |
			H_2	CO_2	H_2O
kleines T (min)	$f_{trans} = 0$ $f_{rot} = 0$ $f_{vib} < 3n$	$f_{trans} = 3$ $f_{rot} = 0$ $f_{vib} = 0$	$f_{trans} = 3$ $f_{rot} = 2$ $f_{vib} = 0$	$f_{trans} = 3$ $f_{rot} = 2$ $f_{vib} = 0$	$f_{trans} = 3$ $f_{rot} = 3$ $f_{vib} = 0$
	$f < 6n$	$f = 3$	$f = 5$	$f = 5$	$f = 6$
großes T (max)	$f_{trans} = 0$ $f_{rot} = 0$ $f_{vib} = 3n$	$f_{trans} = 3$ $f_{rot} = 0$ $f_{vib} = 0$	$f_{trans} = 3$ $f_{rot} = 2$ $f_{vib} = 1$	$f_{trans} = 3$ $f_{rot} = 2$ $f_{vib} = 4$	$f_{trans} = 3$ $f_{rot} = 3$ $f_{vib} = 6$
	$f = 6n$	$f = 3$	$f = 7$	$f = 13$	$f = 18$

Energie aufnehmen kann. Für Moleküle ohne gegenseitige Wechselwirkung sind das zusätzlich zur Translation (Index trans) noch andere Bewegungsformen, die wir bereits kennengelernt haben: Die Rotation (Index rot) und die Schwingung (Index vib). Für ein Molekül, das aus n Atomen aufgebaut ist und das keine ausgezeichnete Symmetrie besitzt, ergeben sich folgende **Freiheitsgrade**

$$f_{trans} = 3 \, , f_{rot} = 3 \, , f_{vib} = 3 \, (n - 1) \, . \tag{6.45}$$

Diese Freiheitsgrade sind bei tiefen Temperaturen nicht immer alle angeregt, dann tragen sie zur Energieaufnahme des Moleküls nicht bei. Außerdem können die Anzahl der Freiheitsgrade auch durch die Symmetrie des Moleküls reduziert werden. Und schließlich gelten diese Überlegungen nicht nur für die Moleküle in einem Gas, sondern auch für die Atome bzw. Moleküle in Flüssigkeiten und festen Körpern. Insbesondere für Flüssigkeiten wird die Berechnung der molaren Wärmekapazität aber noch dadurch kompliziert, dass die gegenseitige Wechselwirkung zwischen den Teilchen der Flüssigkeit u.U. nicht vernachlässigt werden kann. Wir werden sehen, dass im festen Körper dagegen diese Wechselwirkung ein Bestandteil der Energieaufnahme ist. Die

Tabelle 6.1 gibt einen exemplarischen Überblick über die Anzahl der angeregten Freiheitsgrade bei zwei verschiedenen Temperaturen. Dazu einige Bemerkungen:

- Wie bereits erwähnt, ist die molare Wärmekapizität eines idealen Gases
  temperaturunabhängig und immer $C_V = 3\,R/2 \approx 12{,}5$ K^{-1} mol^{-1}.
- Für die Schwingungen ergeben sich zwei Beiträge zur Energie, einmal von
  der kinetischen Energie und dann von der potenziellen Energie, siehe Gleichung (2.62). Daher beträgt die Gesamtanzahl der Freiheitsgrade

$$f = f_{\text{trans}} + f_{\text{rot}} + 2\,f_{\text{vib}} \, . \tag{6.46}$$

  Bei Abnahme der Temperatur werden als erste die Schwingungsfreiheits-
  grade nicht mehr angeregt.
- Im festen Körper kann die Energie nur als Schwingungsenergie der Teilchen
  im Gitter aufgenommen werden. Für Festkörper gilt daher $f = 6\,(n-1) \approx$
  $6n$, da $n \approx 10^{23}$. Bei hohen Temperaturen hat jeder Festkörper also eine molare Wärmekapazität $C = 3\,R \approx 25$ J K^{-1} mol^{-1}. Dies bezeichnet man als **Dulong-Petit'sches Gesetz**. Dagegen erreichen die molaren
  Wärmekapazitäten aller Festkörper für $T \to 0$ den unteren Wert $C = 0$,
  da die Schwingungen nicht mehr angeregt werden.

In der Tabelle 6.2 werden diese Vorhersagen bei großer Temperatur T mit
experimentellen Daten von C_V bzw. C für verschiedene Aggregatzustände bei
der Temperatur $T = 293$ K verglichen. Die ausgewählten Festkörper erfüllen

Tabelle 6.2. Ein Vergleich der theoretisch erwarteten mit den bei Zimmertemperatur experimentell bestimmten molaren Wärmekapazitäten verschiedener Substanzen. Die angegeben Werte für C bzw. C_V besitzen die Maßeinheit J K^{-1} mol^{-1}

	Festkörper			ideale Gase	
Substanz	C(theor.)	C(exp.)	Substanz	C_V(theor.)	C_V(exp.)
Mg	24,94	24,3	He	12,47	12,5
Fe	24,94	24,7	Ne	12,47	12,5
Ag	24,94	24,7	Ar	12,47	12,5
Pb	24,94	25,5	Flüssigkeiten bzw. Gase		
			H_2	29,10	19,87
			CO_2	54,04	27,59
			H_2O	74,83	75,37

offensichtlich das Dulong-Petit'sche Gesetz relativ gut, wie auch die Edelgase
bei Zimmertemperatur sich wie ideale Gase verhalten. Anders sieht es bei den
2- bzw. 3-atomigen Molekülen aus. Bei Zimmertemperatur sind noch nicht alle
möglichen Freiheitsgrade von H_2 und CO_2 angeregt. Dagegen ist die gemessene

molare Wärmekapazität von Wasser größer als theoretisch erwartet. Dies ist auf die Wechselwirkung der Wassermoleküle untereinander zurückzuführen und hat zur Folge, dass Wasser die Substanz in der Natur ist, welche die höchste Speicherkapazität für thermische Energie besitzt.

6.2.3 Transportprozesse

Falls die ungeordnete Bewegung der Teilchen in einem Gas nicht durch die Wände eines Behälters beschränkt wird, wird sich beim Fehlen der Wand A_x ein Teilchenstrom ausbilden, der im Mittel die Richtung $\hat{x}$ besitzt. Mit diesem Strom werden nicht nur die Teilchen, sondern auch ihr Impuls und ihre Energie in diese Richtung transportiert. Man bezeichnet diesen Prozess daher als Transportprozess. Mit den physikalischen Gesetzen derartiger Prozesse werden wir uns jetzt beschäftigen, wobei unsere Überlegungen stark von unserer Anschauung geleitet werden.

Im Allgemeinen wird die Bewegung eines Teilchens in Richtung $\hat{x}$ nicht ungestört verlaufen, sondern andere Teilchen werden mit diesem ausgesuchten Teilchen immer wieder kollidieren. Um die Kollisionswahrscheinlichkeit P_K zu quantifizieren, stellen wir uns vor, dass sich dem Teilchen, das in Richtung $\hat{x}$ durch die Fläche A_x fliegt, andere Teilchen in den Weg stellen, von denen jedes eine Fläche σ repräsentiert. Die Fläche σ bezeichnet man als den **Kollisionswirkungsquerschnitt**. Auf der Wegstrecke dx gibt es $\rho\,A_x\,dx$ derartige Teilchen, wenn $\rho = n/V$ die Teilchendichte im Gas darstellt. Der gesamte Kollisionswirkungsquerschnitt ergibt sich daher zu $\sum \sigma = \rho\,A_x\,\sigma\,dx$, und das Verhältnis von $\sum \sigma$ zu A_x ergibt die Kollisionswahrscheinlichkeit auf der Wegstrecke dx

$$P_K = \frac{\sum \sigma}{A_x} = \rho\,\sigma\,dx \ . \tag{6.47}$$

Die Anzahl der Teilchen n, die sich in die ursprüngliche Richtung $\hat{x}$ bewegen, wird aufgrund der Kollisionen stetig abnehmen, und die Abnahme dn ist gegeben durch

$$dn = -n\,\rho\,\sigma\,dx \ . \tag{6.48}$$

Diese Differentialgleichung zur Bestimmung von n hat die Lösung

$$n = n_0\,e^{-\rho\,\sigma\,x} = n_0\,e^{-x/\lambda} \ , \tag{6.49}$$

wobei n_0 die Teilchenanzahl an dem Ort $x = 0$ ist. Die Zahl der Teilchen, die noch keine Kollision erlitten haben, nimmt also exponentiell ab über eine charakteristische Länge

$$\lambda = \frac{1}{\rho\,\sigma} \ , \tag{6.50}$$

die **mittlere freie Weglänge** genannt wird. Die mittlere freie Weglänge λ ist umgekehrt gleich dem Produkt aus Kollisionswirkungsquerschnitt σ und Teilchendichte ρ, sie gibt die Weglänge an, die ein Teilchen im Mittel ohne Störung durch andere Teilchen zurücklegen kann. Betrachten wir die Bewegung eines Teilchens durch die Fläche A_x, so lassen sich 2 Grenzfälle unterscheiden.

- Ist $\lambda \gg \sqrt{A_x}$, so werden die Teilchen im Wesentlichen ohne Störung durch die Fläche strömen, d.h. die Bewegung ist geradlinig gleichförmig.
- Ist $\lambda \ll \sqrt{A_x}$, so werden die Teilchen bereits bei ihrer Bewegung durch die Fläche so stark gestört, dass ihre Bewegung nur durch eine mittlere Geschwindigkeit $\langle v_x \rangle$ beschrieben werden kann.

Wir werden uns im Folgenden nur mit dem zweiten Fall beschäftigen, den man den stoßdominierten Transport nennen kann.

Die **Teilchenstromdichte** j_x ist definiert als die pro Zeit dt und pro Fläche A_x in Richtung $\hat{x}$ strömende Teilchenzahl

$$j_x = \frac{1}{A_x} \frac{dn}{dt} = \frac{1}{3} \frac{dn}{dV} \frac{dx}{dt} \quad \text{mit} \quad dV = A_x\,dx \;, \qquad (6.51)$$

wobei der Faktor $1/3$ auftreten muss, da nur $1/3$ aller Teilchen im Volumen V sich wirklich in die Richtung $\hat{x}$ bewegen, die anderen fliegen in die Richtungen $\hat{y}$ und $\hat{z}$. Bei der Strömung ist die Teilchendichte ρ allerdings nicht konstant, sondern muss in Richtung $\hat{x}$ abnehmen. Wäre dies nicht der Fall, würde ein gleich großer Teilchenstrom in die Richtung $-\hat{x}$ existieren und der Gesamtstrom wäre null. Die charakteristische Strecke, über die sich die Teilchendichte verändert, ist gegeben durch die mittlere freie Weglänge λ. Wir müssen daher die Gleichung (6.51) so modifizieren, dass diese (x/λ) Abhängigkeit der Teilchendichte berücksichtigt wird, d.h. es muss gelten

$$j_x = \frac{1}{A_x} \frac{dn}{dt} = \frac{1}{3}\,\langle v \rangle\,\frac{-d\rho}{d(x/\lambda)} = -\frac{\langle v \rangle\,\lambda}{3}\,\frac{d\rho}{dx} \;. \qquad (6.52)$$

Ein positiver Teilchenstrom bildet sich also aus in die Richtung, in der die Teilchendichte abnimmt, in der also $d\rho/dx$ negativ ist. Diesen Vorgang bezeichnet man als **Diffusion**, auf Grund unserer Überlegungen muss gelten:

Die Diffusionsstromdichte in Richtung $\hat{x}$ wird bestimmt durch die Veränderung der Teilchendichte in dieser Richtung nach dem **1. Fick'schen Gesetz**

$$j_x = -D\,\frac{d\rho}{dx} \;, \qquad (6.53)$$

wobei die **Diffusionskonstante** D in der kinetischen Gastheorie gegeben ist durch $D = (1/3)\,\lambda\,\langle v \rangle$, $[D] = \text{m}^2\,\text{s}^{-1}$.

Die Gleichung (6.53) erlaubt es, die Diffusionsstromdichte j_x zu berechnen, wenn D und $d\rho/dx$ bekannt sind und sich zeitlich nicht verändern. Diese

Verhältnisse liegen ungefähr vor bei der Diffusion durch Flüssigkeiten oder feste Körper. Bei der Diffusion durch Gase verändert sich mit der Diffusionsstromdichte aber auch $d\rho/dx$ und wegen Gleichung (6.50) auch D. Um für diese Fälle eine konsistente Beschreibung der Diffusion zu erhalten, muss die Diffusionsstromdichte ersetzt werden durch die zeitliche Veränderung $d\rho/dt$ der Teilchendichte. Wir können dies formal ausführen, indem wir beide Seiten der Gleichung (6.53) nach x differenzieren und dann Gleichung (6.51) benutzen, sodass sich ergibt

$$\frac{dj_x}{dx} = -\frac{d\rho}{dt} \ . \tag{6.54}$$

Das negative Vorzeichen ist notwendig, damit die Teilchenzahl erhalten bleibt, siehe Anmerkung 6.2.1.

Die Diffusion durch ein Gas wird bestimmt durch das **2. Fick'sche Gesetz**

$$\frac{d\rho}{dt} = D \frac{d^2\rho}{dx^2} \ . \tag{6.55}$$

Diese Differentialgleichung ergibt bei Berücksichtigung der Anfangs- und Randbedingungen als Lösung die Dichtefunktion $\rho(x,t)$.

Wir wollen noch kurz die Eigenschaften der Diffusionskonstanten D untersuchen. Verändert sich die mittlere freie Weglänge λ während der Diffusion nicht, dann gilt wegen Gleichung (6.35)

$$D \propto \sqrt{\frac{T}{m}} \ , \tag{6.56}$$

d.h. die Diffusionsgeschwindigkeit steigt mit der Temperatur, sinkt dagegen mit der Masse der diffundierenden Teilchen. Dies ergibt, neben der Massenzentrifuge (siehe Kap. 2.2.3) eine weitere Möglichkeit zur Trennung von Massen.

Verändert sich aber bei der Gasdiffusion der Druck, so verändert sich auf Grund der Zustandgleichung (6.37) auch die mittlere freie Weglänge

$$\lambda = \frac{kT}{\sigma P} \quad \text{da} \quad \rho = \frac{P}{kT} \ . \tag{6.57}$$

Die Diffusionskonstante D ist nur konstant, wenn die Diffusion bei konstantem Druck und konstanter Temperatur stattfindet. Diese Bedingungen sind i.A. nur zu erfüllen, wenn zwei Komponenten eines Gasgemisches in entgegengesetzte Richtung diffundieren. Sie sind auf jeden Fall immer dann nicht erfüllt, wenn die Diffusion durch eine **semipermeable Wand** in die eine Richtung unterbunden wird. Wir untersuchen diesen Fall etwas genauer.

Im thermischen Gleichgewicht sind Druck und Temperatur im rechten (r) und linken (l) Teil eines durch eine semipermeable Wand getrennten Gefäßes gleich. Es gilt

$$P(\mathrm{r}) = P(\mathrm{l}) \quad \text{mit} \quad \rho(\mathrm{l}) = \rho_1(\mathrm{l}) + \rho_2(\mathrm{l}) \,, \, \rho(\mathrm{r}) = \rho_1(\mathrm{r}) \,.$$

Durch die Menbran hindurch besteht daher ein Dichteunterschied

$$\Delta\rho_1 = \rho_1(\mathrm{r}) - \rho_1(\mathrm{l}) = \rho_2(\mathrm{l})$$
$$\Delta\rho_2 = -\rho_2(\mathrm{l}) \,,$$

der die Diffusion der Komponente (1) von rechts nach links veranlasst, aber die Diffusion der Komponente (2) von links nach rechts nicht zulässt, weil die Wand für diese Komponente undurchlässig ist. Daher erhöht sich die Dichte in dem linken Gefäß, was einen Druckanstieg

$$\Delta P = \Delta\rho_1 \, k \, T = \rho_2(\mathrm{l}) \, k \, T$$

zur Folge hat. Bei der Gasdiffusion ist die dadurch erreichte Druckerhöhung nicht sehr groß, weil die Gasdichten klein sind. Auf der anderen Seite beobachtet man dieses Phänomen auch bei der Diffusion von Flüssigkeiten durch eine semipermeable Wand, man bezeichnet den Vorgang als **Osmose** und den Druckanstieg als **osmotischen Druck**. Der osmotische Druck kann große Werte erreichen, weil die Teilchendichten in einer Flüssigkeit um etwa einen Faktor 1000 größer sind als in Gasen. Ist die Substanz (1) z.B. das Lösungsmittel und die Substanz (2) der gelöste Stoff, dann wird in unserem Beispiel das Lösungsmittel durch die semipermeable Wand diffundieren und einen osmotischen Druck

$$P_{\mathrm{osm}} = \tilde{\rho}_2 \, R \, T \tag{6.58}$$

in dem Gefäß mit der Lösung erzeugen, wenn die molare Dichte des gelösten Stoffs $\tilde{\rho}_2 = \tilde{n}_2/V$ beträgt. Die Gleichung (6.58) wird **van't-Hoff'sches Gesetz** genannt, es gilt nur in solchen Fällen, in denen $\tilde{\rho}_2$ nicht zu groß ist.

Anmerkung 6.2.1: Der Teilchenstrom durch eine geschlossene Fläche gehorcht einer **Kontinuitätsgleichung**, die mathematisch formuliert, dass in dem von der Fläche eingeschlossenem Volumen keine neuen Teilchen produziert werden. Daher muss der Teilchenstrom durch die Fläche zu einem mit der Zeit immer größeren Verlust an Teilchen in dem Volumen führen. Die Kontinuitätsgleichung, die diesen Zusammenhang in unserem einfachen Fall der Gleichung (6.51) beschreibt, lautet

$$\frac{\mathrm{d}j_x}{\mathrm{d}x} + \frac{\mathrm{d}\rho}{\mathrm{d}t} = 0 \,.$$

Wir werden uns später noch oft mit der Kontuitätsgleichung beschäftigen, weil auch der Tranport von elektrischen Ladungen wegen des Gesetzes der Ladungserhaltung ebenfalls einer Kontinuitätsgleichung gehorchen muss.

Anmerkung 6.2.2: Es wurde schon am Anfang dieses Kapitels darauf hingewiesen, dass mit dem Transport von Teilchen auch deren Energie und Impuls transportiert wird. Wir werden diese Transportprozesse nicht im Detail untersuchen, sondern nur anmerken, dass sie zu ähnlichen Gleichungen wie dem 1. Fick'schen Gesetz (6.53) führen. Auch in diesen Fällen wird der Transport von einem Koeffizienten bestimmt, der sich ähnlich wie die Diffusionskonstante D auf die Größen der kinetischen Gastheorie zurückführen lässt.

$$\text{Energietransport: } j_{U,x} = -\Lambda\, \frac{dT}{dx} \qquad \text{(\textbf{Fourier'sches Gesetz})}$$

$$\text{Wärmeleitfähigkeit: } \Lambda = \tfrac{f}{12}\, \rho\, \lambda\, k\, \langle v \rangle$$

$$\text{Impulstransport: } j_{p,x} = \eta\, \frac{dv_z}{dx} \quad \text{(\textbf{Newton'sches Gesetz})}$$

$$\text{Viskosität: } \eta = \tfrac{1}{3}\, \rho\, \lambda\, m\, \langle v \rangle$$

Das bedeutet, dass zwischen der Diffusionskonstanten D, der Wärmeleitfähigkeit Λ und der Viskosität η ein enger Zusammenhang besteht.

6.3 Der 1. Hauptsatz der Thermodynamik

Jede Veränderung der inneren Energie eines Systems hat eine Veränderung der Systemtemperatur zur Folge. Wie aber verändern wir die innere Energie um den Betrag ΔU, d.h. wie verändern wir die Systemtemperatur um den Betrag ΔT?

Unsere Alltagserfahrung weist auf mindestens 2 Möglichkeiten hin, wie wir die Temperatur eines Körpers z.B. erhöhen können:

• Wir führen dem Körper thermische Energie Q (in Form von Wärme) zu.
• Wir führen dem Körper mechanische Energie W (z.B. durch Gaskompression) zu.

Darüber hinaus gibt es noch weitere Möglichkeiten, wie etwa die Durchführung von Reaktionen zwischen den Komponenten des Systems. Da wir aber nur solche Zustandsänderungen betrachten wollen, bei denen sich die Komponenten des Systems nicht verändern, schließen wir diese Möglichkeit aus. Aus diesen Beobachtungen und dem Erhaltungsgesetz der Energie ergibt sich

Der 1. Hauptsatz der Thermodynamik:
Die Summe der einem System zugeführten thermischen und mechanischen Energien ergibt die Änderung der inneren Energie des System.

$$\Delta U = Q + W \tag{6.59}$$

Sind $Q = W = 0$, nennen wir das System **abgeschlossen**. Anderfalls ist das System **offen**, und zwar mechanisch offen, falls $Q = 0$, und thermisch offen, falls $W = 0$.

Wie groß sind Q und W? Wir betrachten ein ideales Gas, dann wissen wir bereits

$$W = - \int\limits_{i}^{f} P \, dV \; , \tag{6.60}$$

wobei i den Anfangszustand des Systems und f seinen Endzustand kennzeichnen. Der Druck P ist der Außendruck, d.h. der Druck, gegen den das System bei der Expansion Arbeit verrichten muss. Dies legt auch die Vorzeichen von Q und W fest.

Vorzeichenregel:
Die dem System zugeführten Energien sind positiv

$$Q_{zu} > 0 \, , \, W_{zu} > 0,$$

die vom System abgeführten Energien sind negativ

$$Q_{ab} < 0 \, , \, W_{ab} < 0.$$

Wie aber sieht der zu Gleichung (6.60) äquivalente Ausdruck für die thermische Energie aus? Der Transfer von Wärme wird bestimmt durch die Temperatur T, so wie der Transfer von Arbeit bestimmt wird durch den Druck P: T ist äquivalent zu P. Welche Größe ist äquivalent zu dV? Diese Größe führen wir ad hoc ein und nennen sie die **Entropie** S, d.h. die Entropieänderung dS ist äquivalent zur Volumenänderung dV, und daher

$$Q = \int\limits_{i}^{f} T \, dS \; . \tag{6.61}$$

Diese Vorgehensweise erscheint zunächst willkürlich, sie ist es aber nicht. Sowohl T wie auch Q (durch Gleichung (6.59)) sind wohl definierte Größen, und damit ist auch die Entropie S eindeutig definiert. So wie P, V, T ist auch die Entropie S eine makroskopische Zustandsgröße, und sie besitzt wie T eine mikroskopische Interpretation, auf die wir in Kap. 6.4.1 eingehen werden.

Betrachten wir noch einmal die Gleichung (6.59), so fällt auf, dass die Energien U, Q, W verschieden dargestellt sind. Das hat seine Gründe:

- U ist eine **Zustandsfunktion**, deren Veränderung $\Delta U = C_V \, \Delta T$ allein von dem Anfangs- und Endzustand des Systems abhängt, in diesem Fall von der Differenz der **Zustandsgröße** $\Delta T = T_f - T_i$. Ähnlich gilt auch für die anderen Zustandsgrößen $\Delta P = P_f - P_i$, $\Delta V = V_f - V_i$ und $\Delta S = S_f - S_i$.
- Q und W sind keine Zustandsfunktionen, denn die Werte von $W = - \int\limits_{i}^{f} P \, dV$ und $Q = \int\limits_{i}^{f} T \, dS$ hängen nicht nur vom Anfangszustand i und Endzustand f ab, sondern auch davon, welchen Weg das System zwischen i und f genommen hat.

Die Schreibweise des 1. Hauptsatzes soll diesen Unterschied in den Eigenschaften von U und Q bzw. W verdeutlichen. Entsprechend werden wir den 1. Hauptsatz in differentieller Schreibweise auch so formulieren:

$$dU = \delta Q + \delta W \ , \tag{6.62}$$

wobei δQ und δW erst dann zu angebbaren Ausdrücken werden, wenn sich der Weg der Systemänderung angeben lässt.

Diese Überlegungen sollen an einem Beispiel veranschaulicht werden, der **Expansion** eines idealen Gases auf das Doppelte seines Volumens.

(1) Die Zustandsänderung soll bei konstanter Temperatur T, d.h. für $\Delta T = 0$, durchgeführt werden, wobei Außen- und Innendruck immer im Gleichgewicht miteinander stehen. In diesem Fall wissen wir aus der Zustandsgleichung (6.37) $P = \widetilde{n} \, RT/V$, und daher

$$W_{\mathrm{rev}} = -\widetilde{n} \, RT \int_i^f \frac{dV}{V} = -\widetilde{n} \, RT \ln 2 < 0 \ . \tag{6.63}$$

Das Gas verrichtet also die Arbeit W_{rev}, die an die Umgebung abgeführt wird. Der Index "rev" weist darauf hin, dass die Zustandsänderung einem definierten Weg (Temperatur- und Druckgleichgewicht) gefolgt ist. Wir können daher auch die Veränderung der Entropie berechnen. Wegen $\Delta U = C_{\mathrm{V}} \, \Delta T = 0$ gilt nach dem 1. Hauptsatz

$$\Delta S_{\mathrm{Sys}} = \frac{Q_{\mathrm{rev}}}{T} = -\frac{W_{\mathrm{rev}}}{T} = \widetilde{n} \, R \ln 2 \ . \tag{6.64}$$

Daher hat die Entropie des Systems zugenommen. Da aber gleichzeitig die thermische Energie $-Q_{\mathrm{rev}}$ von der Umgebung an das System abgegeben wurde, hat die Entropie der Umgebung um den Betrag

$$\Delta S_{\mathrm{Umg}} = -\frac{Q_{\mathrm{rev}}}{T} = \frac{W_{\mathrm{rev}}}{T} = -\widetilde{n} \, R \ln 2 \tag{6.65}$$

abgenommen. Für die Gesamtänderung der Entropie gilt also

$$\Delta S = \Delta S_{\mathrm{Sys}} + \Delta S_{\mathrm{Umg}} = 0 \ . \tag{6.66}$$

(2) Das Gas soll in das Vakuum ($P = 0$) expandieren. Auch in diesem Fall gilt (für ein ideales Gas) $\Delta T = 0$ und daher $\Delta U = 0$. Das Gas verrichtet wegen $P = 0$ keine Arbeit und nimmt daher auch keine thermische Energie aus der Umbegung auf.

$$W_{\mathrm{irr}} = 0 \quad , \quad Q_{\mathrm{irr}} = 0 \ , \tag{6.67}$$

obwohl der Anfangszustand i und der Endzustand f identisch zu den entsprechenden Zuständen im Beispiel **(1)** sind. Der Index "irr" weist darauf hin, dass wir den Weg der Zustandsänderung allerdings jetzt nicht kennen, denn wir wissen nicht, wie sich der Druck P bei der Expansion ins Vakuum verändert hat. Trotzdem hat auch bei dieser Art der Expansion die Entropie des Systems zugenommen

$$\Delta S_{\mathrm{Sys}} = \tilde{n}\, R \ln 2 \; ,$$

denn die Entropie ist eine Zustandsgröße und daher unabhängig vom Weg "rev" oder "irr". Aber im Unterschied zu Beispiel (1) hat sich die Entropie der Umgebung

$$\Delta S_{\mathrm{Umg}} = 0$$

nicht verändert, und daher gilt für die Gesamtentropieänderung

$$\Delta S = \Delta S_{\mathrm{Sys}} + \Delta S_{\mathrm{Umg}} > 0 \; . \tag{6.68}$$

Der Vergleich dieser beiden Beispiele erlaubt wichtige Erkenntnisse:

- Bei Zustandsänderungen gilt immer

$$Q_{\mathrm{rev}} > Q_{\mathrm{irr}} \quad \text{(bei isothermer Expansion negativ)}, \tag{6.69}$$
$$W_{\mathrm{rev}} < W_{\mathrm{irr}} \quad \text{(bei isothermer Expansion negativ)}.$$

  Das System verrichtet die maximale Arbeit, bzw. benötigt die minimale Arbeit, wenn die Zustandsänderungen einem wohl definierten Weg folgen. Für den Austausch der Wärme zwischen System und Umgebung ist es gerade umgekehrt.

- Sind bei verschiedenen Zustandsänderungen Anfangs- respektive Endzustände des Systems identisch, dann ist die Veränderung der Entropie des Systems unabhängig davon, welchen Weg ("rev" oder "irr") die Zustandsänderung genommen hat. Aber die Veränderung der Gesamtentropie ($\Delta S_{\mathrm{Sys}} + \Delta S_{\mathrm{Umg}}$) ist nur null, wenn der Weg definiert werden kann ("rev"), aber immer größer null, wenn der Weg nicht definiert werden kann ("irr").

Diese Aussagen werden uns auch weiterhin bei der Behandlung der Thermodynamik beschäftigen.

Wir wollen uns zunächst noch mit den Zustandsfunktionen beschäftigen. Die innere Energie U ist eine Zustandsfunktion, sie hängt allein von den Zustandsgrößen des Systems ab

$$U = T\,S - P\,V \; . \tag{6.70}$$

Für jedes System lassen sich noch weitere Zustandfunktionen definieren, die bei Zustandsänderungen ausgesuchte Eigenschaften des Systems beschreiben. Wir werden nur noch eine weitere Zustandsfunktion im Folgenden benötigen, und zwar die **Enthalpie**

$$H = U + P\,V = T\,S \; . \tag{6.71}$$

Anmerkung 6.3.1: Die Definition der thermischen Energie mithilfe $\delta Q = T\,\mathrm{d}S$ ist vollständig äquivalent zu der Definition anderer Energieformen, z.B.
potenzielle Energie $\mathrm{d}W_{\mathrm{pot}} = (h\,g)\,\mathrm{d}m$,
kinetische Energie $\mathrm{d}W_{\mathrm{kin}} = v\,\mathrm{d}p$,
elektrische Energie $\mathrm{d}W_{\mathrm{elek}} = U\,\mathrm{d}q$.
Im letzten Fall ist q die elektrische Ladung und U die elektrische Spannung. Es gibt aber einen wichtigen Unterschied, der auch in der Schreibweise zum Ausdruck kommt. Die oben angegeben Energien W sind unabhängig vom Weg der Zustandsänderung, d.h. für sie gilt wie in Gleichung (2.54) $\oint \mathrm{d}W = 0$, wenn W über einen geschlossenen Weg integriert wird. Diese Eigenschaft besitzt die thermische Energie Q nicht.

Anmerkung 6.3.2: Wir wollen noch kurz erwähnen, dass es weitere nützliche Zustandsfunktionen gibt, die
Helmholtz'sche freie Energie $F = U - T\,S$,
Gibbs'sche freie Energie $G = U + P\,V - T\,S$.
Die letzte Zustandsfunktion hat offensichtlich nur Bedeutung, wenn wir die Reaktionen zwischen den Komponenten eines Systems und die damit verbundene Veränderung der inneren Energie U zulassen.

6.3.1 Zustandsänderungen

Wir haben gelernt, dass es i.A. beliebig viele Zustandsänderungen geben kann, die einen Zustand i in den Zustand f überführen. Prinzipiell lassen sich diese Änderungen in 2 Kategorien einteilen:

(1) Solche Änderungen, bei denen zu jeder Zeit alle Zustandsgrößen des Systems bekannt sind und die wir mit dem Index "rev" gekennzeichnet haben.

(2) Solche Änderungen, bei denen zu keinem (oder nur wenigen) Zeitpunkt bekannt ist, welche Werte die Zustandsgrößen auf ihrem Weg von i nach f besitzen. Diese Änderungen hatten wir mit dem Index "irr" gekennzeichnet.

Diese Indizes stehen für **reversible** ("rev") bzw. **irreversible** ("irr") Zustandsänderungen. Eine reversible Zustandsänderung kann zu jeder Zeit wieder rückgängig gemacht werden, d.h. in entgegengesetzter Richtung durchlaufen werden. Damit dies möglich ist, muss das System mit seiner Umgebung zu jedem Zeitpunkt im thermodynamischen Gleichgewicht stehen. Diese Bedingung verbietet im Prinzip jede reversible Zustandsänderung, da ein Gleichgewichtszustand jede Änderung gerade ausschließt. Um reversible Änderungen zuzulassen, muss man daher annehmen, dass sie in infinitesimal kleinen Schritten erfolgen mit der Folge, dass reversible Zustandsänderungen beliebig lange Zeit benötigen. Dies ist mathematisch kein Problem, aber für die praktische Anwendung nutzlos. Zustandsänderungen in der Natur sind daher immer irreversibel. Aber um ihre Eigenschaften zu untersuchen, ersetzen wir sie durch entsprechende reversible Zustandsänderungen, die gleichfalls aus dem gegebenen Anfangszustand in den gegebenen Endzustand führen. Für die Zustandsgrößen bzw. Zustandsfunktionen ist diese Ersetzung ohne Bedeutung, da sie nur vom Anfangszustand und Endzustand abhängen. Für Messgrößen, in denen die thermische bzw. mechanische Energien auftauchen, ist diese Ersetzung aber von Bedeutung, wie wir an Gleichung (6.69) erkennen und wie wir in Kap. 6.3.2 weiter diskutieren werden.

Jetzt werden wir zunächst eine Auswahl von reversiblen Zustandsänderungen im Detail besprechen und sehen, welche funktionalen Zusammenhänge zwischen den Zustandsgrößen bzw. Zustandsfunktionen für die ausgewählten Änderungen existieren. Wir betrachten immer eine Menge von $\tilde{n}$ = 1 mol eines idealen Gases.

(A) Die **isochore Zustandsänderung** (V = konst , $\Delta V = 0$)
Aus der Zustandsgleichung (6.37) ergibt sich

$$\frac{P}{T} = \frac{R}{V} = \text{konst,} \qquad (6.72)$$

d.h. es besteht ein linearer Zusammenhang zwischen P und T, wie er auch durch Gleichung (6.8) gegeben ist. Weiterhin gilt $\delta W_{\text{rev}} = 0$, d.h. das System ist gegen seine Umgebung mechanisch abgeschlossen, aber thermisch offen. Aus dem 1. Hauptsatz folgt dann

$$\delta Q_{\text{rev}} = (\mathrm{d}Q)_{\text{V}} = \mathrm{d}U = C_{\text{V}}\,\mathrm{d}T \ . \qquad (6.73)$$

Für die Veränderung der Entropie gilt

$$(\mathrm{d}S_{\text{Sys}})_{\text{V}} = \frac{(\mathrm{d}Q)_{\text{V}}}{T} = C_{\text{V}}\frac{\mathrm{d}T}{T} \ , \qquad (6.74)$$

und daher für ideale Gase

$$\Delta(S_{\text{Sys}})_{\text{V}} = \frac{3}{2}R\ln\left(\frac{T_{\text{f}}}{T_{\text{i}}}\right) \ , \qquad (6.75)$$

also $\Delta(S_{\text{Sys}})_{\text{V}} > 0$ wenn $T_{\text{f}} > T_{\text{i}}$.

(B) Die **isobare Zustandsänderung** (P = konst , $\Delta P = 0$)
Aus der Zustandsgleichung (6.37) ergibt sich

$$\frac{V}{T} = \frac{R}{P} = \text{konst,} \qquad (6.76)$$

d.h. es besteht ein linearer Zusammenhang zwischen V und T, wie er auch durch Gleichung (6.9) gegeben ist. Der Austausch von thermischer und mechanischer Energie zwischen System und Umgebung unterliegt allein der Beschränkung durch den 1. Hauptsatz, das System ist sowohl thermisch wie mechanisch offen. Mithilfe der Enthalpie ergibt sich

$$(\mathrm{d}H)_\mathrm{P} = \mathrm{d}U + P\,\mathrm{d}V = \delta Q_\mathrm{rev} = (\mathrm{d}Q)_\mathrm{P} = C_\mathrm{P}\,\mathrm{d}T \; , \tag{6.77}$$

wobei wir die molare Wärmekapazität C_P eingeführt haben. Die molare Wärmekapazität $C_\mathrm{P} = (\mathrm{d}Q/\mathrm{d}T)_\mathrm{P}$ bei konstantem Druck ist allerdings nicht unabhängig von der molaren Wärmekapazität $C_\mathrm{V} = (\mathrm{d}Q/\mathrm{d}T)_\mathrm{V}$ bei konstantem Volumen, vielmehr ergibt die Gleichung (6.77)

$$C_\mathrm{V}\,\mathrm{d}T + P\,\mathrm{d}V = C_\mathrm{P}\,\mathrm{d}T \; . \tag{6.78}$$

Ersetzen wir $\mathrm{d}V$ mithilfe der Zustandsgleichung durch $\mathrm{d}T$

$$C_\mathrm{V}\,\mathrm{d}T + P\,\frac{R\,\mathrm{d}T}{P} = C_\mathrm{P}\,\mathrm{d}T \; , \tag{6.79}$$

so finden wir

$$C_\mathrm{P} - C_\mathrm{V} = R \quad \text{also} \quad C_\mathrm{P} > C_\mathrm{V} \; . \tag{6.80}$$

Das Verhältnis $C_\mathrm{P}/C_\mathrm{V} = \kappa$ wird **Adiabaten-Koeffizient** genannt. Für ideale Gase hat er den Wert $\kappa = 5/3$, für reale Gase gilt $\kappa = (f+2)/f$. Für die Veränderung der Entropie gilt

$$\mathrm{d}(S_\mathrm{Sys})_\mathrm{P} = \frac{(\mathrm{d}Q)_\mathrm{P}}{T} = C_\mathrm{P}\,\frac{\mathrm{d}T}{T} \; , \tag{6.81}$$

und daher für ideale Gase

$$\Delta(S_\mathrm{Sys})_\mathrm{P} = \frac{5}{2}\,R\,\ln\left(\frac{T_\mathrm{f}}{T_\mathrm{i}}\right) \; , \tag{6.82}$$

also $\Delta(S_\mathrm{Sys})_\mathrm{P} > \Delta(S_\mathrm{Sys})_\mathrm{V}$ für gleiche Anfangs- und Endtemperaturen.

(C) Die **isotherme Zustandsänderung** ($T = \text{konst}$, $\Delta T = 0$)
Aus der Zustandsgleichung (6.37) ergibt sich

$$PV = RT = \text{ konst,} \tag{6.83}$$

d.h. P und V sind umgekehrt proportional zueinander und definieren in der P-V-Ebene eine Hyperbel, die Isotherme. Bei isothermen Zustandsänderungen gilt $\mathrm{d}U = 0$. Wie im Fall **(B)** ist das System daher thermisch und mechanisch offen, der Austausch mit der Umgebung unterliegt aber der Bedingung $\delta Q_\mathrm{rev} = -\delta W_\mathrm{rev}$. Daraus folgt

$$(\mathrm{d}Q)_\mathrm{T} = -(\mathrm{d}W)_\mathrm{T} = P\,\Delta V \; . \tag{6.84}$$

Die dem System von der Umgebung zugeführte thermische Energie wird vollständig als mechanische Energie von dem System wieder an die Umgebung abgeführt. Mithilfe der Zustandsgleichung ergibt sich für diese Energie

$$(\Delta W)_{\mathrm{T}} = -RT \ln \left(\frac{V_{\mathrm{f}}}{V_{\mathrm{i}}}\right) \ . \tag{6.85}$$

Aufgrund der Gleichung (6.84) gilt für die Veränderung der Entropie

$$(\mathrm{d}S_{\mathrm{Sys}})_{\mathrm{T}} = \frac{(\mathrm{d}Q)_{\mathrm{T}}}{T} = \frac{P\,\mathrm{d}V}{T} = R\,\frac{\mathrm{d}V}{V} \tag{6.86}$$

und daher für ideale Gase

$$\Delta(S_{\mathrm{Sys}})_{\mathrm{T}} = R \ln \left(\frac{V_{\mathrm{f}}}{V_{\mathrm{i}}}\right) \ , \tag{6.87}$$

also $\Delta(S_{\mathrm{Sys}})_{\mathrm{T}} > 0$ wenn $V_{\mathrm{f}} > V_{\mathrm{i}}$. Diese Ergebnisse sind identisch mit den Gleichung (6.63) und (6.64), die wir für die isotherme Gasexpansion in einem Spezialfall berechnet hatten.

(D) Die **adiabatische Zustandsänderung** ($Q = $ konst , $\delta Q = 0$)
Bei dieser Zustandsänderung ist das System von seiner Umgebung thermisch abgeschlossen, aber mechanisch offen. Es gilt daher $\delta Q = 0$ und $\mathrm{d}U = \mathrm{d}(W)_{\mathrm{Q}} = C_{\mathrm{V}}\,\mathrm{d}T$. Aus diesen Bedingungen ergibt sich unmittelbar, dass adiabatische Zustandsänderungen die Entropie des Systems nicht verändern,

$$\Delta(S_{\mathrm{Sys}})_{\mathrm{Q}} = 0 \ . \tag{6.88}$$

Und für die an die Umgebung abgeführte mechanische Energie ergibt sich

$$\Delta(W)_{\mathrm{Q}} = C_{\mathrm{V}}\,(T_{\mathrm{f}} - T_{\mathrm{i}}) < 0 \quad \text{wenn} \quad T_{\mathrm{f}} < T_{\mathrm{i}} \ . \tag{6.89}$$

Das System kühlt sich also ab, denn die abgeführte mechanische Energie wird vollständig der inneren Energie des Systems entnommen. Die Abkühlung verändert auch die anderen Zustandsgrößen des Systems, die zwar weiterhin der Zustandsgleichung (6.38) gehorchen müssen, denen aber wegen $\delta Q = 0$ eine weitere Bedingung aufgezwungen wird. Und zwar ergibt sich aus dem 1. Hauptsatz und der Zustandsgleichung

$$C_{\mathrm{V}}\,\mathrm{d}T = -P\,\mathrm{d}V = RT\,\frac{\mathrm{d}V}{V} \ ,$$

also

$$C_{\mathrm{V}}\,\frac{\mathrm{d}T}{T} = R\,\frac{\mathrm{d}V}{V} \ . \tag{6.90}$$

Dies ist eine Differentialgleichung zur Bestimmung des funktionalen Zusammenhangs zwischen T und V mit der Lösung

$$T\,V^{R/C_{\mathrm{V}}} = \text{ konst.}$$

Wegen $C_{\mathrm{P}} - C_{\mathrm{V}} = R$ und mit $\kappa - 1 = \gamma$ lassen sich folgende Zusammenhänge zwischen den Zustandsgrößen herstellen

$$T V^\gamma = \text{konst}, \tag{6.91}$$

$$P V^\kappa = \text{konst}, \tag{6.92}$$

$$T^\kappa P^{-\gamma} = \text{konst}. \tag{6.93}$$

Für ein ideales Gas erhalten wir $\kappa = 5/3$ und $\gamma = 2/3$. Das heißt, in der P-V-Ebene sind die Adiabaten etwas steiler als die Isothermen, für die ja nur $PV = \text{konst}$ gilt. In der Tabelle 6.3 sind die Zusammenhänge zwischen den

Tabelle 6.3. Veränderungen der Zustandsgrößen und der ausgetauschen Energien bei den 4 ausgewählten reversiblen Zustandsänderungen von $\tilde{n} = 1$ mol eines idealen Gases

	isochor (A)	isobar (B)	isotherm (C)	adiabatisch (D)
ΔV	0	$V_f\left(1 - \frac{T_i}{T_f}\right)$	$V_f\left(1 - \frac{P_f}{P_i}\right)$	$V_f\left(1 - \left(\frac{P_f}{P_i}\right)^{1/\kappa}\right)$
ΔP	$P_f\left(1 - \frac{T_i}{T_f}\right)$	0	$P_f - P_i$	$P_f - P_i$
ΔT	$T_f - T_i$	$T_f - T_i$	0	$T_f\left(1 - \left(\frac{P_i}{P_f}\right)^{\kappa/\gamma}\right)$
ΔS_{Sys}	$\frac{3}{2} R \ln \frac{T_f}{T_i}$	$\frac{5}{2} R \ln \frac{T_f}{T_i}$	$R \ln \frac{P_i}{P_f}$	0
Q_{rev}	$C_V \Delta T$	$C_P \Delta T$	$T \Delta S_{\text{Sys}}$	0
W_{rev}	0	$-R \Delta T$	$-T \Delta S_{\text{Sys}}$	$C_V \Delta T$

Zustandsgrößen und den ausgetauschten Energien zusammengefasst und in der Abb. 6.2 in der V-P-Ebene bzw. der S-T-Ebene dargestellt. Jede dieser reversiblen Zustandsänderungen führt, ausgehend von dem gleichen Anfangszustand, zu einem anderen Endzustand. Die isochore (A) und isobare (B) Zustandsänderungen lassen sich am einfachsten in der V-P-Ebene darstellen, die isotherme (C) und adiabatische (D) in der S-T-Ebene.

6.3.2 Reversible Kreisprozesse und thermodynamische Energiewandler

Während wir uns bisher mit Zustandsänderungen aus einem Anfangszustand i in einen dazu verschiedenen Endzustand f beschäftigt haben, wollen wir jetzt Zustandsänderungen untersuchen, die über den Weg i → f → i wieder in den Anfangszustand zurückführen. Man nennt derartige Änderungen (reversible) Kreisprozesse, wenn der Rückweg f → i nicht identisch entgegengesetzt zum Hinweg i → f ist. Zunächst wollen wir in diesem Kapitel nur die energetischen Aspekte derartiger Kreisprozesse betrachten, im nächsten Kapitel werden wir die Entropieänderungen untersuchen.

Unabhängig davon, wie die Wege i → f und f → i verlaufen, muss für diese Kreisprozesse gelten

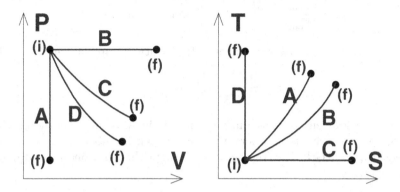

Abb. 6.2. Die Wege zwischen dem Anfangszustand (i) und dem Endzustand (f) von 4 ausgesuchten reversiblen Zustandsänderungen im V-P-Diagramm (*links*) bzw. S-T-Diagramm (*rechts*). Es bezeichnet A eine isochore Zustandsänderung, B eine isobare Zustandsänderung, C eine isotherme Zustandsänderung und D eine adiabatische Zustandsänderung

$$\oint dU = 0 \quad \text{und} \quad \oint \delta Q_{\text{rev}} = - \oint \delta W_{\text{rev}} \neq 0 \ . \qquad (6.94)$$

Das bedeutet, dass das System sowohl thermisch wie auch mechanisch offen sein muss, wenn schon nicht auf dem gesamten Weg, dann wenigstens auf Teilstücken des geschlossenen Wegs. Und das macht die Bedeutung der Kreisprozesse aus: Offensichtlich kann dem System Energie W_{zu} zugeführt und in gewandelter Form W_{ab} wieder abgeführt werden.

In einem Kreisprozess wandelt das System die zugeführte Energie W_{zu} in eine andere Energieform W_{nutz} um, wobei W_{nutz} der nutzbare Teil der abgeführten Energie W_{ab} ist.

Der wichtige Parameter dieses Wandlungsprozesses ist der **Wirkungsgrad** η_{rev}, der definitionsgemäß immer positiv ist

$$\eta_{\text{rev}} = \frac{|W_{\text{nutz}}|}{W_{\text{zu}}} \ . \qquad (6.95)$$

Aufgrund des 1. Hauptsatzes könnten wir vermuten, dass gelten muss $\eta_{\text{rev}} = 1$. Das ist jedoch nicht der Fall, denn wir werden sehen, dass sowohl $W_{\text{nutz}} < W_{\text{zu}}$ wie auch $W_{\text{nutz}} > W_{\text{zu}}$ sein kann, und dass dies keineswegs dem 1. Hauptsatz widerspricht. Dies ist nicht eine Eigenschaft allein der thermodynamischen Energiewandler, sondern gilt ganz allgemein.

Betrachten wir z.B. eine Masse m, die aus der Höhe h um die Strecke $\Delta h = h_{\text{i}} - h_{\text{f}}$ unter dem Einfluss der Gravitationskraft $\boldsymbol{F}_{\text{G}}$ fällt. Dabei wird potenzielle Energie $W_{\text{pot}} = m\,g\,h$ in kinetische Energie $W_{\text{kin}} = m\,g\,\Delta h$ verwandelt. Der Wirkungsgrad dieser Energiewandlung beträgt

$$\eta_+ = \frac{W_{\text{kin}}}{W_{\text{pot}}} = \frac{\Delta h}{h_i} = 1 - \frac{h_f}{h_i} < 1 \quad \text{wenn} \quad h_f < h_i \ .$$

Würden wir diesen Prozess in umgekehrter Richtung durchlaufen, dann wäre

$$\eta_- = \frac{W_{\text{pot}}}{W_{\text{kin}}} = \frac{h_i}{\Delta h} = \frac{1}{\eta_+} > 1 \ .$$

Diese Überlegungen lassen sich fast direkt auf die Wandlung von thermischer Energie Q in mechanische Energie W und umgekehrt übertragen, wenn wir ansetzen $Q = \tilde{n}\,C\,T$. Die Temperatur T entspricht der Höhe h, und daher erwarten wir

$$\eta_{\text{rev}} = \frac{|W_{\text{ab}}|}{Q_{\text{zu}}} = 1 - \frac{T_f}{T_i} < 1 \tag{6.96}$$

für die Wandlung $Q_{\text{zu}} \rightarrow |W_{\text{ab}}|$ und

$$\eta_{\text{rev}} = \frac{|Q_{\text{ab}}|}{W_{\text{zu}}} = \frac{1}{1 - T_f/T_i} > 1 \tag{6.97}$$

für die Wandlung $W_{\text{zu}} \rightarrow |Q_{\text{ab}}|$.

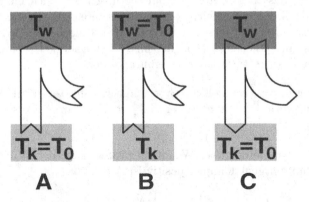

Abb. 6.3. Thermodynamische Kreisprozesse zwischen zwei Wärmespeichern, dem kalten mit Temperatur T_k und dem warmen mit Temperatur T_w. Der Kreisprozess A symbolisiert die Wärmepumpe, der Kreisprozess B die Kältemaschine und der Kreisprozess C die Wärmekraftmaschine. Die mechanische Arbeit wird jeweils von rechts zu- bzw. abgeführt, T_0 ist die Umgebungstemperatur

Wir werden jedoch gleich zeigen, dass diese Erwartungen nur in besonderen Fällen korrekt sind. Zunächst wollen wir uns die 3 prinzipiellen Möglichkeiten einer thermodynamischen Energiewandlung überlegen, so wie sie in Abb. 6.3 dargestellt sind. Der Kreisprozess verläuft zwischen zwei Wärmespeichern, von denen der eine die hohe Temperatur T_w, und der andere die tiefe Temperatur T_k besitzt, wobei i.A. eine der Temperaturen T_w oder T_k gleich der Umgebungstemperatur T_0 ist.

(1) Wärmepumpe
In dem Kreisprozess wird Wärme $Q_{zu} = Q_k$ mit Temperatur T_0 dem kalten Speicher entnommen und unter Einsatz mechanischer Energie W_{zu} auf eine höhere Temperatur T_w transformiert. Die Wärme $Q_{ab} = Q_w$ wird an den heißen Speicher abgegeben. Der Wirkungsgrad ist gegeben durch

$$\eta_{rev} = \frac{|Q_{ab}|}{W_{zu}} = \frac{|Q_w|}{|Q_w| - Q_k} = \frac{T_w}{T_w - T_0} > 1 \ . \tag{6.98}$$

(2) Kältemaschine
Dieser Kreisprozess ist identisch zu dem der Wärmepumpe, allerdings besteht die Aufgabe darin, die Temperatur T_k des kalten Speichers unter die Temperatur T_0 der Umgebung abzusenken. Jetzt besitzt daher der heiße Speicher die Umgebungstemperatur T_0, und der Wirkungsgrad beträgt

$$\eta_{rev} = \frac{Q_{zu}}{W_{zu}} = \frac{Q_k}{|Q_w| - Q_k} = \frac{T_k}{T_0 - T_k} > 1 \quad \text{für} \quad \frac{T_0}{2} < T_k < T_0 \ . \tag{6.99}$$

In beiden Fällen ist der Wirkungsgrad $\eta_{rev} > 1$ und er wird umso größer, je geringer die Temperaturdifferenz zwischen dem heißen und kalten Wärmespeicher ist. Das ist ganz anders bei der Wärmekraftmaschine, die thermische in mechanische Energie wandelt.

(3) Wärmekraftmaschine
In der Wärmekraftmaschine wird aus dem heißen Speicher die Wärme $Q_{zu} = Q_w$ dem System zugeführt und in mechanische Energie W_{ab} gewandelt, die zusammen mit der Restwärme $Q_{ab} = Q_k$ von dem System wieder abgeführt wird. Dabei besitzt der kalte Speicher die Temperatur $T_k = T_0$. Der Wirkungsgrad für diesen Kreisprozess beträgt

$$\eta_{rev} = \frac{|W_{ab}|}{Q_{zu}} = \frac{Q_w - |Q_k|}{Q_w} = 1 - \frac{T_0}{T_w} < 1 \ . \tag{6.100}$$

In diesem Fall ist der Wirkungsgrad $\eta_{rev} < 1$, und er wird umso größer, je größer die Temperaturdifferenz zwischen dem heißen und kalten Wärmespeicher ist. Das bedeutet i.A., dass die Temperatur T_w des heißen Speichers möglichst groß sein sollte, denn T_0 ist gegeben durch die Umgebungstemperatur und kann ohne Kältemaschine nicht geringer als die mittlere Erdtemperatur sein.

Wir wollen für die Wärmekraftmaschine den Kreisprozess im Detail untersuchen und beweisen, dass der durch die Gleichung (6.100) definierte Wirkungsgrad die obere Grenze für beliebig gewählte Kreisprozesse angibt. Als

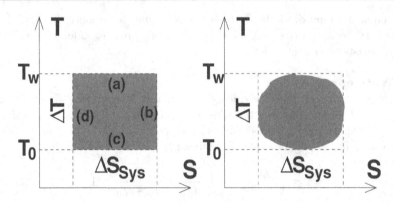

Abb. 6.4. Der reversible Kreisprozess einer Wärmekraftmaschine im S-T-Diagramm. *Links* ist der Carnot'sche Kreisprozess dargestellt, *rechts* ein beliebiger anderer Kreisprozess

Modell für einen reversiblen Kreisprozess wählen wir den, dessen formale Behandlung besonders einfach ist. Ein Blick auf Tabelle 6.3 und Abb. 6.4 zeigt, dass der einfachste Kreisprozess der ist, der sich aus einer Folge von isothermen und adiabatischen Zustandsänderungen zusammensetzt. Dieser Kreisprozess lässt sich einfach in der S-T-Ebene darstellen (siehe Abb. 6.4), er wurde von S. Carnot (1796 - 1832) untersucht und erhielt deswegen den Namen "**Carnot'scher Kreisprozess**". Er besteht aus einer Folge von 4 Teilschritten, siehe Tabelle 6.3:

(a) Isotherme Zustandsänderung ($\Delta T = 0$, $\Delta S_{\mathrm{Sys}} = Q_{\mathrm{w}}/T_{\mathrm{w}}$).
(b) Adiabatische Zustandsänderung ($\Delta S_{\mathrm{Sys}} = 0$, $\Delta T = W_{\mathrm{ab}}/C_{\mathrm{V}}$).
(c) Isotherme Zustandsänderung ($\Delta T = 0$, $\Delta S_{\mathrm{Sys}} = Q_{\mathrm{k}}/T_0$).
(d) Adiabatische Zustandsänderung ($\Delta S_{\mathrm{Sys}} = 0$, $\Delta T = -W_{\mathrm{ab}}/C_{\mathrm{V}}$).

Bei der Bilanzierung der zu- und abgeführten Energien heben sich die Beiträge der Teilstrecken (b) und (d) gegenseitig auf, aus den Teilstrecken (a) und (c) ergibt sich mithilfe des 1. Hauptsatzes

$$|W_{\mathrm{ab}}| = Q_{\mathrm{w}} - |Q_{\mathrm{k}}| = \Delta_{\mathrm{Sys}} \, (T_{\mathrm{w}} - T_0) \qquad (6.101)$$

und damit ein Wirkungsgrad

$$\eta_{\mathrm{rev}} = \frac{|W_{\mathrm{ab}}|}{Q_{\mathrm{zu}}} = \frac{Q_{\mathrm{w}} - |Q_{\mathrm{k}}|}{Q_{\mathrm{w}}} = 1 - \frac{T_0}{T_{\mathrm{w}}} \; . \qquad (6.102)$$

Dies haben wir aufgrund der Gleichung (6.100) erwartet. Wir erkennen aber auch die Ursache für dieses Ergebnis: In der S-T-Ebene stellt der Carnot'sche Kreisprozess ein Rechteck dar, und der Wirkungsgrad ist gerade das Verhältnis der von dem Rechteck eingeschlossenen Fläche $|W_{\mathrm{ab}}| = T_{\mathrm{w}} \, \Delta S - T_0 \, \Delta S$ zu der Gesamtfläche $Q_{\mathrm{zu}} = |W_{\mathrm{ab}}| + T_0 \, \Delta S = |W_{\mathrm{ab}}| + |Q_{\mathrm{ab}}|$. Betrachten wir jetzt irgendeinen anderen reversiblen Kreisprozess in der Abb. 6.4, so ist die Fläche innerhalb des geschlossenen Wegs $|W'_{ab}| < |W_{ab}|$, und für die abgeführte Wärme gilt $|Q'_{ab}| > |Q_{ab}|$. Daher ergibt sich für den Wirkungsgrad dieses beliebigen Kreisprozesses

$$\eta'_{rev} = 1 - \frac{|Q'_{ab}|}{|W'_{ab}| + |Q'_{ab}|} = 1 - \frac{1}{|W'_{ab}/Q'_{ab}| + 1} < \eta_{rev} , \qquad (6.103)$$

weil $|W'_{ab}/Q'_{ab}| < |W_{ab}/Q_{ab}|$. Diese Reduktion des Wirkungsgrads tritt bei allen reversiblen Kreisprozessen auf, deren geschlossener Weg äquivalent zu dem in der rechten Hälfte der Abb. 6.4 ist. Wegen der Gleichung (6.69) gilt dies aber ganz allgemein auch für alle irreversiblen Kreisprozesse, die sich nicht in der S-T-Ebene darstellen lassen, weil die Veränderungen der Zustandsgrößen nicht eindeutig definiert sind. Wir kommen daher zu folgendem Ergebnis:

> Es gibt in der Natur keinen reversiblen Kreisprozess zwischen den Wärmespeichern mit Temperaturen $T_w > T_k$, der einen größeren Wirkungsgrad besitzt als der Carnot'sche Kreisprozess
>
> $$\eta_{Carnot} = 1 - \frac{T_k}{T_w} .$$
>
> Für irreversible Kreisprozesse gilt immer
>
> $$\eta < \eta_{Carnot} .$$

In der Praxis müssen wir die Wirkungsgrade von thermodynamischen Energiewandlern, die immer auf irreversiblen Kreisprozessen beruhen, experimentell bestimmen. Man liegt jedoch nicht völlig falsch mit der Annahme, dass die praktischen Wirkungsgrade nur etwa halb so groß sind wie die, die man mit dem äquivalente reversiblen Kreisprozess errechnet.

Anmerkung 6.3.3: Wir wollen kurz zwei andere Kreisprozesse besprechen. Der **Stirling**-Prozess basiert auf einer Folge von 4 reversiblen Teilprozessen: Isotherm (T_w) , isochor $(T_w \to T_k)$, isotherm (T_k) , isochor $(T_k \to T_w)$. Der Wirkungsgrad ist wegen der isothermen Teilprozesse, und weil sich auf den isochoren Wegen die zu- bzw. abgeführten Wärmen nach Tabelle 6.3. kompensieren, identisch mit dem des Carnot-Prozesses

$$\eta_{Stirling} = \eta_{Carnot} = 1 - \frac{T_k}{T_w} .$$

Der **Otto**-Prozess basiert auf einer ähnlichen Folge von 4 reversiblen Teilprozessen: Adiabatisch $(T_w \to T_1)$, isochor $(T_1 \to T_k)$, adiabatisch $(T_k \to T_2)$, isochor $(T_2 \to T_w)$. Der Wirkungsgrad des Otto-Prozesses ist, da die isothermen Teilprozesse durch adiabatische Teilprozesse ersetzt wurden, geringer als der eines Carnot-Prozesses

$$\eta_{Otto} = 1 - \frac{T_1}{T_w} = 1 - \frac{T_k}{T_2} < 1 - \frac{T_k}{T_w} = \eta_{Carnot} .$$

6.4 Entropie und 2. Hauptsatz der Thermodynamik

Die Entropie ist eine Zustandsgröße des Systems, und daher gilt für jeden Kreisprozess mit einem offenen System

$$\oint dS_{\text{Sys}} = \oint \frac{\delta Q_{\text{rev}}}{T} = 0 \qquad (6.104)$$

unabhängig davon, ob die Prozessführung reversibel oder irreversibel erfolgt. Bei offenen Systemen setzt sich die Gesamtentropie S zusammen aus der Entropie des **Systems** S_{Sys} und der Entropie der **Umgebung** S_{Umg}. Für jeden Teilweg in einem Kreisprozess finden wir

- Bei reversibler Prozessführung gilt

$$\Delta S = \Delta S_{\text{Sys}} + \Delta S_{\text{Umg}} = 0 \quad \text{also} \quad \Delta S_{\text{Sys}} = -\Delta S_{\text{Umg}} . \qquad (6.105)$$

Die Entropieänderung des Systems muss also keineswegs immer positiv sein, $\Delta S_{\text{Sys}} < 0$ ist möglich. Die negative Änderung der Systementropie muss dann durch eine positive Änderung der Umgebungsentropie kompensiert werden.

- Bei irreversibler Prozessführung gilt immer

$$\Delta S = \Delta S_{\text{Sys}} + \Delta S_{\text{Umg}} > 0 . \qquad (6.106)$$

Dabei ist ΔS_{Sys} so groß, wie es sich bei der entsprechenden reversiblen Prozessführung ergäbe, die vom gleichen Anfangszustand in den gleichen Endzustand führt. Die Gleichung (6.106) wird erfüllt durch die Umgebungsentropie, die jede Änderung der Systementropie überkompensiert, sodass die Gesamtentropie nur zunehmen kann.

Wir wollen diese Aussagen an Hand der Wärmekraftmaschine untersuchen. Bei diesem Kreisprozess wird thermische Energie dem heißen Wärmespeicher entnommen und teilweise an den kalten Wärmespeicher zurückgegeben. Bei endlichen Wärmespeichern kann dieser Prozess nur so lange funktionieren, so lange $T_{\text{w}} > T_{\text{k}}$. Unsere Erfahrung sagt uns aber, dass nach endlicher Zeit ein Temperaturausgleich zwischen den Wärmespeichern stattfinden wird und beide Wärmespeicher die gleiche Temperatur T_{m} besitzen. Dieser Temperaturausgleich ist immer mit einer Zunahme der Entropie $\Delta S_{\text{Umg}} > 0$ verbunden, die nur rückgängig gemacht werden kann, wenn die in dem Kreisprozess produzierte mechanische Energie vollständig dazu eingesetzt wird, um mit einer Wärmepumpe die abgeführte Wärme wieder in den heißen Wärmespeicher zurückzuführen. Dabei wird der Anfangszustand wieder erreicht, der Prozess ist reversibel und die Gesamtentropieänderung $\Delta S = 0$. Wird die Wärme nicht vollständig zurückgeführt, gilt $\Delta S > 0$.

Wir wollen jetzt zeigen, dass der **Temperaturausgleich** mit einer Entropievergrößerung verbunden ist. Um das Problem zu vereinfachen, nehmen wir an, dass beide Wärmespeicher unterschiedliche Temperaturen $T_w > T_k$ besitzen, aber sonst identisch sind. Stellen wir den thermischen Kontakt zwischen ihnen her, wird thermische Energie vom warmen in den kalten Speicher fließen, bis beide die gleiche Temperatur T_m besitzen. Für die ausgetauschten Energien gilt

$$\tilde{n}\, C\, (T_w - T_m) = \tilde{n}\, C\, (T_m - T_k) \quad \text{also} \quad T_m = 0.5\, (T_w + T_k) \ . \quad (6.107)$$

Für die Entropieänderungen erhalten wir

$$\Delta S_w = \tilde{n}\, C \int_w^m \frac{\mathrm{d}T}{T} = \tilde{n}\, C \ln \frac{T_m}{T_w} < 0 \qquad (6.108)$$

$$\Delta S_k = \tilde{n}\, C \int_k^m \frac{\mathrm{d}T}{T} = \tilde{n}\, C \ln \frac{T_m}{T_k} > 0 \ , \qquad (6.109)$$

und daher

$$\Delta S = \Delta S_w + \Delta S_k = \tilde{n}\, C \ln \frac{T_m^2}{T_w\, T_k} = 2\,\tilde{n}\, C \ln \frac{T_w + T_k}{2\,\sqrt{T_w\, T_k}} > 0 \ , \quad (6.110)$$

da immer $T_w + T_k > 2\,\sqrt{T_w\, T_k}$ für $T_w \neq T_k$. Diese Überlegungen zum Temperaturausgleich gelten natürlich auch für abgeschlossene Systeme, denn der Ausgleich benötigt nicht den Kontakt zur Umgebung. Der stabile Zustand eines abgeschlossenen Systems ist der, bei dem alle Teilsysteme die gleiche Temperatur besitzen. Dieser **Gleichgewichtszustand** ist gekennzeichnet durch ein Maximum der Entropie

$$S_{\mathrm{Sys}} = \max \quad \text{oder} \quad \mathrm{d}S_{\mathrm{Sys}} = 0 \ . \qquad (6.111)$$

Da in diesem Fall zum Erreichen des Gleichgewichtszustands keine Zustandsänderungen in der Umgebung notwendig sind, gelten diese Aussagen auch für die Gesamtentropie. Wir formulieren daher den **2. Hauptsatz der Thermodynamik** so:

Alle Zustandsänderungen in der Natur lassen entweder die Gesamtentropie unverändert, wenn die Zustandsänderungen reversibel sind

$$\Delta S = 0 \ , \qquad (6.112)$$

oder sie vergrößern die Gesamtentropie, wenn die Zustandsänderungen irreversibel sind,

$$\Delta S > 0 \ . \qquad (6.113)$$

Anmerkung 6.4.1: In der Praxis wird natürlich vermieden, dass sich die Temperaturen des heißen und des kalten Wärmespeichers angleichen. Dies geschieht durch ständige Erwärmung des heißen Speichers mithilfe chemischer Verbrennungsreaktionen und durch ständige Kühlung des kalten Speichers. Daraus lässt sich folgern, dass exotherme chemische Reaktionen und der Kühlprozess ebenfalls die Entropie der Umgebung vergrößern.

6.4.1 Die mikroskopische Deutung der Entropie

Die Ergebnisse des letzten Kapitels zeigen:

Die Entropie ist, im Gegensatz zur Energie, bei Zustandsänderungen eines abgeschlossenen Systems nicht erhalten. Entropie kann spontan erzeugt, aber nie vernichtet werden.

Da ein abgeschlossenes System von seiner Umgebung abgekoppelt ist, weist dies darauf hin, dass die Entropie mit den inneren Eigenschaften des Systems selbst zu tun hat, so wie die innere Energie eines idealen Gases mit der ungeordneten Bewegung der Gasteilchen verknüpft ist. Wie letztere besitzt daher die Entropie eine mikroskopische Interpretation, mit der wir uns jetzt beschäftigen wollen.

Dazu greifen wir zurück auf die isotherme Expansion eines Gases, die wir bereits in Kap. (6.3) mit der Vergrößerung der Systementropie verbunden hatten. Stellen wir uns wiederum vor, dass in den beiden Volumina $V_1 = V_2 = V/2$ jeweils n_1 bzw. n_2 unterscheidbare Teilchen mit der Gesamtzahl von Teilchen $n = n_1 + n_2$ vorhanden sind. Unterscheidbar bedeutet hier, dass jedes Teilchen mit einer Nummer versehen und dadurch von allen anderen Teilchen unterschieden werden kann. Wenn wir die Trennwand zwischen V_1 und V_2 entfernen, in welche Richtung wird sich der Zustand $\{n_1, n_2\}$ entwickeln?

Dazu müssen wir uns überlegen, wie groß die Anzahl der **Mikrozustände** $\Omega(n_1, n_2)$ ist, die alle zum gleichen Zustand $\{n_1, n_2\}$ gehören. Denn es erscheint plausibel, dass sich das abgeschlossene System zu diesem Gleichgewichtszustand hin entwickeln wird, der die größtmögliche Anzahl von Mikrozuständen besitzt. Die Anzahl der Mikrozustände $\Omega(n_1, n_2)$ zum Zustand $\{n_1, n_2\}$ ist gegeben durch den **Binomialkoeffizienten**

$$\Omega(n_1, n_2) = \binom{n}{n - n_1} = \frac{n!}{n_1! \, (n - n_1)!} \, , \qquad (6.114)$$

wobei die herkömmliche Definition der Fakultät $n!$ benutzt wird:

$$n! = 1 \cdot 2 \cdot 3 \cdot \ldots \cdot n \quad \text{und} \quad 0! = 1 \, .$$

Die Gesamtanzahl aller Mikrozustände ergibt sich zu

$$Z(n) = \sum_{n_1 = 0}^{n} \Omega(n_1, n - n_1) = 2^n \, . \qquad (6.115)$$

Nehmen wir als Beispiel $n = 5$, dann finden wir

$$\Omega(0,5) = \Omega(5,0) = \frac{5!}{0!\,5!} = 1$$

$$\Omega(1,4) = \Omega(4,1) = \frac{5!}{1!\,4!} = 5$$

$$\Omega(2,3) = \Omega(3,2) = \frac{5!}{2!\,3!} = 10$$

$$\text{und} \quad Z(n) = 2^5 = 32 \ .$$

Wir erkennen, die größte Anzahl der Mikrozustände besitzen Zustände in der Nähe der Gleichverteilung $\Omega(n/2, n/2)$. Daher liegt es nahe, die Anzahl der Mikrozustände durch die Abweichung δ von der **Gleichverteilung** $n_1 = n_2 = n/2$ zu beschreiben

$$\Omega(n_1, n_2) = \frac{n!}{(n/2 + \delta)!\,(n/2 - \delta)!} = \Omega(n, \delta) \ . \tag{6.116}$$

Diese Funktion von n und δ lässt sich für sehr große n darstellen als

$$\Omega(n, \delta) \approx \Omega(n, 0) \exp\left(-\frac{\delta^2}{2(n/4)}\right) \quad \text{mit} \tag{6.117}$$

$$\Omega(n, 0) = \frac{n!}{((n/2)!)^2} \approx \frac{1}{\sqrt{2\pi}\,\sqrt{n/4}}\, 2^n \ .$$

Wir erhalten daher für die Verteilung der Anzahl der Mikrozustände um die Gleichverteilung eine **Gauss-Verteilung** mit der relativen Standardabweichung

$$\frac{\sigma}{n/2} = \frac{1}{\sqrt{n}} \approx 10^{-11} \ , \tag{6.118}$$

d.h. eine um $n_1 = n_2 = n/2 \approx 10^{22}$ außerordentlich enge Verteilung mit der Gesamtanzahl der Mikrozustände $Z(n) = 2^n$. Wir können daraus ersehen, dass nur Zustände in unmittelbarer Nachbarschaft der Gleichverteilung mit der Gesamtwahrscheinlichkeit $P(n = n/2) \approx 2^n/2^n = 1$ besetzt werden und alle anderen Zustände weiter entfernt von der Gleichverteilung die Besetzungswahrscheinlichkeit $P(n \neq n/2) \approx 0$ besitzen.

Die Zustandsentwicklung erfolgt daher in die Richtung, in der die Systementropie ihren maximalen Wert erreicht, oder gleichwertig ausgedrückt, die Anzahl der Mikrozustände maximal wird. Der Zusammenhang zwischen beiden Aussagen ist

$$S_{\text{Sys}} = k \ln \Omega \ , \tag{6.119}$$

wie wir leicht verifizieren können. Für den Zustand der Gleichverteilung gilt für $n \to \infty$

$$S_{\text{Sys}}(\text{max}) = k \ln 2^n = n\,k\,\ln 2 = \tilde{n}\,R\,\ln 2 \ . \qquad (6.120)$$

Und dies ist identisch mit dem Entropiewert (6.64), den wir mithilfe des 1. Hauptsatzes und der Zustandsgleichung der idealen Gase auf makroskopischem Weg berechnet hatten.

Die Abhängigkeit der Entropie von der Zustandsverteilung nach Gleichung (6.119) wird oft in Zusammenhang gesehen mit der **Ordnung** des Systems. Die Gleichverteilung entspricht sicher der größtmöglichen Unordnung aller möglichen Zustände. Jede Abweichung von der Gleichverteilung erhöht daher die Ordnung des Systems, bzw. verkleinert dessen Unordnung. Insofern ist die Entropie ein Maß für die Unordnung eines Systems. Diese Zusammenhänge werden quantitativer, wenn wir im nächsten Kapitel die Phasenübergänge eines Systems behandeln, bei dem der Verlust an struktureller Ordnung gekoppelt ist an die Zunahme der Systementropie. ·

Anmerkung 6.4.2: Bei dem Vergleich von Gleichung (6.120) mit Gleichung (6.64) fällt auf, dass $S_{\text{Sys}}(\text{max})$ mit ΔS_{Sys} verglichen wird. Dieser Vergleich ist trotzdem erlaubt, weil der Zustand, bei dem sich alle Teilchen im Volumen V_1 befinden, $\Omega(n,0) = 1$ besitzt und daher durch minimale Entropie $S_{\text{Sys}}(\text{min}) = \tilde{n}\,R\,\ln 1 = 0$ gekennzeichnet ist. Es ist $\Delta S_{\text{Sys}} = S_{\text{Sys}}(\text{max}) - S_{\text{Sys}}(\text{min}) = S_{\text{Sys}}(\text{max})$. Wir lernen dabei auch, dass die Systementropie immer positiv ist, d.h. $S_{\text{Sys}} \geq 0$ gilt.

Anmerkung 6.4.3: Neben der strukturellen Ordnung (Ordnung der Lage) gibt es auch eine dynamische Ordnung (Ordnung der Bewegung). Die kollektive Bewegung aller Teilchen mit gleicher Geschwindigkeit v ist z.B. ein Zustand mit hoher dynamischer Ordnung. Auch mechanische Schwingungen und Wellen in dem System zählen dazu.

6.4.2 Der Phasenraum

Wollen wir uns die Ordnung eines Vielteilchensystems darstellen, müssten wir von jedem Teilchen des Systems seinen Ortsvektor r und seinen Impulsvektor p angeben und verfolgen, wie sich diese mit der Zeit verändern. Dies erfordert für jedes Teilchen einen 6-dimensionalen Raum, den man den "**Phasenraum**" nennt. Da in der "Klassischen Physik" die Teilchen unterscheidbar sind, benötigen wir für jedes Teilchen einen eigenen Phasenraum. Der Gesamtraum hätte eine wahrlich hohe Dimension. Eine zentrale Aussage der "Modernen Physik" ist, dass die Teilchen tatsächlich ununterscheidbar sind. Wir werden das in Kap. 17 diskutieren. Dann genügt der 6-dimensionale Raum, und die Verteilung der Teilchen in diesem Raum sagt etwas aus über den Zustand des Vielteilchensystems. Wir wollen auch klassische Teilchen nach dieser Methode behandeln.

Um die Verteilung zu quantifizieren, müssen wir den Phasenraum in Zellen unterteilen und angeben, wie viele Teilchen sich in jeder Zelle befinden. Wie groß muss eine Zelle sein? In dem Kap. 6.4.1 haben wir z.B. angenommen, dass der Ortsraum nur 2 Zellen enthält, die Volumina V_1 und V_2. Die

Größe der Phasenraumzellen wird in der klassischen Physik nicht eindeutig festgelegt. In der modernen Physik allerdings kann die Größe der Phasenraumzellen einen kleinsten Wert nicht unterschreiten, der festgelegt ist durch die **Heisenberg'schen Unschärferelationen**

$$\mathrm{d}p_x \, \mathrm{d}x = h \qquad (6.121)$$
$$\mathrm{d}p_y \, \mathrm{d}y = h$$
$$\mathrm{d}p_z \, \mathrm{d}z = h \; .$$

Wir bezeichnen das Element des Ortsraums mit $\mathrm{d}V = \mathrm{d}x \, \mathrm{d}y \, \mathrm{d}z$ und das Element des Impulsraums mit $\mathrm{d}V_p = \mathrm{d}p_x \, \mathrm{d}p_y \, \mathrm{d}p_z$. Ein Element des Phasenraums ist dann $\mathrm{d}\Pi = \mathrm{d}V \, \mathrm{d}V_p$ und hat die Größe h^3. Die **Verteilungsfunktion** der Teilchen im Phasenraum lautet

$$f(\boldsymbol{r}, \boldsymbol{p}) = h^3 \, \frac{\mathrm{d}n(\boldsymbol{r}, \boldsymbol{p})}{\mathrm{d}\Pi} \; , \qquad (6.122)$$

sie hängt von der Art der Teilchen und dem Zustand des Systems ab. Ganz allgemein muss aber natürlich für n Teilchen gelten, dass

$$n = \frac{1}{h^3} \int f(\boldsymbol{r}, \boldsymbol{p}) \, \mathrm{d}\Pi \qquad (6.123)$$

gilt. Die Verteilungsfunktion gibt also an, mit wie vielen Teilchen eine Phasenraumzelle besetzt ist, und wir werden in Kap. 17 lernen, wie die Art der Teilchen die Eigenschaften der Verteilungsfunktion bestimmt.

In vielen Fällen, z.B. bei freien Teilchen, hängt die Verteilungsfunktion nicht vom Orts- und Impulsvektor ab, sondern allein vom Impuls p, oder wegen $\varepsilon = p^2/2\,m$ von der Energie ε. Teilchen bezeichnet man als **freie Teilchen**, wenn auf sie keine Kräfte wirken, also auch keine gegenseitigen Kräfte. Ein Beispiel für freie Teilchen haben wir schon bei der Herleitung der Maxwell'schen Geschwindigkeitsverteilung Gleichung (6.33) kennen gelernt, wobei wir den Impuls eines einzelnen freien Teilchens jetzt mit $\boldsymbol{p}$ anstelle von $\wp$ bezeichnen, um den Zusammenhang mit Gleichung (6.121) herzustellen. Für ein freies Teilchen hat die Verteilungsfunktion daher die Form $f(p)$. Alle Teilchen mit konstantem $|\boldsymbol{p}|$ liegen auf einer Kugelschale im Impulsraum, d.h. es gilt

$$\mathrm{d}\Pi = 4\pi \, p^2 \, \mathrm{d}p \, \mathrm{d}V \; . \qquad (6.124)$$

Diese Beziehung haben wir in Gleichung (6.32) benutzt. Die Gesamtzahl der Teilchen ergibt sich dann zu

$$n = \frac{V}{h^3} \int f(p) \, g(p) \, \mathrm{d}p \; , \qquad (6.125)$$

wobei $g(p)$ die Zustandsdichte im Impulsraum darstellt,

$$g(p) = 4\pi \, p^2 \; , \qquad (6.126)$$

und die Verteilungsfunktion gegeben ist durch

$$f(p) = C_0 \, e^{-p^2/(2\,m\,k\,T)} \; . \tag{6.127}$$

Den Faktor $e^{-p^2/(2\,m\,k\,T)}$ bezeichnet man als **Boltzmann-Faktor**, C_0 ist die Normierungskonstante (ohne Maßeinheit), die eingeführt werden muss, damit Gleichung (6.125) wirklich gültig ist. Sie ergibt sich in der klassischen Physik zu

$$C_0 = \frac{n}{V} \left(\frac{2\pi\,m\,k\,T}{h^2} \right)^{-3/2} , \tag{6.128}$$

und ist daher nicht mehr abhängig von p, sondern von der Temperatur T.

Man kann, wie bereits erwähnt, die Verteilungsfunktion auch in Abhängigkeit der Energie ε darstellen. Dann gilt

$$n = \frac{V}{h^3} \int f(\varepsilon)\,g(\varepsilon)\,\mathrm{d}\varepsilon \; , \tag{6.129}$$

wobei $g(\varepsilon)$ die Zustandsdichte im Energieraum darstellt

$$g(\varepsilon) = 4\pi\,m^{3/2}\,\sqrt{2\,\varepsilon} \; , \tag{6.130}$$

und die Verteilungsfunktion jetzt lautet

$$f(\varepsilon) = C_0 \, e^{-\varepsilon/(k\,T)} \; . \tag{6.131}$$

Sowohl $f(p)$ als auch $f(\varepsilon)$ beschreiben die Verteilung der Teilchen im Phasenraum eines klassischen Vielteilchensystems, das sich im thermischen Gleichgewicht befindet, d.h. eines Systems mit maximaler Entropie. Wir werden in dem Kap. 17 beiden Darstellungen wieder begegnen, dann aber erweitert auf ein gequanteltes Vielteilchensystem.

Die Anzahl der Teilchen, die alle Phasenraumzellen mit Energien zwischen ε und $\varepsilon + \mathrm{d}\varepsilon$ besetzt haben, beträgt

$$n(\varepsilon) = f(\varepsilon) \; . \tag{6.132}$$

Daraus ergibt sich die **Besetzungswahrscheinlichkeit** des Zustands zu

$$P(\varepsilon) = \frac{n(\varepsilon)}{n} \; . \tag{6.133}$$

Die Besetzungswahrscheinlichkeit ist daher eine Funktion der Energie und der Temperatur, wenn sich das System im thermischen Gleichgewicht befindet. Dies wird noch deutlicher, wenn wir die relative Besetzungswahrscheinlichkeit zwischen zwei Zuständen mit Energien ε_1 und ε_2 betrachten. Diese ergibt sich zu

$$\frac{P(\varepsilon_2)}{P(\varepsilon_1)} = e^{(\varepsilon_1 - \varepsilon_2)/(k\,T)} \; . \tag{6.134}$$

Diese Beziehung gilt ganz allgemein, wenn die Phasenraumzellen vor der Besetzung unbesetzt waren, ein Ergebnis, das uns bei der Behandlung der Quantenstatistik in Kap. 17 wieder begegnen wird.

6.5 Reale Gase

Es gibt in der Natur kein Gas, das sich unter allen Umständen immer wie ein ideales Gas verhält. Diese Tatsache ist uns bereits in Kap. 6.2.2 bei der Behandlung der molaren Wärmekapazitäten C_V begegnet. Die Größe von C_V wird bestimmt durch die Anzahl f der Freiheitsgrade, die ein Gasteilchen besitzt. Für das ideale Gas gilt $f = 3$, wie wir es auch bei den Edelgasen finden. Aber für die meisten anderen Gase gilt bereits bei Zimmertemperatur $f > 3$. Da die Zustandsgleichung der Gase nicht von der Anzahl der Freiheitsgrade abhängt, hat dies i.A. keine Auswirkung auf die Zustandsänderungen der Gase. Die Zustandsgleichung eines Gases wird erst dann von der des idealen Gases abweichen, wenn die Grundbedingungen an das ideale Gas nicht mehr erfüllt sind.

- Das Eigenvolumen der Gasteilchen kann vernachlässigt werden.
- Die Wechselwirkung zwischen den Gasteilchen kann vernachlässigt werden.

Die Gültigkeit dieser Bedingungen hängt von dem mittleren Abstand zwischen den Gasteilchen ab, d.h. von ihrer molaren Dichte $\tilde{\rho} = \tilde{n}/V$. Betrachten wir die Zustandsgleichung des idealen Gases

$$PV = \tilde{n}RT \,, \tag{6.135}$$

so muss für große $\tilde{\rho}$, d.h. für kleine Teilchenabstände, das freie Volumen V verringert werden. Diese Korrektur ist proportional zur molaren Dichte $\tilde{\rho}$ der $\tilde{n}\,n_A$ Teilchen

$$V' = V \left(1 - b\left(\frac{\tilde{n}}{V}\right)\right) = V - b\tilde{n} \,. \tag{6.136}$$

Gleichfalls muss sich der Gasdruck P verändern durch die Wechselwirkung zwischen jeweils 2 Teilchen, da sich die Teilchen nicht mehr frei im Volumen V bewegen können. Diese Korrektur ist proportional zum Quadrat der molaren Dichten $\tilde{\rho}^2$ der $\tilde{n}^2$ Teilchenpaare

$$P' = P + a\left(\frac{\tilde{n}}{V}\right)^2 \,. \tag{6.137}$$

Bei Berücksichtigung dieser Korrekturen finden wir:

Die **Zustandsgleichung eines realen Gases** lautet

$$\left(P + a\left(\frac{\tilde{n}}{V}\right)^2\right)(V - b\tilde{n}) = \tilde{n}\,RT \,. \tag{6.138}$$

Die Konstanten a und b, die für jedes Gas verschieden sind, hängen nicht von den Zustandsgrößen P, V und T ab. Die Zustandsgleichung (6.138) eines

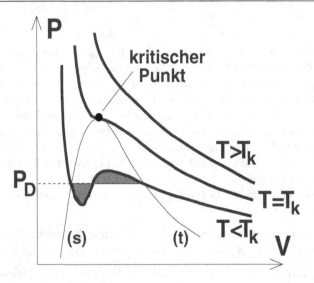

Abb. 6.5. Die Isothermen eines realen Gases im V-P-Diagramm, die sich bis auf den Koexistenzbereich zwischen (s) und (t) mithilfe der Van-der-Waals-Gleichung darstellen lassen. (s) bedeutet die Siedekurve, (t) die Taukurve. Auf diesen Kurven setzt der Phasenübergang flüssig → gasförmig bzw. gasförmig → flüssig ein. Im Koexistenzbereich existieren beide Phasen nebeneinander

realen Gases wurde von J. D. van der Waals (1837 - 1923) vorgeschlagen und trägt seinen Namen: **Van-der-Waals-Gleichung**. Sie beschreibt den funktionalen Zusammenhang $P = P(V)$ für verschiedene Temperaturen T. In der Abb. 6.5 ist dieser Zusammenhang für 3 Temperaturen gezeigt, für die kritische Temparatur T_k, für eine tiefere Temperatur $T < T_k$ und für eine höhere Temperatur $T > T_k$. Die **kritische Temperatur** ist dadurch gegeben, dass für $T > T_k$ das Gas für jeden möglichen Gasdruck immer ein Gas ist, und für $T \gg T_k$ sogar das Verhalten des idealen Gases zeigt. Für $T < T_k$ dagegen ändert das Gas bei einem bestimmten Druck P_D, den man den **Sättigungsdampfdruck** nennt, seinen Aggregatzustand. Das Gas vollzieht bei Volumenverkleinerung $\Delta V < 0$ und bei konstantem Druck $\Delta P_D = 0$ einen Phasenübergang aus dem gasförmigen in den flüssigen Zustand. Diese Eigenschaften eines realen Gases werden durch Gleichung (6.138) beschrieben und sind in Abb. 6.5 dargestellt. Der V-P-Bereich, in dem für konstante Temperatur $T < T_k$ der Phasenübergang stattfindet, nennt man den Koexistenzbereich. Er wird in Abb. 6.5 durch die "Siedekurve" (s) und "Taukurve" (t) begrenzt. In diesem Bereich besitzen die Isothermen eine Form wie ein liegendes "S", d.h. jede Isotherme in diesem Bereich besitzt einen maximalen Druckwert P_{max} und einen minimalen Druckwert P_{min}. Im Experiment stellt man aber fest, dass der Druck der Isothermen konstant gleich P_D ist. Das bedeutet, im Koexistenzbereich stimmen Van-der-Waals-Gleichung $P(V)$ und

Experiment nicht überein. Die Van-der-Waals-Gleichung gestattet es trotzdem, den Wert von P_D zu bestimmen. Und zwar muss die von $P(V)$ und P_D eingeschlossene Fläche mit maximalem Druck P_{max} genau so groß sein, wie die entsprechende Fläche mit minimalem Druck P_{min}. In Abb. 6.5 sind diese Flächen schraffiert dargestellt. Diese Vorschrift zur Bestimmung von P_D heißt **Maxwell-Konstruktion**.

Tabelle 6.4. Werte der Konstanten a und b aus Gleichung (6.138) und die sich daraus ergebenden Werte der kritischen Temperatur T_k

Substanz	$a(\text{N m}^4 \text{ mol}^2)$	$b(\text{m}^3 \text{ mol}^{-1})$	T_k (K)
He	$3,5 \cdot 10^{-3}$	$24 \cdot 10^{-6}$	5
N_2	$1,4 \cdot 10^{-1}$	$39 \cdot 10^{-6}$	126
O_2	$1,4 \cdot 10^{-1}$	$32 \cdot 10^{-6}$	155
H_2O	$5,6 \cdot 10^{-1}$	$31 \cdot 10^{-6}$	649

Den Punkt, in dem der Koexistanzbereich die Isotherme $T = T_k$ berührt, nennt man den **kritischen Punkt**. Er ist, neben der Temperatur T_k, gekennzeichnet durch den kritischen Druck P_k und das kritische Volumen V_k, deren Werte von den Konstanten a und b in der van-der-Waals-Gleichung abhängen. Für $\tilde{n} = 1$ mol eines Gases findet man

$$T_k = \frac{8a}{27bR} \quad , \quad P_k = \frac{a}{27b^2} \quad , \quad V_k = 3b . \tag{6.139}$$

In Tabelle 6.4 sind die Werte von a , b und T_k für einige Gase angegeben. Daraus wird erkennbar, dass besonders die Wechselwirkung zwischen den Gasteilchen ausschlaggebend dafür ist, inwieweit ein Gas die Anforderungen an das ideale Gas erfüllt.

6.5.1 Phasenübergänge

Phasenübergänge sind ein Phänomen, das in dem idealen Gas nicht vorkommt, sondern nur bei den realen Gasen anzutreffen ist. Neben dem Phasenübergang gasförmig ↔ flüssig, der in der Van-der-Waals-Gleichung berücksichtigt ist, existieren auch die Phasenübergänge gasförmig ↔ fest und flüssig ↔ fest. Die Sequenz fest ↔ flüssig ↔ gasförmig ist uns aus unseren Erfahrungen vertraut, denn sie wird unter Alltagsbedingungen beim Wasser beobachtet. Bei normalen Luftdruck P_0 findet bei $T_E = 273,15$ K der Übergang fest ↔ flüssig, und bei $T_D = 373,15$ K der Übergang flüssig ↔ gasförmig statt. Wir können daraus folgern, dass der Sättigungsdampfdruck von Wasser bei $T_D = 373,15$ K genau $P_D = 1,01325$ bar beträgt. Während dieses Phasenübergangs bleiben T_D und P_D konstant, d.h. es handelt sich um eine gleichzeitig isotherme und isobare

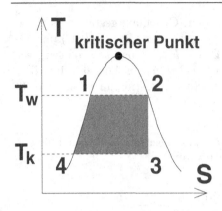

Abb. 6.6. Darstellung des Koexistenz-bereichs in einem S-T-Diagramm. Der *schattierte* Bereich stellt einen reversi-blen Kreisprozess dar, der innerhalb des Koexistenzbereichs verläuft, also Was-ser verdampft und den Dampf anschlie-ßend wieder verflüssigt. Dieser Kreispro-zess hat wegen des Wegs $4 \to 1$ auf der Siedekurve einen geringeren Wirkungs-grad als der Carnot'sche Kreisprozess

Zustandsänderung. Da der Phasenübergang flüssig $\leftrightarrow$ gasförmig z.B. für den Wärmehaushalt der Organismen oder bei der thermodynamischen Energie-wandlung von großer Bedeutung ist, wollen wir uns mit ihm etwas genauer beschäftigen.

Die Eigenschaften dieses Phasenübergangs lassen sich physikalisch am besten mithilfe eines Kreisprozesses untersuchen. Wie beim Carnot'schen Kreisprozess (siehe Abb. 6.4) stellen wir diesen in der S-T-Ebene dar (Abb. 6.6), in der sich ebenfalls der Koexistenzbereich darstellen lässt. Auf dem Weg $1 \to 2$ wird das Wasser mithilfe der Zufuhr von thermischer Energie Q'_{zu} bei konstanter Temperatur T_w vollständig verdampft. Der Weg $2 \to 3$ beschreibt die adiabatische Entspannung des Wasserdampfs, der sich dabei von $T_w \to T_k$ abkühlt und gleichzeitig zum Teil wieder in Wasser verwandelt. Auf dem Weg $3 \to 4$ wird der Restdampf durch Abfuhr der thermischen Energie $|Q_{ab}|$ bei konstanter Temperatur T_k vollständig in Wasser umgewandelt. Danach wird das Wasser auf dem Weg $4 \to 1$ durch Zufuhr von thermischer Energie Q''_{zu} wieder auf die Temperatur $T_k \to T_w$ erhitzt. Dieser Kreisprozess ist technisch verwirklicht in einer **Dampfmaschine** bzw. **Dampfturbine**, er besitzt einen Wirkungsgrad

$$\eta < \eta_{\mathrm{Carnot}} \ , \tag{6.140}$$

weil die Erhitzung des Wassers nicht auf einer Adiabaten, sondern wegen der Inkompressibilität von Flüssigkeiten praktisch auf einer Isochoren erfolgt.

Für die Veränderung der Enthalpie auf dem Weg $1 \to 2$ gilt

$$(\mathrm{d}H)_P = \mathrm{d}U + p_\mathrm{D}\,\mathrm{d}V = \mathrm{d}\Lambda_\mathrm{D} \ . \tag{6.141}$$

Das bedeutet, die zugeführte molare **Verdampfungswärme** $Q'_{zu} = \Lambda_\mathrm{D}$ wird benötigt zur Überwindung der inneren Wechselwirkungen zwischen den Flüs-sigkeitsteilchen ($\mathrm{d}U$) und zur Verrichtung mechanischer Energie gegen den äußeren Druck P_D. Dabei findet eine Vergrößerung der Entropie statt. Aus $T\,\mathrm{d}S = \mathrm{d}H - V\,\mathrm{d}P$ bei $\mathrm{d}P_\mathrm{D} = 0$ ergibt sich

$$\Delta S_{\mathrm{D}} = \int\limits_{1}^{2} \frac{(\mathrm{d}H)_{\mathrm{P}}}{T} = \frac{1}{T_{\mathrm{D}}} \int\limits_{1}^{2} (\mathrm{d}H)_{\mathrm{P}} = \frac{\Lambda_{\mathrm{D}}}{T_{\mathrm{D}}} \ . \tag{6.142}$$

Die Entropiezunahme ist aus mikroskopischer Sicht verständlich. Bei der Verdampfung des Wassers wird die noch vorhandene strukturelle Ordnung der Flüssigkeit vollständig aufgelöst in die strukturelle Unordnung des Gases. Und wir wissen aus Kap. 6.4.1, dass die Entropievergrößerung immer verstanden werden kann als ein Übergang in einen Zustand mit größerer Unordnung. Diese Abnahme der strukturellen Ordnung tritt auch auf bei dem Phasenübergang fest $\to$ flüssig. Es ist daher verständlich, dass in diesem Fall der Phasenübergang die Zufuhr der Schmelzwärme Λ_{E} erfordert und die Entropie sich dabei um $\Delta S_{\mathrm{E}} = \Lambda_{\mathrm{E}}/T_{\mathrm{E}}$ erhöht. Phasenübergänge mit diesen Eigenschaften bezeichnet man als **Phasenübergänge 1. Ordnung**.

Die Reduzierung des Wirkungsgrads nach Gleichung (6.140) hängt von dem Unterschied $T_{\mathrm{k}} < T_{\mathrm{w}}$ ab. Wählen wir einen infinitesimal kleinen Unterschied

$$T_{\mathrm{w}} = T \quad , \quad T_{\mathrm{k}} = T - \mathrm{d}T \ ,$$

dann ist

$$\eta = \eta_{\mathrm{Carnot}} = 1 - \frac{T - \mathrm{d}T}{T} = \frac{\mathrm{d}T}{T} \ . \tag{6.143}$$

Dem Temperaturunterschied $\mathrm{d}T$ entspricht ein Druckunterschied $\mathrm{d}P_{\mathrm{D}}$ zwischen den Wegen $1 \to 2$ und $3 \to 4$. Auf dem Weg $4 \to 1$ wird die zugeführte thermische Energie Q''_{zu} vernachlässigbar klein, und daher gilt $Q_{\mathrm{zu}} = \Lambda_{\mathrm{D}}$. Die abgeführte mechanische Arbeit beträgt $|W_{\mathrm{ab}}| = \mathrm{d}P_{\mathrm{D}}\,\Delta V = \mathrm{d}P_{\mathrm{D}}\,(V_{\mathrm{g}} - V_{\mathrm{fl}})$, wobei ΔV die Vergrößerung des Volumens bei der Wasserverdampfung angibt. Wir erhalten daher mithilfe der Definition (6.102) des Wirkungsgrades für einen Carnot-Prozess

$$\frac{\mathrm{d}T}{T} = \frac{\mathrm{d}P_{\mathrm{D}}\,(V_{\mathrm{g}} - V_{\mathrm{fl}})}{\Lambda_{\mathrm{D}}} \ . \tag{6.144}$$

Diese Gleichung heißt **Clausius-Clapeyron-Gleichung**, und die lässt zwei Interpretationen zu.

- Ist die **Dampfdruckkurve** $P_{\mathrm{D}}(T)$ des Phasenübergangs flüssig $\leftrightarrow$ gasförmig bekannt, kann man die Verdampfungswärme

$$\Lambda_{\mathrm{D}}(T) = \frac{\mathrm{d}P_{\mathrm{D}}(T)}{\mathrm{d}T}\,(V_{\mathrm{g}} - V_{\mathrm{fl}})\,T \tag{6.145}$$

für beliebige Temperaturen $T < T_{\mathrm{k}}$ berechnen.
- Ist die Verdampfungswärme $\Lambda_{\mathrm{D}}(T)$ bekannt, erhält man eine Differentialgleichung für die Dampfdruckkurve

$$dP_\mathrm{D} = \frac{\Lambda_\mathrm{D}(T)}{(V_\mathrm{g} - V_\mathrm{fl})} \frac{dT}{T} \; . \tag{6.146}$$

Unter der Annahme, dass $\Lambda_\mathrm{D}(T)$ nur wenig von der Temperatur abhängt, ergibt sich

$$P_\mathrm{D}(T) = P_0 \, e^{-\Lambda_\mathrm{D}/(RT)} \; . \tag{6.147}$$

Ähnlich zur Dampfdruckkurve $P_\mathrm{D}(T)$ gibt es auch für den Phasenübergang fest $\leftrightarrow$ gasförmig die **Sublimationsdruckkurve** $P_\mathrm{S}(T)$ und für den Phasenübergang fest $\leftrightarrow$ flüssig die **Schmelzdruckkurve** $P_\mathrm{E}(T)$. In Abb. 6.7 sind diese Kurven für CO_2 und H_2O gezeigt. Für jede Substanz treffen sich alle drei Kurven in einem Punkt, dem Tripelpunkt. Am Tripelpunkt mit fester Temperatur T_3 und festem Druck P_3 sind alle 3 Aggregatzustände einer Substanz im Gleichgewicht. Für Wasser gilt z.B.

$$T_3 = 273,16 \text{ K} \quad , \quad P_3 = 610,6 \text{ Pa.} \tag{6.148}$$

Dieser Punkt eignet sich daher besonders gut für die Definition der Temperaturskala im SI.

Wir wollen noch auf die **Anomalie des Wassers** hinweisen. Darunter versteht man die Tatsache, dass die Schmelzdruckkurve des Wassers eine negative Steigung besitzt, weil für Wasser $V_\mathrm{fest} > V_\mathrm{fl}$, d.h. Wasser dehnt sich

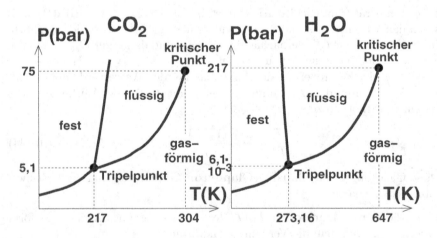

Abb. 6.7. Schematische Darstellungen der Sublimationsdruckkurve (fest/gasförmig), der Schmelzdruckkurve (fest/flüssig) und der Dampfdruckkurve (flüssig/gasförmig) in einem T-P-Diagramm. *Links* sind diese Kurven für CO_2 dargestellt, *rechts* für H_2O. Im Tripelpunkt existieren alle drei Aggregatzustände in Koexistenz, oberhalb des kritischen Punkts kann nicht mehr zwischen dem flüssigen und dem gasförmigen Aggregatzustand unterschieden werden, daher endet die Dampfdruckkurve in diesem Punkt

beim Gefrieren aus und das Eis schwimmt auf dem Wasser. Das bedeutet, man kann den Phasenübergang fest $\to$ flüssig sowohl mithilfe einer Temperaturerhöhung wie auch einer Druckvergrößerung durchführen. Bei den meisten anderen Substanzen gilt $V_{\text{fest}} < V_{\text{fl}}$, und für den Phasenübergang muss die Temperatur erhöht werden.

Anmerkung 6.5.1: Eine Flüssigkeit **siedet** bei der Temperatur T_{D}, wenn der Sättigungsdampfdruck gleich dem Druck der Umgebung ist, $P_{\text{D}}(T_{\text{D}}) = P_0$. Auf der anderen Seite kann eine Flüssigkeit schon bei kleineren Temperaturen **verdunsten**, wenn nämlich der Partialdruck des Wasserdampfs in der Umgebung kleiner ist als der Sättigungsdampfdruck, $P_{\text{D}}(T) > P_i$, siehe Gleichung (6.39).

6.5.2 Die adiabatische Expansion eines Gases

Als weiteres Beispiel für das unterschiedliche Verhalten eines realen Gases, verglichen mit dem des idealen Gases, wollen wir noch einmal die adiabatische Expansion vom Volumen V_1 in das Volumen V_2 für ein abgeschlossenes System untersuchen. Im Kap. 6.3 hatten wir gefunden, dass bei der irreversiblen Expansion des idealen Gases sich dessen Temperatur nicht verändert, $\Delta T = 0$. Da die Temperatur eine Zustandsgröße ist, können wir schließen, dass dies auch gelten muss, wenn die Expansion reversibel erfolgt. Es ist trotzdem nötig, dass wir uns überlegen, auf welchem Weg wir die reversible Zustandsänderung in einem abgeschlossenen System durchführen wollen, da wir in Kap. 6.3 dies nur an einem offenen System diskutiert haben. Bei einem abgeschlossenen System nehmen wir an, dass durch äußere Energie W_1 das Volumen V_1 mit dem Gasdruck P_1 langsam verkleinert wird, und dafür das Volumen V_2 mit dem Gasdruck P_2 vergrößert wird. Dabei wird die Energie $W_2 = -W_1$ wieder abgeführt, das System ist abgeschlossen, denn der Zustand der Umgebung hat sich nicht verändert. Die Druckentspannung $P_1 \to P_2$ geschieht über eine Drossel, die dafür sorgt, dass während der gesamten Expansion die Drücke P_1 und P_2 konstant bleiben. Dann ist die Zustandsänderung reversibel.

Betrachten wir zunächst das ideale Gas, so gilt bei der Expansion

$$\delta W_1 - \delta W_2 = dU_1 - dU_2 = 0 \tag{6.149}$$

$$\text{also} \quad U_1 = U_2 = \text{ konst} \quad \to \quad T_1 = T_2 = \text{ konst.}$$

Dies haben wir erwartet für das ideale Gas, für ein reales Gas wird diese Argumentation aber ungültig. Denn jetzt werden die Energien nicht mehr allein zur Überwindung des Drucks

$$\delta W_1 = -P_1 \, dV_1 = dU_1 \quad , \quad \delta W_2 = -P_2 \, dV_2 = dU_2$$

benötigt, sondern auch zur Überwindung der inneren Wechselwirkungen zwischen den Gasteilchen

$$\delta W_1 = dU_1 + P_1 \, dV_1 \quad , \quad \delta W_2 = dU_2 + P_2 \, dV_2 \ .$$

Daher gilt

$$\delta W_1 - \delta W_2 = (\mathrm{d}H_1)_{P_1} - (\mathrm{d}H_2)_{P_2} = 0 \qquad (6.150)$$
$$\text{also} \quad H_1 = H_2 = \text{ konst} \quad \rightarrow \quad T_1 \neq T_2 \ .$$

Die Gleichung (6.150) ersetzt für reale Gase die Gleichung (6.149). Die Zustandsänderung erfolgt bei konstanter Enthalpie, und daher ist die Temperatur T_1 verschieden von der Temperatur T_2. Die Temperaturänderung bei der Expansion durch die Drossel ergibt sich aus

$$\mathrm{d}H = \left(\frac{\mathrm{d}H}{\mathrm{d}T}\right) \mathrm{d}T + \left(\frac{\mathrm{d}H}{\mathrm{d}V}\right) \mathrm{d}V = 0$$

zu

$$\frac{\mathrm{d}T}{\mathrm{d}V} = -\frac{\mathrm{d}H/\mathrm{d}V}{\mathrm{d}H/\mathrm{d}T} \ . \qquad (6.151)$$

Um die Temperaturänderung zu berechnen, müssen wir uns davon überzeugen, dass die **Enthalpie realer Gase** eine Funktion von Temperatur T und Volumen V ist, $H = H(T, V)$. Wegen $H = U + PV$ ergeben sich für $\tilde{n} = 1$ mol eines realen Gases zwei Beiträge.

- Der Beitrag von der inneren Energie lautet

$$U = \frac{f}{2} RT - \int\limits_{V}^{\infty} \frac{a}{V^2} \, \mathrm{d}V = \frac{f}{2} RT - \frac{a}{V} \ , \qquad (6.152)$$

  wobei das Integral die zur Überwindung der inneren Wechselwirkungen nötige Energie angibt.
- Der Beitrag von der mechanischen Energie zur Überwindung des äußeren Drucks lautet

$$PV = V \left(\frac{RT}{V - b} - \frac{a}{V^2}\right) \ . \qquad (6.153)$$

Benutzen wir diese beiden Beiträge zur Berechnung der Enthalpie und differenzieren wir diese nach dem Volumen V und der Temperatur T

$$\frac{\mathrm{d}H}{\mathrm{d}V} \approx -\frac{RTb - 2a}{V^2} \ , \quad \frac{\mathrm{d}H}{\mathrm{d}T} \approx C_P \text{ mit } C_P = R \left(\frac{f}{2} + 1\right) \ . \quad (6.154)$$

Für die Veränderung der Temperatur bei Veränderung des Volumens gilt

$$\frac{\mathrm{d}T}{\mathrm{d}V} \approx \frac{RTb - 2a}{C_P V^2} \ . \qquad (6.155)$$

Die Temperatur verringert sich daher bei der Expansion, wenn $RTb < 2a$, ansonsten verändert sie sich nicht oder erhöht sich. Die Bedingung $RT_{\mathrm{inv}} b =$

2 a definiert die **Inversionstemperatur**, die sich auch mithilfe der kritischen Temperatur T_k ausdrücken lässt, siehe Gleichung (6.139)

$$T_{inv} = \frac{27}{4} T_k \ . \tag{6.156}$$

Dass die Temperaturänderung eines expandierenden realen Gases entweder positiv oder negativ sein kann, wird als **Joule-Thomson-Effekt** bezeichnet. Wie sich ein reales Gas verhält, wird festgelegt durch die Regel:

Die adiabatische Expansion eines realen Gases erfolgt unter Abkühlung, wenn seine Temperatur T kleiner ist als die Inversionstemperatur $T_{inv} = 6{,}75\,T_k$.

Diese Eigenschaft realer Gase wird technisch benutzt zur Verflüssigung von O_2 und N_2, für welche die Inversionstemperaturen die Werte

$$T_{inv}(O_2) = 1046 \text{ K (893 K)} \quad , \quad T_{inv}(N_2) = 850 \text{ K (621 K)}$$

besitzen. Die Zahl vor der Klammer gibt den errechneten Wert an, die Zahl in der Klammer den experimentell bestimmten. Auf jeden Fall lassen sich beide Gase bei normaler Temperatur $T_0 = 273$ K verflüssigen. Dies gelingt nicht mit dem Edelgas Helium, das eine Inversionstemperatur $T_{inv}(He) = 34$ K (51 K) besitzt. Zur Verflüssigung muss Helium daher auf Temperaturen $T < 50$ K vorgekühlt werden.

Mechanische Schwingungen und Wellen

Die Einteilchenbewegungen in einem Vielkörpersystem sind ganz unterschiedlich. Im Gas sind diese Bewegungen im Normalfall vollständig ungeordnet. Bei der Translation eines festen Körpers dagegen sind sie vollständig geordnet, wenn wir von den thermischen Schwingungen der Teilchen im Gitter absehen: Alle Teilchen bewegen sich mit gleicher Geschwindigkeit v. Ist der Festkörper in Ruhe, sind auch alle Teilchen in Ruhe. Wie aber erzeugen wir dann makroskopische Schwingungen in einem Festkörper?

Stellen wir uns vor, dass wir mithilfe einer äußeren Kraft ein Teilchen im Gitter aus seiner Gleichgewichtslage auslenken. Dann wird dieses Teilchen anschließend eine harmonische **Schwingung** ausführen, da die inneren Kräfte im Gitter bei kleinen Auslenkungen harmonisch sind, siehe Kap. 4.1. Aber wegen dieser Kräfte wird sich die Schwingung des Teilchens auch auf seine Nachbarn übertragen, von diesen Nachbarn auf die nächsten Nachbarn und so fort. Die Schwingungsbewegung breitet sich also durch den Festkörper aus, die Ausbreitung wird als **Welle** bezeichnet. Und zwar entsteht eine harmonische Welle, denn alle Teilchen im Gitter schwingen harmonisch. Diese Welle wäre allerdings außerordentlich stark gedämpft, denn die Schwingungsenergie einer einzelnen Teilchenschwingung wird verteilt auf die Schwingungsenergien sehr vieler Teilchen. Falls wir die Dämpfung verhindern wollen, müssen wir die Energie, die dem Teilchen verloren geht, immer wieder ersetzen, indem wir die Schwingung periodisch neu anstoßen, also die Schwingung durch eine äußere periodische Kraft erzwingen.

Die Ausbreitung mechanischer Wellen geschieht nicht nur im Festkörper, sondern auch in Flüssigkeiten und in Gasen. Dies erscheint zunächst unverständlich, weil wir bei unserer bisherigen Diskussion angenommen haben, dass zwischen den Teilchen des Systems, in dem sich die Welle ausbreitet, starke innere Kräfte existieren. In Gasen sind aber derartige Kräfte praktisch nicht vorhanden. Was jedoch geschieht, ist, dass an einer Grenzfläche zwischen dem Gas und einer schwingenden Festkörperoberfläche lokal das Gas sein Volumen verändert. Dies hat nach der Zustandsgleichung der Gase eine Druckänderung zur Folge, die sich im Gas ausbreitet. Und zwar ist die Druckwelle harmonisch, wenn die Grenzfläche harmonisch schwingt. Die harmonische Veränderung des Drucks ist in unserem mikroskopischen Modell Kap. 6.2 gekoppelt an die lokale harmonische Bewegung der Gasteilchen. Die Gasteilchen schwingen in der Richtung, in der sich die Druckwelle ausbreitet. Eine derartige Welle nennt man eine **longitudinale Welle**. Bei der Ausbreitung mechanischer Wellen in Gasen und Flüssigkeiten können nur longitudinale Wellen existieren. Das ist wegen der starken inneren Kräfte anders in einem Festkörper, in dem sowohl longitudinale Wellen wie auch transversale Wellen existieren können. Bei **transversalen Wellen** schwingen die Teilchen des Festkörpers in einer Richtung, die senkrecht auf der Ausbreitungsrichtung der Welle steht. Dazu müssen im Festkörper tangentiale Kräfte vorhanden sein, deren Eigenschaften wir in Kap. 4.2 durch den Schubmodul G beschrieben haben. Die Ausbreitung der longitudinalen Wellen wird bestimmt durch die Normalkräfte, die mithilfe des Elastizitätsmoduls E beschrieben werden. Wir wollen uns aber mit der Wellenausbreitung in festen Körpern nicht im Detail beschäftigen, sondern uns auf die Wellenausbreitung in Gasen konzentrieren. Dies hat zwei Gründe:

- Mechanische Wellen im Gas werden im Sprachgebrauch als "Schall" bezeichnet. Schallwellen sind für die menschliche Kommunikation von besonderer Bedeutung und daher auch von Interesse für Wissenschaftler, die sich nicht hauptamtlich mit Physik beschäftigen.
- Gas ist ein isotropes Medium. Das bedeutet, es existieren im Gas keine Strukturen, die eine ausgezeichnete Richtung definieren könnten. Daher ist die physikalische Beschreibung der Schallausbreitung in Gasen am einfachsten.

Wir werden uns im nächsten Kapitel zunächst mit der Physik der harmonischen Schwingungen befassen und uns anschließend der Schallausbreitung zuwenden.

7.1 Mechanische Schwingungen

7.1.1 Ungedämpfte harmonische Schwingungen

Wir behandeln zunächst die eindimensionale, also lineare Schwingung eines Massenpunkts. Die Schwingung in einer Ebene bietet über diesen Fall hinaus nichts wesentlich Neues, denn nach dem **Superpositionsprinzip** der Kinematik kann jede Bewegung aus den unabhängigen Bewegungen längs der Achsen eines kartesischen Koordinatensystems zusammengesetzt werden, siehe Kap. 2.1.

Die harmonische Bewegung in einer Richtung haben wir bereits in Kap. 2.2.4 behandelt. Unter dem Einfluss der harmonischen Kraft $F = -D\,x$ bewegt sich die Masse m auf der Trajektorie

$$x(t) = \overline{x}\sin\left(\omega_0 t + \delta\right) \quad \text{mit} \quad \omega_0 = \sqrt{\frac{D}{m}} \,. \tag{7.1}$$

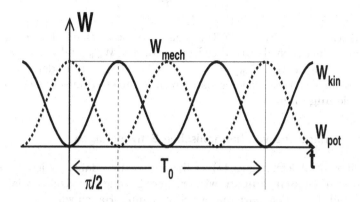

Abb. 7.1. Harmonische Schwankungen der kinetischen und potenziellen Energie einer Schwingung, die sich zur konstanten mechanischen Energie summieren. T_0 ist die Periode der Schwingung, $\pi/2$ die Phasendifferenz zwischen W_{kin} und W_{pot}

Die Frequenz ω_0 wird **Eigenfrequenz** des schwingenden Systems genannt. Die Amplitude $\overline{x}$ und die Phase δ werden durch die Anfangsbedingungen festgelegt. Diese können z.B. der Ort x_0 und die Geschwindigkeit v_0 der Masse zur Zeit $t = 0$ sein. Aber es existieren natürlich noch viele andere Möglichkeiten, die Anfangsbedingungen festzulegen.

Eines der wesentlichen Merkmale der harmonischen Bewegung ist, dass für sie die Erhaltung der mechanischen Energie gilt. In Gleichung (2.61) haben wir gesehen, dass die kinetische Energie der Schwingung sich zu

$$W_{kin} = \frac{1}{2}\,m\,\overline{v}^2\cos{}^2(\omega_0 t + \delta) \qquad (7.2)$$

ergibt, während für die potenzielle Energie gilt

$$W_{pot} = \frac{1}{2}\,m\,\overline{v}^2\sin{}^2(\omega_0 t + \delta)\;. \qquad (7.3)$$

Diese Energien als Funktionen der Zeit sind in der Abb. 7.1 dargestellt. Gleichzeitig zeigt diese Abbildung die Schwingungsperiode $T_0 = 2\pi/\omega_0$ und die Phase $\delta = -\pi/2$, die in Zeit ausgedrückt den Wert $\delta t = -T_0/4$ besitzt. Aus den Gleichungen (7.2) und (7.3) ergibt sich unmittelbar

$$W_{mech} = W_{kin} + W_{pot} = \frac{1}{2}\,m\,\overline{v}^2 = \text{konst.} \qquad (7.4)$$

Dabei ist die Geschwindigkeitsamplitude $\overline{v} = \omega_0\,\overline{x}$ die maximale Geschwindigkeit, welche die Masse während einer Schwingungsperiode erreicht.

Wir hätten die mechanische Energie auch mithilfe der Schwingungsamplitude $\overline{x}$ ausdrücken können. Dann gilt

$$W_{\text{mech}} = \frac{1}{2} D \, \bar{x}^2 = \text{konst.} \tag{7.5}$$

Die Gleichungen (7.2) und (7.3) zeigen, dass die mechanische Energie W_{mech} periodisch zwischen den beiden Energieformen W_{kin} und W_{pot} pendelt, im zeitlichen Mittel ist $\langle W_{\text{kin}} \rangle = \langle W_{\text{pot}} \rangle = 1/2 \, W_{\text{mech}}$. Eine derartige Schwingung, wenn sie einmal angeregt ist, hat ohne äußere Einflüsse kein Ende, man nennt sie **ungedämpft**.

7.1.2 Überlagerung von harmonischen Schwingungen

Die Differentialgleichung (2.44) ist linear in x, und daher ist jede **Überlagerung von Schwingungen** wieder eine Lösung der Differentialgleichung (2.44) und damit eine harmonische Schwingung. Haben wir z.B. zwei Schwingungen mit gleichen Amplituden $\bar{x}_1 = \bar{x}_2$

$$x_1(t) = \bar{x}_1 \sin(\omega_0 t + \delta_1) \quad , \quad x_2(t) = \bar{x}_2 \sin(\omega_0 t + \delta_2) \,, \tag{7.6}$$

so ist die Überlagerung

$$x(t) = x_1(t) + x_2(t) = \bar{x} \sin(\omega_0 t + \delta) \,. \tag{7.7}$$

Die Amplitude $\bar{x}$ und die Phase δ der Überlagerung ergeben sich aus den Additionstheoremen der harmonischen Funktionen (siehe Anhang 4) zu

$$\bar{x} = 2 \, \bar{x}_1 \cos \frac{\delta_1 - \delta_2}{2} \quad , \quad \delta = \frac{\delta_1 + \delta_2}{2} \,. \tag{7.8}$$

Das bedeutet, dass die Frequenz der Überlagerung identisch ist zu der Frequenz der Grundschwingungen. Dies haben wir erwartet, da Gleichung (7.7) auch eine Lösung der Differentialgleichung (2.44) ist. Interessant ist auch die Abhängigkeit der resultierenden Schwingungsamplitude $\bar{x}$ von den Phasen δ_1 und δ_2. $\bar{x}$ kann nie größer als $2\,\bar{x}_1$ werden, auf der anderen Seite ergibt sich $\bar{x} = 0$, wenn $\delta_1 - \delta_2 = \pi$. Im ersten Fall spricht man von **konstruktiver Interferenz**, im zweiten von **destruktiver Interferenz**. Mit den Interferenzphänomenen werden wir uns noch ausführlicher beschäftigen bei der Behandlung elektromagnetischer Wellen in Kap. 10.2.3.

Wir können auch harmonische Schwingungen mit verschiedenen Frequenzen überlagern

$$x(t) = \sum_{l=1}^{n} \bar{x}_l \sin(\omega_l t + \delta_l) \,. \tag{7.9}$$

Die resultierende Funktion $x(t)$ ist i.A. kompliziert, sie muss nicht einmal periodisch mit der Periode T sein, d.h. die Bedingung

$$x(t + T) = x(t) \tag{7.10}$$

erfüllen. Periodische Funktionen ergeben sich bei der Überlagerung nur dann, wenn alle in der Summe (7.9) vorkommenden Frequenzen ω_l einen kleinsten gemeinsamen Teiler ω_0 besitzen. In diesem Fall ist die Periode $T_0 = 2\pi/\omega_0$, und alle Frequenzen ω_l ergeben sich zu $\omega_l = l\,\omega_0$. Man nennt ω_0 die **Grundfrequenz** und ω_l die **Oberfrequenzen**. Daraus ergibt sich ein wichtiger Satz aus der Schwingungslehre, den man unter dem Begriff "**Fourier-Zerlegung**" kennt.

Jede periodische Funktion mit der Periode $T_0 = 2\pi/\omega_0$ lässt sich darstellen als eine Reihe von harmonischen Funktionen mit der Grundfrequenz ω_0

$$x(t) = \overline{x}_0 + \sum_{l=1}^{\infty} \left(\overline{x}_l^{\,s} \sin\left(l\,\omega_0\,t\right) + \overline{x}_l^{\,c} \cos\left(l\,\omega_0\,t\right) \right) \ . \tag{7.11}$$

Die Form dieser Entwicklung lässt bereits einige Folgerungen über die Werte der Entwicklungskoeffizienten $\overline{x}_l^{\,s}$ und $\overline{x}_l^{\,c}$ zu.

- Ist die Funktion $x(t)$ gerade, gilt also $x(t) - \overline{x}_0 = x(-t) - \overline{x}_0$, so sind alle Koeffizienten $\overline{x}_l^{\,s} = 0$.
- Ist die Funktion $x(t)$ ungerade, gilt also $x(t) - \overline{x}_0 = -x(-t) - \overline{x}_0$, so sind alle Koeffizienten $\overline{x}_l^{\,c} = 0$.

Als Beispiel betrachten wir die periodische Funktion mit der Grundperiode (siehe Abb. 7.2)

$$x(t) = \begin{cases} 1 & \text{für } 0 < t \leq T_0/2 \\ -1 & \text{für } T_0/2 < t \leq T_0 \ . \end{cases} \tag{7.12}$$

Diese Funktion ist sicherlich ungerade um $t = 0$ und besitzt den konstanten Wert $\overline{x}_0 = 0$. Als Fourier-Zerlegung dieser Funktion erhält man

$$x(t) = \frac{4}{\pi} \sum_{l=1}^{\infty} \frac{1}{2l-1} \sin\left((2l-1)\,\omega_0\,t\right) \ . \tag{7.13}$$

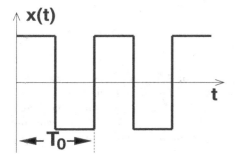

Abb. 7.2. Eine periodische Schwingung in Kastenform mit der Periode T_0

Ohne Beweis geben wir an, wie man für jede beliebige periodische Funktion die Entwicklungskoeffizienten berechnen kann. Für sie gelten die Beziehungen

$$\overline{x}_0 = \frac{1}{T_0} \int_0^{T_0} x(t)\,\mathrm{d}t \tag{7.14}$$

$$\overline{x}_l^{\,\mathrm{s}} = \frac{2}{T_0} \int_0^{T_0} x(t)\sin\left(l\,\omega_0\,t\right)\mathrm{d}t$$

$$\overline{x}_l^{\,\mathrm{c}} = \frac{2}{T_0} \int_0^{T_0} x(t)\cos\left(l\,\omega_0\,t\right)\mathrm{d}t\ .$$

Wir können uns vorstellen, wie man die Fourier-Zerlegung auch auf nicht periodische Funktionen erweitern kann. Dann darf in der Entwicklung (7.11) nicht nur die Grundfrequenz erscheinen, sondern alle möglichen Frequenzen. Und da es davon beliebig viele gibt, muss die Summe ersetzt werden durch ein Integral über alle Frequenzen $0 \le \omega \le \infty$.

7.1.3 Kopplung von harmonischen Schwingungen

Wir behandeln jetzt die Kopplung von Schwingungen über harmonische Kräfte. Das bekannteste Beispiel für ein derartiges System ist der Festkörper, wie wir schon in der Einführung zu Kap. 7 beschrieben haben. Die Anzahl der Teilchen, die um ihre Gleichgewichtslage im Gitter schwingen, ist jedoch so groß, dass wir das Problem drastisch vereinfachen müssen. Wir behandeln nur zwei Teilchen, zwischen denen eine harmonische Kraft existiert (wir vernachlässigen die Gewichtskraft der Massen F_{G}) und die durch harmonische Kräfte mit festen Wänden verbunden sind, siehe Abb. 7.3. Mithilfe dieses linearen Models lassen sich aber bereits die wesentlichen Eigenschaften verstehen, die Systeme mit gekoppelten Schwingungen besitzen, auch wenn sie aus sehr viel mehr Teilchen als nur zwei bestehen.

Abb. 7.3. Ein System aus zwei gleichen Massen, das durch Federn zwischen den Massen und den festen Wänden zu gekoppelten Schwingungen angeregt werden kann

In dem 2-Teilchensystem müssen die Bewegungsgleichungen (2.44) für die harmonischen Schwingungen mit einem harmonischen Kopplungsterm erweitert werden. Dies ergibt

$$\frac{d^2 x_1}{dt^2} + \omega_0^2 x_1 = -\Omega^2 (x_2 - x_1) \tag{7.15}$$

$$\frac{d^2 x_2}{dt^2} + \omega_0^2 x_2 = -\Omega^2 (x_1 - x_2) \ .$$

Auf der rechten Seite dieser Differentialgleichungen steht der Kopplungsterm, der für das Teilchen i rücktreibend und proportional zum Relativabstand $x_j - x_i$ ist. Wegen dieser Kopplung lässt sich das Gleichungssystem (7.15) nicht ohne weiteres lösen. Man kann aber durch eine Transformation in die **Normalkoordinaten** beide Gleichungen entkoppeln. Es ist ganz wichtig, dass diese Koordinatentransformation auch möglich ist, wenn das System aus wesentlich mehr Teilchen als zwei besteht, das Gleichungssystem (7.15) also wesentlich größer ist. In unserem einfachen Fall lauten die Normalkoordinaten

$$x_+ = x_1 + x_2 \quad , \quad x_- = x_1 - x_2 \ , \tag{7.16}$$

und die Transformation in die Normalkoordinaten führt zu 2 entkoppelten Schwingungsgleichungen

$$\frac{dx_+}{dt} + \omega_+^2 x_+ = 0 \quad , \quad \frac{dx_-}{dt} + \omega_-^2 x_- = 0 \quad \text{mit} \quad \omega_+^2 = \omega_0^2 \tag{7.17}$$

$$\omega_-^2 = \omega_0^2 - 2\,\Omega^2 \ .$$

Die 1. Gleichung, die Summengleichung, beschreibt die Bewegung beider Teilchen mit konstantem Relativabstand, also eine gleichphasige Schwingung. Bei dieser Bewegung schwingt eigentlich der Massenmittelpunkt des 2-Teilchensystems. Diese Schwingungsform wird bei einem n-Teilchensystem nicht berücksichtigt, da wir ohne äußere Kräfte immer für den Impuls aller Teilchen $\sum_{i=1}^{n} p_i = 0$ fordern müssen. Der Massenmittelpunkt muss ruhen.

Die 2. Gleichung, die Differenzgleichung, beschreibt die Bewegung der Teilchen bei ruhendem Massenmittelpunkt, die Schwingungen sind also gegenphasig. Diese Schwingungsform bezeichnet man als die **Normalschwingung** oder **Eigenschwingung** des Systems. Ein 2-Teilchensystem besitzt $f_{\text{vib}} = 2 - 1 = 1$ Normalschwingungen, ein lineares n-Teilchensystem $f_{\text{vib}} = n - 1$ Normalschwingungen. In 3 Dimensionen ist daher $f_{\text{vib}} = 3\,(n-1)$, und dies haben wir in Gleichung (6.45) benutzt.

Um die Gleichungen (7.17) zu lösen, müssen wir die Anfangsbedingungen festlegen. Wir nehmen möglichst einfache Anfangsbedingungen, z.B. die Auslenkung des Teilchens 1, die wir auch in der Einleitung zu diesem Kapitel benutzt haben.

$$x_1 = \overline{x} \ , \ x_2 = v_1 = v_2 = 0 \quad \text{für } t = 0 \ . \tag{7.18}$$

Dies ergibt für die Normalkoordinaten

$$x_+ = x_- = \overline{x} \, , v_1 = v_2 = 0 \quad \text{für } t = 0 \, . \tag{7.19}$$

Die Lösungen lauten daher

$$x_+ = \overline{x} \cos \omega_+ t \quad , \quad x_- = \overline{x} \cos \omega_- t \, , \tag{7.20}$$

Und in den eigentlichen Teilchenkoordinaten ergibt sich mithilfe der Additionstheoreme für harmonische Funktionen (siehe Anhang 4)

$$x_1 = 2\,\overline{x} \cos \omega\, t \cos \Delta\omega\, t \quad , \quad x_2 = -2\,\overline{x} \sin \omega\, t \sin \Delta\omega\, t \tag{7.21}$$

$$\text{mit} \quad \omega = \frac{\omega_+ + \omega_-}{2} \, , \, \Delta\omega = \frac{\omega_+ - \omega_-}{2} \, .$$

Um diese Lösungen zu diskutieren, betrachten wir den Fall, dass der Kopplungsterm in Gleichung (7.15) kleiner ist als der Schwingungsterm, also $\Omega \ll \omega_0$ gilt. In diesem Fall ergibt sich $\omega \approx \omega_0$ und $\Delta\omega \approx \Omega^2/\omega_0$, d.h. die Lösungen (7.21) bestehen aus einem schnell veränderlichen Term mit Argument $\omega_0\, t$, und aus einem langsam veränderlichen Term mit Argument $\Delta\omega\, t$

$$x_1 = \overline{x}_1(t) \cos \omega_0\, t \quad \text{mit} \quad \overline{x}_1(t) = 2\,\overline{x} \cos \Delta\omega\, t \tag{7.22}$$
$$x_2 = \overline{x}_2(t) \sin \omega_0\, t \quad \text{mit} \quad \overline{x}_1(t) = -2\,\overline{x} \sin \Delta\omega\, t \, .$$

Beide Teilchen führen also harmonische Schwingungen aus mit einer Amplitude, die sich selbst langsam mit der Zeit harmonisch verändert. Man bezeichnet derartige Schwingungen als **Schwebungen**. Schwebungen entstehen immer, wenn sich 2 Schwingungen überlagern, deren Frequenzen nur um wenig verschieden sind. In dem 2-Teilchensystem ist das Besondere der beiden Schwebungen, dass sie um $\delta = \pi/2$ phasenverschoben sind. Das bedeutet, dass die mechanische Energie periodisch zwischen Teilchen 1 und 2 pendelt. Sie geht von Teilchen 1 auf Teilchen 2 über und muss dann wieder zurück zum Teilchen 1. Wäre Teilchen 2 angekoppelt an Teilchen 3 usw., würde die mechanische Energie durch die lineare Kette wandern, es entstünde eine mechanische Welle.

Anmerkung 7.1.1: Warum haben wir in unserem einfachen Beispiel 2 Eigenschwingungen (7.20) erhalten? Dies liegt daran, dass das 2-Teilchensystem nicht abgeschlossen, sondern über die Federn an die Wände gekoppelt war. Daher muss auch die Bedingung $\sum_{i=1}^{2} p_i = 0$ nicht erfüllt sein.

7.1.4 Gedämpfte Schwingungen

Alle Schwingungen, harmonisch oder nur periodisch, besitzen die Eigenschaft, dass die mechanische Energie erhalten ist. Dies ergibt sich einfach daraus, dass sie sich zusammensetzen aus Lösungen der harmonischen Differentialgleichung

(2.44). Wir haben aber schon in der Einleitung zu Kap. 7 darauf hingewiesen, dass die mechanische Energie einer Schwingung verloren gehen kann. Einmal, indem sich die Schwingung in Form einer Welle durch den Raum ausbreitet, oder dadurch, dass die mechanische Energie in andere Energieformen umgewandelt wird. Wir betrachten hier zunächst den 2. Prozess, den man im Teilchenbild so erklären kann, dass ein Teilchen nicht frei schwingt, sondern Reibung durch seine Umgebung erfährt. Der einfachste Ansatz für die Reibungskräfte ist die **Stokes'sche Reibung** (siehe Kap. 5.2.2)

$$F_R = -\beta\, v \ . \tag{7.23}$$

Die lineare Bewegungsgleichung eines Teilchens muss mit diesem Ansatz erweitert werden

$$\frac{d^2 x}{dt^2} + \omega_0\, x + \beta\,\frac{dx}{dt} = 0 \ . \tag{7.24}$$

Wie bei allen Differentialgleichungen, in denen die Funktion und ihre Ableitungen linear auftreten, ist auch für die Differentialgleichung (7.24) ein Lösungsansatz mit den Exponentialfunktionen $e^{\omega t}$ und $e^{-\omega t}$ der beste, siehe Anhang 6. Wenn wir diese Ansätze in Gleichung (7.24) einsetzen, führt das zur allgemeinen Lösung

$$x(t) = e^{-\beta/2 t} \left(\overline{x}_+\, e^{\omega t} + \overline{x}_-\, e^{-\omega t} \right) \quad \text{mit} \quad \omega = \sqrt{\frac{\beta^2}{4} - \omega_0^2} \ , \tag{7.25}$$

wobei die Amplituden $\overline{x}_+$ und $\overline{x}_-$ durch die Anfangsbedingungen für $t = 0$ festgelegt werden. Wichtig ist, dass unabhängig von den Anfangsbedingungen die Amplituden wegen des Faktors vor der Klammer immer exponentiell mit der Zeit abnehmen werden. Da nach Gleichung (7.5) die mechanische Energie proportional zum Quadrat der Amplitude ist, bedeutet dies

$$E_{\text{mech}}(t) = E_{\text{mech}}(0)\, e^{-\beta t} \ . \tag{7.26}$$

Die charakteristische Zeit für die Abnahme der mechanischen Energie ist die **Abklingzeit** $\tau = 1/\beta$. Wo geht die Energie hin? Da die Dämpfung durch eine Reibungskraft verursacht wird, muss die mechanische Energie in thermische Energie verwandelt worden sein. Und zwar beträgt die Größe der Umwandlung pro Schwingungsperiode $T = 2\pi/\omega$

$$T\,\frac{dE_{\text{mech}}(t)}{dt} = -\frac{T}{\tau}\, E_{\text{mech}}(0) \ . \tag{7.27}$$

Man bezeichnet das Verhältnis der Energie zur Energieumwandlung als **Güte** Q des schwingenden Systems. Für die Güte gilt

$$Q = 2\pi \left| \frac{E_{\text{mech}}(0)}{T\, dE_{\text{mech}}(t)/dt} \right| = \frac{2\pi}{T}\,\tau = \omega\,\tau \approx \omega_0\,\tau \ , \tag{7.28}$$

wobei die Näherung gültig ist, wenn $\beta \ll \omega_0$ gilt.

Diese Annahme bereitet zunächst einiges Kopfzerbrechen, denn in diesem Fall wird ω nach Gleichung (7.25) imaginär. Trotzdem ergibt sich für $x(t)$ in jedem Fall eine reelle Funktion. Wir wollen das untersuchen, indem wir zwischen folgenden Situationen unterscheiden:

(1) Schwache Dämpfung $\beta/2 \ll \omega_0$

Dann lautet die Lösung anstelle von (7.25)

$$x(t) = e^{-\beta/2\,t} \left(\overline{x}_+ \, e^{i\omega\,t} + \overline{x}_- \, e^{-i\omega\,t} \right) \quad \text{mit} \quad \omega = \sqrt{\omega_0^2 - \frac{\beta^2}{4}} \; , \quad (7.29)$$

wobei $i = \sqrt{-1}$ die imaginäre Einheit ist. Um die Eigenschaften von $x(t)$ zu erkennen, müssen wir die Anfangsbedingungen festlegen. Wir nehmen dieselben Bedingungen, die wir auch in Kap. 2.2.4 benutzt haben und die auch in allen anderen Situationen gelten sollen

$$x(t = 0) = 0 \quad , \quad v(t = 0) = \overline{v} \; . \quad (7.30)$$

Dann ergibt sich

$$\overline{x}_+ = -\overline{x}_- = \overline{x} = \frac{1}{2\,i} \frac{\overline{v}}{\omega} \quad (7.31)$$

und mithilfe des Anhangs 4

$$x(t) = \frac{\overline{v}}{\omega} e^{-\beta/2\,t} \left(\frac{1}{2\,i} \left(e^{i\omega\,t} - e^{-i\omega\,t} \right) \right) = \frac{\overline{v}}{\omega} e^{-\beta/2\,t} \sin \omega\, t \; . \quad (7.32)$$

Die Funktion $x(t)$ ist also reell, und sie ist quasi-harmonisch mit exponentiell abnehmender Amplitude. Die Abklingzeit beträgt $\tau \gg 1/(2\,\omega_0)$.

(2) Kritische Dämpfung $\beta/2 = \omega_0$

Diese Situation wird auch "aperiodischer Grenzfall" genannt, formal tritt er für $\omega = 0$ auf. Die Lösung der Differentialgleichung ergibt sich in dieser Situation zu

$$x(t) = \overline{x}\, e^{-\beta/2\,t} \left(\alpha + \frac{\beta}{2} t \right) \; , \quad (7.33)$$

mit den Parametern $\overline{x}$ und α, die mithilfe der Anfangsbedingungen bestimmt werden müssen. Die Anfangsbedingungen (7.30) ergeben

$$x(t) = \overline{v}\, t\, e^{-\beta/2\,t} \; , \quad (7.34)$$

Die Trajektorie fällt nach einem Anstieg zu Beginn sehr schnell ab. Der Abfall geschieht exponentiell mit $\beta/2$. Man kann also nicht mehr von einer Schwingung als Bewegungsform in dieser Situation sprechen. Die Abklingzeit ist in der Tat die kürzeste, die ein System mit Eigenfrequenz ω_0 überhaupt besitzen kann, nämlich $\tau = 1/(2\,\omega_0)$.

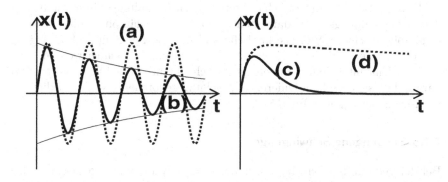

Abb. 7.4. *Links* ist eine ungedämpfte (a) und eine schwach gedämpfte (b) Schwingung gezeigt. Die Amplitude der letzteren nimmt exponentiell ab. *Rechts* sehen wir für gedämpfte Schwingungen den Fall der kritischen Dämpfung (c) und den Fall der starken Dämpfung (d). Bei kritischer Dämpfung nimmt die Auslenkung aus der Ruhelage am schnellsten ab

(3) Starke Dämpfung $\beta/2 \gg \omega_0$

Wir können jetzt die Lösung (7.25) verwenden, die bei Berücksichtigung der Anfangsbedingungen (7.30) lautet

$$x(t) = \frac{\overline{v}}{2\,\omega}\, \mathrm{e}^{-\beta/2\,t}\left(\mathrm{e}^{\omega\,t} - \mathrm{e}^{-\omega\,t}\right)\ . \tag{7.35}$$

Für $t = 0$ ergibt sich natürlich $x(0) = 0$, aber auch für $t \to \infty$ erhalten wir wiederum $x(\infty) = 0$. Die Trajektorie besitzt also bei einer Zeit zwischen diesen beiden Grenzen einen maximalen Wert. Um das Verhalten bei großen Zeiten zu erkennen, betrachten wir die Ausdrücke in der Klammer von Gleichung (7.35), die mit der Zeit entweder exponentiell ansteigen oder abfallen. Berücksichtigen wir nur den Anstiegsterm, so ergibt sich für große Zeiten als Trajektorie

$$x(t) = \frac{\overline{v}}{2\,\omega}\, \mathrm{e}^{(-\beta/2+\omega)\,t}\ . \tag{7.36}$$

Den Exponenten können wir entwickeln, da bei starker Dämpfung $2\,\omega_0/\beta \ll 1$ gilt

$$-\frac{\beta}{2} + \omega \approx -\frac{\beta}{2}\left(1 - 1 + \frac{2\,\omega_0^2}{\beta^2}\right) = -\frac{\omega_0^2}{\beta}\ . \tag{7.37}$$

Die Funktion $x(t)$ fällt also für große Zeiten exponentiell ab

$$x(t) = \frac{\overline{v}}{2\,\omega}\, \mathrm{e}^{-\omega_0^2/\beta\,t}\ , \tag{7.38}$$

aber die Abklingzeit ist sehr lang, $\tau \gg 1/\omega_0$.

In der Abb. 7.4 sind die charakteristischen Verhaltensweisen der behandelten Schwingungstypen dargestellt, von der ungedämpften bis zur stark gedämpften Schwingung. Die kritische und die stark gedämpfte Schwingung können nicht einmal als quasi-periodische Bewegung bezeichnet werden. Dass sie trotzdem unter dem Sammelbegriff "Schwingungen" geführt werden liegt daran, dass sie derselben Differentialgleichung gehorchen wie die wirklich periodischen Bewegungen für $\beta = 0$.

7.1.5 Erzwungene Schwingungen

Bei der gedämpften Schwingung findet eine Umwandlung von mechanischer Energie in thermische Energie statt, die durch Zufuhr von mechanischer Energie aus der Umgebung des Systems ausgeglichen werden muss, wenn man ein beliebig lang schwingendes System benötigt. Dies kann durch eine äußere harmonische Kraft

$$F_{\text{ext}}(t) = \overline{F}_{\text{ext}}\sin \omega\, t \tag{7.39}$$

geschehen, die das System immer wieder anstößt. $\overline{F}_{\text{ext}}$ ist die Amplitude der äußeren Kraft, ω ihre Frequenz, beide sind im Prinzip frei wählbar. Es ist sogar nicht einmal nötig, dass diese Kraft harmonisch ist. Es genügt, dass die Kraft periodisch ist ($F_{\text{ext}}(t + T) = F_{\text{ext}}(t)$) mit der Periode $T = 2\pi/\omega$. Wir setzen eine harmonische Kraft voraus, weil dann die folgenden Rechnungen einfacher sind.

Führen wir die Amplitude der Erregung $\overline{A}$ mithilfe der Beziehung

$$\overline{A}\,\omega_0^2 = \frac{\overline{F}_{\text{ext}}}{m} \tag{7.40}$$

ein, so lautet die Bewegungsgleichung für die erzwungene Schwingung

$$\frac{\mathrm{d}^2 x}{\mathrm{d}t^2} + \beta\,\frac{\mathrm{d}x}{\mathrm{d}t} + \omega_0^2\, x = \overline{A}\,\omega_0^2 \sin \omega\, t \;. \tag{7.41}$$

Der linke Teil dieser Differentialgleichung beschreibt die gedämpfte Schwingung, man nennt dies den homogenen Teil der Differentialgleichung. Der rechte Teil der Gleichung (7.41) definiert die Modifikation der Schwingung durch die Einwirkung der äußeren Kraft. Die Bedeutung der gedämpften Schwingung, also die Lösung des homogenen Teils, wird mit der Zeit kleiner, denn die Schwingungsamplitude nimmt exponentiell ab. Nach einer längeren Zeit ist nur noch die Reaktion des schwingenden Systems auf die von außen wirkende Kraft von Bedeutung, und es ist genau diese Bewegung $x(t)$, die uns dann noch interessiert. Diese Bewegung wird dieselbe Frequenz ω besitzen wie die äußere Kraft, wir machen daher den Lösungsansatz

$$x(t) = \overline{x}(\omega) \sin\, (\omega\, t + \delta(\omega)) \;. \tag{7.42}$$

$\overline{x}(\omega)$ ist die von der Erregerfrequenz abhängige Amplitude der erzwungenen Schwingung, $\delta(\omega)$ ihre von ω abhängige Phasenverschiebung relativ zum Erreger.

Setzt man den Lösungsansatz in die Differentialgleichung (7.41) ein, ergeben sich folgende Funktionen für $\overline{x}(\omega)$ und $\delta(\omega)$

$$\overline{x}(\omega) = \frac{\overline{A}\,\omega_0^2}{\sqrt{(\omega_0^2 - \omega^2)^2 + (\beta\,\omega)^2}} \tag{7.43}$$

$$\delta(\omega) = \mathrm{atan}\,\frac{\beta\,\omega}{\omega_0^2 - \omega^2}\ .$$

Amplitude $\overline{x}(\omega)$ und Phase $\delta(\omega)$ sind als Funktionen von $\xi = \omega/\omega_0$ in Abb. 7.5 dargestellt.

Es ist ganz offensichtlich, dass es für $\delta(\omega)$ eine ausgezeichnete Frequenz $\omega = \omega_0$ gibt, die man **Resonanzfrequenz** nennt. Für eine Erregerfrequenz, die identisch mit der Eigenfrequenz des schwingenden Systems $\omega_0 = \sqrt{D/m}$ ist, besitzt die Phasenverschiebung den Wert $\delta(\omega_0) = \pi/2$ unabhängig von der Dämpfungkonstante β. Das bedeutet, die Schwingung ist bei dieser Erregerfrequenz um 90° phasenverschoben gegen den Erreger. Die Schwingungsamplitude erreicht dann den Wert $\overline{x}(\omega_0) = \overline{A}\,\omega_0/\beta$, und es ergibt sich $\overline{x}(\omega_0) \to \infty$ für $\beta \approx 0$, d.h. wenn das System nur sehr wenig gedämpft ist. Dieser Fall darf

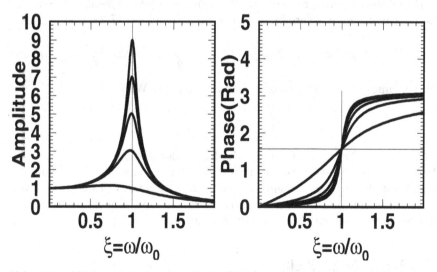

Abb. 7.5. Abhängigkeit der Amplitude (*links*) und der Phase (*rechts*) einer erzwungenen Schwingung von dem Verhältnis zwischen der Erregerfrequenz ω und der Eigenfrequenz ω_0 des schwingenden Systems. Die verschiedenen Kurven zeigen die Abhängigkeit von der Dämpfungskonstanten β: Je größer die Dämpfung, umso kleiner ist die maximale Amplitude und umso langsamer verändert sich die Phase

bei erzwungenen Schwingungen nie eintreten, denn er führt zur Zerstörung des Systems, es ereignet sich die **Resonanzkatastrophe**.

Ein System, dessen Schwingung durch eine äußere periodische Kraft erzwungen wird, muss so stark gedämpft sein, dass die Resonanzkatastrophe vermieden wird.

Ist β ausreichend groß, so ist $\overline{x}(\omega_0)$ nicht der maximal mögliche Amplitudenwert der erzwungenen Schwingung. Um dies zu erkennen, schreiben wir $\overline{x}(\omega)$ als Funktion von $\xi = \omega/\omega_0$ und erhalten

$$\overline{x}(\xi) = \frac{\overline{A}}{\sqrt{(1 - \xi^2)^2 + (\xi/Q)^2}} \; . \tag{7.44}$$

Die Schwingungsamplitude erreicht ihren maximalen Wert für

$$\xi_{\mathrm{max}} = \sqrt{1 - \frac{1}{2\,Q^2}} \; ,$$

also für eine Erregerfrequenz, die bei einem schwingenden System mit der Güte Q um $\Delta\omega \approx -\omega_0/(4\,Q^2)$ zu kleineren Frequenzen relativ zur Resonanzfrequenz verschoben ist. Mit abnehmender Güte wird diese Verschiebung immer größer, ist $Q < \sqrt{1/2}$ verschwindet das Maximum in der Schwingungsamplitude vollständig. Was zeichnet dann die Resonanzfrequenz $\omega = \omega_0$ weiterhin aus?

Betrachten wir die pro Zeit von dem Erreger auf das schwingende System übertragene Energie, so ergibt sich diese nach Gleichung (7.27) zu

$$\frac{\mathrm{d}E_{\mathrm{mech}}}{\mathrm{d}t} = \beta E_{\mathrm{mech}} = \frac{1}{2}\,m\,\omega^2\,\overline{x}^2(\omega)\,\beta = \frac{1}{2}\,\frac{m\,\omega_0^2\,\xi^2\,\overline{A}^2\,\beta}{(1 - \xi^2)^2 + (\xi/Q)^2} \; . \tag{7.45}$$

Die Leistungsübertragung erreicht ihren maximalen Wert, wenn

$$\left(\frac{1}{\xi} - \xi\right)^2 + \frac{1}{Q^2} \tag{7.46}$$

minimal wird. Das geschieht für $\xi = 1$, also bei der Resonanzfrequenz $\omega = \omega_0$. Obwohl die Amplitude der erzwungenen Schwingung dann nicht maximal ist, erfolgt trotzdem bei der Resonanzfrequenz die maximale Leistungsabgabe von dem Erreger auf die Schwingung. Man sagt, Erreger und schwingendes System sind bei der Resonanzfrequenz optimal **angepasst**.

7.2 Mechanische Wellen

Wir betrachten jetzt die Ausbreitung der mechanischen Schwingung durch den Raum. Aufgrund unserer Untersuchungen im vorigen Kapitel ist der Mechanismus der Schwingungsausbreitung, also das Entstehen mechanischer Wellen, relativ einfach zu verstehen. Zu allererst erfordern mechanische Wellen ein Medium, in dem sie sich ausbreiten können. Und dann handelt es sich bei mechanischen Wellen offensichtlich um harmonische Schwingungen von benachbarten Teilchen in dem Medium, deren Bewegungen relativ zueinander phasenverschoben sind. Die Wanderung des Schwingungszustands von einem Teilchen zum Nachbarteilchen hatten wir schon bei der Behandlung gekoppelter Schwingungen in Kap. 7.1.3 beobachtet. Eine Welle muss sich daher so beschreiben lassen

$$x(z,t) = \bar{x}\sin\left(\omega\,t - \delta(z)\right) . \qquad (7.47)$$

Die relative Phase $\delta(z)$ ist abhängig vom Ort entlang der Ausbreitungsrichtung z der Welle. Wie groß ist $\delta(z)$? Das hängt offenbar von der Geschwindigkeit v_{ph} ab, mit der sich die Phase längs z verschiebt, man bezeichnet v_{ph} daher als **Phasengeschwindigkeit**. Ziehen wir in Gleichung (7.47) die Frequenz ω vor die Klammer, können wir die Phase darstellen als

$$\frac{\delta(z)}{\omega} = \frac{z}{v_{\mathrm{ph}}} = \frac{k}{\omega}\,z . \qquad (7.48)$$

Hierbei haben wir eine neue Größe k mit der Einheit $[k] = \mathrm{m}^{-1}$ eingeführt, die man **Wellenzahl** nennt. Die Orte, für die das Argument in der Welle (7.47) konstant ist, sind die Orte gleicher Phase, sie sind für diese Welle Ebenen senkrecht zur Ausbreitungsrichtung z. Wellen mit dieser Eigenschaft bezeichnet man als **ebene Wellen**. Die Orte gleicher Phase ergeben sich zu

$$t - \frac{z}{v_{\mathrm{ph}}} = \mathrm{konst} \quad \rightarrow \quad \frac{\mathrm{d}z}{\mathrm{d}t} = v_{\mathrm{ph}} = \frac{\omega}{k} . \qquad (7.49)$$

Die ebene Welle lässt sich daher in folgender Form darstellen:

$$x(z,t) = \bar{x}\sin\omega\,(t - \frac{z}{v_{\mathrm{ph}}}) = \bar{x}\sin\left(\omega\,t - k\,z\right) . \qquad (7.50)$$

In Abb. 7.6 ist die ebene Welle dargestellt, einmal in Abhängigkeit von der Zeit für einen festen Ort $z = 0$, und dann in Abhängigkeit von dem Ort für eine feste Zeit $t = 0$. Aus dieser Darstellung wird ersichtlich, dass die Wellenzahl k im Ort das ist, was die Frequenz ω in der Zeit ist: Sie definieren die **Wellenlänge** λ bzw. die **Periode** T der ebenen Welle. Es gelten die Beziehungen

$$k = \frac{2\pi}{\lambda} \quad , \quad \omega = \frac{2\pi}{T} , \qquad (7.51)$$

wobei die reziproke Periode T oft mit dem Symbol ν abgekürzt wird,

$$\nu = \frac{1}{T} \quad , \quad [\nu] = \mathrm{Hz}\ \text{``Hertz''} . \qquad (7.52)$$

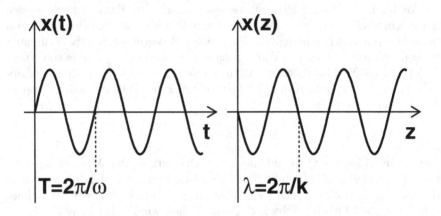

Abb. 7.6. *Links*: Die zeitliche Abhängigkeit einer ebenen Welle an einem bestimmten Ort $z = 0$. Die Periode T entspricht genau einer Schwingungsdauer. *Rechts*: Die örtliche Abhängigkeit einer ebenen Welle zu einer bestimmten Zeit $t = 0$. Die Wellenlänge λ entspricht genau einer Schwingungslänge

Eine ebene Welle $x(t) = \bar{x}\sin(\omega t - k z)$ ist definiert durch ihre Frequenz $\omega = 2\pi\nu$ und ihre Wellenzahl $k = 2\pi/\lambda$. Die Phasengeschwindigkeit der ebenen Welle ergibt sich zu $v_{\mathrm{ph}} = \omega/k = \lambda\nu$.

Wir können sogar erahnen, welcher Differentialgleichung die Welle (7.50) genügen muss. In der harmonischen Funktion (7.50) treten die Größen t und z/v_{ph} linear auf, sie sind als Teil des Arguments dieser Funktion vertauschbar. Daher muss für beide die harmonische Differentialgleichung gültig sein

$$\frac{\mathrm{d}^2 x}{\mathrm{d}t^2} + D\,x = 0 \quad , \quad v_{\mathrm{ph}}^2 \frac{\mathrm{d}^2 x}{\mathrm{d}z^2} + D\,x = 0$$

$$\rightarrow \quad \frac{\mathrm{d}^2 x}{\mathrm{d}t^2} - v_{\mathrm{ph}}^2 \frac{\mathrm{d}^2 x}{\mathrm{d}z^2} = 0 . \tag{7.53}$$

Die Differentialgleichung (7.53) bezeichnet man als **Wellengleichung**. Sie ist, auf 3 Dimensionen erweitert, die fundamentale Gleichung für die Ausbreitung sehr verschiedener Wellen, d.h. nicht nur für die mechanischen Wellen, für die wir sie hergeleitet haben.

Neben dieser sehr formalen Herleitung wollen wir jetzt für den Fall der Schallausbreitung in Gasen diskutieren, welche physikalischen Phänomene zu dieser Wellengleichung führen.

7.2.1 Schallwellen im Gas

Schallwellen sind longitudinale Wellen, d.h. die Schwingungen der Gasteilchen $\zeta(z,t)$ erfolgen in der z-Richtung, in der sich die Schallwelle ausbreitet. In

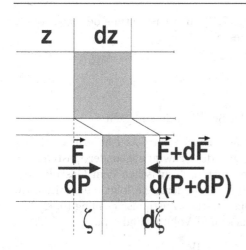

Abb. 7.7. Wie verändert sich das Volumenelement einer Gassäule (*oben*) unter dem Einfluss des Schalldrucks dP, der eine Kraft F auf die linke Fläche der Säule erzeugt (*unten*)? Die Fläche verschiebt sich um ζ. Aber auf der rechten Seite der Säule ist die Verschiebung anders, weil eine Phasenverchiebung zwischen dem Druck auf der rechten und linken Seite besteht

der Abb. 7.7 ist dargestellt, was in dem Gas durch diese Teilchenbewegung geschieht. Durch die Bewegung wird das Volumen $V = A\,\mathrm{d}z$, in dem sich die Gasteilchen befinden, um $\Delta V = A\,\mathrm{d}\zeta$ verändert, und nach Gleichung (6.1) entspricht dieser Volumenänderung eine Druckänderung

$$\mathrm{d}P = -P\,\frac{\mathrm{d}V}{V} = -P\,\frac{A\,\mathrm{d}\zeta}{A\,\mathrm{d}z}\ . \tag{7.54}$$

Diese Beziehung zwischen Druck- und Volumenänderungen ist gültig, falls die Zustandsänderungen isotherm erfolgen. Die Druckänderung ist z-abhängig, denn die Teilchen führen eine phasenverschobene Schwingung aus. Die Druckdifferenz zwischen der Vorder- und der Rückseite des Volumens beträgt

$$\mathrm{d}^2 P = -P\,\frac{\mathrm{d}^2 \zeta}{\mathrm{d}z^2}\,\mathrm{d}z\ , \tag{7.55}$$

und dies führt zu einer auf das Volumen wirkenden rücktreibenden Kraft

$$\mathrm{d}F = A\,P\,\frac{\mathrm{d}^2 \zeta}{\mathrm{d}z^2}\,\mathrm{d}z\ , \tag{7.56}$$

die die Teilchen zurück in ihre Gleichgewichtslage treibt. Der Zusammenhang zwischen dieser Kraft und der Bewegung ist durch das 2. Newton'sche Axiom gegeben

$$\mathrm{d}F = \mathrm{d}m\,\frac{\mathrm{d}^2 \zeta}{\mathrm{d}t^2} = A\,\rho_\mathrm{m}\,\frac{\mathrm{d}^2 \zeta}{\mathrm{d}t^2}\,\mathrm{d}z\ . \tag{7.57}$$

Vergleichen wir die Gleichung (7.57) mit der Gleichung (7.56), so muss gelten

$$\frac{\mathrm{d}^2 \zeta}{\mathrm{d}t^2} - \frac{P}{\rho_\mathrm{m}}\,\frac{\mathrm{d}^2 \zeta}{\mathrm{d}z^2} = 0\ . \tag{7.58}$$

Dies hat die Form der Wellengleichung (7.53), die Ausbreitung der Schallwelle durch das Gas erfolgt mit der Schallgeschwindigkeit

$$v_S = \sqrt{\frac{P}{\rho_m}} \,. \tag{7.59}$$

Zwei Bemerkungen zu diesem Wert der Schallgeschwindigkeit:

- Die Annahme, dass die Zustandsänderungen im Gas isotherm erfolgen, ist i.A. nicht gerechtfertigt. Erfolgen die Schwingungen der Gasteilchen sehr schnell, so findet kein Wärmeaustausch zwischen dem Gasvolumen und seiner Umgebung statt, die Zustandsänderung erfolgt adiabatisch. In diesem Fall ergibt sich aus der adiabatischen Zustandsgleichung (6.92) für den Zusammenhang zwischen Druck- und Volumenänderung

$$dP = -\kappa\,P\,\frac{dV}{V}$$

und entsprechend für die Schallgeschwindigkeit

$$v_S = \sqrt{\kappa\,\frac{P}{\rho_m}} \,. \tag{7.60}$$

- Bei der Schallgeschwindigkeit handelt es sich eigentlich um die Phasengeschwindigkeit des Schalls. Wir werden später sehen, dass die Wellenausbreitung durch eine zweite Geschwindigkeit charakterisiert ist, die Gruppengeschwindigkeit v_{gr}. Bei der Ausbreitung der Schallwellen im Gas ist die Gruppengeschwindigkeit gleich der Phasengeschwindigkeit, und wir nennen beide die Schallgeschwindigkeit.

Die Gleichungen (7.59) und (7.60) ergeben beide, dass die Schallgeschwindigkeit mit $(\rho_m)^{-1/2}$ von der Massendichte des Gases abhängt. Daher ist in Helium die Schallgeschwindigkeit wesentlich größer als in Luft, das errechnete Verhältnis beträgt

$$\frac{v_S(\mathrm{He})}{v_S(\mathrm{Luft})} \approx \sqrt{\frac{32}{4}} = 2{,}83 \,,$$

während das gemessene Verhältnis 2,93 beträgt. Die verbleibende Diskrepanz rührt auch daher, dass der Adiabatenkoeffizient κ für Helium etwas größer ist als für Luft.

Außerdem können wir mithilfe der Zustandsgleichung (6.38) des idealen Gases den Druck P ersetzen durch die Temperatur T. Für Gleichung (7.60) ergibt sich dadurch

$$v_S = \sqrt{\kappa\,\frac{RT}{m_{\mathrm{Mol}}}} \,,$$

d.h. es gilt

$$\frac{m_{\text{Mol}}}{2} v_{\text{S}}^2 = \kappa \frac{RT}{2} \; .$$

Auf der anderen Seite gilt für die mittlere kinetische Energie von 1 mol eines Gases mit ruhendem Massenmittelpunkt

$$\frac{m_{\text{Mol}}}{2} \langle v^2 \rangle = 3 \frac{RT}{2} \; .$$

Wir finden also einen Zusammenhang zwischen der Schallgeschwindigkeit und der rms-Geschwindigkeit $v_{\text{rms}} = \sqrt{\langle v^2 \rangle}$ aufgrund der thermischen Bewegung in einem Gas

$$v_{\text{S}} = \sqrt{\frac{\kappa}{3} \langle v^2 \rangle} \; . \tag{7.61}$$

Bei Zimmertemperatur beträgt die Schallgeschwindigkeit in Luft $v_{\text{S}} = 344$ m s^{-1}, und daraus ergibt sich bei einem Adiabaten-Koeffizienten $\kappa = 7/5$ für ihre rms-Geschwindigkeit $v_{\text{rms}} = 504$ m s^{-1}.

Die thermische Geschwindigkeit in einem Gas ist immer größer als die Schallgeschwindigkeit in diesem Gas.

7.2.2 Die Kenngrößen der Schallwelle

Mit der Schallwelle wird Energie transportiert, und es ist diese **Schallenergie**, auf die Schallempfänger wie z.B. unser Ohr reagieren. Die Schallenergie ergibt sich natürlich aus der Schwingungsenergie Gleichung (7.4) der Teilchen, sie lässt sich berechnen mithilfe der Kenngrößen der Schallwelle. Diese Kenngrößen sind

- Die Schallamplitude $\overline{\zeta}$, welche die maximale Auslenkung der Gasteilchen bei ihren Schwingungen um die Gleichgewichtslage angibt.
- Die Geschwindigkeitsamplitude $\overline{u}$, welche die maximale Auslenkungsgeschwindigkeit aus der Gleichgewichtslage angibt.
- Die Druckamplitude $\overline{P}$, die den maximalen Druck angibt, der durch die Auslenkung der Gasteilchen im Gas entsteht.

Wir wollen uns die Zusammenhänge zwischen diesen Kenngrößen überlegen.

Die Schwingung eines Gasteilchens an einem festen Ort z wird beschrieben durch

$$\zeta(z,t) = \overline{\zeta} \sin{(\omega \, t - k \, z)} \; . \tag{7.62}$$

Daraus ergibt sich sofort die Auslenkungsgeschwindigkeit, die man als **Schallschnelle** bezeichnet

$$u(z,t) = \frac{d\zeta}{dt} = \overline{\zeta}\,\omega\cos\left(\omega\,t - k\,z\right)\,, \tag{7.63}$$

mit der Geschwindigkeitsamplitude

$$\overline{u} = \omega\,\overline{\zeta}\,. \tag{7.64}$$

Es ist etwas schwieriger, den **Schallwechseldruck** zu berechnen. Wir benutzen wieder die Tatsache, dass durch die Druckdifferenz dP längs der Ausbreitungsrichtung eine rücktreibende Kraft aufgebaut wird

$$dF = -A\,\frac{dP}{dz}\,dz\,. \tag{7.65}$$

Aus diesem Zusammenhang zwischen Druckgradient und Kraftgradient folgt

$$\frac{dP}{dz} = -\frac{dF}{A\,dz} = -\frac{dm}{dV}\frac{d^2\zeta}{dt^2} = -\rho_m\frac{d^2\zeta}{dt^2}\,. \tag{7.66}$$

Außerdem wissen wir:

$$\frac{d^2\zeta}{dt^2} = -\overline{\zeta}\,\omega^2\sin\left(\omega\,t - k\,z\right) \qquad\qquad ,$$

und daher

$$P = \rho_m\,\overline{\zeta}\,\omega^2\int\sin\left(\omega\,t - k\,z\right)dz \tag{7.67}$$

$$= P_0 + \rho_m\,\overline{\zeta}\,\frac{\omega^2}{k}\cos\left(\omega\,t - k\,z\right)\,.$$

P_0 ist der normale Luftdruck, die Druckamplitude des Schallwechseldrucks beträgt

$$\overline{P} = \rho_m\,\overline{\zeta}\,\frac{\omega^2}{k} = \rho_m\,\overline{u}\,v_S\,. \tag{7.68}$$

Außerdem ist bemerkenswert, dass sich Geschwindigkeits- und Druckänderungen in Phase befinden, beide sind aber um $-\pi/2$ phasenverschoben gegen die Auslenkung der Gasteilchen.

Für die Energiedichte der Schallwelle finden wir nach Gleichung (7.4), und weil $\langle u^2\rangle = \overline{u}^2/2$, gilt

$$w_S = 2\,\frac{\langle W_{kin}\rangle}{V} = \frac{\rho_m}{2}\,\overline{u}^2 = \frac{\rho_m}{2}\,\omega^2\overline{\zeta}^2\,. \tag{7.69}$$

Dies kann auch als Funktion der Schalldruckamplitude angegeben werden

$$w_S = \frac{\rho_m}{2}\,\frac{\overline{P}^2}{(\rho_m\,v_S)^2} = \frac{1}{2\,\rho_m}\,\frac{\overline{P}^2}{v_S^2}\,. \tag{7.70}$$

Wichtig ist nicht die Energiedichte der Schallwelle, sondern die Energie, die pro Zeit und Empfängerfläche auf den Empfänger trifft. Diese Größe bezeichnet man als **Schallintensität** I_S, aus der Definition ergibt sie sich zu

$$I_S = 2 \frac{\langle W_{\mathrm{kin}} \rangle}{A\,\mathrm{d}z} \frac{\mathrm{d}z}{\mathrm{d}t} = w_S\, v_S \ . \tag{7.71}$$

Diese Beziehung gilt ganz allgemein:

Die Intensität einer Welle ist das Produkt aus Energiedichte der Welle und ihrer Ausbreitungsgeschwindigkeit.

In dem Fall der Schallwelle folgt daraus

$$I_S = \frac{1}{2\,\rho_m} \frac{\overline{P}^2}{v_S} \ . \tag{7.72}$$

Die Schallintensität ist also proportional zum Quadrat der Schalldruckamplitude.

Die Frequenzen der Schallwellen überstreichen einen Bereich von mehr als 6 Größenordnungen. Für eine Grobeinteilung hat man die in Tabelle 7.1 angegebenen Bereiche definiert. Das menschliche Ohr kann nur Schall mit

Tabelle 7.1. Die Zuordnung der Schallbereiche zu den Schallfrequenzen

$$
\begin{array}{ll}
\omega < 1 \cdot 10^2 \ \mathrm{s}^{-1} & \text{(Infraschall)} \\
1 \cdot 10^2 \ \mathrm{s}^{-1} < \omega < 1 \cdot 10^5 \ \mathrm{s}^{-1} & \text{(Hörbereich)} \\
1 \cdot 10^5 \ \mathrm{s}^{-1} < \omega & \text{(Ultraschall)} \\
5 \cdot 10^7 \ \mathrm{s}^{-1} < \omega & \text{(Hyperschall)}
\end{array}
$$

Frequenzen im Hörbereich wahrnehmen. Und zwar ist die Hörempfindlichkeit abhängig von der Schallfrequenz. Das Ohr ist am empfindlichsten für eine Frequenz $\omega_0 = 6 \cdot 10^3 \ \mathrm{s}^{-1}$. Bei dieser Frequenz werden noch Schallintensitäten von $I_S(\omega_0) = 10^{-12} \ \mathrm{W\,m}^{-2}$ wahrgenommen. Bei der Angabe der vom Ohr empfangenen Schallintensität muss man unterscheiden zwischen der Schallstärke

$$S = 10 \log_{10} \left(\frac{I_S}{10^{-12} \ \mathrm{W\,m}^{-2}} \right) \ , \tag{7.73}$$

die in Einheiten von $[S] = \mathrm{db}$ ("Dezibel") angegeben wird, und der Lautstärke

$$L = 10 \log_{10} \left(\frac{I_S(\omega)}{I_S(\omega_0)} \right) \ , \tag{7.74}$$

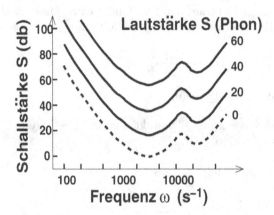

Abb. 7.8. Der Zusammenhang zwischen Schallstärke S und Lautstärke L bei verschiedenen Schallfrequenzen ω. Bei $\omega_0 = 6 \cdot 10^3$ s^{-1} ergibt sich für eine Schallintensität von 10^{-12} W m^{-2} eine Schallstärke $S = 0$ db und eine Lautstärke $L = 0$ Phon

welche die Frequenzabhängigkeit der Schallaufnahme durch das Ohr berücksichtigt. Die Einheit der Lautstärke ist $[L] =$ Phon. In Abb. 7.8 ist die frequenzabhängige Lautstärke für verschiedene Schallstärken gezeigt. Für $\omega = \omega_0$ beträgt die Lautstärke für $I_S(\omega_0) = 10^{-12}$ W m^{-2} laut Definition $L = 0$ Phon. Mithilfe dieser Definitionen können wir jetzt auch die Kenngrößen einer Schallwelle berechnen, wie sie typischerweise bei z.B. einem Gespräch auftreten. Betrachten wir eine Schallwelle mit einer Frequenz $\omega = \omega_0$ und einer Lautstärke $L = 20$ Phon. Dieser Lautstärke entspricht eine Schallintensität von $I_S = 1 \cdot 10^{-10}$ W m^{-2} und damit eine Druckamplitude gemäß Gleichung (7.72)

$$\overline{P} = \sqrt{2\,I_S\,\rho_m\,v_S} = 2{,}90 \cdot 10^{-4} \text{ Pa,}$$

wobei für die Massendichte der Luft $\rho_m = 1{,}2255$ kg m^{-3} und die Schallgeschwindigkeit bei Zimmertemperatur $v_S = 344$ m s^{-1} verwendet wurden. Für die Amplituden der Schallschnelle und der Auslenkung ergeben sich gemäß Gleichungen (7.64) und (7.68)

$$\overline{u} = \frac{\overline{P}}{\rho_m\,v_S} = 6{,}87 \cdot 10^{-7} \text{ m s}^{-1},$$

$$\overline{\zeta} = \frac{\overline{u}}{\omega_0} = 1{,}15 \cdot 10^{-10} \text{ m.}$$

Es ist verblüffend, dass bei einer derartigen Schallwelle die Auslenkung der Teilchen in der Luft nur von der Größenordung eines Atomdurchmessers ist. Zur Registrierung der Schallwelle bedarf es eines hochempfindlichen

Empfängers, wie z.B. unser Ohr einer ist. Die Auslenkung hängt allerdings von der Frequenz ab. Bei sehr tiefen Frequenzen und sehr großen Schallintensitäten können die Auslenkungen so groß werden, dass wir sie auch mit der Haut wahrnehmen können, wobei u.U. unserem Ohr dauernde Schäden zugefügt werden.

7.2.3 Der klassische Doppler-Effekt

Die Ausbreitung der Schallwellen verändert sich, wenn Schallsender und Schallempfänger nicht mehr ruhen relativ zum Medium, in dem sich der Schall ausbreitet. Die klassischen Transformationen von Raum und Zeit zwischen zwei Systemen, die sich relativ zueinander mit konstanter Geschwindigkeit bewegen, werden wir noch ausführlich in Kap. 11.1 diskutieren. Für das Problem der Schallausbreitung ist es zunächst ausreichend, wenn wir dieses Problem dahingehend einschränken, dass sich das System des Senders (Q) relativ zu dem System des Empfängers (B) in der gleichen z-Richtung bewegt, in der sich auch die Schallwelle ausbreitet (Q = Quelle, B = Beobachter). In diesem Fall gilt für jeden Ort entlang der z-Achse

$$z^{(Q)} = z^{(B)} - v_Q^{(B)} t = z^{(B)} + v_B^{(Q)} t \ , \tag{7.75}$$

wobei $v_Q^{(B)} = -v_B^{(Q)}$ die Relativgeschwindigkeit zwischen Sender und Empfänger ist und $z^{(Q)}$ bzw. $z^{(B)}$ der Ort im System der Senders bzw. des Empfängers ist. Aus dieser Beziehung zwischen den Systemen (Q) und (B) lässt sich folgern:

- Ortsdifferenzen $\Delta z^{(Q)}$ im Sendersystem (Q) sind gleich den Ortsdifferenzen $\Delta z^{(B)}$ im Empfängersystem (B). Das gilt insbesondere für die Ortsdifferenzen zwischen den Phasenebenen der ebenen Welle, also gilt

$$\lambda^{(Q)} = \lambda^{(B)} \ . \tag{7.76}$$

- Für die Schallgeschwindigkeiten im Sendersystem (Q) und im Empfängersystem (B) gilt

$$v_S^{(Q)} = v_S^{(B)} - v_Q^{(B)} = v_S^{(B)} + v_B^{(Q)} \ . \tag{7.77}$$

Wir betrachten als erstes den Fall, dass der Schallsender relativ zum Medium ruht. Im diesem Fall ist $v_S^{(Q)} = v_S$ und wir erhalten aus Gleichung (7.76)

$$2\pi \frac{v_S}{\omega^{(Q)}} = 2\pi \frac{v_S - v_B^{(Q)}}{\omega_1^{(B)}} \ , \tag{7.78}$$

also

$$\omega_1^{(B)} = \omega^{(Q)} \left(1 - \frac{v_B^{(Q)}}{v_S}\right) \ . \tag{7.79}$$

Die Frequenz, die der Empfänger registriert, ist verringert, wenn sich der Empfänger relativ zum Sender in Richtung der Schallwelle mir Relativgeschwindigkeit $v_B^{(Q)}$ bewegt.

Als nächstes betrachten wir den Fall, dass Empfänger und Medium relativ zueinander ruhen, und sich der Sender mit Geschwindigkeit $_Q^{(B)}$ in Richtung des Schalls bewegt. Dann ist $v_S^{(B)} = v_S$, und die Gleichung (7.76) ergibt

$$2\pi \frac{v_S - v_Q^{(B)}}{\omega^{(Q)}} = 2\pi \frac{v_S}{\omega_2^{(B)}} \ , \tag{7.80}$$

also

$$\omega_2^{(B)} = \omega^{(Q)} \frac{1}{1 - v_Q^{(B)}/v_S} \ . \tag{7.81}$$

Der Empfänger registriert in diesem Fall also eine höhere Frequenz.

Diese beiden Fälle sind nicht äquivalent, denn $v_Q^{(B)} > 0$ und $v_B^{(Q)} > 0$, da die Relativgeschwindigkeiten in beiden Fällen die Richtung der Schallwelle besitzen (positive z-Richtung). Man sollte allerdings erwarten, dass beide Fälle äquivalent werden, wenn sich im ersten Fall der Empfänger auf den Schallsender zubewegt, also $v_Q^{(B)} = -v_B^{(Q)} > 0$ gilt. Dann finden wir

$$\omega_1^{(B)} = \omega^{(Q)} \left(1 + \frac{|v_B^{(Q)}|}{v_S} \right) \tag{7.82}$$

$$\omega_2^{(B)} = \omega^{(Q)} \left(1 - \frac{|v_Q^{(B)}|}{v_S} \right)^{-1} \ .$$

Also in beiden Fällen ergibt sich eine Vergrößerung der empfangenen Frequenz. Trotzdem sind die Frequenzerhöhungen in beiden Fällen verschieden. Der Grund dafür liegt an dem Verhalten des Mediums, das im ersten Fall relativ zum Sender ruht und im zweiten Fall relativ zum Empfänger. Diese Fälle sind daher nicht wirklich äquivalent, sondern unterscheiden sich messbar. Dieser messbare Unterschied wird immer geringer, je kleiner die Relativgeschwindigkeiten verglichen mit der Schallgeschwindigkeit im Medium werden. Für $|v_B^{(Q)}| = |v_Q^{(B)}| \ll v_S$ gilt, wenn man den Ausdruck in der Klammer entwickelt,

$$\omega_2^{(B)} \approx \omega^{(Q)} \left(1 + \frac{|v_Q^{(B)}|}{v_S} \right) = \omega_1^{(B)} \ . \tag{7.83}$$

Bewegt sich der Empfänger auf den ruhenden Sender zu, beträgt die empfangene Schallfrequenz

$$\omega_1^{(B)} = \omega^{(Q)} \left(1 + \frac{|v_B^{(Q)}|}{v_S}\right) . \tag{7.84}$$

Bewegt sich der Sender auf den ruhenden Empfänger zu, beträgt die empfangene Schallfrequenz

$$\omega_2^{(B)} = \omega^{(Q)} \left(1 - \frac{|v_Q^{(B)}|}{v_S}\right)^{-1} . \tag{7.85}$$

Nur für $|v_B^{(Q)}| = |v_Q^{(B)}| \ll v_S$ gilt

$$\omega_2^{(B)} \approx \omega_1^{(B)} . \tag{7.86}$$

Es ist ganz offensichtlich, dass die Unterscheidung zwischen den beiden Fällen dann nicht mehr möglich ist, wenn das Medium seine entscheidende Rolle verliert, sich die Welle also auch ohne Medium ausbreiten kann. Dies ist der Fall für die Ausbreitung elektromagnetischer Wellen, die wir in Kap. 12.4 behandeln. Dann gilt unabhängig von der Größe der Relativgeschwindigkeiten immer

$$\omega_2^{(B)} = \omega_1^{(B)} .$$

7.2.4 Stehende Wellen

Als Schallsender verwenden wir Schallinstrumente. Diese sind mechanisch schwingende Systeme, auch unsere Stimme stellt ein derartiges System dar. Das Arbeitsprinzip der meisten Schallsender besteht in der Erzeugung **stehender Wellen**. Wir wollen uns daher kurz mit der physikalischen Beschreibung dieses Wellentyps beschäftigen.

Eine stehende Welle entsteht durch die Überlagerung einer hinlaufenden mit einer rücklaufenden Welle, wobei beide Wellen die gleiche Amplitude $\bar{x}$ und Frequenz ω besitzen. Die Überlagerung von Schwingungen haben wir in Kap. 7.1.2 behandelt. Auch Wellen können überlagert werden, wir werden darauf ausführlich im Kap. 10.2 eingehen. Für die stehende Welle bedeutet die Überlagerung

$$x(z,t) = \bar{x} \left(\sin\left(\omega t - k z + \delta_-\right) + \sin\left(\omega t + k z + \delta_+\right)\right) . \tag{7.87}$$

Mithilfe der Additionstheoreme der harmonischen Funktionen (siehe Anhang 4) ergibt sich daraus

$$x(z,t) = 2\,\bar{x} \left(\sin\left(\omega t + \delta\right) \cos\left(k z + \Delta\delta\right)\right) \tag{7.88}$$

mit

$$\delta = \frac{\delta_+ + \delta_-}{2} \quad \text{und} \quad \Delta\delta = \frac{\delta_+ - \delta_-}{2} \,. \tag{7.89}$$

Das bedeutet, die stehende Welle stellt zwei in der Zeit und im Ort unabhängige Schwingungen dar, deren Frequenz ω und Wellenzahl k über die Beziehung $v_{\mathrm{ph}} = \omega/k$ gekoppelt sind. Die Phase δ in Gleichung (7.88) wird durch den Zeitnullpunkt bestimmt, man kann sie ohne Einschränkung $\delta = 0$ setzen.

Die rücklaufende Welle, die gleiche Amplitude und Frequenz wie die hinlaufende Welle besitzt, wird i.A. durch Reflexion erzeugt. Bei der Reflexion kann u.U. ein Phasensprung zwischen hin- und rücklaufender Welle entstehen. Man findet:

$\Delta\delta = 0$ bei Reflexion am "freien Ende".
Die stehende Welle hat am Reflexionsende ein Auslenkungsmaximum, aber ein Druckminimum.

$\Delta\delta = \pi$ bei Reflexion am "festen Ende".
Die stehende Welle hat am Reflexionsende ein Auslenkungsminimum, aber ein Druckmaximum.

Die Erzeugung der hinlaufenden Welle an dem Ende, das dem Reflexionsende gegenüberliegt, verlangt dort entweder ein Auslenkungs- oder ein Druckmaximum. Es gibt daher nur bestimmte Wellenlängen λ_n, die beide Endbedingungen überhaupt erfüllen können. Diese Bedingungen nennt man die **Resonanzbedingungen**, die zugehörigen Resonanzwellenlängen λ_n leiten sich alle ab von einer Grundwellenlänge λ_g. In der Abb. 7.9 sind Grundformen der stehenden Welle in einer Gassäule der Länge l und mit freien oder festen Enden dargestellt. Für die möglichen Resonanzwellenlängen λ_n gilt bei $\lambda_g = 4\,l$:

- Das eine Ende frei, das andere Ende fest: $\lambda_n = \lambda_g/(2n - 1)\,; n > 0$
- Beide Enden frei oder beide Enden fest: $\lambda_n = \lambda_g/(2n)\,; n > 0$

Bei gleicher Länge der Gassäule besitzt z.B. eine an ihrem Ende geschlossene Pfeife eine doppelt so große Grundwellenlänge wie eine Pfeife, deren Ende offen ist, "gedeckelte Pfeifen erzeugen tiefere Töne". Durch Verkürzen der Senderlänge l kann man Schallwellen mit kleinen Wellenlängen, d.h. großen

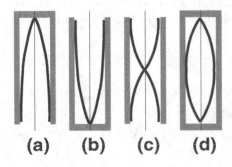

(a)   (b)   (c)   (d)

Abb. 7.9. Die Grundformen einer stehenden Welle in einem Rohr mit Länge l. Gezeigt ist die maximale Amplitude der Auslenkung. In (a) und (b) ist das Rohr einseitig offen, die Grundwellenlänge beträgt $\lambda = 4\,l$. In (c) und (d) ist das Rohr entweder beidseitig offen oder beidseitig geschlossen. Die Grundwellenlänge beträgt $\lambda = 2\,l$

Tonhöhen erzeugen. Dies zusammen mit der Anregung höherer Resonanz-wellenlängen mit $n > 1$ bildet das Prinzip der Schallerzeugung mithilfe der Schallinstrumente, die physikalisch gesehen **Schallresonatoren** sind.

Anmerkung 7.2.1: Mit den stehenden Wellen in einer Gassäule begegnet uns zum ersten Mal eine Situation, in der durch die Randbedingungen aus einer Vielzahl beliebiger Wellenlängen nur solche zugelassen werden, die diese Randbedingungen erfüllen. Später bei der Behandlung atomarer Systeme im Rahmen der Quantenme-chanik ist dies der Mechanismus, der zur Quantisierung von Observablen führt, die in der klassischen Physik beliebige Werte annehmen können.

8

Das elektrische und das magnetische Feld

In allen bisherigen Kapiteln haben wir uns fast ausschließlich mit solchen Phänomenen in der Natur beschäftigt, die mit der Existenz einer Masse m verknüpft sind. Das hatte einen ersichtlichen Grund, denn wir meinen, dass wir uns unter einer Masse etwas vorstellen können: Wir können sie sehen, wir können sie fühlen. Dass ein Körper mit Masse unter dem Einfluss der Gravitationskraft fällt, ist für uns eine so alltägliche Erfahrung, dass wir ohne Verständnisproblem gewillt sind, dies als Beweis für die Gültigkeit des 2. Newton'schen Axioms zu akzeptieren. Unser Verlangen nach Verständnis gemäß unserer Alltagserfahrungen ging soweit, dass wir selbst für Phänomene, die normalerweise so unbeobachtbar sind wie die Bewegung der Teilchen in einem Gas, ein mechanistisches Model entworfen haben und die Aussagen dieses Modells mit messbaren Größen wie Druck und Temperatur in Verbindung gebracht haben. Ist das immer möglich, kann man also die Natur im Rahmen mechanistischer Modelle verstehen?

Dies ist sicherlich unmöglich. Mit Beginn dieses Kapitels werden wir physikalische Gesetze zur Beschreibung der Natur entwickeln, in denen Größen vorkommen, die unser Alltagserfahrung fremd sind. Wir haben eine Vorstellung davon, was die kinetische Energie und der Impuls einer Masse sind, was aber sollen wir uns unter der Energie und dem Impuls eines elektrischen Felds vorstellen? Dies ist ein Problem, nicht ein Problem der Physik, sondern ihrer Interpretation und Darstellung mithilfe von Bildern, die uns geläufig sind.

Für Leute, die gerne in Bildern denken, machen wir uns zur Veranschaulichung folgendes Bild. Wenn wir durch dichten Nebel wandern, sehen wir nichts von der Natur, um uns an den bekannten Merkmalen zu orientieren und ans Ziel zu gelangen. Das Einzige, was uns hilft, ist ein guter Kompass. Beschreiben wir die Gesetze der Natur mithilfe von Größen, unter denen wir uns nichts vorstellen können, so hilft es wenig, für diese Größen nach einer anschaulichen Bedeutung zu suchen. Unser Kompass sollte die mathematische Korrektheit der physikalischen Gesetze sein, unser Ziel ihre Verifizierbarkeit in wiederholbaren Experimenten.

In den folgenden Kapiteln werden sich daher die Anforderungen an das Abstraktionsvermögen des Lesers stetig steigern. Wir beginnen jetzt mit der Behandlung von Gesetzmäßigkeiten, die mit der Existenz von elektrischen Ladungen q in der Natur verknüpft sind. Dieses Gebiet der Physik ist mit dem Begriff "Elektrodynamik" gekennzeichnet. Damit beginnt auch unser Weg in die moderne Physik. Die Entwicklung der Elektrodynamik stellt den Abschluss der klassischen Physik dar. Im Laufe dieser Entwicklung ergaben sich aber bereits Widersprüche, zum einen mit experimentellen Ergebnissen, zum anderen mit den Prinzipien der klassischen Physik. Insofern kann man auch den Standpunkt vertreten, dass mit der Entwicklung der Elektrodynamik der Weg in die moderne Physik beginnt.

8.1 Elektrostatik

Die Ursache für die **elektrische Kraft** F_C ist die elektrische Ladung q, wie wir bereits in Kap. 1.1.2 gelernt haben. Darüber hinaus existiert in der Natur auch eine **magnetische Kraft** F_L, deren Ursache bis hinein ins 19. Jahrhundert unbekannt war. In Kap. 8.3 werden wir uns mit diesem Problem auseinandersetzen. Zunächst behandeln wir die Frage: Welche Eigenschaften besitzt die elektrische Kraft, wenn im Raum eine beliebige Ladungsverteilung existiert, die sich zeitlich nicht verändert. Das Gebiet der Physik, das sich mit diesen Fragen beschäftigt, wird "**Elektrostatik**" genannt. Und für die Behandlung dieser Fragen werden neue Begriffe benötigt, die uns bisher nicht begegnet sind.

8.1.1 Die elektrische Ladung

Dass Körper mit Masse m auch eine elektrische Ladung q besitzen können, ist keineswegs Alltagserfahrung. Denn normalerweise sind alle in der Natur vorkommenden Körper elektrisch neutral, d.h. sie besitzen entweder keine elektrischen Ladungen oder sie besitzen eine gleiche Anzahl von zwei verschiedenen Ladungstypen, die sich in ihrer Wirkung gegenseitig kompensieren. Die Erkenntnis, dass in der Natur tatsächlich zwei verschiedene Ladungstypen auftreten, stammt von B. Franklin (1706 - 1790), der diese Ladungstypen mithilfe eines positiven (+) und eines negativen (-) Vorzeichens unterschied. Wird die Kompensation von positiven und negativen Ladungen gestört, indem die Anzahl des einen Ladungstyps z.B. durch Reiben an der Oberfläche eines Körpers verkleinert wird, dann wird die Wirkung des anderen Ladungstyps beobachtbar. Wir wissen bereits aus Kap. 1.1.2, worin diese Wirkung besteht: Ladungen von ungleichem Typ ziehen sich an, Ladungen von gleichem Typ stoßen sich ab. Im Experiment findet man, dass ein durch Reiben der Oberfläche aufgeladener Körper andere Körper stets anzieht. Warum das so ist, werden wir gleich lernen. Bernstein lässt sich z.B. durch Reiben aufladen, und daher kommt auch der Name des ganzen Gebiets: Griechisch $\eta\lambda\epsilon\kappa\tau\rho\rho\nu$

(ēlektron)= Bernstein. Für uns gegenwärtiger ist die Entladung elektrisch aufgeladener Wolken durch den Blitz. Auch hier entsteht die Aufladung der Wolken durch Reibung, nämlich mithilfe starker Aufwinde.

Elektrische Ladungen (von jetzt ab oft nur Ladungen genannt) treten in der Natur in Form von positiven (q^+) und negativen (q^-) Ladungen auf, und sie sind immer an eine Masse m gekoppelt, sodass $|q|/m$ endlich ist.

Nach unseren heutigen Vorstellungen über den Aufbau der Materie sind diese Aussagen unmittelbar einleuchtend.

Die Materie ist aufgebaut aus **Atomen**. Jedes Atom besitzt eine **Atomhülle** aus negativ geladenen **Elektronen** und einen **Atomkern** im Zentrum der Hülle, der positiv geladene **Protonen** und ungeladene **Neutronen** enthält.

Interessant sind die mit diesen Elementarbausteinen verbundenen Größenordnungen.

- Atomhülle: Radius $r_A \approx 10^{-10}$ m,
- Atomkern: Radius $r_K \approx 10^{-15}$ m.

Das Kernvolumen ist daher etwa 15 Größenordungen kleiner als das Atomvolumen.

- Elektron: Masse $m_e = 9{,}11 \cdot 10^{-31}$ kg, Ladung $q = -e$,
- Proton: Masse $m_p = 1{,}67 \cdot 10^{-27}$ kg, Ladung $q = +e$,
- Neutron: Masse $m_n = 1{,}67 \cdot 10^{-27}$ kg, Ladung $q = 0$.

Die Masse des Atoms ist also fast vollständig im Atomkern konzentriert. Vergleicht man die Massendichte der Atomhülle ρ_m(Hülle) mit der Massendichte des Atomkerns ρ_m(Kern), so findet man ein Verhältnis ρ_m(Kern)$/\rho_m$(Hülle) $\approx 5 \cdot 10^{18}$.

Da das Atom im Normalfall nach außen hin elektrisch neutral ist, muss die Anzahl Z der Elektronen in der Hülle genauso groß sein wie die Anzahl Z der Protonen im Kern. Z wird die **Ordnungszahl** des Atoms genannt. Die Anzahl der Neutronen im Kern wird mit der **Neutronenzahl** N angegeben, bei Atomen mit kleiner Ordnungszahl ist $N \approx Z$. Bei hohen Ordnungszahlen ist immer $N > Z$ für die in der Natur vorkommenden stabilen Atomkerne. Das Atom mit der größten in der Natur vorkommenden Ordnungszahl, das noch praktisch stabil ist, ist das Uranatom mit $Z = 92$ und $N = 146$. Um Atome zu kennzeichnen, führt man eine **Nomenklatur** ein, die neben Z und N auch die **Massenzahl** $A = Z + N$ des Atoms angibt, und das chemische Symbol des entsprechenden Elements. Zum Beispiel hat das oben genannte Uranatom die Nomenklatur

$$^{238}_{92}\text{U}_{146} \quad \text{oder allgemein} \quad ^A_Z\text{X}_N \quad \text{bzw.} \quad ^A_Z\text{X} \ .$$

Entfernt man ein Elektron aus der Hülle des Atoms z.B. durch engen Kontakt mit einem anderen Material (=Reiben), bleibt ein einfach geladenes Atom

$_Z^A$X$^+$ an der Kontaktfläche zurück, das man als positiv geladenes **Ion** bezeichnet. Aufgrund dieser Tatsachen erkennen wir:

> Die kleinste, frei in der Natur vorkommende Ladungseinheit ist die **Elementarladung** $e = 1{,}6 \cdot 10^{-19}$ C mit der SI Einheit $[q] = $ C "Coulomb". In der Natur gibt es positive $(+e)$ und negative $(-e)$ Elementarladungen.

Diese Aussage weist auf ein Problem hin: Was ist die Einheit der Ladung, und wie messen wir Ladungen? Im SI ist die elektrische Ladung keine Basismessgröße, sondern eine aus dem elektrischen Strom I abgeleitete Messgröße. Der Strom ist die Basismessgröße, wie seine Basismaßeinheit $[I] = $ A "Ampere" durch eine Messvorschrift definiert wird, behandeln wir in Kap. 8.3.2. Da wir uns aber jetzt schon mit Ladungen beschäftigen, können wir als vorläufige Maßeinheit einfach $[q] = 6{,}24 \cdot 10^{18}\,e$ verwenden, denn jede Ladung ist ein Vielfaches von $\pm e$. Auch die Messung einer Ladung geschieht am besten über die Messung des elektrischen Stroms, der entsteht, wenn die Ladung an einen anderen Ort transportiert wird. Im Vorgriff auf Kap. 8.2 definieren wir

$$q = \int I \, \mathrm{d}t \quad , \quad [q] = \mathrm{C} = \mathrm{A\,s}^{-1} \, . \tag{8.1}$$

Der Transport von Ladungen ist allerdings nur bei Verwendung eines **elektrischen Leiters** möglich. Ist eine Bernsteinoberfläche durch Reiben mit Elektronen aufgeladen, bleiben diese Elektronen an ihren Orten, sie wandern nicht über die Oberfläche des Bernsteins. Man nennt solche Materialien (elektrische) Nichtleiter.

> In einem Nichtleiter können sich Ladungen nicht frei bewegen.

Es gibt aber auch Materialien, z.B. Kupfer, in denen sich Elektronen frei bewegen können. Derartige Materialien nennt man (elektrische) Leiter.

> In einem Leiter können sich Ladungen frei bewegen.

Wie frei diese Bewegung wirklich ist, werden wir in Kap. 8.2.1 besprechen. Im Augenblick interessiert uns ein anderes Phänomen, durch das sich Nichtleiter und Leiter unterscheiden und das mit dem Begriff des elektrischen Felds eng verknüpft ist.

Nehmen wir an, wir bringen eine Oberfläche, die durch Reiben positiv aufgeladen ist, in die Nähe eines Nichtleiters bzw. eines Leiters, wie in Abb. 8.1 dargestellt. Folgendes wird dann geschehen. Aufgrund der elektrischen Kraft wird die Oberflächenladung auf die Elektronen in dem Nichtleiter bzw. Leiter wirken. Im Nichtleiter können sich die Elektronen nicht frei bewegen, sie bleiben in der Hülle an die Atomkerne gebunden. Sie können sich aber innerhalb der Hülle bewegen und sich an den Orten sammeln, die möglichst nahe an der geladenen Oberfläche sind. Dadurch verschiebt sich der Ladungsmittelpunkt im Atom, man sagt, das Atom wird **polarisiert**.

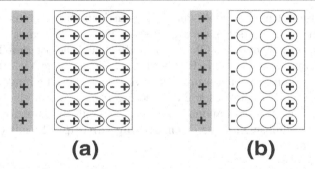

Abb. 8.1. Die Wirkung einer positiven Ladung (*jeweils links*) auf einen Nichtleiter (a) und auf einen Leiter (b). Im Nichtleiter werden die Ladungen polarisiert, im Leiter werden die Ladungen getrennt

Unter der Wirkung der elektrischen Kraft, die von Oberflächenladungen verursacht wird, lassen sich die Atome in einem Nichtleiter polarisieren.

In einem Leiter können die Elektronen, da frei beweglich, an die Orte in dem gesamten Leiter wandern, die den Oberflächenladungen am nächsten sind. Dadurch werden die Elektronen von ihren positiv geladenen, aber unbeweglichen Rumpfionen im Leiter getrennt. Man nennt diesen Vorgang **Influenz**.

Unter der Wirkung der elektrischen Kraft, die von Oberflächenladungen verursacht wird, lassen sich die Ladungen in einem Leiter trennen.

Ähnlich zur Influenz ist der Effekt, dass sich die Elektronen auf der Oberfläche eines Leiters sammeln, wenn man ihn mit Elektronen auflädt. Die Oberfläche ergibt die Gesamtheit der Orte, auf denen sich die Elektronen im Mittel am weitesten von einander entfernen.

Überschüssige Elektronen befinden sich immer auf der Oberfläche eines Leiters.

Durch Polarisation im Nichtleiter bzw. Influenz im Leiter wird die Existenz von Ladungen beobachtbar. Denn es entstehen geladene Oberflächen, zwischen denen immer eine attraktive elektrische Kraft wirkt, wie wir anhand der Abb. 8.1 erkennen.

Werden bei diesen Prozessen neue Ladungen erzeugt, oder gehen Ladungen verloren? Beides nicht, denn es gilt das

Erhaltungsgesetz der elektrischen Ladung:
In einem abgeschlossenen System bleibt die Gesamtladung erhalten.

$$\sum_{i=1}^{n} q_i = q_{\text{tot}} = \text{konst.} \tag{8.2}$$

Es ist offensichtlich, dass viele der in diesem Kapitel benutzten Formulierungen wenig präzise erscheinen. Denn was heißt z.B. "Wirkung der elektrischen Kraft, verursacht durch Oberflächenladungen"? Dies ist zum Teil darauf zurückzuführen, dass uns die Erfahrung fehlte, wie sich eine Vielzahl von Ladungen q_i im Raum verteilen kann. Jetzt wissen wir, dass Ladungen getrennt werden können. Das heißt, es kann Gebiete geben, in denen ein Überschuss des einen Ladungstyps vorhanden ist, also $q_{tot} \neq 0$ gilt. In diesem Fall können wir für diese Ladungsverteilung einen **Ladungsmittelpunkt** mit Ortsvektor $\boldsymbol{R}_C$ definieren.

Der Ladungsmittelpunkt C einer Verteilung von n Ladungen q_i ist gegeben durch

$$\boldsymbol{R}_C = \frac{1}{q_{tot}} \sum_{i=1}^{n} \boldsymbol{R}_i \, q_i \quad \text{mit} \quad q_{tot} = \sum_{i=1}^{n} q_i \neq 0 \, . \tag{8.3}$$

Der Lagevektor $\boldsymbol{R}_i$ definiert den Ort der Ladung q_i. Die Definition (8.3) ist analog zur Definition des Massenmittelpunkts in Kap. 3.1.1. Wie wir dort weiterhin diskutiert haben, kann es auch bei der Verteilung von Ladungen geschehen, dass die experimentelle Auflösung es nur erlaubt, eine kontinuierliche Ladungsverteilung zu erkennen, die durch eine **elektrische Ladungsdichte** beschrieben wird. Wir werden kontinuierliche Ladungsdichten so kennzeichnen:

Kontinuierlich im Volumen V $\rightarrow$ $\rho_C(\boldsymbol{R}) = \mathrm{d}q/\mathrm{d}V = q \, \mathrm{d}n/\mathrm{d}V$.
Kontinuierlich auf Fläche A $\rightarrow$ $\sigma_C(\boldsymbol{R}) = \mathrm{d}q/\mathrm{d}A = q \, \mathrm{d}n/\mathrm{d}A$.
Kontinuierlich längs Kurve l $\rightarrow$ $\lambda_C(\boldsymbol{R}) = \mathrm{d}q/\mathrm{d}l\ = q \, \mathrm{d}n/\mathrm{d}l$.

In den folgenden Kapiteln werden wir uns überwiegend mit solchen Ladungsdichten beschäftigen, die über einen endlichen Bereich integriert eine von null verschiedene Gesamtladung ergeben.

Es kommt aber auch vor, dass in einem endlichen Bereich immer eine gleiche Anzahl von positiven und negativen Ladungen vorhanden ist, also $q_{tot} = 0$ gilt. Dann existiert ein Theorem in der Elektrostatik, dass man derartige Ladungsverteilungen immer in Multipolverteilungen zerlegen kann. Ein **Multipol** ist eine Ladungsverteilung aus 2^l Einzelladungen, von denen $n^+ = 2^l/2$ positiv und $n^- = 2^l/2$ negativ sind. Die Einzelladungen befinden sich an speziellen Orten im Raum, sodass jeder Multipol seine eigene Symmetrie besitzt. Zum Beispiel gilt für alle Multipole mit geradem l, dass ihre Ladungsmittelpunkte, getrennt nach Ladungsvorzeichen, am gleichen Ort liegen, also $\boldsymbol{R}_C^+ = \boldsymbol{R}_C^-$. Für die Multipole mit ungeradem l dagegen gilt $\boldsymbol{R}_C^+ \neq \boldsymbol{R}_C^-$. Die niedrigsten Multipole mit ihren Ladungskoordinaten in einem kartesische Koordinatensystem (x,y,z) sind

- $l = 1$: **Elektrischer Dipol**
  Positive Ladung $(0, 0, 1)$
  Negative Ladung $(0, 0, -1)$
- $l = 2$: **Elektrischer Quadrupol**
  Positive Ladung $(1, 1, 0), (-1, -1, 0)$
  Negative Ladung $(-1, 1, 0), (1, -1, 0)$
- $l = 3$: **Elektrischer Oktopol**
  Positive Ladung $(1, 1, 1), (1, -1, 1), (-1, -1, 1), (1, -1, -1)$
  Negative Ladung $(-1, 1, 1), (1, 1, -1), (-1, -1, -1), (-1, 1, -1)$.

Obwohl für alle diese Ladungsverteilungen $q_{\text{tot}} = 0$ gilt, üben sie doch eine Wirkung auf andere Ladungen in ihrer Umgebung aus. Wir werden uns im Kap. 8.1.4 nur mit der Wirkung des elektrischen Dipols beschäftigen.

8.1.2 Das elektrische Feld

Wir wissen aus Kap. 1.1.2: Elektrische Ladungen q_i sind die Ursache für die elektrische Kraft $\boldsymbol{F}_{\mathrm{C}}$. Zwischen 2 Ladungen q und q_0 wirkt die Kraft $\boldsymbol{F}_{\mathrm{C}}$, die auch **Coulomb-Kraft** genannt wird

$$\boldsymbol{F}_{\mathrm{C}} = \frac{1}{4\pi\,\epsilon_0}\,\frac{q\,q_0}{r^2}\,\widehat{\boldsymbol{r}}\;, \tag{8.4}$$

wobei $\boldsymbol{r}$ der Abstandsvektor zwischen den Ladungen ist. Diese Kraft ist anziehend ($F_{\mathrm{C}} < 0$), wenn q und q_0 verschiedene Vorzeichen besitzen, sie ist abstoßend ($F_{\mathrm{C}} > 0$), wenn q und q_0 das gleiche Vorzeichen besitzen. Der Vorfaktor $1/(4\pi\,\epsilon_0)$ taucht auf, weil wir alle physikalischen Größen mit ihren SI-Einheiten angeben.

ϵ_0 wird elektrische Feldkonstante genannt, sie besitzt im SI den Wert

$$\epsilon_0 = 8{,}854 \cdot 10^{-12}\ \mathrm{C}^2\ \mathrm{m}^{-2}\ \mathrm{N}^{-1}\;. \tag{8.5}$$

Der Vorfaktor $1/(4\pi\,\epsilon_0) = 8{,}9875 \cdot 10^9\ \mathrm{N}\ \mathrm{m}^2\ \mathrm{C}^{-2}$ ist also sehr groß und impliziert, dass die elektrische Kraft $|\boldsymbol{F}_{\mathrm{C}}|$ sehr viel stärker ist als die Gravitationskraft $|\boldsymbol{F}_{\mathrm{G}}|$, siehe Kap. 1.1.3.

Wie wirkt die Kraft $\boldsymbol{F}_{\mathrm{C}}$ zwischen den beliebigen Ladungen q und q_0 über den Abstand $\boldsymbol{r}$? Solange sich die Ladung q nicht verändert, weder in ihrer Größe noch in ihrer Lage, kann man sich vorstellen, dass q die Ursache für ein überall im Raum vorhandenes, statisches elektrisches Feld $\boldsymbol{E}(\boldsymbol{r})$ ist und dass die elektrische Kraft $\boldsymbol{F}_{\mathrm{C}}$ auf die Ladung q_0 gegeben ist durch

$$\boldsymbol{F}_{\mathrm{C}}(\boldsymbol{r}) = q_0\,\boldsymbol{E}(\boldsymbol{r})\;. \tag{8.6}$$

Daraus ergibt sich auch die Definitionsgleichung für das elektrische Feld:

Das elektrische Feld ist gegeben durch die elektrische Kraft pro Probeladung

$$E(r) = \frac{F_C(r)}{q_0} \quad , \quad [E] = \text{N C}^{-1} \, . \tag{8.7}$$

Die Probeladung q_0 ist also ein Ladungspunkt, d.h. ein mit Ladung behafteter Massenpunkt, der das durch die Ladung q erzeugte elektrische Feld $F_C(r)$ "abtastet". Wir verlangen, dass die Probeladung keine Ausdehnung besitze, damit der Ort r, an dem das elektrische Feld bestimmt wird, auch eindeutig definiert ist. Von einem elektrischen Ladungspunkt q wird daher überall im Raum ein elektrisches Feld

$$E(r) = \frac{1}{4\pi\epsilon_0} \frac{q}{r^2} \widehat{r} \tag{8.8}$$

erzeugt. Der Feldbegriff ist von fundamentaler Bedeutung in der modernen Physik, denn er erlaubt es, die Wirkung einer ganz allgemein verstandenen "Ladung" zu beschreiben, ohne dass das Objekt, auf das die Ladung wirkt, spezifiziert werden muss. Solange die Verteilung der elektrischen Ladungen statisch ist, ist dieses Konzept ohne Probleme durchführbar. Erst wenn die Ladungen sich verändern, entsteht die Frage, wie das Feld auf diese Veränderungen reagiert, insbesondere also die Frage nach der Ausbreitungsgeschwindigkeit des Felds. Wir werden in Kap. 9.4.3 lernen, dass die Ausbreitungsgeschwindigkeit endlich ist und dies zur Entstehung elektromagnetischer Wellen führt, wenn sich elektrische Ladungen verändern.

Das elektrische Feld (8.7) eines einzelnen Ladungspunkts q ist ein Vektorfeld, d.h. wir müssen bei seiner grafischen Darstellung sowohl seine Größe wie auch seine Richtung angeben. Gewöhnlich verwendet man für die Darstellung eines Vektorfelds die **Feldlinien**. Die Tangente an die Feldlinien in Richtung der Feldlinien ergibt die Richtung des Vektorfelds, die Anzahl der Feldlinien pro Fläche senkrecht zu den Feldlinien ergibt die Stärke des Vektorfelds. In Abb. 8.2 ist dieses Feldlinienkonzept für einen positiven bzw. negativen Ladungspunkt dargestellt. In diesen speziellen Fällen fallen Feldlinien und Richtung des elektrischen Felds zusammen. Aus Symmetriegründen sind die Flächen senkrecht zu den Feldlinien die Kugelschalen mit dem Ladungsmittelpunkt als Zentrum.

Das elektrische Feld einer Vielzahl von Ladungspunkten q_i ergibt sich durch die Summe über die elektrischen Felder, die von jedem einzelnen Ladungspunkt erzeugt werden:

$$E(r) = \sum_{i=1}^{n} E_i(r_i) \quad \text{mit} \quad E_i(r_i) = \frac{1}{4\pi\epsilon_0} \frac{q_i}{r_i^2} \widehat{r}_i \, . \tag{8.9}$$

Die Angabe des Abstandsvektors r_i von der Ladung q_i zu einem beliebigen Punkt r im Raum verlangt, dass wir den Lagevektor R_i für jede Ladung

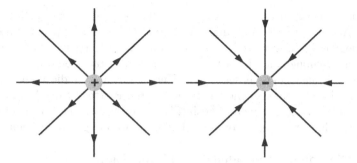

Abb. 8.2. Elektrische Feldlinien und ihre Richtungen, die das elektrische Feld einer positiven Punktladung (*links*) bzw. einer negativen Punktladung (*rechts*) charakterisieren.

q_i angeben, d.h. wir benötigen ein rechtshändiges kartesisches Koordinatensystem. Als Ursprung dieses Koordinatensystems wählt man zweckmäßig den Ladungsmittelpunkt C. Diese Wahl des Koordinatenursprungs bedeutet daher $R_C = 0$, und mit dieser Wahl gilt für die Abstands- und Lagevektoren

$$r_i = r - R_i \,, \tag{8.10}$$

d.h. das elektrische Feld der Ladungspunkte ergibt sich zu

$$E(r) = \frac{1}{4\pi\epsilon_0} \sum_{i=1}^{n} q_i \frac{r - R_i}{|r - R_i|^3} \,. \tag{8.11}$$

Wir beschreiben jetzt die Verteilung der Ladungspunkte mithilfe der kontinuierlichen Ladungsverteilung $\rho_C(R)$ und finden:

Das elektrische Feld einer räumlichen Ladungsverteilung $\rho_C(R)$ lautet

$$E(r) = \frac{1}{4\pi\epsilon_0} \int_V \rho_C(R) \frac{r - R}{|r - R|^3} \, dV \,. \tag{8.12}$$

Dies lässt sich vereinfachen zu

$$E(r) = \frac{\rho_C}{4\pi\epsilon_0} \int_V \frac{r - R}{|r - R|^3} \, dV \,, \tag{8.13}$$

wenn die Ladungsverteilung homogen ist, d.h. $\rho_C = $ konst gilt.

Integrale vom Typ (8.12) oder (8.13) sind schwierig zu lösen. Es ist daher von großem Vorteil, dass noch andere Methoden existieren, um das elektrische Feld einer homogenen Ladungsverteilung zu berechnen. Mit einer Methode wollen wir uns jetzt beschäftigen, die dann anwendbar ist, wenn die Ladungsverteilung durch besondere Symmetrien ausgezeichnet ist. Zum Beispiel ist eine homogene Ladungsverteilung in einer Kugel invariant gegen Rotationen um jede Achse durch den Ladungsmittelpunkt C, sie besitzt Kugelsymmetrie. Die homogene Ladungsverteilung in einem unendlich langen Zylinder mit der z-Achse als Symmentrieachse ist invariant gegen Rotationen um diese Achse und Translationen längs dieser Achse. Und schließlich ist die homogene Ladungsverteilung in einer unendlich ausgedehnten Platte mit der Normalen als z-Achse invariant gegen jede Translation in der x, y-Ebene. Wir wollen die elektrischen Felder dieser besonderen Ladungsverteilungen berechnen.

(A) Die homogen geladene Kugel mit Radius R_K
Das elektrische Feld besitzt, wie die Ladungsverteilung ρ_C, Kugelsymmetrie bezüglich des Ladungsmittelpunkts C. Daher muss gelten

$$E(\boldsymbol{r}) = E(r)\,\widehat{\boldsymbol{r}} \quad , \text{d.h. } E(r) = \text{ konst für } r = \text{ konst.} \qquad (8.14)$$

Um die Komponente $E(r)$ des elektrischen Felds zu berechnen, müssen wir das Integral (8.13) lösen, also

$$E(r) = \frac{\rho_\mathrm{C}}{4\pi\epsilon_0} \int\limits_V \frac{1}{|\boldsymbol{r} - \boldsymbol{R}|^2}\, \mathrm{d}V \ . \qquad (8.15)$$

Dieses Integral ist lösbar, allerdings nur mit Methoden, auf die wir hier nicht eingehen wollen. Für $r \geq R_\mathrm{K}$ ergibt sich

$$E(r) = \frac{\rho_\mathrm{C}}{4\pi\epsilon_0}\, \frac{4\pi}{3}\, \frac{R_\mathrm{K}^3}{r^2} = \frac{1}{4\pi\epsilon_0}\, \frac{q_\text{tot}}{r^2} \ . \qquad (8.16)$$

Das bedeutet, dass das elektrische Feld einer homogen geladenen Kugel außerhalb der Kugel identisch mit dem Feld ist, das ein Ladungspunkt am Ort $\boldsymbol{R}_\mathrm{C} = 0$ mit der Ladung q_tot erzeugt.

Dieses Ergebnis lässt sich formal auch auf einem einfacheren Weg herleiten, der noch direkter die Symmetrie des Felds benutzt. Wir schließen die geladene Kugel in eine Kugelschale mit Zentrum im Ladungsmittelpunkt C und mit Radius $r \geq R_\mathrm{K}$ ein. Ein Flächenelement auf dieser Kugelschale mit $r = \text{konst}$ betrágt $\mathrm{d}\boldsymbol{A} = \widehat{\boldsymbol{r}}\,\mathrm{d}A$, und daher ergibt das Feldintegral über die geschlossene Kugelschalenfläche

$$\oint E(\boldsymbol{r}) \cdot \mathrm{d}\boldsymbol{A} = \frac{q_\text{tot}}{4\pi\epsilon_0}\, \frac{1}{r^2} \oint \widehat{\boldsymbol{r}} \cdot \widehat{\boldsymbol{r}}\, \mathrm{d}A = \frac{q_\text{tot}}{4\pi\epsilon_0}\, \frac{4\pi r^2}{r^2} = \frac{q_\text{tot}}{\epsilon_0} \ . \qquad (8.17)$$

Diese Integralschreibweise $\oint$ macht darauf aufmerksam, dass die Integration über eine geschlossene Fläche A (oder früher in Kap. 2.3 über einen geschlossenen Weg s) ausgeführt werden muss. Wir werden nur solche Fälle behandeln, bei denen diese Integration problemlos durchzuführen ist und einen Wert proportional zur geschlossenen Fläche A (bzw. zum geschlossene Weg s) ergibt.

Das skalare Produkt

$$\Phi_{\mathrm{E}} = \int_A \boldsymbol{E} \cdot \mathrm{d}\boldsymbol{A} \tag{8.18}$$

bezeichnet man als **elektrischen Fluss** durch die Fläche $\boldsymbol{A}$. Ganz allgemein gilt für das elektrische Feld einer beliebigen Ladungsverteilung

Gauss'sches Gesetz: Der elektrische Fluss, integriert über eine geschlossene Fläche, ist gleich der Gesamtladung $q_{\mathrm{tot}}/\epsilon_0$ in dem Volumen, das von der Fäche eingeschlossen wird

$$\oint \mathrm{d}\Phi_{\mathrm{E}} = \oint \boldsymbol{E} \cdot \mathrm{d}\boldsymbol{A} = \frac{q_{\mathrm{tot}}}{\epsilon_0} . \tag{8.19}$$

Da die Gestalt der geschlossenen Fläche nicht vorgegeben ist, kann man sie in solchen Fällen, in denen wir die Eigenschaften des Felds anhand der Symmetrie der Ladungsverteilung kennen, so wählen, dass auf der Fläche E konstant ist und der elektrische Fluss u.U. sogar verschwindet, was immer der Fall ist, wenn $\boldsymbol{E}$ und $\mathrm{d}\boldsymbol{A}$ senkrecht aufeinander stehen. Andererseits lassen sich auch solche Fälle relativ leicht behandeln, bei denen $\boldsymbol{E}$ und $\mathrm{d}\boldsymbol{A}$ immer parallel liegen. Wir haben einen solchen Fall, die homogen geladene Kugel, gerade kennen gelernt.

- Für $r \geq R_{\mathrm{K}}$ ergibt sich

$$\oint \mathrm{d}\Phi_{\mathrm{E}} = E(r)\, 4\pi\, r^2 = \frac{q_{\mathrm{tot}}}{\epsilon_0} \quad \rightarrow \quad E(r) = \frac{1}{4\pi\epsilon_0} \frac{q_{\mathrm{tot}}}{r^2}\, \widehat{\boldsymbol{r}} . \tag{8.20}$$

- Für $r < R_{\mathrm{K}}$ ist die Ladung in dem eingeschlossenen Volumen nur

$$q = q_{\mathrm{tot}}\, \frac{r^3}{R_{\mathrm{K}}^3} \tag{8.21}$$

und daher

$$\oint \mathrm{d}\Phi_{\mathrm{E}} = E(r)\, 4\pi\, r^2 = \frac{q_{\mathrm{tot}}}{\epsilon_0}\, \frac{r^3}{R_{\mathrm{K}}^3} \quad \rightarrow \quad E(r) = \frac{q_{\mathrm{tot}}}{4\pi\epsilon_0}\, \frac{r}{R_{\mathrm{K}}^3}\, \widehat{\boldsymbol{r}} . \tag{8.22}$$

- Befindet sich die Ladung allein auf der Kugeloberfläche $r = R_{\mathrm{K}}$, dann ist die Ladung $q = 0$ im Inneren der Kugel mit $r < R_{\mathrm{K}}$, und es gilt

$$\oint \mathrm{d}\Phi_{\mathrm{E}} = E(r)\, 4\pi\, r^2 = 0 \quad \rightarrow \quad E(r) = 0 . \tag{8.23}$$

Der letzte Fall tritt z.B. auf, wenn eine leitende Kugel aufgeladen wird. Aber diese Aussage gilt ganz allgemein:

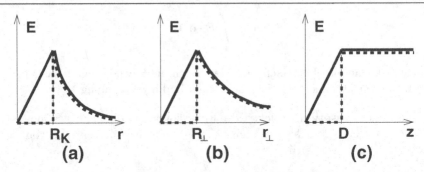

Abb. 8.3. Die elektrische Feldstärke E einer Kugel mit Radius R_K (a), eines unendlich langen Zylinders mit Radius $R_\perp$ (b) , einer unendlich ausgedehnten Platte mit Dicke $2\,D$ (c). Die *ausgezogenen Kurven* zeigen die Feldstärke für einen homogen geladenen Körper, die *gestrichelten Kurven* gelten für einen Körper, der nur auf seiner Oberfläche geladen ist. Im Außenraum ist bei gleicher Ladung die Feldstärke unabhängig davon, wie die Ladung im Körper verteilt ist. Im Inneren eines Körpers verschwindet die Feldstärke, wenn nur die Oberfläche des Körpers geladen ist

> Im Inneren eines statisch aufgeladenen Leiters verschwindet das elektrische Feld.

In Abb. 8.3 ist das elektrische Feld $E(r)$ für eine homogen geladene Kugel und für einen Kugelleiter dargestellt. Auf die Bedeutung der Tatsache, dass der Raum im Inneren eines Leiters im statischen Fall immer feldfrei ist, werden wir noch gesondert zurückkommen.

(B) Der homogen geladene Zylinder mit Radius $R_\perp$
Der Zylinder besitzt eine Symmetrieachse, die gleichzeitig z-Achse des Koordinatensystems ist. Ist der Zylinder längs dieser Achse unendlich ausgedehnt, ist die Ladungsverteilung ρ_C invariant gegen Rotationen und Translationen bezüglich der z-Achse, und für das elektrische Feld folgt

$$E(r) = E(r_\perp)\,\widehat{r}_\perp \quad , \text{d.h. } E(r_\perp) = \text{ konst für } r_\perp = \text{konst.} \qquad (8.24)$$

Wir werden uns jetzt gar nicht mehr bemühen, $E(r_\perp)$ mithilfe des Integrals (8.13) zu berechnen, sondern wir benutzen sofort das Gauss'sche Gesetz. Als geschlossene Fläche um den Zylinder wählen wir wiederum einen Zylinder mit dem Radius $r_\perp$ und der Länge l längs der z-Achse. Auf dem Zylindermantel $r_\perp = \text{konst}$ ist das Feld $E(r_\perp)$ konstant und hat die Richtung $\widehat{r}_\perp = \text{d}\widehat{A}$, auf der oberen und unteren Zylinderkappe gilt $E(r_\perp) \cdot \text{d}A = 0$, weil die Vektoren $E(r_\perp)$ und $\text{d}A$ senkrecht aufeinander stehen. Wir unterscheiden folgende Fälle:

- Für $r_\perp \geq R_\perp$ ergibt sich

$$\oint \text{d}\Phi_E = E(r_\perp)\,2\pi\,r_\perp\,l = \frac{q_{\text{tot}}}{\epsilon_0}$$

$$\rightarrow \quad \boldsymbol{E}(r_\perp) = \frac{1}{2\pi\epsilon_0} \frac{q_{\text{tot}}/l}{r_\perp} \widehat{\boldsymbol{r}}_\perp \ . \tag{8.25}$$

Für eine homogene Ladungsverteilung ist $q_{\text{tot}}/l = \lambda_{\text{C}}$, d.h. es gilt

$$\boldsymbol{E}(r_\perp) = \frac{1}{2\pi\epsilon_0} \frac{\lambda_{\text{C}}}{r_\perp} \widehat{\boldsymbol{r}}_\perp \ . \tag{8.26}$$

- Für $r_\perp < R_\perp$ ist die Ladung in dem eingeschlossenen Volumen nur

$$q = q_{\text{tot}} \frac{r_\perp^2}{R_\perp^2} \tag{8.27}$$

und daher

$$\oint \mathrm{d}\Phi_{\text{E}} = E(r_\perp)\, 2\pi\, r_\perp\, l = \frac{q_{\text{tot}}}{\epsilon_0} \frac{r_\perp^2}{R_\perp^2}$$

$$\rightarrow \quad \boldsymbol{E}(r_\perp) = \frac{\lambda_{\text{C}}}{2\pi\epsilon_0} \frac{r_\perp}{R_\perp^2} \widehat{\boldsymbol{r}}_\perp \ . \tag{8.28}$$

- Befindet sich die Ladung allein auf dem Zylindermantel $r_\perp = R_\perp$, dann ist die Ladung $q = 0$ im Inneren des Zylinders mit $r_\perp < R_\perp$, und es gilt

$$\oint \mathrm{d}\Phi_{\text{E}} = E(r)\, 2\pi\, r_\perp = 0 \quad \rightarrow \quad \boldsymbol{E}(r_\perp) = 0 \ . \tag{8.29}$$

Natürlich finden wir auch jetzt, dass das elektrische Feld im Inneren eines statisch aufgeladenen, leitenden Zylinders verschwindet. Die Feldverteilungen für einen Zylinder sind in Abb. 8.3 gezeigt. Man kann diesen Zylinder aber auch als einen leitenden Draht auffassen, durch den z.B. ein elektrischer Strom fließt. Und es sei jetzt schon darauf hingewiesen, dass die Bedingungen für eine statische Aufladung dann nicht mehr erfüllt sind. Vielmehr gilt bei Stromfluss $q_{\text{tot}} = 0$, und im Inneren des Zylinders existiert ein elektrisches Feld.

(C) Die homogen geladene Platte mit Dicke $2D$
Wir wählen das kartesische Koordinatensystem so, dass seine z-Achse auch die Normale auf die unendlich ausgedehnte Platte ist. Gleichzeitig soll die x-y-Ebene auch Symmetrieebene der Platte sein. Die homogene Ladungsverteilung ist invariant gegen Translationen in der x-y-Ebene, und daher besitzt das elektrische Feld der Platte die Form

$$\boldsymbol{E}(\boldsymbol{r}) = E(z)\,\widehat{\boldsymbol{z}} \quad , \text{d.h. } E(z) = \text{ konst für } z = \text{ konst.} \tag{8.30}$$

Um das Gauss'sche Gesetz anwenden zu können, wählen wir als geschlossene Fläche einen Zylinder, dessen Mantel senkrecht auf der Platte steht und dessen Kappen sich bei den Orten $\pm z$ befinden. Für diesen Zylinder gilt auf seinen Kappen $\boldsymbol{E}(z) \cdot \mathrm{d}\boldsymbol{A} = E(z)\, \mathrm{d}A$ und auf dem Mantel $\boldsymbol{E}(z) \cdot \mathrm{d}\boldsymbol{A} = 0$, weil beide Vektoren senkrecht aufeinander stehen. Wir unterscheiden folgende Fälle:

- Für $|z| \geq D$ ergibt sich

$$\oint d\Phi_E = E(z)\,2A = \frac{q_{tot}}{\epsilon_0} \quad \rightarrow \quad E(z) = \frac{1}{2\epsilon_0}\frac{q_{tot}}{A}\,\widehat{z}\;, \qquad (8.31)$$

wobei A die Flächengröße einer Zylinderkappe ist. Für eine homogene Ladungsverteilung ist $q_{tot}/A = \sigma_C$, d.h. es gilt

$$E(z) = \frac{\sigma_C}{2\epsilon_0}\,\widehat{z}\;. \qquad (8.32)$$

Für positive Werte von z ist $E(z) = \sigma_C/(2\,\epsilon_0)$, für negative Werte von z ist $E(z) = -\sigma_C/(2\,\epsilon_0)$.

- Für $|z| < D$ ist die Ladung in dem eingeschlossenen Volumen nur

$$q = q_{tot}\,\frac{z}{D}\;, \qquad (8.33)$$

und daher

$$\oint d\Phi_E = E(z)\,2A = \frac{q_{tot}}{\epsilon_0}\frac{z}{D} \quad \rightarrow \quad E(z) = \frac{\sigma_C}{2\,\epsilon_0}\frac{z}{D}\,\widehat{z}\;. \qquad (8.34)$$

- Befindet sich die Ladung allein auf der Plattenoberfläche $z = \pm D$, dann ist die Ladung $q = 0$ im Inneren des Zylinders mit $|z| < D$, und es gilt

$$\oint d\Phi_E = E(z)\,2A = 0 \quad \rightarrow \quad E(z) = 0\;. \qquad (8.35)$$

In Abb. 8.3 ist das elektrische Feld $E(z)$ einer Platte dargestellt. In diesem Fall gilt es zu berücksichtigen, dass z sowohl positive wie auch negative Werte annehmen kann. Besondere Bedeutung besitzt das Feld von 2 Platten, die sich im Abstand $2d$ gegenüberstehen und mit der gleichen Menge von positiven bzw. negativen Ladungen aufgeladen sind. Eine derartige Anordnung nennt man einen **Kondensator**. Das Gauss'sche Gesetz ergibt unmittelbar, dass das elektrische Feld wegen $q_{tot} = 0$ im Außenraum $|z| > d + 2D$ verschwinden muss. Im Raum $|z| < d$ allerdings addieren sich die Beiträge der Felder von jeder Platte, und man erhält für den Innenraum eines Kondensators

$$E(z) = \frac{\sigma_C}{\epsilon_0}\,\widehat{z}\;. \qquad (8.36)$$

In den Kondensatorplatten selbst nimmt das elektrische Feld von dem Wert $E(|z| = d) = \sigma_C/\epsilon_0$ linear auf den Wert Wert $E(|z| = d + 2D) = 0$ ab, d.h. der mittlere Wert des Felds in den Platten beträgt $\langle E\rangle = \pm|\sigma_C|/(2\,\epsilon_0)$. Jede der Platten selbst enthält eine Ladung $q_{tot} = \mp|\sigma_C|\,A$. Mit diesen Informationen lässt sich auch die Kraft ausrechnen, mit der die eine Platte auf die andere Platte wirkt. Aus der Definitionsgleichung (8.6) für das elektrische Feld ergibt sich für die Kraft pro Kondensatorfläche

$$\frac{\boldsymbol{F}_{\mathrm{C}}}{A} = -\frac{\sigma_{\mathrm{C}}^2}{2\,\epsilon_0}\,\widehat{\boldsymbol{z}}\;. \tag{8.37}$$

Die Kraft ist anziehend, und sie ist unabhängig von dem Abstand $2d$ der Platten, sondern allein gegeben durch das Quadrat der Ladungsdichten auf den Platten. Damit haben wir wenigstens in diesem sehr speziellen Fall verstanden, was mit "der Wirkung von geladenen Oberflächen" gemeint war.

Von den Ladungsverteilungen, die wir bis jetzt besprochen haben, besitzen 2 besondere Eigenschaften:

- Das Feld im Inneren eines Kondensators besitzt an allen Orten die gleiche Richtung und die gleiche Stärke. Ein Feld mit diesen Eigenschaften nennt man ein **homogenes Feld** .
- Das Feld im Inneren eines Leiters ist im statischen Fall immer null. Man kann daher leitende Körper mit geschlossenen Oberflächen benutzen, um feldfreie Räume zu erzeugen. Einen derartigen Körper nennt man einen **Faraday-Käfig**. Weiterhin ist dadurch die Möglichkeit gegeben, einen Hohlleiter sehr stark aufzuladen. Lädt man diesen nämlich über seine Innenfläche auf, so kann die Ladung von dort nicht zurückfließen, weil dort die Feldstärke, und damit die Kraft auf die Ladungen, verschwindet.

Anmerkung 8.1.1: Eine elektromagnetische Welle entsteht auch bei Veränderung der Ladungsstärke. Besteht hier nicht ein Widerspruch zum Gesetz der Ladungserhaltung, nach dem die Gesamtladung in einem abgeschlossenem System erhalten bleiben muss? Nein, denn z.B. $\sum q_i = q_{\mathrm{tot}} = 0$ impliziert nicht $q_i = 0$, sondern u.U. eine gleiche Anzahl von positiven und negativen Ladungen. Vereinigen sich diese, so verschwinden die Ladungen, ohne dass die Ladungserhaltung verletzt wird. Bei der Vereinigung muss eine elektromagnetische Welle entstehen, und dieser Prozess ist in der Natur bei der Vernichtung von geladener Materie mit ihrer Antimaterie beobachtbar, siehe Kap. 13.3.

8.1.3 Das elektrische Potenzial

Wie bei der mechanischen Energie (2.53) muss Arbeit verrichtet werden, wenn man eine Ladung q gegen das elektrische Feld $\boldsymbol{E}$ verschiebt:

$$W = q \int_{\boldsymbol{s}_0}^{\boldsymbol{s}} \boldsymbol{E} \cdot \mathrm{d}\boldsymbol{s} \quad , \quad [W] = \mathrm{J}. \tag{8.38}$$

Und es erhebt sich wie dort die Frage, ob diese Arbeit unabhängig davon ist, auf welchem Weg wir vom Anfangsort $\boldsymbol{s}_0$ zum Endort $\boldsymbol{s}$ gelangen. Schon wegen der formalen Ähnlichkeit zwischen Gravitationskraft $\boldsymbol{F}_{\mathrm{G}}$ und elektrischer Kraft $\boldsymbol{F}_{\mathrm{C}}$ ist die Antwort die gleiche wie in Kap. 2.3:

Die elektrische Kraft F_C ist **konservativ**, d.h. bei der Verschiebung einer Ladung im elektrischen Feld E ist die zu verrichtende Arbeit W unabhängig vom Weg. Es gilt

$$\oint E \cdot ds = 0 \ . \tag{8.39}$$

Man sagt: **Das statische elektrische Feld ist wirbelfrei.**

Diese Eigenschaft des elektrischen Felds erlaubt es, eine neue physikalische Messgröße zu definieren, das **elektrische Potenzial** ϕ.

Das zum elektrischen Feld E gehörende elektrische Potenzial ist definiert als

$$\phi(s) = -\int_{s_0}^{s} E \cdot ds + \phi(s_0) \tag{8.40}$$

$$[\phi] = \ \text{N m C}^{-1} = \ \text{V "Volt"}.$$

Hierzu einige Bemerkungen:

- Das elektrische Potenzial $\phi(s)$ ist eine skalare Funktion, während das elektrische Feld $E(s)$ ein Vektorfeld ist und daher immer die Angabe der 3 Feldkomponenten verlangt, um es eindeutig zu spezifizieren. Da man aus dem Potenzial das Feld ableiten kann, ist es in vielen Fällen einfacher, zunächst das Potenzial einer Ladungsverteilung zu bestimmen und daraus dann das zugehörige elektrische Feld. Wir werden sofort einige Beispiele diskutieren, um den Zusammenhang zwischen Feld und Potenzial zu untersuchen. Der Vorteil, den das Potenzial bietet, wird allerdings erst in dem Kap. 8.1.4 offensichtlich, wo wir den elektrischen Dipol untersuchen.
- Die Definition des elektrischen Potenzials $\phi(s)$ durch Gleichung (8.40) ist nicht eindeutig, sondern verlangt die Festlegung der Normierungskonstanten $\phi(s_0)$. Dies ist analog zu dem Normierungsproblem der potenziellen Energie (2.56) in der Mechanik.

Eindeutig dagegen ist die Potenzialdifferenz.

Die Potenzialdifferenz zwischen zwei Orten s_2 und s_1 wird **elektrische Spannung** U genannt:

$$U = \phi(s_1) - \phi(s_2) \quad , \quad [U] = \ \text{V}. \tag{8.41}$$

Die Arbeit, die verrichtet werden muss, um die Ladung q von s_1 nach s_2 gegen das Feld E zu verschieben, ist daher gegeben zu

$$\Delta W = q\,U \text{ , wobei } U < 0 \text{ .}$$

Die Ladung gewinnt dabei die **elektrische Energie**

$$\Delta W_{\text{el}} = -q\,U \text{ .} \tag{8.42}$$

Für ein Elektron mit der Ladung $q = -e$ ist diese Energie

$$\Delta W_{\text{el}} = e\,U \text{ ,}$$

und diese Beziehung wird benutzt, um eine neue Energieeinheit festzulegen, die **atomare Energieeinheit**

$$[W] = \text{eV} = 1{,}6 \cdot 10^{-19} \text{ J.} \tag{8.43}$$

Die Abkürzung eV wird als **Elektronenvolt** bezeichnet.

Wir wollen jetzt den Zusammenhang zwischen Feld und Potenzial an dem einfachsten uns bekannten System untersuchen, dem Plattenkondensator.

(A) der homogen geladenen Plattenkondensator
Beim Plattenkondensator mit unendlich ausgedehnten parallelen Platten ist das elektrische Feld im Raum zwischen den Platten homogen und sonst überall null. Die positiv geladene Platte befindet sich am Ort $z = 0$, die negativ geladene Platte am Ort $z = d$. Dann ist das elektrische Feld für $0 \leq z \leq d$

$$\boldsymbol{E}(z) = \frac{\sigma_{\text{C}}}{\epsilon_0}\,\widehat{\boldsymbol{z}} \text{ .}$$

Daraus ergibt sich für das zugehörige Potenzial

$$\phi(z) = -\int\limits_0^z \boldsymbol{E} \cdot \mathrm{d}\boldsymbol{z} + \phi(0) = -\frac{\sigma_{\text{C}}}{\epsilon_0}\,z + \phi(0) \text{ .} \tag{8.44}$$

Die Normierung legen wir so fest, dass $\phi(0) = 0$. Das elektrische Potenzial nimmt also in Richtung der elektrischen Feldstärke ab. Die Orte gleicher Potenzialstärke nennt man die **Äquipotenzialflächen**. Sie sind in diesem Beispiel die Flächen $z = $ konst, d.h. das elektrische Feld steht senkrecht auf den Äquipotenzialflächen, wie in Abb. 8.4 gezeigt ist. Dies gilt ganz allgemein.

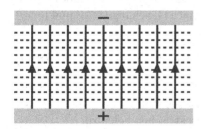

Abb. 8.4. Die elektrischen Feldlinien mit ihren Richtungen (*ausgezogene Geraden*) und die auf den Feldlinien senkrecht stehenden Äquipotenzialflächen (*gestrichelte Geraden*) in einem unendlich ausgedehnten Plattenkondensator. Das elektrische Potenzial nimmt in Richtung der Feldlinien ab

Die Äquipotenzialflächen sind die Flächen senkrecht zu dem elektrischen Feld, auf ihnen besitzt das elektrische Potenzial einen konstanten Wert.

Natürlich sind auch die (leitenden) Platten eines Plattenkondensators Äquipotenzialflächen, und auch das gilt allgemein.

Die Oberfläche eines Leiters ist Äquipotenzialfläche, das elektrische Feld steht immer senktrecht auf der Leiteroberfläche.

Die elektrische Spannung zwischen den beiden Leiterplatten beträgt

$$U = \phi(0) - \phi(d) = \frac{\sigma_C}{\epsilon_0}\, d\ . \tag{8.45}$$

Die Spannung ist also festgelegt durch die Ladung auf den Platten $q = \sigma_C\, A$. Das Verhältnis

$$\frac{q}{U} = \epsilon_0\, \frac{A}{d} = C \tag{8.46}$$

wird **Kapazität** C eines Kondensators genannt. Die Kapazität ist ein Maß dafür, wieviel Ladung q ein Kondensator bei einer gegebenen Spannung U speichern kann.

Die Speicherfähigkeit eines Kondensators für elektrische Ladungen ist gegeben durch seine Kapazität C. Zwischen Spannung U und Ladung q im Kondensator besteht die Beziehung

$$q = C\, U \quad , \quad [C] = C\ V^{-1} = F\ \text{"Farad"}. \tag{8.47}$$

Der Kondensator ist also ein Ladungsspeicher, eine Eigenschaft, die ihm in elektrischen Schaltkreisen seine besondere Bedeutung verleiht. Laden wir einen Kondensator auf, muss dazu Arbeit verrichtet werden, die Ladungen auf den Kondensatorplatten gewinnen elektrische Energie. Dieser Gewinn beträgt

$$\Delta W_{el} = \int\limits_0^q U\, dq = \frac{1}{C} \int\limits_0^q q\, dq = \frac{1}{2}\frac{q^2}{C} = \frac{1}{2}\, C\, U^2\ . \tag{8.48}$$

Dass diese Energie nicht gleich $\Delta W_{el} = q\, U$ ist, liegt natürlich daran, dass sich die Spannung während des Ladevorgangs verändert. Ist der Ladevorgang abgeschlossen, existiert zwischen den Platten nach Gleichung (8.36) und (8.45) das elektrische Feld

$$E = \frac{U}{d} \quad \rightarrow \quad U = E\, d\ . \tag{8.49}$$

Man kann ΔW_{el} daher auch auffassen als Feldenergie W_{el}, d.h. als die Energie, die durch Aufbau des elektrischen Felds in dem Kondensator gespeichert ist. So interpretiert, ergibt sich die Energie des elektrischen Felds zu

$$\overset{\cdot}{W}_{el} = \frac{1}{2}\, C\, d^2\, E^2 = \frac{1}{2}\epsilon_0\, E^2\, V \;, \tag{8.50}$$

wobei V das Volumen zwischen den Kondensatorplatten ist.

Die **Energiedichte** des elektrischen Felds beträgt

$$w_{el} = \frac{W_{el}}{V} = \frac{1}{2}\epsilon_0\, E^2 \quad,\quad [w_{el}] = \text{J m}^{-3} \;. \tag{8.51}$$

Wir haben diese Beziehung für einen sehr einfachen Fall hergeleitet, aber sie gilt sehr allgemein. Und sie wird uns von jetzt ab immer wieder begegnen, wenn wir uns mit den Eigenschaften elektrischer Felder auseinandersetzen.

Den Zusammenhang zwischen elektrischem Feld und elektrischem Potenzial wollen wir noch für einen etwas schwierigeren Fall studieren.

(B) Die homogen geladene Kugel
Wir kennen das Feld einer homogen geladenen Kugel. Es hängt davon ab, ob wir den Außenraum ($r \geq R_K$) oder den Innenraum ($r < R_K$) betrachten und ob die Ladung homogen über die Kugel verteilt ist oder sich nur auf ihrer Oberfläche befindet.

Im Außenraum gilt für beide Möglichkeiten der Ladungsverteilung

$$\boldsymbol{E}(r) = \frac{1}{4\pi\,\epsilon_0}\, \frac{q_{tot}}{r^2}\, \widehat{\boldsymbol{r}} \;,$$

und daraus ergibt sich für das zugehörige Potenzial

$$\phi(r) = -\int_{R_K}^{r} \boldsymbol{E}(r)\cdot\mathrm{d}\boldsymbol{r} + \phi(R_K) = \frac{q_{tot}}{4\pi\,\epsilon_0}\left(\frac{1}{r} - \frac{1}{R_K}\right) + \phi(R_K)\;. \tag{8.52}$$

Wir nehmen als Normierung $\phi(R_K) = q_{tot}/(4\pi\,\epsilon_0\, R_K)$, sodass auch $\phi(\infty) = 0$ gilt, und erhalten

$$\phi(r) = \frac{q_{tot}}{4\pi\,\epsilon_0}\, \frac{1}{r} \;. \tag{8.53}$$

Dieses Potenzial ist in Abb. 8.5 dargestellt.

Im Innenraum betrachten wir zunächst den Fall der homogen geladenen Kugel. Aus

$$\boldsymbol{E}(r) = \frac{q_{tot}}{4\pi\,\epsilon_0}\, \frac{r}{R_K^3}\, \widehat{\boldsymbol{r}}$$

ergibt sich analog zu (8.52)

$$\phi(r) = -\frac{q_{tot}}{4\pi\,\epsilon_0\, R_K^3}\int_{R_K}^{r} r\,\mathrm{d}r + \phi(R_K) = \frac{q_{tot}}{8\pi\,\epsilon_0}\left(\frac{3}{R_K} - \frac{r^2}{R_K^3}\right) \;. \tag{8.54}$$

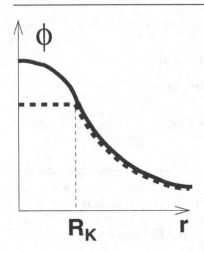

Abb. 8.5. Das elektrische Potenzial ϕ einer positiv geladenen Kugel mit Radius R_K. Ist die Kugel homogen geladen, ergibt sich die *ausgezogene Kurve*. Befindet sich die Ladung nur auf der Kugeloberfläche, ergibt sich die *gestrichelte Kurve*

Falls die gesamte Ladung q_{tot} dagegen auf der Kugeloberfläche sitzt, gilt im Innenraum $\boldsymbol{E}(r) = 0$, und für das Potenzial folgt

$$\phi(r) = \phi(R_K) = \frac{q_{tot}}{4\pi\,\epsilon_0}\,\frac{1}{R_K}\;. \tag{8.55}$$

Auch diese Potenziale für den Innenraum der Kugel sind in Abb 8.5 gezeigt.

Eine leitende Kugel stellt auch einen Kugelkondensator dar, ohne dass für diesen Kondensator eine Gegenelektrode vorhanden sein muss. Dies liegt daran, dass das Potenzial für $r \to \infty$ verschwindet. Die Spannung der Kugel nach dem Aufladen ergibt sich zu

$$U = \phi(R_K) = \frac{q_{tot}}{4\pi\,\epsilon_0}\,\frac{1}{R_K}\;, \tag{8.56}$$

und ihre Kapazität beträgt daher

$$C = \frac{q_{tot}}{U} = 4\pi\,\epsilon_0\,R_K\;. \tag{8.57}$$

Verbinden wir zwei aufgeladene Kugeln mit einem leitenden Draht, werden daher i.A. wegen der unterschiedlichen Kapazitäten Ladungen von der einen Kugel auf die andere fließen, bis die gesamte leitende Oberfläche eine Äquipotenzialfläche bildet. Das Verhältnis der Ladungen auf Kugel 1 und Kugel 2 beträgt dann

$$\frac{q_1}{C_1} = \frac{q_2}{C_2} = \text{konst.}$$

Da die Ladungsdichte auf einer Kugelschalenfläche $\sigma_C = q/(4\pi R_K^2)$ ist, ergibt sich daraus für die Ladungsdichten auf den Kugeln

$$\sigma_C\,R_K = \text{konst.}$$

Die Ladungsdichte auf einem Leiter ist dort besonders groß, wo der Krümmungsradius der Leiteroberfläche besonders klein ist.

Da weiterhin die elektrische Feldstärke auf der Leiteroberfläche proportional zur Ladungsdichte ist, werden an Leiteroberflächen mit starken Krümmungen die Feldstärken sehr groß. Dies kann zu Spitzenentladungen an hoch aufgeladenen Leitern führen. Und es ist auch der Grund dafür, dass solche Spitzen als Blitzableiter verwendet werden.

8.1.4 Der elektrische Dipol

In diesem Kapitel behandeln wir den elektrischen Dipol, obwohl die mathematische Formulierung seiner Eigenschaften relativ schwierig ist. Der Grund für seine Behandlung ist die Tatsache, dass viele für die Biologie wichtige Moleküle, wie z.B. das Wassermolekül H_2O, eine permanentes elektrisches Dipolmoment besitzen.

Der elektrische Dipol besteht aus zwei gegensätzlichen, aber gleichstarken Ladungen, die sich im Abstand d gegenüberstehen. Wir legen das Koordinatensystem mit seinem Ursprung in die Mitte des Abstands, siehe Abb. 8.6. Die Richtung der z-Achse ist gegeben durch die Richtung von der negativen Ladung q^- zur positiven Ladung q^+. Die negative Ladung befindet sich daher bei $\boldsymbol{R}^- = -d/2\,\widehat{\boldsymbol{z}}$, die positive Ladung bei $\boldsymbol{R}^+ = d/2\,\widehat{\boldsymbol{z}}$. Durch diese Anordnung wird das **elektrische Dipolmoment**

$$\boldsymbol{p}_{\mathrm{el}} = \frac{q^+ - q^-}{2}\,d\,\widehat{\boldsymbol{z}} = q\,d\,\widehat{\boldsymbol{z}} = p_{\mathrm{el}}\,\widehat{\boldsymbol{z}} \tag{8.58}$$

definiert. Während diese Definition von Ladungspunkten ausgeht, lässt sich auch für Ladungsverteilungen ein Dipolmoment definieren:

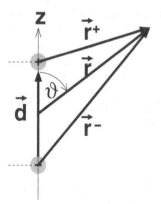

Abb. 8.6. Ein elektrischer Dipol mit dem Dipolmoment $\boldsymbol{p}_{\mathrm{el}} = q\,d\,\widehat{\boldsymbol{z}}$. Die Richtung des Dipols zeigt von der negativen zur positiven Ladung. Der Abstand eines Raumpunkts vom Dipol ist definiert durch den Ortsvektor $\boldsymbol{r}$, dagegen sind $\boldsymbol{r}^{\pm}$ die Abstandsvektoren von den Ladungen des Dipols

Das Dipolmoment eines ausgedehnten Ladungsverteilung mit $q_{\text{tot}} = 0$ ist gegeben durch

$$p_{\text{el}} = \int\limits_V \left(\rho_C^+(R) - \rho_C^-(R) \right) z \, \mathrm{d}V = p_{\text{el}} \, \hat{z} \, . \tag{8.59}$$

Für ein Atom gilt immer

$$\int\limits_V \rho_C^+(R) \, z \, \mathrm{d}V = \int\limits_V \rho_C^-(R) \, z \, \mathrm{d}V \, , \tag{8.60}$$

und daher besitzen Atome kein permanentes elektrisches Dipolmoment.

Bezeichnen wir wie in Gleichung (8.10) den Ortsvektor zu einem beliebigen Punkt im Raum mit r und die Vektoren von den Ladungen q^+ bzw. q^- zu diesem Punkt mit r^+ bzw. r^-, dann gilt nach Abb. 8.6

$$r^+ = r \sqrt{1 + \frac{d^2}{4\,r^2} - \frac{d}{r} \cos \vartheta} \quad , \quad r^- = r \sqrt{1 + \frac{d^2}{4\,r^2} + \frac{d}{r} \cos \vartheta} \, , \tag{8.61}$$

und für $r \gg d$ ergibt sich

$$r^+ \approx r - \frac{d}{2} \cos \vartheta \quad , \quad r^- \approx r + \frac{d}{2} \cos \vartheta \, . \tag{8.62}$$

Daher lautet das Potenzial des elektrischen Dipols in seinem Fernraum

$$\phi(r) = \frac{q}{4\pi\,\epsilon_0} \left(\frac{1}{r^+} - \frac{1}{r^-} \right) = \frac{q}{4\pi\,\epsilon_0} \frac{r^- - r^+}{r^+ r^-} \tag{8.63}$$

$$\approx \frac{q\,d}{4\pi\,\epsilon_0} \frac{\cos \vartheta}{r^2} = \frac{p_{\text{el}}}{4\pi\,\epsilon_0} \frac{\hat{z} \cdot \hat{r}}{r^2} \, .$$

Wie erhalten wir aus dem elektrischen Potenzial das zugehörige elektrische Feld? Bisher sind wir den umgekehrten Weg gegangen und haben durch Integration des Felds über einen Weg das Potenzial berechnet. Die jetzt geforderte Operation bedeutet also die Differentiation des Potenzials nach seinen unabhängigen Koordinaten. Das Potenzial eines elektrischen Dipols ist rotationssymmetrisch um die z-Achse. Daher sind nach allen unseren bisherigen Überlegungen in den vorangegangenen Kapiteln die unabhängigen Koordinaten des Potenzials z und $r_\perp$. Die Komponenten des elektrischen Felds ergeben sich durch die Umkehroperation von Gleichung (8.40) zu

$$E_z = -\frac{\mathrm{d}}{\mathrm{d}z} \phi(r) \quad , \quad E_\perp = -\frac{\mathrm{d}}{\mathrm{d}r_\perp} \phi(r) \, . \tag{8.64}$$

Es sei aber darauf hingewiesen, dass diese so ähnlich erscheinenden Beziehungen nur für diese speziellen Koordinaten gelten und nicht für beliebige Koordinaten allgemein so gültig sind.

Bei der Umrechnung des Potenzials $\phi(\boldsymbol{r})$ in die spezielle Form $\phi(z, r_\perp)$ sind folgende Zusammenhänge zu berücksichtigen, die sich aus Abb. 8.6 ergeben:

$$\widehat{\boldsymbol{r}} \cdot \widehat{\boldsymbol{r}}_\perp = r_\perp \left(z^2 + r_\perp^2\right)^{-1/2} \quad , \quad \widehat{\boldsymbol{r}} \cdot \widehat{\boldsymbol{z}} = z \left(z^2 + r_\perp^2\right)^{-1/2} \qquad (8.65)$$
$$\widehat{\boldsymbol{z}} \cdot \widehat{\boldsymbol{r}}_\perp = 0 \quad , \quad \widehat{\boldsymbol{z}} \cdot \widehat{\boldsymbol{z}} = 1 \quad , \quad r^2 = z^2 + r_\perp^2 \ .$$

Daher ist

$$\phi(z, r_\perp) = \frac{p_{\mathrm{el}}}{4\pi\,\epsilon_0} \frac{z}{\left(z^2 + r_\perp^2\right)^{3/2}} \ , \qquad (8.66)$$

und für die Komponenten des Felds ergeben sich nach Gleichung (8.64)

$$E_z = \frac{p_{\mathrm{el}}}{4\pi\,\epsilon_0} \frac{2\,z^2 - r_\perp^2}{\left(z^2 + r_\perp^2\right)^{5/2}} \quad , \quad E_\perp = \frac{p_{\mathrm{el}}}{4\pi\,\epsilon_0} \frac{3\,z\,r_\perp}{\left(z^2 + r_\perp^2\right)^{5/2}} \ . \qquad (8.67)$$

Diese Komponenten können zu einem Feldvektor zusammengefasst werden

$$\boldsymbol{E} = \frac{p_{\mathrm{el}}}{4\pi\,\epsilon_0} \frac{3\,(\widehat{\boldsymbol{z}} \cdot \widehat{\boldsymbol{r}})\,\widehat{\boldsymbol{r}} - \widehat{\boldsymbol{z}}}{r^3} \ . \qquad (8.68)$$

Dies ist nicht unmittelbar zu sehen, lässt sich aber verifizieren, wenn man bedenkt, dass

$$E_z = \boldsymbol{E} \cdot \widehat{\boldsymbol{z}} \quad , \quad E_\perp = \boldsymbol{E} \cdot \widehat{\boldsymbol{r}}_\perp$$

ist, und die Beziehungen (8.65) benutzt.

Das Potenzial eines elektrischen Dipols mit dem Dipolmoment $\boldsymbol{p}_{\mathrm{el}} = p_{\mathrm{el}}\,\widehat{\boldsymbol{z}}$ beträgt

$$\phi(\boldsymbol{r}) = \frac{p_{\mathrm{el}}}{4\pi\,\epsilon_0} \frac{\widehat{\boldsymbol{z}} \cdot \widehat{\boldsymbol{r}}}{r^2} \ , \qquad (8.69)$$

und sein Feld lautet

$$\boldsymbol{E}(\boldsymbol{r}) = \frac{p_{\mathrm{el}}}{4\pi\,\epsilon_0} \frac{3\,(\widehat{\boldsymbol{z}} \cdot \widehat{\boldsymbol{r}})\,\widehat{\boldsymbol{r}} - \widehat{\boldsymbol{z}}}{r^3} \ . \qquad (8.70)$$

Nach Kap. 3.1.3 wirkt auf einen elektrischen Dipol in einem homogenen Feld $\boldsymbol{E}_{\mathrm{aus}}$ keine resultierende Kraft, sondern nur ein Drehmoment $\boldsymbol{M}$. Dieses Drehmoment ergibt sich zu

$$\boldsymbol{M} = \frac{\boldsymbol{d}}{2} \times \left(\boldsymbol{F}_{\mathrm{C}}^+ - \boldsymbol{F}_{\mathrm{C}}^-\right) = d\,q\,(\widehat{\boldsymbol{z}} \times \boldsymbol{E}_{\mathrm{aus}}) = \boldsymbol{p}_{\mathrm{el}} \times \boldsymbol{E}_{\mathrm{aus}} \ . \qquad (8.71)$$

Obwohl auf den Dipol keine resultierende Kraft wirkt, besitzt er im Feld $\boldsymbol{E}_{\mathrm{aus}}$ eine potenzielle Energie. Diese ergibt sich nach Abb. 8.7 unter Berücksichtigung von Gleichung (8.40) zu

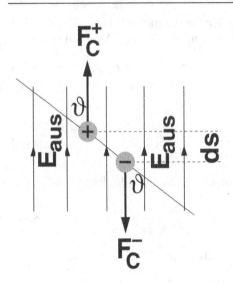

Abb. 8.7. Ein elektrischer Dipol in dem homogenen elektrischen Feld E_{aus}. Die Coulomb-Kräfte $\boldsymbol{F}_{\mathrm{C}}^{+}$ und $\boldsymbol{F}_{\mathrm{C}}^{-}$ sind gleich groß, aber entgegengesetzt gerichtet und erzeugen daher keine Kraft auf den Dipol, aber ein Drehmoment $M = p_{\mathrm{el}}\, E_{\mathrm{aus}} \sin \vartheta$

$$W_{\mathrm{pot}} = q\,\mathrm{d}\phi = q\,\mathrm{d}s\,\frac{\mathrm{d}\phi}{\mathrm{d}s} = (q\,d)\left(\frac{\mathrm{d}\phi}{\mathrm{d}s}\right)\cos\vartheta \qquad (8.72)$$

$$= -\boldsymbol{p}_{\mathrm{el}}\cdot\boldsymbol{E}_{\mathrm{aus}}\;.$$

Dabei ist $\mathrm{d}\phi$ die Potenzialdifferenz zwischen den Orten von q^- und q^+, die einem Feld $\boldsymbol{E}_{\mathrm{aus}} = -(\mathrm{d}\phi/\mathrm{d}s)\,\widehat{\boldsymbol{s}}$ entspricht. Besonders wichtig ist Beziehung (8.72) deswegen, weil die potenzielle Energie ihren kleinsten Wert $W_{\mathrm{pot}} = -p_{\mathrm{el}}\,E_{\mathrm{aus}}$ dann erreicht, wenn $\boldsymbol{p}_{\mathrm{el}}$ und $\boldsymbol{E}_{\mathrm{aus}}$ parallel sind.

Im Gleichgewichtszustand sind elektrische Dipole mit Dipolmoment $\boldsymbol{p}_{\mathrm{el}}$ in Richtung eines äußeren elektrischen Felds $\boldsymbol{E}_{\mathrm{aus}}$ ausgerichtet.

8.1.5 Materie im elektrischen Feld

Durch Materie wird das elektrische Feld beeinflusst, und ein elektrisches Feld verändert die Eigenschaften der Materie. Diese gegenseitige Beeinflussung wollen wir mithilfe eines homogenen elektrischen Felds $\boldsymbol{E}_{\mathrm{aus}}$ untersuchen, das man in dem Raum eines Plattenkondensators erzeugen kann, siehe Abb. 8.8.

Platzieren wir einen Materieblock mit zu den Kondensatorplatten parallelen Oberflächen in dieses elektrische Feld, sind die Veränderungen von Feld und Materie davon abhängig, ob es sich um einen Leiter oder um einen Nichtleiter handelt.

In einem Leiter werden unter dem Einfluss von $\boldsymbol{E}_{\mathrm{aus}}$ die Ladungen getrennt. Durch die Influenz entstehen gleichgroße Ladungsdichten P auf den Oberflächen des Leiters, die aber das entgegengesetzte Vorzeichen zu den Ladungsdichten auf den ihnen gegenüberstehenden Kondensatorplatten besit-

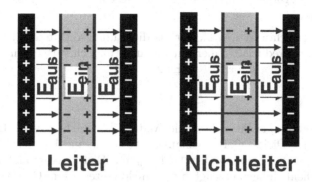

Leiter   Nichtleiter

Abb. 8.8. Ein Leiter (*links*) und ein Nichtleiter (*rechts*) in einem homogenen elektrischen Feld E_{aus}. Im Inneren eines Leiters verschwindet wegen Influenz das elektrische Feld $E_{\text{ein}} = 0$, im Nichtleiter wird $E_{\text{ein}} < E_{\text{aus}}$ aufgrund der Polarisation nur abgeschwächt

zen, siehe Abb. 8.8. Im Leiter wird daher ein Gegenfeld P/ϵ_0 aufgebaut, welches das ursprünglich vorhandene Feld E_{aus} vollkommen kompensiert, sodass das resultierende Feld im Leiter

$$E_{\text{ein}} = E_{\text{aus}} - \frac{P}{\epsilon_0} = 0 \qquad (8.73)$$

ergibt.

In einem Nichtleiter, der in diesem Zusammenhang oft als **Dielektrikum** bezeichnet wird, werden die Atome unter dem Einfluss des im Dielektrikum herrschenden Felds E_{ein} polarisiert. Auch bei der Polarisation entstehen auf den Oberflächen des Dielektrikums Ladungsdichten $P = \chi_{\text{el}} \epsilon_0 E_{\text{ein}}$, die proportional zur polarisierenden Feldstärke E_{ein} sind. Die Proportionalitätskonstante χ_{el} wird **elekrische Suszeptibilität** genannt. Die Suszeptibilität ist eine reine Zahl $\chi_{\text{el}} \geq 0$, die von den Eigenschaften des Dielektrikums abhängt.

In den Dielektrika existieren zwei verschiedene Mechanismen der Polarisation:

- Die Verchiebungspolarisation
  Dabei verschieben sich die Elektronen in der Atomhülle, sodass jedes Atom ein induziertes Dipolmoment erhält. Diesen Mechanismus trifft man bei allen Materialien an, die aus einzelnen Atomen aufgebaut sind, denn Atome besitzen im feldfreien Raum kein elektrisches Dipolmoment.

- Die Orientierungspolarisation
  Dieser Mechanismus tritt nur auf bei solchen Materialien, die aus Molekülen mit einem permanenten Dipolmoment aufgebaut sind. Unter normalen Umständen sind diese Dipolmomente willkürlich im Raum orientiert. Unter dem Einfluss von E_{ein} werden sie vorzugsweise in die Feld-

richtung ausgerichtet und erzeugen so die Oberflächenladungen auf dem Dielektrikum.

Diese Ladungsdichte ist i.A. kleiner als die Ladungsdichte auf den Kondensatorplatten, sie reduziert daher nur das ursprünglich vorhandene Feld E_{aus} zwischen den Kondensatorplatten. Es gilt

$$E_{ein} = \frac{1}{\epsilon} E_{aus} \tag{8.74}$$

mit dem Reduktionsfaktor $1/\epsilon$. Die Materialkonstante ϵ wird **Dielektrizitätszahl** des Dielektrikums genannt. Der Zusammenhang zwischen dem Feld E_{aus} ohne Dielektrikum, dem Feld E_{ein} mit Dielektrikum und dem durch die Oberflächenladungen erzeugten Gegenfeld lautet wie in Gleichung (8.73)

$$E_{ein} = E_{aus} - \frac{P}{\epsilon_0} \ . \tag{8.75}$$

Setzen wir $P = \chi_{el} \, \epsilon_0 \, E_{ein}$ und $E_{aus} = \epsilon \, E_{ein}$ in diese Gleichung ein, so ergibt sich

$$\epsilon = 1 + \chi_{el} \ . \tag{8.76}$$

Ist das Dielektrikum nicht polarisierbar ($\chi_{el} = 0$), wird das Feld im Inneren nicht verändert ($E_{ein} = E_{aus}$). Ist das Dielektrikum vollständig polarisierbar ($\chi_{el} = \infty$), so verschwindet das Feld im Inneren des Dielektrikums ($E_{ein} = 0$), wie es für einen Leiter immer der Fall ist.

Viele Dielektrika besitzen eine Dielektrizitätszahl zwischen $5 < \epsilon < 10$, für Wasser ist $\epsilon = 81$, und es gibt spezielle Keramiken (z.B. (SrBi)TiO$_3$), die besitzen Dielektrizitätszahlen $\epsilon \approx 1000$.

Die Größe der Dielektrizitätszahl ist wichtig für die Fähigkeit eines Kondensators, elektrische Ladungen zu speichern. Bringen wir in den Raum zwischen den Kondensatorplatten ein Dielektrikum mit Dielektrizitätszahl ϵ, so werden das Feld und wegen $U = E \, d$ auch die Spannung reduziert. Für die Spannung beträgt die Reduktion $U = U_0/\epsilon$, wenn U_0 die Spannung ohne Dielektrikum ist. Entsprechend gilt für das Verhältnis der Kapazitäten

$$\frac{C}{C_0} = \frac{U_0}{U} = \epsilon \ , \tag{8.77}$$

d.h. die Kapazität erhöht sich um den Faktor ϵ. Sie beträgt jetzt

$$C = \epsilon_0 \, \epsilon \, \frac{A}{d} \ , \tag{8.78}$$

und man kann bei vorgegebener Spannung eine um ϵ größere Ladungsmenge q speichern.

Damit ist auch verbunden eine entsprechende Vergrößerung der Feldenergie. Sie beträgt jetzt

$$w_{el} = \frac{1}{2} \epsilon_0 \, \epsilon \, E^2 \ . \tag{8.79}$$

Befindet sich ein Dielektrikum mit Dielektrizitätszahl ϵ in dem Raum zwischen den Platten eines Kondensators, erhöhen sich bei fester Spannung die im Kondensator gespeicherte Ladungsmenge und die Energie des elektrischen Felds um den Faktor ϵ.

Anmerkung 8.1.2: Wir haben P als Oberflächenladungsdichte $P = \chi_{\text{el}}\,\epsilon_0\,E_{\text{ein}}$ definiert. Aber natürlich ist $P/\epsilon_0 = \chi_{\text{el}}\,E_{\text{ein}}$ auch ein Feld, und zwar das im Dielektrikum durch die Polarisation erzeugte Gegenfeld $E_{\text{geg}} = -P/\epsilon_0$. Dieser Zusammenhang ergibt sich aus der Richtung der Dipolmomente, die immer in die Richtung von negativer zu positiver Ladung eines Dipols zeigen. P ist daher proportional zur Summe aller Dipolmomente pro Volumen, und in diesem Zusammenhang wird für P der Name "Polarisation" benutzt.

8.1.6 Das elektrische Feld an einer Grenzfläche

Durch die Polarisation des Dielektrikums entstehen auf einer Grenzfläche zwischen Dielektrikum und Vakuum elektrische Ladungen, deren Stärke sich aus der Ladungsdichte P mithilfe folgender Beziehung ergeben

$$-\int_A P\,\widehat{n}\cdot\mathrm{d}A = q_{\text{geb}} \ . \tag{8.80}$$

Das negative Vorzeichen ist notwendig, da durch die Oberflächenladungen immer ein Gegenfeld im Dielektrikum erzeugt wird. Wir nennen die Ladungen q_{geb} "gebundene" Ladungen, denn diese Ladungen sind nicht wirklich frei, sondern immer an das Atom gebunden, das durch das elektrische Feld ja nur polarisiert wird.

Weiterhin gilt für das elektrische Feld natürlich immer noch das Gauss'sche Gesetz (8.19)

$$\oint_A \epsilon_0\,E\cdot\mathrm{d}A = q_{\text{tot}} = q_{\text{frei}} + q_{\text{geb}} \ , \tag{8.81}$$

wobei q_{frei} jetzt die wirklich "freien" Ladungen sind, also Ladungen, die innerhalb des Atomvolumens nicht durch positive Ladung kompensiert werden. Die Beziehung (8.81) lässt sich auch schreiben

$$\oint_A (\epsilon_0\,E + P\,\widehat{n})\cdot\mathrm{d}A = q_{\text{frei}} \ . \tag{8.82}$$

Dabei ist zu berücksichtigen, dass die Oberflächenladungdichte bei der Integration über die geschlossene Fläche nur dort einen Beitrag liefert, wo $P \neq 0$ ist. Wir führen jetzt zweckmäßig als neue Größe die **dielektrische Verschiebung**

$$D = \epsilon_0\, E + P\,\widehat{n} \quad , \quad [D] = \text{C m}^{-2} \qquad (8.83)$$

ein, dann gilt

$$\oint\limits_A D \cdot dA = q_{\text{frei}} \, . \qquad (8.84)$$

Befinden sich keine freien Ladungen auf der Grenzfläche, dann ist

$$\oint\limits_A D \cdot dA = 0 \, , \qquad (8.85)$$

und das ist der Normalfall. Was bedeutet die Gleichung (8.85)? Wir legen eine geschlossene Fläche gerade um die Grenzfläche herum, sodass die Fläche $A(1)$ sich auf der Seite im Vakuum, und $A(2)$ sich auf der Seite im Dielektrikum befindet. Es ist $|A(1)| = |A(2)|$, und aus der Gleichung(8.85) lässt sich für die Normalkomponente der dielektrischen Verschiebung in Richtung $\widehat{n}$ schließen:

$$D_{\text{n}}(1) = D_{\text{n}}(2) \quad \rightarrow \quad \epsilon_0\, E_{\text{n}}(1) = \epsilon_0\, E_{\text{n}}(2) + P = \epsilon\,\epsilon_0\, E_{\text{n}}(2) \qquad (8.86)$$

und für die Tangentialkomponente der dielektrischen Verschiebung in Richtung $\widehat{t}$ mit $\widehat{t} \cdot \widehat{n} = 0$

$$D_{\text{t}}(1) = D_{\text{t}}(2) \quad \rightarrow \quad \epsilon_0\, E_{\text{t}}(1) = \epsilon_0\, E_{\text{t}}(2) \, . \qquad (8.87)$$

An einer Grenzfläche zwischen Vakuum(1) und Dielektrikum(2) mit Dielektrizitätszahl ϵ, auf der sich keine freien Ladungen befinden, gilt für die Normalkomponente des elektrischen Felds

$$E_{\text{n}}(1) = \epsilon\, E_{\text{n}}(2) \qquad (8.88)$$

und für die Tangentialkomponente des elektrischen Felds

$$E_{\text{t}}(1) = E_{\text{t}}(2) \, . \qquad (8.89)$$

Man fasst diese Beziehungen zusammen zu dem **Brechungsgesetz des elektrischen Felds**. In dem Kap. 8.1.5 hatten wir die Grenzfläche so ausgerichtet, dass $E_{\text{t}} = 0$, und daher entspricht die Gleichung (8.88) der Gleichung (8.74)

$$E_{\text{aus}} = \epsilon\, E_{\text{ein}} \, .$$

8.2 Der stationäre elektrische Strom

Unter dem Einfluss eines elektrischen Felds E werden Ladungen q beschleunigt, denn auf sie wirkt die Kraft $F_{\text{C}} = q\, E$. Die Bewegung der Ladung bezeichnet man als **elektrischen Strom**. Ist dieser Strom konstant, d.h. verändert er sich nicht mit der Zeit, nennt man ihn stationär. Voraussetzung dafür, dass überhaupt ein elektrischer Strom entsteht, ist die Existenz von freien Ladungen, die sich mehr oder minder ungestört bewegen können. Es gibt Materialien, die besitzen ohne Einwirken von außen freie Ladungsträger. Zu diesen Materialien gehören die metallischen Leiter, in denen sich Elektronen frei bewegen können, oder die Elektrolyte, die als freie Ladungsträger positiv und negativ geladenen Ionen besitzen. In Materialien, in denen selbst keine freien Ladungsträger existieren, wie z.b. in Gasen oder auch im Vakuum, müssen freie Ladungsträger von außen erzeugt werden. Für die Erzeugung gibt es mehrere Verfahren, z.b. die Elektronenemission aus einer glühenden Elektrode oder den lichtelektrischen Effekt, den wir in Kap. 13.1 behandeln.

Darüber hinaus sind auch die Transportmechanismen in den verschiedenen Materialien ganz unterschiedlich. Vergleichen wir die Bewegung der Elektronen im metallischen Leiter mit der Bewegung der Elektronen im Vakuum und nehmen wir an, dass in beiden Fällen die Bewegung durch ein homogenes Feld $E = U/d$ entsteht. Im metallischen Leiter müssen die Elektronen durch das Rumpfgitter des Leiters wandern. Sie erfahren durch Stöße dabei dauernd eine Störung ihrer geradlinigen Bewegung. Im Gleichgewichtszustand wird die elektrische Kraft $\boldsymbol{F}_\mathrm{C} = q\,\boldsymbol{E}$ kompensiert durch eine durch die Stöße verursachte Reibungskraft $\boldsymbol{F}_\mathrm{R} = -\kappa\,\boldsymbol{v}$, und es gilt

$$q\,\boldsymbol{E} - \kappa\,\boldsymbol{v} = 0 \quad \rightarrow \quad \boldsymbol{v} = \frac{q}{\kappa}\,\boldsymbol{E} = u\,\boldsymbol{E}\;. \tag{8.90}$$

Für ein zeitlich konstantes Feld stellt sich eine konstante Geschwindigkeit der Elektronen ein. Diese Geschwindigkeit heißt **Driftgeschwindigkeit**, denn sie ist für eine Feldstärke in der Größenordnung von $E = 100$ V m^{-1} nur von der Größe $|v| = 0{,}5$ m s^{-1}. Die Konstante $u = q/\kappa$ ($[u] = \mathrm{m}^2\,\mathrm{V}^{-1}\,\mathrm{s}^{-1}$) wird **Beweglichkeit** des Ladungsträgers genannt. Für negative Ladungsträger ist $u < 0$, da die Ladung negativ ist, für positive Ladungsträger ist $u > 0$.

Im Vakuum dagegen erfahren die Elektronen keine Gegenkraft durch einen Reibungsmechanismus. Daher besitzen sie, nachdem sie die Spannung U durchlaufen haben, eine kinetische Energie

$$\frac{1}{2}\,m_\mathrm{e}\,v^2 = q\,U \quad \rightarrow \quad v = \sqrt{2\,\frac{q}{m_\mathrm{e}}\,U}\;. \tag{8.91}$$

Für $U = 100$ V ergibt sich $v = 6 \cdot 10^6$ m s^{-1}, also eine um Größenordnungen höhere Geschwindigkeit als die Driftgeschwindigkeit im metallischen Leiter. Zwar ist in beiden Fällen die Endgeschwindigkeit konstant, wenn sich das Feld bzw. die Spannung zeitlich nicht verändern, Aber die Veränderung der Geschwindigkeit mit der Feldstärke und ihr Verhalten längs des Wegs sind ganz unterschiedlich, wie in Abb. 8.9 dargestellt.

Wie erzeugen wir ein homogenes Feld, in dem die Ladungsträger beschleunigt werden? Diese Frage ist nicht so trivial, wie sie klingt. Benutzen wir das

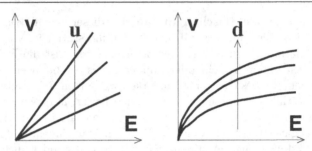

Abb. 8.9. Die maximale Geschwindigkeit v eines Elekrons im homogen elektrischen Feld. In einem Leiter (*links*) nimmt v linear mit der Feldstärke zu, ist aber unabhängig von der Länge der durchlaufenen Strecke d, dagegen abhängig von der Beweglichkeit u der Elektronen im Leiter. Im Vakuum (*rechts*) nimmt v mit der Wurzel aus der Feldstärke zu und ist abhängig von der Länge der durchlaufenen Strecke d

Gauss'sche Gesetz (8.19) und nehmen wir als geschlossene Fläche einen Zylinder, dessen Kappen senkrecht zu den Feldlinien stehen und dessen Mantel parallel zu den Feldlinien liegt. Dann ist auf dem Mantel $\boldsymbol{E} \cdot \mathrm{d}\boldsymbol{A} = 0$ auf der linken Kappe $\boldsymbol{E} \cdot \mathrm{d}\boldsymbol{A} = -E\,\mathrm{d}A$, auf der rechten Kappe $\boldsymbol{E} \cdot \mathrm{d}\boldsymbol{A} = E\,\mathrm{d}A$, und das Gauss'sche Gesetz ergibt

$$\oint \boldsymbol{E} \cdot \mathrm{d}\boldsymbol{A} = E\,(A - A) = 0 \quad \rightarrow \quad q_{\mathrm{tot}} = 0 \ . \tag{8.92}$$

Um ein homogenes elektrisches Feld in einem Volumen V zu erzeugen, muss die Gesamtladung

$$q_{\mathrm{tot}} = \int\limits_{V} \left(\rho_{\mathrm{C}}^{+} + \rho_{\mathrm{C}}^{-}\right)\,\mathrm{d}V$$

in dem Volumen V verschwinden.

Und diese Bedingung ist nicht erfüllt, wenn Ladungsträger von außen in das Volumen transportiert und dort beschleunigt werden. Wir können daher z.B. nicht erwarten, dass der Ladungstransport im Vakuum sich allgemein als Transport in einem homogenen elektrischen Feld beschreiben lässt, wie wir es noch in Gleichung (8.91) angenommen haben. Die Bedingung $q_{\mathrm{tot}} = 0$ kann nur erfüllt werden, wenn sich in dem Feldvolumen eine gleichgroße Anzahl von positiven und negativen Ladungsträgern befindet. Im Fall des metallischen Leiters sind das die Elektronen und die positiven Gitterrümpfe, der Leiter ist also auch bei Stromfluss nach außen hin ungeladen.

Diese Bedingung verlangt wiederum, dass die Ladungsmenge, die durch die eine Kappe in das Volumen hineinfliesst, dieses Volumen durch die andere Kappe wieder verlässt. Die Ladungsmenge, die pro Zeit und Fläche durch eine Fläche hindurchfließt, nennt man die elektrische Ladungsstromdichte j_{C}. In

Kap. 7.2.2 haben wir den Zusammenhang zwischen Energiestromdichte und Energiedichte im Fall der Schallwelle hergestellt. Dieser Zusammenhang ergibt sich ganz analog, wenn man "Energie" durch "Ladung" ersetzt.

Die Ladungsstromdichte ist das Produkt aus Ladungsdichte und Strömungsgeschwindigkeit

$$\boldsymbol{j}_C = \rho_C \boldsymbol{v} \ . \tag{8.93}$$

Die Forderung nach einem homogenen Feld in einem stromführenden Leiter verlangt daher

$$\oint_A \boldsymbol{j}_C \cdot \mathrm{d}\boldsymbol{A} = \frac{\mathrm{d}}{\mathrm{d}t} \int_V \rho_C \, \mathrm{d}V = 0 \ . \tag{8.94}$$

Diese Bedingungen sind ein Spezialfall der

Kontinuitätsgleichung:
Auf einer geschlossenen Fläche A mit eingeschlossenem Volumen V muss wegen des Erhaltungsgesetzes der elektrischen Ladung gelten

$$\oint_A \boldsymbol{j}_C \cdot \mathrm{d}\boldsymbol{A} + \frac{\mathrm{d}}{\mathrm{d}t} \int_V \rho_C \, \mathrm{d}V = 0 \ . \tag{8.95}$$

Verändert sich die Gesamtladung q_{tot} in dem Volumen nicht, folgt daraus Gleichung (8.94).

Die Menge der Ladung, die pro Zeit in das Volumen hineintritt (und auch wieder hinaustritt), wird **elektrischer Strom** genannt.

Der elektrische Strom ist definiert als

$$I = \int_A \boldsymbol{j}_C \cdot \mathrm{d}\boldsymbol{A} \quad , \quad [I] = \mathrm{A}, \text{"Ampere"}. \tag{8.96}$$

Oft wird dafür auch $I = \mathrm{d}q/\mathrm{d}t$ geschrieben. Bei dieser Schreibweise muss man darauf achten, dass $\mathrm{d}q/\mathrm{d}t$ die pro Zeit durch die Fläche tretende Ladung ist und nicht die zeitliche Veränderung der Ladung in einem Volumen angibt.

Wie bereits gesagt, ist der Strom I eine Basismessgröße im SI. Die Messvorschrift, welche die Basismaßeinheit $[I] = \mathrm{A}$ definiert, werden wir allerdings erst in Kap. 8.3.2 diskutieren, da diese Vorschrift von der Existenz des magnetischen Felds und seinen Eigenschaften abhängt.

8.2.1 Der elektrische Strom im metallischen Leiter

In einem metallischen Leiter existiert ein homogenes Feld $E = U/l$, das den Strom I antreibt. Die Länge des Leiters ist l, die Potenzialdifferenz zwischen den beiden Enden des Leiters beträgt U. Für die Stromdichte in dem Leiter ergibt sich

$$\boldsymbol{j}_C = \rho_C^- \, \boldsymbol{v} = \rho_C^- \, u \, \boldsymbol{E} \; . \tag{8.97}$$

Das bedeutet, die Richtung der Stromdichte $\boldsymbol{j}_C$ ist gleich der Richtung des elektrischen Felds $\boldsymbol{E}$, aber die Geschwindigkeitsrichtung $\boldsymbol{v}$ ist entgegengesetzt, da $\rho_C^- < 0$.

Im Normalfall nehmen wir an, dass die Anfangs- und Endflächen des Leiters senkrecht zur Stromrichtung stehen, d.h. sie bilden die Querschnittsfläche des Leiters, die über den ganzen Leiter konstant ist. Dann gilt für den Strom in dem Leiter

$$I = \rho_C^- \, u \, \frac{A}{l} \, U = \frac{1}{R} \, U \; . \tag{8.98}$$

Das Verhältnis zwischen der Spannung U an einem Leiter und dem durch ihn fließenden Strom I ergibt den **Ohm'schen Widerstand** R_Ω des Leiters.

$$R_\Omega = \frac{U}{I} \quad , \quad [R_\Omega] = \mathrm{V} \, \mathrm{A}^{-1} = \Omega \ \text{``Ohm''}. \tag{8.99}$$

Dieses Ohm'sche Gestetz verlangt also eine lineare Abhängigkeit zwischen Spannung und Strom. Voraussetzung dafür ist, dass das elektrische Feld in dem Leiter homogen ist. Zeigt sich bei einem Leiter ein linearer Zusammenhang zwischen Spannung und Strom, so sagen wir von diesem Leiter, "er zeige ein **Ohm'sches Verhalten**". Die Methoden, um die Strom-Spannungs-Kennlinie eines Leiters zu messen, also wie man Strom und Spannung mithilfe eines Drehspulinstruments misst, werden wir in Kap. 8.3.3 besprechen. Für einen Leiter mit Ohm'schen Verhalten lässt sich sehr einfach die Energie angeben, welche die Ladungsträger q beim Durchlaufen der Spannung U verlieren. Es gilt nach Gleichung (8.42), wenn wir berücksichtigen, dass Elektronen negativ geladen sind,

$$\Delta W_{\mathrm{el}} = |q| \, U = I \, U \, \Delta t \; . \tag{8.100}$$

Der Energieverlust ΔW_{el} pro Zeitintervall Δt ergibt die **elektrische Leistung** P_{el} des Stroms, für die in einem Ohm'schen Leiter gilt

$$P_{\mathrm{el}} = \frac{\Delta W_{\mathrm{el}}}{\Delta t} = I \, U = R \, I^2 = \frac{U^2}{R} \; , \tag{8.101}$$

$$[P] = \mathrm{A} \, \mathrm{V} = \mathrm{W} \ \text{``Watt''}.$$

Dies ist ein Leistungsverlust, denn er entspricht der Leistung, die von dem Strom gegen die Reibungskräfte in dem Leiter verrichtet werden muss. Die zugehörige Energie geht natürlich nicht verloren, sondern sie wird durch den Reibungsmechanismus umgewandelt in thermische Energie: Der Leiter erwärmt sich.

Der Ohm'sche Widerstand in einem Leiter ist gegeben durch

$$R_\Omega = \frac{l}{\rho_C^- u A} = r_\Omega \frac{l}{A} \; . \tag{8.102}$$

Man bezeichnet $r_\Omega = (\rho_C^- u)^{-1}$ als den **spezifischen Widerstand**. Er ist eine von dem Material abhängige Größe, allerdings auch abhängig von der Temperatur T, da sich die Beweglichkeit der Elektronen im Gitter mit der Temperatur ändert. Mit sinkender Temperatur wird die Beweglichkeit besser, und daher verringert sich der spezifische Widerstand. Dieses Verhalten ist nur verständlich, wenn man weiß, dass nicht die Existenz der Gitterrümpfe allein schon ausreicht, um die Beweglichkeit der Elektronen einzuschränken, sondern dass dafür einen ganz wesentlichen Beitrag die Schwingungen der Gitterrümpfe um ihre Gleichgewichtslage bei der Temperatur T liefern. Mit sinkender Temperatur wird die Anzahl der Normalschwingungen in einem Gitter geringer, die Schwingungen "frieren aus". Das Temperaturverhalten des spezifischen Widerstands wird parametrisch dargestellt durch

$$r_\Omega = r_{\Omega,0} \left(1 + \alpha T\right) , \tag{8.103}$$

wobei $\alpha > 0$ für die meisten metallischen Leiter gilt. Es gibt spezielle Legierungen (z.B. Konstantan: $Ni_{54}Cu_{45}Mn_1$), die besitzen $\alpha \approx 0$, und in Quasi-Leitern wie z.B. Kohlenstoff findet man $\alpha < 0$, weil die Anzahl der freien Ladungsträger mit der Temperatur zunimmt.

Wir wollen uns mit den metallischen Leitern als Beispiel jetzt überlegen, was geschieht, wenn mehrere Leiter miteinander zu einem **Netzwerk** verkoppelt werden. Ein Beispiel für ein derartiges Netzwerk ist in Abb. 8.10 gezeigt. Die Leiterabschnitte sind durch ihre Ohm'schen Widerstände R_Ω gekennzeichnet. Das gesamte Netzwerk lässt sich zerlegen in 2 Basiseinheiten, in den **Leiterknoten** mit Kennzeichen "K" und in die **Leitermasche** mit Kennzeichen "M". In unserem Beispiel Abb. 8.10 besteht das Netzwerk daher aus 5 Knoten und 4 Maschen.

Für jede Basiseinheit gelten die Gesetze der Elektrostatik, nämlich die

- Ladungserhaltung, ausgedrückt durch die Kontinuitätsgleichung (8.95)

$$\oint j_C \cdot dA = 0 \; ,$$

- Wirbelfreiheit des elektrischen Felds, ausgedrückt durch die Gleichung (8.39)

$$\oint E \cdot ds = 0 \; .$$

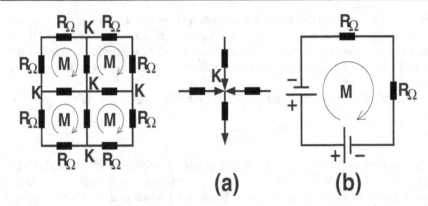

(a)   **(b)**

Abb. 8.10. *Links*: Die Zerlegung eines Leiternetzwerks in die Basiselemente Knoten K und Masche M. *Rechts*: In (a) ist ein Knoten dargestellt, der 4 Leiterzuführungen mit Ohm'schen Widerständen besitzt. In (b) ist eine Masche dargestellt, in der sich 2 passive Bauteile (Ohm'scher Widerstand) und zwei aktive Bauteile (Spannungsquelle) befinden

Die Anwendungen dieser Gesetze auf den Leiterknoten bzw. die Leitermasche ergeben die **Kirchhoff'schen Regeln**, die wir jetzt einzeln diskutieren.

Die Kontinuitätsgleichung fordert die geschlossene Fläche, in die Ladungen hinein- und aus der sie herausfließen. Sie ergibt, angewendet auf die Leiterzuführungen in einen Knoten in Abb. 8.10a

$$\sum_{i=1}^{n} I_i = 0 \ . \tag{8.104}$$

Vorzeichenkonvention:

$\quad I < 0$ für Ströme in den Knoten,

$\quad I > 0$ für Ströme aus den Knoten.

Wir wollen die Knotenregel sofort anwenden auf die **Parallelschaltung** Abb. 8.11a von Ohm'schen Widerständen bzw. Kondensatoren.

(a) Es gilt für die Widerstände

$$-I + \sum_{i=1}^{n} I_i = 0 \quad \rightarrow \quad \frac{U}{R} = \sum_{i=1}^{n} \frac{U_i}{R_i} \ . \tag{8.105}$$

Da alle Spannungen zwischen den Knoten gleich sind, folgt

$$U = U_1 = U_2 = ... \quad \rightarrow \quad \frac{1}{R} = \sum_{i=1}^{n} \frac{1}{R_i} \ .$$

Bei Parallelschaltung von Ohm'schen Widerständen addieren sich deren Kehrwerte zum Kehrwert des Gesamtwiderstands

$$\frac{1}{R} = \sum_{i=1}^{n} \frac{1}{R_i} . \tag{8.106}$$

(b) Es gilt für die Kondensatoren

$$-q + \sum_{i=1}^{n} q_i = 0 \quad \rightarrow \quad CU = \sum_{i=1}^{n} C_i U_i . \tag{8.107}$$

Da alle Spannungen zwischen den Knoten gleich sind, folgt

$$U = U_1 = U_2 = \dots \quad \rightarrow \quad C = \sum_{i=1}^{n} C_i .$$

Bei Parallelschaltung von Kondensatoren addieren sich deren Kapazitäten zu der Gesamtkapazität

$$C = \sum_{i=1}^{n} C_i . \tag{8.108}$$

Die Leitermasche Abb. 8.10b entspricht einem geschlossenen Weg aus Ohm'schen Widerständen bzw. Kondensatoren. Spannungen in einer Leitermasche treten aber nicht nur an den Ohm'schen Widerständen bzw. Kondensatoren auf, sondern es können sich auch aktive Spannungsquellen in der Masche befinden. In dem Kapitel 8.2.3 werden wir verschiedene Mechanismen besprechen, wie derartige Spannungsquellen in einem Netzwerk aus Leitern entstehen können. Prinzipiell handelt es sich dabei immer um Systeme mit einem inneren elektrischen Feld, dessen Richtung von dem positiven Pol der

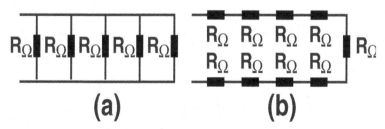

Abb. 8.11. Die Parallelschaltung (a) und die Reihenschaltung (b) von Ohm'schen Widerständen

Quelle zu ihrem negativen Pol zeigt. Das Symbol für eine derartige Spannungsquelle ist aus der Abb. 8.10b ersichtlich. Die Existenz von aktiven Spannungsquellen ist insbesondere wichtig für die Spannungsvorzeichen in einer Masche. Für diese gilt aufgrund der Wirbelfreiheit

$$\sum_{i=1}^{n} U_i = 0 \ . \tag{8.109}$$

Vorzeichenkonvention: Bei vorgegebener Richtung der Stromdichte $\boldsymbol{j}_{\mathrm{C}}$ in der Masche gilt

$U > 0$ für alle passiven Elemente in der Masche,
$U > 0$ für alle aktiven Elemente, wenn die Richtung von $\boldsymbol{j}_{\mathrm{C}}$
      mit der Richtung vom + Pol zum − Pol
      des Elements übereinstimmt,
$U < 0$ für alle aktiven Elemente, wenn die Richtung von $\boldsymbol{j}_{\mathrm{C}}$
      mit der Richtung vom − Pol zum + Pol
      des Elements übereinstimmt.

Wir wollen die Maschenregel sofort anwenden auf die **Reihenschaltung** Abb. 8.11b von Ohm'schen Widerständen bzw. Kondensatoren.

(a) Es gilt für die Widerstände

$$-U + \sum_{i=1}^{n} U_i = 0 \quad \rightarrow \quad R\,I = \sum_{i=1}^{n} R_i\,I_i \ . \tag{8.110}$$

Wegen der Ladungserhaltung gilt für den Strom durch die Masche

$$I = I_1 = I_2 = \dots \quad \rightarrow \quad R = \sum_{i=1}^{n} R_i \ .$$

Bei Reihenschaltung von Ohm'schen Widerständen addieren sich diese zu dem Gesamtwiderstand

$$R = \sum_{i=1}^{n} R_i \ . \tag{8.111}$$

(b) Es gilt für die Kondensatoren ebenfalls

$$-U + \sum_{i=1}^{n} U_i = 0 \quad \rightarrow \quad \frac{q}{C} = \sum_{i=1}^{n} \frac{q_i}{C_i} \ . \tag{8.112}$$

Auch hier erfordert die Ladungserhaltung

$$q = q_1 = q_2 = \dots \quad \rightarrow \quad \frac{1}{C} = \sum_{i=1}^{n} \frac{1}{C_i} \ .$$

Bei Reihenschaltung von Kondensatoren addieren sich die Kehrwerte ihrer Kapazitäten zu dem Kehrwert der Gesamtkapazität

$$\frac{1}{C} = \sum_{i=1}^{n} \frac{1}{C_i} \, . \tag{8.113}$$

Die Kirchhoff'schen Regeln werden uns wieder begegnen bei der Behandlung von nicht-stationären Strömen in Kap. 9.2. An dieser Stelle wollen wir als weitere Anwendung der Kirchhoff'schen Regeln überlegen, wie man elektrische Leistung von einem Kraftwerk möglichst ohne Verluste zu einem Verbraucher V überträgt. Die Übertragung geschieht mithilfe einer Überlandleitung L, die auch für den Verlust an Leistung verantwortlich ist. Das Kirchhoff'sche Regel für eine Masche ergibt

$$\begin{aligned} U &= U_L + U_V \\ &= R_L \, I + R_V \, I \, . \end{aligned}$$

Die dem Verbraucher zur Verfügung stehende Leistung beträgt daher

$$R_V \, I^2 = U \, I - R_L \, I^2 \, ,$$

und die wird optimal, wenn die Verlustleistung $R_L \, I^2$ minimal ist. Diese nimmt quadratisch mit dem Strom zum Verbraucher ab, und daher sollte der Strom durch die Masche möglichst klein, dagegen die Spannung U des Kraftwerks möglichst groß sein. Heute gibt es bereits Überland-Gleichspannungs-Leitungen, die mit einer Spannung von $U = 10^6$ V operieren.

8.2.2 Der elektrische Strom in leitenden Flüssigkeiten

Die für uns wichtigste Flüssigkeit, das Wasser, ist ein fast perfekter Nichtleiter. "Wasser" wird allerdings leitend, wenn man es verunreinigt durch Moleküle mit **heteropolarer Bindung**. Durch die Lösung der Moleküle im Wasser entsteht ein leitender **Elektrolyt**. Heteropolar nennt man eine Bindung, wenn sich Atome zu einem stabilen Molekül dadurch vereinigen, dass sich die Elektronen aus der Hülle eines oder mehrerer Atome in die Hülle der anderen Atome verschieben. Die Bindung wird damit im Wesentlichen durch die elektrostatischen Kräfte F_C der Atome untereinander verursacht, siehe Kap. 18.1. Diese Bindung bricht im Wasser auf, sodass im Wasser i.A. zwei verschieden geladene Ionenkomplexe existieren. Man nennt dies die **Dissoziation** heteropolar gebundener Moleküle im Wasser. Das vielleicht bekannteste Beispiel ist die Dissoziation von Kochsalz

$$\mathrm{NaCl} \rightarrow \mathrm{Na}^+ + \mathrm{Cl}^- \, .$$

Dass dies überhaupt geschieht, liegt an dem permanenten elektrischen Dipolmoment des Wassermoleküls. Dadurch können sich Wassermoleküle an die Ionen anlagern (Hydratisierung). Die Verringerung der elektrischen Energie ist bei der Hydratisierung größer als die Anhebung dieser Energie durch den Verlust der Bindung. Im Wasser ist der hydratisierte Zustand der Gleichgewichtszustand mit dem Minimum an potenzieller Energie.

Die Anzahl der Ladungen, die ein Ion trägt, bezeichnet man als die **Ionenladungszahl** z. In dem obigen Beispiel ist $z(\mathrm{Na}^+) = 1$, $z(\mathrm{Cl}^-) = -1$. Betrachten wir die Dissoziation

$$\mathrm{CuSO_4} \to \mathrm{Cu}^{++} + (\mathrm{SO_4})^{--},$$

so ist $z(\mathrm{Cu}^{++}) = 2$, $z(\mathrm{SO_4}^{--}) = -2$. Die Gesamtladung in einem Elektrolyten ist null, die Menge der positiven bzw. negativen Ladung hängt von der Menge des gelösten Stoffs ab, von dem wir annehmen, dass er vollständig dissoziiert. Für $\tilde{n} = 1$ mol eines gelösten Stoffs mit der Ionenladungszahl $z = 1$ erhält man eine Ladungsmenge

$$F = e\, n_\mathrm{A} = 96486 \text{ C mol}^{-1} \ . \tag{8.114}$$

Diese Ladungsmenge wird **Faraday-Konstante** genannt.

Die Faraday-Konstante gibt die Ladungsmenge an, die bei vollständiger Dissoziation von 1 mol eines Stoffs mit Ionenladungszahl $z = 1$ in der wässrigen Lösung entsteht.

Taucht man 2 Plattenelektroden in den Elektrolyten, an denen eine Spannung U liegt, werden die Ionen beiderlei Vorzeichens durch das elektrische Feld zu den Elektroden hin beschleunigt. Und zwar:

- Die positiven Ionen zu der negativen Elektrode, die **Kathode** genannt wird. Positive Ionen heißen daher **Kationen**.
- Die negativen Ionen zu der positiven Elektrode, die **Anode** genannt wird. Negative Ionen heißen daher **Anionen**.

Mit der Bewegung der Ladung ist ein Massentransport verbunden. Das Verhältnis von transportierter Ladung zu transportierter Masse beträgt

$$\frac{\Delta q}{\Delta m} = \frac{z\, F}{m_\mathrm{Mol}} \ . \tag{8.115}$$

Der Transport von Ladung bedeutet, es fließt ein elektrischer Strom. Die Ladungsträger in einem Elektrolyten sind allerdings positiv und negativ geladene Ionen, während sie in einem metallischen Leiter allein aus negativen Elektronen bestehen. Identisch zu den Eigenschaften eines metallischen Leiters ist allerdings, dass auch der Elektrolyt nach außen hin ungeladen ist, denn die positiven Ladungen werden durch die negativen Ladungen kompensiert.

Ein Elektrolyt zeigt Ohm'sches Verhalten, d.h. er besitzt eine lineare Strom-Spannungs-Kennlinie

$$U = U_G + R\,I \ . \tag{8.116}$$

Die Zusatzspannung U_G ist die **Galvani-Spannung**, die in der Kennlinie eines metallischen Leiters normalerweise nicht auftaucht. Ihre Ursache ergibt sich aus den Eigenschaften der Grenzflächen zwischen Elektroden und Elektrolyt, auf die wir im nächsten Kap. 8.2.3 ausführlich zurückkommen werden. Bestehen beide Elektroden aus dem gleichen metallischen Leiter, dann ist $U_G = 0$. Dies wollen wir im Folgenden annehmen.

Analog zur Gleichungg (8.98) lässt sich der Strom angeben, der bei der Spannung U durch den Elektrolyten fließt.

$$I = \left(\rho_C^+ \, u^+ + \rho_C^- \, u^- \right) \frac{A}{l} \, U \ . \tag{8.117}$$

Da der Elektrolyt nach außen ungeladen ist, gilt

$$\rho_C^+ = -\rho_C^- \quad \rightarrow \quad z^+ \, \widetilde{\rho}^+ = -z^- \, \widetilde{\rho}^- = z \, \widetilde{\rho} \tag{8.118}$$

und daher

$$I = z \, \widetilde{\rho} \left(u^+ - u^- \right) F \frac{A}{l} \, U \tag{8.119}$$

mit dem **spezifischen Widerstand** des Elektrolyten

$$r_\Omega = \frac{1}{z \, \widetilde{\rho} \left(u^+ - u^- \right) F} \ . \tag{8.120}$$

Der spezifische Widerstand nimmt also mit dem Produkt aus der molaren Dichte $\widetilde{\rho} = \widetilde{n}/V$ (diese wird oft einfach "Konzentration" genannt) und der Ionenladungszahl z ab. Bei großen molaren Dichten des gelösten Stoffs gilt diese Abhängigkeit allerdings nicht mehr, weil sich die Ionen dann so nahe kommen können, dass sie nicht mehr als frei angesehen werden können. Frei in dem Sinne, dass sie allein der Reibungskraft mit dem Lösungsmittel unterliegen und nicht gegenseitigen Kräften. Der spezifische Widerstand steigt bei großen Werten von $z \, \widetilde{\rho}$ wieder an.

Die **Beweglichkeiten von positiven und negativen Ionen** im Elektrolyten sind von etwa gleicher Größenordnung, $u^+ \approx |u^-| \approx 5 \cdot 10^{-8}$ m^2 V^{-1} s^{-1} bei Zimmertemperatur. Die Ionen in einem Elektrolyten sind damit um einen Faktor ≈ 100 langsamer als die Elektronen in einem metallischen Leiter.

Es gibt einen weiteren wichtigen Unterschied zwischen metallischen und elektrolytischen Leitern. Durch die Leitung verändert der elektrolytische Leiter seine Eigenschaften, weil sich an den leitenden Elektroden chemische Reaktionen abspielen. Entweder verändert sich dabei der Elektrolyt oder es verändern sich mit dem Elektrolyten auch die Elektroden. Betrachten wir als Beispiel die elektrische Leitung durch mit Schwefelsäure (H_2SO_4) angesäuertem Wasser. Schwefelsäure dissoziiert in 2 H^+ Ionen ($z = 1$) und 1 SO_4^{--} Ionenkomplex ($z = -2$). Fließt ein Strom durch den Elektrolyten, finden an der Kathode bzw. Anode aus Platin folgende Reaktionen statt:

$$\text{Kathode: } 2\,H^+ + 2\,e^- \rightarrow H_2$$
$$\text{Anode: } SO_4^{--} - 2\,e^- \rightarrow SO_4 + H_2O$$
$$\rightarrow H_2SO_4 + \frac{1}{2}\,O_2 \ .$$

H_2 und O_2 verlassen als Gas an den Elektroden den Elektrolyten, insgesamt erscheint es so, als ob Wasser in seine gasförmigen Bestandteile durch den Strom zerlegt wurde (**Elektrolyse**). Dadurch wird die molare Dichte der Schwefelsäure erhöht, und es verändert sich der spezifische Widerstand des Elektrolyten.

Beachten wir aber, dass die oben genannten Reaktionen nur so ablaufen, wenn die Elektroden aus Platin sind. Ersetzen wir die Anode durch eine Kupferelektrode, würden sich an der Anode folgende Reaktionen abspielen:

$$\text{Anode: } SO_4^{--} - 2\,e^- \rightarrow SO_4 + Cu$$
$$\rightarrow Cu^{++} + SO_4^{--} \ .$$

Das heißt, die Schwefelsäure im Elektrolyten wird durch disoziiertes Kupfersulfat ersetzt, wobei die Anode ihr Kupfer verliert und immer dünner wird. Gleichzeitig tritt in dem Elektrolyten zwischen der Cu-Elektrode und der Pt-Elektrode eine zusätzliche Galvani-Spannung U_G auf, die negativ ist. Daher fließt auch bei äußerer Spannung $U = 0$ nach Gleichung (8.116) ein Strom $I = |U_G|/R$. Mit den Phänomenen an den Grenzflächen zwischen Leitern werden wir uns jetzt beschäftigen.

8.2.3 Elektrische Grenzflächen

Elektrische Grenzflächen entstehen, wenn zwei Leiter mit ihren Oberflächen aneinanderstoßen. Dabei muss unterschieden werden, ob es sich um die Grenzfläche zwischen festen Körpern, zwischen festem Körper und Elektrolyt oder zwischen Elektrolyten handelt. Im Festkörper sind die Ladungsträger immer Elektronen, die entweder an die Gitterrümpfe gebunden sind (Nichtleiter) oder die sich zum Teil im Gitter frei bewegen können (metallischer Leiter). Aber auch bei den metallischen Leitern sind die beweglichen Elektronen immer noch im Leiter als Ganzes gebunden, sie können diesen Leiter nicht ohne äußere Zufuhr von Energie verlassen. Diese Energie bezeichnet man als die **Ablöseenergie** W_a. Sie spielt bei der Erklärung des lichtelektrischen Effekts eine wichtige Rolle, wir werden ihr bei der Einführung in die moderne Physik in Kap. 13.1 wieder begegnen. Dort werden wir auch lernen, dass in einem

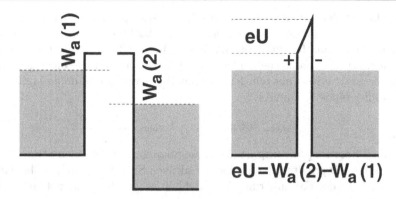

Abb. 8.12. Die Grenzfläche zwischen zwei metallischen Leitern mit verschiedenen Ablöseenergien W_a. Ist die Grenzfläche dünn genug, wandern Elektronen vom Leiter 1 in den Leiter 2 und es entsteht an der geladenen Grenzfläche eine Kontaktspannung U_{Kont}

einzelnen Atom die Ablösearbeit der Ionisierungsenergie entspricht, die das am schwächsten gebundenen Hüllenelektron besitzt. Ionisierungsenergie und Ablöseenergie sind sich nur ähnlich, aber nicht gleich, denn im metallischen Leiter sind diese Elektronen nicht mehr an das Atom gebunden. In der Abb. 8.12 ist dargestellt, welches Modell man sich von der Energieverteilung dieser Elektronen im Festkörper macht.

Wenn zwei verschiedene metallische Leiter mit ihren Oberflächen aneinanderstoßen, sind die Ablösearbeiten an der Grenzfläche i.A. verschieden, z.B.

$$W_a(1) < W_a(2) \ . \tag{8.121}$$

Dies hat zur Folge, dass Elektronen über die Grenzfläche von dem Leiter 1 in den Leiter 2 wandern werden, es bildet sich ein Kontaktstrom aus. Die Oberfläche des Leiters 2 wird dadurch negativ geladen, die des Leiters 1 erhält eine positive Ladung durch die Gitterrümpfe, es entsteht eine elektrisch geladene **Doppelschicht**. Die Ladungen sind die Ursache für eine Kontaktspannung über der Grenzfläche (siehe Abb. 8.12), die einen maximalen Wert

$$U_{Kont} = \frac{W_a(2) - W_a(1)}{e} \tag{8.122}$$

erreicht. Ist dieser Wert erreicht, wird ein weiterer Stromfluss über die Kontaktfläche unterbunden, es bildet sich ein stabiler Gleichgewichtszustand aus.

Dieses Phänomen wird nicht nur bei metallischen Leitern beobachtet, sondern auch bei Nichtleitern. Es ist der eigentliche Grund für die Existenz der Reibungselektrizität, siehe Kap. 8.1.1.

Bildet man eine geschlossene Masche aus zwei metallischen Leitern, entstehen zwei Grenzflächen (a) und (b), deren Spannungen nach der Kirchhoff'schen Maschenregel die Werte U_{Kont} und $-U_{Kont}$ besitzen. Die Effekte beider Grenzflächen kompensieren sich daher im statischen Gleichgewicht, die Existenz der Kontaktspannungen bleibt unbeobachtet. Dieses Gleichgewicht wird gestört, wenn die eine Grenzfläche eine höhere Temperatur T besitzt als die andere. Der dynamische Aufbau der elektrischen Doppelschicht geschieht schneller an dem Kontakt mit der höheren Temperatur, und daher ergibt sich eine resultierende Spannung

$$U_{\text{therm}} = U_{\text{Kont}}(T_a) - U_{\text{Kont}}(T_b) \ , \qquad (8.123)$$

die man **Thermospannung** nennt. Diese Spannung treibt einen Strom durch die Masche; wir erhalten damit eine der aktiven Spannungsquellen, die wir in Kap. 8.2.1 bei der Formulierung der Kirchhoff'schen Maschenregel untersucht haben.

Eine weitere Möglichkeit bilden die Grenzflächen zwischen Elektrolyten oder zwischen Elektrolyt und metallischem Leiter. Betrachten wir den ersten Fall zuerst.

Eine Grenzschicht zwischen Elektrolyten mit unterschiedlichen molaren Dichten $\widetilde{\rho}_1(z) < \widetilde{\rho}_2(z)$ kann man sich mithilfe einer semipermeablen Wand herstellen, die nur für eine bestimmte Ionensorte durchlässig ist. Als Beispiel betrachten wir wässrige $CuSO_4$ Lösungen, die durch eine nur für den SO_4^{--}-Ionenkomplex durchlässige Wand in zwei Hälften getrennt ist. Aufgrund der Dichteunterschiede werden die SO_4^{--}-Ionen durch die Wand von der Lösung 2 in die Lösung 1 wandern. Über der Wand wird sich dadurch eine elektrische Spannung ausbilden, die man **Membranspannung** U_{Memb} nennt. Im Gleichgewichtszustand verhindert U_{Memb} das weitere Wandern von SO_4^{--}-Ionen durch die Wand. Wie groß ist die Membranspannung?

Sie wird offensichtlich hervorgerufen durch die Dichteunterschiede der Elektrolyte, d.h. die Ionen besetzen in Lösung 1 und Lösung 2 verschiedene Zustände des Phasenraums, siehe Kap. 6.4.2. Sind die Temperaturen in den beiden Hälften der Zelle mit Lösung 1 bzw. 2 gleich, so gilt nach Gleichung (6.132) für das Verhältnis ihrer molaren Dichten

$$\frac{\widetilde{\rho}_1(z)}{\widetilde{\rho}_2(z)} = \exp\left(-\frac{\epsilon_1 - \epsilon_2}{kT}\right) \ , \qquad (8.124)$$

wobei ϵ die Gesamtenergie eines Ions ist. Bei gleicher Temperatur unterscheiden sich ϵ_1 und ϵ_2 nur durch die Potenzialdifferenz

$$\epsilon_1 - \epsilon_2 = z\,e\,(\phi_1 - \phi_2) = z\,e\,U_{\text{Memb}} \ , \qquad (8.125)$$

und es ergibt sich

$$U_{\text{Memb}} = -\frac{kT}{z\,e} \ln \frac{\widetilde{\rho}_1(z)}{\widetilde{\rho}_2(z)} = \frac{RT}{z\,F} \ln \frac{\widetilde{\rho}_2(z)}{\widetilde{\rho}_1(z)} \ . \qquad (8.126)$$

Diese Gleichung wird **Nernst-Gleichung** genannt.

Werden gleiche Elektrolyte mit verschiedenen molaren Dichten $\tilde{\rho}(z)$ durch eine semipermeable Wand getrennt, baut sich über der Wand eine Membranspannung

$$U_{\text{Memb}} = \phi_1 - \phi_2 = \frac{RT}{zF} \ln \frac{\tilde{\rho}_2(z)}{\tilde{\rho}_1(z)} . \tag{8.127}$$

auf.

Tauchen wir in die beiden $CuSO_4$-Lösungen je eine Cu-Elektrode, die leitend miteinander verbunden sind, wird durch den Leiter so lange ein Strom fließen, bis sich die Dichteunterschiede ausgeglichen haben. Dabei geht an der Kathode das Cu aus der Elektrode in die Lösung

$$Cu \rightarrow Cu^{++} + 2\,e^- .$$

An der Anode schlägt sich das Cu aus der Lösung an der Elektrode nieder

$$Cu^{++} + 2\,e^- \rightarrow Cu .$$

Die Elektronen wandern über den Leiter von der Kathode zur Anode, die Kathode wird dünner, die Anode wird dicker.

Ein ähnlicher Elektronenfluss über den Leiter zwischen 2 Elektroden wird auch beobachtet, wenn man in der einen Hälfte der Zelle den $CuSO_4$-Elektrolyten und die Cu-Elektrode durch einen anderen Elektrolyten mit der zugehörigen Elektrode ersetzt. Das bekannteste Beispiel ist das **Daniell-Element**, bei dem die eine Hälfte durch eine $ZnSO_4$-Lösung mit Zn-Elektrode ausgetauscht wird. Für das Entstehen des Elektronenflusses ist nicht notwendig, dass sich die molaren Dichten von Zn^{++} und Cu^{++} unterscheiden, d.h. die Membranspannung über der semipermeablen Wand kann u.U. verschwinden. Der Grund dafür, dass trotzdem eine Zellspannung zwischen Anode und Kathode beobachtet wird, sind die unterschiedlichen Eigenschaften der Grenzflächen zwischen Elektrode und Elektrolyt. An diesen Grenzflächen finden **Redox-Reaktionen** statt, d.h. die eine Elektrode wird reduziert, die andere Elektrode wird oxidiert.

Mit Redox-Reaktionen bezeichnet man den Austausch von Elektronen zwischen zwei Metallen 1 und 2. Nehmen wir an, das Metall 1 gibt an der **Kathode** Elektronen ab.

$$M_1 \rightarrow M_1^{z+} + z\,e^- . \tag{8.128}$$

Das Metall M_1 ist ein Reduktionsmittel, bei der Elektronenabgabe wird es selbst oxidiert.

Das Metallion M_2^{z+} wird dann an der **Anode** Elektronen aufnehmen.

$$M_2^{z+} + z\,e^- \rightarrow M_2 \;. \tag{8.129}$$

Das Metallion M_2^{z+} ist ein Oxidationsmittel, bei der Elektronenaufnahme wird es selbst reduziert.

Bei der formalen Darstellung einer Redox-Reaktion werden die Elektronen i.A. nicht dargestellt, d.h. eine Redox-Reaktion lässt sich schreiben

$$M_1 + M_2^{z+} \rightarrow M_1^{z+} + M_2 \;. \tag{8.130}$$

Für das Beispiel des Daniell-Elements würde dies lauten

$$Zn + Cu^{++} \rightarrow Zn^{++} + Cu \;.$$

Prinzipiell könnte die Gleichung (8.130) natürlich auch lauten

$$M_2 + M_1^{z+} \rightarrow M_2^{z+} + M_1 \;. \tag{8.131}$$

In welcher Richtung eine Redox-Reaktion abläuft, hängt davon ab, welches der Metalle M_1 oder M_2 das stärkere Reduktionsmittel ist. Auf jeden Fall ergibt sich die Zellspannung für die Reaktion (8.130) nach der Nernst-Gleichung zu

$$U_{\text{Zell}} = \frac{R\,T}{z\,F} \ln \frac{\widetilde{\rho}_1(0)\,\widetilde{\rho}_2(z)}{\widetilde{\rho}_2(0)\,\widetilde{\rho}_1(z)} = \frac{R\,T}{z\,F} \ln \frac{\widetilde{\rho}_1(0)}{\widetilde{\rho}_2(0)} - \frac{R\,T}{z\,F} \ln \frac{\widetilde{\rho}_1(z)}{\widetilde{\rho}_2(z)} \;. \tag{8.132}$$

Der erste Term beschreibt die Eigenschaft des Elektrodenmaterials, entweder als Reduktionsmittel zu wirken oder durch Reduktion zu entstehen. Diese Eigenschaft aller metallischer Leiter wird festgelegt durch ihre Stellung in der **elektrochemischen Spannungsreihe**, die die Zellspannung = Normalspannung einer Metallelektrode in einer 1 molaren Elektrolytlösung bei einer Temperatur T = 293 K gegen eine Wasserstoffelektrode angibt

$$U_i^{(H)} = \frac{R\,T}{z\,F} \ln \frac{\widetilde{\rho}_i(0)}{\widetilde{\rho}_H(0)} \;. \tag{8.133}$$

In der Tabelle 8.1 sind einige Beispiele für die Normalspannungen zwischen Metall und Wasserstoff zusammengestellt. Vergleicht man zwei Metalle, so ist das mit der kleineren Normalspannung $U_i^{(H)}$ ein Reduktionsmittel und das mit der größeren Normalspannung $U_j^{(H)}$ ein Oxidationsmittel, es entsteht durch Reduktion. Für die Zellspannung in einer Zelle mit beliebigen Metallelektroden ergibt sich daher

$$U_{\text{Zell}} = \left(U_1^{(H)} - U_2^{(H)} \right) - \frac{R\,T}{z\,F} \ln \frac{\widetilde{\rho}_1(z)}{\widetilde{\rho}_2(z)} \;. \tag{8.134}$$

Der letzte Term auf der rechten Seite von Gleichung (8.134) berücksichtigt den Einfluss, den unterschiedliche molare Dichten der Elektrolyte auf die Zellspannung haben. Sind die Dichten gleich, $\widetilde{\rho}_1(z) = \widetilde{\rho}_2(z)$, so ergibt dieser Term keinen Beitrag, und die Zellspannung ist gleich der Galvani-Spannung

Tabelle 8.1. Die Normalspannungen zwischen Metall und Wasserstoff

Metall	Normal-spannung (V)	Metall	Normal-spannung (V)	Metall	Normal-spannung (V)
Li	-3,02	Mn	-1,18	Cu	0,35
K	-2,92	Zn	-0,76	Ag	0,81
Ca	-2,76	Cr	-0,74	Hg	0,86
Na	-2,71	Fe	-0,44	Au	1,36
Mg	-2,40	Pb	-0,13	Pt	1,60
Al	-1,69				

$$U_{\text{Zell}} = U_{\text{G}} = U_1^{(H)} - U_2^{(H)} \ . \tag{8.135}$$

Sie lässt sich also bei Zimmertemperatur direkt aus der elektrochemischen Spannungsreihe ablesen. Für das Daniell-Element erhält man auf diese Weise

$$U_{\text{G}} = U_{\text{Cu}}^{(H)} - U_{\text{Zn}}^{(H)} = 1.1 \text{ V}.$$

Wir haben in diesem Kapitel daher drei Mechanismen kennen gelernt, mit deren Hilfe sich Spannungselemente konstruieren lassen, die in einer elektrischen Masche berücksichtigt werden müssen, wie es durch Gleichung (8.109) geschehen ist.

Anmerkung 8.2.1: Ist es wichtig, dass die Metallionen im Elektrolyten durch Ionisation des gleichen Metalls entstehen, aus dem die Elektrode besteht? Im Prinzip nicht, denn man kann immer einen beliebigen Elektrolyten ersetzen durch eine Elektrolytkette mit semipermeablen Wänden, deren Membranspannungen null sind. Dadurch ließe sich erreichen, dass Elektrode und Elektrolyt aus dem gleichen Metall sind und die Zellspannung unabhängig vom Elektrolyten wird. Allerdings wird sich bei der Redox-Reaktion mit einem beliebigen Elektrolyten auf der Anode das Metall aus dem Elektrolyten niederschlagen, während aus der Kathode das Metall in den Elektrolyten wandert und dort die ursprünglichen Metallionen ersetzt. Anode und Elektrolyt verändern sich, sie werden "vergiftet", und damit verändert sich auch die Zellspannung.

8.2.4 Der elektrische Strom in Gasen

Gase besitzen normalerweise keine freien Ladungsträger, diese müssen durch Ionisation der Gasatome erst erzeugt werden. Die Ionisation der Gasatome geschieht durch eine genügend große Energiezufuhr von außen, i.A. mithilfe der radioaktiven Untergrundstrahlung oder der Höhenstrahlung, die beide auf der Erdoberfläche immer vorhanden sind, siehe Kap. 16.5. Genügt diese Energiezufuhr nicht, dann muss man sie künstlich verstärken, z.B. durch

- Röntgenstrahlung → Photoionisation im Gas,
- Elektronenstrahlen → Elektronenstoßionisation im Gas.

Bei diesen Ionisationsprozessen werden im Gas die gleichen Ladungsdichten von positiven (ρ_C^+) und negativen (ρ_C^-) Ladungsträgern erzeugt. Positive Ladungsträger sind immer positive Ionen X^{z+}, negative Ladungsträger sind entweder Elektronen e^- oder negative Ionen Y^{z-}, die durch Anlagerung von Elektronen an die ungeladenen Gasatome entstehen. Es gilt

$$\rho_C^+ + \rho_C^- = 0 \quad , \quad \rho_C^+ - \rho_C^- = 2\,\rho_C \;. \tag{8.136}$$

Diese Ladungsträger werden rekombinieren, wenn sie nicht mithilfe eines elektrischen Felds voneinander getrennt werden. Die Rekombinationsrate ist proportional zu ρ_C^2, da immer nur Paare von Ladungsträgern rekombinieren können. Wir haben daher einen konstanten Bildungsprozess von Ladungen durch Zufuhr von Energie

$$\frac{d\rho_C}{dt} = c^\uparrow \tag{8.137}$$

und einen von ρ_C^2 abhängigen Vernichtungsprozess von Ladungen durch Rekombination

$$\frac{d\rho_C}{dt} = -c^\downarrow \rho_C^2 \;. \tag{8.138}$$

Insgesamt verändert sich die Ladungsdichte im Gas gemäß

$$\frac{d\rho_C}{dt} = c^\uparrow - c^\downarrow \rho_C^2 \;, \tag{8.139}$$

und dies ergibt eine stationäre Ladungsdichte

$$\rho_C = \sqrt{\frac{c^\uparrow}{c^\downarrow}} \quad \text{für} \quad \frac{d\rho_C}{dt} = 0 \;. \tag{8.140}$$

Diese Bedingung ist wegen der Kontinuitätsgleichung (8.95) äquivalent zu

$$\oint \boldsymbol{j}_C \cdot d\boldsymbol{A} = 0 \;. \tag{8.141}$$

Das Gas ist also nach außen hin ungeladen, es zeigt daher für kleine Spannungen U Ohm'sches Verhalten: $U = R_\Omega I$. Der Ohm'sche Widerstand ergibt sich wie bei einem metallischen Leiter zu

$$R_\Omega = r_\Omega \frac{l}{A} \quad \text{mit} \quad r_\Omega = \frac{1}{\rho_C \left(u^+ - u^-\right)} = \frac{\sqrt{c^\downarrow/c^\uparrow}}{u^+ - u^-} \;. \tag{8.142}$$

Die **Beweglichkeit u^+ der positiven Ionen** im Gas ist um etwa 4 Größenordnungen höher als die in einem Elektrolyten, weil die Gasdichte ρ sehr viel kleiner ist. Sie beträgt etwa $u^+ \approx 5 \cdot 10^{-4}$ m^2 V^{-1} s^{-1}. Für negativ geladene Ionen ist $|u^-|$ etwa doppelt so groß. Die **Beweglichkeit der Elektronen** im Gas ist dagegen abhängig von der elektrischen Feldstärke; sie lässt sich schreiben

$$u_{\mathrm{e}}^- = -\frac{e\,\tau(E)}{2\,m_{\mathrm{e}}} \ , \tag{8.143}$$

wobei die Zeit $\tau(E)$ zwischen 2 Kollisionen zwischen Elektron und den Gasatomen mit der Feldstärke E und der Gasart variiert. Ein repräsentativer Wert ist $|u_{\mathrm{e}}^-| \approx 5 \cdot 10^{-1}$ m^2 V^{-1} s^{-1}, d.h. die Elektronen bewegen sich etwa 1000-mal schneller durch das Gas als die Ionen.

Die Gründe für die Gültigkeit von Gleichung (8.141) sind für die Gasleitung verschieden von denen für die metallische Leitung. Im letzten Fall fließt eine gleiche und im Prinzip unbeschränkte Menge von Elektronen durch die Eingangs- und Ausgangsfläche des metallischen Leiters. Im Fall der Gasleitung sind zwar auch die Ladungsstromdichten von positiven bzw. negativen Ladungsträgern durch die Eingangs- und Ausgangsfläche gleich, aber sie sind durch die Gleichung (8.140) beschränkt. Dies hat zur Folge, dass ab einer gewissen Spannung der Strom nicht mehr mit der Spannung ansteigen kann, er erreicht ein "Plateau". Die elektrische Leitung durch ein Gas weicht dann von einem rein Ohm'schen Verhalten ab. Bei noch höheren Spannungen tritt schließlich ein neues Phänomen auf, die **Sekundärionisation**.

Während der Zeit $\tau(E)$, während der sich ein Elektron im elektrischen Feld über die mittlere Weglänge λ (Gleichung (6.50)) ungestört bewegt, gewinnt es an kinetischer Energie

$$W_{\mathrm{kin}} = e\,E\,\lambda \ . \tag{8.144}$$

In einem Gas ist die mittlere Weglänge nach Gleichung (6.50) abhängig von dem Gasdruck P

$$\lambda = \lambda_0\,\frac{P_0}{P} \ , \tag{8.145}$$

wobei λ_0 und P_0 die Weglänge und der Gasdruck unter Normalbedingungen sind. Dies bedeutet, dass abhängig von der **reduzierten Feldstärke** E/P die kinetische Energie der Elektronen Werte erreichen kann

$$W_{\mathrm{kin}} > W_{\mathrm{ion}} \ , \tag{8.146}$$

die größer sind als die zur Ionisation eines Gasatoms notwendige Energie W_{ion}. Dann tritt Sekundärionisation auf

$$\mathrm{e}^- + \mathrm{A} \rightarrow 2\,\mathrm{e}^- + \mathrm{A}^+ \ , \tag{8.147}$$

und die Anzahl der Ladungsträger wird schlagartig größer. Die Vergrößerung kann wie folgt abgeschätzt werden.

Längs der Wegstrecke dx erhöht sich die Anzahl der Elektronen um

$$dn = \gamma\, n\, dx \ , \tag{8.148}$$

mit dem Ionisierungsvermögen $\gamma = \gamma(E/P)$, das eine Funktion der reduzierten Feldstärke ist. Durch Integration über die gesamte Weglänge l ergibt sich für die am Ende des Wegs vorhandene Elektronenahl n

$$n = n_0\, e^{\gamma l} \ . \tag{8.149}$$

Die Anzahl der Elektronen wächst exponentiell von der ursprünglich vorhandenen Zahl n_0 auf die Zahl n an. Die Anzahl der neu gebildeten positiven Ionen beträgt $n_0\,(e^{\gamma l} - 1)$, d.h. sie ist gleich dem Zuwachs der Elektronen $n - n_0$. Positive Ionen werden zur Kathode wandern, bei dem Aufprall auf die Kathode erzeugen sie u.U. mit der Wahrscheinlichkeit δ ein neues Elektron (Stoßionisation). Diese neuen Elektronen vergrößern nach dem gleichen Mechanismus der Sekundärionisation den Elektronenstrom, für die Gesamtzahl an Elektronen nach der Weglänge l ergibt sich

$$n = n_0\, e^{\gamma l} \sum_i \left(\delta \left(e^{\gamma l} - 1 \right) \right)^i \ . \tag{8.150}$$

Für $\delta \left(e^{\gamma l} - 1 \right) < 1$ besitzt diese Summe einen Grenzwert

$$n = n_0\, \frac{e^{\gamma l}}{1 - \delta \left(e^{\gamma l} - 1 \right)} \ . \tag{8.151}$$

Das bedeutet, die Anzahl der Elektronen aus Sekundärionisation wird durch den Prozess der Stoßionisation in der Kathode noch einmal um den Faktor $\left(1 - \delta(e^{\gamma l} - 1) \right)^{-1}$ vergrößert. Dieser Faktor wird für

$$\delta \left(e^{\gamma l} - 1 \right) = 1 \quad \rightarrow \quad \gamma = \frac{1}{l} \ln \frac{\delta + 1}{\delta} \tag{8.152}$$

unendlich, die Gesamtzahl der Elektronen wächst über alle Grenzen unabhängig von der ursprünglich vorhandenen Elektronenzahl n_0. Diese Bedingung definiert den Einsatz der "**selbständigen Entladung**" beim Strom durch ein Gas. Die dafür benötigte "**Zündspannung**" U_z ergibt sich aus Gleichung (8.152), sie hängt von dem Gasdruck, der Gasart, dem Elektrodenmaterial und der Elektrodengeometrie in dem Gasgefäß ab.

Da der elektrische Widerstand mit der Ladungsträgerdichte abnimmt, ergibt sich im Bereich der selbständigen Entladung das merkwürdige Phänomen, dass der Strom mit sinkender Spannung trotzdem steigt, der Leitungswiderstand wird negativ. Die gesamte Strom-Spannungs-Kennlinie für den elektrischen Strom durch ein Gas ist in Abb. 8.13 gezeigt. Wir unterscheiden:

- (1) **Ohm'scher Bereich**: Gleichgewicht zwischen Erzeugung und Vernichtung der Ladungsträger.

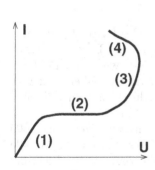

Abb. 8.13. Der elektrische Strom I einer Gasentladung als Funktion der angelegten Spannung U. Bei kleinen Spannungen (1) beteht der Strom aus dem immer im Gas vorhandenen freien Ladungsträgern und zeigt Ohm'sches Verhalten. Im Bereich (2) ist der Strom konstant, weil keine neuen Ladungsträger gebildet werden. Dagegen entstehen im Bereich (3) durch Sekundärionisation neue Ladungsträger und der Strom steigt wieder mit der Spannung. Im Bereich (4) hat die Gasentladung gezündet, d.h. es entstehen auch ohne Spannungserhöhung immer mehr freie Ladungsträger

- (2) **Sättigungsbereich**: Begrenzung des Stroms durch endliche Ladungsträgerdichten.
- (3) **Sekundärionisationsbereich**: Vergrößerung der Ladungsträgerdichten durch Sekundärionisation.
- (4) **Bereich der selbständigen Entladung**.

Der Bereich der selbständigen Entladung sollte vermieden werden, da in diesem Bereich der Strom unkontrolliert wächst und u.U. das Gerät zerstört. Man erreicht dies, indem die Gasstrecke in Reihe mit einem Ohm'schen Widerstand geschaltet wird, der die an der Gasstrecke liegende Spannung beim Erreichen der selbständigen Entladung so stark reduziert, dass die Sekundärionisation zusammenbricht, weil die Feldstärke nicht mehr ausreicht ($\gamma = 0$).

Die Mechanismen, die bei dem Stromfluss durch ein Gas beobachtet werden, haben auch wichtige technische Anwendung gefunden:

- Die Sekundärionisation ist mit der Emission von Licht verbunden und damit die Basis für viele Lichtquellen (Leuchtstoffröhre, He-Ne-Laser).
- Die Vervielfachung der Elektronen im Sekundärionisationsbereich kann zur Verstärkung von Signalen genutzt werden (Bildverstärker).
- Einen Spezialfall stellt die elektrische Leitung bei verschwindender Gasdichte dar. Dieser Fall erfordert die Injektion von Ladungsträgern in das elektrische Feld, das mithilfe einer Beschleunigungsspannung U erzeugt wird. Dies ist das Prinzip eines Teilchenbeschleunigers, ist aber auch in der Röntgenröhre verwirklicht oder im Fernsehgerät. Für die Biologie ist besonders wichtig, dass die Beschleunigung von Ladungsträgern (z.B. ihr Abbremsen in der Anode einer Röntgenröhre oder die Zentripetalbeschleunigung in einem Hochenergie-Kreisbeschleuniger) die Ursache für die Emission von kurzwelligem Röntgenlicht ist, der sog. Bremsstrahlung. Auf den Entstehungsprozess der Bremsstrahlung werden wir in Kap. 15.3.1 eingehen.

8.3 Magnetostatik

Es gibt in der Natur eine weitere Kraft, die **magnetische Kraft** F_L, die mithilfe eines magnetischen Felds B beschrieben werden kann. Dass diese Kraft auch ihre Ursache in den elektrischen Ladungen besitzt, wurde im 19. Jahrhundert zum ersten Mal von Ørsted (1777 - 1851) bewiesen. Dabei handelt es sich um die Beobachtung, dass ein elektrischer Strom durch einen metallischen Leiter eine Wirkung auf ein magnetisiertes Eisenstück ausübt.

Die Existenz von Metallen, die sich magnetisieren lassen, war um ca. 1000 v.Chr. bereits den Chinesen bekannt. Dabei handelt es sich um die Metalle Fe, Ni und Cr, die als magnetisierte Stäbe sich bevorzugt in eine Richtung auf der Erdoberfläche ausrichten, und diese Ausrichtung lässt sich durch die Anwesenheit eines weiteren magnetisierten Stabs verändern. Daraus ergeben sich die Folgerungen:

- Zwischen zwei Magnetstäben wirkt eine Kraft, die entweder anziehend oder abstoßend ist, je nachdem welche Orientierung die Magnetstäbe relativ zueinander besitzen.

- Die Erde ist selbst ein "Magnetstab", unter dessen Wirkung sich ein anderer Magnetstab bevorzugt orientiert.

Die letzte Folgerung hat ungeheure Bedeutung für die Entwicklung der Seefahrt besessen, denn sie erlaubt die Festlegung einer Richtung auf der See ohne Bezug zu Fixpunkten auf dem Land.

Die Tatsache, dass die magnetische Kraft F_L anziehend und abstoßend sein kann, führt sofort zu der Frage, ob es in der Natur auch zwei Typen von magnetischen Ladungen gibt. Die Existenz einer magnetischen Ladung könnte bewiesen werden, wenn es gelänge, einen Magnetstab so zu teilen, dass seine beiden Hälften je eine der magnetischen Ladungen trägt, auf die dann entweder anziehende oder abstoßende Kräfte wirken. Dieses Experiment wird in jeder Vorlesung zur Experimentalphysik durchgeführt, es ist nie gelungen, es konnte nie die Existenz getrennter magnetischer Ladungen nachgewiesen werden.

In der Natur gibt es keine magnetischen Ladungen, welche die Ursache der magnetischen Kraft F_L sind.

Ein Magnetstab ist daher immer ein **magnetischer Dipol** mit einem **Nordpol** an dem einen Ende und einem **Südpol** an dem anderen Ende. Dabei ist die Kraft zwischen zwei parallel nebeneinander positionierten Dipolen dann anziehend, wenn sich Nordpol und Südpol gegenüber liegen. Sie ist dagegen abstoßend, wenn Nordpol auf Nordpol und Südpol auf Südpol stoßen. Daraus ergibt sich die Definition von Nordpol und Südpol eines Magnetstabs.

Der Magnetstab hat seinen Nordpol an dem Ende, das auf der Erdoberfläche zum geografischen Nordpol der Erde zeigt, während der Südpol des Magnetstabs zum geografischen Südpol der Erde zeigt.

Daraus folgt wegen des Zusammenhangs zwischen der Orientierung von zwei magnetischen Dipolen und ihren Pollagen:

Der magnetische Südpol der Erde liegt in der Nähe ihres geografischen Nordpols, der magnetische Nordpol der Erde liegt in der Nähe ihres geografischen Südpols.

8.3.1 Das magnetische Feld

Analog zur Gleichung (8.73) werden die Eigenschaften eines magnetischen Dipols bestimmt durch sein **magnetisches Dipolmoment** p_{mag}, dessen Richtung $\hat{p}_{\text{mag}}$ festgelegt ist durch die Richtung vom Südpol zum Nordpol. Später werden wir lernen, dass im atomaren Bild die magnetischen Dipole durch atomare Kreisströme entstehen und daher der Betrag des magnetischen Dipolmoments $|p_{\text{mag}}|$ gegeben ist durch die Stärke des Kreisstroms I und der von ihm eingeschlossenen Fläche A, siehe Gleichung (8.186).

Ein magnetischer Dipol besitzt ein magnetisches Dipolmoment

$$p_{\text{mag}} = I\,A \quad , \quad [p_{\text{mag}}] = \text{A m}^2 \ . \tag{8.153}$$

Das magnetische Feld, das von einem magnetischen Dipol erzeugt wird, hat Eigenschaften analog zu dem elektrischen Feld Gleichung (8.63), das von einem elektrischen Dipol erzeugt wird. Im elektrischen Fall tritt als Größenkonstante die elektrische Feldkonstante ϵ_0 auf, falls alle Größen die vom SI vorgeschriebenen Einheiten besitzen. Im magnetischen Fall nimmt diese Stelle die magnetische Feldkonstante μ_0 ein. Zwischen elektrischer und magnetischer Feldkonstante besteht in SI folgender Zusammenhang:

Im SI gilt für die magnetische Feldkonstante μ_0 die Beziehung

$$\mu_0\,\epsilon_0 = \frac{1}{c^2} \ , \tag{8.154}$$

wobei $c = 3 \cdot 10^8$ m s^{-1} die Vakuumlichtgeschwindigkeit ist. Daraus ergibt sich

$$\mu_0 = 1{,}257 \cdot 10^{-6} = 4\pi \cdot 10^{-7} \text{ V s A}^{-1}\,\text{m}^{-1} \ . \tag{8.155}$$

Für das von einem magnetischen Dipol im Fernraum erzeugte Dipolfeld erhalten wir in Analogie zu dem elektrischen Feld (8.63)

$$B = \frac{\mu_0}{4\pi}\,p_{\text{mag}}\,\frac{3\,(\hat{z}\cdot\hat{r})\,\hat{r} - \hat{z}}{r^3} \quad , \quad [B] = \text{V s m}^{-2} = \text{T "Tesla"} \ . \tag{8.156}$$

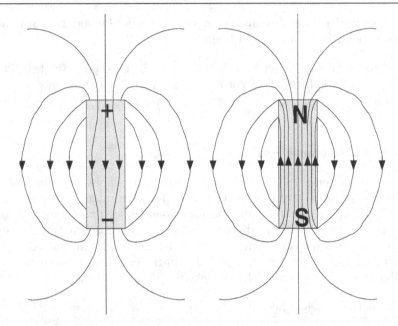

Abb. 8.14. Das elektrische Feld eines elektrischen Dipols (*links*), und das magnetische Feld eines magnetischen Dipols (*rechts*). Beachten Sie die unterschiedlichen Felder im Inneren der Dipole, die durch die Existenz elektrischer Ladungen, aber Nichtexistenz magnetischer Ladungen verursacht werden

Wir müssen aber äußerst vorsichtigt sein, um die Analogien zwischen elektrischen und magnetischen Feldern nicht zu weit zu treiben. Die Beziehung (8.156) ist korrekt im Fernraum, d.h. in genügend großem Abstand vom Dipol. Die Analogie gilt dagegen nicht mehr im Inneren der Dipole, und der fundamentale Grund ergibt sich aus der Tatsache, dass es zwar elektrische, aber keine magnetischen Ladungen gibt. Daher können die magnetischen Feldlinien nicht an den Polen eines Dipols enden, so wie die elektrischen Feldlinien an den Ladungen eines elektrischen Dipols enden. Diese Unterschiede zwischen magnetischem und elektrischem Dipol sind in Abb. 8.14 dargestellt.

Magnetische Feldlinien sind immer in sich geschlossen, sie besitzen keinen Anfang und kein Ende. Man sagt: Das magnetische Feld ist quellenfrei.

Dies lässt sich mithilfe des Gauss'schen Gesetzes mathematisch folgendermaßen formulieren:

Für das magnetische Feld $\boldsymbol{B}$ gilt

$$\oint_A \boldsymbol{B} \cdot \mathrm{d}\boldsymbol{A} = 0 \,, \tag{8.157}$$

da es in der Natur keine magnetischen Ladungen gibt.

Im Rahmen der Analogie zwischen elektrischem und magnetischem Dipol sind auch die folgenden Aussagen noch korrekt:

- In einem äußeren magnetischen Feld $\boldsymbol{B}_{\text{aus}}$ besitzt ein magnetischer Dipol $\boldsymbol{p}_{\text{mag}}$ die potenzielle Energie

$$W_{\text{pot}} = -\boldsymbol{p}_{\text{mag}} \cdot \boldsymbol{B}_{\text{aus}} . \tag{8.158}$$

  Im statischen Gleichgewicht wird sich der Dipol immer in Richtung der Feldlinien einstellen.

- Das **Drehmoment**, das ein magnetischer Dipol $\boldsymbol{p}_{\text{mag}}$ im äußeren Magnetfeld $\boldsymbol{B}_{\text{aus}}$ erfährt, ergibt sich zu

$$\boldsymbol{M} = \boldsymbol{p}_{\text{mag}} \times \boldsymbol{B}_{\text{aus}} . \tag{8.159}$$

Die Bedeutung des magnetischen Felds wäre allerdings gering geblieben, wenn sich nicht in den Versuchen von Ørsted gezeigt hätte, dass Magnetfelder auch durch stationäre elektrische Ströme entstehen. Fließt ein konstanter Strom I durch einen geraden metallischen Leiter, also einen Draht mit Radius $R_{\perp}$, so entsteht ein Magnetfeld $\boldsymbol{B}$, dessen Feldlinien kreisförmig um den Draht herumlaufen. Auf der Kreislinie ist die magnetische Feldstärke konstant. Dies kann experimentell leicht mithilfe eines magnetischen Dipols nachgeprüft werden, indem man das Drehmoment misst, das auf den Dipol in diesem Feld wirkt. Ist das Magnetfeld auf den Kreislinien konstant und proportional zu dem Strom I, dann ergibt sich durch die geschlossene Integration über die Kreislinie $r_{\perp} > R_{\perp}$

$$\oint_{\text{Kreis}} \boldsymbol{B} \cdot \mathrm{d}\boldsymbol{s} = B\, 2\pi\, r_{\perp} \propto I , \tag{8.160}$$

wobei die Proportionalitätskonstante die magnetische Feldkonstante ist.

Ein geradliniger, stationärer Strom I erzeugt ein kreisförmig geschlossenes Magnetfeld $\boldsymbol{B}$ um den Strom

$$\boldsymbol{B} = \frac{\mu_0}{2\pi} \frac{I}{r_{\perp}} \widehat{\boldsymbol{\varphi}} . \tag{8.161}$$

Dabei ist $\widehat{\boldsymbol{\varphi}} = -\sin\varphi\,\widehat{\boldsymbol{x}} + \cos\varphi\,\widehat{\boldsymbol{y}}$ ein Einheitsvektor, der die Richtung des Magnetfelds um den stromführenden Leiter in z-Richtung angibt, siehe Gleichung (2.22). Dieses Feld ist **inhomogen**. Zwar ist seine Stärke auf dem Kreis mit Radius $r_{\perp}$ konstant, aber das Feld ändert auf diesem Kreis mit φ seine Richtung. Wie man ein homogenes Magnetfeld erzeugen kann, werden wir im nächsten Kapitel lernen.

Die Gleichung (8.161) ist nur der Spezialfall des Ampère'schen Gesetzes für einen stationären Strom. Allgemein gilt für beliebige Ströme I_{tot}:

Ampère'sches Gesetz:
Das Magnetfeld $\boldsymbol{B}$, integriert über einen beliebigen geschlossenen Weg, ergibt den Gesamtstrom I_{tot}, der durch die von dem Weg eingeschlossene Fläche fließt

$$\oint_s \boldsymbol{B} \cdot \mathrm{d}\boldsymbol{s} = \mu_0 \int_A \boldsymbol{j}_C \cdot \mathrm{d}\boldsymbol{A} = \mu_0\, I_{\text{tot}} \ . \qquad (8.162)$$

Dieses Ampère'sche Gesetz für das Magnetfeld ist das Äquivalent zu dem Gauss'schen Gesetz (8.19) für das elektrische Feld; Es verknüpft den elektrischen Strom mit dem zugehörigen magnetischen Feld. Der stationäre Strom ist daher die Ursache für das statische magnetische Feld, so wie die stationäre elektrische Ladung die Ursache für das statische elektrische Feld ist.

Aus der Gleichung (8.162) folgt auch, dass das Magnetfeld u.U. in dem Leiter selbst existiert. Das hängt davon ab, wie sich der Strom im Leiter verteilt. Betrachten wir einen normalen metallischen Leiter, so ist die Stromdichte $\boldsymbol{j}_C$ über den Leiterquerschnitt konstant. Für einen geschlossenen Weg s mit $r_\perp < R_\perp$ und der eingeschlossenen Fläche $A = \pi\, r_\perp^2$ innerhalb des Leiters gilt

$$I = \int_A \boldsymbol{j}_C \cdot \mathrm{d}\boldsymbol{A} = \frac{r_\perp^2}{R_\perp^2}\, I_{\text{tot}} \ , \qquad (8.163)$$

wenn der Gesamtstrom durch den Leiter I_{tot} ist. Daher ergibt das Ampère'sche Gesetz

$$B\, 2\pi\, r_\perp = \mu_0\, \frac{r_\perp^2}{R_\perp^2}\, I_{\text{tot}} \quad \rightarrow \quad \boldsymbol{B} = \frac{\mu_0}{2\pi}\, \frac{r_\perp}{R_\perp^2}\, I_{\text{tot}}\, \widehat{\varphi} \ . \qquad (8.164)$$

Das heißt, die Feldstärke steigt innerhalb des Leiters linear mit $r_\perp$ an.

Auf der anderen Seite existieren auch Leiter, z.B. die **Supraleiter** vom Typ 1, bei denen der Stromfluss auf eine dünne Oberflächenschicht des Leiters beschränkt ist. In diesem Fall ergibt das Ampère'sche Gesetz

$$\boldsymbol{B} = 0 \quad \text{für} \quad r_\perp < R_\perp \ . \qquad (8.165)$$

Supraleiter vom Typ 1 besitzen kein inneres Magnetfeld.

Anmerkung 8.3.1: In der Gleichung (8.153) wird das magnetische Moment eines Stabmagneten mit Querschnittsfläche A zurückgeführt auf einen Kreisstrom I, ohne dass wir von diesem Kreisstrom makroskopisch etwas beobachten. In der Tat ergibt sich I erst durch Überlagerung der mikroskopischen Elektronenströme in der Atomhülle. Insofern sollte Gleichung (8.153) besser als Definititionsgleichung für einen (nicht messbaren) makroskopischen Kreisstrom interpretiert werden denn als Bestimmungsgleichung für das Dipolmoment.

8.3.2 Die Lorentz-Kraft auf eine bewegte Ladung

Wir haben das magnetische Feld B im letzten Kapitel untersucht. Mit dem Feld verknüpft ist eine magnetische Kraft F_L, deren Wirkung wir bisher nur auf magnetische Dipole kennen. Die Frage ist: Wirkt diese Kraft auch auf elektrische Ladungen?

Auf eine ruhende Ladung sicherlich nicht. Ein metallischer Leiter besitzt z.B. viele frei bewegliche Elektronen. Trotzdem fließt im magnetischen Feld der Erde durch ihn kein Strom, wenn der Leiter ruht.

Ein Magnetfeld übt auf ruhende elektrische Ladungen keine Kraft aus.

Der Strom fließt aber in dem Augenblick, wenn sich der Leiter durch das Magnetfeld bewegt. Hierbei ist die Bewegungsrichtung relativ zur Richtung des Magnetfelds von entscheidender Bedeutung. Ist die Geschwindigkeit v des Leiters, und damit auch die der Leitungselektronen, parallel zur Richtung des Magnetfelds, fließt kein Strom, d.h. es existiert keine Kraft auf die Elektronen. Die größte Kraft wird beobachtet, wenn Geschwindigkeit und Magnetfeld senkrecht zueinander stehen. Daraus ergibt sich für die Kraft, die wir **Lorentz-Kraft** nennen:

Ein Magnetfeld B übt auf eine sich mit der Geschwindigkeit v bewegende elektrische Ladungen q die Lorentz-Kraft

$$F_L = q\,(v \times B) \tag{8.166}$$

aus.

In Abb. 8.15 ist die Richtungsabhängigkeit dieser Kraft schematisch dargestellt, wenn durch einen metallischen Leiter ein Strom aus Elektronen mit

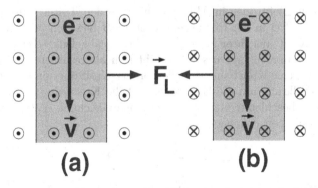

(a)   **(b)**

Abb. 8.15. Die Lorentz-Kraft F_L auf ein Elektron, das sich mit Geschwindigkeit v durch einen geraden Leiter bewegt. In (a) zeigt das magnetische Feld B aus der Zeichenebene, in (b) in die Zeichenebene. Beachten Sie, dass das Elektron negative Ladung besitzt

$q = -n\,e$ in Richtung $\boldsymbol{v}$ fließt. Die Richtung des Magnetfelds steht in diesem Bild senkrecht auf der Bildebene. Es sind gezeigt die Pfeilspitzen $\odot$, wenn $\boldsymbol{B}$ aus der Bildebene herauszeigt, und die Pfeilenden $\otimes$, wenn das Magnetfeld in die Bildebene hineinzeigt. Natürlich lassen sich diese Bilder auch so lesen, dass sie die Elektronengeschwindigkeiten $\boldsymbol{v}$ angeben, wenn der Leiter insgesamt in Richtung von $\boldsymbol{F}_\mathrm{L}$ bewegt wird. Beachten Sie, dass im Fall der Elektronen ihre Geschwindigkeit $\boldsymbol{v}$ und die zugehörige Stromdichte $\boldsymbol{j}_\mathrm{C}$ entgegengesetzt gerichtet sind.

Einen elektrischen Strom durch einen Leiter beschreiben wir normalerweise durch $I = \int \boldsymbol{j}_\mathrm{C} \cdot \mathrm{d}\boldsymbol{A}$ und nicht durch den Term $q\,\boldsymbol{v}$, der in Gleichung (8.166) auftaucht. Beide lassen sich jedoch ineinander umrechnen, und zwar gilt

$$q = \int \rho_\mathrm{C}\,\mathrm{d}V = \int \rho_\mathrm{C}\,\mathrm{d}\boldsymbol{A} \cdot \boldsymbol{l} \;, \qquad (8.167)$$

wobei $\boldsymbol{A}$ die Querschnittsfläche des Leiters ist und $\boldsymbol{l}$ seine Länge. Die Richtung von $\boldsymbol{l}$ soll dieselbe sein wie die von $\boldsymbol{v}$, und daher ergibt sich für den Term $q\,\boldsymbol{v}$ unter Berücksichtigung, dass alle Elektronen die gleiche Driftgeschwindigkeit $\boldsymbol{v}$ besitzen

$$q\,\boldsymbol{v} = \left(\int \rho_\mathrm{C}\,\mathrm{d}\boldsymbol{A} \cdot \boldsymbol{l} \right) \boldsymbol{v} \qquad (8.168)$$

$$= \left(\int \rho_\mathrm{C}\,\boldsymbol{v} \cdot \mathrm{d}\boldsymbol{A} \right) \boldsymbol{l} = \left(\int \boldsymbol{j}_\mathrm{C} \cdot \mathrm{d}\boldsymbol{A} \right) \boldsymbol{l} = I\,\boldsymbol{l} \;.$$

Für die Lorentz-Kraft auf einen mit dem Strom I durchflossenen Leiter, der sich mit der Leiterlänge l in einem homogenen Magnetfeld B befindet, folgt daraus

$$\boldsymbol{F}_\mathrm{L} = I\,(\boldsymbol{l} \times \boldsymbol{B}) \;. \qquad (8.169)$$

Werden die Elektronen in Abb. 8.15 nicht in dem Leiter geführt, sondern können sie sich frei in der Ebene senkrecht zu $\boldsymbol{B}$ bewegen, werden sie durch die Lorentz-Kraft aus ihrer Bewegungsrichtung abgelenkt. Da die Lorentz-Kraft immer senkrecht auf $\boldsymbol{v}$ steht, ergibt sich als resultierende Trajektorie der Elektronen eine Kreisbahn, d.h. die Lorentz-Kraft übernimmt die Aufgabe der Zentripetalkraft, um die Elektronen auf die Kreisbahn zu zwingen. Für die Zentripetalbeschleunigung ergibt sich nach Gleichung (2.28) und mithilfe des 2. Newton'schen Axioms

$$a_\mathrm{ZP} = -\frac{v^2}{r} = -\frac{e}{m}\,v\,B \;. \qquad (8.170)$$

Daraus ergibt sich für den Bahnradius der Elektronen

$$r = \frac{p}{e\,B} \;, \qquad (8.171)$$

wobei $p = m\,v$ der Impuls der Elektronen ist. Umgekehrt kann man durch Messung von r und B bei bekannter Teilchenladung q den Impuls dieses Teilchens bestimmen

$$p = q\,r\,B\ ,\qquad\qquad(8.172)$$

Wir wollen jetzt noch zwei weitere wichtige Anwendungen der Lorentz-Kraft besprechen.

Der Hall-Effekt

Der Hall-Effekt wird benutzt zur Messung der Magnetfeldstärke B, für die wir bisher kein Messverfahren angegeben haben. Bewegen sich Ladungsträger, und wir wollen Elektronen betrachten, durch einen fixierten, d.h. unbeweglichen Leiter im Magnetfeld, dann tritt an den Leiterseiten eine Querspannung auf, die Hall-Spannung U_{H} genannt wird.

Zur Erklärung können wir auf Abb. 8.15 zurückgreifen. Auf die sich mit v bewegenden Elektronen wirkt die Kraft $\boldsymbol{F}_{\mathrm{L}}$. Bei einem ausgedehnten Leiter mit der Länge l, der Breite b und der Dicke d werden die Elektronen unter dem Einfluss dieser Kraft in Abb 8.15a auf die rechte Seite abgelenkt, es entsteht dort eine negative Ladungsdichte σ_{C}^{-}. Auf der linken Seite bleiben die nichtbeweglichen Gitterrümpfe zurück, es entsteht dort eine positive Ladungsdichte σ_{C}^{+}. Daher entsteht über dem Leiter von links nach rechts ein elektrisches Feld

$$E = \epsilon_0 \sigma_{\mathrm{C}} = \frac{U_{\mathrm{H}}}{b}\ ,$$

das eine weitere, diesmal elektrische Kraft auf ein Elektron bewirkt

$$F_{\mathrm{C}} = -e\,E = -e\,\frac{U_{\mathrm{H}}}{b}\ .$$

Diese Kraft ist entgegengesetzt gerichtet zur magnetischen Kraft auf die n Elektronen, die wir mithilfe der Gleichung (8.169), d.h. des durch den Leiter fließenden Stroms I ausdrücken

$$F_{\mathrm{L}} = I\,l\,B\ .$$

Im Gleichgewicht gilt

$$F_{\mathrm{C}} + F_{\mathrm{L}} = 0 \quad \to \quad n\,e\,\frac{U_{\mathrm{H}}}{b} = I\,l\,B\ ,$$

und die Hall-Spannung ergibt sich zu

$$U_{\mathrm{H}} = -\frac{1}{\rho_{\mathrm{C}}^{-}}\,I\,\frac{B}{d}\ ,\qquad\qquad(8.173)$$

wenn $\rho_{\mathrm{C}}^{-} = -n\,e/V = -n\,e/(b\,l\,d)$ die Ladungsdichte des Leiters ist. d ist die Dicke des Leiters, d.h. seine Ausdehnung in Richtung des Magnetfelds $\boldsymbol{B}$. Das bedeutet, dass die **Hall-Sonde** richtig orientiert in das Magnetfeld gehalten werden muss. Und die Hall-Spannung ist positiv, wenn die Ladungsträger negativ geladen sind. Sie ist aber negativ bei positiv geladenen Ladungsträgern, und daher kann man mithilfe einer Hall-Sonde das Ladungsvorzeichen der Ladungsträger in einem Leiter bestimmen.

Bei einem normalen Leiter ist die Dichte ρ_C^- der freien Elektronen so groß, dass die Hall-Spannung i.A. nicht messbar ist. Verwendet man aber einen Halbleiter mit einer wesentlich geringeren Dichte an freien Ladungsträgern, dann wird die Hall-Spannung messbar, und man kann mit einer Hall-Sonde die Stärke des Magnetfelds B bestimmen.

Die Definition der Stromeinheit $[I] = \mathrm{A}$

Diese Anwendung der Lorentz-Kraft erlaubt es, die Messvorschrift festzulegen, mit der die Größe des elektrischen Stroms $I = 1$ A gemessen wird.

Betrachten wir zwei parallele Leiter, durch die zwei gleiche Ströme $I_1 = I_2 = I$ fließen. Auf diese Leiter wirkt die Lorentz-Kraft

$$F_L = I\,(l \times B) \quad \text{mit} \quad B = \frac{\mu_0}{2\pi}\frac{I}{r_\perp}\,\widehat{\varphi}\,. \tag{8.174}$$

Mit dem Einheitsvektor $\widehat{l} = l/|l|$ ergibt dies

$$F_L = \frac{\mu_0}{2\pi}\frac{l}{r_\perp}I^2\,(\widehat{l} \times \widehat{\varphi})\,, \tag{8.175}$$

wobei die Richtung der Kraft $\widehat{F}_L = \widehat{l} \times \widehat{\varphi}$ anziehend zwischen den Leitern wirkt. Der Abstand der Leiter ist $r_\perp = d$, die Länge der Leiter ist l. Wir erhalten damit folgende Definition der Basismaßeinheit A im SI:

- Die Einheit der elektrischen Stromstärke ist $[I] = \mathrm{A}$.

Die Stromstärke I hat den Wert 1 A, wenn zwei im Abstand $d = 1$ m angeordnete parallele Leiter vom gleichen Strom I durchflossen werden und pro Leiterlänge $l = 1$ m eine Kraft von $F = 2 \cdot 10^{-7}$ N aufeinander ausüben.

Mit dieser Definition der elektrischen Stromeinheit besitzen wir jetzt auch die endgültige Einheit für die elektrische Ladung $[q] = \mathrm{A\,s} = \mathrm{C}$, die unsere vorläufige Einheit $[q] = 6{,}24 \cdot 10^{18}e$ ablöst.

8.3.3 Messung von Strom und Spannung

Geräte zur Messung von elektrischem Strom und elektrischer Spannung heißen **Amperemeter** bzw. **Voltmeter**. Das heute noch am häufigsten verwendete Messgerät ist das **Drehspulinstrument**, dessen wesentlichsten Teile eine Spule und das homogene Magnetfeld zwischen den Polen eines Hufeisenmagneten sind. Für die Messung eines Stroms I mit dem Drehspulinstrument wird benutzt, dass

- der Strom I in einer Spule ein magnetisches Moment $\boldsymbol{p}_{\mathrm{mag}} = n\,I\,\boldsymbol{A}$ erzeugt, wobei n die Anzahl der Spulenwindungen ist,
- in einem homogenen Magnetfeld $\boldsymbol{B}$ der magnetische Dipol ein Drehmoment $\boldsymbol{M} = \boldsymbol{p}_{\mathrm{mag}} \times \boldsymbol{B}$ erfährt.

Die Messung des Drehmoments $\boldsymbol{M}$ entspricht daher einer Messung des Stroms I. Das Drehmoment wird gemessen durch Vergleich mit einem mechanischen Drehmoment, das nach Gleichung (4.10) entsteht, wenn man einen Körper um den Winkel α verdreht. Als Körper wird in einem Drehspulinstrument eine Spiralfeder verwendet. Und diese Feder wird verdreht, bis mechanisches Drehmoment und Drehmoment auf die Spule gleich sind. Dann gilt

$$\alpha = \left(\frac{\Phi_{\mathrm{t}}}{G}\,A\,n\,B\right)\,I = a\,I\;, \tag{8.176}$$

d.h. nach der Eichung des Instruments zur Festlegung der Gerätekonstante a genügt eine Winkelmessung, um den elektrischen Strom zu bestimmen.

Dasselbe Verfahren wird auch verwendet, um die Spannung zu bestimmen, d.h. man kann ein Amperemeter auch als Voltmeter verwenden, nachdem seine Eichung neu eingestellt wurde. Das bringt uns zur Frage, wie ein Drehspulinstrument in einer elektrischen Schaltung verwendet werden muss, um die Messung von Strom und Spannung mit hoher Genauigkeit durchzuführen. Hauptbedingung dafür ist, dass durch die Messung die Stromverhältnisse in einer Schaltung möglichst wenig gestört werden.

- Wird das Instrument als Amperemeter verwendet, fließt durch das Instrument der zu messende Strom I, und dabei fällt an dem Innenwiderstand $R_{\mathrm{i}}^{(A)}$ des Amperemeters eine Spannung $U_{\mathrm{A}} = R_{\mathrm{i}}^{(A)}\,I$ ab, die möglichst klein sein sollte. Also besitzt das Amperemeter einen sehr kleinen Innenwiderstand und es wird "im Hauptschluss" geschaltet, also direkt in den Stromkreis.
- Wird das Instrument als Voltmeter verwendet, muss es dagegen parallel geschaltet sein. Man sagt "im Nebenschluss" zu der Leiterstrecke, über der die Spannung U bestimmt werden soll. Dadurch fließt durch das Voltmeter ein Strom $I_{\mathrm{V}} = U/R_{\mathrm{i}}^{(V)}$, der möglichst klein sein sollte. Also muss der Innenwiderstand $R_{\mathrm{i}}^{(V)}$ eines Voltmeters möglichst groß sein.

Ein modernes Amperemeter misst sehr geringe Ströme, durch einen zu hohen Strom kann es zerstört werden. Deswegen muss der Strom begrenzt werden, man erreicht dies durch entsprechende Vor- bzw. Parallelwiderstände.

- Amperemeter: Parallelwiderstand R_{A} zum Spulenwiderstand R_{S} ergibt Innenwiderstand des Amperemeters

$$R_{\mathrm{i}}^{(A)} = \frac{R_{\mathrm{A}}\,R_{\mathrm{S}}}{R_{\mathrm{A}} + R_{\mathrm{S}}} = R_{\mathrm{A}}\left(1 + \frac{R_{\mathrm{A}}}{R_{\mathrm{S}}}\right)^{-1} \tag{8.177}$$
$$\approx R_{\mathrm{A}}\quad\text{für}\quad R_{\mathrm{A}} \ll R_{\mathrm{S}}\;.$$

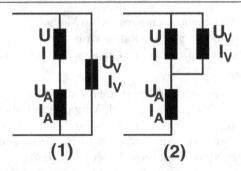

Abb. 8.16. Die zwei prinzipiell möglichen Schaltungen zur Messung des Stroms I und der Spannung U an einem Widerstand. Bei der Schaltung (1) ist die Spannungsmessung fehlerhaft, bei der Schaltung (2) ist die Strommessung fehlerhaft

Das Amperemeter besitzt einen sehr kleinen Innenwiderstand.

- Voltmeter: Vorwiderstand R_V zum Spulenwiderstand R_S ergibt Innenwiderstand des Voltmeters

$$R_i^{(V)} = R_V + R_S \approx R_V \quad \text{für} \quad R_V \gg R_S . \tag{8.178}$$

Das Voltmeter besitzt einen sehr großen Innenwiderstand.

Durch einen Schalter am Drehspulinstrument kann von $R_A \ll R_S$ (Strommessung) auf $R_A \gg R_S$ (Spannungsmessung) umgeschaltet werden.

Bei der Messung des Stroms I durch einen Widerstand und der an ihm abfallenden Spannung U gibt es zwei Möglichkeiten, die in Abb. 8.16 dargestellt sind.

1. Möglichkeit: Der vom Amperemeter gemessene Strom ist $I_A = I$. Die vom Voltmeter gemessene Spannung ist

$$U_V = U + I R_i^{(A)} \quad \rightarrow \quad U = U_V - I R_i^{(A)} .$$

Die gemessene Spannung muss korrigiert werden.

2. Möglichkeit: Die vom Voltmeter gemessene Spannung ist $U_V = U$. Der vom Amperemeter gemessene Strom ist

$$I_A = I + \frac{U}{R_i^{(V)}} \quad \rightarrow \quad I = I_A - \frac{U}{R_i^{(V)}} .$$

Der gemessene Strom muss korrigiert werden.

Erst nach diesen Korrekturen lässt sich die Strom-Spannungs-Kennlinie eines Widerstands korrekt bestimmen.

8.3.4 Elektrischer Strom und Magnetfeld

Wir wissen jetzt, dass ein elektrischer Strom I ein Magnetfeld $\boldsymbol{B}$ erzeugt. Für den Strom in einem unendlich langen, geradlinigen Leiter können wir sogar den Zusammenhang zwischen I und $\boldsymbol{B}$ mithilfe des Ampère'schen Gesetzes sehr einfach berechnen. Es ergibt sich für jeden Punkt außerhalb des Leiters mit Abstand $r_\perp$ vom Leiter

$$\boldsymbol{B} = \frac{\mu_0}{2\pi} \frac{I}{r_\perp} \, \widehat{\boldsymbol{\varphi}} \; . \tag{8.179}$$

Dass wir $\boldsymbol{B}$ so einfach berechnen konnten, liegt an der besonderen Symmetrie, die ein gerader Leiter besitzt. Der Leiter definiert die z-Achse des Koordinatensystems, und bei einem unendlich langen Leiter muss das $\boldsymbol{B}$-Feld daher rotationssymmetrisch und translationsinvariant in Bezug auf die z-Achse sein. Diese Symmetrie hat uns auch geholfen, um mithilfe des Gauss'schen Gesetzes (8.19) das elektrische Feld außerhalb eines geradlinigen und geladenen Leiters zu berechnen:

$$\boldsymbol{E} = \frac{1}{2\pi\,\epsilon_0} \frac{\lambda_C}{r_\perp} \, \widehat{\boldsymbol{r}}_\perp \; . \tag{8.180}$$

Auch dieses Feld ist rotationssymmetrisch und translationsinvariant in Bezug auf die z-Achse. In der Abb. 8.17 sind beide Felder skizziert.

Wie aber lassen sich die Felder berechnen, wenn der Leiter nicht mehr eine derartig ausgezeichnete Symmetrie besitzt? Für das elektrische Feld kennen wir bereits die Antwort, sie ergibt sich aus Gleichung (8.13) für den Fall einer homogenen Ladungsverteilung:

$$\boldsymbol{E} = \frac{1}{4\pi\,\epsilon_0} \rho_C \int_V \frac{\boldsymbol{r}}{r^3} \, \mathrm{d}V \; , \tag{8.181}$$

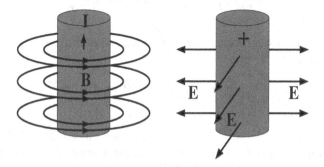

Abb. 8.17. Magnetisches Feld $\boldsymbol{B}$ um einen stromführenden Leiter (*links*) und elektrisches Feld $\boldsymbol{E}$ um einen positiv geladenen Leiter (*rechts*). In beiden Fällen erfüllen die Felder die geforderte Rotationssymmetrie um den zylindrischen Leiter

wobei r der Vektor von einem Punkt außerhalb der Ladungsverteilung zu einem beliebigen Volumenelement dV innerhalb des Volumens V ist. Auch für das magnetische Feld existiert eine äquivalente Beziehung, sie lautet

$$B = \frac{\mu_0}{4\pi} I \int_l \frac{\mathrm{d}l \times r}{r^3} \, , \tag{8.182}$$

wobei r der Vektor von einem Punkt außerhalb des Leiters zu einem beliebigen Längenelement dl längs der Leiterlänge l ist. Diese Beziehung nennt man das **Biot-Savart'sche Gesetz**, es gilt für alle eindimensionalen Leiter, also leitende Drähte, durch die der Strom I fließt.

Wie das Integral (8.181) ist auch das Integral (8.182) für Fälle ohne Symmetrie schwierig zu lösen. Für den Fall des geradlinigen Leiters ist es mit einigem Aufwand möglich, und das Ergebnis ist dasselbe wie jenes, das wir mit weniger Aufwand mithilfe des Ampère'schen Gesetzes erhalten haben. Wir wollen noch einen weiteren Fall betrachten, der ebenfalls ein Problem mit Roatationssymmetrie darstellt, nämlich den **Kreisstrom**. Der Kreis mit Radius R definiert eine Ebene, die x-y-Ebene, und er besitzt einen Mittelpunkt, der gleichzeitig auch der Ursprung unseres Koordinatensystems ist. Das von dem Kreistrom I erzeugte Magnetfeld B muss daher rotationssymmetrisch um die z-Achse sein; dieses Feld zu berechnen ist trotzdem nicht einfach. Relativ unkompliziert ist diese Rechnung nur, wenn uns das B-Feld allein auf der z-Achse interessiert. In diesem Fall besitzt das Feld wegen der geforderten Symmetrie nur eine Komponente in Richtung $\hat{z}$, d.h. es gilt

$$B = B\,\hat{z} \, .$$

Ist θ der Winkel zwischen dem Abstandsvektor r (von einem Kreiselement dl zu einem Punkt auf der z-Achse) und der x-y-Ebene, so vereinfacht sich das Biot-Savart'sche Gesetz (8.182) zu

$$B = \frac{\mu_0}{4\pi} I \int_l \frac{\cos\theta\,\mathrm{d}l}{r^2} \quad \text{mit} \quad \cos\theta = \frac{R}{r} \, . \tag{8.183}$$

Da sich bei der Integration über den Kreis sowohl R wie auch r nicht verändern, ergibt sich

$$B = \frac{\mu_0}{4\pi} I \frac{R}{r^3} \int_l \mathrm{d}l = \frac{\mu_0}{4\pi} I \frac{2\pi R^2}{r^3} = \frac{\mu_0}{2} I \frac{R^2}{r^3} \, . \tag{8.184}$$

Wir können dieses Feld vergleichen mit dem Feld eines magnetischen Dipols im Fernraum, das durch die Gleichung (8.156) gegeben wird. Ist der Dipol längs der z-Achse ausgerichtet, so erfüllen die Variablen in Gleichung (8.156) die Bedingung $r = z$ auf der z-Achse, und wir erhalten

$$B = \frac{\mu_0}{4\pi} p_{\mathrm{mag}} \frac{2}{r^3} \hat{z} \, . \tag{8.185}$$

Der Vergleich von Gleichung (8.184) mit Gleichung (8.185) ergibt

$$p_{\text{mag}} = I \pi R^2 \quad \to \quad p_{\text{mag}} = I \, A \; , \qquad (8.186)$$

da $\widehat{A}$ ebenfalls in die Richtung $\widehat{z}$ zeigt.

Die Beziehung (8.186) ist sehr wichtig, denn sie zeigt, dass jeder Kreisstrom in genügend weitem Abstand ein Magnetfeld besitzt, das identisch zu dem Magnetfeld eines magnetischen Dipols ist, der senkrecht zum Kreisstrom ausgerichtet ist.

Jeder Kreisstrom stellt einen magnetischen Dipol mit dem Dipolmoment $p_{\text{mag}} = I \, A$ dar.

Im Fernraum sehen die Magnetfeldlinien eines Kreisstroms so aus, wie in Abb. 8.14 dargestellt.

Kreisströme kann man hintereinander schalten, dann entsteht eine **gerade Spule** mit n Windungen, durch die der Strom I fließt. Geht $n \to \infty$, dann wird die Spule unendlich lang und wir erhalten ein Problem, das sich wiederum durch eine ausgezeichnete Symmetrie auszeichnet. Das Magnetfeld dieser Spule muss rotationssymmetrisch und translationsinvariant in Bezug auf die z-Achse sein. Da die Feldlinien nirgendwo beginnen noch enden dürfen, muss überall im Inneren der Spule gelten

$$B = B \, \widehat{z} \quad \text{mit} \quad B = \text{konst.}$$

Dagegen ist für eine **unendlich lange** Spule $B = 0$ außerhalb der Spule, die Magnetfeldlinien schließen sich im Unendlichen. Um die Feldstärke im Inneren zu berechen, benutzen wir das Ampère'sche Gesetz. Für die Integration wählen wir einen geschlossenen Weg aus vier Teilstücken. Im Inneren und Äußeren verlaufen die Wege mit der Weglänge l parallel zur z-Achse, sie werden verbunden mit zwei gleichlangen Wegstücken senkrecht zur z-Achse, die auch die Spule durchstoßen. Bei der Integration über diesen geschlossenen Weg ergibt nur das Teilstück längs der z-Achse im Inneren der Spule einen Beitrag, wir erhalten

$$\oint_l B \cdot \mathrm{d}s = B \int_l \mathrm{d}s = B \, l = \mu_0 \, (n \, I) \; ,$$

wenn auf der Länge l die Spule n Windungen besitzt, durch die jeweils der Strom I fließt. Dieses Feld im Inneren einer (unendlich) langen Spule ist homogen. Dabei sind die Abweichungen von der Homogenität bei einer endlich langen Spule umso kleiner, je länger die Spule ist.

Das Magnetfeld im Inneren einer sehr langen Spule mit der Windungsdichte n/l ist **homogen** und ergibt sich für einen Spulenstrom I zu

$$B = \mu_0 \, \frac{n}{l} \, I \, \widehat{z} \; . \qquad (8.187)$$

Die Vorstellung, dass sich die Magnetfeldlinien einer unendlich langen Spule erst im Unendlichen schließen, ist nicht nachprüfbar. Man kann diese Magnetfeldlinien aber auch im Endlichen schließen, indem man die Spule zu einem Kreis zusammenbiegt. Man erhält dadurch eine Kreisspule, einen **Torus**, mit einem mittleren Radius R_{Tor}, der vom Mittelpunkt des Torus aus gemessen wird. Die Spule selbst hat weiterhin einen Kreisquerschnitt mit Radius r_{Spu}, der vom Kreis mit mittlerem Radius R_{Tor} aus gemessen wird. Das Magnetfeld eines Torus ist nur in seinem Inneren von null verschieden, überall im seinem Äußeren gilt $B = 0$, wie dies auch für einen unendlich lange Spule gilt. Der geschlossene Weg im Inneren eines Torus mit $r_{\text{Spu}} \ll R_{\text{Tor}}$ hat die Länge $l = 2\pi r_\perp$, und daraus ergibt sich unmittelbar für das innere Magnetfeld

$$B = \frac{\mu_0}{2\pi} \frac{n\,I}{r_\perp}\, \widehat{\varphi} \quad \text{für} \quad R_{\text{Tor}} - r_{\text{Spu}} < r_\perp < R_{\text{Tor}} + r_{\text{Spu}} \ . \tag{8.188}$$

Dieses Magnetfeld ist, bis auf seine Verstärkung durch n Windungen, identisch mit dem Magnetfeld (8.179) eines unendlich langen Drahts, durch den der Strom I fließt. Aber es ist, im Gegensatz zum Draht, auf ein endliches Raumgebiet (das Innere des Torus) beschränkt. Toroidale Magnetfelder besitzen wegen dieser Eigenschaft, und wegen des Verstärkungsfaktors n, eine große technische Bedeutung. Das Magnetfeld ist allerdings inhomogen, und das ist für einige Anwendungen von Nachteil.

8.3.5 Die magnetischen Eigenschaften der Materie

Wir kommen jetzt zu der wichtigen Aufgabe, die in einem Experiment beobachteten magnetischen Eigenschaften eines Materials mit seiner atomaren Struktur zu verknüpfen. Die Materie ist aus Atomen aufgebaut, und in der Atomhülle bewegen sich die Elektronen nach der klassischen Vorstellung auf geschlossenen Bahnen. Sie stellen also einen Kreisstrom dar, und damit kann jedes Atom ein magnetisches Dipolmoment $\wp_{\text{mag}}$ besitzen.

Die Größe des atomaren Kreisstroms ist

$$I = -e\,\frac{v}{2\pi r} \ , \tag{8.189}$$

wobei v die Bahngeschwindigkeit und r der Bahnradius eines Elektrons sind. Daraus ergibt sich ein atomares Dipolmoment von

$$\wp_{\text{mag}} = I\,\boldsymbol{A} = -e\,\frac{v}{2\pi r}\,\pi r^2\,\widehat{\boldsymbol{n}} = -e\,\frac{v}{2}\,r\,\widehat{\boldsymbol{n}} \ . \tag{8.190}$$

Mit $\widehat{\boldsymbol{n}}$ ist die Richtung senkrecht zur Bewegungsebene gekennzeichnet.

Das Elektron besitzt bei seiner Kreisbewegung ebenfalls einen Bahndrehimpuls, der sich nach Gleichung (3.25) ergibt zu

$$\boldsymbol{L} = m_{\text{e}}\,r\,v\,\widehat{\boldsymbol{n}} \ . \tag{8.191}$$

Das heißt, das magnetische Moment ist verknüpft mit dem Bahndrehimpuls des Elektrons durch

$$\wp_{\text{mag}} = -\frac{e}{2\,m_{\text{e}}} L\,\widehat{\boldsymbol{n}}\;. \tag{8.192}$$

Die Schreibweise mithilfe von L ist angebracht, weil der Bahndrehimpuls L eine messbare Größe des Atoms darstellt, nicht aber der Bahnradius oder die Bahngeschwindigkeit. Dabei stellt sich heraus, dass L in Bezug auf $\widehat{\boldsymbol{n}}$ gequantelt ist, die zugelassenen Werte sind diskret und ergeben sich zu[1] (siehe Gleichung (15.16))

$$L_z = m\,\hbar\;. \tag{8.193}$$

Die Abkürzung $\hbar$ bedeutet $\hbar = h/(2\pi)$ mit dem Planck'schen Wirkungsquantum h, das wir bereits in Gleichung (1.2) kennen gelernt haben. Daher ergibt sich

$$\wp_{\text{mag}} = -\frac{e\,\hbar}{2\,m_{\text{e}}} m\,\widehat{\boldsymbol{n}} = -g_l\,\wp_{\text{Bohr}}\,m\,\widehat{\boldsymbol{e}}\;. \tag{8.194}$$

Die Naturkonstante

$$\wp_{\text{Bohr}} = \frac{e\,\hbar}{2\,m_{\text{e}}} = 5.788 \cdot 10^{-5} \text{ eV T}^{-1} \tag{8.195}$$

wird **Bohr'sches Magneton** genannt, der Vorfaktor g_l heißt **Landé-Faktor**. Für die Bahnbewegung des Elektrons gilt $g_l = 1$. Die Einstellung des Bahndrehimpulses L in Bezug auf $\widehat{\boldsymbol{n}}$ ist, wie schon gesagt, gequantelt, die möglichen Werte von m sind

$$-l \leq m \leq +l \quad \text{mit} \quad l \geq 0 \text{ und ganzzahlig.} \tag{8.196}$$

Auf die Quantisierung der Elektronenzustände in der Atomhülle und die möglichen Quantenzahlen werden wir ausführlich in Kap. 15.1.2 zurückkommen.

Im Normalfall treten in einem Material alle möglichen Werte von m statistisch verteilt auf, sodass $\langle m \rangle = 0$ gilt. Das Material besitzt damit nach außen kein permanentes magnetisches Dipolmoment, denn die atomaren Dipolmomente addieren sich insgesamt zu null. Erst in einem äußeren Magnetfeld $\boldsymbol{B}_{\text{aus}}$ richten sich die atomaren Dipole aus, und zwar nach Gleichung (8.158) in Richtung von $\boldsymbol{B}_{\text{aus}}$. Sie verstärken also durch ihre Ausrichtung das Magnetfeld. Solche Materialien nennt man **paramagnetisch**.

---

[1] m ist eine Quantenzahl, sie sollte nicht verwechselt werden mit dem Symbol für die Masse m. In diesem Kapitel tritt die Masse nur als Elektronenmasse m_{e} auf.

Paramagnetische Materialien bestehen aus Atomen mit einem permanenten magnetischen Dipolmoment $\wp_{\mathrm{mag}}$, das sich erst in einem äußeren Magnetfeld in Richtung des Magnetfelds ausrichtet und zu einem Gesamtdipolmoment p_{mag} in Richtung des Magnetfelds führt.

Es gibt allerdings auch Materialien wie Fe, Ni oder Cr; dort geschieht die Ausrichtung der atomaren Dipole spontan und ohne ein äußeres Feld, wenn die Temperatur des Materials eine Grenztemperatur T_C nicht überschreitet, die **Curie-Temperatur** heißt. Diese kollektive Ausrichtung tritt nur auf in beschränkten Bereichen, den sog. **Weiß'schen Bezirken**. Ein Weiß'scher Bezirk ist daher durch ein resultierendes Gesamtdipolmoment p_{mag} ausgezeichnet, dessen Richtung i.A. aber nicht festliegt. Damit die Dipolmomente aller Weiß'schen Bezirke in etwa die gleiche Richtung weisen, müssen sie einmal mithilfe eines äußeren Magnetfelds ausgerichtet werden. Man sagt, das Material wird magnetisiert. Mit derart magnetisierten Stäben haben wir uns am Anfang des Kap. 8 beschäftigt.

Materialien mit Weiß'schen Bezirken, deren Dipolmomente p_{mag} sich durch ein äußeres Magnetfeld permanent zu einem Gesamtdipolmoment $\sum p_{\mathrm{mag}} \neq 0$ ausrichten lassen, nennt man **ferromagnetisch**.

Einen magnetisierten Ferromagneten kann man auch wieder demagnetisieren, indem man seine Temperatur auf $T > T_C$ erhöht oder indem man ein magnetisches Wechselfeld auf ihn wirken lässt, dessen Wechselfrequenz nicht alle atomaren Dipole gleichzeitig folgen können.

Und es gibt schließlich noch Materialien, die man als **diamagnetisch** bezeichnet, bei denen ist für alle Atome $l = 0$ und damit auch $m = 0$, d.h. diese Atome besitzen kein permanentes magnetisches Dipolmoment: $\wp_{\mathrm{mag}} = 0$. Es kann allerdings in diesen Atomen durch die zeitliche Veränderung eines äußeren Magnetfelds ein magnetisches Dipolmoment induziert werden, das sich immer entgegengesetzt zu dem äußeren Feld ausrichtet und dieses daher schwächt. Den Vorgang der Strominduktion durch ein zeitlich veränderliches Magnetfeld werden wir in Kap. 9.1 behandeln.

In einem diamagnetischen Material besitzen die Atome kein permanentes magnetisches Dipolmoment $\wp_{\mathrm{mag}}$. Ein Dipolmoment lässt sich aber durch die zeitliche Veränderung eines äußeren Magnetfelds induzieren; die resultieren-

Tabelle 8.2. Die Curie-Temperaturen einiger ferromagnetischer Elemente. Jedes dieser Elemente außer Gd kann bei Zimmertemperatur magnetisiert werden

Element	Co	Fe	Ni	Gd
T_C (K)	1393	1043	631	293

den magnetischen Dipole sind immer entgegengesetzt gerichtet zum äußeren Magnetfeld.

Diese zeitliche Veränderung eines äußeren Magnetfelds tritt immer auf, wenn ein Magnetfeld erzeugt wird oder wenn man das Material in ein äußeres Magnetfeld hineinbringt. Daher tritt der Induktionsvorgang bei allen Materialien auf, er wird aber nur beobachtet in solchen Materialien mit permanentem $\wp_{\text{mag}} = 0$, weil die induzierten Dipolmomente viel schwächer sind als die permanenten, falls solche im Atom überhaupt vorhanden sind.

Anmerkung 8.3.2: Das Erdmagnetfeld besitzt auf der Erdoberfläche eine mittlere Stärke von ca $5 \cdot 10^{-5}$ T. Da die Erdinnentemperatur weit oberhalb der Curie Temperatur T_{C} aller bekannter Ferromagnete liegt, kann dieses Feld nicht durch die Ausrichtung atomarer magnetischer Dipole entstehen. Vielmehr wird es wahrscheinlich erzeugt durch die Konvektionsströme von flüssigem Magma, das wegen der hohen Erdinnentemperatur ionisiert ist. Das Magnetfeld der Erde ist einem Dipolfeld (8.170) sehr ähnlich, der Dipol ist mit einer Abweichung von ca 11° ausgerichtet vom geografischen Nordpol zum geografischen Südpol der Erde. Bemerkenswert ist, dass sich die Ausrichtung im Laufe des Erdalters mehrfach geändert hat, ja sich sogar um 180° gedreht hat.

8.3.6 Materie im magnetische Feld

In einem äußeren Magnetfeld B_{aus} richten sich die atomaren Dipole aus, unabhängig davon, ob sie permanent oder induziert sind. Es entsteht dadurch eine **Magnetisierung** M des Materials, die folgendermaßen definiert ist:

$$M = \frac{1}{V} \sum \wp_{\text{mag}} = \frac{n}{V} \langle \wp_{\text{mag}} \rangle = \rho \langle \wp_{\text{mag}} \rangle \ . \tag{8.197}$$

Die Magnetisierung M ist also das durch die Ausrichtung erzeugte mittlere Dipolmoment $\langle \wp_{\text{mag}} \rangle$, multipliziert mit der atomaren Dichte ρ. Die Magnetisierungsstärke hängt vom Grad der erreichten Ausrichtung ab, ist also proportional zur Stärke des äußeren Magnetfelds

$$M = \chi_{\text{mag}} \frac{B_{\text{aus}}}{\mu_0} \ . \tag{8.198}$$

Die Proportionalitätskonstante χ_{mag} wird **magnetische Suszeptibilität** genannt, sie charakterisiert die magnetischen Eigenschaften des Materials. Und zwar gilt:

$-1 < \chi_{\text{mag}} \leq 0$: Material ist diamagnetisch.

$0 < \chi_{\text{mag}}$:   Material ist paramagnetisch.

$0 \ll \chi_{\text{mag}}$:   Material ist ferromagnetisch.

Befindet sich das Material in dem Magnetfeld B_{aus}, so wird durch das Material gemäß seiner magnetischen Suszeptibilität das Magnetfeld geändert, es entsteht ein resultierendes Magnetfeld B. Der wesentliche Unterschied zu dem Verhalten von Materialien im elektrischen Feld, das wir in Kap. 8.1.5 diskutiert haben, ist jedoch, dass an der Grenzfläche zwischen Material und Umgebung das Magnetfeld B sich stetig verändern muss. Es können nämlich, im Gegensatz zum elektrischen Feld, an der Materialoberfläche keine magnetischen Ladungen existieren, weil es in der Natur keine magnetischen Ladungen gibt. Daher gilt für eine Grenzfläche wie die, die wir in Kap 8.1.5 betrachtet haben, die zu Gleichung(8.75) äquivalente Gleichung für das magnetische Feld

$$B = B_{\text{aus}} + \mu_0\, M\ . \tag{8.199}$$

Dazu zwei Bemerkungen:

(1) Wir müssen nicht mehr zwischen dem Feld B im Inneren und Äußeren des Materials unterscheiden, beide Felder gehen an der Grenzfläche stetig ineinander über.

(2) Das Magnetfeld B ist bei den para- und ferromagnetischen Materialien immer stärker als das Originalfeld B_{aus}, daher werden in Gleichung (8.199) die Beiträge zum resultierenden Magnetfeld B addiert.

Die Verstärkung des Felds wird ausgedrückt durch die **Permeabilitätszahl** μ des Materials

$$B = \mu\, B_{\text{aus}}\ . \tag{8.200}$$

Setzt man Gleichungen (8.198) und (8.200) in Gleichung (8.199) ein, so ergibt sich

$$\mu = 1 + \chi_{\text{mag}}\ , \tag{8.201}$$

d.h. μ ist immer positiv. Falls $\mu = 0$, dann ist auch $B = 0$, das resultierende Feld verschwindet in diesem Fall. Ein derartiges Verhalten ist uns bisher nur einmal begegnet, nämlich beim **Supraleiter** vom Typ 1 in Gleichung (8.165). Dort ist das Magnetfeld im Inneren null, man bezeichnet diesen Supraleitertyp daher auch als idealen Diamagneten. Dies ist aber nicht korrekt, denn außerhalb des Supraleiters gilt weiterhin $B \neq 0$. Das Magnetfeld besitzt daher an der Oberfläche des Supraleiters eine Unstetigkeit. Diese hat ihre Ursache in den makroskopischen Oberflächenströmen, die man bei einem normal magnetisierten Material nicht findet.

In der Tabelle 8.3 sind die magnetischen Suszeptibilitäten einiger Materialien zusammengefasst. Für die dia- und paramagnetischen Materialien gilt $|\chi_{\text{mag}}| \approx 0$, d.h. die Änderung von $B_{\text{aus}} \to B$ ist nur gering. Dagegen besitzen ferromagnetische Materialien $\chi_{\text{mag}} \approx 10^4$, d.h. man kann durch den Einsatz dieser Stoffe die Magnetfeldstärken enorm vergrößern. Dies wird durch die Weiß'schen Bezirke ermöglicht, in denen die Ausrichtung der atomaren Dipole nicht durch das äußere Feld B_{aus} vollzogen wird, sondern durch eine innere

Tabelle 8.3. Magnetische Suszeptibilitäten χ_{mag} für einige Materialien

Diamagnetische Materialien ($\chi_{mag} \cdot 10^6$)				
Cu	Ag	Au	Bi	H_2O
$-0,8$	$-2,0$	$-2,3$	-13	$-0,7$

Paramagnetische Materialien ($\chi_{mag} \cdot 10^6$)				
Sn	Al	Pt	Pd	O_2(flüs)
$0,19$	$1,7$	21	60	300

Ferromagnetische Materialien (χ_{mag})				
Fe	Ni	Co	Mumetall $Ni_{77}Fe_{16}Cu_5Cr_2$	Permalloy $Ni_{78}Fe_{22}$
≈ 5000	≈ 2000	≈ 100	$\approx 10^5$	$\approx 5 \cdot 10^4$

Wechselwirkung zwischen den Atomen. Diese Wechselwirkung ist ein quanten-mechanisches Phänomen und durch die fundamentalen Kräfte in der Natur nicht zu erklären.

Anmerkung 8.3.3: In einem äußeren Magnetfeld werden die Weiß'schen Bezirke, die eine zufällige Magnetisierungsrichtung besitzen, in Richtung des äußeren Felds ausgerichtet. Diese Ausrichtung aller Dipolmomente eines Bezirks geschieht nicht auf einmal, sondern die Bezirke mit der richtigen Ausrichtung wachsen auf Kosten der Bezirke, die noch nicht richtig ausgerichtet sind. Die Grenzen zwischen den verschiedenen Bezirken verschieben sich also während der Ausrichtung. Diese Verschiebung geschieht nicht kontinuierlich, sondern in diskreten Schritten, wie man experimentell beobachten kann (sog. Barkhausen-Sprünge).

8.3.7 Das magnetische Feld an einer Grenzfläche

Wir beschreiben die Magnetisierung M durch atomare Ströme I_{geb}

$$M = \frac{p_{mag}}{V} = I_{geb}\,\frac{A}{V} \;. \tag{8.202}$$

Der Strom I_{geb} ist ein "gebundener" Strom, denn er kann weder ab- noch angeschaltet werden, sondern er ist im Atom immer vorhanden. Das Volumen V bezieht sich auf das Gesamtvolumen des magnetisierten Materials mit Querschnittsfläche $|A|$. Integrieren wir also die Magnetisierung über die gesamte Länge l des Materials, so ergibt sich

$$\int_l M \cdot ds = I_{geb} \int_l \frac{A \cdot ds}{V} = I_{geb}\,\frac{Al}{V} = I_{geb} \;, \tag{8.203}$$

da $d\boldsymbol{s}$ parallel zu $\boldsymbol{A}$ ist. Weiterhin gilt natürlich für das magnetische Feld $\boldsymbol{B}$ das Ampère'sche Gesetz (8.162)

$$\oint \boldsymbol{B} \cdot d\boldsymbol{s} = \mu_0 \, I_{\text{tot}} = \mu_0 \, (I_{\text{frei}} + I_{\text{geb}}) \ . \tag{8.204}$$

Der Strom I_{frei} kennzeichnet die "freien" Ströme, also Ströme, die ab- und angeschaltet werden können, wie z.B. die Oberflächenströme auf einem Supraleiter vom Typ 1.

Die Gleichung (8.204) lässt sich auch so schreiben:

$$\oint_s \left(\frac{\boldsymbol{B}}{\mu_0} - \boldsymbol{M} \right) \cdot d\boldsymbol{s} = I_{\text{frei}} \ , \tag{8.205}$$

und das legt nahe, die **magnetische Erregung**

$$\boldsymbol{H} = \frac{\boldsymbol{B}}{\mu_0} - \boldsymbol{M} = \frac{\boldsymbol{B}}{\mu \, \mu_0} \quad , \quad [H] = \text{A m}^{-1} \tag{8.206}$$

als neue Größe einzuführen. Für diese Größe gilt dann

$$\oint_s \boldsymbol{H} \cdot d\boldsymbol{s} = I_{\text{frei}} \ . \tag{8.207}$$

Normalerweise befinden sich auf der Grenzfläche zwischen dem Vakuum(1) und dem magnetisierten Material(2) keine freien Ströme, und daher gelten folgende Beziehungen für diese Grenzfläche

$$\oint_s \boldsymbol{H} \cdot d\boldsymbol{s} = 0 \quad , \quad \oint_A \boldsymbol{B} \cdot d\boldsymbol{A} = 0 \ . \tag{8.208}$$

Für einen geschlossenen Weg um die Grenzfläche mit Hin- und Rückweg tangential zur Grenzfläche ergibt die linke Beziehung

$$H_{\text{t}}(1) = H_{\text{t}}(2) \quad \rightarrow \quad B_{\text{t}}(1) = \frac{1}{\mu} \, B_{\text{t}}(2) \ . \tag{8.209}$$

Für eine geschlossene Fläche um die Grenzfläche mit $\boldsymbol{A}(1) = -\boldsymbol{A}(2)$ normal zur Grenzfläche ergibt die rechte Beziehung

$$B_{\text{n}}(1) = B_{\text{n}}(2) \ . \tag{8.210}$$

An der Grenzfläche zwischen Vakuum(1) und einem magnetisierten Material(2) mit Permeabilitätszahl μ gilt für die Tangentialkomponente des magnetischen Felds

$$B_{\text{t}}(1) = \frac{1}{\mu} \, B_{\text{t}}(2) \ , \tag{8.211}$$

und für die Normalkomponente des magnetischen Felds

$$B_{\text{n}}(1) = B_{\text{n}}(2) \ . \tag{8.212}$$

Wir bezeichnen dies als das **Brechungsgesetz des magnetischen Felds**. Es beschreibt das Verhalten des magnetischen Felds an einer Grenzfläche, so wie die Gleichungen (8.88) und (8.89) das Verhalten des elektrischen Felds an einer Grenzfläche beschrieben haben. In Kap. 8.3.6 haben wir die Grenzfläche so ausgerichtet, dass $B_t = 0$ galt, d.h. in diesem Fall ist die Gleichung (8.212) äquivalent zu der Gleichung (8.200), die keinen Unterschied zwischen dem Magnetfeld im Material und im Vakuum macht, sondern für beide eine Verstärkung ergibt

$$B = \mu\, B_{\mathrm{aus}} \ .$$

9

Zeitlich veränderliche Felder

In Kap. 8 haben wir uns mit dem elektrischen Feld $\boldsymbol{E}$ und dem magnetischen Feld $\boldsymbol{B}$ beschäftigt, die sich beide nicht mit der Zeit verändert haben; sie waren statisch:

$$\frac{\mathrm{d}\boldsymbol{E}}{\mathrm{d}t} = 0 \quad , \quad \frac{\mathrm{d}\boldsymbol{B}}{\mathrm{d}t} = 0 \ . \tag{9.1}$$

Mit den statischen Feldern verknüpft über das Gauss'sche Gesetz bzw. das Ampère'sche Gesetz sind ihre Ursachen, die Ladungsdichte ρ_C und die Stromdichte $\boldsymbol{j}_\mathrm{C}$, die beide stationär sein müssen,

$$\frac{\mathrm{d}\rho_\mathrm{C}}{\mathrm{d}t} = 0 \ \text{für das statische elektrische Feld,} \tag{9.2}$$

$$\frac{\mathrm{d}\boldsymbol{j}_\mathrm{C}}{\mathrm{d}t} = 0 \ \text{für das statische magnetische Feld.} \tag{9.3}$$

In diesem Kapitel werden wir untersuchen, welche Veränderungen in der Verknüpfung zwischen Ursache und Feld auftreten, wenn die Felder nicht mehr statisch sind, sondern sich mit der Zeit verändern, wenn also gilt

$$\frac{\mathrm{d}\boldsymbol{E}}{\mathrm{d}t} \neq 0 \quad , \quad \frac{\mathrm{d}\boldsymbol{B}}{\mathrm{d}t} \neq 0 \ . \tag{9.4}$$

9.1 Die magnetische Induktion

Nachdem sich durch die Versuche von Ørsted die Erkenntnis durchgesetzt hatte, dass der elektrische Strom I die Ursache für ein Magnetfeld $\boldsymbol{B}$ ist, ergab sich sofort die Frage, ob sich nicht Ursache mit Wirkung vertauschen lässt, also $\boldsymbol{B}$ nicht auch Ursache für den Strom I sein kann. Diese Frage zu stellen, ist durchaus sinnvoll, da durch die Entstehung eines elektrischen Stroms keines der bekannten Erhaltungsgesetze verletzt werden muss, insbesondere nicht das Gesetz von der Ladungserhaltung (8.2).

Dieses Problem wurde von Faraday (1791 - 1867) in einer Reihe von wichtigen Experimenten untersucht, von denen wir drei mit ihren Ergebnissen schildern wollen. In allen Experimenten hat Faraday eine geschlossene Leiterschleife mit Fläche A verwendet und gemessen, ob in dieser Schleife ein Strom I fließt, wenn sie sich in der Nähe eines Magnetfelds B befindet. Faraday hat dieses Magnetfeld durch einen elektrischen Strom in einer zweiten Leiterschleife erzeugt, heute wird zur Demonstration in einer Vorlesung das Magnetfeld eines magnetisierten Ferromagneten verwendet.

1. Faraday'sches Experiment
Ein statisches Magnetfeld bewirkt keinen elektrischen Strom in einer stationären Leiterschleife.

$$ I = 0 \quad \text{wenn} \quad \frac{\mathrm{d}B}{\mathrm{d}t} = 0 \,, \, \frac{\mathrm{d}A}{\mathrm{d}t} = 0 \,. $$

2. Faraday'sches Experiment
Verändert sich das Magnetfeld mit der Zeit, fließt ein Strom durch die stationäre Leiterschleife.

$$ I \propto \frac{\mathrm{d}B}{\mathrm{d}t} \quad \text{wenn} \quad \frac{\mathrm{d}A}{\mathrm{d}t} = 0 \,. $$

3. Faraday'sches Experiment
Verändert sich die Fläche A der Leiterschleife mit der Zeit, fließt bei statischem Magnetfeld ein Strom durch die Leiterschleife.

$$ I \propto \frac{\mathrm{d}A}{\mathrm{d}t} \quad \text{wenn} \quad \frac{\mathrm{d}B}{\mathrm{d}t} = 0 \,. $$

Die Folgerung aus diesen Experimenten ist, dass zur Erzeugung eines elektrischen Stroms in einer geschlossenen Leiterschleife sich der **magnetische Fluss**

$$ \Phi_{\mathrm{B}} = \int\limits_A B \cdot \mathrm{d}A \quad , \quad [\Phi_{\mathrm{B}}] = \mathrm{T\ m}^2 \tag{9.5} $$

durch die Leiterschleife verändern muss. Die Definition des magnetischen Flusses ist äquivalent zur Definition des elektrischen Flusses in Gleichung (8.18). Beide Definitionen ergeben ein Maß für die Anzahl der Feldlinien, die durch eine gegebene Fläche hindurchgehen. Diese Anzahl muss sich ändern, entweder durch eine Änderung des Felds B oder durch eine Änderung der Fläche A, damit in dem Leiter um die Fläche ein elektrisches Feld E induziert wird. Dieses elektrische Feld treibt den Strom I durch den Leiter. Das elektrische Feld lässt sich beschreiben durch eine Spannung, die **Induktionsspannung**

$$ U_{\mathrm{ind}} = \oint\limits_s E \cdot \mathrm{d}s \,. \tag{9.6} $$

Aus diesen Überlegungen ergibt sich als

Faraday'sches Induktionsgesetz:
Die induzierte Spannung in einer geschlossenen Leiterschleife ist bei
Veränderung des magnetischen Flusses durch die Leiterschleife gegeben durch

$$U_{\text{ind}} = -\frac{d\Phi_B}{dt} \qquad \text{oder} \qquad (9.7)$$

$$\oint_s E \cdot ds = -\frac{d}{dt} \int_A B \cdot dA .$$

In diesem Gesetz ist von besonderer Bedeutung das Auftreten des negativen Vorzeichens, das oft mit der Bezeichnung "**Lenz'sche Regel**" verbunden wird. Dieses Vorzeichen erweist sich als notwendig, um das Gesetz
von der Erhaltung der Energie nicht zu verletzen. Durch die Induktionsspannung U_{ind} als Verursacher des Stroms I vergrößert sich die elektrische
Energie $W_{\text{el}} = \int U_{\text{ind}} I \, dt$, und diese Energie muss verrichtet werden bei der
Veränderung des magnetischen Flusses, z.B. durch die Bewegung des Ferroma-
gneten. Anders ausgedrückt: Der induzierte Strom in der Leiterschleife besitzt
eine solche Richtung, dass sein Magnetfeld der Ursache für die Induktion ent-
gegenwirkt. In der Abb. 9.1 ist dies schematisch dargestellt. Wird der Bügel
der Leiterschleife nach rechts mit der äußeren Kraft F bewegt, vergrößert sich
A und es fließt ein Strom I im Uhrzeigersinn durch die Leiterschleife. Dieser Strom bewirkt eine Lorentz-Kraft F_L auf den Bügel, die entgegengesetzt
gerichtet ist zu der äußeren Kraft F,

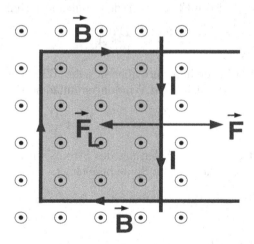

Abb. 9.1. Ein Drahtbügel, der durch die Kraft F im Magnetfeld B nach rechts
verschoben wird. Dadurch wird in dem Bügel der Strom I induziert, der in dem
Magnetfeld die Lorentz-Kraft F_L hervorruft, die der Kraft F entgegengerichtet ist
und die Bewegung des Bügels zu hemmen versucht

$$F_{\mathrm{L}} = -F \; . \tag{9.8}$$

Das negative Vorzeichen in Gleichung (9.8) ist die Konsequenz der Lenz'schen Regel und ein Ausdruck dafür, dass wir bei der Bewegung des Bügels einen Widerstand gegen die Bewegung, d.h. gegen die Vergrößerung der Fläche spüren. Wäre dieses Vorzeichen nicht vorhanden, könnte in der Leiterschleife elektrische Energie erzeugt werden, ohne dass dafür von außen mechanische Energie verrichtet werden muss, in klarem Widerspruch zum Gesetz der Energieerhaltung.

Eine weitere Konsequenz des Faraday'schen Induktionsgesetzes ist, dass bei zeitlicher Veränderung des Stroms durch einen geschlossenen Leiter in diesem Leiter eine Gegenspannung induziert wird. Wir wollen dies für eine unendlich lange Spule mit Querschnittsfläche A untersuchen. Dass wir als Leiter eine unendlich lange Spule wählen, hat mehrere Gründe: Das Magnetfeld B existiert nur im Inneren der Spule, das Magnetfeld ist homogen, wir kennen den Zusammenhang zwischen dem durch die Spule fließenden Strom und dem Magnetfeld in der Spule, wenn sich in der Spule ein Material mit Permeabilitätszahl μ befindet,

$$B = \mu\mu_0 \, \frac{n}{l} \, I \, \widehat{z} \; . \tag{9.9}$$

Verändert sich der Strom, $\mathrm{d}I/\mathrm{d}t \neq 0$, so wird sich auch das Magnetfeld verändern

$$\frac{\mathrm{d}B}{\mathrm{d}t} = \mu\mu_0 \, \frac{n}{l} \, \frac{\mathrm{d}I}{\mathrm{d}t} \, \widehat{z} \; , \tag{9.10}$$

und damit der magnetische Fluss durch den Spulenquerschnitt

$$\frac{\mathrm{d}\Phi_{\mathrm{B}}}{\mathrm{d}t} = \frac{\mathrm{d}B}{\mathrm{d}t} \cdot A \; . \tag{9.11}$$

Die Änderung des Flusses induziert aber in jeder Windung der Spule auch eine Gegenspannung, die sich bei n Windungen aufaddiert zu

$$U_{\mathrm{ind}} = -n \, \frac{\mathrm{d}\Phi_{\mathrm{B}}}{\mathrm{d}t} = -\mu\mu_0 \, \frac{n^2}{l} \, A \, \frac{\mathrm{d}I}{\mathrm{d}t} \; .$$

Der Faktor vor der zeitlichen Ableitung des Stroms wird als die **Selbstinduktivität** einer unendlich langen Spule bezeichnet.

Ein zeitlich veränderlicher Strom induziert in einem geschlossenen Leiter eine Gegenspannung

$$U_{\mathrm{ind}} = -L \, \frac{\mathrm{d}I}{\mathrm{d}t} \quad , \quad [L] = \mathrm{V \, s \, A^{-1}} = \mathrm{H \; ``Henry"} \; , \tag{9.12}$$

wobei L die Selbstinduktivität des Leiters genannt wird. Für eine unendlich lange Spule beträgt die Selbstinduktivität pro Länge l

$$L = \mu\mu_0 \frac{n^2}{l} A \; . \tag{9.13}$$

Man verwendet diese Beziehung oft auch für eine endliche Spule der Länge l.

Wir wollen 2 Folgerungen aus der Selbstinduktion untersuchen.

Folgerung 1

Befindet sich in einer Leitermasche eine Spule zusammen mit einem Ohm'schen Widerstand und einer Spannungsquelle, so wird beim Anlegen der Spannung U_0 zur Zeit $t = 0$ der Strom durch die Masche nicht sofort seinen vollen Wert I erreichen, sondern nur langsam auf diesen Wert ansteigen, wie in Abb. 9.2 dargestellt. Wir können diesen Anstieg berechnen mithilfe der **Kirchhoff'schen Regeln** für die Leitermasche:

$$U - L \frac{dI}{dt} = R_\Omega I \; . \tag{9.14}$$

Dies ist eine inhomogene Differentialgleichung 1. Ordnung

$$\frac{dI}{dt} + \frac{R_\Omega}{L} I = \frac{U}{L} \; , \tag{9.15}$$

die die allgemeine Lösung besitzt

$$I = I_0 \exp\left(-\frac{R_\Omega}{L} t\right) + \frac{U}{R_\Omega} \; . \tag{9.16}$$

Die Integrationskonstante I_0 ergibt sich aus den Anfangsbedingungen des Problems.

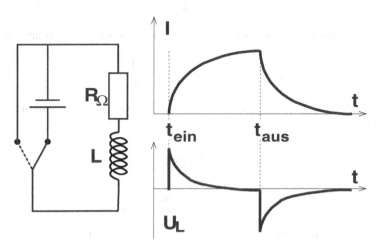

Abb. 9.2. *Links* der Ein- und Ausschaltkreis von in Reihe geschaltetem Ohm'schen Widerstand R_Ω und Spule L. *Rechts* die zeitlichen Verläufe von Strom und Spannung an der Spule während des Einschaltens und des Ausschaltens

- Spannung einschalten zur Zeit $t = 0$.

  Zur Zeit $t = 0$ fließt kein Strom durch die Masche, die Spannung steigt aber schlagartig von $U = 0$ auf $U = U_0$. Daraus ergibt sich

$$I_0 + \frac{U_0}{R_\Omega} = 0 \ ,$$

und der Strom verändert sich in späteren Zeiten gemäß

$$I = \frac{U_0}{R_\Omega} \left(1 - \exp\left(-\frac{R_\Omega}{L} t \right) \right) \ . \tag{9.17}$$

Die Spannungen über dem Ohm'schen Widerstand (U_R) und über der Spule (U_L) betragen

$$U_R = R_\Omega I = U_0 \left(1 - \exp\left(-\frac{R_\Omega}{L} t \right) \right) \tag{9.18}$$

$$U_L = L \frac{dI}{dt} = U_0 \exp\left(-\frac{R_\Omega}{L} t \right) \ ,$$

sodass $U_R + U_L = U_0$, wie es die Maschenregel verlangt.

- Spannung ausschalten zur Zeit $t = 0$.

  Zur Zeit $t = 0$ fließt zu einer Zeit lange nach dem Einschalten der Strom $I = U_0/R_\Omega$ durch die Masche, die Spannung sinkt aber schlagartig von $U = U_0$ auf $U = 0$. Daraus ergibt sich

$$I_0 = \frac{U_0}{R_\Omega} \ ,$$

und der Strom verändert sich nach dem Ausschalten der Spannung gemäß

$$I = \frac{U_0}{R_\Omega} \exp\left(-\frac{R_\Omega}{L} t \right) \ . \tag{9.19}$$

Die Spannungen über dem Ohm'schen Widerstand (U_R) und über der Spule (U_L) betragen

$$U_R = R_\Omega I = U_0 \exp\left(-\frac{R_\Omega}{L} t \right) \tag{9.20}$$

$$U_L = L \frac{dI}{dt} = -U_0 \exp\left(-\frac{R_\Omega}{L} t \right) \ ,$$

sodass $U_R + U_L = 0$, wie es die Maschenregel verlangt.

In Abb. 9.2 ist der zeitliche Verlauf von Strom I und Spannung U_L an der Spule gezeigt. Die **Zeitkonstante** τ beschreibt den Anstieg bzw. den Abfall von Strom und Spannung, sie ergibt sich für diese Leitermasche zu

$$\tau = \frac{L}{R_\Omega} \; . \tag{9.21}$$

Folgerung 2

Durch das Einschalten der Spannung und dem exponentiell ansteigenden Strom wird in der Spule ein Magnetfeld aufgebaut. Dieser Aufbau erfordert Energie, die der Energie des elektrischen Stroms entnommen wird. Sie ergibt sich nach Gleichung (8.100) zu

$$W_{\text{mag}} = -\int\limits_0^t U_{\text{ind}}\, I\, \mathrm{d}t = L \int\limits_0^t \frac{\mathrm{d}I}{\mathrm{d}t}\, I\, \mathrm{d}t \tag{9.22}$$

$$= L \int\limits_0^I I\, \mathrm{d}I = \frac{1}{2}\, L\, I^2 \; .$$

Für eine unendlich lange Spule kennen wir ihre Selbstinduktivität L, siehe Gleichung (9.13). Setzen wir diese in Gleichung (9.22) ein und berücksichtigen, dass das Magnetfeld in dieser Spule durch Gleichung (9.9) gegeben ist, dann ergibt sich

$$W_{\text{mag}} = \frac{1}{2}\, \mu_0\, \mu\, \frac{n^2}{l^2}\, I^2\, A\, l = \frac{1}{2}\, \frac{1}{\mu_0\, \mu}\, B^2\, V \; , \tag{9.23}$$

wobei $V = A\, l$ das Volumen im Inneren der Spule ist.

Die **Energiedichte des magnetischen Felds** beträgt

$$w_{\text{mag}} = \frac{W_{\text{mag}}}{V} = \frac{1}{2}\, \frac{1}{\mu_0\, \mu}\, B^2 \quad , \quad [w_{\text{mag}}] = \mathrm{J\, m^{-3}} \; . \tag{9.24}$$

Wir haben diese Beziehung für einen sehr einfachen Fall hergeleitet, aber sie gilt sehr allgemein. Sie ist äquivalent zu der entsprechenden Beziehung (8.79) für die Energiedichte des elektrischen Felds. Und beide zusammen werden wir benötigen, um die Energiedichte des elektromagnetischen Felds zu bestimmen, das entsteht, wenn wir elektrisches und magnetisches Feld miteinander koppeln.

Wir wollen jetzt noch zwei wichtige technische Anwendungen des Induktionsprinzips besprechen.

1. Der **Spannungsgenerator**

Bisher besaßen wir nur die Gleichspannungsquellen aus Kap. 8.2.3, um einen Strom in einer Leitermasche zu erzeugen. Mit dem Induktionsprinzip eröffnet sich ein neuer und technisch viel wichtigerer Weg, um durch Veränderung des

Magnetflusses $d\Phi_{\text{mag}}/dt \neq 0$ in einer geschlossenen Leiterschleife eine Spannung U zu induzieren. Die Geräte, die elektrische Spannungen nach diesem Prinzip produzieren, nennt man **Spannungsgeneratoren** oder **Dynamos**. Im Normalfall verändert sich mit dem magnetischen Fluss auch die induzierte Spannung; man spricht von einem Wechselspannungsgenerator, der eine Wechselspannung produziert. Durch geeignete Konstruktion des Generators kann man aber auch erreichen, dass die produzierte Spannung sich nur noch wenig mit der Zeit verändert; man spricht dann von einem Gleichspannungsgenerator.

In beiden Fällen besteht das Arbeitsprinzip eines Spannungsgenerators darin, dass eine (fast) geschlossene Leiterschleife in einem homogenen Magnetfeld mit konstanter Winkelgeschwindigkeit ω gedreht wird. Dabei verändert sich trotz $|\boldsymbol{B}| = $ konst und $|\boldsymbol{A}| = $ konst der magnetische Fluss $\Phi_B = \boldsymbol{B} \cdot \boldsymbol{A}$, weil sich die Richtung zwischen $\boldsymbol{B}$ und $\boldsymbol{A}$ gemäß $\varphi(t) = \omega\, t$ verändert. Wir erhalten

$$\Phi_B = |\boldsymbol{B}|\,|\boldsymbol{A}| \cos \omega t \quad \rightarrow \quad \frac{d\Phi_B}{dt} = -|\boldsymbol{B}|\,|\boldsymbol{A}|\, \omega \sin \omega t \,, \qquad (9.25)$$

und in der Leiterschleife ergibt sich die induzierte Spannung zu

$$U = |\boldsymbol{B}|\,|\boldsymbol{A}|\, \omega \sin \omega t = \overline{U} \sin \omega t \,. \qquad (9.26)$$

In der technischen Ausführung besteht die Leiterschleife aus einer Spule mit n Windungen auf einem ferromagnetischen Anker, und die Schleife wird durch den Verbraucher mifhilfe von Kontakten an dem Anker geschlossen. Die Auslegung dieser Kontakte unterscheidet den Wechselspannungsgenerator vom Geichspannungsgenerator.

• Der **Wechselspannungsgenerator**
Das Prinzip des Wechselspannungsgenerators ist in Abb. 9.3a gezeigt. Die Schleife endet auf zwei verschiedenen Kontakten 1 und 2, die Spannungen an diesen Kontakten sind um π phasenverschoben, wie sich aus den Bewegungsrichtungen der Elektronen in der Schleife ergibt.

$$U_1 = \frac{\overline{U}}{2} \cos \omega t \quad , \quad U_2 = -\frac{\overline{U}}{2} \cos \omega t \,.$$

Daher beträgt die Spannungsdifferenz zwischen beiden Kontakten

$$U = U_1 - U_2 = \overline{U} \cos \omega t \,. \qquad (9.27)$$

Man erhält also eine harmonisch sich verändernde Wechselspannung mit der Frequenz $\nu = \omega/(2\pi)$, die man **technische Wechselspannungsfrequenz** nennt. In Europa beträgt diese Frequenz und die Spannungsamplitude

$$\nu = 50 \text{ Hz} \quad , \quad \overline{U} = 325 \text{ V}, \qquad (9.28)$$

Nordamerika benutzt andere Werte

$$\nu = 60 \text{ Hz} \quad , \quad \overline{U} = 155 \text{ V}. \qquad (9.29)$$

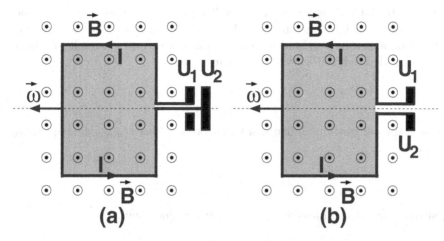

Abb. 9.3. *Links* (a) das Prinzip eines Wechselstromgenerators, *rechts* (b) dasselbe für einen Gleichstromgenerator. Der Wechselstromgenerator besitzt zwei getrennte Kontakte, der Gleichstromgenerator einen, in der Mitte getrennten Kontakt

- Der **Gleichspannungsgenerator**

Das Prinzip des Gleichspannungsgenerators ist in Abb. 9.3b gezeigt. Der Unterschied zum Wechselspannungsgenerator besteht darin, dass die Leiterschleife an nur einem Kontakt endet, der allerdings in genau zwei gleiche Hälften unterteilt ist. Dadurch erreicht den Abnehmer 1 immer nur die positive Halbwelle der harmonisch schwankenden Spannung, der Abnehmer 2 erhält nur die negative Halbwelle.

$$U_1 = \frac{\overline{U}}{2} \left|\cos \omega t\right| \quad , \quad U_2 = -\frac{\overline{U}}{2} \left|\cos \omega t\right| .$$

Daher beträgt die Spannungsdifferenz zwischen beiden Abnehmern

$$U = U_1 - U_2 = \overline{U} \left|\cos \omega t\right| . \tag{9.30}$$

Dies ist zwar noch keine Gleichspannung, aber eine Spannung $U > 0$. Die Restwelligkeit der Spannung kann weiter verringert werden, indem man weitere, gleichmäßig gegeneinander versetzte Leiterschleifen in das Magnetfeld bringt und den Kontakt in entsprechend mehr Segmente unterteilt. Oder die Glättung kann auch durch die entsprechenden Elemente (Spulen und Kondensatoren) in dem Anschluss zum Verbraucher erfolgen.

2. Der **Transformator**

Eine Wechselspannung besitzt den großen technischen Vorteil, dass ihre Amplitude $\overline{U}$ mithilfe eines Wechselspannungstransformators auf andere Werte transformiert werden kann. Dazu verwendet man einen geschlossenen Eisenkern mit einer hohen Permeabilitätszahl, sodass ein magnetischer Fluss

$\Phi_B = \int B \cdot dA$ im Wesentlichen nur in diesem Kern existiert und die B Feldlinien selbst auch nur geschlossene Linie in diesem Kern sind. Zwei Spulen mit Windungszahlen n_1 und n_2 werden um diesen Kern gewickelt, die Spule 1 erzeugt den sich zeitlich verändernden Fluss

$$\frac{d\Phi_{mag,1}}{dt} = \frac{U_1}{n_1} ,$$

in der Spule 2 wird durch den sich verändernden Fluss $\Phi_{mag,2}$ eine Spannung U_2 induziert

$$U_2 = -n_2 \frac{d\Phi_{mag,2}}{dt} .$$

Ist der magnetische Fluss nur im Eisenkern ungleich null, gilt

$$\frac{\Phi_{mag,2}}{dt} = \frac{\Phi_{mag,1}}{dt}$$

und daher

$$\frac{U_2}{n_2} = -\frac{U_1}{n_1} . \tag{9.31}$$

Also verhalten sich die Spannungen im Primärkreis (1) und Sekundärkreis (2) wie die Windungszahlen der Transformatorspulen in diesen Kreisen. Man kann eine Sekundärspannung hochtransformieren, wenn $n_2 > n_1$, oder heruntertransformieren, wenn $n_2 < n_1$. Da die elektrische Energie aber erhalten bleiben muss, gilt $\int U_1 I_1 \, dt = \int U_2 I_2 \, dt$ und damit

$$n_2 I_2 = -n_1 I_1 . \tag{9.32}$$

Die Beziehungen (9.31) und (9.32) gelten für den idealen Transformator ohne Magnetflussverluste und sie verlangen, dass der Transformator sekundärseitig nicht belastet wird. Insbesondere die Phasenverschiebung um π zwischen Sekundär- und Primärseite kann sich verändern bei Belastung. Mit der Phasenverschiebung zwischen Wechselstrom und Wechselspannung wollen wir uns jetzt beschäftigen.

9.2 Wechselstrom und Wechselspannung

Die Steckdose im Haus ist für uns die wichtigste Spannungsquelle, sie treibt einen Wechselstrom

$$I = \overline{I} \sin \omega t \tag{9.33}$$

durch die angeschlossene Leitermasche mit den Wechselspannungen

$$U = \overline{U} \sin(\omega t + \delta) \qquad (9.34)$$

über den Elementen in der Leitermasche. Im Allgemeinen sind Strom und Spannung nicht in Phase, $\delta \neq 0$. Dies hat zur Folge, dass der Widerstand eines Leiterelements nicht mehr einfach durch das Verhältnis zwischen Spannung und Strom angegeben werden kann, denn

$$R = \frac{U}{I} = \frac{\overline{U} \sin(\omega t + \delta)}{\overline{I} \sin \omega t} \neq \frac{\overline{U}}{\overline{I}} \;.$$

Man führt daher den **Wechselstromwiderstand** oder die **Impedanz** Z ein. Z lässt sich als Zeiger in einer Ebene darstellen, dessen Länge durch das Verhältnis $\overline{U}/\overline{I}$ bestimmt wird und dessen Orientierung in der Ebene durch die Phasenverschiebung δ gegeben ist. Formal kann diese Darstellungsweise so durchgeführt werden, dass man als Ebene die Ebene der komplexen Zahlen wählt, d.h. die Impedanz als komplexe Zahl darstellt. Wir wollen hier aber den anschaulicheren Weg wählen (der Widerstand eines Leiterelements ist ja messbar und kann daher nicht komplex sein) und nur relle Zahlen verwenden. Das bedeutet, wir müssen untersuchen, welche Länge und welche Orientierung der Impedanzzeiger besitzt für die Leiterelemente, die wir bisher kennen gelernt haben.

Der **Ohm'sche Widerstand**
Für einen Ohm'schen Widerstand gilt immer

$$U = R_\Omega I$$

mit reellem $Z_R = R_\Omega$.

Durch einen Ohm'schen Widerstand wird die Phase zwischen Strom und Spannung nicht verschoben, die Impedanz des Ohm'schen Widerstands beträgt

$$Z_R = R_\Omega \;. \qquad (9.35)$$

In einem Zeigerdiagramm Abb. 9.4 zeigen alle Größen $\overline{U}$, $\overline{I}$ und Z_R in die gleiche Richtung, die wir als die x-Richtung definieren.

Der **Kondensator**
Für einen Kondensator gilt die Gleichung (8.47)

$$q = C U \;.$$

Durch Differentiation nach der Zeit erhalten wir

$$\frac{\mathrm{d}U}{\mathrm{d}t} = \frac{1}{C} I \;,$$

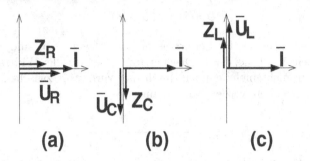

Abb. 9.4. Zeiger des Stroms I, der Spannung U und der Impedanz Z für einen Ohm'schen Widerstand (a), einen kapazitiven Widerstand (b) und einen induktiven Widerstand (c)

und für den Wechselstrom $I = \overline{I} \sin \omega t$ ergibt sich die Wechselspannung am Kondensator zu

$$U = -\frac{\overline{I}}{\omega C} \cos \omega t = \frac{\overline{I}}{\omega C} \sin (\omega t - \pi/2) \; .$$

Die Spannung am Kondensator läuft dem Strom durch den Kondensator um eine Phasenverschiebung $\delta = -\pi/2$ hinterher, die Impedanz des Kondensators beträgt

$$Z_{\mathrm{C}} = \frac{1}{\omega C} \; . \tag{9.36}$$

In der Zeigerdarstellung Abb. 9.4 definiert $\overline{I}$ die x-Achse. Dann zeigt $\overline{U}$ in die negative y-Richtung, und diese Richtung besitzt auch der Zeiger der Impedanz Z_{C}.

Die **Spule**
Für eine ideale Spule besteht zwischen Strom und Spannung nach Gleichung (9.14) folgender Zusammenhang:

$$U = L \frac{\mathrm{d}I}{\mathrm{d}t} \; .$$

Für den Wechselstrom $I = \overline{I} \sin \omega t$ ergibt sich daher eine Spulenspannung

$$U = \omega L \overline{I} \cos \omega t = \omega L \overline{I} \sin (\omega t + \pi/2) \; .$$

In einer Spule eilt die Spannung dem Strom durch die Spule mit einer Phasenverschiebung $\delta = \pi/2$ voraus, die Impedanz der Spule beträgt

$$Z_{\mathrm{L}} = \omega L \; . \tag{9.37}$$

In der Zeigerdarstellung Abb. 9.4 definiert $\overline{I}$ die x-Achse. Dann zeigt $\overline{U}$ in die positive y-Richtung, und auch der Zeiger der Impedanz Z_C zeigt in diese Richtung.

In einem Leiterkreis besteht zwischen Wechselspannung U und Wechselstrom I daher die Beziehung

$$U(t) = Z_{\text{tot}}\, I(t, \delta)\ , \tag{9.38}$$

wobei Z_{tot} die Gesamtimpedanz des Leiterkreises ist und δ die Phasenverschiebung zwischen Spannung und Strom; beide Größen ergeben sich aus dem Zeigerdiagramm für die Impedanz.

Befinden sich in einem Netzwerk mehrere Impedanzen, so gilt:

Die Gesamtimpedanz eines Netzwerks ergibt sich aus den Kirchhoff'schen Regeln (8.106) und (8.111) unter Berücksichtigung der Phasenverschiebungen, die jede Impedanz verursacht.

Wir wollen diese Vorschrift anhand von zwei beispielhaften Leiterkreisen demonstrieren.

Reihenschaltung von Z_R, Z_C und Z_L.
Diese Schaltung entspricht einer Kirchhoff'schen Masche mit den Impedanzen Z_R, Z_C und Z_L, wie in Abb. 9.5 gezeigt. Das Zeigerdiagramm für diese Impedanzen ist ebenfalls in Abb. 9.5 gezeigt, Z_R definiert die x-Achse, Z_C zeigt in die negative y-Richtung und Z_L in die positive y-Richtung. Daraus ergibt sich nach der Kirchhoff'schen Regel (8.111) für die Reihenschaltung von Widerständen die Summenimpedanz von Z_L und Z_C zu

$$Z_{\text{LC}} = Z_L - Z_C\ , \tag{9.39}$$

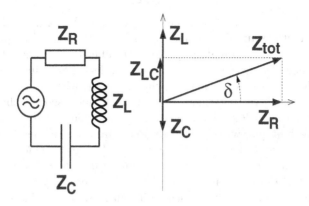

Abb. 9.5. Die Reihenschaltung von Ohm'schen Widerstand, Spule und Kondensator (*links*) mit dem dazugehörenden Zeigerdiagramm für die Impedanzen (*rechts*)

die in die positive y-Richtung zeigt, wenn $Z_L > Z_C$,
und in die negative y-Richtung zeigt, wenn $Z_L < Z_C$.
Welche Bedingung erfüllt ist, ist offensichtlich frequenzabhängig.

Zu Z_{LC} muss die Ohm'sche Impedanz Z_R addiert werden, allerdings muss diese Addition quadratisch durchgeführt werden, weil der Zeiger von Z_{LC} und Z_R senkrecht aufeinander stehen. Die Gesamtimpedanz der Masche beträgt daher

$$Z_{tot}^2 = Z_R^2 + Z_{LC}^2 \quad \rightarrow \quad Z_{tot} = \sqrt{Z_R^2 + (Z_L - Z_C)^2} \; . \tag{9.40}$$

Weiterhin ergibt das Zeigerdiagramm die Phasenverschiebung zwischen Spannung U und Strom I

$$\tan \delta = \frac{Z_L - Z_C}{Z_R} \; . \tag{9.41}$$

Für $Z_L > Z_C$ ist δ positiv, die Spannung eilt dem Strom voraus,
für $Z_L < Z_C$ ist δ negativ, die Spannung läuft dem Strom hinterher.

Setzen wir die Impedanzwerte ein, erhalten wir die Werte

$$Z_{tot} = \sqrt{R_\Omega^2 + \left(\omega L - \frac{1}{\omega C} \right)^2} \quad , \quad \tan \delta = \frac{\omega L - \frac{1}{\omega C}}{R_\Omega} \; , \tag{9.42}$$

die benötigt werden zur Bestimmung der Spannung nach Gleichung (9.38)

$$U(t) = Z_{tot} \, I(t, \delta) \; .$$

Die Beziehungen (9.42) lassen erkennen, dass es eine bestimmte Frequenz, die **Eigenfrequenz**

$$\omega_0 = \frac{1}{\sqrt{LC}} \tag{9.43}$$

gibt, bei der die Gesamtimpedanz einen minimalen Wert $Z_{tot} = Z_R$ erreicht. Die Reihenschaltung aus Z_R, Z_L und Z_C wirkt daher wie ein **Frequenzfilter**, er besitzt für $\omega = \omega_0$ minimale Impedanz. Darüber hinaus stellt diese Schaltung auch einen elektrischen Schwingkreis dar, dessen Schwingungsverhalten ähnlich ist dem der mechanischen Schwingkreise, die wir bereits in Kap. 7.1.4 besprochen haben. Auf die Eigenschaften eines elektrischen Schwingkreises werden wir in Kap. 9.2.2 näher eingehen, insbesondere werden wir uns mit der Frage beschäftigen, wie sich die Stromamplitude $\bar{I}$ mit der Wechselspannungsfrequenz ω verändert. Das Verhalten der Phasenverschiebungen δ zwischen den Spannungen U_i über den Impedanzen und dem Strom I lässt sich direkt aus dem Zeigerdiagramm Abb. 9.5 entnehmen. Es führt zu folgenden Aussagen im Falle einer Leitermasche mit den in Reihe geschalteten Z_R, Z_L und Z_C:

(1) Die Spannungen U_L an der Spule und U_C an dem Kondensator sind immer um $\delta = \pi$ phasenverschoben, gegenüber der Spannung U_R an der

Ohm'schen Impedanz bestehen Phasenverschiebungen von $\delta = +\pi/2$ bzw. $\delta = -\pi/2$. Der Strom I ist immer in Phase mit der Spannung U_R.

(2) Für $\omega = \omega_0$ beträgt die Gesamtimpedanz der Masche $Z_{tot} = Z_R$, und U ist mit U_R in Phase, d.h. U ist auch in Phase mit I.

(3) Für $\omega \ll \omega_0$ beträgt die Gesamtimpedanz der Masche $Z_{tot} \approx 1/(\omega\,C) \gg Z_R$, und U ist mit U_C in Phase, d.h. um $\delta = -\pi/2$ phasenverschoben gegenüber I.

(4) Für $\omega \gg \omega_0$ beträgt die Gesamtimpedanz der Masche $Z_{tot} \approx \omega\,L \gg Z_R$, und U ist mit U_L in Phase, d.h. um $\delta = +\pi/2$ phasenverschoben gegenüber I.

Parallelschaltung von Z_R, Z_C und Z_L

Diese Schaltung entspricht einem Kirchhoff'schen Knoten mit den drei Impedanzen Z_R, Z_C und Z_L, wie in Abb. 9.6 gezeigt. Für diese Schaltung wissen wir aus Gleichung (8.106), dass sich die Kehrwerte der Impedanzen zu dem Kehrwert der Gesamtimpedanz addieren. Es ist daher angebracht, in dem Zeigerdiagramm Abb. 9.6 nicht die Impedanzen selbst, sondern ihre Kehrwerte darzustellen. Anschließend verläuft die Berechnung der Gesamtimpedanz nach dem gleichen Verfahren, das wir eben für die Reihenschaltung angewendet haben und das wir daher nicht im Detail zu wiederholen brauchen. Wir erhalten für die Gesamtimpedanz und für die Phasenverschiebung zwischen Spannung U und Strom I im Fall der Parallelschaltung

$$Z_{tot} = \frac{1}{\sqrt{\left(\frac{1}{R_\Omega}\right)^2 + \left(\frac{1}{\omega L} - \omega\,C\right)^2}} \quad , \quad \tan\delta = R_\Omega \left(\frac{1}{\omega L} - \omega\,C\right) \,. (9.44)$$

Und daraus lässt sich die Beziehung zwischen U und I aufstellen

$$U(t) = Z_{tot}\,I(t,\delta) \,.$$

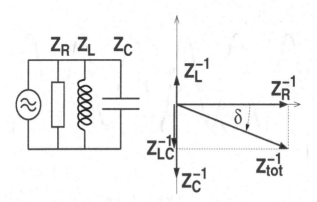

Abb. 9.6. Die Parallelschaltung von Ohm'schen Widerstand, Spule und Kondensator (*links*) mit dem dazugehörenden Zeigerdiagramm für die Impedanzen (*rechts*)

Auch für diese Schaltung gibt es eine ausgezeichnete Frequenz

$$\omega_0 = \frac{1}{\sqrt{LC}} ,$$ (9.45)

für diese erreicht die Gesamtimpedanz einen maximalen Wert $Z_{\text{tot}} = Z_R$. Die Parallelschaltung von Z_R, Z_C und Z_L wirkt daher wie eine **Frequenzsperre** mit der Eigenschaft, $Z_{\text{tot}} \to 0$ für $\omega \ll \omega_0$ und $\omega \gg \omega_0$. Das Phasenverhalten an diesen Grenzen lässt sich ähnlich untersuchen, wie wir es für die Reihenschaltung vorher demonstriert haben. Das Ergebnis lautet:

(1) Für $\omega = \omega_0$ sind Spannung U und Strom I in Phase.
(2) Für $\omega \ll \omega_0$ eilt die Spannung U dem Strom I um $\delta = +\pi/2$ voraus.
(3) Für $\omega \gg \omega_0$ läuft die Spannung U dem Strom I um $\delta = -\pi/2$ hinterher.

Dieses Phasenverhalten eines Parallelkreises ist damit gerade entgegengesetzt zu dem eines Reihenkreises.

9.2.1 Die elektrische Leistung eines Wechselstromkreises

Die elektrische Leistung eines Stroms ist ganz allgemein definiert durch

$$P_{\text{el}}(t) = U(t)\,I(t,\delta) .$$ (9.46)

Sind $U(t)$ und $I(t,\delta)$ Wechselspannung und Wechselstrom, schwankt auch die elektrische Leistung periodisch mit der Zeit

$$P_{\text{el}}(t) = \overline{U}\,\overline{I}\sin\omega t \sin(\omega t + \delta) .$$ (9.47)

In Abb. 9.7 sind $U(t)$, $I(t,\delta)$ und $P_{\text{el}}(t)$ für $\delta = \pi/8$ dargestellt. Die elektri-

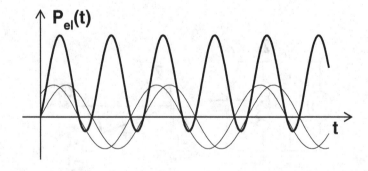

Abb. 9.7. Die zeitlichen Verläufe von Wechselstrom und Wechselspannung (*dünne Kurven*), und der daraus resultierende Verlauf der elektrischen Leistung P_{el} (*dicke Kurve*)

sche Leistung besitzt sowohl positive wie negative Werte, aber die Leistung, gemittelt über eine Periode $T = 2\pi/\omega$, ist nicht negativ. Diese Aussage gilt allgemein für alle möglichen Werte der Phasenverschiebung δ

$$\langle P_{\text{el}} \rangle = \frac{1}{T} \int_0^T P_{\text{el}}(t) \, dt \geq 0 \ . \tag{9.48}$$

Der von ω abhängige Teil der Gleichung (9.47) lässt sich mithilfe der Winkelbeziehungen im Anhang 4 umschreiben. Wir erhalten

$$\sin \omega t \sin (\omega t + \delta) = \sin \omega t \, (\sin \omega t \cos \delta + \cos \omega t \sin \delta)$$
$$= \sin^2 \omega t \cos \delta + \frac{1}{2} \sin 2\omega t \sin \delta \ ,$$

und der Mittelwert der elektrischen Leistung ergibt sich zu

$$\langle P_{\text{el}} \rangle = \frac{\overline{U}\,\overline{I}}{T} \left(\cos \delta \int_0^T \sin^2 \omega t \, dt + \frac{\sin \delta}{2} \int_0^T \sin 2\omega t \, dt \right) \ . \tag{9.49}$$

Das 1. Integral in der Klammer auf der rechten Seite von Gleichung (9.49) ergibt einen Beitrag $T/2$, das 2. Integral in dieser Klammer ergibt den Beitrag 0. Also folgt für den Mittelwert

$$\langle P_{\text{el}} \rangle = \frac{\overline{U}\,\overline{I}}{2} \cos \delta \ . \tag{9.50}$$

Da der Wertebereich der Phasenverschiebung $|\delta| \leq \pi/2$ beträgt, ist $P_{\text{el}} = 0$ für $|\delta| = \pi/2$ und sonst immer $P_{\text{el}} > 0$. Die Gleichung (9.50) legt folgende Definitionen nahe:

Der **Effektivwert der Wechselspannung** ist

$$U_{\text{eff}} = \frac{\overline{U}}{\sqrt{2}} \ , \tag{9.51}$$

der **Effektivwert des Wechselstroms** ist

$$I_{\text{eff}} = \frac{\overline{I}}{\sqrt{2}} \ . \tag{9.52}$$

Dann ergibt sich die **Wirkleistung** eines Wechselstroms zu

$$P = U_{\text{eff}} I_{\text{eff}} \cos \delta \ , \tag{9.53}$$

seine **Blindleistung** beträgt

$$Q = U_{\text{eff}} I_{\text{eff}} \sin \delta \ , \tag{9.54}$$

und daraus berechnet sich seine **Scheinleistung** zu

$$S = \sqrt{P^2 + Q^2} = U_{\text{eff}} I_{\text{eff}} \ . \tag{9.55}$$

Nutzbar, und damit umwandelbar in andere Energieformen, ist immer nur die Wirkleistung eines Wechselstroms. Für eine Ohm'sche Impedanz ist

$$S = P \quad , \quad Q = 0 \ ,$$

d.h. in einem Leiterkreis mit einer rein Ohm'schen Impedanz erreicht der Wechselstrom seine größte Wirkleistung. Dagegen gilt in einer Spule bzw. einem Kondensator

$$S = Q \quad , \quad P = 0 \ ,$$

d.h. der Wechselstrom besitzt in diesen Impedanzen keine Wirkleistung.

9.2.2 Der elektrische Schwingkreis

Die Reihenschaltung von Z_{R}, Z_{C} und Z_{L} stellt einen elektrischen Schwingkreis dar. Die Spannungen über den einzelnen Impedanzen folgen der Kirchhoff'schen Maschenregel

$$U - L \frac{\mathrm{d}I}{\mathrm{d}t} = \frac{1}{C} q + R_{\Omega} I \ . \tag{9.56}$$

Ist U eine Gleichspannung, ergibt sich durch nochmalige Differentiation nach der Zeit

$$\frac{\mathrm{d}^2 I}{\mathrm{d}t^2} + \frac{R_{\Omega}}{L} \frac{\mathrm{d}I}{\mathrm{d}t} + \frac{1}{LC} I = 0 \ . \tag{9.57}$$

Dies ist die Differentialgleichung für eine gedämpfte Schwingung, wie wir sie bereits in Kap. 7.1.4 untersucht haben. Übertragen auf den elektrischen Fall ist die Eigenfrequenz der Schwingung $\omega_0 = 1/\sqrt{LC}$ und die Dämpfungskonstante ergibt sich zu $\beta = R_{\Omega}/L$. Wir können somit alle Resultate aus dem Kap. 7.1.4 auf den jetzigen Fall übertragen, insbesondere ergibt sich als zeitliches Verhalten des elektrischen Stroms

$$I(t) = I_0 \exp^{-(R_{\Omega}/2L) t} \sin (\omega t + \delta) \ . \tag{9.58}$$

Die **Abklingzeit** dieser Schwingung beträgt $\tau = L/R_{\Omega}$, die Frequenz der Schwingung ist $\omega = (\omega_0^2 + (R_{\Omega}/2L)^2)^{1/2}$. Die Integrationskonstante I_0 muss mithilfe der Anfangsbedingungen für $t = 0$ bestimmt werden, ebenso die Phasenverschiebung δ. Die Schwingungsamplitude $\overline{I} = I_0 \exp^{-(R_{\Omega}/2L) t}$ fällt exponentiell mit der Zeit ab, wenn die Schwingung nur schwach gedämpft ist.

Natürlich treten auch bei den elektrischen Schwingungen, wie bei den mechanischen Schwingungen, folgende Sonderfälle auf:

- Die kritische Dämpfung für

$$\frac{R_\Omega}{2L} = \frac{1}{\sqrt{LC}} \quad \to \quad R_\Omega = 2\sqrt{\frac{L}{C}} \; .$$

- Die starke Dämpfung für

$$R_\Omega \gg 2\sqrt{\frac{L}{C}} \; .$$

Ist aber U in Gleichung (9.56) eine Wechselspannung $U = U_0 \sin \omega t$, so ergibt sich für den Strom durch den Schwingkreis die Differentialgleichung

$$\frac{\mathrm{d}^2 I}{\mathrm{d}t^2} + \frac{R_\Omega}{L} \frac{\mathrm{d}I}{\mathrm{d}t} + \frac{1}{LC} I = \frac{U_0 \, \omega}{L} \cos \omega t \; . \tag{9.59}$$

Dies ist die Differentialgleichung einer erzwungenen Schwingung analog zur Gleichung (7.41). Wir kennen die Lösung dieser Differentialgleichung bereits aus der allgemeinen Beziehung (9.38) zwischen Spannung und Strom in einem Wechselstromkreis, ohne dass wir die Differentialgleichung (9.59) lösen müssen. Die Lösung lautet

$$U(t) = Z_{\text{tot}} \, I(t, \delta) \quad \to \quad I(t) = \frac{1}{Z_{\text{tot}}} U(t, -\delta) \; , \tag{9.60}$$

d.h. $I(t)$ besitzt die Darstellung

$$I(t) = \frac{U_0}{Z_{\text{tot}}} \sin (\omega t - \delta) \tag{9.61}$$

mit der Stromamplitude und der Stromphase

$$\bar{I} = \frac{U_0}{\sqrt{R_\Omega^2 + \left(\omega L - \frac{1}{\omega C}\right)^2}} \quad , \quad \tan \delta = \frac{\omega L - \frac{1}{\omega C}}{R_\Omega} \; . \tag{9.62}$$

Dies lässt sich auch als Funktion der Eigenfrequenz ω_0 darstellen,

$$\bar{I} = \frac{U_0/L}{\sqrt{(\omega^2 - \omega_0)^2 + \beta^2}} \quad , \quad \tan \delta = \frac{\omega^2 - \omega_0^2}{\beta \, \omega} \; . \tag{9.63}$$

Diese Ergebnisse sind in der Tat etwas verschieden von den äquivalenten Ergebnissen (7.43) für die erzwungene mechanische Schwingung, weil die erzwingende Kraft eine andere Frequenzabhängigkeit besitzt als der erzwingende Strom. Und zwar finden wir:

- Die Amplitude des Stroms erreicht unabhängig von der Dämpfung β immer bei der Resonanzfrequenz $\omega = \omega_0$ ihren maximalen Wert

$$\bar{I}_{\max} = \frac{U_0}{R_\Omega} \; . \tag{9.64}$$

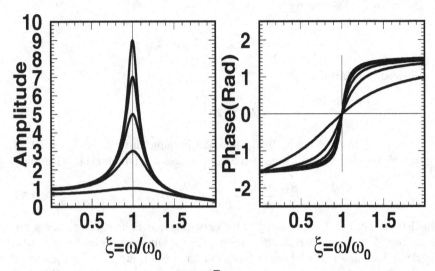

Abb. 9.8. *Links* die Stromamplitude $\overline{I}$ einer erzwungenen Schwingung in einem elektrischen Schwingkreis in Abhängigkeit von der Erregerfrequenz ω. Haben Erregerfrequenz und Eigenfrequenz ω_0 des Schwingkreises denselben Wert, erreicht die Amplitude ihren maximalen Wert, der von der Dämpfung des Schwingkreises abhängt. *Rechts* die Frequenzabhängigkeit der Phasenverschiebung zwischen Erregerspannung und Strom im Schwingkreis. Für $\omega = \omega_0$ erreicht die Phasenverschiebung den Wert 0

- Die Phase schwankt zwischen $-\pi/2 < \delta < +\pi/2$ und erreicht bei der Resonanzfrequenz $\omega = \omega_0$ den Wert

$$\delta = 0 \ . \tag{9.65}$$

Diese Größen sind in der Abb. 9.8 dargestellt, die mit Abb. 7.5 verglichen werden sollte.

9.3 Der Verschiebungsstrom

In der Abb. 9.9 betrachten wir zwei Leitermaschen, die linke Masche enthält allein eine Ohm'sche Impedanz Z_R, die rechte Masche allein eine kapazitive Impedanz Z_C. Fließt der gleiche Wechselstrom $I = \overline{I}\sin\omega t$ durch diese Maschen, so bildet sich um die Leiterstücke ein geschlossenes Magnetfeld aus,

$$B = \frac{\mu_0}{2\pi}\frac{I}{r_\perp}\,\widehat{\varphi}\ . \tag{9.66}$$

Auch um die Ohm'sche Impedanz herum existiert dieses Magnetfeld, weil durch Z_R auch der Strom I fließt. Dagegen scheint um die kapazitive Impedanz herum kein Magnetfeld zu existieren, denn durch den Kondensator

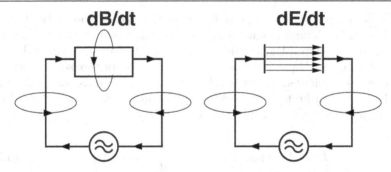

Abb. 9.9. Derselbe Wechselstromkreis, einmal mit Ohm'schen Widerstand (*links*), und dann mit kapazitivem Widerstand (*rechts*). Die Äquivalenz zwischen beiden Kreisen verlangt, dass sich auch um das zeitlich veränderliche elektrische Feld des Kondensators geschlossene Magnetfeldlinien ausbilden

fließt kein Strom. Vielmehr wird der Kondensator periodisch aufgeladen und wieder entladen; dabei wird jedesmal ein elektrisches Feld E zwischen den Kondensatorplatten auf- und abgebaut. Der Zusammenhang zwischen Strom und Magnetfeld ist im linken Teil der Abb. 9.9 ein anderer als in dem rechten Teil, obwohl durch beide Maschen der gleiche Strom fließt. Und das kann nicht richtig sein.

Der Grund für diese Asymmetrie liegt in unserer Annahme, dass kein Magnetfeld dort existiert, wo kein Strom fließt. Es ist aber leicht einzusehen, dass auch die zeitliche Veränderung eines elektrischen Felds äquivalent zu einem Strom ist, den man **Verschiebungsstrom** nennt. Erinnern wir uns an den Zusammenhang zwischen der Ladung q auf den Kondensatorplatten mit Flächengröße A und der zwischen den Platten existierenden elektrischen Feldstärke E,

$$q = C U = \epsilon \epsilon_0 \frac{A}{d} d E = \epsilon \epsilon_0 A E \ . \tag{9.67}$$

Ändert sich die Ladung auf den Platten periodisch, so gilt

$$I = \frac{\mathrm{d}q}{\mathrm{d}t} = \epsilon \epsilon_0 A \frac{\mathrm{d}E}{\mathrm{d}t} \quad \rightarrow \quad j_{\mathrm{C}} = \epsilon \epsilon_0 \frac{\mathrm{d}E}{\mathrm{d}t} \ . \tag{9.68}$$

Die zeitliche Änderung des elektrischen Felds ist also proportional zu der Stromdichte j_{C}.

Diese Überlegungen wurden zu allererst von Maxwell (1831 - 1879) durchgeführt, er hat mit der zeitlichen Änderung des elektrischen Felds ein Magnetfeld verknüpft, und zwar analog zum Ampère'schen Gesetz (8.162)

$$\oint_s \boldsymbol{B} \cdot \mathrm{d}\boldsymbol{s} = \mu\mu_0 I = \mu\mu_0\epsilon\epsilon_0 \frac{\mathrm{d}}{\mathrm{d}t} \int_A \boldsymbol{E} \cdot \mathrm{d}\boldsymbol{A} \ , \tag{9.69}$$

wobei $\boldsymbol{A}$ die von dem geschlossenen Weg $\boldsymbol{s}$ eingeschlossene Fläche ist.

Die Beziehung (9.68) sorgt dafür, dass der rechte und linke Teil der Abb. 9.9 bezüglich ihres magnetischen Verhaltens vollständig äquivalent werden, um die gesamte Masche bildet sich beim Fließen eines Wechselstroms ein geschlossenes Magnetfeld aus. Daher muss das Ampère'sche Gesetz erweitert werden mit dem Maxwell'schen Zusatzterm, sodass als Ursache für ein Magnetfeld nicht nur der elektrische Strom, sondern auch ein zeitlich veränderliches elektrisches Feld auftritt

$$\oint_s \boldsymbol{B} \cdot \mathrm{d}\boldsymbol{s} = \mu\mu_0 \left(I_{\text{frei}} + \epsilon\epsilon_0 \frac{\mathrm{d}}{\mathrm{d}t} \int_A \boldsymbol{E} \cdot \mathrm{d}\boldsymbol{A} \right) . \qquad (9.70)$$

Wir sollten uns klar darüber sein, dass die durch Verschiebungsströme erzeugten Magnetfelder i.A. recht schwach sind. In einem typischen Beispiel betrage der durch Gleichung (9.68) definierte Verschiebungsstrom $I = 1$ A und der Plattenkondensator besitze kreisförmige Platten mit einer Oberfläche $A = 1 \cdot 10^{-3}$ m³. Dann ergibt sich nach Gleichung (9.69) ein Magnetfeld am Plattenrand von der Größe

$$B = \mu_0 \frac{I}{2\sqrt{\pi A}} = 2\sqrt{\frac{\pi}{A}} 10^{-7} \approx 1 \cdot 10^{-5} \text{ T},$$

das noch etwa 5-mal kleiner ist als das Erdmagnetfeld.

9.4 Die Maxwell'schen Gesetze

Wir haben jetzt in der Diskussion der Eigenschaften von elektrischem und magnetischem Feld einen Punkt erreicht, der es erlaubt, alle bekannten Tatsachen mithilfe von vier Gleichungen zu beschreiben. Die Formulierung dieser Gleichungen ist ein längerer Prozess gewesen, an dem viele Physiker beteiligt waren. Er wurde abgeschlossen mit der Einführung des Verschiebungsstroms durch Maxwell. Diese vier Gleichungen werden daher **Maxwell'sche Gesetze** genannt. Sie sind die mathematische Beschreibung der Fähigkeit des elektrischen Felds $\boldsymbol{E}$ und des magnetischen Felds $\boldsymbol{B}$, einerseits **Wirbel** zu bilden (ausgedrückt durch ein Integral der Form $\oint \dots \mathrm{d}\boldsymbol{s}$), andererseits **Quellen** zu besitzen (ausgedrückt durch ein Integral der Form $\oint \dots \cdot \mathrm{d}\boldsymbol{A}$). Besitzt das Feld Quellen, so beginnt und endet es an den Quellen, d.h. die Feldlinien sind in diesem Fall offen. Besitzt das Feld keine Quellen, so müssen die Feldlinien geschlossen sein, d.h. sie bilden Wirbel. Dabei schließt die Existenz von Quellen für das Feld nicht aus, dass dieses Feld unter anderen Umständen nicht auch Wirbel bilden kann. Unter allen Umständen gibt es aber für die Existenz eines Felds immer eine Ursache, unabhängig davon, ob die Feldlinien geschlossen oder offen sind.

Wir werden die Maxwell'schen Gesetze so formulieren, dass sie auch in Materie gelten, deren Eigenschaften durch die Dielektrizitätszahl ϵ und die

Permeabilitätszahl μ gekennzeichnet sind. Wir werden weiterhin zur Beschreibung der Felder die Feldgrößen $\boldsymbol{E}$ und $\boldsymbol{B}$ verwenden und nicht die ihnen zugeordneten Größen "dielektrische Verschiebung" $\boldsymbol{D}$ (Gleichung (8.83)) und "magnetische Erregung" $\boldsymbol{H}$ (Gleichung (8.206)). Das bedeutet, dass wir die Materie als isotrop, also frei von Vorzugsrichtungen, annehmen.

Die Quellen des Felds

(1) Das elektrische Feld besitzt als Quellen die elektrischen Ladungen q_{frei}.

$$\oint_A \boldsymbol{E} \cdot \mathrm{d}\boldsymbol{A} = \frac{q_{\text{frei}}}{\epsilon\epsilon_0} \; . \tag{9.71}$$

(2) Das magnetische Feld besitzt keine Quellen.

$$\oint_A \boldsymbol{B} \cdot \mathrm{d}\boldsymbol{A} = 0 \; . \tag{9.72}$$

Die Wirbel des Felds

(3) Durch die zeitliche Veränderung eines magnetischen Felds entsteht ein elektrisches Feld, dessen Feldlinien geschlossen sind, das also einen Wirbel bildet.

$$\oint_s \boldsymbol{E} \cdot \mathrm{d}\boldsymbol{s} = -\frac{\mathrm{d}}{\mathrm{d}t} \int_A \boldsymbol{B} \cdot \mathrm{d}\boldsymbol{A} \; . \tag{9.73}$$

Der geschlossene Weg s definiert die eingeschlossene Fläche A.

(4) Durch einen elektrischen Strom entsteht ein magnetisches Feld, dessen Feldlinien geschlossen sind, das also einen Wirbel bildet. Der elektrische Strom enthält zwei Beiträge, die gegeben sind durch

- den Transport von elektrischen Ladungen durch die Fläche A,

$$I_{\text{frei}} = \int_A \boldsymbol{j}_C \cdot \mathrm{d}\boldsymbol{A} \; ,$$

- die zeitliche Änderung eines elektrischen Felds innerhalb der Fläche A,

$$I = \epsilon\epsilon_0 \frac{\mathrm{d}}{\mathrm{d}t} \int_A \boldsymbol{E} \cdot \mathrm{d}\boldsymbol{A} \; .$$

Beide Beiträge bestimmen das Magnetfeld

$$\oint_s \boldsymbol{B} \cdot \mathrm{d}\boldsymbol{s} = \mu\mu_0 \left(I_{\text{frei}} + \epsilon\epsilon_0 \frac{\mathrm{d}}{\mathrm{d}t} \int_A \boldsymbol{E} \cdot \mathrm{d}\boldsymbol{A} \right) \; . \tag{9.74}$$

Der geschlossene Weg s definiert die eingeschlossene Fläche A.

Unter den freien Ladungen q_{frei} und den freien Strömen I_{frei} verstehen wir die Ladungen und Ströme, die von uns verändert werden können und nicht durch die atomare Struktur der Materie vorgegeben und unveränderbar sind. Die Gleichungen (9.71) bis (9.74) bilden die Maxwell'schen Gesetze. Sie bilden die Grundlage aller elektromagnetischer Erscheinungen, die wir bisher in diesem Lehrbuch kennen gelernt haben. Insbesondere enthalten sie natürlich das Gauss'sche Gesetz der Elektrostatik, das Ampère'sche Gesetz der Magnetostatik und das Induktionsgesetz. Die Maxwell'schen Gesetze beschreiben darüber hinaus Phänomene, die wir bisher nicht untersucht haben. Dazu gehört besonders die Kopplung zwischen elektrischem und magnetischem Feld, die durch die Gleichungen (9.73) und (9.74) vorhergesagt wird. Anschaulich dargestellt verlangen diese Gleichungen, dass eine zeitliche Änderung des Magnetfelds ein elektrisches Feld erzeugt, dessen zeitliche Änderung wiederum ein magnetisches Feld erzeugt etc., etc., ohne dass für diesen periodischen Prozess die Anwesenheit von elektrischen Ladungen oder elektrischen Strömen erforderlich ist. Mit der mathematischen Analyse dieses Phänomens mit den Gleichungen (9.73) und (9.74) als Basis beschäftigen wir uns im nächsten Kapitel.

9.4.1 Die Existenz elektromagnetischer Wellen

Wir wollen einen Raum betrachten, in dem keine freien Ladungen und Ströme existieren, d.h. in dem gilt

$$q_{\text{frei}} = 0 \quad , \quad I_{\text{frei}} = 0 \ .$$

In diesem Raum nehmen die Maxwell'schen Gesetze eine bezüglich der Felder sehr symmetrische Form an

$$(1) \quad \oint_A \boldsymbol{E} \cdot \mathrm{d}\boldsymbol{A} = 0 \ , \tag{9.75}$$

$$(2) \quad \oint_A \boldsymbol{B} \cdot \mathrm{d}\boldsymbol{A} = 0 \ ,$$

$$(3) \quad \oint_s \boldsymbol{E} \cdot \mathrm{d}\boldsymbol{s} = -\frac{\mathrm{d}}{\mathrm{d}t} \int_A \boldsymbol{B} \cdot \mathrm{d}\boldsymbol{A} \ ,$$

$$(4) \quad \oint_s \boldsymbol{B} \cdot \mathrm{d}\boldsymbol{s} = \mu\mu_0\epsilon\epsilon_0 \frac{\mathrm{d}}{\mathrm{d}t} \int_A \boldsymbol{E} \cdot \mathrm{d}\boldsymbol{A} \ .$$

Hier taucht in der letzten Gleichung (4) der Vorfaktor $\mu\mu_0\epsilon\epsilon_0$ auf, dessen Größe davon abhängt, ob der Raum mit Materie gefüllt ist oder nicht. Im letzteren Fall bildet der Raum ein Vakuum, für das gilt $\mu = \epsilon = 1$. Für das Vakuum benutzen wir die Abkürzung

$$c^{-2} = \mu_0 \epsilon_0 , \qquad (9.76)$$

wobei wir jetzt schon das spätere Ergebnis vorausnehmen, dass $c \approx 3 \cdot 10^8$ m s^{-1} die Phasengeschwindigkeit der elektromagnetischen Wellen im Vakuum ist, deren exakter Wert in Gleichung (2.1) angegeben wurde. Demnach beträgt die Phasengeschwindigkeit der elektromagnetischen Wellen in Materie

$$c_\epsilon = \frac{c}{\sqrt{\mu\epsilon}} , \qquad (9.77)$$

und diese Zusammenhänge werden in Kap. 10 noch eine bedeutende Rolle spielen.

Wie erkennen wir, dass die 3. und 4. Gleichung in (9.75) tatsächlich das Ausbreitungsverhalten einer elektromagnetischen Welle beschreiben? Um das zu erkennen, sind einige mathematische Umformungen erforderlich. Wir wollen diese Mathematik so einfach wie möglich gestalten, indem wir das Ausbreitungsproblem auf den einfachsten Fall beschränken, in dem das elektrische Feld nur eine Komponente besitzt

$$\boldsymbol{E} = E_x \, \widehat{\boldsymbol{x}} . \qquad (9.78)$$

Wir betrachten die x-z-Ebene eines kartesischen Koordinatensystems, wie in Abb. 9.10 dargestellt. Für einen geschlossenen Weg mit den 4 Wegstücken $\mathrm{d}\boldsymbol{x}_2 = -\mathrm{d}\boldsymbol{x}_1$ und $\mathrm{d}\boldsymbol{z}_2 = -\mathrm{d}\boldsymbol{z}_1$ parallel zur der x- bzw. z-Achse finden wir

$$\oint \boldsymbol{E} \cdot \mathrm{d}\boldsymbol{s} = \int \left(E_x(z + \mathrm{d}z) - E_x(z) \right) \widehat{\boldsymbol{x}} \cdot \mathrm{d}\boldsymbol{x} \qquad (9.79)$$

$$+ \int \left(E_x(x + \mathrm{d}x) - E_x(x) \right) \widehat{\boldsymbol{x}} \cdot \mathrm{d}\boldsymbol{z} .$$

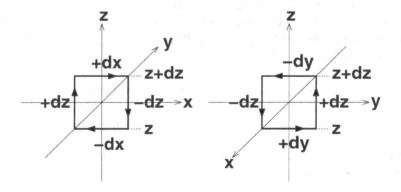

Abb. 9.10. Illustration des geschlossenen Integrationswegs in Gleichung (9.79) (*links*), und dasselbe für die Integration in Gleichung (9.84) (*rechts*). Beachten Sie die Richtungsänderung der Integration bei konsequenter Verwendung eines rechtshändigen Koordinatensystems

Davon ergibt das 2. Integral auf der rechten Seite keinen Beitrag, für das Argument im 1. Integral können wir bei einer infinitesimal kleinen Änderung $dz \to 0$ schreiben

$$E_x(z + dz) - E_x(z) = \frac{dE_x}{dz}\, dz\ . \qquad (9.80)$$

Wir erhalten daher

$$\oint \boldsymbol{E} \cdot d\boldsymbol{s} = \int \left(\frac{dE_x}{dz}\right) dxdz\ . \qquad (9.81)$$

Die von dem geschlossenen Weg ds eingeschlossene Fläche dA entnehmen wir ebenfalls der Abb. 9.10, sie ergibt sich zu $d\boldsymbol{A} = dxdz\,\widehat{\boldsymbol{y}}$. Und daher finden wir für das Flächenintegral in der 3. Gleichung von (9.75)

$$\int \boldsymbol{B} \cdot d\boldsymbol{A} = \int B_y\, dxdz \quad \text{weil} \quad \boldsymbol{B} \cdot \widehat{\boldsymbol{y}} = B_y\ . \qquad (9.82)$$

Insgesamt gilt daher für den von uns betrachteten einfachen Fall

$$\int \left(\frac{dE_x}{dz} + \frac{dB_y}{dt}\right) dxdz = 0\ ,$$

was für beliebige Flächenelemente $dxdz$ nur gültig sein kann, wenn

$$\frac{dE_x}{dz} + \frac{dB_y}{dt} = 0\ . \qquad (9.83)$$

Die äquivalenten mathematischen Umformungen müssen mit der 4. Gleichung von (9.75) durchgeführt werden. Es ist jedoch nicht unnütz, dies noch einmal explizit zu wiederholen, weil dabei die Bedeutung des rechtshändigen Koordinatensystems sichtbar wird, das wir ausschließlich verwenden. Da in der Gleichung (9.83) die y-Komponente des magnetischen Felds mit der x-Komponente des elektrischen Felds vernüpft ist, betrachten wir jetzt in Abb. 9.10 einen geschlossenen Weg in der y-z-Ebene. Für diesen Weg erhalten wir analog zu Gleichung (9.79)

$$\oint \boldsymbol{B} \cdot d\boldsymbol{s} = \int \left(B_y(z) - B_y(z + dz)\right) \widehat{\boldsymbol{y}} \cdot d\boldsymbol{y} \qquad (9.84)$$

$$+ \int \left(B_y(y) - B_y(y + dy)\right) \widehat{\boldsymbol{y}} \cdot d\boldsymbol{z}\ .$$

Auch hier trägt das 2. Integral nichts bei, für das Argument des 1. Integrals können wir schreiben

$$B_y(z) - B_y(z + dz) = -\frac{dB_y}{dz}\, dz\ , \qquad (9.85)$$

wobei jetzt der Differentialquotient dB_y/dz mit einem negativen Vorzeichen zu versehen ist, weil sich die Richtung des Wegs in der y-z-Ebene wegen der

Rechtshändigkeit des Koordinatensystems umgedreht hat. Die Berechnung des Flächenintegrals in der 4. Gleichung von (9.75) verläuft genau so, wie wir es bei der Behandlung der 3. Gleichung demonstriert haben. Es ergibt sich schließlich für die y-Komponente des magnetischen Felds

$$\frac{\mathrm{d}B_y}{\mathrm{d}z} + \frac{1}{c_\epsilon^2} \frac{\mathrm{d}E_x}{\mathrm{d}t} = 0 \ . \tag{9.86}$$

Die Untersuchung der 3. und 4. Gleichung von (9.75) führen zu dem gleichen Ergebnis, nämlich dass die x-Komponente des elektrischen Felds mit der y-Komponente des magnetischen Felds verknüpft ist. Diese Zuordnung ergibt sich aus unserer anfänglichen Annahme, dass das elektrische Feld nur eine x-Komponente besitzt. Hätten wir analog die y-Komponente des elektrischen Felds behandelt, wäre diese mit der x-Komponente des magnetischen Felds verknüpft. Das bedeutet:

Das elektrische Feld E und magnetische Feld B stehen bei der Ausbreitung einer elektromagnetischen Welle in einem isotropen Medium immer senkrecht aufeinander.

Da wir die Orientierung des kartesischen Koordinatensystem beliebig im Raum festlegen können, wird von jetzt ab die x-Achse diese Systems immer in die Richtung des elektrischen Felds zeigen.

Die 3. und 4. Gleichung von (9.75) führten daher zu den Beziehungen

$$\frac{\mathrm{d}E_x}{\mathrm{d}z} + \frac{\mathrm{d}B_y}{\mathrm{d}t} = 0 \quad , \quad \frac{\mathrm{d}B_y}{\mathrm{d}z} + \frac{1}{c_\epsilon^2} \frac{\mathrm{d}E_x}{\mathrm{d}t} = 0 \ , \tag{9.87}$$

die wir zu einer Gleichung vereinigen können, indem wir die 1. Beziehung nach z differenzieren und die 2. Beziehung nach t differenzieren. Dies ergibt

$$\frac{\mathrm{d}^2 E_x}{\mathrm{d}z^2} + \frac{\mathrm{d}^2 B_y}{\mathrm{d}z\mathrm{d}t} = 0 \quad , \quad \frac{\mathrm{d}^2 B_y}{\mathrm{d}t\mathrm{d}z} + \frac{1}{c_\epsilon^2} \frac{\mathrm{d}^2 E_x}{\mathrm{d}t^2} = 0 \ ,$$

Die Gleichungen (9.87) lassen sich daher umformen in zwei neue Gleichungen, von denen jede nur noch das elektrische bzw. magnetische Feld als Funktion enthält.

Die Ausbreitung einer elektromagnetischen Welle durch ein isotropes Medium wird beschrieben durch die **Wellengleichungen**

$$\frac{\mathrm{d}^2 E_x}{\mathrm{d}z^2} - \frac{1}{c_\epsilon^2} \frac{\mathrm{d}^2 E_x}{\mathrm{d}t^2} = 0 \quad , \quad \frac{\mathrm{d}^2 B_y}{\mathrm{d}z^2} - \frac{1}{c_\epsilon^2} \frac{\mathrm{d}^2 B_y}{\mathrm{d}t^2} = 0 \ . \tag{9.88}$$

Die Gleichung (9.88) ist uns ähnlich schon in Kap. 7.2 begegnet. In Kap. 7.2 wurde so die Ausbreitung der Schallwellen durch ein Medium beschrieben, jetzt beschreiben wir die Ausbreitung einer elektromagnetischen Welle, die nicht an ein Medium gebunden ist. Denn die Ausbreitungsgeschwindigkeit der Welle, die gleichzeitig deren Phasengeschwindigkeit ist, ist im medienfreien Raum

$$c = \frac{1}{\sqrt{\mu_0 \epsilon_0}} \; , \tag{9.89}$$

also gegeben durch die zwei Feldkonstanten und damit selbst eine Konstante. Diese Tatsachen wird einer der Anlässe für die Entwicklung der speziellen Relativitätstheorie sein, die wir in Kap. 12 behandeln.

Die Form der Wellengleichung (9.88) sagt uns, dass E_x bzw. B_y Funktionen des Orts z und der Zeit t sein müssen. Durch die ausgezeichnete Orientierung der x-Achse unseres Koordinatensystems sind wir uns auch sicher, dass das elektrische Feld E keine y-Komponente besitzt und das magnetische Feld keine x-Komponente. Aber können E bzw. B u.U. eine z-Komponente besitzen? Die Antwort auf diese Frage für E kann allein die 1. Gleichung von (9.75) bieten. Sie macht eine Aussage über die Eigenschaften des elektrischen Felds, und sie ist nicht benutzt worden bei der Aufstellung der Wellengleichung. Unsere folgenden Überlegungen gelten analog auch für das magnetische Feld B, wenn wir die 2. Gleichung von (9.75) analysieren.

Zur Interpretation der 1. Gleichung von (9.75) verwenden wir das gleiche Verfahren, das wir auch zur Analyse der 3. und 4. Gleichung verwendet haben. Wir zerlegen das Integral über die geschlossene Fläche in eine Summe von drei Einzelintegralen über die Flächen $\mathrm{d}x\mathrm{d}y\,\hat{z}$, $\mathrm{d}x\mathrm{d}z\,\hat{y}$, $\mathrm{d}y\mathrm{d}z\,\hat{x}$ und ersetzen die Änderungen des Felds zwischen zwei parallelen Flächen durch die entsprechende Änderungen des Differentialquotienten, wie in Gleichung (9.80) vorgeführt. Dies ergibt

$$\oint_A E \cdot \mathrm{d}A = \left(\frac{\mathrm{d}E_x}{\mathrm{d}x} + \frac{\mathrm{d}E_y}{\mathrm{d}y} + \frac{\mathrm{d}E_z}{\mathrm{d}z} \right) \mathrm{d}x\mathrm{d}y\mathrm{d}z = 0 \; .$$

Für ein beliebiges Volumenelement $\mathrm{d}x\mathrm{d}y\mathrm{d}z$ kann das nur gültig sein, wenn

$$\frac{\mathrm{d}E_x}{\mathrm{d}x} + \frac{\mathrm{d}E_y}{\mathrm{d}y} + \frac{\mathrm{d}E_z}{\mathrm{d}z} = 0 \; . \tag{9.90}$$

Die ersten beiden Terme verschwinden, weil $E_y \equiv 0$ und E_x nur eine Funktion von z und t ist. Also gilt

$$\frac{\mathrm{d}E_z}{\mathrm{d}z} = 0 \; . \tag{9.91}$$

Dies impliziert zwar nicht $E_z = 0$, sondern nur $E_z =$ konst, aber dieses konstante Feld in z-Richtung beeinflusst nicht die Ausbreitung der elektromagnetischen Welle in z-Richtung und muss daher nicht berücksichtigt werden.

Das elektrische Feld $\boldsymbol{E}$ und das magnetische Feld $\boldsymbol{B}$ stehen bei der Ausbreitung der elektromagnetischen Welle in einem isotropen Medium immer senkrecht auf der Ausbreitungsrichtung $\hat{\boldsymbol{z}}$. Die Lösungen der Wellengleichungen (9.88) erfüllen daher die folgenden Bedingungen

$$\widehat{\boldsymbol{E}} \cdot \widehat{\boldsymbol{B}} = 0 \quad , \quad \widehat{\boldsymbol{E}} \times \widehat{\boldsymbol{B}} = \widehat{\boldsymbol{z}} \; . \tag{9.92}$$

Die Spezifizierung dieser einen Komponente für die Felder wird dadurch unnötig, wir kennzeichnen im Folgenden das elektrische und magnetische Feld mit $E(z,t)$ und $B(z,t)$.

Eine Welle mit den Eigenschaften (9.92) bezeichnet man als **transversale Welle**. Transversal deswegen, weil die sich zeitlich und räumliche verändernden Größen (das elektrische und magnetische Feld) immer transversal auf der Ausbreitungsrichtung stehen. Die Schallwelle dagegen ist eine **longitudinale Welle**, weil die Schwingungen der Luftmoleküle entlang der Ausbreitungsrichtung der Schallwelle erfolgen.

Die elektromagnetische Welle ist eine transversale Welle, die sich auch im Vakuum ausbreitet.
Die Schallwelle breitet sich nur in einem Medium aus, z.B. im Gas, und ist dort eine longitudinale Welle.

Aufgrund der Ähnlichkeiten der Wellengleichungen (7.53) und (9.88) besitzen die elektromagnetische Welle und die Schallwelle trotzdem sehr ähnliche mathematische Darstellungen. Für die Schallwelle ist dies die Gleichung (7.62), für die elektromagnetische Welle lautet die entsprechende Darstellung

$$E(z,t) = \overline{E} \sin\left(\omega t - kz\right) , \tag{9.93}$$

mit der **Phasengeschwindigkeit** analog zu Gleichung (7.49)

$$c_\epsilon = \frac{\omega}{k} \; . \tag{9.94}$$

Wir wollen ab jetzt annehmen, dass sich die elektromagnetische Welle im Vakuum ausbreitet. Dann beträgt die Phasengeschwindigkeit

$$\frac{\omega}{k} = c = \frac{1}{\sqrt{\mu_0 \epsilon_0}} \; . \tag{9.95}$$

Wir haben mit der Gleichung (9.88) die Ausbreitung des elektrischen und magnetischen Felds beschrieben. Beide Felder verändern sich jedoch nicht unabhängig voneinander, sondern sind durch die Beziehung (9.87) aneinander gekoppelt. Diese Kopplung ergibt, wenn das elektrische Feld eingesetzt wird,

$$B(z,t) = \frac{\overline{E}}{c} \sin\left(\omega t - kz\right) . \tag{9.96}$$

Beide Felder sind also in Phase, und zwischen den Amplituden des elektrischen und magnetischen Felds besteht die Beziehung

$$\overline{B} = \frac{\overline{E}}{c} \ . \tag{9.97}$$

9.4.2 Phasen- und Gruppengeschwindigkeit

Die ebene Welle ist die einfachste Lösung der Wellengleichung (9.88), sie stellt aber nur eine der möglichen elektromagnetischen Wellenformen dar, die sich aus den Maxwell'schen Gesetzen ableiten lassen. Die ebene Welle ist außerdem eine idealisierte Form der Welle, in der Natur werden wir ihr nicht begegnen. Der Grund ist, dass die ebene Welle räumlich und zeitlich unbegrenzt ist. Das bedeutet, sie beginnt zur Zeit $t = -\infty$ und endet zur Zeit $t = +\infty$. Ebenso existiert sie überall im Raum. In der Natur dagegen sind elektromagnetische Wellen immer auf ein endliches Zeitintervall und einen endlichen Raumbereich beschränkt. Derart begrenzte Wellen können durch Überlagerung von ebenen Wellen mithilfe eines Fourier-Integrals dargestellt werden, so wie wir es in Kap. 7.1.2 für die Schwingungen geschildert haben. Jede Komponente der Überlagerung ist als ebene Welle eine Lösung der Wellengleichung (9.88), daher ist auch das Resultat der Überlagerung , also die begrenzte Welle, eine Lösung. Wenden wir diese Methode zur Darstellung periodischer Wellen an, reduziert sich das Fourier-Integral auf eine Fourier-Summe. Der einfachste Fall ist die Überlagerung von zwei ebenen Wellen, deren Resultat eine **Schwebung** ist, siehe Kap. 7.1.3.

$$E(z,t) = \overline{E}(z,t) \sin{(\omega t - kz)} \quad \text{mit} \tag{9.98}$$
$$\overline{E}(z,t) = \overline{E} \sin{(\Delta \omega t - \Delta k z)} \ .$$

Die Amplitude $\overline{E}(z,t)$ ist also selbst eine Funktion von z und t, und stellt eine Wellengruppe mit ihrer eigenen Ausbreitungsgeschwindigkeit, der **Gruppengeschwindigkeit** dar. Für diese gilt

$$v_{\mathrm{gr}} = \frac{\Delta \omega}{\Delta k} \ , \tag{9.99}$$

im Gegensatz zur Phasengeschwindigkeit von elektromagnetische Wellen

$$v_{\mathrm{ph}} = \frac{\omega}{k} = c \ . \tag{9.100}$$

Eine Schwebung ist immer noch unbegrenzt, da die Amplitudenfunktion selbst unbegrenzt ist. Begrenzte Wellenzüge ergeben sich, wenn die Amplitudenfunktion begrenzt wird. Beispiele sind in Abb. 9.11 gezeigt.

- Das Gauss'sche Wellenpaket mit der Amplitudenfunktion

$$\overline{E}(z,t) = \overline{E} \exp\left(-\frac{(z - v_{\mathrm{gr}} t)^2}{2\sigma_z^2}\right) \quad \text{für} \quad t \geq 0 \ . \tag{9.101}$$

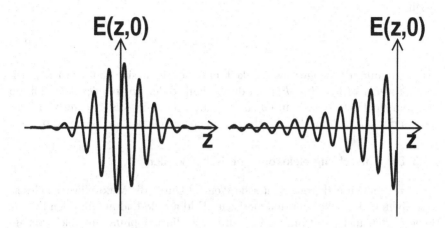

Abb. 9.11. Zwei Beispiele für räumlich und zeitlich begrenzte Wellenpakete. *Links* das Gauss'sche Wellenpaket, *rechts* das exponentiell abfallende Wellenpaket, die sich zeitlich in positiver z-Richtung mit der Geschwindigkeit v_{gr} ausbreiten

- Das exponentiell abfallende Wellenpaket mit der Amplitudenfunktion

$$\overline{E}(z,t) = \overline{E} \exp\left(\frac{z - v_{gr}t}{\sigma_z}\right) \qquad \text{für} \quad t \geq 0 \,, \, z \leq v_{gr}t \,. \quad (9.102)$$

Die begrenzten Wellenzüge lassen sich nur mithilfe von Fourier-Integralen darstellen, in denen die Frequenz ω und die Wellenzahl k als kontinuierliche Funktionen auftreten. Entsprechend ergibt sich die Gruppengeschwindigkeit der Wellenpakete zu

$$v_{gr} = \frac{d\omega}{dk} \,. \quad (9.103)$$

Solange die Frequenz ω eine lineare Funktion der Wellenzahl k ist, also $\omega = v_{ph} k$ gilt, finden wir

$$v_{gr} = \frac{d\omega}{dk} = v_{ph} \,, \quad (9.104)$$

d.h. die Gruppengeschwindigkeit ist gleich der Phasengeschwindigkeit. Dieser Fall ist gegeben bei der Ausbreitung der elektromagnetischen Wellen im Vakuum oder bei der Ausbreitung der Schallwellen in einem Gas. Man sagt:

Sind Gruppen- und Phasengeschwindigkeit eines Wellenpakets gleich, so geschieht die Ausbreitung des Wellenpakets ohne **Dispersion**.

Ist dagegen die Phasengeschwindigkeit selbst eine Funktion der Wellenzahl k, so gilt

$$v_{gr} = \frac{d\omega}{dk} = \frac{d}{dk}\left(v_{ph}(k)\,k\right) = v_{ph} + k\,\frac{dv_{ph}}{dk}\;. \tag{9.105}$$

Gruppen- und Phasengeschwindigkeit unterscheiden sich dann um den Dispersionsterm $k\,(dv_{ph}(k)/dk)$. Auf diesen Fall stoßen wir bei der Ausbreitung elektromagnetischer Welle in einem Medium, und die Ausbreitung von Teilchen in der Quantenmechanik erfolgt immer mit Dispersion, siehe Kap. 14.2.

9.4.3 Die Entstehung elektromagnetischer Wellen

Wie erzeugen wir elektromagnetische Wellen? Durch die Maxwell'schen Gesetze koppeln elektrisches und magnetisches Feld an die Ladung und den Strom. Beide dürfen nicht stationär sein, soll durch die Kopplung eine elektromagnetische Welle entstehen. Für eine Welle der Form (9.93) muss sich z.B. die Ladung periodisch verändern. Anschaulich kann man sich das so vorstellen, dass das elektrische Feld an einem Ort weit entfernt von der Ladung deren zeitlicher Veränderung nicht instantan folgen kann, weil die Ausbreitungsgeschwindigkeit des Felds nur endlich ist. Dadurch verändert sich mit dem Abstand vom Sender die Phasenbeziehung zwischen der zeitlichen Änderung der Ladung und der zeitlichen Änderung des elektrischen Felds, was eine charakteristische Eigenschaft elektromagnetischer Wellen ist. Der Grund für die Entstehung elektromagnetischer Wellen ist also die endliche Ausbreitungsgeschwindigkeit von elektrischem und magnetischem Feld.

Wie verändern wir zeitlich eine Ladung? Wir kennen bereits eine Methode, nämlich den ungedämpften elektrischen Schwingkreis in Kap. 9.2.2, bestehend aus einer Spule und einem Kondensator. Die Ladung pendelt periodisch zwischen der Spule und dem Kondensator, die Eigenfrequenz der Schwingung ist

$$\omega_0 = \frac{1}{\sqrt{LC}}\;. \tag{9.106}$$

Wollen wir hochfrequente Schwingungen erzeugen, müssen die Selbstinduktivität L der Spule und die Kapazität des Kondensators C sehr klein sein. Zum Beispiel stellt ein gerades Leiterstück mit der Länge l einen **Resonator** dar, der derartig kleine Werte von L und C besitzt. In diesem Resonator pendeln eine positive Ladung q^+ und eine negative Ladung q^- periodisch hin und her mit der **Grundfrequenz**

$$\omega_0 = c\,\frac{\pi}{l}\;. \tag{9.107}$$

Die zugehörige Ladungsverteilung in dem Resonator zu den Zeiten $T = 1/2\,(\pi/\omega_0)$, $3/2\,(\pi/\omega_0)$, ... ist in der Abb. 7.9c gezeigt, sie ähnelt der

Grundschwingung einer beidseitig offenen Pfeife. Die Grundschwingung einer beidseitig geschlossenen Pfeife in Abb. 7.9d gibt die Stromverteilung in dem Resonator zu den Zeiten $T = 1\,(\pi/\omega_0)\,,\ 2\,(\pi/\omega_0)\,,\ ...$ wieder. Der Resonator verhält sich daher wie ein schwingender Dipol mit dem sich zeitlich ändernden Dipolmoment

$$p_{\mathrm{el}}(t) = q\,d(t) = q\,\overline{d}\sin\omega_0 t\;. \tag{9.108}$$

Die Amplitude der Ladungsauslenkung $\overline{d}$ in dem Leiter ist viel kleiner als die Länge des Leiters l, und zwar gilt $\overline{d} = (l/2)\,(u/c)$, wenn $u \ll c$ die Geschwindigkeit der Ladung in dem Leiter ist, die wir im Falle der Schallwellen als "Schallschnelle" bezeichnet hatten. Einen schwingenden Dipol nennt man einen **Hertz'schen Dipol**. Der Hertz'sche Dipol strahlt eine elektromagnetische Welle mit der Frequenz ω_0 und der Wellenzahl

$$k_0 = \frac{\omega_0}{c} = \frac{\pi}{l} \tag{9.109}$$

ab. Sein Strahlungsfeld ist schematisch in Abb. 9.12 dargestellt, es zeigt die elektrischen und magnetischen Feldlinien zu einer festgehaltenen Zeit t. Die Wellenlänge λ_0 dieser elektromagnetischen Welle wird über die Gleichung (9.109) festgelegt durch die Länge l des Resonators. Für eine kleinstmögliche Länge von $l = 1$ mm ergibt sich $\lambda_0 = 2$ mm. Diese Wellenlänge ist wesentlich größer als die Wellenlänge des sichtbaren Lichts $\lambda_0 \approx 5 \cdot 10^{-4}$ mm.

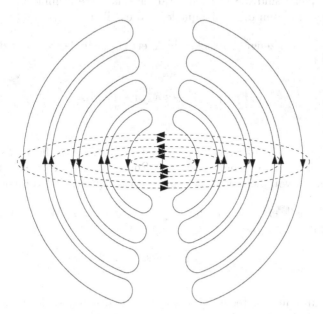

Abb. 9.12. Räumliche Verteilungen des elektrischen Felds (*ausgezogene Kurven*) und des magnetischen Felds (*gestrichelte Kurven*) eines schwingenden Hertz'schen Dipols zu einer gegebenen Zeit

Um elektromagnetische Wellen in diesem oder einem noch kleinerem Wellenlängenbereich zu erzeugen, benötigt man Hertz'sche Dipole, also Resonatoren, mit entsprechend kleinen geometrischen Abmessungen. Und dafür kommen nur die Atome bzw. Moleküle in Frage, in deren Hüllen sich die Elektronen periodisch bewegen, oder die Atomkerne, in denen die Nukleonen für die veränderliche Ladungs- und Stromverteilungen sorgen.

In Entfernungen $r \gg l$ weit weg von einem Hertz'schen Dipol sieht dieser Sender für elektromagnetische Wellen punktförmig aus. Das elektromagnetische Feld einer Punktquelle ist nicht eine ebene Welle mit konstanter Amplitude, sondern die Amplitude nimmt mit dem Abstand r von der Punktquelle ab. Weiterhin sind die Orte konstanter Phase $\omega t - kr = $ konst nicht die Ebenen senkrecht zur Ausbreitungsrichtung, sondern es sind die Kugelflächen mit $r = $ konst. Daher gilt:

Eine Punktquelle erzeugt eine elektromagnetische Kugelwelle mit dem elektrischen Feld

$$E(r,t) = \frac{\overline{E}}{r} \sin (\omega t - kr) \, . \tag{9.110}$$

Ist der Sender nicht punktförmig, sondern besitzt er in der Richtung $\hat{\boldsymbol{x}}$ eine unendliche Ausdehnung, so nennen wir diesen Sender eine Linienquelle. Bei einer Linienquelle sind die Orte konstanter Phase die Zylindermäntel $r_\perp = $ konst symmetrisch um die Linienquelle, und es gilt in diesem Fall:

Eine Linienquelle erzeugt eine elektromagnetische Zylinderwelle mit dem elektrischen Feld

$$E(r_\perp,t) = \frac{\overline{E}}{\sqrt{r_\perp}} \sin (\omega t - kr_\perp) \, . \tag{9.111}$$

Schließlich lässt sich auch eine Flächenquelle definieren, die in $\hat{\boldsymbol{x}}$- und $\hat{\boldsymbol{y}}$-Richtung unendlich ausgedehnt ist. Die Phasenflächen der elektromagnetischen Strahlung von diesem Sender sind die Ebenen parallel zur x-y-Ebene.

Eine Flächenquelle erzeugt eine ebene, elektromagnetische Welle mit dem elektrischen Feld

$$E(z,t) = \overline{E} \sin (\omega t - kz) \, . \tag{9.112}$$

Während Punktquellen technisch einfach zu realisieren sind, können Zylinderwellen und ebene Wellen i.A. technisch nur mithilfe von optischen Instrumenten, d.h. Linsen oder Spiegel, aus Kugelwellen erzeugt werden. Es wird wiederum deutlich, dass wir die ebene Welle zur Beschreibung einer elektromagnetischen Welle nur deshalb benutzen, weil sich dieser Wellentyp besonders leicht mathematisch behandeln lässt. Dieses Problem wird uns wieder begegnen, wenn wir die Kohärenzeigenschaften der elektromagnetischen Wellen untersuchen.

9.4.4 Die Ausbreitung elektromagnetischer Wellen

Von dem Resonator breitet sich die elektromagnetische Welle in alle Raumrichtungen aus. Dabei transportiert die Welle Energie, die der Energie des Resonators entnommen wird. Die Schwingung im Resonator ist also immer gedämpft, die abgestrahlte Welle besitzt die Form (9.102). Soll der Resonator ungedämpft schwingen, muss die abgestrahlte Energie wieder ersetzt werden, d.h. die Schwingung in dem Resonator muss erzwungen werden. Die Einkopplung der Energie von einem Sender in den Resonator kann z.B. induktiv erfolgen, wie in Abb. 9.13 dargestellt. Durch Veränderung der Induktivitäten kann auch die Eigenfrequenz ω_0 des Resonators verändert werden. Die Schwingungsfrequenz des Senders ω sollte immer in Resonanz $\omega = \omega_0$ zu der Eigenfrequenz des Resonators stehen, damit die Übertragung der Energie optimal erfolgt, siehe Kap. 7.1.5.

Die Energie der elektromagnetischen Welle wird in die Richtung ihrer Ausbreitung transportiert, für eine ebene Welle ist das definitionsgemäß die $\widehat{z}$ Richtung. Wir haben die Energiedichte des elektrischen und magnetischen Felds bereits in den Kap. 8.1.3 und 9.1 kennen gelernt, sie betragen im Vakuum

$$w_{\text{el}} = \frac{1}{2}\,\epsilon_0\,E^2 \quad , \quad w_{\text{mag}} = \frac{1}{2}\,\frac{1}{\mu_0}\,B^2 \; . \tag{9.113}$$

Die **Energiedichte** des elektromagnetischen Felds setzt sich aus beiden Anteilen zusammen

$$w_{\text{em}} = w_{\text{el}} + w_{\text{mag}} = \frac{1}{2}\,\epsilon_0\,\left(E^2 + \frac{1}{\mu_0\epsilon_0}\,B^2\right) \tag{9.114}$$

$$= \frac{1}{2}\,\epsilon_0\,\left(E^2 + c^2\,B^2\right) = \epsilon_0\,E^2 \; .$$

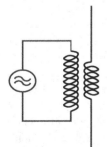

Abb. 9.13. Induktive Einkopplung einer erzwungenen Schwingung in einen Hertz'schen Dipol

Da $E(z,t) = \overline{E}\sin{(\omega t - kz)}$ eine harmonische Funktion ist, schwankt auch die Energiedichte w_{em} periodisch. Zur Kennzeichnung der Energiedichte verwendet man daher ihren Mittelwert

$$\langle w_{em}\rangle = \frac{1}{2}\,\epsilon_0\,\overline{E}^2 \; . \tag{9.115}$$

$\langle w_{em}\rangle$ ist eine Energiedichte, wir interessieren uns aber für die Energie, die pro Zeit und Fläche von der elektromagnetischen Welle transportiert wird, also für die **Energieflussdichte**. Zwischen Energiedichte w_{em} und Energieflussdichte, die bei einer elektromagnetischen Welle die Bezeichnung S erhält, gilt die schon im Kap. 7.2.2 benutzte Beziehung

$$S = c\,w_{em} \; . \tag{9.116}$$

Der Mittelwert $\langle S\rangle$ der Energieflussdichte wird, wie bei der Schallwelle, als **Intensität** I_{em} der elektromagnetischen Welle bezeichnet. Daher

$$\langle S\rangle = I_{em} = \frac{1}{2}\,\epsilon_0\,c\,\overline{E}^2 \quad , \quad [I_{em}] = \text{W m}^{-2} \; . \tag{9.117}$$

Bei ebenen Wellen verändert sich die Feldamplitude $\overline{E}$ nicht mit dem Abstand vom Sender, d.h. die Intensität ist nicht abstandsabhängig. Anders dagegen bei Zylinder- und Kugelwellen. Wenn diese bei einem Sollabstand $r_{\perp,0}$ bzw. r_0 die Intensität I_0 besitzen, dann ergibt sich die Intensität bei allen anderen Abständen zu

$$\text{Zylinderwelle: } I_{em} = I_0\,\frac{r_{\perp,0}}{r_\perp} \; , \tag{9.118}$$

$$\text{Kugelwelle: } I_{em} = I_0\,\frac{r_0^2}{r^2} \; . \tag{9.119}$$

Im ersten Fall nimmt die Intensität linear mit dem Abstand ab, im letzten Fall quadratisch.

Die Energieflussdichte ist eigentlich eine vektorielle Messgröße, ihre Richtung ist gegeben durch die Ausbreitungsrichtung der ebenen Welle $\widehat{z}$, die in Gleichung (9.52) mithilfe des elektrischen Felds $\boldsymbol{E}$ und des magnetischen Felds $\boldsymbol{B}$ definiert wurde. Auch die Beziehung (9.117) kann symmetrisch in den Feldamplituden $\overline{E}$ und $\overline{B}$ geschrieben werden,

$$\langle S\rangle = \frac{1}{2}\,\epsilon_0\,c^2\,\overline{E}\,\overline{B} = \frac{1}{2}\,\frac{1}{\mu_0}\,\overline{E}\,\overline{B} \tag{9.120}$$

und wir erhalten somit für den Vektor der Energieflussdichte

$$\boldsymbol{S} = \frac{1}{\mu_0}\,(\boldsymbol{E}\times\boldsymbol{B}) \; . \tag{9.121}$$

Dieser Vektor wird **Poynting-Vektor** genannt. Für ihn gilt eine ähnliche Kontinuitätsgleichung, wie wir sie für eine andere Erhaltungsgröße, nämlich die elektrische Ladung, bereits in Gleichung (8.95) formuliert haben,

$$\oint\limits_A \boldsymbol{S} \cdot \mathrm{d}\boldsymbol{A} + \frac{\mathrm{d}}{\mathrm{d}t} \int\limits_V w_{\mathrm{em}}\, \mathrm{d}V = 0\,. \tag{9.122}$$

Diese Gleichung besagt anschaulich, dass die durch die geschlossene Fläche A nach außen fließende Energie zu einer Abnahme der Energie führt, die sich in dem von der Fläche eingschlossenem Volumen V befindet.

9.4.5 Das elektromagnetische Frequenzspektrum

Unter dem Frequenzspektrum versteht man die Frequenz ν und die Wellenlänge λ, die elektromagnetische Wellen besitzen können. Dieses Frequenzspektrum ist außerordentlich breit, es umfasst etwa 24 Größenordnungen. Der Grund ist, dass die Wellenlänge λ festgelegt wird durch die geometrischen Abmessungen des Resonators, in dem die Ladungen periodisch schwingen. Dabei ist es keineswegs notwendig für die Erzeugung von elektromagnetischer Strahlung, dass die Ladungen eine periodische Bewegung ausführen. Wichtig an dieser Bewegung ist die starke Beschleunigung der Ladungen während der Schwingung, und derartige Beschleunigungen treten auch in anderen Systemen auf. Zum Beispiel werden schnelle Elektronen sehr abrupt in einem Material abgebremst, und dies führt zur Emission von Röntgenstrahlen. Oder schnelle Elektronen werden in einem Magnetfeld abgelenkt, dies führt zur Emission von Synchrotonstrahlung. Die Beschleunigung von Ladungen ist im Kosmos ein häufiges Phänomen, daher existieren eine Vielzahl von astronomischen Quellen für elektromagnetische Wellen in ihrem gesamten Frequenzspektrum. Von diesen Quellen sind für uns die Sterne die bekanntesten, denn sie emittieren elektromagnetische Wellen in einem Frequenzbereich, für den unser Auge empfindlich ist. Dieser Frequenzbereich des sichtbaren Lichts umfasst nur etwa eine Größenordnung, er ist also relativ schmal. Für die anderen Frequenzen müssen Messgeräte zum Nachweis der elektromagnetischen

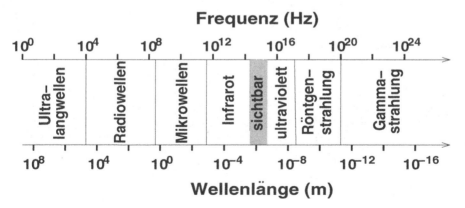

Abb. 9.14. Die Frequenzen und Wellenlängen des uns zugänglichen Spektrums elektromagnetischer Wellen

Strahlung entwickelt werden. Unsere Radios oder Fernseher sind z.B. solche Nachweisgeräte. Zur Erzeugung von Radiowellen müssen technisch herstellbare Resonatoren existieren, ihre Herstellung ist möglich in dem Größenbereich 10^{-3} m $< l < 10^3$ m, der etwa auch die technisch zugänglichen Wellenlängen angibt. Andere Wellenlängen benötigen natürliche Sender, die sich allerdings so manipulieren lassen, dass sie fast schon die Eigenschaften von technischen Sendern erreichen. Die Entwicklung des Lasers ist dafür das beste Beispiel.

Eine Übersicht über die uns bekannten Frequenzen und Wellenlängen der elektromagnetischen Strahlung zeigt die Abb. 9.14. Bei den Radiowellen und den Mikrowellen sind noch folgende Unterteilungen gebräuchlich:

Tabelle 9.1. Wellenlängenbereiche bei den Radio- und Mikrowellen

Bezeichnung	Abk.	Wellenlänge	Frequenz
Radiowellen			
Langwellen	LW	10 - 1 km	30 - 300 kHz
Mittelwellen	MW	1 - 0,1 km	0,3 - 3 MHz
Kurzwellen	KW	100 - 10 m	3 - 30 MHz
Ultrakurzwellen	UKW	10 - 1 m	30 - 300 MHz
Mikrowellen			
Dezimeterwellen	dmW	10 - 1 dm	0,3 - 3 GHz
Centimeterwellen	cmW	10 - 1 cm	3 - 30 GHz
Millimeterwellen	mmW	10 - 1 mm	30 - 300 GHz

10

Optik

Unter Optik verstehen wir das Gebiet der Physik, das sich mit der Ausbreitung von elektromagnetischen Wellen durch den Raum beschäftigt. Normalerweise sind damit Wellen in dem Wellenlängenbereich des sichtbaren Lichts gemeint, und auch wir wollen uns auf diese Wellenlängen und ihre unmittelbaren Nachbarbereiche beschränken. Die gefundenen Gesetzmäßigkeiten gelten aber i.A. über das gesamte Frequenzspektrum.

Bei der Wellenausbreitung ist ein Phänomen von besonderer Bedeutung, nämlich der Übergang von einem Medium in ein anderes Medium. Wir wollen diesen Übergang definieren als einen Übergang vom Vakuum in ein Medium mit $\epsilon \neq 1$ und $\mu \neq 1$. Dabei verstehen wir unter "Vakuum" unsere Luft, denn Luft verhält sich bezüglich der Lichtausbreitung sehr ähnlich wie das Vakuum, sie repräsentiert das Vakuum. Der Übergang wird definiert durch eine Grenzfläche, und wir wissen bereits, dass sich innerhalb der Grenzfläche die Phasengeschwindigkeit des Lichts abrupt ändern muss,

$$\frac{c_\epsilon}{c} = \frac{1}{\sqrt{\mu\epsilon}} = \frac{1}{n} \, . \tag{10.1}$$

Die **Brechzahl** n ist im Normalfall größer als eins, sie gibt an, um wieviel sich die Phasengeschwindigkeit des Lichts innerhalb des Mediums verringert, wenn man sie mit der Lichtgeschwindigkeit im Vakuum vergleicht.

Die schlagartige Veränderung der Brechzahl in der Grenzfläche hat zur Folge, dass ein Teil des Lichts nicht in das Medium eintritt, sondern von der Grenzfläche reflektiert wird. Wir kennzeichnen diesen Anteil mithilfe des **Reflexionsvermögens** R, das sich ergibt aus dem Verhältnis der reflektierten Intensität zur eingestrahlten Intensität

$$R = \frac{I_r}{I_0} \, . \tag{10.2}$$

Die Lichtintensität, die in das Medium eindringt, kann u.U. wenigstens teilweise von dem Medium absorbiert werden. Wir kennzeichnen diesen Anteil mithilfe des **Absorptionsvermögens** A, das sich ergibt aus dem Verhältnis der absorbierten Intensität zur eingestrahlten Intensität

$$A = \frac{I_a}{I_0} \ . \tag{10.3}$$

Und schließlich wird die nicht absorbierte Intensität durch das Medium hindurchlaufen. Dieser Anteil wird gekennzeichnet durch das **Transmissionsvermögen** T, das sich ergibt aus dem Verhältnis der durchlaufenden Intensität zur eingestrahlten Intensität

$$T = \frac{I_t}{I_0} \ . \tag{10.4}$$

Wegen des Gesetzes von der Erhaltung der Gesamtenergie muss gelten

$$R + A + T = 1 \ . \tag{10.5}$$

Wie groß der Anteil jedes einzelnen Summanden an der Gesamtsumme (10.5) ist, hängt von dem Medium ab, d.h. von dessen Brechzahl n. Weiterhin ist aber auch die Beschaffenheit der Grenzfläche von großer Bedeutung. Zum Beispiel sind glatte Metallflächen fast ideale Reflektoren, sie besitzen ein Reflexionsvermögen $R \approx 1$. Der Grund ist, dass sie Licht fast vollständig absorbieren[1]. Auf der anderen Seite ist auch amorpher Kohlenstoff ein idealer Absorber mit $A \approx 1$, ohne dass an seiner Oberfläche (einer Rußschicht) das Licht reflektiert wird. Der Unterschied zwischen dem Metall und dem Kohlenstoff wird bestimmt durch die Beschaffenheit der Grenzflächen. Im ersten Fall besteht sie aus einer idealen Oberfläche, im zweiten Fall ist die Oberfläche granular.

Wir wollen uns nur mit idealen Grenzflächen beschäftigen, deren Eigenschaften durch die Veränderung der Brechzahl gegeben sind. Sehen wir von den Metallen ab, sind im Normalfall alle drei Summanden in Gleichung (10.5) ungleich null. Wie groß ihr Anteil an der Gesamtsumme ist, hängt von der Größe der Brechzahl ab, die sich mit der Frequenz ω des Lichts verändert, und von der Orientierung der Grenzfläche relativ zur Ausbreitungsrichtung des Lichts. Wir wollen zunächst die Frequenzabhängigkeit untersuchen, die Orientierungsabhängigkeit werden wir in Kap. 10.2.1 behandeln.

Durch die Ausbreitung des Lichts durch das Medium werden dessen Elektronen in der Atomhülle jedes Atoms im Medium zu erzungenen Schwingungen veranlasst. Die Kraft auf die Elektronen wird natürlich erzeugt durch das elektrische Feld der Lichtwelle

$$E_{ein}(z, t) = \overline{E}_{ein} \sin(\omega t - kz) \ . \tag{10.6}$$

---

[1] Dieser nur scheinbare Widerspruch entsteht, wenn nicht zwischen der Absorption (charakterisiert durch einen Absorptionskoeffizienten β, siehe Abb. 10.1) und dem Absorptionsvermögen A unterschieden wird. In Metallen werden, wegen der hohen Leitfähigkeit eines Metalls, elektromagnetische Wellen fast vollständig absorbiert ($\beta \to \infty$), und das hat $R \approx 1$, $A \approx T \approx 0$ zur Folge.

Die Eigenschaften des elektrischen Felds E_{ein} im Medium haben wir in Kap. 8.1.5 besprochen, die elektrische Kraft

$$F_C(z,t) = q\,E_{\text{ein}}(z,t) \tag{10.7}$$

verschiebt die Ladungen in den Atomen. Betrachten wir ein einzelnes Atom an der Stelle $z = 0$, so wird in diesem Atom ein elektrisches Dipolmoment induziert

$$\wp_{\text{el}}(t) = q\,d(t)\ , \tag{10.8}$$

und die Amplitude der erzwungenen Schwingung $d(t)$ ergibt sich aus Gleichung (7.43) zu

$$\overline{d}(\omega) = \frac{q\,\overline{E}_{\text{ein}}}{m}\,\frac{1}{\omega_0^2 - \omega^2}\ .$$

Und der gleichen Frequenzabhängigkeit gehorcht auch das elektrische Dipolmoment des Atoms

$$\overline{\wp}_{\text{el}}(\omega) = \frac{q^2\,\overline{E}_{\text{ein}}}{m}\,\frac{1}{\omega_0^2 - \omega^2}\ . \tag{10.9}$$

Bei dieser Beziehung haben wir zur Vereinfachung angenommen, dass die erzwungene Schwingung ungedämpft ist, d.h. $\beta = 0$ gilt. Diese Annahme ist i.A. falsch, sie ist aber gerechtfertigt bei Frequenzen, für die $|\omega_0^2 - \omega^2| \gg \beta\,\omega$ ist. Die Korrekturen, die unsere Überlegungen für den Fall $\omega \approx \omega_0$ erfahren, werden wir nur beschreiben, aber nicht im Detail berechnen.

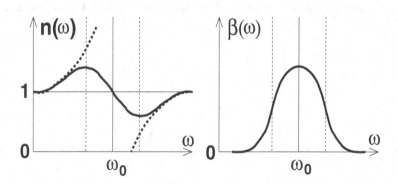

Abb. 10.1. Die Abhängkeit der Brechzahl n (*links*) und des Absorptionskoeffizienten β (*rechts*) von der Frequenz ω des Lichts in einem fast vollständig lichtdurchlässigen Material. Bei der Eigenfrequenz ω_0 der Atome in dem Material wird das Licht dagegen maximal absorbiert. Die *gestrichelten Kurven* entsprechen der Gleichung (10.12) ohne Berücksichtigung der Absorption, die *durchgezogenen Kurven* dem tatsächlich beobachtbaren Verlauf mit Berücksichtigung der Absorption

Die Gesamtpolarisation des Mediums mit einer Anzahldichte ρ der Atome ergibt sich unter dem Einfluss der Lichtwelle, vergleichen Sie mit Gleichung (8.197), zu

$$\overline{P}(\omega) = \rho\,\overline{\wp}_{\text{el}}(\omega) = \frac{\rho\,q^2\,\overline{E}_{\text{ein}}}{m}\,\frac{1}{\omega_0^2 - \omega^2}\,. \tag{10.10}$$

Diese Polarisation lässt sich auch durch die allgemeine Beziehung (8.75) zwischen elektrischem Feld und Polarisation beschreiben:

$$\overline{P} = (\epsilon - 1)\,\epsilon_0\,\overline{E}_{\text{ein}} \quad\rightarrow\quad \epsilon(\omega) = 1 + \frac{\rho\,q^2}{\epsilon_0\,m}\,\frac{1}{\omega_0^2 - \omega^2}\,. \tag{10.11}$$

Für alle Materialien, die nicht ferromagnetisch sind, ist $\mu \approx 1$ und damit $n^2 \approx \epsilon$. Die Brechzahl ist also abhängig von der Frequenz des Lichts, ihr Quadrat ergibt sich zu

$$n^2(\omega) = 1 + C\,\frac{1}{\omega_0^2 - \omega^2} \quad\text{mit}\quad C = \frac{\rho\,q^2}{\epsilon_0\,m}\,. \tag{10.12}$$

Diese Funktion divergiert für $\omega = \omega_0$, und sie ist komplex in dem Bereich $\omega_0^2 < \omega^2 < \omega_0^2 + C$. Dies ist gerade der Frequenzbereich um die **Eigenfrequenz** der Atome, für die unsere Annahme der dämpfungsfreien Schwingung nicht gerechtfertigt ist. Der Frequenzverlauf von $n(\omega)$ nach Gleichung (10.11) und der tatsächliche Verlauf sind in Abb. 10.1 dargestellt. Die Dämpfung hat zur Folge, dass das Medium in der Nähe $\omega \approx \omega_0$ das Licht absorbiert, der Verlauf des Absorptionskoeffizienten $\beta(\omega)$ ist ebenfalls in Abb. 10.1 dargestellt.

Die Brechzahl $n(\omega)$ ist also frequenz- und damit wellenlängenabhängig. Mit kleiner werdender Wellenlänge nimmt die Brechzahl zunächst zu, $dn/d\lambda < 0$; man nennt diesen Bereich den Bereich der **normalen Dispersion**. Für

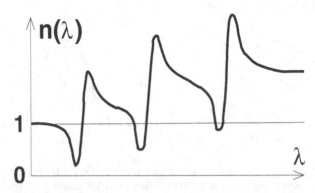

Abb. 10.2. Schematische Abhängigkeit der Brechzahl n von der Wellenlänge λ des Lichts, wenn die Atome in dem Material mehrere Eigenschwingungen besitzen. Die Bereiche mit $dn/d\lambda < 0$ sind die der normalen Dispersion, die engen Bereiche mit $dn/d\lambda > 0$ sind die der anomalen Dispersion

Wellenlängen in der Nähe einer Atomeigenschwingung sinkt die Brechzahl schlagartig, $dn/d\lambda > 0$; dies ist der Bereich der **anomalen Dispersion**, in dem das Medium auch stark absorbiert. Bei noch kleineren Wellenlängen gilt wieder $dn/d\lambda < 0$, d.h. wir befinden uns wieder im Bereich normaler Dispersion. Der schematische Verlauf von $n(\lambda)$ ist in Abb. 10.2 gezeigt. Für $\lambda \to \infty$ erreicht n^2 die Dielektrizitätszahl ϵ eines Materials für ein statisches elektrisches Feld. Jede Resonanz in dem Material führt zu einer Veränderung der Brechzahl. Nur für $\lambda \to 0$ besitzen alle Materialien die Brechzahl $n \approx 1$.

Durch die Grenzfläche entsteht ein weiteres, mehr formales Problem. Wir haben bisher den Raum mithilfe eines Koordinatensystems beschrieben, dessen z-Achse mit der Ausbreitungsrichtung der elektromagnetischen Welle übereinstimmt und dessen x-Achse durch die Richtung $\widehat{E}$ des elektrischen Feldvektors gegeben ist. Jetzt wird durch die Grenzfläche eine neue Richtung im Raum definiert, die Normale auf die Grenzfläche definiert die neue $\widehat{z}$ Richtung. Bezüglich dieser Richtung wird die Ausbreitungsrichtung der elektromagnetischen Welle festgelegt durch den **Wellenvektor** k. Sind $\widehat{k}$ und $\widehat{z}$ nicht parallel, so definieren sie zusammen eine Ebene, die man die **Einfallsebene** der elektromagnetischen Welle nennt. Die Schnittgerade zwischen der Grenzfläche und der Einfallsebene definiert die x-Achse des neuen Koordinatensystems, die Richtung der y-Achse ergibt sich aus $\widehat{y} = \widehat{z} \times \widehat{x}$. In diesem Koordinatensystem lautet die allgemeine Darstellung einer ebenen Welle

$$E(r,t) = \left(\overline{E}_x\,\widehat{x} + \overline{E}_y\,\widehat{y} + \overline{E}_z\,\widehat{z}\right) \sin\left(\omega t - k \cdot r\right), \qquad (10.13)$$

was sich für die einfallende ebene Welle reduziert auf

$$E(r,t) = \left(\overline{E}_x\,\widehat{x} + \overline{E}_y\,\widehat{y} + \overline{E}_z\,\widehat{z}\right) \sin\left(\omega t - k_x\,x - k_z\,z\right), \qquad (10.14)$$

weil der Wellenvektor k definitionsgemäß keine y-Komponente besitzt, denn die einfallende Welle liegt immer in der Einfallsebene. Bildet $\widehat{k}$ den Winkel α gegen die Grenzflächennormale $\widehat{z}$, so ist

$$k_x = k \sin\alpha \quad, \quad k_z = k \cos\alpha\,. \qquad (10.15)$$

Die 3 Komponenten des elektrischen Feldvektors sind nicht unabhängig voneinander, da $E \cdot k = 0$ erfüllt sein muss. Sie lassen sich ausdrücken durch 2 Komponenten, von denen die Komponente $E_\parallel$ in der Einfallsebene liegt, und die Komponente $E_\perp$ senkrecht auf der Einfallsebene steht. Dann gilt

$$\overline{E}_x = \overline{E}_\parallel \cos\alpha \quad, \quad \overline{E}_y = \overline{E}_\perp \quad, \quad \overline{E}_z = -\overline{E}_\parallel \sin\alpha\,. \qquad (10.16)$$

Das heißt, das elektrische Feld wird eindeutig durch $E_\parallel$, $E_\perp$ und den Einfallswinkel α beschrieben. Die elektromagnetische Welle (10.6) entspricht dem speziellen Fall $\alpha = 0°$, $E_\perp = 0$ und $E_\parallel \neq 0$.

Wir verfügen damit im Prinzip über alle Informationen, um das Verhalten der elektromagnetischen Welle auf der Grenzfläche zu beschreiben.

Anmerkung 10.0.1: Für sehr hohe Frequenzen, d.h. oberhalb der höchsten Eigenfrequenz ω_0, ist in allen Materialien $n < 1$, d.h. $c_\epsilon > c$. Ist es also möglich, dass die Lichtgeschwindigkeit im Medium größer wird als die Vakuumlichtgeschwindigkeit? Die Geschwindigkeit c_ϵ ist die **Phasengeschwindigkeit** v_{ph} des Lichts, messbar ist aber nur die **Gruppengeschwindigkeit** v_{gr}. In einem dispersiven Medium besteht zwischen v_{gr} und v_{ph} die Beziehung (9.105)

$$v_{\mathrm{gr}} = v_{\mathrm{ph}} + k\,\frac{\mathrm{d}v_{\mathrm{ph}}}{\mathrm{d}k} \; .$$

Stellen wir diesen Zusammenhang als Funktion von ω dar, so ergibt sich wegen $v_{\mathrm{ph}} = c/n$

$$k\,\frac{\mathrm{d}v_{\mathrm{ph}}}{\mathrm{d}k} = -k\,\frac{c}{n^2}\,\frac{\mathrm{d}\omega}{\mathrm{d}k}\,\frac{\mathrm{d}n}{\mathrm{d}\omega} = -\frac{\omega}{n}\,v_{\mathrm{gr}}\,\frac{\mathrm{d}n}{\mathrm{d}\omega}$$

und daher mithilfe der darüber liegenden Gleichung

$$v_{\mathrm{gr}} = \frac{v_{\mathrm{ph}}}{1 + (\omega/n)\,(\mathrm{d}n/\mathrm{d}\omega)} = \frac{c}{n + \omega\,(\mathrm{d}n/\mathrm{d}\omega)} \; .$$

Für $\omega \gg \omega_0$ können wir für die Brechzahl ansetzen

$$n \approx 1 - \frac{C}{\omega^2} \; , \quad \frac{\mathrm{d}n}{\mathrm{d}\omega} = 2\,\frac{C}{\omega^3} \; ,$$

und dieser Ansatz ergibt für die Gruppengeschwindigkeit

$$v_{\mathrm{gr}} = c\left(1 - \frac{C}{\omega^2} + 2\,\frac{C}{\omega^2}\right)^{-1} = c\left(1 + \frac{C}{\omega^2}\right)^{-1} \; .$$

Die Gruppengeschwindigkeit ist in dem Bereich sehr hoher Frequenzen in einem dispersiven Medium also immer kleiner als die Vakuumlichtgeschwindigkeit, und es gilt außerdem in diesem Bereich

$$v_{\mathrm{gr}}\,v_{\mathrm{ph}} = c^2 \; .$$

Diese Beziehung wird uns bei den Materiewellen wieder begegnen, siehe Kap. 14.2.

10.1 Strahlenoptik

Welchen Einfluss hat die Brechzahl auf das Verhalten des Lichts an einer Grenzfläche? Diese Frage kann natürlich beantwortet werden, wenn wir benutzen, dass Licht eine elektromagnetische Welle ist und an einer Grenzfläche das elektrische und magnetische Feld die Randbedingungen (8.88), (8.89), (8.211) und (8.212) erfüllen müssen. Eine äquivalente, aber nicht so detaillierte und auf weniger Probleme beschränkte Antwort erhält man auch im Rahmen der **Strahlenoptik**. Für die Strahlenoptik ist es nicht wichtig, dass Licht eine elektromagnetische Welle ist, sondern wichtig ist, dass sich das Licht in einem isotropen Medium geradlinig mit der Phasengeschwindigkeit c_ϵ ausbreitet. Wann also breitet sich Licht geradlinig aus?

Diese Bedingung an das Licht verlangt, dass wir uns einen Lichtstrahl herstellen können und dass dieser Lichtstrahl den Raum in zwei vollständig getrennte Bereiche unterteilt: In den Bereich mit der Lichtintensität I_{em} und in den Bereich ohne Lichtintensität, den man auch als den **geometrischen Schattenraum** bezeichnet. Dieser Name ist darauf zurückzuführen, dass ein Lichtstrahl normalerweise dadurch hergestellt wird, dass man ein geometrisches Hindernis, etwa eine Lochblende oder eine Spaltblende, in eine ebene Lichtwelle stellt. Damit durch dieses geometrische Hindernis ein gut definierter Lichtstrahl entsteht, muss eine Bedingung erfüllt sein:

Ein Lichtstrahl mit gut definiertem Schattenraum entsteht mithilfe einer geometrischen Blende nur, wenn die Blendenöffnung b groß ist im Vergleich zur Wellenlänge λ des Lichts,

$$b \gg \lambda . \tag{10.17}$$

Ist diese Bedingung nicht erfüllt, können wir das Verhalten der Lichtwelle nicht mit den Gesetzen der Strahlenoptik beschreiben, sondern müssen die mathematisch viel schwieriger zu handhabende **Wellenoptik** benutzen.

Ist die Bedingung (10.17) aber erfüllt, lässt sich die Ausbreitung des Lichts durch gerade Linien darstellen, wie es in Abb. 10.3 gezeigt ist. Damit wollen wir die Frage beantworten, wie sich die Richtung der Linien verändert, wenn sie auf ein optisches System treffen, das aus anderen Medien aufgebaut ist. Bei der Untersuchung dieser Frage ist es ganz wichtig, dass in jedem optischen System die Richtung des Lichstrahls auch umgedreht werden kann. Läuft z.B. in Abb. 10.3 der Lichtstrahl von links nach rechts, so ist der eingezeichnete Weg nur dann richtig, wenn der Lichstrahl mit dem gleichen optischen System den Weg auch in umgekehrter Richtung durchlaufen kann. Bezeichnen wir den Ort, wo der Lichtstrahl herkommt, als **Gegenstand** und den Ort, wo wir den Lichtstrahl beobachten, als **Bild**, so können wir Gegenstand und Bild vertauschen und müssen wieder einen erlaubten Weg für den Lichtstrahl erhalten. Wo sich der Gegenstand, und wo sich das Bild befinden, ist daher nur eine Frage der Definition, auf die wir in Kap. 10.1.3 eingehen werden.

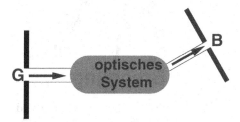

Abb. 10.3. Schematische Darstellung eines Lichtstrahls mit der Breite G, der durch ein optisches System aus seiner ursprünglichen Richtung abgelenkt wird und die Breite B erhält

10.1.1 Brechung und Reflexion an einer Grenzfläche

Wir wissen bereits, dass an einer Grenzfläche das Licht reflektiert wird oder in das Medium eindringt. Studieren wir diese Phänomene mit den Mitteln der Strahlenoptik.

1. Reflexion

In Abb. 10.4a fallen zwei parallele Lichtstrahlen unter dem Winkel α_e gegen die Flächennormale auf eine Grenzfläche. Die reflektierten Lichtstrahlen besitzen den Winkel α_r gegen die Flächennormale. Da die Phasengeschwindigkeit der einfallenden Lichtstrahlen genau so groß ist wie die der reflektierten Strahlen, muss gelten:

- In der Zeit Δt legt der einfallende Strahl 2 die Strecke $\Delta s_2 = c\,\Delta t$ zurück.
- In der Zeit Δt legt der reflektierte Strahl 1' die Strecke $\Delta s_1' = c\,\Delta t$ zurück.

Es gilt $\Delta s_2 = l\sin\alpha_e$, $\Delta s_1' = l\sin\alpha_r$, wobei l der Abstand der Lichtstrahlen auf der Grenzfläche ist. Daraus folgt wegen $\Delta s_2 = \Delta s_1'$

$$l\sin\alpha_e = l\sin\alpha_r \quad \rightarrow \quad \alpha_e = \alpha_r = \alpha \ .$$

> **Reflexionsgesetz:**
> An einer Grenzfläche wird Licht so reflektiert, dass der Einfallswinkel α_e gleich dem Reflexionswinkel α_r ist,
>
> $$\alpha_e = \alpha_r = \alpha \ . \tag{10.18}$$

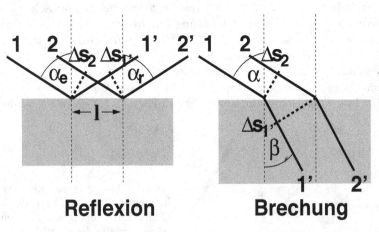

Reflexion   **Brechung**

Abb. 10.4. *Links*: Die Wege Δs_2 und $\Delta s_1'$, die der einfallende Lichtstrahl 2 und der reflektierte Lichstrahl 1' in gleicher Zeit Δt zurücklegen. Es ist $\Delta s_2 = \Delta s_1'$. *Rechts*: Die Wege Δs_2 und $\Delta s_1'$, die der einfallende Lichtstrahl 2 und der gebrochene Lichtstrahl 1' in gleicher Zeit Δt zurücklegen. Es ist $\Delta s_2 = n\,\Delta s_1'$

2. Brechung

In Abb. 10.4b ist auch der Weg der Lichtstrahlen gezeigt, die in das Medium eindringen. Von diesen Lichtstrahlen sagt man, sie werden in das Medium gebrochen. In dem Medium bilden sie gegen die Flächennormale den Brechungswinkel β, ihre Phasengeschwindigkeit ist in dem Medium reduziert und beträgt $c_\epsilon = c/n$. Daher muss gelten

- In der Zeit Δt legt der gebrochene Strahl 1' die Strecke $\Delta s_1' = c_\epsilon \Delta t$ zurück.
- In der Zeit Δt legt der einfallende Strahl 2 die Strecke $\Delta s_2 = c \Delta t$ zurück.

Es gilt $\Delta s_2 = l \sin \alpha$, $\Delta s_1' = l \sin \beta$. Daraus folgt

$$\frac{l \sin \alpha}{c} = \frac{l \sin \beta}{c_\epsilon} \quad \rightarrow \quad \frac{\sin \alpha}{\sin \beta} = \frac{c}{c_\epsilon} \; .$$

Brechungsgesetz:
An einer Grenzfläche wird Licht so in das Medium gebrochen, dass der Sinus des Einfallswinkels zu dem Sinus des Brechungswinkels gerade die Brechzahl des Mediums ergibt

$$\frac{\sin \alpha}{\sin \beta} = n \; . \tag{10.19}$$

Im Rahmen der Strahlenoptik ist es nicht möglich zu sagen, wie groß die Intensität des reflektierten, und wie groß die Intensität des gebrochenen Lichts ist. Wir werden daher auf die Lichtbrechung und Reflexion wieder im Rahmen der Wellenoptik zurückkommen. Auf der anderen Seite macht das Brechungsgesetz (10.19) eine klare Aussage, um welchen Winkel ein Lichtstrahl beim Übergang in ein Medium aus seiner ursprünglichen Richtung abgelenkt wird. Die Stärke dieser Ablenkung hängt ab von der Brechzahl und ist damit wellenlängenabhängig. Man kann also mithilfe der Brechung die verschiedenen Wellenlängenkomponenten in einem Lichtstrahl voneinander trennen, und zwar entweder durch eine Strahlversetzung an einer planparallelen Platte oder durch eine Strahldrehung in einem Prisma, siehe Abb. 10.5.

Die **Strahlversetzung** in einer planparallelen Platte
Ein Lichtstrahl, der in eine planparallele Platte unter dem Winkel $\alpha \neq 0°$ eintritt, verlässt diese Platte wieder in der gleichen Richtung, aber versetzt um die Strecke s gegenüber dem eintretenden Strahl. Hat die Platte die Dicke d, so ergibt sich die Versetzung zu

$$s = d \frac{\sin (\alpha - \beta)}{\cos \beta} \; . \tag{10.20}$$

Diese Beziehung kann mithilfe des Brechungsgesetzes (10.19) und des Anhangs 4 umgeformt werden in

$$s = d \sin \alpha \left(1 - \frac{\cos \alpha}{\sqrt{n^2 - \sin^2\alpha}} \right) . \tag{10.21}$$

Die Empfindlichkeit der Versetzung auf die unterschiedlichen Wellenlängen des Lichts lässt sich ausdrücken durch

$$\frac{\mathrm{d}s}{\mathrm{d}\lambda} = \frac{\mathrm{d}s}{\mathrm{d}n} \frac{\mathrm{d}n}{\mathrm{d}\lambda}$$

und ergibt

$$\frac{\mathrm{d}s}{\mathrm{d}\lambda} = n \, d \, \frac{\sin \alpha \cos \alpha}{(n^2 - \sin^2\alpha)^{3/2}} \frac{\mathrm{d}n}{\mathrm{d}\lambda} . \tag{10.22}$$

Für ein Material mit großen Brechzahlen $n(\lambda) \gg 1 \geq \sin \alpha$ ist die Empfindlichkeit proportional zu n^{-3}, und deswegen ist dieses Verfahren keinesfalls zu empfehlen für die spektrale Analyse des Lichts.

Die **Strahldrehung** in einem Prisma
Das Prisma ist ein lichtbrechender Körper, dessen Querschnittsfläche ein gleichschenkliges Dreieck mit der Basislänge d und dem gegenüberliegenden Scheitelwinkel γ ist. Der Strahldurchgang durch ein Prisma ist im allgemeinen Fall recht kompliziert, deswegen wollen wir uns auf den Fall beschränken, dass der Lichtstrahl im Prisma parallel zu der Basis des Prismas verläuft. Dann beträgt der Brechungswinkel des Strahls $\beta = \gamma/2$, und der dazugehörende Einfallswinkel α ergibt sich aus dem Brechungsgesetz (10.19). Durch die Brechung an der Eintrittsfläche wird der Strahl um den Winkel

$$\frac{\delta}{2} = \alpha - \beta = \alpha - \frac{\gamma}{2} \tag{10.23}$$

gedreht. Wegen der Forderung an die Umkehrbarkeit des Lichtwegs kommt der gleiche Drehwinkel noch einmal bei der Brechung an der Austrittsfläche

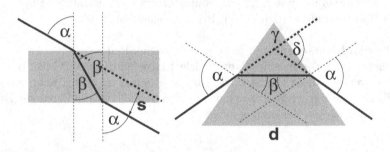

Abb. 10.5. *Links*: Strahlendurchgang durch eine planparallel Platte. Es erfolgt eine Versetzung des Lichtstrahls um die Strecke s. *Rechts*: Strahlendurchgang durch ein Prisma. Es erfolgt eine Drehung des Lichtstrahls um den Winkel δ

hinzu, sodass der Strahl insgesamt um δ gegenüber seiner Einfallsrichtung gedreht wurde. Aus dem Brechungsgesetz ergibt sich

$$\frac{\sin \alpha}{\sin \beta} = \frac{\sin (\delta/2 + \gamma/2)}{\sin (\gamma/2)} = n$$

$$\rightarrow \quad \sin \left(\frac{\delta + \gamma}{2} \right) = n \sin \frac{\gamma}{2} \ . \tag{10.24}$$

Die Empfindlichkeit der Strahldrehung auf veränderliche Wellenlängen beträgt analog zum Beispiel davor

$$\frac{d\delta}{d\lambda} = \frac{2 \sin (\gamma/2)}{(1 - n^2 \sin^2(\gamma/2))^{1/2}} \frac{dn}{d\lambda} \ . \tag{10.25}$$

Für den Scheitelwinkel γ besteht eine obere Grenze $\sin (\gamma/2) < 1/n$, die gerade dem streifenden Einfall auf die Prismafläche entspricht ($\alpha = \pi/2$). Der Vorfaktor in Gleichung (10.25) verstärkt also die Strahldrehung durch die Dispersion $dn/d\lambda$. Dieses Verfahren ist viel besser geeignet für eine spektrale Analyse des Lichts als das vorher beschriebene Verfahren der Strahlversetzung. Die entsprechenden optischen Geräte werden **Prismenspektrometer** genannt.

10.1.2 Die Totalreflexion

Drehen wir den Weg des Lichtstrahls, den wir zur Herleitung des Brechungsgesetzes (10.19) benutzt haben, in seiner Richtung um, so tritt er an der Grenzfläche vom Medium in das Vakuum.

Fällt ein Lichtstrahl auf ein Medium mit einer größeren Brechzahl, so findet die Brechung und Reflexion am **optisch dichteren** Medium statt. Verringert sich aber die Brechzahl an der Grenzfläche, so findet die Brechung und Reflexion am **optisch dünneren** Medium statt.

Durch die Umkehr des Strahlengangs verändert sich nicht das Brechungsgesetz, aber es vertauschen sich die Rollen von Einfalls- und Brechungswinkel. Das Brechungsgesetz lautet jetzt:

$$\frac{\sin \alpha}{\sin \beta} = \frac{1}{n} \ . \tag{10.26}$$

Da $\beta \leq 90°$ erreicht der Einfallswinkel α eine obere Grenze α_{TR}, wenn gilt:

$$\sin \alpha_{TR} = \frac{1}{n} \ . \tag{10.27}$$

Für Einfallswinkel $\alpha > \alpha_{TR}$ kann der Lichtstrahl nicht in das Vakuum gebrochen werden, statt dessen wird er an der Grenzfläche total in das Medium

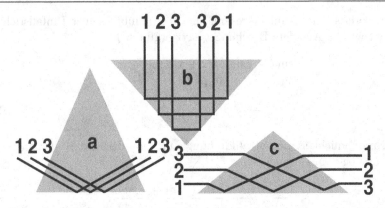

Abb. 10.6. Manipulationen von Lichtstrahlen mithilfe der Totalreflexion an einem Prisma: Die Richtungsänderung (a), die Richtungsumdrehung (b) und die Strahlvertauschung ohne Richtungsänderung (c)

zurück reflektiert. Man nennt diesen Vorgang **Totalreflexion**, für die Totalreflexion gilt

$$R = 1 \,, \tag{10.28}$$

d.h. es treten bei der Reflexion an der Grenzfläche keine Intensitätsverluste auf. Das bedeutet aber nicht, dass das elektromagnetische Feld auf der Vakuumseite der Grenzfläche total verschwindet. Vielmehr kann man berechnen und auch experimentell verifizieren, dass dort das elektrische Feld in der Richtung der Flächennormalen exponentiell gedämpft ist

$$\overline{E}_z = \overline{E}\, e^{-k\,\sqrt{1-n^2\,\sin^2\alpha}\,z} \,. \tag{10.29}$$

Über die Grenzfläche bildet sich eine Oberflächenwelle aus. Die Gleichung (10.29) zeigt, dass die Eindringtiefe der Oberflächenwelle in das Vakuum mit wachsendem k abnimmt, also auch mit kleiner werdender Wellenlänge λ abnimmt. Die Eindringtiefe ist etwa gleich der Wellenlänge, für sichtbares Licht daher etwa $5 \cdot 10^{-7}$ m und praktisch unbeobachtbar.

Die Totalreflexion benutzen wegen des idealen Reflexionsvermögens (10.28) viele technische Anwendungen, wir wollen nur einige erwähnen. Allerdings gilt (10.28) nur dann, wenn die Grenzfläche auch wirklich ideal, d.h. ideal glatt ist. Diese Bedingung ist über große Flächen nur schwer zu erfüllen.

- **Lichtleiter**
  Licht kann kann mithilfe eines Glasfaserkabels in beliebige Richtungen und über Entfernungen von mehreren 100 m geleitet werden. Werden mehrere Glasfasern geordnet zu einem Bündel zusammengefasst, können auf diese Art auch Bilder übertragen werden, ohne dass diese vorher digitalisiert werden müssen. Diese Anwendung ist dann von Bedeutung, wenn Bildinformationen aus einem engen und schwer zugänglichen Raum benötigt werden, wie z.B. in der Medizin.

- **Lichtstrahlveränderungen**

  Hierunter verstehen wir Veränderungen, bei denen entweder die Richtung oder die geometrische Ordnung mehrerer Lichtstrahlen verändert werden. Dazu wird oft ein Prisma benutzt aus einem lichtdurchlässigen Material mit großer Brechzahl $n > \sqrt{2}$. In der Abb. 10.6 sind einige Veränderungen dargestellt, nämlich die Richtungsänderung (a), die Richtungsumdrehung (b) und die Seitenvertauschung (c). Man beachte, dass zwar die Reflexionen an den Primenflächen ideal sind, aber der Eintritt und der Austritt in das Prisma geschieht nicht verlustfrei, ein Teil der Intensität wird trotz senkrechten Einfalls und senkrechten Austritts an diesen Grenzflächen reflektiert.

10.1.3 Optische Abbildungen durch dünne Linsen

Die bekannteste und wohl auch bedeutendste Anwendung findet die Strahlenoptik bei der Untersuchung der Bildentstehung. Ein derartiges Bild entsteht bei der Abbildung eines Gegenstands mithilfe eines optischen Systems, wobei dieses System aus Spiegeln und/oder Linsen aufgebaut sein kann. Wir wollen uns in diesem Kapitel allein mit den Abbildungseigenschaften von Linsen beschäftigen.

Unter einer Linse versteht man einen lichtbrechenden, aber nicht lichtabsorbierenden Körper mit zwei sphärischen Oberflächen, d.h. Oberflächen in Form von Kugelschalen mit den Krümmungsradien R_1 und R_2. Das Vorzeichen von R_1 bzw. R_2 kann positiv oder negativ sein. Die Wahl des Vorzeichens hängt davon ab, auf welcher Seite der Linse sich der Gegenstand und auf welcher Seite sich das Bild befindet. Und das ist, wie wir bereits am Beginn von Kap. 10.1 bemerkt haben, eine Frage der Definition. In Abb. 10.7 ist eine typische Linse gezeigt. Die Krümmungsmittelpunkte ihrer beiden sphärischen Oberflächen liegen auf der **optischen Achse**. Die Linse ist rotationssymmetrisch bezüglich dieser Achse. Die Ebene durch die Linse senkrecht zur optischen Achse bezeichnet man als **Mittelebene** der Linse, der Durchstoßpunkt der optischen Achse durch diese Ebene ist der **Mittelpunkt**. Die Seite (G) links von der Linse heißt **Gegenstandsseite**, die Seite (B) rechts von der Linse heißt **Bildseite**.

Wir definieren:

(1) Befindet sich der Gegenstand **G** auf der Gegenstandsseite der Linse, dann ist sein Abstand von der Mittelebene die **Gegenstandsweite** $g > 0$, anderenfalls ist $g < 0$.

(2) Befindet sich das Bild **B** auf der Bildseite der Linse, dann ist sein Abstand von der Mittelebene die **Bildweite** $b > 0$, anderenfalls ist $b < 0$.

(3) Der Krümmungsradius der Linsenoberfläche ist $R > 0$, wenn sich der Krümmungsmittelpunkt auf der Bildseite befindet, anderenfalls ist $R < 0$.

In Abb. 10.7 sind einige Linsentypen mit ihren Krümmungsradien und ihren Bezeichnungen zusammengestellt. In dieser Abbildung ist auch angegeben das Vorzeichen der **Brennweite** f, die eine charakteristische Größe

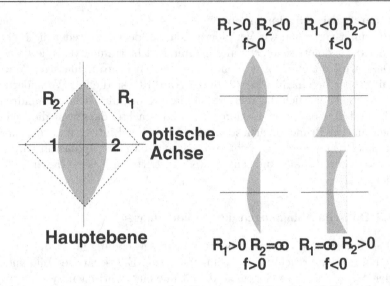

Abb. 10.7. *Links* eine Glaslinse mit den Krümmungsradien R_1 und R_2 der Linseno-berflächen 1 und 2. *Rechts* sind verschiedene Linsenformen mit den dazugehörenden Krümmungsradien und den sich daraus ergebenden Brennweiten f gezeigt. Von links oben nach rechts unten handelt es sich um folgende Linsentypen: bikonvex, bikonkav, plankonvex, plankonkav

jeder Linse ist. Die Brennweite einer sphärischen Linse hängt von ihren Krümmungsradien ab. Auf welche Art, wollen wir jetzt untersuchen.

Dazu betrachten wir die Brechung an einer sphärisch gekrümmten Fläche in Abb. 10.8. Auf der Gegenstandsseite besitze das Medium die Brechzahl n_G, auf der Bildseite die Brechzahl n_B. Ein zur optischen Achse paralleler Lichtstrahl wird an der Grenzfläche gebrochen nach dem Brechungsgesetz (10.19). Sind der Einfallswinkel α und der Brechungswinkel β sehr klein, gilt $\sin\alpha \approx \alpha$ und $\sin\beta \approx \beta$, und das Brechungsgesetz reduziert sich auf

$$n_G\,\alpha = n_B\,\beta\;.$$

Der gebrochene Lichtstrahl trifft die optische Achse im Abstand f von der Mittelebene. Zwischen f und dem Krümmungsradius R_1 besteht die Beziehung (gleiche Längen s auf dem Kreisbogen bis zum Punkt der Brechung)

$$f\,(\alpha - \beta) = R_1\,\alpha\;,$$

und wir erhalten

$$f = \frac{\alpha}{\alpha - \beta}\,R_1 = \frac{n_B}{n_B - n_G}\,R_1\;. \tag{10.30}$$

Als nächstes betrachten wir einen Lichtstrahl, der von einem Punkt auf der optischen Achse in der Gegenstandsweite $g_1 > 0$ auf die sphärische Grenzfläche

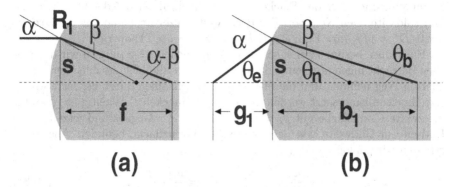

Abb. 10.8. Brechung eines zur optischen Achse parallelen Lichtstrahls an der Oberfläche 1 eines Glaslinse (a): Dieser Lichtstrahl wird in den Brennpunkt f gebrochen. Dieselbe Brechung, wenn der Lichstrahl von einem Punkt auf der optischen Achse ausgeht, der sich in Gegenstandsweite g_1 von der Oberfläche 1 befindet (b): Dieser Lichtstrahl wird in die Bildweite b_1 gebrochen

fällt. Er wird an der Grenzfläche gebrochen und trifft die optische Achse wieder in einem Punkt mit der Bildweite b_1. Der Winkel des einfallenden Strahls mit der optischen Achse auf der Gegenstandsseite ist θ_e, der Winkel des gebrochenen Strahls mit der optischen Achse auf der Bildseite ist θ_b. Außerdem bildet die Grenzflächennormale in dem Punkt der Brechung mit der optischen Achse den Winkel θ_n. Dann gilt für den Einfalls- und den Brechungswinkel

$$\alpha = \theta_n + \theta_e \quad , \quad \beta = \theta_n - \theta_b \ ,$$

und daher folgt für kleine Winkel α und β nach dem Brechungsgesetz (10.19)

$$n_G \left(\theta_n + \theta_e\right) = n_B \left(\theta_n - \theta_b\right) \ .$$

Wir betrachten wiederum den Kreisbogen auf der Grenzfläche bis zu dem Punkt der Brechung, für dessen Länge s finden wir näherungsweise

$$s = R_1 \, \theta_n \approx g_1 \, \theta_e \approx b_1 \, \theta_b \ ,$$

und daher mithilfe von Gleichung (10.30)

$$\frac{n_G}{g_1} + \frac{n_B}{b_1} = \frac{n_B - n_G}{R_1} = \frac{n_B}{f} \ . \tag{10.31}$$

Dies ist das Abbildungsgesetz für eine sphärische Grenzfläche, es verknüpft die Bildweite b mit der Gegenstandsweite g über die Größe f, die man als die Brennweite der Grenzfläche bezeichnet. Den Punkt auf der optischen Achse, der den Abstand f von der Mittelebene hat, bezeichnet man als den **Brennpunkt**. Nach Gleichung (10.30) ist die Brennweite gegeben durch den

Krümmungsradius R der Fläche und die Brechzahlen auf der Gegenstands-und Bildseite. Den Kehrwert der Brennweite bezeichnet man als die **Brechkraft** $D^* = 1/f$, ihre Einheit ist $[D^*] = m^{-1} = dp$, "Dioptrie".

Eine Linse besitzt zwei sphärische Grenzflächen, also müssen wir die gleichen Betrachtungen noch einmal anstellen, in der alle Lichtstrahlen den umgekehrten Weg nehmen und die bildseitigen Brechzahlen durch gegenstandsseitige Brechzahlen ersetzt werden müssen und umgekehrt. Wichtig ist, dass für die zweite Grenzfläche gilt $g_2 = -b_1$, weil sich der Gegenstand jetzt auf der Bildseite in Bildweite von der sphärischen Grenzfläche befindet. Ansonsten erhalten wir analog zu Gl. (10.31)

$$\frac{n_B}{g_2} + \frac{n_G}{b_2} = -\frac{n_B}{b_1} + \frac{n_G}{b_2} = \frac{n_G - n_B}{R_2} \ . \tag{10.32}$$

Addiert man die Gleichung (10.31) und (10.32) so ergibt sich das Abbildungsgesetz für eine dünne Linse. Wir setzen $g_1 = g$ und $b_2 = b$, d.h. dies sind die Gegenstandsweite bzw. die Bildweite für eine dünne Linse. Weiterhin ist $n_B = n_L$ die Brechzahl der Linse und $n_G = n_M$ die Brechzahl des sie umgebenden Mediums.

Das Abbildungsgesetz einer dünnen Linse mit der Brechzahl n_L und sphärischen Oberflächen mit Krümmungsradien R_1 und R_2, die sich in einem Medium mit der Brechzahl n_M befindet, lautet

$$\frac{n_M}{g} + \frac{n_M}{b} = \frac{1}{f} \ , \tag{10.33}$$

wobei die Brechkraft der Linse gegeben ist durch

$$\frac{1}{f} = (n_L - n_M) \left(\frac{1}{R_1} - \frac{1}{R_2} \right) \ . \tag{10.34}$$

In den meisten Fällen ist das Medium, in dem sich die Linse befindet, die Luft mit einer Brechzahl $n_M = 1$, und das Abbildungsgesetz vereinfacht sich zu

$$\frac{1}{g} + \frac{1}{b} = \frac{1}{f} \quad , \quad \frac{1}{f} = (n_L - 1) \left(\frac{1}{R_1} - \frac{1}{R_2} \right) \ . \tag{10.35}$$

Eine Linse besitzt also eine gegenstandsseitige (f_G) und eine bildseitige (f_B) Brennweite, die beide gleich groß sind ($f_G = f_B = f$), wenn sich auf der Gegenstandsseite und der Bildseite das gleiche Medium befindet. Die Brennweite einer Linse kann positiv sein, dann ist die Linse fokussierend, oder sie kann negativ sein, dann ist die Linse defokussierend.

Bei der Herleitung der Abbildungsgesetze (10.31) und (10.33) haben wir bereits benutzt, dass ausgezeichnete Strahlen bei der Brechung an einer sphärischen Fläche immer dem gleichen Weg folgen. Diese ausgezeichneten Strahlen, die man **Hauptstrahlen** nennt, sind

- die Parallelstrahlen, die parallel zur optischen Achse verlaufen,
- die Brennstrahlen, welche die optische Achse im Brennpunkt schneiden,
- die Mittelpunktstrahlen, welche die optische Achse im Mittelpunkt schneiden.

Für diese Strahlen gilt:
(1) Parallelstrahlen werden durch die Brechung zu Brennstrahlen,
(2) Brennstrahlen werden durch die Brechung zu Parallelstrahlen,
(3) Mittelpunktstrahlen werden durch die Brechung nicht verändert.
Aus diesen Verhaltensweisen lassen sich folgende Schlüsse ziehen:

Phasenflächen

Die Phasenflächen einer elektromagnetischen Welle, siehe Kap. 9.4.3, liegen immer senkrecht zur Ausbreitungsrichtung der Welle. Für Parallelstrahlen sind die Phasenflächen daher Ebenen, für die Brennstrahlen Kugelflächen mit ihrem Zentrum im Brennpunkt, und für die Mittelpunktstrahlen sind es ebenfalls Kugelflächen mit ihrem Zentrum im Mittelpunkt. Eine Punktquelle im Brennpunkt einer fokussierenden Linse erzeugt eine Kugelwelle, die durch die Linse in eine ebene Welle verwandelt wird. Dies ist der einfachste Weg zur Erzeugung einer, allerdings im ihrem Querschnitt begrenzten, ebenen Welle.

Bildrekonstruktion

Die ausgesuchten Strahlen ermöglichen ein einfaches Verfahren zur Rekonstruktion des Bilds B, das von einem Gegenstand G mithilfe einer Linse entworfen wird. In der Abb. 10.9 wird dies für eine fokussierende und eine defokussierende Linse beispielhaft vorgeführt. Wir lernen so, dass folgende Zusammenhänge zwischen der Gegenstandsweite g und der Bildweite b bestehen, die sich auch aus dem Abbildungsgesetz (10.35) herleiten lassen.

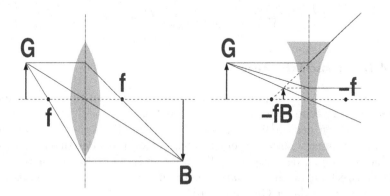

Abb. 10.9. Die Ablenkung von Parallelstrahl, Mittelpunktstrahl und Brennstrahl durch eine fokussierende Linse (*links*) und eine defokussierende Linse (*rechts*). Durch die Abbildung mit einer fokussierenden Linse entsteht aus dem reellen Gegenstand G unter bestimmten Bedingungen ein reelles Bild B, durch die Abbildung mit einer defokussierenden Linse immer ein virtuelles Bild B

Abbildung durch fokussierende Linse.

- $g \geq 2f \rightarrow f < b \leq 2f$
  Reelles Bild ist auf Bildseite, umgekehrt und verkleinert $B/G \leq 1$.
- $2f > g > f \rightarrow 2f < b$
  Reelles Bild ist auf Bildseite, umgekehrt und vergrößert $B/G > 1$.
- $f \geq g > 0 \rightarrow b < -g$
  Virtuelles Bild ist auf Gegenstandsseite, aufrecht und vergrößert $B/G > 1$.

Abbildung durch defokussierende Linse.

- $g > 0 \rightarrow -g < b < 0$
  Virtuelles Bild ist auf Gegenstandsseite, aufrecht und verkleinert $B/G < 1$.

Bei der Abbildung kann das Bild daher größer oder kleiner als der Gegenstand sein. Das Verhältnis von Bildgröße zur Gegenstandsgröße nennt man den **Abbildungsmaßstab**

$$V = \frac{B}{G} = \frac{|b|}{|g|} \ . \tag{10.36}$$

Eine andere Möglichkeit, die Vergrößerung zu definieren, besteht in dem Vergleich der Sehwinkel. Diese Definition spielt besonders bei den optischen Instrumenten eine Rolle. Ohne optisches Instrument sieht das Auge den Gegenstand unter einem Sehwinkel θ_0, der von der Gegenstandsweite relativ zum Auge abhängt. Man gibt daher θ_0 für eine Gegenstandsweite g_{DS} an, bei der das Auge den Gegenstand gerade noch scharf abbilden kann. Für ein normales Auge beträgt die **deutliche Sehweite** $g_{DS} = 25$ cm. Mit einem optischen Instrument betrachtet wird sich der Sehwinkel verändern auf den Wert θ. Die **Winkelvergrößerung** ist definiert als

$$V = \frac{\theta}{\theta_0} \quad \text{mit} \quad \theta_0 = \frac{G}{g_{DS}} \ . \tag{10.37}$$

10.1.4 Das menschliche Auge

Das menschliche Auge ist physikalisch vereinfacht gesehen eine Linse, die auf der Gegenstandsseite an das Medium "Luft" mit $n_G = 1$ grenzt, auf der Bildseite aber an das Medium "Glaskörper". Den Glaskörper und die Linse fasst man zusammen zu einem brechenden Medium mit der Brechzahl $n_B = 1{,}34$, die Abbildung des Gegenstands auf die Retina des Auges entsteht also durch die Brechung an einer sphärisch gekrümmten Fläche. Für die bildseitige Brennweite f_B gilt daher Gleichung (10.30).

Eine zusätzliche Komplikation entsteht dadurch, dass das Auge durch **Akkomodation** den Krümmungsradius R_1 der Fläche und damit die Brennweite f_B verändern kann. Bei nichtakkomodiertem Auge werden Gegenstände mit sehr großer Gegenstandsweite auf die Retina abgebildet, in diesem Zustand beträgt die bildseitige Brennweite bzw. die gegenstandsseitige Brennweite des Auges

$$f_B = 23 \text{ cm} \quad , \quad f_G = \frac{f_B}{n_B} = 17 \text{ cm} \ . \tag{10.38}$$

Für die Abbildung durch das menschliche Auge gilt das Abbildungsgesetz (10.31)

$$\frac{1}{g} + \frac{n_B}{b} = \frac{n_B}{f_B} = \frac{1}{f_G} \ . \tag{10.39}$$

Wie bei den Abbildungen mithilfe von Linsen lässt sich diese Abbildungsgleichung auch grafisch darstellen. Dabei ist folgendes zu beachten:

- Die Eintrittsfläche in das Auge wie auch die Bildfläche im Auge (Retina) sind gekrümmt. Um die dadurch entstehenden Komplikationen bei der Bildrekonstruktion zu vermeiden, ersetzen wir die brechende Fläche durch die Mittelebene und die Retina durch die Bildebene.
- Wegen $f_G \neq f_B$ schneiden die Strahlen, die unverändert durch die brechende Augenfläche hindurchtreten, die optische Achse nicht im Mittelpunkt, sondern in dem Knotenpunkt, der von der Mittelebene einen bildseitigen Abstand

$$k = (n_B - 1) \, f_G = \frac{n_B - 1}{n_B} \, f_B \tag{10.40}$$

besitzt.

Dieses Abbildungsverhalten des menschlichen Auges ist in Abb. 10.10 gezeigt. Das Verfahren der grafischen Rekonstruktion erlaubt es, die Eigenschaften optischer Instrumente unter Berücksichtigung der Abbildung durch das Auge zu untersuchen.

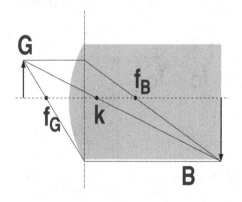

Abb. 10.10. Die Ablenkung von Parallelstrahl, Knotenpunktstrahl und Brennstrahl durch das menschliche Auge

10.1.5 Optische Instrumente

Wir werden in diesem Kapitel nur die optischen Instrumente grafisch behandeln, die für Biologen besonders wichtig sind. Das sind die Lupe und das Mikroskop. Ziel dieser Untersuchungen ist das Verständnis, welcher Zusammenhang zwischen den charakteristischen Parametern dieser optischen Systeme und der mit ihnen erreichbaren Vergrößerungen besteht. Darüber hinaus ist das Auflösungsvermögen des Systems die zweite wichtige Kenngröße; mit ihm werden uns aber erst im Rahmen der Wellenoptik beschäftigen.

Die **Lupe**

Die Lupe besteht aus einer fokussierenden Lupenlinse mit der Brennweite f_L, die einen Gegenstand so auf die Krümmungsfläche des Auges abbildet, dass auf der Retina ein scharfes Bild entsteht. Damit bei der Aufnahme des Bilds das Auge möglichst entspannt ist, befindet sich das Auge im nichtakkomodierten Zustand, d.h. es ist auf die Abbildung unendlich entfernter Objekte eingestellt. Damit sich das Objektbild im Unendlichen befindet, muss sich der Gegenstand bei der Abbildung durch die Lupe im Brennpunkt der Lupenlinse befinden. Diese Abbildungsverhältnisse sind dargestellt auf der linken Seite der Abb. 10.11 mithilfe einiger ausgesuchter Lichtstrahlen. Man beachte, dass ein scharfes Bild auf der Retina mit einem nichtakkomodierten Auge nur dann entsteht, wenn alle Lichtstrahlen auf der Gegenstandsseite des Auges parallel mit einem Winkel θ gegen die optische Achse verlaufen. Diese Forderung an die Strahlen ermöglicht die Bildrekonstruktion mithilfe der Brennstrahlen und der Knotenpunktstrahlen, obwohl der Weg dieser Strahlen durch die Lupenlinse nicht direkt rekonstruierbar ist.

Ohne die Lupe erscheint der Gegenstand unter dem Sehwinkel θ_0, die Vergrößerung einer Lupe ergibt sich daher aus Gleichung (10.37) und der

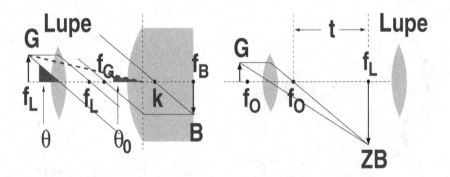

Abb. 10.11. Abbildung eines reellen Gegenstands in ein reelles Bild auf der Retina des nichtakkomodierten Auges mithilfe einer Lupe (*links*). Abbildung eines reellen Gegenstands in ein reelles Zwischenbild mithilfe eines Mikroskops (*rechts*).

Abb. 10.11 zu

$$V_{\text{Lupe}} = \frac{\theta}{\theta_0} = \frac{g_{\text{DS}}}{f_{\text{L}}} \ . \qquad (10.41)$$

Das Mikroskop

In einem normalen Lichtmikroskop ist der Lupenlinse, die auch als **Okularlinse** bezeichnet wird, eine weitere fokussierende Linse vorgeschaltet, die von dem Gegenstand zunächst ein Zwischenbild entwirft, das dann mit der Lupe betrachtet wird. Die vorgeschaltete Linse wird **Objektivlinse** genannt, sie besitzt eine Brennweite f_{O}. Aus der Zusammenstellung der Abbildungsmöglichkeiten in Kap. 10.1.3 ergibt sich, dass das Zwischenbild dann größer als der Gegenstand ist, wenn sich der Gegenstand in der Gegenstandsweite $2 f_{\text{O}} > g_1 > f_{\text{O}}$ befindet. Damit das Zwischenbild durch die Lupe mit nichtakkomodiertem Auge betrachtet werden kann, muss es sich bezüglich der Okularlinse in der Gegenstandsweite $g_2 = f_{\text{L}}$ befinden. Den Abstand zwischen bildseitigem Brennpunkt der Objektivlinse und dem gegenstandsseitigen Brennpunkt der Okularlinse bezeichnet man als die **Tubuslänge** t des Mikroskops. Auf der rechten Seite der Abb. 10.11 sind die Lichtstrahlwege bei der Abbildung durch die Objektivlinse dargestellt, diese Wege verlaufen ganz ähnlich zu denen in der Abb. 10.9. Die Abbildung des Zwischenbilds mit der Okularlinse wird nicht noch einmal gezeigt, sie ist identisch zu der linken Seite der Abb. 10.11, die den Strahlengang in der Lupe zeigt.

Die Gesamtvergrößerung des Mikroskops ergibt sich aus dem Produkt der Vergrößerungen durch die Objektivlinse und die Okularlinse

$$V_{\text{Mikroskop}} = V_{\text{Objektiv}} \, V_{\text{Lupe}} \ . \qquad (10.42)$$

Für die Objektivvergrößerung können wir den Abbildungsmaßstab verwenden. Nach Abb. 10.11 rechts gilt

$$V_{\text{Objektiv}} = \frac{B}{G} = \frac{t}{f_{\text{O}}} \ , \qquad (10.43)$$

und daher

$$V_{\text{Mikroskop}} = \frac{t \, g_{\text{DS}}}{f_{\text{O}} \, f_{\text{L}}} \ . \qquad (10.44)$$

Um starke Vergrößerungen mit einem Mikroskop zu erreichen, sollten die Brennweiten von Objektiv- und Okularlinse möglichst klein sein. Diese Linsen sollten also stark gekrümmte Oberflächen besitzen, eine Forderung, die wegen der damit einhergehenden Linsenfehler bald an ihre Auflösungsgrenze stößt. In der Tat ist das Auflösungsvermögen eines Mikroskops das wichtigere Problem, mit dem wir uns in Kap. 10.2.4 auseinandersetzen.

10.2 Wellenoptik

Mithilfe der Strahlenoptik haben wir einen beachtlichen Teil optischer Probleme analysieren können, aber eben nicht alle. Der Grund für die Beschränkung ist die Tatsache, dass sich die Strahlenoptik nur mit Intensitäten beschäftigt, das Licht seiner Natur nach aber eine elektromagnetische Welle ist. Die Lichtintensität I_{em} ist nach Gleichung (9.117) proportional zum Quadrat der elektrischen Feldstärke, $I_{em} \propto \overline{E}^2$, und das elektrische Feld ist ein Vektorfeld mit einer definierten Richtung im Raum. Die Vektoreigenschaften (nicht aber die Eigenschaft, dass die Intensität eine gemittelte Energieflussdichte mit einer Ausbreitungsrichtung darstellt) gehen verloren, wenn wir allein Intensitäten behandeln, nicht aber die elektrischen Felder. Fassen wir die wichtigsten Eigenschaften des elektrischen Lichtfelds noch einmal zusammen.

(1) Das elektrische Feld steht immer senkrecht auf der Ausbreitungsrichtung der elektromagnetischen Welle. Diese Eigenschaft bedeutet in der Sprache der Wellenoptik, dass das Licht polarisiert ist. Die **Polarisation** wird festgelegt durch die Richtung von $E(r, t)$.

(2) Elektrische Felder können sich überlagern. Das bedeutet, dass die Intensität I_{em} der elektromagnetischen Welle nach der Überlagerung von zwei Wellen mit den Intensitäten $I_{em,1}$ und $I_{em,2}$ gegeben ist zu

$$I_{em} = I_{em,1} + I_{em,2} + 2\sqrt{I_{em,1}\,I_{em,2}}\cos\delta \;, \qquad (10.45)$$

wobei δ die Phasendifferenz zwischen den beiden elektrischen Feldern $E_1(r, t)$ und $E_2(r, t)$ ist. In der Strahlenoptik würde die Überlagerung, die z.B. bei der Fokussierung von Parallelstrahlen durch eine fokussierende Linse entsteht, beschrieben werden durch

$$I_{em} = I_{em,1} + I_{em,2} \;. \qquad (10.46)$$

Der Unterschied zwischen den Gleichungen (10.45) und (10.46) wird in der Sprache der Wellenoptik als Interferenz bezeichnet. Die Tatsache, dass Gleichung (10.46) u.U. richtig ist, bedeutet, dass in diesem Fall die elektrischen Felder nicht interferieren können oder dass die Intensitäten durch Addition sehr vieler Einzelintensitäten entstehen, sodass sich gemittelt über alle Einzelintensitäten $\langle\cos\delta\rangle = 0$ ergibt.

Wesentliche Aspekte der Wellennatur des Lichts sind seine Polarisationsmöglichkeit und seine Interferenzfähigkeit.

Diese Aspekte spielen auch eine Rolle, wenn Licht an einer Grenzfläche in ein anderes Medium mit der Brechzahl n gebrochen wird. Wir wollen daher die Brechung des Lichts noch einmal kurz im Rahmen der Wellenoptik betrachten.

10.2.1 Brechung und Reflexion an einer Grenzfläche

Wir haben schon in Kap. 10.1 erwähnt, dass an der Grenzfläche das elektrische und magnetische Feld die Randbedingungen (8.99), (8.100), (8.210) und (8.211) erfüllen müssen. Diese Bedingungen blieben im Rahmen der Strahlenoptik ohne Bedeutung, für die Wellenoptik sind sie die Gleichungen, mit deren Hilfe das Verhalten des elektrischen und magnetischen Felds an der Grenzfläche berechnet wird. Wir werden aber mithilfe dieser aufwendigen Rechnungen nicht erneut die Gültigkeit des Reflexionsgesetzes (10.18) und des Brechungsgesetzes (10.19) nachweisen. Diese Gesetze behalten ihre Gültigkeit, aber die Wellenoptik macht noch weitere Aussagen über die Reflexion bzw. Brechung, die wir jetzt nur zusammenstellen.

(1) Einfallende, reflektierte und gebrochene Wellen besitzen Ausbreitungsrichtungen, die alle in einer Ebene liegen, der Einfallsebene. Bezüglich der Einfallsebene besitzt das elektrische Feld zwei Komponenten, die Komponente $\overline{E}_{\parallel}$ in der Einfallsebene und die Komponente $\overline{E}_{\perp}$ senkrecht zur Einfallsebene, siehe Gleichung (10.16).

(2) Die Frequenzen der einfallenden, der reflektierten und der gebrochenen Welle sind gleich. Dagegen unterscheidet sich die Wellenlänge λ_{g} der gebrochenen Welle von der der einfallenden Welle λ_{e} und der der reflektierten Welle λ_{r}. Es gilt für eine Grenzfläche, an der die Welle vom Vakuum in ein Medium mit Brechzahl n übertritt

$$\frac{c}{c_{\epsilon}}\,\lambda_{\mathrm{g}} = n\,\lambda_{\mathrm{g}} = \lambda_{\mathrm{e}} = \lambda_{\mathrm{r}}\ . \tag{10.47}$$

(3) Am wichtigsten sind die Aussagen über das Reflexionsvermögen an der Grenzfläche. Diese Aussagen sind verschieden für die Parallelkomponente des elektrischen Felds $\overline{E}_{\parallel}$ und die Senkrechtkomponente des elektrischen Felds $\overline{E}_{\perp}$. Sie lauten für die Parallelkomponente

$$R_{\parallel} = \left(\frac{\tan\,(\alpha-\beta)}{\tan\,(\alpha+\beta)}\right)^{2} = \left(\frac{n\cos\alpha - \cos\beta}{n\cos\alpha + \cos\beta}\right)^{2} \tag{10.48}$$

und für die Senkrechtkomponente

$$R_{\perp} = \left(\frac{\sin\,(\alpha-\beta)}{\sin\,(\alpha+\beta)}\right)^{2} = \left(\frac{\cos\alpha - n\cos\beta}{\cos\alpha + n\cos\beta}\right)^{2}\ . \tag{10.49}$$

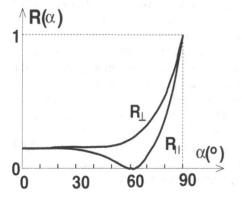

Abb. 10.12. Die Abhängigkeit des Reflexionsvermögens R für parallel ($R_{\parallel}$) und senkrecht ($R_{\perp}$) polarisierte Lichtwellen vom Einfallswinkel α

Diese Gleichungen werden die **Fresnel-Gleichungen** genannt. Die Veränderung von $R_{\parallel}$ und $R_{\perp}$ mit dem Einfallswinkel α sind in der Abb. 10.12 dargestellt. Mithilfe dieser Abbildung und der Gleichungen (10.48) und (10.49) diskutieren wir 3 besondere Fälle:

- Senkrechter Einfall für $\alpha = \beta = 0$
  Für diesen Fall reduzieren sich die Gleichungen (10.48) und (10.49) zu

$$R_{\parallel} = R_{\perp} = \left(\frac{1-n}{1+n}\right)^2 . \qquad (10.50)$$

  Beide Reflexionsvermögen sind gleich, aber größer als null für $n > 1$.
- Einfall unter dem **Brewster-Winkel** α_{Br}
  Die Welle fällt unter dem Brewster-Winkel $\alpha = \alpha_{Br}$ auf die Grenzfläche, wenn $\alpha + \beta = \pi/2$. In diesem Fall gilt $\tan(\alpha + \beta) = \infty$, und die Gleichung (10.48) reduziert sich auf

$$R_{\parallel} = 0 . \qquad (10.51)$$

  Unter dem Brewster-Winkel wird die Parallelkomponente nicht reflektiert, die reflektierte Komponente ist daher senkrecht zur Einfallsebene polarisiert.
- Streifender Einfall für $\alpha = \pi/2$
  In diesem Fall ergeben die Gleichungen (10.48) und (10.49)

$$R_{\parallel} = R_{\perp} = 1 . \qquad (10.52)$$

Dies ist der Grenzfall, in dem die Welle die Grenzfläche nicht wirklich trifft und "Reflexion" ungehinderte Ausbreitung bedeutet.

Die Intensität I_g, die in das Medium eintritt, ergibt sich aus den Fresnel-Gleichungen und den Gleichungen (10.2) bis (10.5) zu

$$I_g = I_0 - (R_{\parallel} I_{0,\parallel} + R_{\perp} I_{0,\perp}) \quad \text{mit} \quad I_0 = I_{0,\parallel} + I_{0,\perp} . \qquad (10.53)$$

(4) Die Phase der in das Medium gebrochenen Welle verändert sich nicht gegenüber der Phase der einfallenden Welle. Dagegen verändert sich die Phase der reflektierten Welle abhängig davon, ob der Übergang in das optisch dichtere oder optisch dünnere Medium erfolgt. Außerdem sind die Phasenänderungen für die Parallelkomponente i.A. verschieden von der für die Senkrechtkomponente. Für uns wichtig ist, dass beim senkrechten Einfall auf ein optisch dichteres Medium sowohl die Parallel- wie auch die Senkrechtkomponente einen Phasensprung von $\Delta\delta = \pi$ erleiden, beim Übergang in das optisch dünnere Medium tritt dagegen nie ein Phasensprung auf.

Diese Aussagen der Wellenoptik ergänzen das Reflexionsgesetz und das Brechungsgesetz. Wir wollen als nächstes die Phänomene behandeln, über welche die Strahlenoptik gar keine Aussagen gemacht hat.

Anmerkung 10.2.1: Die Reflexionen mit und ohne Phasensprung von $\Delta\delta = \pi$ sind uns schon bei den mechanischen Wellen in Kap. 7.2.4 begegnet. Der Phasensprung trat nicht auf bei der Reflexion am "losen Ende", und das entspricht jetzt der Reflexion am "optisch dünneren" Medium. Dagegen ist $\Delta\delta = \pi$ bei der Reflexion am "festen Ende", und das ist äquivalent zur Reflexion einer elektromagnetischen Welle unter bestimmten Bedingungen am "optisch dichteren" Medium.

Ein weiteres Phänomen, das sowohl bei mechanischen wie elektromagnetischen Wellen beobachtbar ist, betrifft die Erzeugung stehender Wellen durch Reflexion, wenn eine der Resonanzbedingungen in Abb. 7.9 erfüllt ist. Auf stehende elektromagnetische Wellen treffen wir z.B. in einem Laser, den wir in Kap. 15.5 behandeln.

10.2.2 Die Polarisation des Lichts

Der elektrische Feldvektor steht immer senkrecht auf der Ausbreitungsrichtung der elektromagnetischen Welle. Da wir jetzt wieder die freie Ausbreitung im Raum betrachten, kehren wir zurück zu unserer alten Schreibweise, in der die Ausbreitungsrichtung auch die $\widehat{z}$-Richtung des Koordinatensystems festlegte. Dann gilt, wenn wir auch Phasenänderungen zwischen den beiden zu $\widehat{z}$ senkrechten Komponenten zulassen

$$\boldsymbol{E}(z,t) = \overline{E}_x\,\widehat{\boldsymbol{x}}\sin\left(\omega t - kz\right) + \overline{E}_y\,\widehat{\boldsymbol{y}}\sin\left(\omega t - kz + \delta\right). \qquad (10.54)$$

Diese Darstellung mag zunächst verwundern, wenn man sie mit Gleichung (9.93) vergleicht. Aber wir haben ja bei der Diskussion über das Verhalten der elektromagnetischen Welle an einer Grenzfläche gefunden, dass sich die Parallelkomponente $\overline{E}_\parallel$ und die Senkrechtkomponente $\overline{E}_\perp$ an einer Grenzfläche verschieden verhalten, und dieser Verschiedenheit trägt die Darstellung (10.54) Rechnung, wenn wir den senkrechten Einfall auf eine Grenzfläche behandeln.

Anhand der Gleichung (10.54) lassen sich folgende Polarisationen voneinander unterscheiden:

Lineare Polarisation
Die Welle ist linear polarisiert, wenn die Phasenverschiebung $\delta = 0$ ist. Die Polarisationsrichtung ist gegeben durch den Winkel ϕ, für den gilt

$$\tan\phi = \frac{\overline{E}_y}{\overline{E}_x}\,.$$

Zirkulare Polarisation
Die Welle ist zirkular polarisiert, wenn $\delta = \pi/2$ ist und gleichzeitig $\overline{E}_x = \overline{E}_y$ gilt.

Elliptische Polarisation
Für alle anderen Werte von δ und $\overline{E}_y/\overline{E}_x$ ist die Welle elliptisch polarisiert.

Das Licht, das wir von natürlichen Lichtquellen wie der Sonne empfangen, ist unpolarisiert. Das liegt daran, dass die Lichtwelle aufgebaut ist aus vielen einzelnen Wellenzügen, die wir in Kap. 9.4.2 kennen gelernt haben. Jeder Wellenzug allein ist polarisiert, aber die Polarisation ändert sich von Wellenzug zu Wellenzug. Gemittelt über sehr viele Wellenzüge verschwindet die Polarisation. Will man mit polarisiertem Licht experimentieren, muss man es aus dem unpolarisiertem Licht erzeugen, also alle Wellenzüge außer denen mit der gewünschten Polarisation aus der Gesamtwelle entfernen. Die dafür gebräulichen Verfahren wollen wir jetzt schildern.

Erzeugung linear polarisierten Lichts

(1) Reflexion unter dem Brewster-Winkel

Dieses Verfahren kennen wir aus der Behandlung der Brechung an einer Grenzfläche. Trifft das Licht aus dem Vakuum auf eine Grenzfläche unter dem Brewster-Winkel α_{Br}, so ist das reflektierte Licht senkrecht zur Einfallsebene polarisiert. Da das Reflektionsvermögen am Brewster-Winkel i.A. sehr klein ist, kann man das Verfahren mehrmals an hintereinander liegenden parallelen Platten wiederholen, siehe Kap. 10.1.1. Im Grenzfall besitzt die reflektierte Gesamtwelle die Intensität $I_r = 0{,}5\,I_0$ und ist senkrecht zur Einfallsebene polarisiert, die transmittierte Welle hat die Intensität $I_t = 0{,}5\,I_0$ und ist in der Einfallsebene polarisiert.

(2) Selektive Absorption

Es gibt Kristalle, die absorbieren selektiv Licht mit einer Polarisationsrichtung. Solche Kristalle heißen **Dichroite**. Werden Dichroite in der gleichen Richtung auf einer Folie aufgetragen, erhält man eine Schicht, die nur für Licht in der dazu senkrechten Richtung durchlässig ist. Dies ist die einfachste Möglichkeit, polarisiertes Licht in einem **Polarisator** zu erzeugen und die Polarisationsrichtung des transmittierten Lichts in einem **Analysator** zu bestimmen. Bilden die Vorzugsrichtungen der Kristalle auf dem Polarisator und dem Analysator den Winkel ϕ miteinander, dann beträgt die transmittierte Intensität nach dem Analysator $I_A = I_P \cos^2\phi$, wenn I_P die Lichtintensität nach dem Polarisator war. Stehen Polarisator und Analysator senkrecht zueinander, ist $I_A = 0$. Man beachte aber, dass das Licht nach dem Polarisator wegen des Faktors $\cos^2\phi$ nicht vollständig polarisiert ist.

(3) Doppelbrechende Kristalle

Es gibt auch Kristalle, die besitzen für zueinander senkrechte Polarisationsrichtungen verschiedene Brechzahlen, also verschiedene Ausbreitungsgeschwindigkeiten des Lichts. An der Grenzfläche eines derartigen Kristalls wird Licht unter zwei verschiedenen Brechungswinkeln β gebrochen, daher der Begriff **Doppelbrechung**. Man kann diese unterschiedlichen Ausbreitungsrichtungen von senkrecht zueinander polarisiertem Licht im Medium benutzen, um die Polarisationen voneinander zu trennen. Nach diesem Prinzip arbeitet z.B. das **Nicol'sche Prisma**.

Erzeugung zirkular polarisierten Lichts

Die Erzeugung zirkular polarisierten Lichts setzt die Existenz linear polarisierten Lichts voraus. Fällt linear polarisiertes Licht senkrecht so auf einen doppelbrechenden Kristall, dass $\overline{E}_x = \overline{E}_y$ ist, dann entwickelt sich zwischen der x-Komponente und der y-Komponente der Welle mit zunehmendem Ausbreitungsweg eine Phasenverschiebung, weil die Ausbreitungsgeschwindigkeiten für diese beiden Komponenten in dem Medium verschieden sind. Wir beschreiben diese Entwicklung folgendermaßen:

An der Grenzfläche $z = 0$ hat die Welle die Darstellung

$$\boldsymbol{E}(0,t) = \overline{E}\,(\widehat{\boldsymbol{x}}\sin\omega t + \widehat{\boldsymbol{y}}\sin\omega t)\ . \tag{10.55}$$

Nach einem Ausbreitungsweg Δ ist die Welle gegeben durch

$$\boldsymbol{E}(\Delta,t) = \overline{E}\,(\widehat{\boldsymbol{x}}\sin(\omega t - k_x\Delta) + \widehat{\boldsymbol{y}}\sin(\omega t - k_y\Delta))\ . \tag{10.56}$$

Dies ergibt zirkular polarisiertes Licht, wenn

$$k_x\Delta = k_y\Delta + \frac{\pi}{2}\ . \tag{10.57}$$

Wegen $k_x = \omega/c_{\epsilon,x}$ und $k_y = \omega/c_{\epsilon,y}$ kann man die Bedingung (10.57) umschreiben in

$$\Delta\left(\frac{\omega}{c_{\epsilon,x}} - \frac{\omega}{c_{\epsilon,y}}\right) = \Delta\,\frac{\omega}{c}\,(n_x - n_y) = \frac{\pi}{2}\ ,$$

und wegen $\omega/c = 2\pi/\lambda$ ergibt sich

$$\Delta = \frac{\lambda}{4}\,\frac{1}{n_x - n_y}\ . \tag{10.58}$$

Der doppelbrechende Kristall muss daher eine Dicke proportional zu $\lambda/4$ besitzen, daher nennt man ihn **Lambda-Viertel-Plättchen**.

10.2.3 Kohärenz und Interferenz

Wellen können interferieren, aber offensichtlich tun sie es nicht unter allen Umständen. Wir erkennen das daran, dass bei der Überlagerung von zwei Wellen die Gleichung (10.46) gilt und nicht die Gleichung (10.45). Nur letztere enthält den Interferenzterm $\Delta I_{\text{em}} = 2\sqrt{I_{\text{em},1}\,I_{\text{em},2}}\cos\delta$, der je nach der Größe der Phasendifferenz δ zwischen den Werten

$$-2\sqrt{I_{\text{em},1}\,I_{\text{em},2}} \leq \Delta I_{\text{em}} \leq +2\sqrt{I_{\text{em},1}\,I_{\text{em},2}}$$

schwankt und damit zu einer Schwächung oder Verstärkung der mittleren Intensität $I_{\text{em}} = I_{\text{em},1} + I_{\text{em},2}$ führt. Was ist der Grund für dieses unterschiedliche Verhalten von zwei Wellen?

Damit Wellen interferieren können, müssen sie **kohärent** sein.

Die Bedingungen für die Kohärenz von mehreren Wellen sind:
(1) Die Wellen müssen dasselbe Frequenzspektrum besitzen. Im Falle von
ebenen Wellen bedeutet dies: Alle Wellen besitzen dieselbe Frequenz und Wellenzahl

$$\omega_i = \omega \quad , \quad k_i = k \quad \text{mit} \quad 1 \leq i \leq n \, .$$

(2) Die Wellen müssen dieselbe Polarisation besitzen. Für linear polarisierte Wellen bedeutet dies: Die elektrischen Feldstärken besitzen dieselbe
Richtung

$$\widehat{\boldsymbol{E}}_i = \widehat{\boldsymbol{n}} \quad \text{mit} \quad 1 \leq i \leq n \, .$$

(3) Die Wellen müssen zueinander in festen Phasenbeziehungen stehen

$$\delta_i - \delta_j = \text{konst} \quad \text{mit} \quad 1 \leq i < j \leq n \, .$$

Zwei parallele Linienquellen im Abstand d, die gleichphasig mit gleicher
Frequenz schwingen, emittieren Zylinderwellen, welche die Kohärenzbedingungen im ganzen Raum erfüllen. Durch die Überlagerung der Zylinderwellen entstehen daher Orte im Raum mit verstärkter Intensität und mit abgeschwächter
Intensität, die auf Parabelflächen um die Quellen liegen. Dies ist in Abb. 10.13
dargestellt.

Für die Wellenzüge, die von natürlichen Lichtquellen emittiert werden,
lassen sich dagegen die Kohärenzbedingungen immer nur in einem begrenzten
Raumbereich erfüllen. Betrachten wir eine begrenzte ebene Welle, so wird
dieser Raumbereich bestimmt durch die **Kohärenzlänge** Λ des Wellenzugs,
die wiederum gegeben ist durch die Dauer τ der Lichtemission aus der Quelle

$$\Lambda = c\tau \, . \tag{10.59}$$

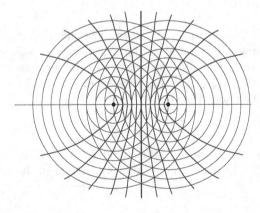

Abb. 10.13. Die Interferenz von
zwei Zylinderwellen mit fester
Phasenbeziehung. Gezeigt sind die
Phasenflächen des Amplituden-
maximums, die sich auf den fett
gezeichneten Parabeln zu den Orten maximaler Intensität addieren

Zwei Wellenzüge mit der Kohärenzlänge Λ können daher nur dann interferieren, wenn ihr **Gangunterschied** Δ kleiner als die Kohärenzlänge Λ ist.

Interferenz zwischen zwei Wellen tritt nur dann auf, wenn ihr Gangunterschied Δ kleiner ist als die Kohärenzlänge Λ jeder Welle

$$\Delta < \Lambda \, . \tag{10.60}$$

Wie groß ist in einem typischen Fall die Kohärenzlänge? Eine natürliche Lichtquelle besitzt eine Emissionsdauer $\tau \approx 3 \cdot 10^{-12}$ s, und daher beträgt die Kohärenzlänge des emittierten Lichts $\Lambda \approx (3 \cdot 10^8)(3 \cdot 10^{-12}) \approx 1$ mm. Dies ist recht klein, trotzdem ist für sichtbares Licht das Verhältnis ℓ von Kohärenz- zu Wellenlänge

$$\ell = \frac{\Lambda}{\lambda} \approx \frac{10^{-3}}{5 \cdot 10^{-7}} = 2 \cdot 10^3 \, . \tag{10.61}$$

Also ist der Wellenzug ca. 2000 Wellenlängen lang.

Sind die Kohärenzbedingungen erfüllt, müssen bei der Überlagerung elektromagnetischer Wellen deren elektrische Feldstärken addiert werden

$$\boldsymbol{E}(\boldsymbol{r}, t) = \sum_{i=1}^{n} \boldsymbol{E}_i(\boldsymbol{r}, t) \quad \text{mit} \tag{10.62}$$

$$\boldsymbol{E}_i(\boldsymbol{r}, t) = \overline{E}_i \, \widehat{\boldsymbol{n}} \sin\left(\omega t - \boldsymbol{k}_i \cdot \boldsymbol{r} + \delta_i\right) \, .$$

Die Phase der Welle hängt mit ihrem Gangunterschied über die Beziehung

$$\delta_i = \boldsymbol{k}_i \cdot \boldsymbol{\Delta}_i \tag{10.63}$$

zusammen. Der Wellenvektor $\boldsymbol{k}_i$ trägt noch den Index i, weil zwar alle Wellen dieselbe Wellenzahl k besitzen, aber ihre Ausbreitungsrichtungen sich noch von Welle zu Welle unterscheiden können. Sind auch die Ausbreitungsrichtungen gleich, spricht man von einer **Fraunhofer-Interferenz**, anderenfalls handelt es sich um eine **Fresnel-Interferenz**. Wir werden uns im Folgenden nur mit der Fraunhofer-Interferenz beschäftigen. Wird der Gangunterschied in Ausbreitungsrichtung gemessen, ist

$$\delta_i = k \, \Delta_i \, . \tag{10.64}$$

Unsere tägliche Erfahrung lehrt uns, dass im Normalfall das Licht aus natürlichen Quellen die Interferenzbedingungen nicht erfüllt. Wir können unsere Umgebung betrachten, ohne durch Interferenzen dabei gestört zu werden. Wie also können wir aus natürlichen Lichtquellen kohärentes Licht erzeugen?

Am einfachsten erscheinen die folgenden zwei Möglichkeiten, die aber praktisch nicht immer leicht zu realisieren sind.

- Man kann die Lichtquellen phasenstarr miteinander koppeln. Ein Beispiel für diese Methode ist der Laser, den wir in Kap. 15.5 besprechen werden.
- Man kann das Licht aus einer Lichtquelle teilen in zwei oder mehrere Wellen, die natürlich untereinander kohärent sind. Dafür bietet sich die Reflexion und Brechung an einer Grenzfläche an.

Es gibt prinzipiell noch eine weitere Möglichkeit, an die man zunächst nicht denkt, die aber von Huygens (1629 - 1695) schon früh erkannt wurde.

Jeder Punkt in einer Wellenfront ist Ausgangspunkt einer sich allseitig ausbreitenden und kohärenten **Elementarwelle**. Die Einhüllende aller Elementarwellen bildet infolge Interferenz eine neue Wellenfront.

Wir haben diese Aussagen des **Huygens'schen Prinzips** bereits durch die wichtigen Stichworte ergänzt: Kohärenz und Interferenz. Die Elementarwellen sind kohärent und sie führen bei der Überlagerung zu Interferenzerscheinungen. Diese Interferenzen werden besonders deutlich, wenn man in die Wellenfront ein Hindernis stellt. Die Interferenzen an einem Hindernis bezeichnet man als **Beugung**.

10.2.4 Beugung am Spalt und am Gitter

Das einfachste Hindernis in einer ebenen Wellenfront ist ein Spalt mit der Spaltbreite b. Die Wellenfront innerhalb des Spalts erzeugt die Ausgangspunkte der Elementarwellen, die sich allseitig ausbreiten, auch in den geometrischen Schattenraum, der für die Strahlenoptik von so großer Bedeutung war, siehe Kap. 10.1. Wir wollen uns überlegen, wie sich die Lichtausbreitung in den geometrischen Schattenraum vollzieht.

In Abb. 10.14 ist der Spalt in zwei Zonen geteilt, die auch die Ausgangspunkte der Elementarwellen entweder aus der oberen oder aus der unteren Zone bilden. Jede Elementarwelle aus der oberen Zone, die sich unter einem beliebigen Winkel θ gegen die Hindernisnormale ausbreitet, hat daher eine zugeordnete Elementarwelle im Abstand $b/2$ aus der unteren Zone, die sich ebenfalls unter dem Winkel θ ausbreitet. Der Gangunterschied zwischen jedem möglichen Paar aus zugeordneten Elementarwellen beträgt

$$\Delta_1 = \frac{b}{2} \sin \theta \ . \tag{10.65}$$

Die Überlagerung zugeordneter Elementarwellen führt zur totalen Auslöschung (**destruktive Interferenz**), wenn

$$\Delta_1 = \frac{\lambda}{2} \quad \rightarrow \quad \delta = \frac{2\pi}{\lambda} \Delta_1 = \pi \ , \tag{10.66}$$

denn dann gilt

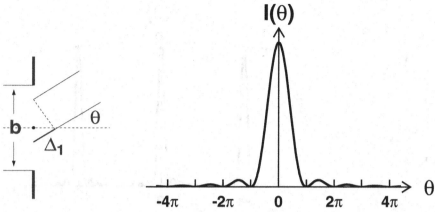

Abb. 10.14. Die Beugung an einem Spalt (*links*) und die daraus sich ergebende Intensitätsverteilung auf einem Schirm in großem Abstand vom Spalt (*rechts*)

$$E(r,t) = \frac{1}{n} \sum_{i=1}^{n/2} \overline{E}_i \, \hat{n} \, (\sin(\omega t - kr) + \sin(\omega t - kr + \pi)) \qquad (10.67)$$

$$= \frac{1}{n} \sum_{i=1}^{n/2} \overline{E}_i \, \hat{n} \, (\sin(\omega t - kr) - \sin(\omega t - kr)) = 0 \; .$$

Die gleichen Überlegungen bleiben gültig, wenn man den Spalt nicht in 2 Zonen teilt, sondern in eine gerade Anzahl 2ℓ von Zonen. Der Gangunterschied zwischen zugeordneten Elementarwellen aus verschiedenen Zonen, der zur destruktiven Interferenz führt, beträgt

$$\Delta_\ell = \frac{b}{2\,\ell} \sin\theta = \frac{\lambda}{2} \; . \qquad (10.68)$$

Die Winkel $\theta_{\min}$, unter denen destruktive Interferenz beobachtet wird, sind daher

$$\sin\theta_{\min} = \ell \frac{\lambda}{b} \qquad , \qquad \ell \text{ ist ganze Zahl.} \qquad (10.69)$$

Ist $\lambda = b$, dann liegt das 1. Interferenzminimum bei $\sin\theta_{\min} = 1$, also bei $\theta_{\min} = 90°$. Das bedeutet, der gesamte Raum hinter dem Spalt ist beleuchtet, es gibt keine Dunkelheit, geschweige denn einen geometrischen Schattenraum.

Im Rahmen der Wellenoptik lässt sich die Intensitätsverteilung des Lichts nach der Beugung am Spalt für beliebige Spaltbreiten b berechnen. Wir zitieren nur das Ergebnis dieser Berechnung:

$$I_{\text{em}}(\theta) = I_0 \, \frac{\sin^2(\pi(b/\lambda)\sin\theta)}{(\pi(b/\lambda)\sin\theta)^2} \; , \qquad (10.70)$$

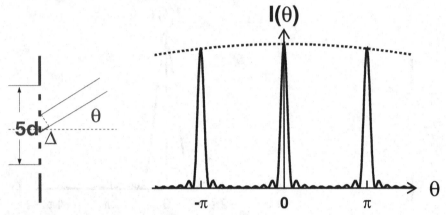

Abb. 10.15. Die Beugung an einem Gitter (*links*) und die daraus sich ergebende Intensitätsverteilung auf einem Schirm in großem Abstand vom Gitter (*rechts*)

wobei I_0 die unter $\theta = 0$ zu beobachtende Lichtintensität ist. Die Funktion (10.70) hat ihre Nullstellen bei $\pi (b/\lambda) \sin \theta = \ell \pi$ mit $|\ell| \geq 1$. Denn für $\ell = 0$ ist nach Gleichung (10.69) $\theta = 0$, und wir können abschätzen, dass $\sin^2 \alpha / \alpha^2 \approx \alpha^2 / \alpha^2 = 1$ für $\alpha \rightarrow 0$. Daher ergibt sich für die Funktion (10.70) $I_{\mathrm{em}}(0) = I_0$.

Wir erkennen jetzt auch die Bedeutung der Gleichung (10.17) für die Strahlenoptik. Wird $b \gg \lambda$, liegen die Interferenzminima sehr nahe bei $\theta_{\min} \approx 0$, d.h. der Lichtstrahl geht praktisch ohne Beugung durch den Spalt, der geometrische Schattenraum ist dunkel.

Nach der Beugung an einem einzelnen Spalt wollen wir die Beugung an vielen paralleln Spalten betrachten, die alle durch einen konstanten Abstand d voneinander getrennt sind. Durch diese Spaltanordnung entsteht ein **Gitter** mit der Gitterkonstanten d. Ein normales Gitter für sichtbares Licht besitzt ca. 50 Spalte auf einer Länge von 1 mm. Dadurch entsteht ein doppeltes Interferenzmuster. Zum einen interferieren die Elementarwellen aus jedem Einzelspalt miteinander, wie wir es gerade behandelt haben. Da die Spaltbreite $b \ll 0{,}02$ mm ist, ist der Winkel für das 1. Interferenzminimum groß, d.h. die Intensitätsverteilung nullter Ordnung mit $\ell = 0$ ist breit. Zum anderen interferieren die Elementarwellen aus verschiedenen Spalten miteinander, der Abstand zwischen den Spalten ist größer und daher sind die Interferenzwinkel klein. Diese Interferenzen von Elementarwellen aus verschiedenen Spalten strukturiert die Beugung an jedem Einzelspalt; wir wollen uns nur mit der ersteren beschäftigen.

In Abb. 10.15 sind die Verhältnisse bei der Ausbreitung der Elementarwellen von benachbarten Spalten dargestellt. Der Gangunterschied zwischen zugeordneten Elementarwellen aus 2 benachbarten Spalten beträgt

$$\Delta = d \sin \theta \ , \qquad (10.71)$$

und dies führt zu einer maximalen Verstärkung der Wellen (**konstruktive Interferenz**), wenn

$$\Delta = \ell\,\lambda \quad \rightarrow \quad \delta = \frac{2\pi}{\lambda}\,\ell\,\lambda = 2\pi\,\ell\;. \tag{10.72}$$

Dies ist leicht nachzuweisen mithilfe der Gleichung (10.62), die für den jetzt betrachteten Fall lautet

$$\boldsymbol{E}(\boldsymbol{r},t) = \frac{1}{n} \sum_{i=1}^{n} \overline{E}_i\,\widehat{\boldsymbol{n}}\,\left(\sin\left(\omega t - kr\right) + \sin\left(\omega t - kr + \ell\,2\pi\right)\right) \tag{10.73}$$

$$= \frac{1}{n} \sum_{i=1}^{n} \overline{E}_i\,\widehat{\boldsymbol{n}}\,\left(\sin\left(\omega t - kr\right) + \sin\left(\omega t - kr\right)\right)$$

$$= 2\,\langle\overline{E}\rangle\,\widehat{\boldsymbol{n}}\sin\left(\omega t - kr\right) \quad \text{mit} \quad \langle\overline{E}\rangle = \frac{1}{n} \sum_{i=1}^{n} \overline{E}_i\;.$$

Die Winkel, unter denen die konstruktive Interferenz beobachtet wird, sind

$$\sin\theta_{\max} = \ell\,\frac{\lambda}{d} \quad , \quad \ell \text{ ist ganze Zahl.} \tag{10.74}$$

Warum haben wir die Bedingung für konstruktive Interferenz gewählt? Der Grund ist, dass diese Bedingung zur konstruktiven Interferenz von einem beliebigen Spaltpaar erfüllt ist und daher unabhängig von den Anzahl s der Spalte gilt. Dagegen ist die Bedingung für destruktive Interferenz abhängig von der Anzahl der Spalte. Dies erkennt man auch an der Intensitätsverteilung, die sich im Rahmen der Wellenoptik berechnen lässt

$$I_{\mathrm{em}}(\theta) = I_0\,\frac{\sin^2\left(s\,\pi\,(d/\lambda)\sin\theta\right)}{\sin^2\left(\pi\,(d/\lambda)\sin\theta\right)}\;, \tag{10.75}$$

wobei s die Anzahl der Spalte ist. Diese Funktion hat ihre Hauptmaxima unter den Winkeln $\theta_{\max}$, unter denen der Nenner verschwindet, also bei den Winkeln, welche die Gleichung (10.74) erfüllen. Darüber hinaus gibt es noch zwischen jedem Hauptmaximum genau $s - 2$ Nebenmaxima, für die der Zähler maximal wird, der Nenner aber nicht verschwindet. Der Zähler verschwindet bei nichtverschwindendem Nenner für $(d/\lambda)\sin\theta_{\min} = \ell'/s$ mit $\ell'/s \neq \ell$, und dies ergibt die Winkel der destruktiven Interferenz abhängig von s.

Die Hauptmaxima erscheinen für jede Wellenlänge unter einem anderen Winkel $\theta_{\max}$. Neben dem Prismenspektrometer in Kap. 10.1.1 stellt daher das **Gitterspektrometer** die am häufigsten verwendete Methode zur spektralen Analyse von elektromagnetischen Wellen in allen Frequenzbereichen dar, die auch dann noch benutzt werden kann, wenn bei den erforderlichen Frequenzen kein Medium mit Dispersion existiert. Das ist bekanntermaßen der Fall für die Röntgenstrahlen, deren Frequenzspektrum allein mit einem Gitterspektrometer untersucht werden kann, siehe Kap. 14.1.

Wir wollen die Ergebnisse dieses Kapitels verwenden, um das **Auflösungs-vermögen** eines Mikroskops zu bestimmen. Nach der **Abbe'schen Theorie** ist es zur Bildentstehung notwendig, dass wenigstens die 0. und 1. Ordnung der konstruktiven Interferenz von der Okularlinse des Mikroskops erfasst werden. Diese Bedingung vermittelt einen Zusammenhang zwischen dem Öffnungswinkel α der Okularlinse und dem Abstand $d_{\min}$ von zwei Punkten, die gerade noch getrennt auf die Retina des Auges abgebildet werden können. Die Gleichung (10.74) ergibt für $\ell = 1$

$$d_{\min} = \frac{\lambda'}{\sin \alpha/2} = \frac{\lambda}{n \sin \alpha/2} \ . \tag{10.76}$$

Dabei ist berücksichtigt, dass sich zwischen dem Gegenstand und der Okularlinse ein Medium mit Brechzahl n befinden kann, das die Wellenlänge des Lichts reduziert und damit das Auflösungsvermögen vergrößert. Das Auflösungsvermögen ist proportional zum Kehrwert von $d_{\min}$, und es gilt

$$\frac{1}{d_{\min}} = \frac{\sin \alpha/2}{\lambda} = \frac{NA}{\lambda} \ , \tag{10.77}$$

mit der "**numerischen Apertur**" $NA = n \sin \alpha/2$ eines Mikroskops.

Für $\alpha/2 = 60°$ und $n = 1{,}5$ ergibt sich $d_{\min} = 0{,}8\,\lambda$. Das Auflösungsvermögen wird also umso größer, je kleiner die Wellenlänge des "Lichts" ist, mit dem der Gegenstand beleuchtet wird.

10.2.5 Vielstrahlinterferenzen

An einer Grenzfläche wird eine elektromagnetische Welle reflektiert und gebrochen. Reflektiert man den gebrochenen Strahl an einer zweiten Grenzfläche und überlagert dann beide Wellen, so sind diese Wellen kohärent und führen zu Interferenzphänomenen, wenn die Interferenzbedingung (10.60) erfüllt ist. Diese Technik lässt sich mit verschiedenen Grenzflächen durchführen. Wir unterscheiden:

- Grenzflächen konstanter Dicke,
- Grenzflächen konstanter Krümmung,
- Grenzflächen konstanter Neigung.

Wir wollen die beiden ersten Möglichkeiten an je einem Beispiel untersuchen.

(1) Interferenzen an einer Schicht konstanter Dicke
Eine Schicht konstanter Dicke lässt sich am einfachsten durch eine dünne planparallele Platte mit Brechzahl n realisieren. Aber auch der Zwischenraum zwischen 2 planparallelen Platten bildet u.U. eine Schicht konstanter Dicke. In Abb. 10.16 sind zwei ausgesuchte Lichtwege durch eine Platte mit der Dicke d gezeigt. Die ebenen Wellen mit diesen Ausbreitungsrichtungen sind kohärent und interferieren im Raum oberhalb der Eintrittsebene. Aus der Abbildung

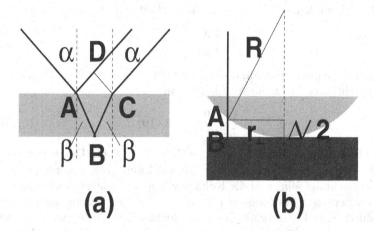

(a)   **(b)**

Abb. 10.16. Vielstrahlinterferenzen an einer planparallelen Platte, d.h. an einer Schicht konstanter Dicke (a). Vielstrahlinterferenzen zwischen einer Linse und einem Spiegel, d.h. an einer Schicht konstanter Krümmung (b)

entnehmen wir, dass der Gangunterschied Δ zwischen den Wellen 1 und 2 sich aus folgenden Wegstücken zusammensetzt (die Punkte A, B, C, D sind in Abb. 10.16 definiert):

$$\Delta = s_{AB} + s_{BC} - s_{AD} \ . \tag{10.78}$$

Für diese Wegstücke ergibt sich

$$s_{AB} = s_{BC} = \frac{n\,d}{\cos\beta} \quad , \quad s_{AD} = 2\,d\tan\beta\sin\alpha \ , \tag{10.79}$$

die wir in Gleichung (10.78) einsetzen

$$\Delta = \frac{2\,d}{\cos\beta}\,(n - \sin\beta\sin\alpha) = \frac{2\,d}{\cos\beta}\,n\,\left(1 - \sin^2\beta\right) \tag{10.80}$$

$$= 2\,d\,n\cos\beta = 2\,d\,\sqrt{n^2 - \sin^2\alpha} \ .$$

Beide Wellen werden konstruktiv interferieren, wenn der Gangunterschied die Werte

$$\Delta = \ell\,\lambda - \frac{\lambda}{2} \quad , \quad \ell > 0 \text{ ist ganze Zahl} \tag{10.81}$$

besitzt, wobei wir angenommen haben, dass bei der Reflexion am optisch dichteren Medium ein Phasensprung von $\delta = \pi$ entsteht. Die Winkel, unter denen maximale Intensitäten beobachtet werden, ergeben sich aus

$$\sin\alpha_{\max} = \sqrt{n^2 - \left(\frac{2\ell - 1}{4}\right)^2 \left(\frac{\lambda}{d}\right)^2} \ . \tag{10.82}$$

Diese Beziehung kann für reelle α_{max} nur erfüllt sein, wenn

$$\frac{\ell}{2}\frac{\lambda}{d} > n \ . \tag{10.83}$$

Für eine Platte mit Brechzahl $n = 1{,}5$ und einer Dicke $d = 5 \cdot 10^{-3}$ m bedeutet dies für sichtbares Licht mit $\lambda = 5 \cdot 10^{-7}$ m

$$\ell > \frac{15 \cdot 10^{-3}}{5 \cdot 10^{-7}} = 3 \cdot 10^4 \ , \tag{10.84}$$

d.h. die Interferenzordnung ist von der Größe $\ell = 10000$. Damit treten wir in Konflikt zu der Intererenzbedingung (10.60). Interferenzen werden daher i.A. nicht beobachtbar sein, weil die Kohärenzlänge natürlichen Lichts nicht groß genug für derartige Plattendicken ist. In der Tat, der Durchgang des Sonnenlichts durch eine Fensterglasscheibe geschieht ohne Interferenz. Dagegen ist die Interferenz an dünnen Ölschichten zu beobachten. In diesem Fall treten die Interferenzen für jede Wellenlänge λ unter einem anderen Beobachtungswinkel α_{max} auf. Mit der Wellenlänge verändert sich die Farbe des Lichts, wir beobachten daher auf der Ölschicht das gesamte Farbspektrum des Sonnenlichts als Interferenzfarben. Dabei hängt die Farbe von unserem Blickwinkel ab, die Oberfläche "irisiert". Ein derartiges Phänomen ist auch verantwortlich für die Farben eines Schmetterlingsflügels, wo die dünne Schicht durch Schuppen auf den Flügeln gebildet wird.

(2) Interferenzen an einer Schicht konstanter Krümmung
Eine konstante Krümmung besitzt die Oberfläche einer optischen Linse, und daher werden derartige Interferenzen oft an Linsen beobachtet. In der Abb. 10.16 ist der Weg des Lichts gezeigt, das senkrecht auf die ebene Fläche einer plankonvexen Linse fällt, die auf einem ebenen Spiegel liegt. In diesem Bild ist die Krümmung der Linse extrem vergrößert dargestellt, im Experiment beträgt der Abstand zwischen Spiegel und Linsenrand weniger als 1 mm. Dies ist auch der Grund, warum wir die Brechung des Lichts an den Oberflächen vernachlässigen. Alle Lichtstrahlen sind parallel zueinander, wir behandeln die Interferenz nach Fraunhofer, obwohl es sich streng genommen um ein Problem der Fresnel-Interferenz handelt.

Das Licht trifft auf 3 Grenzflächen. Interferieren werden aber wegen der Gleichung (10.60) nur die Wellen, die an dem Spiegel und der gekrümmten Linsenfläche reflektiert werden. Die Linse besitzt den Krümmungsradius R, den Abstand von ihrer optischen Achse bezeichnen wir mit $r_\perp$. Der Gangunterschied zwischen den interferierenden Wellen beträgt

$$\Delta = 2\, s_{AB} \tag{10.85}$$

und ergibt sich aus der Kreisgleichung zu

$$\left(R - \frac{\Delta}{2}\right)^2 + r_\perp^2 = R^2 \quad \rightarrow \quad \Delta = \frac{r_\perp^2}{R} - \frac{\Delta^2}{4R} \approx \frac{r_\perp^2}{R} \ . \tag{10.86}$$

Den Term proportional Δ^2 kann für sehr kleine Δ vernachlässigt werden. Destruktive Interferenzen ergeben sich, wenn

$$\Delta = \frac{2\ell + 1}{2}\lambda - \frac{\lambda}{2} \quad , \quad \ell > 0 \text{ ist ganze Zahl} \tag{10.87}$$

ist. Dabei ist wieder ein Phasensprung $\delta = \pi$ berücksichtigt, der bei der Reflexion am optisch dichteren Medium auftritt. Aus Gleichungen (10.86) und (10.87) ergibt sich für die Radien der destruktiven Interferenzen, die man **Newton'sche Ringe** nennt

$$r_{\perp,\min} = \sqrt{\ell \lambda R} \; . \tag{10.88}$$

Dies ergibt gut getrennte Ringe, wenn $r_{\perp,\min} \approx 10^{-2}$ m. Für sichtbares Licht bedeutet dies

$$R \approx \frac{10^{-4}}{5 \cdot 10^{-7}} = 200 \text{ m.} \tag{10.89}$$

Die Linsenbrennweite muss für $n = 1{,}5$ also von der Größenordnung $f = R/(n-1) \approx 400$ m sein.

Die Interferenz von geteilten Strahlen spielt auch bei dem Versuch von Michelson und Morley eine entscheidende Rolle, der ein Schlüsselversuch für die Entwicklung der speziellen Relativitätstheorie gewesen ist. Wir werden auf diese Vielstrahlinterferenz in Kap. 12.1 erneut eingehen.

Teil II

Moderne Physik

11

Einführung

Mit Kap. 11 beginnt formal die Behandlung der modernen Physik. Das bedeutet nicht, dass damit die bisher behandelte klassische Physik nutzlos und durch etwas Neues und vielleicht sogar Besseres ersetzt wird. Die Notwendigkeit, eine andere mathematische Formulierung der physikalischen Gesetze zu entwickeln, ergibt sich allein aus der Beobachtung der Natur, die im Laufe der Zeit immer genauer und detaillierter wurde. Die Fortschritte in der experimentellen Technik ermöglichen Experimente, deren Ergebnisse unverständlich im Rahmen der klassischen Physik sind, ja deren Vorhersagen sogar widersprechen. Dadurch werden die Gesetze der klassischen Physik nicht falsch, sondern sie gelten natürlich weiterhin unter den experimentellen Prämissen, unter denen sie aufgestellt wurden. Insofern ist die klassische Physik anzusehen als Grenzfall der modernen Physik, der sich ergibt, wenn die experimentellen Anforderungen für die Beobachtung charakteristischer Phänomene der modernen Physik nicht erreicht werden können. Wenn also z.B. die Geschwindigkeiten von Massen klein sind gegen die Vakuumlichtgeschwindigkeit.

Dabei sollten wir erkennen, dass viele der Probleme, die erst mit den Methoden der modernen Physik behandelt und gelöst werden können, schon in den Gesetzen der klassischen Physik zu erkennen sind. Dies beginnt bereits mit den drei Newton'schen Axiomen, die wir in Kap. 2.2.1 besprochen haben. Das zweite Axiom verknüpft die Kraft mit der Bewegungsänderung eines Körpers

$$F = \frac{\mathrm{d}p}{\mathrm{d}t} \ . \tag{11.1}$$

Bewegung stellt eine Zustandsänderung im Raum und in der Zeit dar, und um den Raum zu beschreiben, benötigen wir ein Koordinatensystem. Newton hat angenommen, dass es einen absoluten Raum und eine absolute Zeit gibt und dass das Koordinatensystem (S) des absoluten Raums durch die Lage der Fixsterne definiert wird. Es gibt jedoch keine Möglichkeit, diese Annahme experimentell zu verifizieren. Denn nach dem ersten Newton'schen Axiom bewegen sich alle Körper, und damit alle Koordinatensysteme (S'), auf die keine Kraft wirkt, geradlinig gleichförmig. Es gibt also keine experimentelle

Möglichkeit, (S) und (S') zu unterscheiden, sie sind vollkommen gleichwertig. Auf dieses Problem kommen wir im nächsten Kapitel wieder zurück. Gleichwertige Koordinatensysteme nennt man **Inertialsysteme**. Sie sind in der klassischen Physik dadurch ausgezeichnet, dass die Gesetze der klassischen Mechanik in ihnen uneingeschränkt gültig sind. Dies ist ein Postulat, an dessen Gültigkeit wir bisher niemals gezweifelt haben. Da es nur ein Postulat ist, ist es im Einklang mit unseren Erfahrungen, aber im Prinzip nicht beweisbar. Von Einstein (1879 - 1955) wurde dieses Postulat noch erweitert dahingehend, dass es sich auf alle physikalischen Gesetze bezieht, die in allen Intertialsystemen uneingeschränkte Gültigkeit besitzen.

11.1 Die Inertialsysteme

Inertialsysteme sind Koordinatensysteme, die sich relativ zueinander geradlinig gleichförmig bewegen. Die Koordinaten im System (B) lassen sich daher in die Koordinaten des Systems (A) mithilfe der Relativgeschwindigkeit $v_A^{(B)}$ des Systems (A) in Bezug auf das System (B) transformieren. Unter Einbeziehung der absoluten Zeit lauten die Transformationsgleichungen

$$t^{(A)} = t^{(B)} = t \tag{11.2}$$
$$x^{(A)} = x^{(B)} - v_A^{(B)} \, t \; .$$

Man nennt dieses Gleichungssystem die **Galilei-Transformationen**, sie ergeben für die Geschwindigkeit eines Körpers, die sowohl im System (A) wie im System (B) gemessen wird,

$$v^{(A)} = v^{(B)} - v_A^{(B)} \; . \tag{11.3}$$

Weiterhin folgt aus den Transformationsgleichungen, dass es in jedem Inertialsystem Größen gibt, deren Werte durch die Transformationen nicht verändert werden, die also in allen Inertialsystemen denselben Wert besitzen. Die Größen nennt man die **Galilei-Invarianten**, zu ihnen gehören die

- Beschleunigung $a^{(A)} = a^{(B)}$,
- Längenintervalle $\Delta x^{(A)} = x_2^{(A)} - x_1^{(A)} = x_2^{(B)} - x_1^{(B)} = \Delta x^{(B)}$,
- Zeitintervalle $\Delta t^{(A)} = t_2^{(A)} - t_1^{(A)} = t_2^{(B)} - t_1^{(B)} = \Delta t^{(B)}$.

Mithilfe der Galilei-Invarianten können wir entscheiden, unter welchen Bedingungen die Gesetze der klassischen Mechanik, also die Newton'schen Axiome, in allen Inertialsystemen gültig sind. Im System (A) lautet z.B. das zweite Newton'sche Axiom

$$F^{(A)}(r^{(A)}) = m^{(A)} \, a^{(A)} \; . \tag{11.4}$$

Entsprechend muss dann im System (B) dieses Axiom gültig sein

$$F^{(B)}(r^{(B)}) = m^{(B)} a^{(B)} \, , \tag{11.5}$$

und das ist insofern der Fall, als für die Beschleunigungen $a^{(A)} = a^{(B)}$ und für die Längenintervalle $r^{(A)} = r^{(B)}$ gilt. Darüber hinaus müssen allerdings auch die Ursachen der Kräfte Galilei-invariant sein, d.h. es muss für die Gravitation und die elektrische Kraft gelten $m^{(A)} = m^{(B)}$ und $q^{(A)} = q^{(B)}$. Auch diese Forderungen haben wir bisher stillschweigend als erfüllt angesehen, weil sie unseren Alltagserfahrungen entsprechen. Seit Einstein wissen wir aber, dass die Invarianz der Masse nicht mehr gilt, wenn die Relativgeschwindigkeit zwischen (A) und (B) sehr groß wird, $v_A^{(B)} \approx c$, siehe Kap. 12.6.2.

Auch bei der Überprüfung des zweiten fundamentalen Gleichungssystems der klassischen Physik, der Maxwell'schen Gesetze, stoßen wir auf ein offensichtliches Problem. Fassen wir die Maxwell'schen Gesetze zu der Wellengleichung (9.88) zusammen, so lautet diese Ausbreitungsgleichung für eine elektromagnetische Welle im Vakuum des Systems (A)

$$\frac{d^2 E_x^{(A)}}{\left(dz^{(A)}\right)^2} - \frac{1}{\left(c^{(A)}\right)^2} \frac{d^2 E_x^{(A)}}{\left(dt^{(A)}\right)^2} = 0 \quad \text{mit} \quad c^{(A)} = \frac{1}{\sqrt{\mu_0 \epsilon_0}} \, . \tag{11.6}$$

Daraus folgt aber nicht, falls die Galilei-Transformationen (11.2) korrekt sind, dass im System (B) gilt

$$\frac{d^2 E_x^{(B)}}{\left(dz^{(B)}\right)^2} - \frac{1}{\left(c^{(B)}\right)^2} \frac{d^2 E_x^{(B)}}{\left(dt^{(B)}\right)^2} = 0 \, , \tag{11.7}$$

weil nach Gleichung (11.3)

$$c^{(B)} = \frac{1}{\sqrt{\mu_0 \epsilon_0}} \quad \neq \quad c^{(A)} = \frac{1}{\sqrt{\mu_0 \epsilon_0}} \, . \tag{11.8}$$

Dies ist, falls μ_0 und ϵ_0 Naturkonstanten sind, ein eklatanter Widerspruch, der sich allerdings experimentell leicht aufklären lässt durch Verifikation der in den Gleichungen (11.6) und (11.7) implizit enthaltenen Voraussage:

Die Vakuumlichtgeschwindigkeit hat in allen Inertialsystemen denselben Wert $c^{(A)} = c^{(B)} = c = 3 \cdot 10^8 \ \text{m s}^{-1}$.

Die spezielle Relativitätstheorie

Der experimentelle Beweis, dass die Lichtgeschwindigkeit c eine Naturkonstante ist, ist gleichzeitig der Beweis, dass die Galilei-Transformationen nicht allgemein gültig sein können, sondern sich allein für den Grenzfall $v_A^{(B)} \ll c$ ergeben.

12.1 Das Michelson-Morley-Experiment

Die Größe der Vakuumlichtgeschwindigkeit lässt sich mit verschiedenen Methoden messen. Es ist jedoch hier nicht die Aufgabe, ihren Wert mit hoher Präzision zu bestimmen, sondern zu zeigen, dass sich dieser Wert nicht verändert, wenn er in verschiedenen Inertialsystemen gemessen wird. Um kleine Geschwindigkeitsunterschiede Δc experimentell sichtbar zu machen, bietet sich die Methode der Vielstrahlinterferenzen an, siehe Kap. 10.2.5. Denn eine Geschwindigkeitsänderung zwischen zwei Lichtstrahlen verursacht eine Veränderung ihres Gangunterschieds $\Delta c\,t$ und damit eine Veränderung ihres Interferenzverhaltens. Dabei wird nach Gleichung (11.3) die Geschwindigkeitsänderung verursacht durch eine Veränderung der Relativgeschwindigkeit $v_A^{(B)}$, mit der sich die Lichtstrahlen relativ zum absoluten Raum ausbreiten. Auf diesen Überlegungen baut das Experiment auf, mit dem Michelson und Morley in den Jahren 1881 - 1887 nachgewiesen haben, dass $c^{(A)} = c^{(B)} = c$ unabhängig von $v_A^{(B)}$.

Das Prinzip dieses Experiments ist in Abb. 12.1 dargestellt. Es basiert, wie schon gesagt, auf der Fraunhofer-Interferenz von zwei Lichtstrahlen. Die ebene Lichtwelle wird heute mithilfe eines Lasers erzeugt, weil wegen der großen Kohärenzlänge des Laserlichts die Interferenzbedingung (10.60) immer erfüllt ist. In dem halbdurchlässigen Spiegel HS wird die ebene Welle in zwei sich zueinander senkrecht ausbreitende und kohärente Wellen zerlegt, die nach einer zweiten Reflexion an den Spiegeln S$_1$ und S$_2$ wieder parallel überlagert werden. Die Ausbreitungsrichtungen der ebenen Wellen definieren die x-y-Ebene in dem Koordinatensystem, in dem das Experiment ruht. Durch die

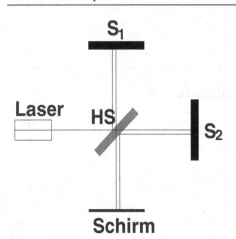

Abb. 12.1. Schematischer Aufbau des Michelson-Morley Experiments, das Unterschiede der Lichtgeschwindigkeit in verschiedenen Richtungen mithilfe der Zweistrahlinterferenz nachweist. Die zwei Lichtstrahlen werden durch den halbdurchlässigen Spiegel HS erzeugt, sie interferieren auf der Strecke zwischen HS und dem Schirm. Das ganze Experiment kann um eine vertikale Achse durch die Mitte von HS gedreht werden

unterschiedlichen Weglängen s zwischen HS - S_2 und HS - S_1 tritt ein Gangunterschied $\Delta = s_2 - s_1$ zwischen den beiden Wellen auf, der zur Interferenz führt

$$E = E_1 + E_2 = \frac{E_0}{2} \left(\sin(\omega t - ky) + \sin(\omega t - ky + \delta) \right) \qquad (12.1)$$

$$\text{mit} \quad \delta = k\,\Delta = 2\,\pi\,\nu\left(\frac{s_2}{c_2} - \frac{s_1}{c_1}\right) ,$$

wobei $c_2 \neq c_1$ ist, falls die Galilei-Transformationen (11.3) für dieses Experiment Gültigkeit besitzen. Betrachten wir z.B. den Fall, dass der 2. Lichtstrahl sich parallel zu der Relativgeschwindigkeit $v_A^{(B)}$ zwischen dem Ruhesystem des Experiments und dem absoluten Raum ausbreitet. Dann ergibt sich für den Hin- und Rücklauf dieses Lichtstrahls bei Gültigkeit der Galilei-Transformation (11.3)

$$\frac{s_2}{c_2} = \frac{s_2}{c - v_A^{(B)}} + \frac{s_2}{c + v_A^{(B)}} = s_2 \frac{2\,c}{c^2 - \left(v_A^{(B)}\right)^2} . \qquad (12.2)$$

Für den dazu senkrecht laufenden 1. Lichtstrahl ergibt sich wiederum nach Gleichung (11.3), wenn die Geschwindigkeitskomponenten quadratisch addiert werden,

$$\frac{s_1}{c_1} = s_1 \frac{2}{\sqrt{c^2 - \left(v_A^{(B)}\right)^2}} . \qquad (12.3)$$

Dreht man jetzt die gesamte Apparatur mit 90° um die z-Achse durch den Spiegel HS, so verändert sich die Phase und man erhält

$$\delta' = 2\,\pi\,\nu\left(\frac{s_2}{c_2'} - \frac{s_1}{c_1'}\right) , \qquad (12.4)$$

wobei z.B. für den oben besprochenen Fall sich ergeben würde $c_1' = c_2$, $c_2' = c_1$. Auf jeden Fall ist $\Delta\delta = \delta - \delta' \neq 0$, und daher müsste sich das Interferenzmuster verändern, falls die Galilei-Transformation die korrekte Transformation zwischem dem Ruhesystem des Experiments und dem absoluten Raum ist. Diese Änderung wurde jedoch nie beobachtet, sondern es gilt unter allen Umständen, also auch unabhängig von der Erdrotation um die Erdachse und um die Sonne, immer $\Delta\delta = 0$. Nach Gleichung (12.1) erfordert dies $c_2 = c_1 = c$ in allen Inertialsystemen, denn $s_2 - s_1 = $ konst, da die Weglängendifferenz eine Galilei-Invariante ist.

Wenn also die Galilei-Transformationen nicht allgemein gültig sind, durch welche Transformationen müssen sie dann ersetzt werden?

12.2 Die Lorentz-Transformationen

Einstein war auf das Problem des absoluten Raums und der absoluten Zeit bei der Untersuchung der Maxwell'schen Gesetze im Jahr 1905 gestoßen, ohne dass ihm offensichtlich die Experimente von Michelson und Morley genauer bekannt waren. Aufgrund dieser Untersuchungen hat er die **spezielle Relativitätstheorie** aus zwei Postulaten axiomatisch entwickelt.

- Das **Relativitätspostulat** besagt, dass alle physikalischen Gesetze in allen Inertialsystemen in gleicher Form gültig sind.

Man kann daher zwischen den Inertialsystemen grundsätzlich nicht unterscheiden, denn die Möglichkeit einer Unterscheidung besteht nur, wenn sich die physikalischen Gesetze unterscheiden. Dass sich die experimentellen Ergebnisse in ihren Werten unterscheiden, wenn dasselbe Experiment in verschiedenen Inertialsystemen durchgeführt wird, bedingt nicht eine Unterscheidungsmöglichkeit. Denn wir könnten nicht sagen, welcher Wert "richtig" und welcher Wert "falsch" ist. Alle Werte sind gleichermaßen richtig, wenn sie auf den gleichen physikalischen Gesetzen basieren.

- Das **Postulat über die Konstanz der Lichtgeschwindigkeit** besagt, dass sich elektromagnetische Wellen im Vakuum in allen Inertialsystemen mit derselben Geschwindigkeit c ausbreiten.

Daraus muss man schließen, dass die Vakuumlichtgeschwindigkeit eine Geschwindigkeit darstellt, deren Wert von keinem Inertialsystem, d.h. von keiner Masse überschritten werden kann.

Das zweite Postulat ist ausreichend, um die korrekten Transformationsgleichungen zwischen den Inertialsystemen (A) und (B) herzuleiten, wenn wir zusätzlich benutzen, dass sich im Grenzfall $v_A^{(B)} \ll c$ die Galilei-Transformationen ergeben müssen. Wir berücksichtigen dies so, dass wir von den Gleichung (11.2) ausgehen und diese minimal erweitern, sodass $c^{(A)} = c^{(B)} = c$ gilt. Daher machen wir den Ansatz

$$t^{(A)} = f(t^{(B)}) \tag{12.5}$$
$$x^{(A)} = \gamma \left(x^{(B)} - v_A^{(B)} \, t^{(B)} \right) \, ,$$

wobei die einheitenfreie Funktion γ so zu wählen ist, dass sie für $v_A^{(B)} \ll c$ den Wert $\gamma = 1$ erhält. Darüber hinaus müssen die Gleichung (12.5) den Einstein'schen Postulaten genügen.

Wir betrachten einen Lichtstrahl von zwei Intertialsystemen (A) und (B) aus, die sich relativ zueinander mit der Geschwindigkeit $\beta = v_A^{(B)}/c$ bewegen. In Bezug auf die Systeme (A) und (B) folgt der Lichtstrahl den Trajektorien

$$x^{(A)} = c \, t^{(A)} \quad \rightarrow \qquad x^{(B)} = c \, t^{(B)} \quad \rightarrow \tag{12.6}$$
$$x^{(B)} = \gamma \, x^{(A)} \, (1 + \beta) \qquad x^{(A)} = \gamma \, x^{(B)} \, (1 - \beta) \, .$$

Hierbei ist berücksichtigt, dass $v_B^{(A)} = -v_A^{(B)}$ ist. Nach Multiplikation der linken und rechten Gleichungen der unteren Hälfte von Gleichung (12.6) ergibt sich

$$x^{(A)} \, x^{(B)} = x^{(A)} \, x^{(B)} \, \gamma^2 \, (1 - \beta^2) \, , \tag{12.7}$$

was für beliebige $x^{(A)}$ und $x^{(B)}$ nur gilt, wenn

$$\gamma = \frac{1}{\sqrt{1 - \beta^2}} \, . \tag{12.8}$$

Auch die Transformationsgleichung für die Zeit erhalten wir mit den ähnlichen Überlegungen. Aus $c^{(A)} = c^{(B)}$ folgt

$$\frac{x^{(A)}}{t^{(A)}} = \frac{x^{(B)}}{t^{(B)}} \quad \rightarrow \quad \frac{t^{(A)}}{t^{(B)}} = \frac{x^{(A)}}{x^{(B)}} = \gamma \, (1 - \beta) \, . \tag{12.9}$$

Dies lässt sich umschreiben und ergibt für die Lichttrajektorie

$$c \, t^{(A)} = \gamma \, c \, t^{(B)} \, (1 - \beta) = \gamma \left(c \, t^{(B)} - \beta \, x^{(B)} \right) \, . \tag{12.10}$$

Wir erhalten damit ein System von Transformationsgleichungen sowohl für die Raumkoordinate wie auch für die Zeitkoordinate, das man als **Lorentz-Transformation** bezeichnet.

Sind die Achsen der Koordinatensysteme in (A) und (B) so orientiert, dass die x-Achsen parallel zur Richtung der Relativgeschwindigkeit $\hat{v}_A^{(B)}$ liegen, dann lauten die Lorentz-Tranformationen

$$c \, t^{(A)} = \gamma \left(c \, t^{(B)} - \beta \, x^{(B)} \right) \tag{12.11}$$
$$x^{(A)} = \gamma \left(x^{(B)} - \beta \, c \, t^{(B)} \right)$$
$$y^{(A)} = y^{(B)}$$
$$z^{(A)} = z^{(B)} \, .$$

Wir wollen uns die Form dieser Gleichungen genauer anschauen.

(1) Die Lorentz-Transformationen sind bezüglich der Raumkoordinate und der Zeitkoordinate vollständig symmetrisch, wenn die Zeit t durch die Koordinate ct ersetzt wird. Man fasst die Raum- und Zeitkoordinaten daher zu einem vierdimensionalen Vektor zusammen, den man **Vierervektor** nennt. Wir kennzeichnen die Vierervektoren durch einen Unterstrich. Zum Beispiel lautet der Zeit-Ort-Vierervektor

$$\underline{r}^{(A)} = (ct^{(A)}, \boldsymbol{r}^{(A)}) = (r_0^{(A)}, r_1^{(A)}, r_2^{(A)}, r_3^{(A)}) \quad \text{mit} \qquad (12.12)$$
$$r_0^{(A)} = ct^{(A)}, \; r_1^{(A)} = x^{(A)}, \; r_2^{(A)} = y^{(A)}, \; r_3^{(A)} = z^{(A)}.$$

Die Zeitkoordinate stellt also die 0. Komponente dieses Vierervektors dar. Uns werden noch andere Vierervektoren begegnen, die sich alle bei dem Übergang von einem in ein anderes Inertialsystem gemäß der Lorentz-Transformation (12.11) transformieren.

(2) Während die Gleichung (12.11) die Transformation von (B) nach (A) darstellen, ergeben dieselben Gleichungen die Transformation von (A) nach (B), wenn die hochgestellten Indices (A) und (B) vertauscht werden. Dies schließt ein, dass β durch $-\beta$ ersetzt werden muss, weil $v_B^{(A)} = -v_A^{(B)}$ ist.

(3) Damit der Faktor γ eine reelle Zahl bleibt, muss $|\beta| < 1$ sein. Für $|\beta| = 1$ divergiert der γ Faktor. Die Vakuumlichtgeschwindigkeit ist also tatsächlich eine Grenzgeschwindigkeit, die Körper mit einer endlichen Masse niemals erreichen.

(4) Die Lorentz-Transformationen reduzieren sich im anderen Grenzfall $\beta \to 0$, $\gamma \to 1$ auf die Galilei-Transformationen

$$ct^{(A)} = ct^{(B)} = ct$$
$$x^{(A)} = x^{(B)} - v_A^{(B)} t$$
$$y^{(A)} = y^{(B)}$$
$$z^{(A)} = z^{(B)}.$$

Damit ist eine der Forderungen an die Lorentz-Transformationen erfüllt, die klassische Physik behält für diesen Grenzfall ihre Gültigkeit.

Bei der ungeheuren Bedeutung, die die Lorentz-Transformationen für die moderne Physik besitzen, ist es notwendig, neben dem Michelson-Morley-Experiment nach weiteren experimentellen Bestätigungen für ihre Gültigkeit Ausschau zu halten. Dies ist nicht ganz einfach, weil wir zur Bestätigung Eperimente mit Massen durchführen müssen, deren Geschwindigkeit fast den Wert der Lichtgeschwindigkeit erreicht. Mit makroskopischen Massen lassen sich derartige Experimente nicht durchführen, aber mit den fundamentalen

Bausteinen der Natur, die nur sehr kleine Massen besitzen, sind die Experimente durchführbar. Wir werden im nächsten Kapitel nur zwei der vielen möglichen Experimente besprechen.

12.3 Die Zeitdilatation und Längenkontraktion

Die Konsequenzen der Lorentz-Transformationen auf Messungen derselben Größe in verschiedenen Inertialsystemen sind bemerkenswert und mit unseren Alltagserfahrungen nicht in Einklang zu bringen. Insbesondere die Invarianzeigenschaften von Längenintervall und Zeitintervall, auf die wir in Kap. 11.1 gestoßen waren, gelten nicht mehr unter den Bedingungen der Lorentz-Transformation. Vielmehr verlängert sich ein Zeitintervall $\Delta t^{(A)}$ in jedem System (A), das sich relativ zum System (B) bewegt, und ein Längenintervall $\Delta x^{(A)}$ verkürzt sich unter den gleichen Bedingungen. Man nennt diese Phänomene **Zeitdilatation** und **Längenkontraktion**, sie ergeben sich zwangsläufig aus den Lorentz-Transformationen, wenn man die experimentellen Umstände richtig analysiert.

Zeitdilatation

Wir messen das Zeitintervall $\Delta t^{(A)}$ in einem System (A), das sich relativ zum System (B) mit der Geschwindigkeit $v_A^{(B)} = \beta c$ bewegt. Die Uhr ruht im System (B), ihre Zeitintervalle betragen dort $\Delta t^{(B)}$. Da die Uhr im System (B) ruht, verändert sich ihr Ort nicht während des Zeitintervalls $\Delta t^{(B)}$, d.h. es gilt für die Uhr $\Delta x^{(B)} = 0$. Aus den Lorentz-Transformationen (12.11) folgt daher

$$c\,\Delta t^{(A)} = \gamma \left(c\,\Delta t^{(B)} - \beta\,\Delta x^{(B)} \right) = \gamma\,c\,\Delta t^{(B)} \ .$$

Und wenn wir durch die Lichtgeschwindigkeit c kürzen

$$\Delta t^{(A)} = \gamma\,\Delta t^{(B)} \ . \tag{12.13}$$

Für $|\beta| > 0$ ist immer $\gamma > 1$, ist also das Zeitintervall der Uhr in (A) größer als dasselbe Zeitintervall gemessen in (B).

Das Zeitintervall $\Delta t^{(A)}$ erscheint in einem zur Uhr bewegten Inertialsystem verlängert: "Bewegte Uhren gehen langsamer".

Die Aussage in den Anführungsstrichen ergibt sich aus der Relativität der Geschwindigkeit. Vom System (A) aus betrachtet bewegt sich die in (B) ruhende Uhr, und in (A) messen wir die verlängerten Zeitintervalle.

Längenkontraktion

Der Abstand zwischen zwei Marken $\Delta x^{(B)} = x_2^{(B)} - x_1^{(B)}$ eines in (B) ruhenden

Maßstabs erscheint verkürzt, wenn dieser Abstand im System (A) gemessen wird. Das System (A) bewegt sich mit der Geschwindigkeit $v_A^{(B)}$ relativ zu (B), die Messung der Marken erfolgt aber zur gleichen Zeit, d.h. während der Messung gilt $\Delta t^{(A)} = 0$. Daher ergibt sich aus den Lorentz-Transformationen

$$\Delta x^{(B)} = \gamma \left(\Delta x^{(A)} + \beta \, c \, \Delta t^{(A)} \right) = \gamma \, \Delta x^{(A)} \ .$$

Da $\Delta x^{(A)}$ gemessen wird, gilt für diesen Abstand

$$\Delta x^{(A)} = \frac{1}{\gamma} \, \Delta x^{(B)} \ . \tag{12.14}$$

Der Vorfaktor $1/\gamma$ ist immer kleiner als eins, daher ist der Abstand in (A) kürzer als derselbe Abstand in (B), wo der Maßstab ruht.

Das Längenintervall $\Delta x^{(A)}$ erscheint in einem zum Maßstab bewegten Inertialsystem verkleinert: "Bewegte Maßstäbe sind verkürzt".

Die Aussage in den Anführungsstrichen entspricht dem, was wir im System (A) beobachten, zu dem sich das Sytem (B) relativ bewegt, in dem der Maßstab ruht.

Diese beiden Folgerungen aus den Lorentz-Transformationen lassen sich in der Tat experimentell bestätigen. Dazu benutzt man die **Myonen** (μ), die durch die Höhenstrahlung in etwa $h = 20$ km Höhe in der Erdatmosphäre entstehen. Myonen sind den Elektronen (e) sehr ähnlich, sie unterscheiden sich von diesen nur durch ihre etwas größere Masse: $m(\mu) = 207 \, m(e)$. Die größere Masse ist der Grund, dass Myonen instabil sind. Sie zerfallen in ein Elektron und zwei Neutrinos. Die Lebensdauer eines Myons beträgt, wenn es ruht, nur $\tau_0 = 2{,}2 \cdot 10^{-6}$ s. Trotz ihrer im Vergleich zum Elektron großen Masse besitzen Myonen nach ihrer Entstehung eine sehr hohe Geschwindigkeit, die fast so groß ist wie die Vakuumlichtgeschwindigkeit, $v \approx 0{,}9999c$.

Berechnen wir mit den Mitteln der klassischen Physik den Weg, den die Myonen während ihrer Lebensdauer zurücklegen können. Dieser ergibt sich zu

$$\Delta x \approx c \, \tau_0 = (3 \cdot 10^8)\,(2{,}2 \cdot 10^{-6}) = 660 \text{ m}. \tag{12.15}$$

Die Myonen sollten daher alle zerfallen sein, bevor sie die Strecke von ihrem Entstehungsort bis zur Erdoberfläche zurücklegen konnten. Trotzdem beobachten wir auf der Erdoberfläche, dass die aus der Höhe kommende Strahlung zum großen Teil aus Myonen besteht. Wie können sie die Erdoberfläche bei ihrer kurzen Lebensdauer je erreichen?

Der Grund ist die hohe Geschwindigkeit, die die Myonen besitzen und die es verbietet, dass wir ihr Schicksal mit den Mitteln der klassischen Physik behandeln. Die Reise der Myonen durch die Atmosphäre kann entweder im System der Erde (B) oder im System der Myonen (A) analysiert werden, die sich relativ zueinander mit der Geschwindigkeit $v_A^{(B)} = \beta c = 0{,}9999c$ bewegen.

(A) System des Myons
In dem System des Myons ist zwar seine Lebensdauer $\tau^{(A)} = \tau_0$, aber die Strecke, die es während dieser Zeit zurücklegen muss, um die Erdoberfläche zu erreichen, hat sich um den Faktor $1/\gamma = \sqrt{1 - \beta^2} = 0{,}01$ verkürzt und beträgt daher nur noch $\Delta x^{(A)} = h/\gamma = 200$ m. Diese Strecke ist wesentlich kleiner als die mögliche Strecke von $\Delta x = 660$ m, die Mehrzahl der Myonen werden ohne zu zerfallen die Erdoberfläche erreichen.

(B) System der Erde
In dem System der Erde besitzt das Myon nicht die Lebensdauer τ_0, sondern eine um $\gamma = 100$ verlängerte Lebensdauer $\tau^{(B)} = \gamma \tau_0 = 2{,}2 \cdot 10^{-4}$ s. Während dieser Zeit legt das Myon im System der Erde eine Strecke $\Delta x^{(B)} = c \tau^{(B)} = 66$ km zurück, die wesentlich größer ist als die Höhe seiner Entstehung über der Erdoberfläche.

In beiden Systemen ist es daher evident, dass wir die Myonen auf der Erdoberfläche beobachten müssen. Aber diese Aussage wird erst dadurch evident, weil wir die Galilei-Transformationen durch die Lorentz-Transformationen ersetzt haben, d.h. wirklich benutzt haben, dass bei der Transformation von einem Inertialsystem in ein anderes Längen kontrahiert und Zeiten dilatiert werden.

12.4 Der relativistische Doppler-Effekt

In Kap. 7.2.3 haben wir den klassischen Doppler-Effekt behandelt, d.h. die Frage untersucht, wie sich die Frequenzen einer Schallwelle verändern, wenn sich der Schallsender (Q) bzw. der Schallempfänger (B) relativ zueinander bewegen. Dabei stellte sich heraus, dass es keineswegs gleichgültig ist, ob sich der Sender, oder ob sich der Empfänger bewegt, die Frequenzänderungen sind in diesen Fällen unterschiedlich. Der Grund für das unterschiedliche Verhalten liegt in der unterschiedlichen Bewegung des Mediums relativ zu dem Empfänger, und der Schall benötigt für seine Ausbreitung ein Medium. Dagegen wird für die Ausbreitung einer elektromagnetischen Welle kein Medium benötigt, und außerdem erfordert die Relativität der Bewegung, dass es unerheblich sein muss, ob sich der Empfänger oder ob sich der Sender mit der Geschwindigkeit $v_Q^{(B)} = -v_B^{(Q)} = \beta$ auf den jeweils anderen zu bewegen.
Die Ausbreitung einer elektromagnetischen Welle im Vakuum der Systeme (B) und (Q) gehorcht den Gleichungen

$$\lambda^{(Q)} \, \nu^{(Q)} = \lambda^{(B)} \, \nu^{(B)} = c \,. \tag{12.16}$$

Dabei entspricht die Wellenlänge λ einem Längenintervall Δz und die Frequenz dem Reziproken eines Zeitintervalls Δt. Das heißt, die Gleichung (12.16) kann auch geschrieben werden

$$\frac{\Delta z^{(Q)}}{\Delta t^{(Q)}} = \frac{\Delta z^{(B)}}{\Delta t^{(B)}} = c , \tag{12.17}$$

wobei natürlich $\Delta z \neq 0$ und $\Delta t \neq 0$ in beiden Systemen gilt. Die Transformation des Längenintervalls vom System (B) in das System (Q) ist gegeben durch die Lorentz-Transformation

$$\Delta z^{(Q)} = \gamma \left(\Delta z^{(B)} - \beta c \, \Delta t^{(B)} \right) = \gamma \, \Delta z^{(B)} \left(1 - \beta \right) , \tag{12.18}$$

wenn wir voraussetzen, dass sich (B) und (Q) relativ zueinander in gleicher Richtung $\hat{z}$ bewegen wie die elektromagnetische Welle. Dies entspricht dem **longitudinalen Doppler-Effekt**. Aus der Gleichung (12.18) folgt unmittelbar für die Wellenlängen

$$\lambda^{(Q)} = \gamma \lambda^{(B)} \left(1 - \beta \right) , \tag{12.19}$$

und dies ersetzt die Beziehung (7.76), die nur im nichtrelativistischen Grenzfall $\beta \to 0$, $\gamma \to 1$ gilt. Weiterhin erhalten wir für die Frequenzen

$$\omega^{(B)} = \omega^{(Q)} \gamma \left(1 - \beta \right) ,$$

und wegen $\gamma = 1/\sqrt{1 - \beta^2}$ folgt daraus

$$\omega^{(B)} = \omega^{(Q)} \sqrt{\frac{1 - \beta}{1 + \beta}} .$$

Die Relativgeschwindigkeit β ist positiv. Das heißt, es bewegen sich Empfänger und Sender voneinander weg, und die vom Empfänger empfangene Frequenz $\omega^{(B)}$ ist kleiner als die vom Sender emittierte Frequenz $\omega^{(Q)}$. Bewegen sich Sender und Empfänger aufeinander zu, ist $\beta < 0$ und $\omega^{(B)}$ ist größer als $\omega^{(Q)}$.

Emittiert eine Quelle Licht mit der Frequenz $\omega^{(Q)}$, so empfängt ein Beobachter dieses Licht mit der Frequenz

$$\omega^{(B)} = \omega^{(Q)} \sqrt{\frac{1 - \beta}{1 + \beta}} , \tag{12.20}$$

wenn sich der Beobachter und die Quelle voneinander wegbewegen,

$$\omega^{(B)} = \omega^{(Q)} \sqrt{\frac{1 + \beta}{1 - \beta}} ,$$

wenn sich der Beobachter und die Quelle aufeinander zu bewegen.

Auf jeden Fall sind diese Gleichungen unabhängig davon, ob sich der Sender oder der Empfänger bewegt. Im nichtrelativistischen Grenzfall folgt aus Gleichung (12.20)

$$\omega^{(B)} \approx \omega^{(Q)} \left(1 - 0,5\,\beta\right) \left(1 - 0,5\,\beta\right) \approx \omega^{(Q)} \left(1 - \beta\right) ,$$

bzw.

$$\omega^{(B)} \approx \omega^{(Q)} \left(1 + \beta\right) ,$$

wenn sich Sender und Empfänger aufeinander zu bewegen. Dies ist in Übereinstimmung mit Gleichung (7.84).

Die Doppler-Verschiebung der gemessenen Lichtfrequenzen, die von sich bewegenden Atomen oder Atomkernen emittiert werden, ist in der Spektroskopie ein häufig zu beobachtendes Phänomen. Ja es stellt sogar den Normalfall dar, weil sich z.B. bei endlicher Temperatur die Atome in einem Gas relativ zum Beobachter immer bewegen. Dabei ist in jedem Einzelfall die Gültigkeit der Gleichung (12.20) verifiziert worden. Auch in der Astronomie spielt die Doppler-Verschiebung eine große Rolle, da sich die Galaxien von uns mit umso höherer Geschwindigkeit fortbewegen, je weiter sie von uns entfernt sind. Das Licht, das von diesen Galaxien emittiert wird, erreicht uns mit einer Frequenz, die deutlich zu kleineren Frequenzen verschoben ist, verglichen mit denen einer ruhenden Galaxie. Man spricht von der **Rotverschiebung** der Frequenzen, die Größe der Rotverschiebung ergibt die Fluchtgeschwindigkeit der Galaxie und damit ihre Entfernung von unserer Galaxie.

Anmerkung 12.4.1: Ganz allgemein beträgt die gemessene Frequenz $\omega^{(B)}$, wenn zwischen der Ausbreitungsrichtung des Lichts $\widehat{z}^{(Q)}$ und der Relativgeschwindigkeit $v_B^{(Q)}$ der Winkel $\theta^{(Q)}$ liegt

$$\omega^{(B)} = \omega^{(Q)}\,\gamma\left(1 - \beta\cos\theta^{(Q)}\right) ,$$

oder vom System (B) aus gesehen

$$\omega^{(Q)} = \omega^{(B)}\,\gamma\left(1 + \beta\cos\theta^{(B)}\right) .$$

Bewegt sich der Sender gerade senkrecht zur Ausbreitungsrichtung des Lichts im System des Empfängers, so ist $\cos\theta^{(B)} = 0$, und es ergibt sich der **transversale Doppler-Effekt**

$$\omega^{(Q)} = \omega^{(B)}\,\gamma \quad \text{oder} \quad \omega^{(B)} = \omega^{(Q)}\,\sqrt{1 - \beta^2} .$$

Die beobachtete Frequenz wird also rotverschoben sein. Jedoch ist es sehr schwierig, diesen Effekt nachzuweisen, weil jede noch so kleine Abweichung von der Bedingung $\theta^{(B)} = 90°$ nach den obigen Gleichungen eine Korrektur proportional zu β verursacht, während der transversale Doppler-Effekt nur ein Effekt proportional zu β^2 ist.

12.5 Die Addition der Geschwindigkeiten

Wir haben die Lorentz-Transformationen hergeleitet aus der Bedingung, dass $c^{(A)} = c^{(B)} = c$ ist. Es ist jedoch sicherlich sinnvoll, aus den Gleichung (12.11) die entsprechenden Geschwindigkeitstransformationen $v^{(B)} \to v^{(A)}$ herzuleiten und die Invarianz der Vakuumlichtgeschwindigkeit noch einmal anhand dieser Transformationen nachzuprüfen.

Es gilt (und wir nehmen zur Vereinfachung an, dass sich $v^{(A)}$ und $v^{(B)}$ zeitlich nicht verändern)

$$\beta_x^{(A)} = \frac{x^{(A)}}{ct^{(A)}} = \frac{x^{(B)} - \beta\, ct^{(B)}}{ct^{(B)} - \beta\, x^{(B)}} \tag{12.21}$$

$$= \frac{\beta_x^{(B)} - \beta}{1 - \beta\, \beta_x^{(B)}} \quad \text{mit} \quad \beta_x^{(B)} = \frac{x^{(B)}}{ct^{(B)}}\,,$$

und für die Transformationen der beiden dazu senkrechten Geschwindigkeitskomponenten ergibt sich mithilfe einer ganz ähnlichen Rechnung aus der Gleichung (12.12)

$$\beta_y^{(A)} = \frac{y^{(A)}}{ct^{(A)}} = \frac{\beta_y^{(B)}}{\gamma\,(1 - \beta\, \beta_x^{(B)})} \tag{12.22}$$

$$\beta_z^{(A)} = \frac{z^{(A)}}{ct^{(A)}} = \frac{\beta_z^{(B)}}{\gamma\,(1 - \beta\, \beta_x^{(B)})}\,.$$

Die Gleichung (12.21) ist die Transformationsgleichung für die Geschwindigkeiten in x-Richtung, wenn sich auch die Inertialsysteme (A) und (B) relativ zueinander in x-Richtung bewegen. Setzen wir $v_x^{(B)} = c$ und damit $\beta_x^{(B)} = 1$ (dies impliziert $v_y^{(B)} = 0$ und $v_z^{(B)} = 0$), so ergibt sich aus der Gleichung (12.21)

$$\beta_x^{(A)} = \frac{1 - \beta}{1 - \beta} = 1\,, \tag{12.23}$$

also auch die Geschwindigkeit im System (A) beträgt $v_x^{(A)} = c$.

Die Vakuumlichtgeschwindigkeit c ist eine Lorentz-Invariante.

Wir haben die Transformationen der Geschwindigkeit aber auch deswegen noch einmal untersucht, weil $v^{(A)}$ Teil der raumartigen Komponente des Geschwindigkeit-Vierervektors ist, so wie $r^{(A)}$ die raumartige Komponente des Zeit-Ort-Vierervektors $\underline{r}^{(A)} = (ct^{(A)}, r^{(A)})$ ist. Wie sieht der Geschwindigkeit-Vierervektor vollständig aus, insbesondere wie sieht seine zeitartige Komponente aus?

Da die Vakuumlichtgeschwindigkeit eine Ausnahmestellung in der speziellen Relativitätstheorie besitzt, kann man vermuten, dass c die zeitartige

Komponente des Geschwindigkeit-Vierervektors bestimmt. In der Tat kann gezeigt werden, dass

$$\underline{v}^{(A)} = \gamma^{(A)} \left(c, v^{(A)}\right) \qquad (12.24)$$

der gesuchte Vierervektor ist. Dabei ist $\gamma^{(A)}$ äquivalent zu Gleichung (12.8) definiert

$$\gamma^{(A)} = \frac{1}{\sqrt{1 - (\beta^{(A)})^2}} \ . \qquad (12.25)$$

Alle **Vierervektoren** zeichnen sich durch zwei Eigenschaften aus.

(1) Vierervektoren transformieren sich gemäß der Lorentz-Transformation (12.11).

Wir haben diese Eigenschaft der Vierervektoren in Gleichung (12.11) für den Zeit-Ort-Vierervektor hergeleitet. Entsprechend gilt dann auch für den Geschwindigkeit-Vierervektor

$$\gamma^{(A)} c = \gamma \gamma^{(B)} \left(c - \beta v_x^{(B)}\right) \qquad (12.26)$$

$$\gamma^{(A)} v_x^{(A)} = \gamma \gamma^{(B)} \left(v_x^{(B)} - \beta c\right)$$

$$\gamma^{(A)} v_y^{(A)} = \gamma^{(B)} v_y^{(B)}$$

$$\gamma^{(A)} v_z^{(A)} = \gamma^{(B)} v_z^{(B)} \ .$$

Die erste Gleichung dieses Gleichungssystems beschreibt die Invarianz der Vakuumlichtgeschwindigkeit, die offensichtlich nur dann gilt, wenn

$$\gamma \frac{\gamma^{(B)}}{\gamma^{(A)}} = \frac{1}{1 - \beta \beta_x^{(B)}} \ . \qquad (12.27)$$

Dies führt für die raumartigen Komponenten des Geschwindigkeit-Vierervektors zu folgenden Transformationsgleichungen:

$$\beta_x^{(A)} = \frac{\beta_x^{(B)} - \beta}{1 - \beta \beta_x^{(B)}} \qquad (12.28)$$

$$\beta_y^{(A)} = \frac{\beta_y^{(B)}}{\gamma \left(1 - \beta \beta_x^{(B)}\right)}$$

$$\beta_z^{(A)} = \frac{\beta_z^{(B)}}{\gamma \left(1 - \beta \beta_x^{(B)}\right)} \ .$$

Diese Transformationsgleichungen haben wir gerade kurz vorher schon einmal auf einem anderen Weg hergeleitet, siehe Gleichungen (12.21) und (12.22).

(2) Das Quadrat eines Vierervektors ist eine Lorentz-Invariante.

Bei der Quadratur eines Vierervektors muss man aufpassen, denn die Rechenregeln für Vierervektoren unterscheiden sich von denen der normalen dreidimensionalen Vektoren, die wir in den Anhängen 1, 2 und 3 zusammengestellt haben. Für das Quadrat eines Vierervektors gilt

$$\left(\underline{v}^{(A)}\right)^2 = \left(v_0^{(A)}\right)^2 - \left(\left(v_1^{(A)}\right)^2 + \left(v_2^{(A)}\right)^2 + \left(v_3^{(A)}\right)^2\right) . \quad (12.29)$$

Wenden wir diese Regel auf den Geschwindigkeit-Vierervektor an, so finden wir

$$\left(\underline{v}^{(A)}\right)^2 = \left(\gamma^{(A)}\right)^2 \left(c^2 - \left(v^{(A)}\right)^2\right) = c^2 . \quad (12.30)$$

Das heißt, das Quadrat des Geschwindigkeit-Vierervektors ergibt das Quadrat der Vakuumlichtgeschwindigkeit und ist damit wirklich eine Lorentz-Invariante. Für den Zeit-Ort-Vierervektor gilt entsprechend

$$\left(\underline{r}^{(A)}\right)^2 = c^2 \left(t^{(A)}\right)^2 - \left(r^{(A)}\right)^2 = c^2 t_0^2 . \quad (12.31)$$

Die Zeit t_0 wird als **Eigenzeit** des Intertialsystems bezeichnet.

Die Eigenzeit t_0 ist eine Lorentz-Invariante.

Jedes andere Intertialsystem besitzt relativ dazu die Zeit $t = \gamma t_0$, ist also zeitlich dilatiert. Zur Erläuterung: Die Lebensdauer eines Myons beträgt in jedem Inertialsystem, in dem das Myon ruht, $\tau_0 = 2{,}2 \cdot 10^{-6}$ s. In jedem anderen Inertialsystem, in dem sich das Myon bewegt, ist seine Lebensdauer vergrößert, $\tau = \gamma \tau_0$.

12.6 Die relativistische Dynamik

Die Formulierung der physikalischen Gesetze zwischen beobachtbaren Größen in einer derartigen Form, dass sie in jedem Inertialsystem gelten und gleichzeitig die Größen den Lorentz-Transformationen genügen, stellt eine Aufgabe dar, die den Anspruch dieses Lehrbuchs bei weitem übersteigt. Vierervektoren spielen dabei eine wichtige Rolle, aber sie sind nicht die einzige mathematische Form, zu der beobachtbare Größen zusammengefasst werden müssen, damit relativistisch invariante Gesetze entstehen. Untersuchen wir z.B. die Lorentz-Kraft Gleichung (8.166), die erst dann wirkt, wenn sich eine Ladung q in dem System (A) relativ zu ihrem Ruhesystem (R) bewegt. Unter der Annahme, dass $q^{(A)} = q^{(R)}$ ist, können wir die Gleichung (8.166) auch so formulieren

$$\boldsymbol{E}^{(R)} = \boldsymbol{v}_R^{(A)} \times \boldsymbol{B}^{(A)} .$$

Dies ist ein deutlicher Hinweis darauf, dass ein System von Transformationsgleichungen zwischen magnetischem und elektrischem Feld existieren muss, das nicht identisch, sondern nur ähnlich zu den Lorentz-Transformationen ist. In der Tat müssen elektrisches und magnetisches Feld zu einem **Tensor** zusammengefasst und die entsprechenden Transformationsgleichungen für einen Tensor hergeleitet werden. Wir tun das nicht, sondern notieren nur die Folgerungen für die Maxwell'schen Gesetze (9.71) bis (9.74):

Die Maxwell'schen Gesetze besitzen in allen Inertialsystemen die gleiche Form.

Wir brauchen an ihnen daher keine Modifikationen vorzunehmen. Anders ist es mit den Gesetzen der klassischen Mechanik. Physikalische Größen müssen anders definiert, physikalische Gesetze anders formuliert werden, damit sie relativistisch invariant werden. Dies ist für uns allerdings nur dann von Bedeutung, wenn Körper Geschwindigkeiten nahe der Lichtgeschwindigkeit erreichen. Elektronen, die in der Atomhülle gebunden sind, können bei einer hohen Ordnungszahl des Atoms derart große Geschwindigkeiten besitzen. Aber gerade in diesem Fall werden wir den Weg zu einer relativistisch korrekten Beschreibung nicht gehen, sondern uns auf die klassische Näherung beschränken, wie in Kap. 14.3 erläutert. Insofern ist unser Anspruch sehr moderat, wir werden jetzt den Einfluss der speziellen Relativitätstheorie nur auf die wichtigsten physikalischen Gesetze untersuchen, und das sind die Erhaltungsgesetze.

12.6.1 Die Erhaltung des Impulses

Wir wissen, dass bei einem Stoßprozess zwischen zwei Massen $m^{(A)}$ und $m^{(B)}$ der Impuls erhalten bleiben muss. Die Masse $m^{(A)}$ bewegt sich im System (A) mit der Geschwindigkeit $v_x^{(A)} = 0$, $v_y^{(A)}$, $v_z^{(A)} = 0$, die Masse $m^{(B)}$ bewegt sich im System (B) mit der Geschwindigkeit $v_x^{(B)} = 0$, $v_y^{(B)} = -v_y^{(A)}$, $v_z^{(B)} = 0$. In einem ersten Versuch wollen wir annehmen, dass sich die Systeme (A) und (B) relativ zueinander in Ruhe befinden, dass also $v_A^{(B)}/c = 0$ ist. Wir beobachten den Stoß zwischen $m^{(A)}$ und $m^{(B)} = m^{(A)}$ vom System (B) (Beobachter) aus und finden für den Gesamtimpuls p_{tot}

$$p_{tot} = m^{(A)} v_y^{(A)} + m^{(B)} v_y^{(B)} = v_y^{(B)} \left(-m^{(B)} + m^{(B)} \right) = 0 \ . \quad (12.32)$$

In einem zweiten Vesuch bewegt sich das System (A) relativ zu (B) längs der x-Achse mit der Geschwindigkeit $v_A^{(B)}/c = \beta$. Vom System (B) aus gesehen besitzt die Masse $m^{(A)}$ nach Gleichung (12.28) jetzt die Geschwindigkeit $v_y^{(B)} = v_y^{(A)}/\gamma \left(1 + \beta \beta_x^{(A)}\right) = v_y^{(A)}/\gamma$, weil $\beta_x^{(A)} = 0$ nach unseren Annahmen (die Masse $m^{(A)}$ bewegt sich im System (A) nur in y-Richtung). Für den Gesamtimpuls längs der y-Achse gilt jetzt im System (B)

$$p_{tot} = m^{(A)} \frac{v_y^{(A)}}{\gamma} + m^{(B)} v_y^{(B)} = v_y^{(B)} \left(-\frac{m^{(A)}}{\gamma} + m^{(B)} \right) , \quad (12.33)$$

und das ist mit dem relativistischen Gesetz der Impulserhaltung $p_{\text{tot}} = 0$ nur in Übereinstimmumg, wenn für die Masse $m^{(B)}$ beobachtet vom System (A) aus gilt

$$m^{(A)} = \gamma\, m^{(B)} = \frac{m^{(B)}}{\sqrt{1 - \beta^2}} \; . \tag{12.34}$$

Dabei ist es unwesentlich, dass sich bei dem Stoß die Massen längs der y-Achse bewegt haben, denn die Bewegung der Systeme (A) und (B) findet relativ zueinander längs der x-Achse statt. Also selbst wenn $v_y^{(A)} = v_y^{(B)} = 0$ gilt und die Massen in ihrem jeweiligen System ruhen und daher $m^{(A)} = m^{(B)} = m_0$ ihre Ruhemasse ist, vergrößert sich die Masse $m^{(B)}$ von (A) aus beobachtet, wenn sich (A) relativ zu (B) bewegt.

Bewegt sich ein Körper mit der Geschwindigkeit $v = \beta\, c$, vergrößert sich seine Masse m relativ zu seiner Ruhemasse m_0 nach der Beziehung

$$m = \gamma\, m_0 = \frac{m_0}{\sqrt{1 - \beta^2}} \; . \tag{12.35}$$

Nur durch die Massenvergrößerung ist gesichert, dass in allen Inertialsystemen die Impulserhaltung gilt. Mit der Massenvergrößerung vergrößert sich auch der Impuls eines Körpers.

Der relativistische Impuls eines Körpers mit der Geschwindigkeit $\boldsymbol{v}$ ist

$$\boldsymbol{p} = m\,\boldsymbol{v} = \gamma\, m_0\,\boldsymbol{v} \; . \tag{12.36}$$

Im nichtrelativistischen Grenzfall $\beta \to 0$ ergibt sich aus dieser Definition wieder die uns bekannte klassische Beziehungen $\boldsymbol{p} = m_0\,\boldsymbol{v}$.

Wird durch eine Kraft $\boldsymbol{F}$ der Bewegungszustand eines Körpers geändert, verändert sich nicht nur seine Geschwindigkeit, sondern auch seine Masse. Das bedeutet, das zweite Newton'sche Axiom in der Formulierung $\boldsymbol{F} = m_0\, \mathrm{d}\boldsymbol{v}/\mathrm{d}t$ ist relativistisch nicht korrekt, sondern muss in der relativistisch korrekten Form lauten

$$\boldsymbol{F} = \frac{\mathrm{d}\boldsymbol{p}}{\mathrm{d}t} = \frac{\mathrm{d}}{\mathrm{d}t}\,(m\,\boldsymbol{v}) \; . \tag{12.37}$$

In dieser Form garantiert auch das dritte Newton'sche Axiom die Impulserhaltung in allen Inertialsystemen. Wirkt zwischen 2 Körpern eine Kraft, so gilt

$$\boldsymbol{F}_{\text{A}}^{(B)} = -\boldsymbol{F}_{\text{B}}^{(A)} \; ,$$

und daher nach Gleichung (12.37)

$$\frac{\mathrm{d}}{\mathrm{d}t}\left(\boldsymbol{p}^{(A)} + \boldsymbol{p}^{(B)}\right) = 0 \quad \rightarrow \quad \boldsymbol{p}^{(A)} + \boldsymbol{p}^{(B)} = \boldsymbol{p}_{\mathrm{tot}} = \mathrm{konst,} \qquad (12.38)$$

unabhängig davon, ob die Impulse vom System (A) oder (B) aus beobachtet werden.

12.6.2 Die Erhaltung der Energie

Die Energie eines Körpers verändert sich, wenn auf ihn eine Kraft $\boldsymbol{F}$ wirkt (siehe Kap. 2.3)

$$\mathrm{d}W = \boldsymbol{F} \cdot \mathrm{d}\boldsymbol{s} . \qquad (12.39)$$

Die Beziehung gilt in allen Inertialsystemen, wenn für $\boldsymbol{F}$ die relativistisch korrekte Form $\boldsymbol{F} = \mathrm{d}(m\,\boldsymbol{v})/\mathrm{d}t$ benutzt wird.

$$\mathrm{d}W = \frac{\mathrm{d}(m\,\boldsymbol{v})}{\mathrm{d}t} \cdot \mathrm{d}\boldsymbol{s} = \boldsymbol{v} \cdot \boldsymbol{v}\,\mathrm{d}m + m\,(\boldsymbol{v} \cdot \mathrm{d}\boldsymbol{v}) , \qquad (12.40)$$

wobei der erste Term auf der rechten Seite der Gleichung (12.40) in der klassischen Physik fehlt. Um diese Abweichung von der klassischen Physik auch im Text sichtbar zu machen, bezeichnen wir von jetzt ab die relativistisch korrekte Form der Energie mit dem Buchstaben E, d.h. es gilt nach Gleichung (12.40)

$$\mathrm{d}E = \beta^2\,\mathrm{d}(mc^2) + \frac{1}{2}\,mc^2\,\mathrm{d}(\beta^2) . \qquad (12.41)$$

Wegen $mc^2 = m_0 c^2/\sqrt{1 - \beta^2}$ ist

$$\mathrm{d}(mc^2) = \frac{1}{2}\,\frac{m_0 c^2}{\left(1 - \beta^2\right)^{3/2}}\,\mathrm{d}(\beta^2) ,$$

und daher ergibt sich aus Gleichung (12.41)

$$\mathrm{d}E = \frac{1}{2}\,m_0 c^2\left(\frac{\beta^2}{\left(1 - \beta^2\right)^{3/2}} + \frac{1 - \beta^2}{\left(1 - \beta^2\right)^{3/2}}\right)\mathrm{d}(\beta^2) \qquad (12.42)$$

$$= \frac{1}{2}\,\frac{m_0 c^2}{\left(1 - \beta^2\right)^{3/2}}\,\mathrm{d}(\beta^2) .$$

Die Integration von Gleichung (12.42) kann leicht ausgeführt werden, und man findet

$$E = \frac{m_0\,c^2}{\sqrt{\left(1 - \beta^2\right)}} + \mathrm{konst.} \qquad (12.43)$$

Der erste Term auf der rechten Seite der Gleichung (12.43) ist die Energie einer Masse m, die sich mit der Geschwindigkeit $v = \beta\,c$ bewegt.

Die relativistisch korrekte Form der Energie eines Körpers mit Masse m und Geschwindigkeit $v = \beta\,c$ lautet

$$E = m\,c^2 = \gamma\,m_0\,c^2 \; . \tag{12.44}$$

Diese Beziehung wurde im Jahr 1905 von Einstein veröffentlicht und ist eines der bekanntesten physikalischen Gesetze geworden. Sie definiert die Äquivalenz von Masse und Energie, d.h. Masse kann in Energie verwandelt werden und umgekehrt, wenn bei diesem Umwandlungsprozess alle anderen physikalischen Gesetze, also insbesondere die Erhaltungsgesetze, nicht verletzt werden. In der Natur werden diese Prozesse sehr häufig beobachtet, insbesondere die Energie unserer Sonne entsteht durch Umwandlung von Atomkernmasse in thermische Energie. Wir werden darauf in Kap. 16.1.2 eingehen. Zunächst einige weitere Bemerkungen zu Gleichung (12.44):

(1) Ruht ein Körper im einem Inertialsystem, besitzt er in diesem System die Ruheenergie

$$E_0 = m_0\,c^2 \; . \tag{12.45}$$

Von besonderer Bedeutung in den folgenden Kapiteln ist die Ruheenergie des Elektrons.

Die **Ruheenergie des Elektrons** beträgt

$$m_{\mathrm{e}}\,c^2 = 0{,}511 \cdot 10^6 \ \mathrm{eV} \approx 0{,}5 \ \mathrm{MeV}$$

in atomaren Energieeinheiten, siehe Gleichung (8.43).

Die Differenz

$$W_{\mathrm{kin}} = E - E_0 = m_0\,c^2\,(\gamma - 1) \tag{12.46}$$

ist die relativistisch korrekte Form der **kinetischen Energie**. Für $\beta \to 0$ ergibt sich $\gamma - 1 = 1 + \beta^2/2 - 1 = \beta^2/2$ und daher die für kleine Geschwindiglkeiten gültige Form der klassischen kinetischen Energie

$$W_{\mathrm{kin}} = \frac{1}{2}\,m_0\,c^2\,\beta^2 \; . \tag{12.47}$$

(2) Der zweite Term auf der rechten Seite der Gleichung (12.43) muss nicht null sein, sondern er entspricht dem Beitrag der potenziellen Energie zur Gesamtenergie, den wir in der klassischen Physik mithilfe der Gleichung (2.56) berücksichtigt haben

$$E_{\mathrm{tot}} = E + W_{\mathrm{pot}} = m\,c^2 + W_{\mathrm{pot}} \; . \tag{12.48}$$

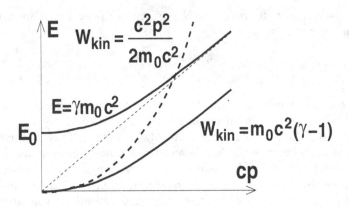

Abb. 12.2. Vergleich der relativistischen Energien E und $W_{kin}(rel) = E - E_0$ (*durchgezogene Kurven*) mit der klassischen Näherung $W_{kin}(kl)$ (*gestrichelte Kurve*) in Abhängigkeit vom Impuls cp. Die *gepunktete* Gerade ist die Tangente an E für große Werte von cp

Dieser Beitrag muss berücksichtigt werden, wenn auf den Körper konservative Kräfte wirken. Bewegt sich der Körper in einem kräftefreien Raum, kann die Normierung der Energie so gewählt werden, dass $W_{pot} = 0$, und man sagt, der Körper ist ein "**freier Körper**". Für einen freien Körper stellt die Abb. 12.2 das Verhalten der Energie E und der kinetische Energie W_{kin} in der relativistisch korrekten Form wie auch in der nichtrelativistischen Näherung als Funktion von cp dar. Für große Werte von cp gilt $E = cp$ und $W_{kin} = cp - m_0 c^2$, d.h. beide Energien steigen nur linear mit cp, während W_{kin} in der nichtrelativistischen Näherung immer proportional zu $(cp)^2$ ist.

Wir haben die relativistisch korrekten Formen der Energie E und des Impulses p gefunden, wissen aber noch nicht, wie sich Energie und Impuls bei einem Übergang von einem in ein anderes Inertialsystem transformieren. Hier hilft, dass sich aus E und p eine Lorentz-Invariante bilden lässt. Es gilt nämlich

$$E^2 = m^2 c^4 \quad \text{und} \quad c^2 p^2 = m^2 v^2 c^2 \quad \rightarrow \tag{12.49}$$
$$E^2 - c^2 p^2 = m^2 c^4 (1 - \beta^2) = m_0^2 c^4 \ .$$

Die Ruheenergie $E_0 = m_0 c^2$ ist eine Lorentz-Invariante.

Außerdem entspricht $E^2 - c^2 p^2$ dem Quadrat eines Vierervektors. Dieser Vierervektor ist der Energie-Impuls-Vierervektor $\underline{p}^{(A)} = (E^{(A)}, c p^{(A)})$, und für ihn gelten die Lorentz-Transformationen wie für alle anderen Vierervektoren auch. Beim Übergang von System (B) nach System (A) gilt

$$E^{(A)} = \gamma \left(E^{(B)} - \beta \, c p_x^{(B)} \right) \tag{12.50}$$

$$cp_x^{(A)} = \gamma \left(cp_x^{(B)} - \beta E^{(B)} \right)$$

$$cp_y^{(A)} = cp_y^{(B)}$$

$$cp_z^{(A)} = cp_z^{(B)} \ .$$

Auch diese Transformationsgleichungen reduzieren sich im nichtrelativistischen Grenzfall $\beta \to 0$ und $\gamma \to 1$ in die klassischen Gleichungen

$$m_0^{(A)} = m_0^{(B)}$$

$$p_x^{(A)} = p_x^{(B)} - \beta\, m_0^{(B)}\, c$$

$$p_y^{(A)} = p_y^{(B)}$$

$$p_z^{(A)} = p_z^{(B)} \ .$$

Nach diesen mehr formalen Überlegungen wollen wir diskutieren, unter welchen Bedingungen wir wirklich den relativistischen Energiesatz (12.48) benutzen müssen. Der Abb. 12.2 entnehmen wir, dass der Unterschied zwischen der relativistisch korrekten Form der kinetischen Energie $W_{\text{kin}}(\text{rel})$ und der in der klassischen Physik gebrauchten Form $W_{\text{kin}}(\text{kl})$ schnell sehr groß wird. Bis zu welcher Energie können wir dann die klassische Form noch verwenden? Drücken wir $W_{\text{kin}}(\text{rel})$ als Bruchteil der Ruheenergie E_0 eines Teilchens aus,

$$W_{\text{kin}}(\text{rel}) = \alpha\, m_0\, c^2 \ , \tag{12.51}$$

so lässt sich mithilfe der Gleichung (12.49) schreiben

$$W_{\text{kin}}(\text{kl}) = \frac{(\alpha + 1)^2 - 1}{2}\, m_0\, c^2 \ , \tag{12.52}$$

und die relative Differenz zwischen $W_{\text{kin}}(\text{kl})$ und $W_{\text{kin}}(\text{rel})$ ergibt sich zu

$$\frac{W_{\text{kin}}(\text{kl}) - W_{\text{kin}}(\text{rel})}{W_{\text{kin}}(\text{rel})} = \frac{\alpha}{2} \ . \tag{12.53}$$

Linear mit der kinetischen Energie steigt daher auch die relative Differenz zwischen ihrer klassischen und relativistischen Form. Verlangen wir z.B., dass die Differenz nicht mehr als 10% betragen soll, dann muss $W_{\text{kin}} < 0{,}2\, m_0\, c^2$ bleiben.

12.6.3 Die Erhaltung des Drehimpulses

Der Drehimpuls ist klassisch definiert nach Gleichung (3.26)

$$\boldsymbol{L} = \boldsymbol{r} \times \boldsymbol{p} \ . \tag{12.54}$$

In der speziellen Relativitätstheorie sind $\boldsymbol{r}$ und $c\boldsymbol{p}$ die raumartigen Komponenten des Zeit-Ort-Vierervektors $\underline{\boldsymbol{r}}$ bzw. des Energie-Impuls-Vierervektors $\underline{\boldsymbol{p}}$, aber L kann nicht die raumartige Komponente eines Drehimpuls-Vierervektors $\underline{L}$ sein. Dies ist leicht einzusehen, wenn wir komponentenweise gemäß Anhang 3 schreiben

$$L_{2,3} = r_2\, p_3 - r_3\, p_2 = -L_{3,2}$$
$$L_{3,1} = r_3\, p_1 - r_1\, p_3 = -L_{1,3}$$
$$L_{1,2} = r_1\, p_2 - r_2\, p_1 = -L_{2,1}\ .$$

Es fehlen 3 weitere Komponenten

$$L_{0,i} = r_0\, p_i - r_i\, p_0 = -L_{i,0} \quad (i = 1,2,3)\ ,$$

und daher ist die relativistische Erweiterung des klassischen Drehimpulses ein **Tensor** $L_{i,j}$, dessen Diagonalelemente $L_{i,i} = 0$ sind. Wie schon öfters erwähnt, werden wir uns in diesem Lehrbuch nicht mit tensoriellen Messgrößen beschäftigen. Daher wird der Drehimpuls in den folgenden Kapiteln keine große Rolle spielen, er wird erst wieder in unseren Überlegungen auftreten, wenn wir den Übergang zu den nichtrelativistischen Näherungen der modernen Physik durchgeführt haben.

12.6.4 Die Erhaltung der elektrischen Ladung

Die Quellen des elektrischen und magnetischen Felds bilden einen Vierervektor, den Ladung-Strom-Vierervektor

$$\underline{j}_{\mathrm{C}}^{(\mathrm{A})} = \left(c\,\rho_{\mathrm{C}}^{(\mathrm{A})}, \boldsymbol{j}_{\mathrm{C}}^{(\mathrm{A})} \right)\ . \tag{12.55}$$

Hierbei bezieht sich der untere Index C auf die elektrische Ladung und nicht auf ein Inertialsystem. Da die Ladungsdichte den zeitartigen Teil eines Vierervektors bildet, ist die Ladungsdichte $\rho_{\mathrm{C},0}$ einer Ladungsverteilung, die in jedem beliebigen Inertialsystem ruht, eine Lorentz-Invariante. Eine in diesem System sich bewegende Ladungsverteilung besitzt die Ladungsdichte (wir lassen zur Vereinfachung den hochgestellten Index (A) weg)

$$\rho_{\mathrm{C}} = \gamma\,\rho_{\mathrm{C},0}\ . \tag{12.56}$$

Diese Transformation ist äquivalent zu der Transformation zwischen Masse und Ruhemasse $m = \gamma\, m_0$, siehe Gleichung (12.35). Daraus ergibt sich wiederum, dass die elektrische Ladung q selbst invariant ist, d.h. immer denselben Wert besitzt, unabhängig davon, ob sie sich bewegt oder nicht. Um dies zu erkennen, definieren wir ein ruhendes Volumen $\Delta V_0 = A\,\Delta x_0$, das sich bei Bewegung in das Volumen

$$\Delta V = A\,\Delta x = A\,\frac{\Delta x_0}{\gamma} = \frac{\Delta V_0}{\gamma} \tag{12.57}$$

transformiert. Denn die senkrecht zur Bewegungsrichtung stehende Fläche A wird nicht transformiert, das parallel zur Bewegungsrichtung liegende Längenintervall wird Lorentz-kontrahiert. Für jede in dem Volumen eingeschlossene Ladungsverteilung gilt daher

$$q = \rho_C \, \Delta V = \gamma \, \rho_{C,0} \, \frac{\Delta V_0}{\gamma} = q_0 \; . \tag{12.58}$$

Das heißt, die Ladung q verändert sich nicht, wenn sie sich bewegt.

Die elektrische Ladung q ist eine Lorentz-Invariante.

Dieses Ergebnis impliziert, dass die Elementarladung e in allen Inertialsystemen den gleichen Wert besitzt. Bisher haben wir das immer stillschweigend als richtig vorausgesetzt, jetzt wissen wir, dass diese Invarianz streng gültig ist.

Anmerkung 12.6.1: Das zweite Newton'sche Axiom $F = \mathrm{d}p/\mathrm{d}t$ gilt zwar in allen Inertialsystemen, aber es ist nicht relativistisch korrekt formuliert. Dafür gibt es zwei Gründe:

1. $p^{(A)}$ ist nicht die raumartige Komponente des Energie-Impuls-Vierervektors.
2. $\mathrm{d}t^{(A)}$ erhält bei Lorentz-Transformationen eine raumartige Komponente nach Gleichung (12.11).

Damit die Differentiation zeitartig in allen Inertialsystemen ist, benutzen wir die Eigenzeit $t_0 = t^{(A)}/\gamma^{(A)}$ nach Gleichung (12.31) und formulieren

$$F^{(A)} = \frac{\mathrm{d}t_0}{\mathrm{d}t^{(A)}} \frac{\mathrm{d}(cp^{(A)})}{\mathrm{d}(ct_0)} = \frac{1}{\gamma^{(A)}} \frac{\mathrm{d}(cp^{(A)})}{\mathrm{d}(ct_0)} \; .$$

Dies lässt sich schreiben

$$\underline{F}^{(A)} = \frac{\mathrm{d}}{\mathrm{d}(ct_0)} \underline{p}^{(A)}$$

mit dem Kraft-Vierervektor $\underline{F}^{(A)} = (F_0^{(A)}, \gamma^{(A)} \, F^{(A)})$, wobei der raumartige Anteil gerade das zweite Newton'sche Axiom ergibt. Der Kraft-Vierervektor ist aber erst vollständig definiert, wenn wir auch seine zeitartige Komponente $F_0^{(A)}$ kennen, aber damit werden wir uns nicht weiter beschäftigen.

13

Die Quantelung des Lichts

Die spezielle Relativitätstheorie ist nur eines der neuen Konzepte, die charakteristisch für die moderne Physik sind. Wir haben die Aussagen der speziellen Relativitätstheorie im letzten Kapitel auf die Aussagen beschränkt, die auch in den folgenden Kapiteln von wesentlicher Bedeutung sein werden. Das Hauptthema der nächsten Kapitel ist jedoch eine experimentelle Beobachtung, die im klaren Widerspruch zu den Aussagen der klassischen Physik steht und welche die Entwicklung eines weiteren und neuen Konzepts in der modernen Physik erzwungen hat. Dabei handelt es sich um die Beobachtung, dass die Eigenschaften der elektromagnetischen Wellen, die wir kurzerhand als Licht bezeichnen werden, nur dann verstanden werden können, wenn die Energie des elektromagnetischen Felds nicht beliebig und kontinuierlich veränderlich ist, sondern nur diskret und als Vielfaches einer Energieeinheit, oder eines Energiequants, verändert werden kann. Das Konzept der **Energiequantelung** wurde wohl von Planck (1858 - 1947) zunächst vorgeschlagen, um die gemessene Lichtemission eines schwarzen Strahlers theoretisch beschreiben zu können. Ein **schwarzer Strahler** ist ein Körper, der ein Absorptionsvermögen $A = 1$ besitzt, siehe Gleichung (10.3). Das bedeutet, er ist vollkommen schwarz, weil das auf ihn fallende Licht weder reflektiert noch transmittiert wird, sondern nur vollständig absorbiert wird. Wird ein derartiger Körper auf eine Temperatur T erhitzt, beginnt er selbständig Licht abzustrahlen, dessen spektrale Verteilung $I_{em}(T)$ eine charakteristische Funktion von T ist. Die spektrale Verteilung lässt sich nicht mit den Mitteln der klassischen Physik erklären, sondern erfordert das Konzept der Energiequantelung, worauf Planck zum ersten Mal im Jahr 1900 hingewiesen hat. Dieses Konzept ist einfach erklärt.

Die **Energiedichte** des elektromagnetischen Felds ist nach Gleichung (9.115) gegeben durch

$$\langle w_{em} \rangle = \frac{1}{2} \epsilon_0 \overline{E}^2 \, , \tag{13.1}$$

wobei $\overline{E}$ die Amplitude des elektrischen Felds ist, deren Wert im Rahmen der klassischen Physik keinen Beschränkungen unterliegt. Nach Planck ist aber die Energiedichte gegeben durch

$$\langle w_{\text{em}} \rangle = \left\langle \frac{dn}{dV} \right\rangle \varepsilon \ , \tag{13.2}$$

wobei $\langle dn/dV \rangle$ die mittlere Anzahl der Energiequanten pro Volumen ist und

$$\varepsilon = \hbar \omega \tag{13.3}$$

die Größe des Energiequants. Die Frequenz des Lichts beträgt ω, die Proportionalitätskonstante $\hbar = h/2\pi$ ist gegeben durch das **Planck'sche Wirkungsquantum** h, siehe Gleichung (1.2). Ein Energiequant erhält den Namen **Photon**, die mittlere Photonendichte lässt sich aus dem Vergleich von Gleichung (13.1) mit Gleichung (13.2) bestimmen

$$\left\langle \frac{dn}{dV} \right\rangle = \frac{\epsilon_0}{2\,\hbar\,\omega} \, \overline{E}^2 \ . \tag{13.4}$$

Wie sich $I_{\text{em}}(T)$ mithilfe dieses neuen Konzepts wirklich berechnen lässt, werden wir erst in Kap. 17.3.1 besprechen. Denn es gibt weitere Experimente, die einen klaren Beweis für die Richtigkeit dieses Konzepts in der modernen Physik liefern, die aber in ihrer Interpretation nicht so schwierig sind wie die spektrale Lichtverteilung des schwarzen Strahlers. Diese wollen wir daher zunächst besprechen.

13.1 Der lichtelektrische Effekt

Das erste Experiment zum lichtelektrischen Effekt wurde 1902 von Lenard (1862 - 1947) durchgeführt und ergab ein vollständig unerwartetes Ergebnis. Wir wollen dieses Experiment im Detail untersuchen.

Das Experiment ist schematisch in Abb. 13.1 dargestellt. Monochromatisches Licht, d.h. Licht in einem sehr engen Frequenzbereich, fällt auf eine Metallplatte, die sich in einem Vakuumgefäß befindet. Es wird beobachtet, dass durch die Lichtabsorption in der Platte eine Anzahl dn von Elektronen pro Zeiteinheit dt aus dieser Platte abgelöst werden, wenn die Lichtfrequenz ω eine untere Schwelle ω_{min} überschreitet. Durch die Elektronenablösung wird die Platte zur Anode einer Spannungsquelle. Die kinetische Energie ε_{kin} der Elektronen kann man messen, indem man sie gegen eine Gegenspannung U zwischen Anode und Kathode anlaufen lässt. Solange $U < U_{\text{max}}$, fließt zwischen Anode und Kathode weiterhin der Quellstrom I, ist $U = U_{\text{max}}$, verschwindet der Strom. Wir können die kinetische Energie eines Elektrons mithilfe der Energieerhaltung bestimmen, es gilt

$$\varepsilon_{\text{kin}} = e \, U_{\text{max}} \ ,$$

und für die Gesamtenergie eines Elektrons folgt

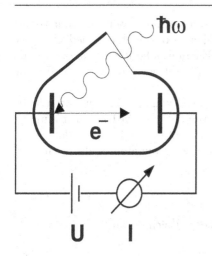

Abb. 13.1. Schematischer Aufbau des Experiments zur Untersuchung des lichtelektrischen Effekts. Elektronen werden durch das Licht von der Anode abgelöst, ihre Energie wird mithilfe der veränderlichen Gegenspannung zwischen Anode und Kathode gemessen

$$\varepsilon = \varepsilon_{kin} + \varepsilon_a \, , \tag{13.5}$$

wobei ε_a die Energie ist, die das Elektron auf jeden Fall besitzen muss, um von der Platte abgelöst zu werden, in der es normalerweise gebunden ist. Man bezeichnet diese Energie daher als **Ablöseenergie**.

Die gesamte Lichteinstrahlung auf die Platte beträgt bei senkrechtem Einfall $P_{em} = I_{em} A$, wenn A die bestrahlte Fläche der Platte ist. Dies ist eine Leistung, und sie ist konstant, wenn die Lichtintensität I_{em} nicht verändert wird. Es folgt daher aus der Erhaltung der Energie für die pro Zeit dt abgelöste Anzahl dn von Elektronen

$$P_{em} = \frac{dn}{dt}\left(\varepsilon_{kin} + \varepsilon_a\right) \quad \rightarrow \quad \frac{dn}{dt} = \frac{P_{em}}{\varepsilon_{kin} + \varepsilon_a} \, , \tag{13.6}$$

und dn/dt ist proportional zum gemessenen Strom I. Die Elektronenanzahl dn/dt ist als Funktion der Elektronenenergie ε_{kin} in Abb. 13.2 dargestellt.

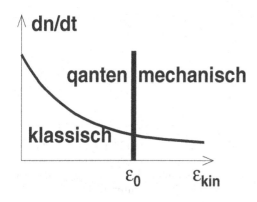

Abb. 13.2. Die Anzahl der pro Zeit aus der Anode abgelösten Elektronen in Abhängigkeit von ihrer kinetischen Energie. Während die klassische Physik eine kontinuierliche Verteilung ergibt, misst man, dass alle Elektronen dieselbe Energie besitzen. Der Grund ist die Quantelung der Photonenenergie

Diese Abbildung zeigt, dass der Strom ansteigen sollte, wenn die kinetische Energie der Elektronen abnimmt. Tatsächlich beobachtet man jedoch, dass alle Elektronen etwa die gleiche kinetische Energie ε_0 besitzen, d.h. der Strom ist nur ungleich null für die Werte $\varepsilon_{kin} = \varepsilon_0$. Welcher Parameter des Lichts bestimmt den Wert von ε_0?

Bereits Lenard hatte gemessen, dass ε_0 allein von der Frequenz des Lichts abhängt, d.h. es gilt $\varepsilon_0 \propto \omega$. Diese Proportionalität ist in Übereinstimmung mit Gleichung (13.3). Aber erst Einstein erkannte im Jahr 1905, dass auch der lichtelektrische Effekt ein Indiz für die Energiequantelung des Lichts ist und daher gelten muss

$$\varepsilon = \hbar\,\omega \ . \tag{13.7}$$

Für die kinetische Energie eines Elektrons ergibt sich daraus

$$\varepsilon_{kin} + \varepsilon_a = \hbar\,\omega \ , \tag{13.8}$$

und diese lineare Abhängigkeit $\varepsilon_{kin}(\omega)$ ist in Abb. 13.3 dargestellt. Die Funktion $\varepsilon_{kin}(\omega)$ wird null für $\omega = \omega_{min}$ und sie schneidet die Achse $\omega = 0$ an der Stelle $\varepsilon_{kin}(0) = -\varepsilon_a$. Die Steigung der Funktion gestattet die Bestimmung des Planck'schen Wirkungsquantums, denn

$$\hbar = \frac{\varepsilon_{kin} - \varepsilon_{kin}(0)}{\omega} \ . \tag{13.9}$$

Setzt man die Gleichung (13.8) in die Gleichung (13.6) ein, ergibt sich

$$\frac{dn}{dt} = \frac{P_{em}}{\hbar\,\omega} \ , \tag{13.10}$$

d.h. die eingestrahlte Lichtstärke bestimmt nicht die kinetische Energie der Elektronen, wie man es klassisch erwarten sollte, sondern die pro Zeiteinheit abgelöste Elektronenanzahl. Dabei sollten wir, wenn wir mit Gleichung (13.4)

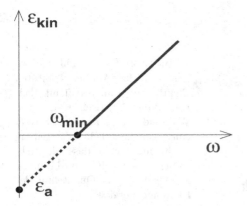

Abb. 13.3. Abhängigkeit der kinetischen Energie der abgelösten Elektronen von der Frequenz des auf die Anode eingestrahlten Lichts

vergleichen, auch jetzt diese Beziehung besser auf die über einen langen Zeitraum gemittelte Anzahl der Elektronen anwenden:

$$\left\langle \frac{\mathrm{d}n}{\mathrm{d}t} \right\rangle = \frac{P_{\mathrm{em}}}{\hbar\,\omega} \, , \qquad (13.11)$$

denn für kleine Lichtstärken ist der Elektronenfluss $\mathrm{d}n/\mathrm{d}t$ keineswegs konstant, sondern schwankt mit der Zeit. Die Schwankungen des Elektronenflusses sind ein direktes Maß für die Schwankungen des Photonenflusses, wenn jedes Photon auch ein Elektron aus der Platte ablöst, wie wir es bereits in Gleichung (13.6) vorausgesetzt haben.

Wie groß ist die mittlere Anzahl der Photonen bzw. Elektronen? Nehmen wir eine uns bekannte Lichtquelle (eine Glühbirne) mit einer Leistung von $P_{\mathrm{em}} = 100$ W, die Licht mit einer Wellenlänge von $\lambda = 5 \cdot 10^{-7}$ m emittiert, dann ergibt sich

$$\frac{\mathrm{d}n}{\mathrm{d}t} = P_{\mathrm{em}} \, \frac{\lambda}{h\,c} = 2{,}5 \cdot 10^{20} \; \mathrm{s}^{-1} \, .$$

Diese Anzahl von pro Sekunde emittierten Photonen ist so groß, dass die zeitlichen Schwankungen unmessbar klein werden. Selbst innerhalb der Kohärenzzeit $\tau = 3 \cdot 10^{-12}$ s (siehe Gleichung (10.59)) werden von dieser Lichtquelle immer noch ca. 10^9 Photonen emittiert. Soll die Photonenzahl innerhalb der Kohärenzzeit nur von der Größenordnung $\langle n \rangle \approx 100$ sein, dann darf die Leistung der Lichtquelle nur ca. 10^{-5} W betragen. Unter diesen Bedingungen würde eine Messung ergeben, dass die Anzahl n der Photonen, die pro Kohärenzzeit auf die Platte auftreffen, nicht konstant ist, sondern einer Wahrscheinlichkeitsverteilung $P(n)$ folgt, die für nicht zu kleine $\langle n \rangle$ von der Form

$$P(n) = \frac{1}{\langle n \rangle} \, \mathrm{e}^{n/\langle n \rangle} \qquad (13.12)$$

ist und daher nicht die klassische Wahrscheinlichkeitsverteilung (1.15) ist. In der Abb. 13.4 sind die gemessene Photonenverteilung und die klassisch erwartete Verteilung für $\langle n \rangle = 100$ gegenübergestellt, für die Varianz der klassischen

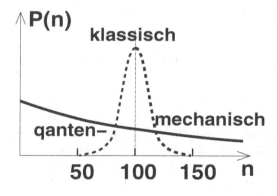

Abb. 13.4. Die Wahrscheinlichkeit $P(n)$, innerhalb der Kohärenzzeit der Lichtquelle eine Anzahl n von abgestrahlten Photonen zu finden. Klassisch erwartet man für diese Wahrscheinlichkeit eine Gauss-Verteilung, gemessen wird eine wesentlich breitere Verteilung, die durch Gleichung (13.12) beschrieben wird

Verteilung ist der erwartete Wert $\sigma^2 = \langle n \rangle$ benutzt worden. Die Wahrscheinlichkeit, innerhalb einer Kohärenzzeit gar kein Photon oder sehr viele Photonen zu messen, ist wesentlich größer, als man klassisch erwarten würde. Die Photonen sind sehr ungleichmäßig über die einzelnen Kohärenzintervalle verteilt, sie erreichen die Platte in dem Experiment zum lichtelektrischen Effekt in "Klumpen". Dieser Zwang zur Klumpenbildung ist eine Folge der Energiequantelung für eine bestimmte Art von Quantenteilchen, zu denen die Photonen gehören und auf die wir in Kap. 17.3 zurückkommen werden.

Bevor wir uns weiteren Experimenten zur Quantennatur des Lichts zuwenden, wollen wir uns überlegen, welche Folgerungen wir aus den experimentellen Ergebnissen zum lichtelektrischen Effekt zu ziehen haben.

(1) In der Quantenphysik besteht das Licht aus einem Strom von Photonen, von denen jedes die Energie

$$\varepsilon = \hbar\,\omega \tag{13.13}$$

besitzt. Durch eine Vergrößerung der Lichtintensität I_{em} wird die Anzahl der Photonen vergrößert, nicht aber die mittlere Energie jedes einzelnen Photons.

(2) Die Photonen bewegen sich durch das Vakuum mit der Lichtgeschwindigkeit c, sie müssen daher nach Gleichung (12.35) die Ruhemasse $m_0 = 0$ besitzen, damit ihre Energie nicht divergiert. Obwohl sie keine Ruhemasse besitzen, besitzen sie trotzdem einen Impuls, und dieser Impuls ergibt sich nach Gleichung (12.49) zu

$$\wp = \frac{\varepsilon}{c} = \frac{\hbar\,\omega}{c} = \hbar\,k \ , \tag{13.14}$$

wobei k die Wellenzahl des Lichts ist. Die Beziehungen (13.13) und (13.14) sind Lorentz-invariant, sie gelten in allen Inertialsystemen. Insbesondere bilden die Frequenz ω und der Wellenvektor $\boldsymbol{k}$ einen Vierervektor $\underline{\boldsymbol{k}} = (\omega, c\,\boldsymbol{k})$.

(3) Die Beziehungen

$$n = \frac{\epsilon_0}{\hbar\,\omega}\,c\,A \int\limits_{\Delta t} E^2 \,\mathrm{d}t \quad \text{an einem gegebenen Ort } z = z_0 \ , \tag{13.15}$$

$$n = \frac{\epsilon_0}{\hbar\,\omega} \int\limits_{\Delta V} E^2 \,\mathrm{d}V \quad \text{zu einer gegebenen Zeit } t = t_0$$

gelten nur im zeitlichen bzw. räumlichen Mittel. Die Wellenfunktion $\Psi(t, z) = E(t, z)$ (wir ersetzen von jetzt ab die Komponente des elektrischen Feldvektors durch das Symbol Ψ, auch um Verwechselungen mit der relativistischen Energie E zu vermeiden) erlaubt es nur, die Wahrscheinlichkeiten $P(n)$ auszurechnen, dass innerhalb eines gewissen zeitlichen und räumlichen Bereichs n Photonen vorhanden sind. Die Wahrscheinlichkeiten sind gegeben durch

$$P(n) = \left(\int_{\Delta t} \Psi^2 \, dt \right) \left(\int_{\infty} \Psi^2 \, dt \right)^{-1} \quad \text{bzw.} \qquad (13.16)$$

$$P(n) = \left(\int_{\Delta V} \Psi^2 \, dV \right) \left(\int_{\infty} \Psi^2 \, dV \right)^{-1} ,$$

wobei die Normierungsintegrale $\int_{\infty} \Psi^2 \, dt$ bzw. $\int_{\infty} \Psi^2 \, dV$ dafür sorgen, dass $P(n) = 1$ in der gesamten Zeit $\Delta t \to \infty$ bzw. dem gesamten Raum $\Delta V \to \infty$, in denen $\Psi^2 \neq 0$ ist.

Die Gesamtwellenfunktion Ψ entsteht durch die Überlagerung der Wellenfunktionen aller n Photonen[1]

$$\Psi = \sum_{i=1}^{n} \Psi_i \, .$$

Bei dieser Überlagerung kann es u.U. geschehen, dass die Interferenzbedingung (10.60) für zwei Photonen mit den Wellenfunktionen Ψ_1 und Ψ_2 erfüllt ist. In diesem Fall ergibt sich die Wahrscheinlichkeit für den Aufenthalt im Volumen ΔV z.B. zu

$$P(2) \propto \int_{\Delta V} (\Psi_1 + \Psi_2)^2 \, dV \qquad (13.17)$$

$$\neq \int_{\Delta V} \Psi_1^2 \, dV + \int_{\Delta V} \Psi_2^2 \, dV = P(1) + P(1) \, ,$$

d.h. auch bei den Wahrscheinlichkeiten werden Interferenzen beobachtet.

Diese Interpretationen der experimentellen Ergebnisse zum lichtelektrischen Effekt haben bei der Einführung der modernen Physik starke Widersprüche hervorgerufen. Insbesondere die Interpretation der Wellenfunktion, deren Quadrat nur eine Aussage über die Aufenthaltswahrscheinlichkeit des Photons erlaubt, nicht aber eine Aussage darüber macht, wo sich genau das Photon aufhält, ist anfänglich stark bezweifelt worden. Aus unserer Diskussion des lichtelektrischen Effekts ist deutlich geworden, dass diese Interpretation erst dann wirklich experimentell verifizierbar wird, wenn Experimente mit sehr wenigen Photonen, im Extremfall mit nur einem Photon durchgeführt werden. In diesen Experimenten hat sich gezeigt, dass der Experimentator in der Tat nicht in der Lage ist, zu jedem Zeitpunk zu sagen, wo sich das Photon befindet.

---

[1] Wir werden später (Kap. 17) lernen, dass dieser Ansatz die Ununterscheidbarkeit der Photonen unberücksichtigt lässt. Für unsere prinzipielle Diskussion ist diese Einschränkung aber ohne Bedeutung

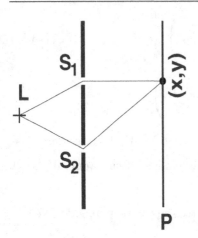

Abb. 13.5. Das Doppelspaltexperiment zur Bestimmung des Wegs, den ein Photon auf seiner Bahn von der Lichtquelle L zum Schirm P nimmt. Der Weg durch Spalt 1 wird durch ψ_1 beschrieben, der durch Spalt 2 durch ψ_2. Man misst auf dem Schirm immer $(\psi_1 + \psi_2)^2$ und nicht $\psi_1^2 + \psi_2^2$. Das bedeutet, dass der Weg des Photons nicht gemessen werden kann

13.1.1 Das Doppelspaltexperiment

Will man den Weg eines Photons experimentell ermitteln, ist es naheliegend, das Experiment so aufzubauen, dass dem Photon zwei alternative Wege offen stehen und wir dann durch die Messung festlegen können, welchen der beiden Wege das Photon genommen hat. Dies ist das Prinzip der berühmten **Doppelspaltexperimente**, die für die Interpretation der Quantenphysik von großer Bedeutung gewesen sind und deren Ergebnis ist, dass das klassische Konzept des Wegs nicht in die moderne Physik übernommen werden kann.

In Abb. 13.5 ist der prinzipielle Versuchsaufbau gezeigt. Das Photon, das von der Lichtquelle L emittiert wird, kann entweder den Weg durch den Spalt S_1 zu dem Nachweisschirm P wählen oder den Weg durch den Spalt S_2 zu dem Nachweisschirm P. Wählt es den Weg 1, wird das Photon beschrieben durch die Wellenfunktion Ψ_1, wählt es den Weg 2, wird es beschrieben durch die Wellenfunktion Ψ_2.

Wie geschieht der Nachweis, und was beobachten wir auf dem Nachweisschirm? Es ist wichtig, sich klar zu machen, dass der Nachweisprozess auf den Quanteneigenschaften des Lichts basiert, also wirklich das Photon nachweist. Benutzen wir als Nachweisschirm z.B. eine fotografische Platte, so muss die Energie des Photons $\varepsilon = \hbar\omega$ genügend groß sein, um das AgBr-Molekül in ein Ag- und Br-Atom zu zerlegen. Das Ag-Atom markiert den Eintreffort des Photons auf der Platte. Auch mit einem Szintillationsdetektor werden wir anhand der Lichtblitze den Ort bestimmen, an dem das Photon den Detektor getroffen hat. Können wir anhand dieses Orts sagen, welchen Weg das Photon genommen hat?

Wir führen das Expriment so durch, dass innerhalb der Kohärenzzeit τ genau ein Photon den Schirm P im Ort x_1, y_1 trifft. Wiederholen wir das Experiment, so ist mit sehr hoher Wahrscheinlichkeit der 2. Auftreffort $x_2 \neq x_1, y_2 \neq y_1$, d.h. bei jeder Wiederholung des Experiments trifft das Photon einen anderen Ort des Schirms. Das Einzige, was uns die Kenntnis der Wellenfunktionen Ψ_1 und Ψ_2 erlaubt zu bestimmen, ist die Wahrscheinlichkeit $P(1)$, mit der ein Photon einen ausgewählten Ortsbereich $\Delta A = \Delta x \, \Delta y$ auf dem Schirm treffen wird, und diese Wahrscheinlichkeit ergibt sich zu

$$P(1) = \frac{\epsilon_0 \, c \, \tau}{\hbar \, \omega} \int\limits_{\Delta A} (\Psi_1 + \Psi_2)^2 \, \mathrm{d}A \; . \tag{13.18}$$

Das Integral enthält die Überlagerung von Ψ_1 und Ψ_2 und erlaubt daher nicht eine Aussage darüber, ob das Photon den Weg 1 oder den Weg 2 gewählt hat.

Zur Verifikation dieser Aussage kann man den Spalt 1 abdecken; dann ist das Photon gezwungen, den Weg 2 zu wählen. In diesem Fall ergibt sich die Auftreffwahrscheinlichkeit auf der Platte zu

$$P(1) = \frac{\epsilon_0 \, c \, \tau}{\hbar \, \omega} \int\limits_{\Delta A} (\Psi_2)^2 \, \mathrm{d}A \; , \tag{13.19}$$

und die unterscheidet sich auch experimentell von der Wahrscheinlichkeit (13.18) für den Doppelspalt. Zur Prüfung muss man diese Experimente sehr oft, n-mal, wiederholen, der experimentelle Unterschied ist gegeben durch

$$P(1) \propto \frac{1}{n} \, I_{\mathrm{em}}(\theta) \; ,$$

wobei für $I_{\mathrm{em}}(\theta)$ die Gleichung (10.75) mit $s = 2$ im Falle des Doppelspalts, dagegen die Gleichung (10.70) im Falle des Einfachspalts zu verwenden ist. Natürlich erlaubt die Messung der Wahrscheinlichkeit (13.19) die Aussage, dass das Photon den Weg 2 gewählt hat. Aber das ist trivial, da der Spalt 1 abgedeckt war. Sind beide Spalte offen, misst man immer eine Wahrscheinlichkeit (13.18), und die erlaubt die Festlegung des Photonwegs eben nicht.

Diese Interpretation der Wellenfunktion Ψ im Rahmen der Quantenphysik hat sich nach anfänglichem Bedenken durchgesetzt. Es ist müßig, darüber zu diskutieren, ob der Weg eines Photons prinzipiell nicht festgelegt werden kann, oder ob die Wege zwar existieren, wir aber nicht festlegen können, welchen von diesen Wegen das Photon gewählt hat. Die Wellenfunktion ist das verbindende Glied zwischen dem Wellenbild des Lichts (in dem Ψ das elektrische Feld beschreibt) und dem Photonenbild des Lichts (in dem Ψ^2 die Aufenthaltswahrscheinlichkeit beschreibt). Licht besitzt daher eine Doppelnatur, man spricht vom **Welle-Teilchen-Dualismus**, weil das Photon mit Energie und Impuls typische Teilcheneigenschaften besitzt. Diese Dualität und die Bedeutung der Wellenfunktion begegnen uns wieder, wenn wir im Rahmen der Quantenphysik Größen beschreiben werden, die man im Rahmen der klassischen Physik zu den Teilchen zählt.

Wir wollen jetzt zwei weitere Experimente besprechen, bei denen auch die Eigenschaft des Photons, einen Impuls zu besitzen, eine große Rolle spielt.

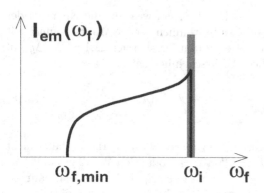

Abb. 13.6. Die spektale Verteilung des Streulichts beim Compton-Effekt. Anstelle der einzigen Frequenz $\omega_f = \omega_i$, die der Rayleigh-Streuung entspricht (*schattierte Gerade*), beobachtet man ein Frequenzspektrum (*ausgezogene Kurve*), weil das Photon einen Teil seiner Energie und seines Impulses auf das Elektron übertragen hat

13.2 Der Compton-Effekt

Bei dem Compton-Effekt handelt es sich um die Streuung von Licht an einem einzelnen Elektron mit der Ruhemasse m_e. Betrachten wir Licht als eine elektromagnetische Welle, so führt das Elektron in der klassischen Physik unter dem Einfluss des elektrischen Felds eine erzwungene Schwingung aus, und dabei strahlt es wiederum Licht ab, dessen Frequenz ω_f genau so groß ist wie die Frequenz ω_i des Lichts, welches das Elektron zur Schwingung gezwungen hat. Die Absorption und Emission von Licht gleicher Frequenz durch ein freies Elektron bezeichnet man als **Rayleigh-Streuung**. Das experimentelle Ergebnis ist für Licht mit einer hohen Frequenz ω_i aber ganz anders; statt einer Frequenz beobachtet man ein Frequenzspektrum, siehe Abb. 13.6. Die spektrale Verteilung des Streulichts reicht über einen großen Frequenzbereich und widerspricht der klassischen Erwartung $\omega_f = \omega_i$. Die Erklärung für diesen Widerspruch wurde von Compton (1892 - 1962) gegeben.

Demnach handelt es sich bei der Streuung des Lichts um den elastischen Stoß eines Photons mit dem Elektron. Für diesen Stoß gelten die in Kap. 2.4.1 angegebenen Regeln, es müssen (auch im relativistischen Fall) der Impuls und die mechanische Energie während des Stoßes erhalten bleiben. Anhand von Abb. 13.7 lassen sich diese Erhaltungsgesetzes wie folgt formulieren:

• Impulserhaltung

$$\frac{\hbar\,\omega_i}{c} = \frac{\hbar\,\omega_f}{c}\cos\vartheta + p\cos\theta \tag{13.20}$$

$$0 = \frac{\hbar\,\omega_f}{c}\sin\vartheta - p\sin\theta\;,$$

• Energieerhaltung

$$\hbar\,\omega_i = \hbar\,\omega_f + (\gamma - 1)\,m_e\,c^2\;. \tag{13.21}$$

Dies sind 3 Gleichungen für 4 Unbekannte, ω_f, p, θ und ϑ, und daher kann man nur 3 von diesen Unbekannten als Funktion einer 4., z.B. des Streuwinkels

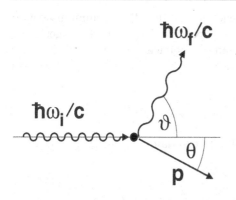

ϑ des Photons, bestimmen. Wir wollen diese Rechnung nicht durchführen, sie bereitet keinerlei Schwierigkeiten. Man erhält z.B. für die Frequenz des gestreuten Photons

$$\frac{1}{\omega_f} - \frac{1}{\omega_i} = \frac{\hbar}{m_e\, c^2}\, (1 - \cos \vartheta) \; , \qquad (13.22)$$

wobei $m_e\, c^2 = 0{,}5 \cdot 10^6$ eV die Ruheenergie des Elektrons ist. Dies ist eine Lorentz-Invariante, wodurch der gesamte Vorfaktor $\hbar/(m_e\, c^2) = 1{,}32 \cdot 10^{-21}$ s auf der rechten Seite der Gleichung (13.22) Lorentz-invariant wird. Häufiger wird anstelle dieses Faktors in der Literatur die **Compton-Wellenlänge** angegeben, die definiert ist zu

$$\lambda_{\text{Compton}} = \frac{h}{m_e\, c} = 2{,}43 \cdot 10^{-12} \text{ m.} \qquad (13.23)$$

Überlegen wir uns die Folgerungen, die wir aus der Gleichung (13.22) für das Streulicht ziehen müssen.

(1) Die obere Frequenzgrenze des Streulichts ergibt sich für $\vartheta = 0°$, d.h. für Vorwärtsstreuung. In diesem Fall ergeben die Gleichungen (13.20) und (13.22)

$$\omega_{f,\text{max}} = \omega_i \qquad (13.24)$$
$$(\gamma - 1)\, m_e\, c^2 = 0 \quad , \quad p_{\text{min}} = 0 \; .$$

Das Elektron erhält weder Energie noch Impuls.

(2) Die untere Frequenzgrenze des Streulichts ergibt sich für $\vartheta = 180°$, d.h. für Rückwärtsstreuung. In diesem Fall ergeben die Gleichungen (13.20) und (13.22)

$$\omega_{f,\text{min}} = r\, \omega_i \quad \text{mit} \quad r = \left(1 + \frac{2\, \hbar\, \omega_i}{m_e\, c^2} \right)^{-1} \qquad (13.25)$$

$$(\gamma - 1)\, m_e\, c^2 = \hbar\, \omega_i\, (1 - r) \quad , \quad p_{\text{max}} = \frac{\hbar\, \omega_i}{c}\, (1 - r) \; .$$

Ein beträchtlicher Teil der Photonenenergie und des Photonenimpulses wird auf das Elektron übertragen, wenn $\omega_i \to \infty$. Für $\hbar \omega_i \ll m_e c^2$ dagegen ist $r \approx 1$, d.h. wir erhalten über den gesamten Bereich des Streuwinkels ϑ das klassische Ergebnis der Rayleigh-Streuung

$$\omega_f = \omega_i$$
$$(\gamma - 1) m_e c^2 = 0 \quad , \quad p = 0 \; .$$

Daraus folgt auch, dass der Compton-Effekt erst dann beobachtbar wird, wenn $\hbar \omega_i \approx m_e c^2 = 0{,}5 \cdot 10^6$ eV.

13.3 Die Paarerzeugung

Auch bei der Paarerzeugung ist die Quantennatur des Lichts für das Verständnis von entscheidender Bedeutung. Darüber hinaus aber begegnen wir hier einem Phänomen in der Natur, das uns zum ersten Mal die Äquivalenz von Energie und Masse direkt bestätigt. Wie der Name sagt, wird die Energie des Photons, das keine Ruhemasse besitzt, in Teilchen mit einer endlichen Ruhemasse verwandelt. Dass bei diesem Prozess mindestens zwei Teilchen entstehen müssen, wollen wir uns jetzt überlegen.

Photonen entstehen, wie wir aus Kap. 9.4.3 wissen, durch die Beschleunigung elektrischer Ladungen z.B. in einem Hertz'schen Dipol. Der Umkehrprozess, die Vernichtung von Photonen, kann deswegen auch nur geschehen, wenn dabei Ladungen erzeugt werden. Man sagt, das Photon koppelt bei seiner Erzeugung wie auch bei seiner Vernichtung an die elektrische Ladung. Allerdings müssen bei diesen Prozessen alle Erhaltungsgesetze erfüllt sein. Insbesondere natürlich das Gesetz über die Ladungserhaltung, aber auch die Gesetze über die Energieerhaltung und die Impulserhaltung.

Erhaltung der elektrischen Ladung
Da die Gesamtladung vor der Paarerzeugung der Teilchen $q_{tot} = 0$ ist, muss die Gesamtladung nach der Teilchenerzeugung ebenfalls verschwinden. Da nur geladene Teilchen erzeugt werden können, muss immer ein Teilchenpaar entstehen, sodass

$$q_1 + q_2 = 0 \quad \to \quad q_1 = -q_2 \; . \tag{13.26}$$

Die kleinste frei in der Natur vorkommende Ladung ist die Elementarladung e, daher

$$q_1 = e \quad , \quad q_2 = -e \; . \tag{13.27}$$

Erhaltung der Energie
Das Photon besitzt vor der Paarerzeugung die Energie $\varepsilon = \hbar \omega$. Diese Energie

wird vollständig umgesetzt in die Energie des erzeugten Teilchenpaars, das Photon wird vernichtet. Daher

$$\varepsilon = m^+ c^2 + m^- c^2 \; , \tag{13.28}$$

wobei m^+ bzw. m^- die Massen des positiv bzw. negativ geladenen Teilchens sind. Das Teilchen mit der kleinsten Ruhemasse m_0 in der Natur, das gleichzeitig negativ geladen und stabil ist, ist das Elektron, zusammen mit seinem Antiteilchen, dem Positron, das positiv geladen ist. Daher

$$m_e^+ = m_e^- = m_e \quad \text{bzw.} \quad m^+ = m^- = m \; , \tag{13.29}$$

und es ergibt sich für Gleichung (13.28)

$$\hbar\,\omega = 2\,m\,c^2 \; . \tag{13.30}$$

Erhaltung des Impulses

Vor der Paarerzeugung besitzt das Photon den Impuls $\boldsymbol{p} = \hbar\,k\,\hat{\boldsymbol{z}}$. Nach der Paarerzeung muss daher gelten

$$\boldsymbol{p}^+ + \boldsymbol{p}^- = \hbar\,k\,\hat{\boldsymbol{z}} \; . \tag{13.31}$$

Zur Erfüllung dieser Bedingung wird dann der geringste Energieaufwand benötigt, wenn die Gleichung (13.29) erfüllt ist und beide Teilchen kollinear produziert werden, d.h. wenn gilt

$$\boldsymbol{p}^+ = \boldsymbol{p}^- = m\,\boldsymbol{v}\,\hat{\boldsymbol{z}} \quad \rightarrow \quad 2\,m\,v = \hbar\,k \; . \tag{13.32}$$

Vergleichen wir diese Gleichung mit der Gleichung (13.30), so ist leicht zu erkennen, dass Energie und Impuls nicht gleichzeitig erhalten sein können, wenn ein Teilchenpaar mit Ruhemasse $m_0 > 0$ erzeugt wird. Denn dann müssten wir folgern

$$\hbar\,k = \frac{\hbar\,\omega}{c} \quad \rightarrow \quad 2\,m\,v = 2\,m\,c \; ,$$

aber $v = c$ ist unmöglich, weil $m = \gamma\,m_0 \to \infty$ geht.

Daher kann die Paarerzeugung nur in einer Umgebung stattfinden, in der ein Teil des Photonenimpulses auf ein bei diesem Prozess anwesendes Teilchen übertragen werden kann. Dieses Teilchen ist ein schwerer Atomkern mit der Ruhemasse m_K, er übernimmt in der nichtrelativistischen Näherung ($v_K \ll c$) einen Bruchteil

$$R_\varphi = \frac{m_K\,v_K}{\hbar\,k} = \frac{m_K\,v_K\,c}{\hbar\,\omega}$$

des Photonenimpulses. Der Bruchteil der Photonenenergie, die auf den Atomkern übertragen wird, ergibt sich zu

$$R_\varepsilon = \frac{1}{2}\,\frac{m_K\,v_K^2}{\hbar\,\omega} = R_\wp\,\frac{1}{2}\,\frac{v_K}{c}\;.$$

Dieser Bruchteil ist wegen $v_K/c \ll 1$ sehr gering, d.h. die Photonenenergie wird im Wesentlichen nur auf das Elektron-Positron-Paar übertragen. Wir finden also

$$\hbar\,\omega = 2\,\gamma\,m_e\,c^2 \geq 2\,m_e\,c^2 = 1\ \text{MeV}, \tag{13.33}$$

d.h. der Prozess der Paarerzeugung kann erst dann stattfinden, wenn die Photonenenergie die untere Grenze von $\hbar\,\omega_{min} = 1$ MeV überschritten hat.

13.4 Die Unschärfe des Photons

Wie bestimmen wir die Frequenz des Lichts, wie bestimmen wir seine Wellenlänge?

In der Abb. 13.8a ist die zeitliche Veränderung eines Wellenzugs, d.h. der Wellenfunktion $\Psi(t)$, gezeigt, der zur Zeit $t = 0$ auf eine Fläche am Ort $z = 0$ trifft. Die Wellenfunktion hat eine endliche Dauer Δt, welche die Kohärenzzeit des Wellenzugs ist. Wollen wir die Frequenz $\nu = \omega/2\pi$ dieses Wellenzugs bestimmen, zählen wir die Anzahl der Schwingungen n_ν innerhalb des Zeitintervalls Δt ab. Daraus ergibt sich die Frequenz zu

$$\nu = \frac{n_\nu}{\Delta t}\;. \tag{13.34}$$

Die Schwingungszahl kann aber nur mit einer prinzipiell vorhandenen Ungenauigkeit $\Delta n_\nu = 1$ bestimmt werden, da der Wellenzug nicht notwendigerweise immer mit einem periodisch sich wiederholenden Nulldurchgang beginnt und endet. Der Ungenauigkeit in der Anzahl der Schwingungen entspricht eine Frequenzunschärfe

$$\Delta\omega = \frac{2\pi}{\Delta t}\;, \tag{13.35}$$

d.h. wir erhalten für das Photon eine Korrelation zwischen Energieunschärfe und zeitlicher Dauer des Wellenzugs

$$\Delta\varepsilon\,\Delta t = 2\pi\,\hbar = h\;. \tag{13.36}$$

Das Photon besitzt eine Energieunschärfe $\Delta\varepsilon = h/\Delta t$, wenn die Wellenfunktion eine Kohärenzzeit Δt besitzt.

Die Gleichung (13.36) ist ganz ähnlich zu der ersten **Heisenberg'schen Unschärferelation**

$$\Delta E\,\Delta t = \frac{\hbar}{2}\;, \tag{13.37}$$

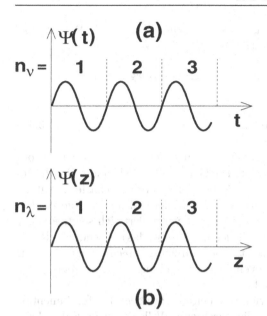

Abb. 13.8. Die elektrische Feldstärke ψ eines lokalisierten Wellenpakets in Abhängikeit von (a) der Zeit t mit Kohärenzzeit Δt, und von (b) dem Ort z mit Kohärenzlänge Δz. n_ν ist die Anzahl der Schwingungen während der Kohärenzzeit; daraus lässt sich die Frequenz des Wellenpakets berechnen. n_λ ist die Anzahl der Wellenlängen während der Kohärenzlänge; daraus lässt sich die Wellenlänge des Wellenpakets berechnen

welche die Grenze in der Korrelation zwischen Energie- und Zeitunschärfe allerdings kleiner ansetzt ($h/4\pi$ anstatt h). Diese Differenz in den Aussagen zur Unschärfe des Photons hat ihre Ursache darin, dass der Wellenzug, den wir in Abb. 13.8a gewählt haben, das Photon zeitlich nur wenig lokalisiert und dass wir nicht die formal korrekten Definitionen (1.18) für die Ungenauigkeit benutzt haben. Ein Wellenpaket nach Gleichung (9.101) lokalisiert das Photon viel besser, für diese Wellenfunktion würden wir bei korrekter Berechnung der Ungenauigkeiten die Heisenberg'sche Unschärferelation (13.37) reproduzieren.

Eine ganz äquivalente Überlegung müssen wir durchführen, wenn wir die Wellenlänge eines Wellenzugs bestimmen wollen, siehe Abb. 13.8b. Die Wellenlänge ergibt sich aus der Anzahl der Schwingungen n_λ innerhalb der Kohärenzlänge Δz des Wellenzugs

$$\lambda = \frac{\Delta z}{n_\lambda} \; , \tag{13.38}$$

und daraus folgt für den Impuls des Photons

$$\wp = \hbar \, k = h \, \frac{n_\lambda}{\Delta z} \; . \tag{13.39}$$

Auch in diesem Fall lässt sich n_λ nur mit der prinzipiellen Ungenauigkeit $\Delta n_\lambda = 1$ bestimmen. Daraus resultiert eine Korrelation zwischen der Impulsunschärfe und der räumlichen Länge eines Wellenzugs

$$\Delta\wp \, \Delta z = h \; . \tag{13.40}$$

Das Photon besitzt eine Impulsunschärfe $\Delta \wp = h/\Delta z$, wenn die Wellenfunktion eine Kohärenzlänge Δz besitzt.

Die Gleichung (13.40) ist ähnlich zur zweiten **Heisenberg'schen Unschärferelation**

$$\Delta p_z \, \Delta z = \frac{\hbar}{2} \; . \tag{13.41}$$

Von diesen Beziehungen gibt es genau drei, nämlich für jede Richtung des kartesischen Koordinatensystems eine. Die Gründe für die kleinere Unschärfegrenze sind die gleichen, die wir gerade bei der Energieunschärfe diskutiert haben. Allgemein hängt diese Grenze von der Wellenfunktion ab, die zur Beschreibung des Photons benutzt wird. Und sie vergrößert sich sogar mit der Zeit, wenn die Wellenfunktion ein Teilchen beschreibt, das eine endliche Ruhemasse besitzt, siehe Kap. 14.3. Es ist daher durchaus gerechtfertigt, dass wir in Gleichung (6.121) eine besonders einfache Darstellung der Heisenberg'schen Unschärferelationen verwendet haben.

Die Heisenberg'schen Unschärferelationen beschreiben eine fundamentale Eigenschaft aller Quantensyteme, die durch eine Wellenfunktion Ψ beschrieben werden. Sie gelten im Prinzip auch für makroskopische Systeme, d.h. in der klassischen Physik. Ihr Einfluss versteckt sich in diesem Fall aber hinter den viel größeren experimentellen, d.h. statistischen Fehlern, siehe Kap. 1.3.2. Nehmen wir z.B. den am Ende dieses Kapitels diskutierten Fall, dass ein Auto mit einer Anfangsgeschwindigkeit $v_0 = (28 \pm 1{,}4)$ m s^{-1} abgebremst wird. Besitzt das Auto eine Ruhemasse $m_0 = 1500$ kg (wir vernachlässigen, dass auch diese Angabe einen experimentellen Fehler besitzt!), dann beträgt seine Impulsunschärfe $\Delta p = 2100$ kg m s^{-1}. Nach den Heisenberg'schen Unschärferelationen ist mit dieser Impulsunschärfe eine Ortsunschärfe $\Delta s = 2{,}5 \cdot 10^{-38}$ m verbunden. Dies ist natürlich nicht messbar. Würden wir aber ein Elektron mit dieser Anfangsgeschwindigkeit abbremsen, sieht der Fall ganz anders aus. Die Impulsunschärfe des Elektrons beträgt $\Delta p = 1{,}3 \cdot 10^{-30}$ kg m s^{-1} und die dazu korrelierte Ortsunschärfe $\Delta s = 4{,}1 \cdot 10^{-5}$ m. Und das ist messbar, d.h. diese Ortsunschärfe macht sich in Experimenten bemerkbar.

14

Materiewellen

Licht verhält sich wie eine Welle, wenn man in einem Experiment seine Welleneigenschaften testet, z.B. im Experiment zur Beugung am Gitter. Licht verhält sich dagegen wie ein Teilchen, wenn man in einem Experiment seine Teilcheneigenschaften testet, z.B. im Experiment zum lichtelektrischen Effekt. Dass sich diese, nach unserem Gefühl konträren Verhaltensweisen nicht widersprechen, zeigen die Untersuchungen an einem Doppelspalt. Allerdings müssen wir unsere Vorstellungen über das Verhalten von Teilchen revidieren. Quantenteilchen folgen keinem vorgeschriebenen Weg, so dass zu jeder Zeit gesagt werden kann, wo sich das Teilchen auf diesem Weg gerade befindet.

Wenn dies die Eigenschaften eines Photons sind, besitzen dann auch andere Teilchen diese Eigenschaften, besonders solche Teilchen, deren Ruhemasse nicht verschwindet? Um die Welleneigenschaften eines Teilchens experimentell zu verifizieren, wird man ein Beugungsexperiment an einem Gitter durchführen wollen. Natürlich bezweifelt kein Biologe, der mit einem Elektronenmikroskop arbeitet, dass Elektronen auch Welleneigenschaften besitzen. Der prinzipielle Nachweis sollte aber mit einem typischen Interferenzexperiment durchgeführt werden. Und das erfordert die Einhaltung bestimmter experimenteller Bedingungen, die wir uns jetzt überlegen wollen.

14.1 Die Bragg-Reflexion an einem Kristallgitter

Bei der Planung eines Beugungsexperiments müssen als erstes folgende Fragen geklärt werden:

1. Wie groß ist die Wellenlänge λ der Welle?
2. Gibt es ein Gitter, dessen Gitterkonstante d die Bedingung $d \approx \lambda$ erfüllt?
3. Ist die Kohärenzlänge der Welle $\Lambda \gg d$?

Die dritte Frage ist relativ leicht zu beantworten, denn wir legen die Kohärenzlänge durch die Impulsunschärfe fest: Je genauer der Impuls eines

Teilchens definiert ist, umso größer ist die Kohärenzlänge. Schwieriger sind die beiden ersten Fragen.

Wir kennen die Wellenlänge eines Teilchens mit Ruhemasse m_0 nicht. Wenn wir aber annehmen, dass die gleiche Beziehung zwischen Wellenlänge λ und Impuls p des Teilchens besteht, wie sie für das Photon besteht, dann gilt

$$p = \hbar k = \frac{h}{\lambda} \quad \rightarrow \quad \lambda = \frac{h}{p} = \frac{h\,c}{c\,p}. \tag{14.1}$$

Wir wollen den Teilchenimpuls möglichst klein machen, damit die Bedingung (2) erfüllt wird. Daher nehmen wir ein Teilchen mit kleiner Ruhemasse, also ein Elektron. Ist die kinetische Energie des Elektrons $W_{kin} = 2 \cdot 10^{-4}\,m_e\,c^2$ (dies entspricht einer Elektronbeschleunigungsspannung von nur $U = 100$ V), dann können wir den Impuls klassisch berechnen

$$c\,p = m_e\,v\,c = \sqrt{2\,m_e\,c^2\,W_{kin}} \tag{14.2}$$
$$= 0{,}02\,m_e\,c^2 = 0{,}01 \text{ MeV}.$$

Mit $h\,c = 1{,}24 \cdot 10^{-12}$ MeV m ergibt sich eine Wellenlänge

$$\lambda = 1{,}24 \cdot 10^{-10} \text{ m}. \tag{14.3}$$

Die Wellenlänge des Elektrons ist unter diesen experimentellen Bedingungen von der gleichen Größenordung wie der Atomradius r_A, siehe Kap. 8.1.1. Daher können wir ein Beugungsexperiment für Elektronen nicht an einem technisch hergestellten Strichgitter durchführen, sondern müssen ein Gitter verwenden, in dem Atome in regelmäßigen aber kleinstmöglichen Abständen zueinander angeordnet sind. Glücklicherweise existieren derartige Gitter in der Natur, es sind dies die **Kristallgitter**, siehe Kap. 3.

Bei der Beugung der Elektronen an einem Kristallgitter handelt es sich eigentlich um die kohärente Streuung von Elektronen an den regelmäßig angeordneten Atomen. Das Ergebnis der Streuung ist allerdings äquivalent zur Reflexion der Elektronenwellen an den Gitterebenen des Kristalls, wie es in Abb. 14.1 dargestellt ist. Man bezeichnet diese Reflexion als **Bragg-Reflexion**. Damit wir die Streuung wie eine Reflexion an aufeinander folgenden Ebenen darstellen können, müssen wir annehmen, dass der Kristall wenigstens über einige Gitterebenen hinweg transparent für die Elektronenwelle ist. Außerdem soll sich die Wellenlänge beim Eintritt in den Kristall nicht verändern. Diese Annahme ist i.A. nicht richtig, auch die Ausbreitung der Elektronenwelle im Kristall lässt sich formal mithilfe einer Brechzahl $n \neq 1$ beschreiben. Wir werden diese Komplikation aber vernachlässigen, denn für die Frage, unter welchen Bedingungen die Elektronenwellen bei der Reflexion konstruktiv interferieren, ist sie im Prinzip ohne Bedeutung.

Wir wollen die bei der Bragg-Reflexion auftretenden Interferenzen zunächst unter den experimentellen Bedingungen des **Drehkristallverfahrens** untersuchen. Bei diesem Verfahren werden die Wellen an den Ebenen reflektiert, die parallel zur Kristalloberfläche liegen. Dazu muss bei Veränderung

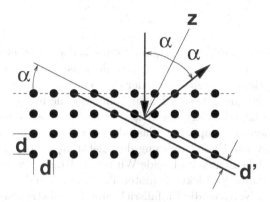

Abb. 14.1. Die Bragg-Reflexion eines Elektrons an einer Schar von parallelen Gitterebenen, die durch ausgewählte Atome in dem Kristallgitter mit Gitterabstand d gehen. α ist der Einfalls- und Reflexionswinkel des Elektrons, das wegen der beobachteten Interferenzen durch eine Welle beschrieben werden muss. d' ist der Abstand benachbarter Gitterebenen

des Einfallswinkels α_e und des Reflexionswinkels $\alpha_r = \alpha_e = \alpha$ der Kristall so gedreht werden, dass die Normale auf die Kristalloberfläche immer auch gleichzeitig die z-Achse des Koordinatensystems bildet, siehe Abb. 10.16a. Die Bedingung für konstruktive Interferenz können wir direkt den Gleichung (10.80) und (10.81) entnehmen, wenn wir für die Elektronenwelle annehmen, dass $n = 1$ gilt und bei der Reflexion an den Ebenen kein Phasensprung auftritt, $\Delta\delta = 0$. Dann ergeben sich konstruktive Interferenzen für

$$\ell\,\lambda = 2\,d\cos\alpha \,, \tag{14.4}$$

wobei $\ell = 1, 2, 3, \ldots$ die Interferenzordnung angibt. Man erhält also für den Winkel zwischen Einfalls- und Reflexionsrichtung $\theta = \alpha_e + \alpha_r = 2\,\alpha$ genau dann eine Verstärkung der Elektronenintensität, wenn

$$\cos\frac{\theta}{2} = \frac{\ell}{2}\frac{\lambda}{d} \,. \tag{14.5}$$

Bei einer zweiten Methode fällt die Elektronenwelle immer senkrecht auf die Kristalloberfläche und die Bragg-Reflexion geschieht an verschiedenen, aber parallelen Kristallebenen, deren Normalen den Winkel α mit der Normalen auf die Kristalloberfläche bilden, siehe Abb. 14.1. Unter diesen experimentellen Bedingungen beträgt der Abstand zwischen aufeinander folgenden Ebenen $d' = d\sin\alpha$, und die Interferenzbedingung (14.4) lautet jetzt

$$\ell\,\lambda = 2\,d'\cos\alpha \tag{14.6}$$
$$= d\,(2\sin\alpha\cos\alpha) = d\sin 2\alpha \,.$$

Ausgedrückt mithilfe $\theta = 2\,\alpha$ liegen die Maxima der Elektronenintensität bei

$$\sin \theta = \ell \, \frac{\lambda}{d} \, . \tag{14.7}$$

Wir haben diese beiden Verfahren zum Nachweis der Welleneigenschaften von Elektronen auch gegenübergestellt, um zu demonstrieren, dass die Formulierung der Bragg-Bedingungen (14.5) oder (14.7) davon abhängen, wie die experimentellen Bedingungen beschaffen sind und wie die in diesen Bedingungen auftretenden Größen definiert sind. Die Formulierung der Bragg-Bedingungen wird dadurch weiter kompliziert, dass die Orientierung der parallelen Gitterebenen relativ zur Einfallsrichtung der Elektronen durch die Angabe von zwei Winkeln erfolgen muss und beide Winkel die Bragg-Bedingungen erfüllen müssen. Die Maxima der Elektronenintensität lassen sich daher in einer Ebene darstellen, deren Normale die Einfallsrichtung der Elektronen ist.

Beim **Laue-Verfahren** werden Teilchen mit einem breiten Impulsspektrum, d.h. mit sehr verschiedenen Wellenlängen, an einem einzigen Kristall gestreut. Die Interferenzmaxima treten nur an bestimmten Punkten in der Ebene auf, die symmetrisch um die Einfallsrichtung der Teilchen verteilt sind.

Beim **Debey-Scherrer-Verfahren** werden Teilchen mit einem sehr engen Impulsspektrum, d.h. mit einer Wellenlänge, an sehr vielen und zufällig orientierten Kristallen gestreut. Die Interferenzmaxima sind Kreise in der Ebene, die symmetrisch um die Einfallsrichtung der Teilchen angeordnet sind.

Die Beobachtung der Interferenzstrukturen, die bei der Streuung von Elektronen und anderen Teilchen, z.B. Neutronen, an Kristallgittern beobachtet werden, ist der Beweis, dass Teilchen Welleneigenschaften besitzen, so wie Wellen Teilcheneigenschaften besitzen. Heute werden Streuexperimente nicht mehr durchgeführt, um diesen Dualismus nachzuweisen. Die Streuverfahren und die Interpretation der Interferenzmuster sind so verbessert, dass sie zur Strukturuntersuchung von Kristallgittern verwendet werden. Solche Strukturuntersuchungen befassen sich sowohl mit der Anordnung der Atome in einem Kristallgitter wie auch mit der Dynamik der Atome im Gitter, d.h. ihren Bewegungen bei veränderlichen Außenbedingungen wie der Temperatur.

14.2 Materie und Antimaterie

Die Eigenschaften einer Welle sind gegeben durch die Frequenz ω und die Wellenzahl k. Aus diesen beiden Größen ergeben sich die **Phasengeschwindigkeit** v_{ph} und die **Gruppengeschwindigkeit** v_{gr} der Welle

$$v_{\mathrm{ph}} = \frac{\omega}{k} \quad , \quad v_{\mathrm{gr}} = \frac{d\omega}{dk} \, . \tag{14.8}$$

Die Eigenschaften eines Teilchens sind gegeben durch die Energie E_{tot} und den Impuls p des Teilchens. Wir werden von jetzt ab, um den in der Literatur üblichen Bezeichnungen zu folgen, E_{tot} in Gleichung (12.48) durch E ersetzen. Dann gilt

$$E = m c^2 + W_{\text{pot}} \quad , \quad p = m v \ . \tag{14.9}$$

Zwischen E und p besteht nach Gleichung (12.49) die Beziehung

$$E = \pm\sqrt{c^2 p^2 + m_0^2 c^4} + W_{\text{pot}} \ . \tag{14.10}$$

Wir werden zunächst den Zusammenhang zwischen Wellen- und Teilcheneigenschaften herstellen und uns dann der Bedeutung der Gleichung (14.10) zuwenden.

Die Entwicklung der Quantentheorie im Rahmen der modernen Physik begann mit zwei Hypothesen von de Broglie (1892 - 1981):

Die Frequenz ω und Wellenzahl k einer Teilchenwelle werden bestimmt durch die Energie E und den Impuls p des Teilchens

$$E = \hbar \omega \quad , \quad p = \hbar k \ . \tag{14.11}$$

Wir wollen die Konsequenzen dieser Hypothesen zunächst für ein freies Teilchen untersuchen, d.h. für ein Teilchen mit konstanter potenzieller Energie, die immer zu $W_{\text{pot}} = 0$ normiert werden kann, siehe Gleichung (2.56). Dann ergibt die Gleichung (14.10)

$$E^2 - c^2 p^2 = m_0^2 c^4 = \ \text{konst}, \tag{14.12}$$

da $m_0^2 c^4$ eine Lorentz-Invariante ist. Setzen wir die de-Broglie-Hypothesen in diese Gleichung ein, ergibt sich

$$\hbar^2 \omega^2 - \hbar^2 c^2 k^2 = \ \text{konst}. \tag{14.13}$$

Wir können diese Gleichung nach der Wellenzahl k differenzieren und erhalten

$$2 \hbar^2 \omega \frac{\mathrm{d}\omega}{\mathrm{d}k} - 2 \hbar^2 c^2 k = 0 \quad \rightarrow \quad \frac{\omega}{k} \frac{\mathrm{d}\omega}{\mathrm{d}k} = c^2 \ . \tag{14.14}$$

Zwischen der Phasengeschwindigkeit und der Gruppengeschwindigkeit der Materiewellen von freien Teilchen besteht daher die Beziehung

$$v_{\text{ph}} \, v_{\text{gr}} = c^2 \ . \tag{14.15}$$

Diese Beziehung gilt auch für die Ausbreitung einer elektromagnetischen Welle im Vakuum, für die $v_{\text{ph}} = v_{\text{gr}} = c$ ist, und sie gilt allgemein für Röntgenlicht, für das $\omega \gg \omega_0$ ist, siehe Anmerkung 10.2.1. Die Gleichung (14.15) sagt aus, dass, falls $v_{\text{ph}} \neq c$, entweder $v_{\text{ph}} > c$ oder $v_{\text{gr}} > c$ sein muss. Die Entscheidung, welche dieser beiden Möglichkeiten die richtige ist, legt auch fest, ob die Gruppengeschwindigkeit oder die Phasengeschwindigkeit der Teilchenwelle identisch zur Teilchengeschwindigkeit ist, die $v < c$ erfüllen muss. Die Gleichung (14.12) lässt sich umschreiben zu

$$\frac{\omega}{k} = \frac{E}{p} = c \sqrt{1 + \frac{m_0^2 c^2}{p^2}} > c \,, \qquad (14.16)$$

und daher gilt:

> Die Teilchengeschwindigkeit v ist identisch zur Gruppengeschwindigkeit v_{gr} der zugeordneten Teilchenwelle.

Also ist $v_{ph} > c$ und $v_{gr} < c$ und damit $v_{ph} \neq v_{gr}$. Daher erfolgt die Ausbreitung der Teilchenwelle immer **dispersiv**. Das bedeutet, dass ein Wellenpaket im Laufe der Zeit immer breiter und damit auch die Ortsunschärfe bzw. die Zeitunschärfe eines Teilchens immer größer wird. Die Heisenberg'schen Unschärferelationen (13.37) und (13.41) stellen nur die untere Grenze dar. Über einen langen Zeitraum betrachtet gilt

$$\Delta E \, \Delta t > \frac{\hbar}{2} \quad , \quad \Delta p_z \, \Delta z > \frac{\hbar}{2} \,, \qquad (14.17)$$

mit den entsprechenden Relationen für die zwei anderen Ortskoordinaten.

Wir kommen jetzt zur Interpretation der Gleichung (14.10) und betrachten ein Elektron mit Ruhemasse m_e. Hier fällt natürlich sofort auf, dass formal das Vorzeichen der Wurzel nicht festliegt und für ein freies Elektron mit $W_{pot} = 0$ die Gesamtenergie sowohl positiv wie auch negativ sein kann. Wegen $\gamma \, m_e \, c^2 \geq m_e \, c^2$ gibt es einen Energiebereich $m_e \, c^2 > E > -m_e \, c^2$, der für ein freies Elektron verboten ist. Die Einschränkung der erlaubten Energien ist in Abb. 14.2 dargestellt. Die Frage ist, wie die erlaubten Zustände mit negativer Energie $E < -m_e \, c^2$ zu interpretieren sind.

Dirac (1902 - 1984) hat als erster vorgeschlagen, dass die Zustände negativer Energie von Elektronen mit negativer Masse besetzt werden. Da wir Teilchen mit negativer Masse in der Natur nicht begegnen, werden wir zu der Schlussfolgerung gezwungen, dass alle diese Zustände mit Elektronen besetzt sind und alle unsere Experimente auf diesen Zustand vollständiger Besetzung

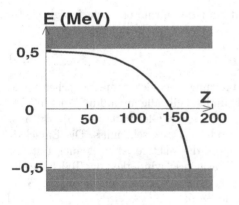

Abb. 14.2. Die *schattierten Gebiete* stellen die erlaubten Energiebereiche von freien Elektronen mit positiver und negativer Masse dar. Die *ausgezogene Kurve* zeigt die Energie eines im Atom gebundenen Elektrons mit positiver Masse in Abhängigkeit von der Ordnungszahl Z. Für $Z \approx 173$ erreicht die Bindungsenergie den Energiebereich der Elektronen mit negativer Masse

unempfindlich sind. Wir leben in einem **Dirac-See** negativer Energien, ohne uns dessen bewusst zu sein. Die Existenz des Dirac-Sees bemerken wir erst dann, wenn sich an dem Zustand vollständiger Besetzung etwas ändert. Wenn also ein Elektron mit negativer Masse durch genügend Energie $E > 2\,m_e\,c^2$ in einen Zustand positiver Energie gehoben wird und damit auch positive Masse erhält. Zurück bleibt ein Loch in dem Dirac-See, und dieses Loch weisen wir als **Antiteilchen**, also als Antielektron oder **Positron** experimentell nach.

Diesem Prozess sind wir bereits begegnet, nämlich im Kap. 13.3 bei der Paarbildung. Durch die Vernichtung eines Photons mit $\varepsilon > 2\,m_e\,c^2$ wird ein Elektron-Positron-Paar erzeugt. Das Elektron ist das aus dem Dirac-See geholte Elektron mit negativer Masse, das durch den Transfer in den Bereich positiver Energie auch eine positive Masse erhält. Das Positron ist das im Dirac-See zurückbleibende Loch, also das Antiteilchen. Ein Loch in einem See mit negativer Masse und negativer Ladung besitzt eine positive Masse und eine positive Ladung.

Was ändert sich an diesem Bild, wenn ein Elektron zusätzlich eine potenzielle Energie besitzt? Wir wollen nur die potenzielle Energie betrachten, die ein Elektron aufgrund seiner Ladung $q = -e$ erhält. Und wir wollen nur gebundene Zustände des Elektrons betrachten, die durch die anziehende Wechselwirkung des Elektrons mit einer zentralen Ladung $q = Z\,e$ gebildet werden. Für diese Zustände beträgt die potenzielle Energie

$$W_{\text{pot}} = -\frac{1}{4\pi\,\epsilon_0}\,\frac{Z\,e^2}{r} < 0 \,, \tag{14.18}$$

d.h. W_{pot} ist negativ aber abhängig vom Abstand zwischen Elektron und der Zentralladung. In Anmerkung 2.3.2 haben wir geschildert, welcher Zusammenhang zwischen den zeitlichen Mittelwerten von W_{pot} und W_{kin} in der nichtrelativistischen Näherung besteht, wenn zwischen zwei Ladungen eine anziehende elektrische Kraft wirkt. Es gilt

$$W_{\text{tot}} = \langle W_{\text{pot}} \rangle + \langle W_{\text{kin}} \rangle = \frac{1}{2}\,\langle W_{\text{pot}} \rangle = -\,\langle W_{\text{kin}} \rangle \,. \tag{14.19}$$

Bis zu welchem Wert der Ordnugszahl Z dürfen wir diese nichtrelativistische Näherung verwenden, also vergessen, dass sich mit wachsender Ordnungszahl Z auch die Masse m des Elektrons vergrößert?

Die nichtrelativistische Näherung des Energiesatzes (14.10) erhält man durch Entwicklung der Wurzel nach $(p/m_0\,c)^2$. Für ein Elektron bedeutet dies

$$E = \pm m_e\,c^2\,\sqrt{1 + \frac{p^2}{m_e^2\,c^2}} + W_{\text{pot}} \tag{14.20}$$

$$= \pm\left(m_e\,c^2 + \frac{p^2}{2\,m_e}\right) + W_{\text{pot}}$$

$$= \pm\left(m_e\,c^2 + \langle W_{\text{kin}} \rangle\right) + \langle W_{\text{pot}} \rangle \,.$$

Diskutieren wir diese Beziehung zunächst für das positive Vorzeichen. Dann gilt:

$$E = m_e \, c^2 + W_{tot} \quad \text{mit} \quad W_{tot} = - \langle W_{kin} \rangle = -13{,}6 \, Z^2 \text{ eV}. \quad (14.21)$$

Diesen Wert für die Gesamtenergie eines gebundenen Elektronenzustands werden wir im Kap. 15.1.1 berechnen. Im Augenblick benutzen wir ihn, um die Gültigkeit der nichtrelativistischen Näherung abzuschätzen. Verwenden wir für diese Gültigkeit das mit Gleichung (12.56) angegebene Kriterium, so muss die Ordnungszahl des Atoms die Bedingung $13{,}6 \, Z^2 < 10^5$ erfüllen, woraus sich ergibt $Z < 85$. Bis zu etwa diesen Ordungszahlen können wir die gebundenen Zustände des Elektrons in einem Atom durch die Näherung

$$E = m_e \, c^2 - 13{,}6 \, Z^2 \text{ eV}. \quad (14.22)$$

beschreiben. Wir erkennen aus dieser Beziehung, dass die gebundenen Zustände in dem für ein freies Elektron verbotenen Energiebereich liegen und quadratisch mit Z absinken. Auch dieses Verhalten ist in der Abb. 14.2 skizziert. Man erwartet, dass die Energie der gebundenen Zustände bei einem bestimmten Wert von Z die untere Grenze $E = -m_e \, c^2$ erreicht und dann in den Dirac-See eintaucht. Um diesen Z Wert zu berechnen, genügt unsere klassische Rechnung nicht. In der relativistisch korrekten Rechnung ergibt sich dieser Wert zu $Z = 173$. Atome mit derart großen Ordnungszahlen existieren nicht in der Natur, die größte Ordnungszahl hat Uran mit $Z = 92$. Dieser Wert ist nur wenig größer als der Wert, der noch die nichtrelativistische Behandlung der Elektronen in der Atomhülle erlaubt. Wir werden im Folgenden diese Näherung benutzen, sollten aber immer daran denken, dass die Ergebnisse nur so lange mit dem Experiment in Übereinstimmung sein können, so lange das Experiment keine zu große Genauigkeit besitzt.

Verwenden wir das negative Vorzeichen in Gleichung (14.10), so ergibt sich in nichtrelativistischer Näherung

$$E = -m_e \, c^2 - \langle W_{kin} \rangle - | \langle W_{pot} \rangle | \, . \quad (14.23)$$

Alle diese Zustände liegen im Dirac-See und sind daher nicht beobachtbar.

14.3 Die Wellengleichung der Materie

Wir gehen aus von der nichtrelativistischen Näherung (14.20) des Energiesatzes, der sich schreiben lässt

$$E - m_e \, c^2 = \frac{p^2}{2 \, m_e} + W_{pot} \, . \quad (14.24)$$

Da $m_e \, c^2$ eine Lorentz-Invariante ist, können wir die Energie so umnormieren, dass $E - m_e \, c^2 \to E$. Wie in der klassischen Physik setzt sich dann die

Gesamtenergie der Materie zusammen aus der kinetischen Energie und der potenziellen Energie.

Um die Wellengleichung der Materie aufzustellen, werden wir als Wegweiser das Photon benutzen, für das wir die Wellengleichung bereits kennen. Im Falle des Photons mit Ruhemasse $m_0 = 0$ fällt die formale Ähnlichkeit zwischen dem Energiesatz und der Wellengleichung auf:

$$E^2 = c^2\, p^2 \quad , \quad \frac{\mathrm{d}^2 \Psi}{\mathrm{d}t^2} = c^2\, \frac{\mathrm{d}^2 \Psi}{\mathrm{d}z^2} \ . \tag{14.25}$$

Die Wellengleichung ist offensichtlich eine Abbildung des Energiesatzes auf eine Differentialgleichung, wobei die Energie E durch den Operator $(E)_{\mathrm{Op}} = \xi\, \mathrm{d}/\mathrm{d}t$ und der Impuls durch den Operator $(p)_{\mathrm{Op}} = -\xi\, \mathrm{d}/\mathrm{d}z$ ersetzt worden sind, die beide auf die Wellenfunktion Ψ wirken. Dabei soll gelten $(\xi)^2 = (-\xi)^2 = \text{konst}$. Wenden wir dieses Abbildungsverfahren auch auf den Energiesatz (14.24) an, finden wir

$$E = \frac{p^2}{2\, m_{\mathrm{e}}} + W_{\mathrm{pot}} \quad , \quad \xi\, \frac{\mathrm{d}\Psi}{\mathrm{d}t} = \frac{\xi^2}{2\, m_{\mathrm{e}}} \frac{\mathrm{d}^2\Psi}{\mathrm{d}z^2} + W_{\mathrm{pot}}\, \Psi \ . \tag{14.26}$$

Die Frage ist, wie ξ zu wählen ist, damit die Wellengleichung auf der rechten Seite für $W_{\mathrm{pot}} = 0$ als Lösungen ebene Wellen besitzt, aus denen man alle anderen Wellen durch Überlagerung aufbauen kann. Wir wollen dieses Problem hier nicht untersuchen, sondern nur die Antwort auf die Frage angeben.

(1) Der Vorfaktor vor den Operatoren ist $\xi = i\,\hbar$, wobei i die imaginäre Einheit $i = \sqrt{-1}$ ist.

Die Wellengleichung der Materie für den Fall $m_0 = m_{\mathrm{e}}$ lautet

$$i\,\hbar\, \frac{\mathrm{d}\Psi}{\mathrm{d}t} = -\frac{\hbar^2}{2\, m_{\mathrm{e}}} \frac{\mathrm{d}^2\Psi}{\mathrm{d}z^2} + W_{\mathrm{pot}}\, \Psi \ . \tag{14.27}$$

Man bezeichnet diese Differentialgleichung als die **Schrödinger-Gleichung**.

Eine spezielle Lösung der Schrödinger-Gleichung muss die ebene Welle sein. Aber diese Lösung hat besondere Eigenschaften:

(2) Die ebene Welle ist komplex und gegeben durch

$$\Psi(z,t) = \overline{\Psi}\, \mathrm{e}^{-i\,(\omega t - kz)} \ . \tag{14.28}$$

Dies ist eine harmonische Welle, in dem Anhang 4 ist beschrieben, wie sie sich in die harmonischen Funktionen $\cos\,(\omega t - kz)$ und $\sin\,(\omega t - kz)$ zerlegen lässt. Wir wollen den Beweis, dass $\Psi(z,t)$ eine Lösung der Schrödinger-Gleichung ist, durch Einsetzen der Lösung in die Gleichung erbringen. Und zwar ergibt sich

$$i\,\hbar\, \frac{\mathrm{d}\Psi(z,t)}{\mathrm{d}t} = \hbar\,\omega\, \Psi(z,t) \quad , \quad -\frac{\hbar^2}{2\, m_{\mathrm{e}}} \frac{\mathrm{d}^2\Psi(z,t)}{\mathrm{d}z^2} = \frac{\hbar^2\, k^2}{2\, m_{\mathrm{e}}}\, \Psi(z,t) \ ,$$

und dies ist, eingesetzt in die Schrödinger-Gleichung und nachdem durch $\Psi(z,t)$ gekürzt wurde, gerade der Energiesatz

$$\hbar\,\omega = \frac{\hbar^2\,k^2}{2\,m_{\mathrm{e}}} + W_{\mathrm{pot}}\;. \tag{14.29}$$

Natürlich bereitet es Schwierigkeiten zu akzeptieren, dass die Lösungen der Schrödinger-Gleichung, also die Materiewellen für beobachtbare Teilchen, komplexe Funktionen sind. Diese Eigenschaft macht sie unbeobachtbar, im Gegensatz zur elektromagnetischen Welle, die das Photon beschreibt und die immer reell und daher beobachtbar ist. Aber wie beim Photon ist auch für das Teilchen die Aufenthaltswahrscheinlichkeit $P(n) \propto \int |\Psi|^2\,\mathrm{d}V$ bzw. $P(n) \propto \int |\Psi|^2\,\mathrm{d}t$ in einem Experiment nachprüfbar, denn das Quadrat $|\Psi|^2$ einer komplexen Funktion Ψ ist reell. Manche Leute stören sich trotzdem an der Tatsache, dass erst das Quadrat der Lösung der Ausbreitungsgleichung zugänglich für die experimentelle Verifikation wird. Aber natürlich gibt es kein Gesetz in der Natur, das dies bereits für die Lösung selbst verlangt. Vielmehr ist dieses Verlangen wohl mehr gegründet auf unsere Gewöhnung an die Eigenschaften des Lichts. Wir wollen uns noch einmal daran erinnern, dass die Welleneigenschaften, also insbesondere ihre Interferenzfähigkeit, nicht verloren gehen, wenn erst die Quadrate der Wellenfunktionen im Experiment nachgewiesen werden können.

Zum Schluss dieses Kapitels betrachten wir wiederum den Zusammenhang zwischen Phasen- und Gruppengeschwindigkeit der Materiewelle, jetzt allerdings in der nichtrelativistischen Näherung. Für ein freies Teilchen mit $W_{\mathrm{pot}} = 0$ ergibt die Gleichung (14.29)

$$v_{\mathrm{ph}} = \frac{\omega}{k} = \frac{\hbar\,k}{2\,m_0} \quad,\quad v_{\mathrm{gr}} = \frac{\mathrm{d}\omega}{\mathrm{d}k} = \frac{\hbar\,k}{m_0}\;. \tag{14.30}$$

Also auch in der nichtrelativistischen Näherung ist $v_{\mathrm{ph}} \neq v_{\mathrm{gr}}$, daher erfolgt die Ausbreitung der Teilchenwelle auch in dieser Näherung dispersiv. Und damit gelten für ein freies Teilchen (aber nicht für gebundene Zustände, für welche die Gleichungen (13.37) und (13.41) gelten) die **Heisenberg'schen Unschärferelationen** in der Form (14.17). Man kann sogar in dieser nichtrelativistischen Näherung die zeitliche Veränderung der Ortsunschärfe berechnen. Sie ergibt sich zu

$$\Delta z = \Delta z_0 \sqrt{1 + \frac{4\,\Delta p_0^4}{\hbar^2\,m_0^2}\,t^2}\;,$$

wenn zur Zeit $t = 0$ die Unschärferelation $\Delta z_0\,\Delta p_0 = \hbar/2$ lautete. Erst für sehr große Zeiten erfolgt das Anwachsen der Ortsunschärfe nach dem in der klassischen Physik erwarteten Gesetz

$$\Delta z = \Delta z_0\,\frac{2}{\hbar}\,\Delta p_0\,\Delta v_0\,t = \Delta v_0\,t\;.$$

Es ist offensichtlich, warum diese Gleichung nur für große Zeiten richtig sein kann. Für $t = 0$ ergibt das klassische Gesetz $\Delta z_0 = 0$, und das widerspricht der korrekten Gleichung (13.41).

Anmerkung 14.3.1: Die Ersetzung $E - m_e\,c^2 \to E$ bedeutet nicht nur, dass der Energienullpunkt verschoben wird, sondern sie hat wegen Gleichung (14.26) auch Einfluss auf die Wellenfunktion. Es lässt sich zeigen, dass dadurch in der Wellenfunktion eine zusätzliche, aber konstante Phase auftaucht, die unbeobachtbar bleibt, da nur das Quadrat der Wellenfunktion beobachtbar ist, in dem die Phase wieder verschwindet.

Anmerkung 14.3.2: Es mag vielleicht verwundern, dass das Vorzeichen von ξ in $(E)_{\mathrm{Op}}$ und $(p)_{\mathrm{Op}}$ verschieden ist. Das liegt daran, dass auch der zeitartige Anteil ωt und der raumartige Anteil kz in der Wellenfunktion (14.28) verschiedene Vorzeichen besitzen.

Anmerkung 14.3.3: Man kann allgemein beweisen, dass jede Lösung der Schrödinger-Gleichung komplex ist, dagegen die Lösungen der äquivalenten Maxwell-Gleichung reell sind. Wir stellen die allgemeinen Formen dieser Gleichungen gegenüber

$$i\,\frac{\mathrm{d}}{\mathrm{d}t}\Psi = f\,\frac{\mathrm{d}^2}{\mathrm{d}z^2}\Psi \qquad , \qquad \frac{\mathrm{d}^2}{\mathrm{d}t^2}\Psi = f\,\frac{\mathrm{d}^2}{\mathrm{d}z^2}\Psi \;.$$

Für die komplexe Wellenfunktion Ψ schreiben wir $\Psi = \mathrm{Re}\Psi + i\,\mathrm{Im}\Psi$, wobei $\mathrm{Re}\Psi$ der Realteil und $\mathrm{Im}\Psi$ der Imaginärteil von Ψ sind. Wir setzen dies in die Wellengleichungen ein und trennen nach Realteil und Imaginärteil. Dies ergibt

$$\frac{\mathrm{d}}{\mathrm{d}t}\mathrm{Re}\Psi = f\,\frac{\mathrm{d}^2}{\mathrm{d}z^2}\mathrm{Im}\Psi \qquad , \qquad \frac{\mathrm{d}^2}{\mathrm{d}t^2}\mathrm{Re}\Psi = f\,\frac{\mathrm{d}^2}{\mathrm{d}z^2}\mathrm{Re}\Psi \;,$$

$$-\frac{\mathrm{d}}{\mathrm{d}t}\mathrm{Im}\Psi = f\,\frac{\mathrm{d}^2}{\mathrm{d}z^2}\mathrm{Re}\Psi \qquad , \qquad \frac{\mathrm{d}^2}{\mathrm{d}t^2}\mathrm{Im}\Psi = f\,\frac{\mathrm{d}^2}{\mathrm{d}z^2}\mathrm{Im}\Psi \;.$$

Im Fall der Schrödinger-Gleichung ergibt sich ein System von zwei gekoppelten Gleichungen, die sich nicht entkoppeln lassen. Die Lösung besitzt immer einen Realteil und einen Imaginärteil.

Im Fall der Maxwell-Gleichung ergeben sich zwei entkoppelte Gleichungen. Sowohl der Realteil wie auch der Imaginärteil stellen zwei voneinander unabhängige und reelle Lösungen dar.

14.4 Stationäre Zustände

Unter stationären Zuständen versteht man solche Zustände, die eine ganz bestimmte Energie besitzen, die also eine Energieunschärfe $\Delta E = 0$ aufweisen. Wegen der Heisenberg'schen Unschärferelationen besitzen diese Zustände dann eine unendlich große Zeitunschärfe $\Delta t = \infty$. Dies ist so zu interpretieren, dass diese Zustände zu allen Zeiten existieren, sie sich also zeitlich nicht lokalisieren lassen. Sie existieren von $t = -\infty$ bis $t = +\infty$, sind also stabil und verändern nie ihre Energie. Gibt es solche Zustände in der Natur? Ja, denn alle Zustände mit minimaler potenzieller Energie sind stabil.

Für die Wellenfunktion eines stationären Zustands können wir den Ansatz machen

$$\Psi(z,t) = e^{-i\,\omega t}\,\psi(z) = e^{-(i/\hbar)\,E\,t}\,\psi(z)\ . \tag{14.31}$$

Setzen wir diesen Ansatz in die Schrödinger-Gleichung (14.27) ein, erhalten wir

Die Wellengleichung für stationäre Zustände lautet

$$E\,\psi(z) = -\frac{\hbar^2}{2\,m_{\mathrm{e}}}\,\frac{\mathrm{d}^2\psi(z)}{\mathrm{d}z^2} + W_{\mathrm{pot}}\,\psi(z)\ . \tag{14.32}$$

Man bezeichnet diese Differentialgleichung als die **stationäre Schrödinger-Gleichung**.

Wir wollen zwei Beispiele behandeln.

14.4.1 Das Elektron mit konstanter potenzieller Energie

Falls die potenzielle Energie eines Elektrons überall konstant ist, können wir die Energienormierung so wählen, dass $W_{\mathrm{pot}} = 0$ ist. Dann ist das Elektron ein freies Elektron, das durch die Wellenfunktion

$$\Psi(z,t) = \overline{\Psi}\,e^{-(i/\hbar)\,(E\,t - p\,z)} \tag{14.33}$$

beschrieben wird. Das Elektron besitzt eine feste Energie E und einen festen Impuls $p = \sqrt{2\,m_{\mathrm{e}}\,E}$, es ist zeitlich und räumlich nicht lokalisierbar.

Es kommen aber auch Fälle vor, wo die potenzielle Energie konstant nur in einem beschränkten Raumbereich ist, sich die Werte der potenziellen Energie aber von Raumbereich zu Raumbereich unterscheiden, wie es in Abb. 14.3 angedeutet ist. In diesem Fall gilt die stationäre Schrödinger-Gleichung (14.32) immer nur für einen bestimmten Bereich. Mit dem Ansatz $\psi(z) = \overline{\psi}\,e^{i\,kz}$ ergibt sich für die Wellenzahl k

$$k = \frac{1}{\hbar}\,\sqrt{2\,m_{\mathrm{e}}\,(E - W_{\mathrm{pot}})}\ , \tag{14.34}$$

d.h. bei konstanter Energie E ändern sich die Wellenzahl k und damit der Impuls p des Elektrons mit der potenziellen Energie von Raumbereich zu Raumbereich. Besonders interessant wird es dann, wenn die potenzielle Energie größer wird als die Gesamtenergie des Elektrons. In diesem Fall ist $E - W_{\mathrm{pot}} < 0$ und wir erhalten

$$k = \frac{i}{\hbar}\,\sqrt{2\,m_{\mathrm{e}}\,(W_{\mathrm{pot}} - E)}\ . \tag{14.35}$$

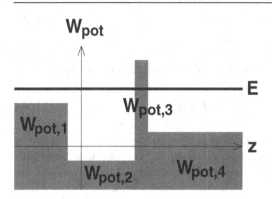

Abb. 14.3. Ein Elektron mit der Gesamtenergie E, das sich in z-Richtung bewegt und dabei auf unterschiedliche Bereiche stößt, in denen sich seine potenzielle Energie (und damit auch seine kinetische Energie) verändert, aber innerhalb eines Bereichs konstant ist. Beachten Sie, dass im Bereich 3 die kinetische Energie negativ ist

Die Wellenfunktion in diesen Bereich lautet dann $\psi(z) = \overline{\psi}\,e^{-kz}$, d.h. die Aufenthaltswahrscheinlichkeit, die proportional zum Quadrat der Wellenfunktion ist, nimmt exponentiell ab gemäß $P(z) \propto \exp(-2\,kz)$. Ist l die Länge des Bereichs, dann besitzt das Elektron also eine gewisse Wahrscheinlichkeit

$$P(l) = \frac{|\psi(l)|^2}{|\psi(0)|^2} \propto \exp\left(-\frac{l}{\hbar}\,\sqrt{8\,m_e\,(W_{\mathrm{pot}} - E)}\right)\,, \qquad (14.36)$$

diesen Bereich zu durchtunneln, obwohl das klassisch verboten ist, weil der Aufenthalt in diesem Bereich eine negative kinetische Energie des Elektrons erfordert. Man nennt dieses Quantenphänomen den **Tunneleffekt**. Seine Existenz ist von vielen Experimenten bestätigt worden. Überlegen wir uns die Größenordnung des Tunneleffekts. Beträgt der Energieunterschied $W_{\mathrm{pot}} - E = 1$ eV, so ergibt sich die Tunnelwahrscheinlichkeit zu $P(l) \propto \exp(-l \cdot 10^{10})$, wenn $[l] = $ m. Schon auf atomarer Skala mit $l \approx r_{\mathrm{A}}$ beträgt die Tunnelwahrscheinlichkeit nur $P(r_{\mathrm{A}}) \propto 0{,}3$, und sie nimmt sehr schnell ab, wenn $l > r_{\mathrm{A}}$. Das bedeutet: Ein Gerät zu bauen, dass den Tunneleffekt technisch ausnützt, ist sehr schwierig. Trotzdem ist es gelungen, mit sehr feinen Spitzen eine Tunnelbarriere der Dicke $l \approx r_{\mathrm{A}}$ zu erzeugen. Diese Barriere bildet die Grundlage für das Rastertunnelmikroskop, mit dem sich atomare Strukturen auf einer Oberfläche sichtbar machen lassen.

Erst für $W_{\mathrm{pot}} \to \infty$ verschwindet die Tunnelwahrscheinlichkeit, die Wellenfunktion ist dann in diesem Bereich $\psi(z) \equiv 0$.

14.4.2 Das Elektron in einem Potenzialkasten

Als nächstes Beispiel betrachten wir ein Teilchen in einem Potenzialkasten. Darunter verstehen wir, dass sich die potenzielle Energie des Teilchens längs der z-Koordinate in zwei Stufen verändert, und zwar an den Stellen $z = 0$ und $z = a$. Also ist a die Breite des Potenzialkastens. Die Veränderung der potenziellen Energie an diesen Orten erfolgt unstetig, und zwar soll gelten:

$$W_{\text{pot}} = 0 \quad \text{für} \quad 0 \leq z \leq a \qquad (14.37)$$
$$W_{\text{pot}} = \infty \quad \text{sonst.}$$

Für den Bereich $0 \leq z \leq a$ lautet die stationäre Schrödinger-Gleichung

$$-\frac{\hbar^2}{2\,m_{\text{e}}} \frac{\mathrm{d}^2 \psi(z)}{\mathrm{d}z^2} = E\,\psi(z)\,. \qquad (14.38)$$

Außerhalb dieses Bereichs sind die Wellenfunktionen $\psi(z) \equiv 0$. An den Orten $z = 0$ und $z = a$ müssen die Wellenfunktionen für die Bereiche innerhalb und außerhalb des Kastens stetig aneinander schließen, d.h. sie müssen die Bedingungen

$$\psi(0) = 0 \quad \text{und} \quad \psi(a) = 0 \qquad (14.39)$$

erfüllen. Diese Anschlussbedingungen werden die **Randbedingungen** des Problems genannt. Die Folge der Randbedingungen ist, dass die Energie E des Teilchens im Kasten gequantelt ist.

Die Gleichung (14.38) ist eine Schwingungsgleichung von der Form (2.44) für die Funktion $\psi(z)$. Die Lösung für diese Gleichung kennen wir seit Kap. 2; sie lautet allgemein

$$\psi(0) = \overline{\psi} \sin\,(kz + \delta) \quad \text{mit} \quad k = \frac{1}{\hbar}\,\sqrt{2\,m_{\text{e}}\,E}\,. \qquad (14.40)$$

Es sind aber wegen der Randbedingungen (14.39) nicht alle Lösungen zugelassen, sondern nur solche, für die

$$\sin\,(\delta) = 0 \quad \text{und} \quad \sin\,(ka + \delta) = 0\,. \qquad (14.41)$$

Aus der linken Bedingung folgt $\delta = 0$, aus der rechten Bedingung folgt

$$ka = n\,\pi \quad \text{mit} \quad n = 1, 2, 3, \ldots\,. \qquad (14.42)$$

Die ganzen Zahlen definieren den Wertebereich der **Quantenzahl** n, die dieses eindimensionale Problem besitzt. Durch die Existenz der Quantenzahlen werden auch die **Energieeigenwerte** der **Eigenzustände** des Teilchens in dem Kasten gequantelt. Die Energieeigenwerte ergeben sich zu

$$E_n = \frac{\hbar^2\,k^2}{2\,m_{\text{e}}} = n^2\,E_1\,, \qquad (14.43)$$

mit der Grundzustandsenergie

$$E_1 = \frac{\hbar^2\,\pi^2}{2\,m_{\text{e}}\,a^2}\,. \qquad (14.44)$$

Die Grundzustandsenergie ist die Energie des Zustands mit der geringsten Energie. In Abb. 14.4 ist die Lage der Energieeigenwerte gezeigt. Dies ist eine in der Literatur häufig verwendete Darstellung. Als Abzisse ist die Ortskoordinate z gewählt, sodass in dieser Abbildung gleichzeitig auch der Verlauf der potenziellen Energie des Teilchens dargestellt werden kann. Ferner ist zu jedem Energieeigenwert auch die zugehörige **Eigenfunktion** skizziert, also die harmonischen Funktionen $\psi_n(z) \propto \sin(n\,\pi\,z/a)$.

Die Randbedingungen (14.39) ergeben keinen Hinweis darauf, wie groß die Amplitude $\overline{\psi}$ der Eigenfunktion $\psi_n(z)$ ist. Diese Amplitude ist beschränkt, und die Beschränkung ergibt sich aus der Forderung, dass die Aufenthaltswahrscheinlichkeit des Teilchens in dem gesamten Kasten genau 1 ergeben muss. Da alle Zustände stationär sind, gilt diese Forderung für jeden Eigenzustand

$$1 = \overline{\psi}^2 \int_0^a \left(\sin\left(n\,\pi\,\frac{z}{a}\right)\right)^2 \mathrm{d}z \quad \rightarrow \quad \overline{\psi}^2 = \frac{2}{a}\,. \qquad (14.45)$$

Die Eigenfunktionen für die Eigenzustände mit Quantenzahl n lauten daher

$$\psi_n(z) = \sqrt{\frac{2}{a}} \sin\left(n\,\pi\,\frac{z}{a}\right)\,. \qquad (14.46)$$

Dies ist eine reelle Funktion. Besteht daher ein Widerspruch zu der Behauptung, dass die Lösungen der Schrödinger-Gleichung immer komplex sind? Nein, denn wir dürfen nicht vergessen, dass die vollständige Wellenfunktion eines Teilchens im Kasten lautet

$$\Psi_n(z,t) = \mathrm{e}^{-i(E_n/\hbar)\,t}\,\psi_n(z)\,, \qquad (14.47)$$

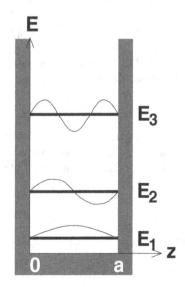

Abb. 14.4. Der unendliche hohe Potenzialkasten.

Dieses Bild zeigt die Ortsabhängigkeit der potenziellen Energie (*schattierte Bereiche*), die quantiesierten Energieeigenwerte E_n, die ein Teilchen mit dieser potenziellen Energie besitzt, und die zugehörigen Wellenfunktionen $\psi_n(z)$ (*ausgezogene Kurven*)

und dies ist eine komplexe Funktion. Die Wellenfunktion $\Psi_n(z, t)$ hat außerdem, wenn wir einmal von ihrer Komplexität absehen, die Form einer **stehenden Welle**, deren Eigenschaften wir in Kap. 7.2.4 behandelt haben. Daher wird das Teilchen im Kasten durch eine Materiewelle beschrieben, die an beiden Wänden des Kastens reflektiert wird, also zwischen diesen Wänden hin- und herläuft. Damit bei der Überlagerung dieser Wellen wirklich eine stehende Welle entsteht, müssen die Randbedingungen (14.39) erfüllt sein. Die physikalische Situation ist ganz ähnlich zu der einer stehenden Schallwelle in einer doppelt gedeckten Pfeife, siehe Abb. 7.9.

Überlegen wir uns, welche Folgerungen wir für die Orts- und Impulsunschärfe des Teilchens im Kasten ziehen müssen. Für die Ortsunschärfe gilt $\Delta z = a$, weil dies der Aufenthaltsbereich des Teilchens im Kasten ist. Zur Bestimmung der Impulsunschärfe müssen wir bedenken, dass die Bewegung des Teilchens im Kasten eine Pendelbewegung zwischen $z = 0$ und $z = a$ ist. Darauf wird auch durch die Eigenfunktion für den Grundzustand $n = 1$ hingedeutet, die sich gemäß Anhang 4 schreiben lässt

$$\psi_1(z) \propto \sin k_1 z \propto e^{i\,k_1 z} - e^{-i\,k_1 z} \ .$$

Der Impuls schwankt also zwischen den Extremwerten

$$-\hbar\,k_1 \le p_z \le \hbar\,k_1 \quad \rightarrow \quad -\hbar\,\frac{\pi}{a} \le p_z \le \hbar\,\frac{\pi}{a} \ , \tag{14.48}$$

und insgesamt beträgt die Impulsunschärfe

$$\Delta p_z = 2\,\hbar\,\frac{\pi}{a} \ . \tag{14.49}$$

Daraus ergibt sich

$$\Delta z\,\Delta p_z = 2\,\hbar\,\pi = h \ , \tag{14.50}$$

wie wir es für eine ebene Welle bereits in Gleichung (13.40) hergeleitet hatten. Außerdem zeigt die Gleichung (14.48), dass für den Mittelwert von p_z gilt

$$\langle p_z \rangle = 0 \ .$$

In der Quantenphysik wird der Mittelwert als **Erwartungswert** bezeichnet. Unser Beispiel lässt deutlich den Unterschied zwischen einem **Eigenwert** und einem Erwartungswert erkennen. Der Eigenwert der Energie $E = p_z^2/2m_e$ besitzt einen festen Wert ohne Schwankung, also

$$\Delta E = \Delta p_z^2 = 0 \ .$$

Der Erwartungswert des Impulses $\langle p_z \rangle$ hat dagegen die Schankungsbreite (14.49), also

$$\Delta p_z > 0 \ .$$

In Kap. 18.1.1 werden wir uns vor die Aufgabe gestellt sehen, nicht nur Eigenwerte, sondern auch Erwartungswerte berechnen zu müssen.

Der Fall, dass ein Elektron in einem Kasten eingeschlossen ist, ist nicht nur von prinzipiellem Interesse, sondern findet sich auch in der Natur verwirklicht. Es gibt Kettenmoleküle, z.B. das Farbstoffmolekül Melanin, dort pendelt ein Elektron auf der Kette, welche die Länge a besitzt. Nach unseren Überlegungen muss diese Pendelbewegung gequantelt sein, die Energieeigenwerte ergeben sich aus der Gleichung (14.43). Die Behandlung der Eigenzustände eines Elektrons nach dem gerade geschilderten Formalismus wirft allerdings eine grundsätzliche Frage auf. Das elektromagnetische Feld koppelt an das Elektron, siehe Kap. 13.3, und das bedeutet, dass nur der Grundzustand $n = 1$ des Elektrons wirklich stationär ist. Befindet sich das Elektron in einem angeregten Zustand $n > 1$, so kann es durch Emission eines Photons zurück in einen tiefer liegenden Zustand springen, bis es sich schließlich wieder im Grundzustand befindet. Angeregte Zustände sind daher im Prinzip nicht stationär, sie leben nur für eine bestimmte Zeit, die Lebensdauer τ. Nach der Heisenberg'schen Unschärferelation folgt daraus eine Energieunschärfe des Energieeigenwerts

$$\Delta E = \frac{\hbar}{2\,\tau}\,, \tag{14.51}$$

die allerdings in einem gewöhnlichen, nicht hochauflösenden Experiment gar nicht zu beobachten ist. Wir werden daher auch die angeregten Zustände weiterhin wie stationäre Zustände behandeln.

Die Energiedifferenz zwischen zwei angeregten Zuständen der Pendelbewegung in einem Kettenmolekül entspricht daher der Energie des Photons, das emittiert wird, wenn ein Elektron einen Übergang zwischen diesen Zuständen ausführt,

$$\hbar\,\omega = E_1\,(n_i^2 - n_f^2) \quad \text{mit} \quad n_i > n_f\,. \tag{14.52}$$

Als Beispiel nehmen wir ein Kettenmolekül mit einer Länge $a = 7 \cdot 10^{-10}$ m. Daraus ergibt sich für die Grundzustandsenergie

$$E_1 = \frac{(h\,c)^2}{8\,m_e\,c^2\,a^2} = 0{,}78 \text{ eV},$$

und für die Wellenlänge des emittierten Lichts

$$\lambda = \frac{1580}{n_f^2 - n_i^2} \cdot 10^{-9} \text{ m}.$$

Betrachten wir z.B. den Elektronenübergang vom Zustand $n_i = 2$ in den Grundzustand $n_f = 1$, ergibt sich $\lambda_{2\to 1} = 527$ nm, und diese Wellenlänge ist im Bereich des sichtbaren Lichts.

Anmerkung 14.4.1: Die meisten Probleme, die wir bisher in diesem Lehrbuch behandelt haben, sind eindimensionale Probleme, d.h. die Kraft oder die Energie ist allein abhängig von einer der drei möglichen Raumkoordinaten x, y, z. Fast alle Probleme in der Natur sind aber dreidimensional, hängen also von allen drei Raumkoordinaten ab.

Zum Beispiel lässt sich ein Teilchen nur dann in einem endlichen Raumgebiet einschließen, wenn der Kasten dreidimensional ist. Die zugehörige stationäre Schrödinger-Gleichung muss auf drei Dimensionen erweitert werden

$$-\frac{\hbar^2}{2\,m_e}\left(\frac{d^2}{dx^2}+\frac{d^2}{dy^2}+\frac{d^2}{dz^2}\right)\psi(x,y,z)=E\,\psi(x,y,z)\ .$$

Diese Differentialgleichung lässt sich durch den Produktansatz

$$\psi(x,y,z)=\psi_{n_x}(x)\,\psi_{n_y}(y)\,\psi_{n_z}(z)$$

lösen und liefert für die Randbedingung (14.39), die jetzt für jede der drei voneinander unabhängigen Wellenfunktionen ψ_{n_i} gilt, die Energieeigenwerte

$$E_{n_x,n_y,n_z}=\frac{\hbar^2\,\pi^2}{2\,m_e}\left(\frac{n_x^2}{a_x^2}+\frac{n_y^2}{a_y^2}+\frac{n_z^2}{a_z^2}\right)\ ,$$

falls der Kasten die Ausdehnungen a_x, a_y, a_z in die drei Richtungen des Raums besitzt. Ein räumliches Eigenwertproblem ist daher i.A. durch die Existenz von drei Quantenzahlen charakterisiert.

15

Atomphysik

Wie ein Atom aufgebaut ist und wie man es mithilfe seiner Nomenklatur kennzeichnet, haben wir bereits in Kap. 8.1.1 besprochen. In diesem Kapitel werden wir uns mit der Frage beschäftigen, welche Zustände die Elektronen in der Atomhülle besetzen. Denn dass die Zustandsenergien der Elektronen im Atom gequantelt sein müssen, ist offensichtlich. Diese Schlussfolgerung basiert auf der Tatsache, dass Elektronen in einem Kasten und Elektronen in der Atomhülle eine gemeinsame Eigenschaft verbindet: Sie sind gebunden, d.h. sie sind lokalisiert auf einen beschränkten Raumbereich. Im Falle des Kastens wurde die Beschränkung verursacht durch die Kastenwände, in denen die Elektronen eine unendlich große potenzielle Energie besitzen. Im Falle eines Atoms wird die Bindung der Elektronen bewirkt durch die anziehende elektrische Kraft zwischen dem Elektron und dem Atomkern mit der Ladung $q = Ze$. Durch diese Kraft besitzen die Elektronen in Kernnähe eine vom Abstand r zum Kern abhängige potenzielle Energie

$$W_{\text{pot}} = -\frac{1}{4\pi\,\epsilon_0}\,\frac{Z\,e^2}{r}\,, \tag{15.1}$$

die sie an den Kern bindet, solange ihre Gesamtenergie $E < 0$, d.h. $\langle W_{\text{kin}} \rangle < |\langle W_{\text{pot}} \rangle|$.

Um die Gesamtenergie zu berechnen, müssen wir die stationäre Schrödinger-Gleichung lösen. Dazu wird sicherlich die räumliche Version dieser Gleichung benötigt, denn ausgedrückt durch die kartesischen Koordinaten x, y, z beträgt der Abstand zwischen Elektron und Atomkern

$$r = \sqrt{x^2 + y^2 + z^2}\,, \tag{15.2}$$

wenn der Ursprung des Koordinatensystems im Kernzentrum liegt. Daher erhalten wir

$$\left(-\frac{\hbar^2}{2\,m_{\text{e}}}\left(\frac{\mathrm{d}^2}{\mathrm{d}x^2} + \frac{\mathrm{d}^2}{\mathrm{d}y^2} + \frac{\mathrm{d}^2}{\mathrm{d}z^2}\right) - \frac{1}{4\pi\,\epsilon_0}\,\frac{Z\,e^2}{\sqrt{x^2 + y^2 + z^2}}\right)\psi(x, y, z) \tag{15.3}$$

$$= E\,\psi(x, y, z)\,.$$

Diese Gleichung lässt sich sicherlich nicht durch einen Produktansatz $\psi(x,y,z)$ $= \psi(x)\,\psi(y)\,\psi(z)$ lösen, weil sich die potenzielle Energie nicht in drei nur von x und y und z abhängige Beiträge zerlegen lässt. Die Schwierigkeit, eine Lösung für Gleichung (15.3) zu finden, ist nicht prinzipieller Natur, sondern liegt daran, dass wir die Symmetrien des Atoms bei der Aufstellung der Gleichung (15.3) nicht berücksichtigt haben. Ein Atom besitzt Kugelsymmetrie, d.h. eine Rotation um eine beliebige, durch das Kernzentrum gehende z-Achse verändert die Eigenschaften des Atoms nicht. Die Wahl der x-, y-, z-Koordinaten zur Beschreibung des Atoms wird dieser Symmetrie nicht gerecht. Diese Wahl ist vielmehr dann angebracht, wenn das System Translationssymmetrie besitzt, seine Eigenschaften also invariant gegen eine Verschiebung in Richtung der drei kartesischen Koordinaten sind. Solch ein System ist z.B. das Atomgitter eines unendlich ausgedehnten Kristalls, wie wir ihn für die Bragg-Reflexion benutzt haben. Die für die Kugelsymmetrie geeigneten Koordinaten werden wir in Kap. 15.2 einführen. Die Gleichung (15.3) lässt sich dann mit erheblichen mathematischen Aufwand lösen. Und deshalb wollen wir zunächst einen Lösungsweg vorstellen, der auch historisch als erster benutzt wurde, um die Energieeigenwerte des Elektrons in der Atomhülle zu berechnen.

15.1 Das Einelektronatom

Ein Atom, in dem sich nur ein Elektron in der Atomhülle befindet, ist sicherlich das einfachste System, dass wir uns denken können. Das bekannteste Atom von diesem Typ ist das **Wasserstoffatom** mit $Z = 1$, also $^1_1$H. Darüber hinaus lassen sich aber mit Hochenergiebeschleunigern, z.B. bei der Gesellschaft für Schwerionenforschung in Darmstadt, Atome mit beliebigem Z so stark ionisieren, dass sich nur noch ein Elektron in ihrer Hülle befindet. Ein derartiges Einelektronatom ist z.B. $^{208}_{82}$Pb^{81+}, also das 81fach ionisierte Bleiatom.

Im Rahmen der klassischen Physik ist die Existenz eines stationären atomaren Grundzustands nicht verständlich. Aufgrund der anziehenden Kraft zwischen Atomkern und Elektron sollten sich beide vereinigen, wenn sie sich relativ zueinander in Ruhe befinden. Bewegt sich das Elektron auf einer Kreisbahn um den Kern, wird die anziehende Kraft kompensiert durch die Zentrifugalkraft. Aber jetzt ist die Kreisbewegung eine beschleunigte Bewegung, und eine beschleunigte Ladung müsste, wie ein Hertz'scher Dipol, elektromagnetische Wellen abstrahlen. Das Elektron würde wegen des dabei auftretenden Verlusts an Bewegungsenergie auf einer Spiralbahn in den Atomkern hineinfallen. In beiden Fällen könnten also Atomkern und Elektron nicht als gebundene Teilchen existieren, sondern nur in Vereinigung. Dabei haben wir noch gar nicht berücksichtigt, dass bei dem Abstrahlungsprozess nicht nur die Energie erhalten sein muss, sondern auch der Drehimpuls, der in der anfänglichen Kreisbewegung des Elektrons um den Atomkern steckt.

Der erste Vorschlag, wie die klassischen Widersprüche im Rahmen der Quantenphysik umgangen werden können, wurde von Bohr (1885 - 1962) gemacht.

15.1.1 Das Bohr'sche Atommodell

Wir wollen die Hypothesen von Bohr, die die Grundlagen des Bohr'schen Atommodells bilden, nicht im Detail diskutieren. Das Bohr'sche Atommodell ist für uns deswegen interessant, weil es einen konzeptionellen Zusammenhang zwischen der Wellenfunktion des Elektrons im Kasten und im Atom herstellt. Im Kasten mit der Kastenlänge a ist diese Wellenfunktion eine **stehende Welle**. Und eine der Bohr'schen Hypothesen fordert, dass die Wellenfunktion des Elektrons im Atom ebenfalls eine stehende Welle ist, wobei die Kastenlänge ersetzt werden muss durch den Umfang des Kreises, auf dem sich das Elektron um den Kern bewegt. Dies ergibt die Quantisierungsvorschrift mit der Quantenzahl n

$$2\pi r = n\lambda = n\frac{h}{p} \quad \rightarrow \quad r = n\frac{\hbar}{p} \; . \tag{15.4}$$

Ansonsten bewegt sich im Bohr'schen Atommodell das Elektron um den Kern auf einer klassischen Kreisbahn, für die gilt (vergleichen Sie mit Gleichung (2.65)):

$$\frac{1}{4\pi\,\epsilon_0}\frac{Z\,e^2}{r^2} = \frac{p^2}{m_e\,r} = \frac{\hbar\,p}{m_e\,r^2}\,n \; . \tag{15.5}$$

Mit $p = \sqrt{2\,m_e\,W_{kin}}$ ergibt sich daraus

$$\frac{1}{4\pi\,\epsilon_0\,\hbar}\,Z\,e^2 = n\,\sqrt{\frac{2\,W_{kin}}{m_e}} \quad \rightarrow \tag{15.6}$$

$$W_{kin} = \left(\frac{1}{4\pi\,\epsilon_0\,\hbar}\right)^2 (Z\,e)^2\,\frac{m_e}{2}\,\frac{1}{n^2} \; .$$

Wir benutzen jetzt wieder den für die Wechselwirkung zwischen Atomkern und Elektron gültigen Zusammenhang $E = -\langle W_{kin}\rangle$ und finden:

Die Energieeigenwerte des Elektrons in der Atomhülle sind gekennzeichnet durch die **Hauptquantenzahl** n und ergeben sich zu

$$E_n = -Ry\,(hc)\,\frac{Z^2}{n^2} = -13{,}6\,\frac{Z^2}{n^2}\ \text{eV}. \tag{15.7}$$

In der Gleichung (15.7) haben wir die in der Spektroskopie häufig verwendete **Rydberg-Konstante** benutzt

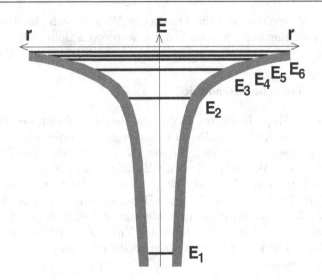

Abb. 15.1. Das Coulomb-Potenzial eines Atomkerns (vergleiche mit Abb. 14.4). Dieses Bild zeigt die Ortsabhängigkeit der potenziellen Energie (*schattierte Bereiche*) und die quantisierten Energieeigenwerte E_n, die ein Elektron mit dieser potenziellen Energie besitzt (*gerade Linien*)

$$Ry = \frac{1}{2} \frac{m_e c}{h} \left(\frac{e^2}{4\pi \, \epsilon_0 \, \hbar \, c} \right)^2 = \frac{1}{2} \frac{\alpha^2}{\lambda_{\text{Compton}}} \approx 1 \cdot 10^7 \, \text{m}^{-1} \, . \qquad (15.8)$$

Die Rydberg-Konstante selbst ist wieder ausgedrückt durch zwei andere wichtige Konstanten, die **Compton-Wellenlänge** λ_{Compton}, der wir schon in Kap. 13.2 begegnet sind, und die einheitenlose **Feinstrukturkonstante**

$$\alpha = \frac{e^2}{4\pi \, \epsilon_0 \, \hbar \, c} = \frac{1}{137{,}036} \, . \qquad (15.9)$$

Die Energieeigenwerte (15.7) sind in der Tat dieselben, die sich auch ergeben, wenn wir das Einelektronatom mit erheblich mehr Aufwand durch Lösung der stationären Schrödinger-Gleichung behandeln. In Abb. 15.1 sind diese Energien dargestellt in der Form, die wir auch in Abb. 14.4 gewählt haben. Das heißt, die Abb. 15.1 zeigt auch die radiale Abhängigkeit der potenziellen Energie W_{pot} des Elektrons.

Neben dem Energieeigenwert gestattet das Bohr'sche Atommodell auch, den Radius der Elektronenbahn um den Atomkern anzugeben und damit einen Hinweis auf die Größe eines Atoms zu erhalten. Der Atomradius ergibt sich aus Gleichung (15.4) zu

$$r_n = n \frac{\hbar}{\sqrt{2 \, m_e \, |E|}} = n^2 \frac{4\pi \, \epsilon_0 \, \hbar^2}{Z \, e^2 \, m_e} = r_{\text{Bohr}} \frac{n^2}{Z} \qquad (15.10)$$

mit dem **Bohr'schen Radius**

$$r_{\text{Bohr}} = \frac{\epsilon_0 \, (hc)^2}{\pi \, e^2 \, m_{\text{e}} \, c^2} \approx 0{,}5 \cdot 10^{-10} \text{ m}. \tag{15.11}$$

In unseren bisherigen Abschätzungen haben wir daher für den Atomradius $r_{\text{A}} = 2 \, r_{\text{Bohr}}$ benutzt.

Es ist überraschend, dass dieses im Prinzip einfache und heuristische Modell in der Lage ist, die wesentlichen Aspekte des Einelektronatoms, nämlich die Energieeigenwerte und die Atomgröße, mit derartiger Genauigkeit vorherzusagen. Die experimentelle Verifikation hat diese Vorhersagen weitgehend bestätigt, wenn an die experimentelle Genauigkeit keine zu strengen Maßstäbe gelegt werden. Die Verifikation besteht in der Bestimmung der Atomgrößen mithilfe der Bragg-Reflexion, und in der Messung der relativen Energien der Eigenzustände des Elektrons, die man durch die Analyse der Spektrallinien erhält, die für jedes Atom charakteristisch sind. Wir werden auf diese Technik im nächsten Kapitel weiter eingehen.

Trotzdem gibt es auch Punkte in dem Bohr'schen Atommodell, wo man sich fragen kann, ob die Beschreibung wirklich korrekt ist. Dies betrifft insbesondere die Wellenfunktion des Elektrons, die in diesem Modell eine stehende Welle auf einem Kreis um den Atomkern ist. Die Frage, wie dieser Kreis im Raum orientiert ist, wird nicht untersucht. Und wir wissen bereits durch unsere Behandlung des Potenzialkastens, dass räumliche Probleme durch drei Quantenzahlen beschrieben werden müssen, von denen wir erst eine, nämlich die Hauptquantenzahl n, kennengelernt haben. Wir werden im Folgenden sehen, dass die beiden anderen Quantenzahlen tatsächlich etwas mit der Orientierung der Elektronenzustände im Raum zu tun haben.

15.1.2 Die quantenmechanische Behandlung

Die quantenmechanische Behandlung des Einelektronatoms im Rahmen der nichtrelativistischen Näherung verlangt die Lösung der stationären Schrödinger-Gleichung. Dazu muss die Schrödinger-Gleichung in den Koordinaten formuliert werden, die der Symmetrie des Atoms angemessen sind, wie wir in Kap. 15 diskutiert haben. Diese Koordinaten sind nicht die kartesischen Koordinaten x, y, z, sondern die sphärischen Polarkoordinaten r, ϑ, φ, die wir in Abb. 1.2 eingeführt haben. Zwischen r, ϑ, φ und x, y, z existiert ein System von Koordinatentransformationen

$$r = \sqrt{x^2 + y^2 + z^2} \tag{15.12}$$

$$\vartheta = \text{acos}\left(\frac{z}{\sqrt{x^2 + y^2 + z^2}} \right)$$

$$\varphi = \text{atan}\left(\frac{y}{x} \right).$$

Macht man in den sphärischen Koordinaten den Produktansatz

$$\psi(r,\vartheta,\varphi) = \psi_n(r)\,\psi_l(\vartheta)\,\psi_m(\varphi) \ , \tag{15.13}$$

dann lässt sich die Schrödinger-Gleichung (15.3) in drei Gleichungen zur Bestimmung von $\psi_n(r)$, $\psi_l(\vartheta)$ und $\psi_m(\varphi)$ zerlegen, weil die potenzielle Energie W_{pot} jetzt allein eine Funktion von r ist. Die Quantenzahlen n, l, m werden durch die Lösung jeder der drei Gleichungen unter Berücksichtigung der erforderlichen Randbedingungen festgelegt.

Das eigentliche mathematische und nicht physikalische Problem ist, den in der stationären Schrödinger-Gleichung auftretenden Operator der kinetischen Energie $1/2m_0\,(p)^2_{\text{Op}}$ in sphärischen Polarkoordinaten auszudrücken. Da es sich um ein mathematisches Problem handelt, wollen wir auf Details nicht eingehen. Wir werden allein die Gleichungen untersuchen, deren Lösungen die Wellenfunktionen und die Quantenzahlen ergeben.

(1) Die Bestimmung von $\psi_m(\varphi)$
Die Wellenfunktion $\psi_m(\varphi)$ ergibt sich aus der Lösung der Gleichung

$$\frac{\mathrm{d}^2}{\mathrm{d}\varphi^2}\,\psi_m(\varphi) = -V_m\,\psi_m(\varphi) \tag{15.14}$$

unter der Randbedingung, dass $\psi_m(\varphi)$ eindeutig ist, also $\psi_m(\varphi) = \psi_m(\varphi+2\pi)$ gilt. Die Randbedingung kann nur erfüllt werden, wenn $V_m = m^2$ ist und $m = 0, \pm 1, \pm 2, \pm 3, \ldots$ eine positive oder negative ganze Zahl.

Die Differentialgleichung (15.14) steht gleichzeitig in engem Verhältnis zu dem Drehimpuls des Elektrons, den es besitzt, wenn es sich um den Atomkern in einer geschlossenen Kreisbahn bewegt. Man nennt diesen Drehimpuls den **Bahndrehimpuls** L, und für die z-Komponente des Bahndrehimpulses gibt es in der Quantenphysik einen Operator $(L_z)_{\text{Op}}$, so wie wir auch die kinetische Energie mithilfe des Operators $(p)^2_{\text{Op}}$ beschrieben haben. Die Gleichung (15.14) ist identisch mit der Gleichung

$$(L_z)^2_{\text{Op}}\,\psi_m(\varphi) = m^2\,\hbar^2\,\psi_m(\varphi) \ , \tag{15.15}$$

d.h. die Projektion des Bahndrehimpulses auf die z-Achse besitzt einen Eigenwert

$$L_z = m\,\hbar \ . \tag{15.16}$$

(2) Die Bestimmung von $\psi_l(\vartheta)$
Die Wellenfunktion $\psi_l(\vartheta)$ ergibt sich aus der Lösung der Gleichung

$$\left(\frac{\mathrm{d}^2}{\mathrm{d}\vartheta^2} + \frac{1}{\tan\vartheta}\frac{\mathrm{d}}{\mathrm{d}\vartheta} + \frac{m^2}{\sin^2\vartheta}\right)\psi_l(\vartheta) = -V_l\,\psi_l(\vartheta) \ , \tag{15.17}$$

unter der Randbedingung, dass $\psi_l(\vartheta)$ für alle Winkel $0 \leq \vartheta \leq \pi$ und alle erlaubten Werte von m beschränkt bleibt. Für $m = 0$ erfordert dies, dass

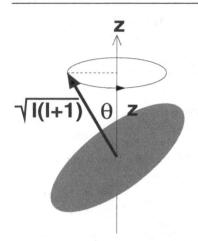

$V_l = l\,(l+1)$ ist, wobei $l = 0, 1, 2, \ldots$ irgendeine positive ganze Zahl sein kann. Ist $m > 0$, ist die Beschränktheit von $\psi_l(\vartheta)$ nur gegeben, wenn $|m| \leq l$ ist.

Auch in diesem Fall besteht eine enge Beziehung zwischen der Differentialgleichung (15.17) und dem Bahndrehimpuls des Elektrons. Für $m = 0$ gilt ähnlich wie unter (1) diskutiert

$$(L)^2_{\mathrm{Op}}\, \psi_l(\vartheta) = l\,(l+1)\,\hbar^2\,\psi_l(\vartheta)\ , \tag{15.18}$$

d.h. das Quadrat des Bahndrehimpulses besitzt einen Eigenwert

$$L^2 = l\,(l+1)\,\hbar^2 \quad,\quad L = \sqrt{l\,(l+1)}\,\hbar\ . \tag{15.19}$$

Mit den Eigenwerten L^2 und L_z ist der Bahndrehimpuls des Elektrons im Rahmen der Quantenphysik so genau wie möglich definiert. Die anderen beiden Komponenten $(L_x)_{\mathrm{Op}}$ und $(L_y)_{\mathrm{Op}}$ besitzen keine Eigenwerte, sondern nur je einen Erwartungswert

$$\langle L_x \rangle = 0 \quad,\quad \langle L_y \rangle = 0\ . \tag{15.20}$$

Dies sollte uns nicht überraschen. Da das Elektron im Atom in einem engen Raumbereich gebunden ist, muss aufgrund der Heisenberg'schen Unschärfe der Drehimpuls eine Schwankungsbreite besitzen. Analog zum linearen Impuls des Elektrons in einem eindimensionalen Kasten besitzt L^2 einen **Eigenwert**, aber L nur einen **Erwartungswert**. Die Unschärfe von L ist auf die beiden Komponenten L_x und L_y konzentriert, L_z dagegen besitzt einen Eigenwert, d.h. $\Delta L_z = 0$.

Die beiden Eigenwerte $L^2 = l\,(l+1)\,\hbar^2$ und $L_z = m\,\hbar$, sowie die beiden Erwartungswerte $\langle L_x \rangle = \langle L_y \rangle = 0$ lassen aber eine anschauliche Darstellung der Bewegung des Elektrons in der Atomhülle zu. Da die Normale auf die Bahnebene auch die Richtung des Drehimpulses angibt, dreht sich diese Normale gleichförmig auf einem Konus um die z-Achse des Atoms. Der Öffnungswinkel θ des Konus ist durch die Beziehung

$$\cos \theta = \frac{L_z}{L} = \frac{m}{\sqrt{l\,(l+1)}} \tag{15.21}$$

gegeben. Dieses Verhalten ist in Abb. 15.2 dargestellt.

(3) Die Bestimmung von $\psi_n(r)$
Die Wellenfunktion $\psi_n(r)$ ergibt sich aus der Lösung der Gleichung

$$-\frac{\hbar^2}{2\,m_e} \left(\frac{d^2}{dr^2} + \frac{2}{r} \frac{d}{dr} \right) \psi_n(r) \tag{15.22}$$

$$+ \left(\frac{\hbar^2\,l\,(l+1)}{2\,m_e\,r^2} - \frac{1}{4\pi\,\epsilon_0} \frac{Z\,e^2}{r} \right) \psi_n(r) = E_n\,\psi_n(r) \; ,$$

unter der Randbedingung, dass $\psi_n(r) = 0$ für $r \to \infty$. Unabhängig von der Drehimpulsquantenzahl l ist der Energieeigenwert E_n gegeben durch Gleichung (15.7), beträgt also in Übereinstimmung mit dem Bohr'schen Atommodell

$$E_n = -Ry\,(hc)\,\frac{Z^2}{n^2} \; . \tag{15.23}$$

Weiterhin sind die erlaubten Werte von l beschränkt auf den Bereich $0 \le l \le n-1$, damit die Randbedingung erfüllt werden kann.

Wir wollen die wichtigen Ergebnisse, die sich aus der Lösung der stationären Schrödinger-Gleichung ergeben, zusammenfassen.

(1) Die Elektronenzustände sind gekennzeichnet durch 3 Quantenzahlen[1] n, l, m, die innerhalb eines bestimmten Wertebereichs liegen:

- Die Hauptquantenzahl n mit ganzzahligen Werten $n > 0$.
- Die Bahndrehimpulsquantenzahl l mit ganzzahligen Werten $0 \le l \le n-1$.
- Die Projektionsquantenzahl m mit ganzzahligen Werten $|m| \le l$. Es gibt daher $2l + 1$ Möglichkeiten, wie sich der Drehimpuls bezüglich der z-Achse ausrichten kann.

(2) Die Energieeigenwerte der Elektronenzustände in einem Einelektronatom hängen nur von der Hauptquantenzahl n, nicht aber von der Bahndrehimpulsquantenzahl l und der Projektionsquantenzahl m ab. Man sagt, die Elektronenzustände sind l-entartet und m-entartet. Die Gründe für diese **Entartungen** sind folgende:

---

[1] Es sollte keine Verwechslung zwischen der Quantenzahl m und der relativistischen Masse m entstehen, da letztere in diesem Kapitel keine Rolle spielt.

Tabelle 15.1. Die Öffnungswinkel θ des Konus der Bahnnormalen für verschiedene Elektronenzustände

l	m	$\cos\theta$	θ
0	0	0/0 (unbestimmt)	unbestimmt
$n-1$	$\pm l$	$(n-1)/\sqrt{n(n-1)} \approx 1$	$\approx 0°$
$n-1$	0	$0/\sqrt{n(n-1)} = 0$	$\approx 90°$

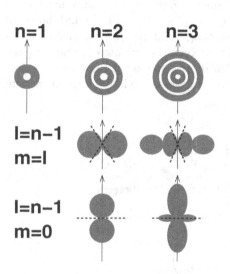

n=1   n=2   n=3

l=n–1
m=l

l=n–1
m=0

Abb. 15.3. Die Wahrscheinlichkeitsdichten $|\psi_{n,l,m}|^2$ für einige ausgesuchte Zustände mit Quantenzahlen n, l, m. Die Dichten sind rotationssymmetrisch um die nach oben gerichtete z-Achse, und daher kugelsymmetrisch für $l = 0$ Zustände (*obere Reihe*), um die z-Achse konzentriert für die $l = n - 1, m = 0$ Zustände (*untere Reihe*), und in die Fläche senkrecht zur z-Achse konzentriert für die $l = n - 1, |m| = l$ Zustände (*mittlere Reihe*). Diese Dichteverteilungen ergeben sich ganz ähnlich, wenn man sich vorstellt, dass die Bahnebene des Elektrons aus Abb. 15.2 auf einem Konus (*gestrichelte Linien*) um die z-Achse rotiert

- Die l-Entartung ergibt sich aus der Form der potenziellen Energie $W_{\text{pot}} \propto 1/r$. In den Mehrelektronenatomen, in denen die $1/r$ Abhängigkeit nicht mehr gilt, ist die l-Entartung aufgehoben. Das bedeutet, die Energieeigenwerte hängen dann von n und l ab.

- Die m-Entartung entsteht dadurch, dass die z-Achse eines Atoms willkürlich im Raum steht, also für jedes Atom in eine andere Richtung zeigt. Erst wenn die Ausrichtung der z-Achse für alle Atome in dieselbe Richtung erzwungen wird, wird gleichzeitig die m-Entartung aufgehoben. Die Energieeigenwerte hängen dann auch von m ab. Die gemeinsame Ausrichtung kann durch eine äußere Kraft erzwungen werden, etwa durch ein elektrisches oder magnetisches Feld.

(3) Wir haben die mathematische Darstellung der Wellenfunktionen $\psi_{n,l,m}(r, \vartheta, \varphi)$ nicht angegeben, denn wir werden sie im Folgenden nicht benötigen. Trotzdem ist es interessant zu prüfen, inwieweit die Aufenthaltswahrscheinlichkeiten $|\psi_{n,l,m}|^2\, \mathrm{d}V$ des Elektrons mit der anschaulichen Interpretation der Elektronenbewegung durch Gleichung (15.21) übereinstimmen. Dazu sind in Abb. 15.3 die Aufenthaltswahrscheinlichkeiten für die Zustände $n = 1, 2, 3$ mit $(l = 0, m = 0)$, $(l = n - 1, |m| = l)$ und $(l = n - 1, m = 0)$ schematisch gezeigt. Diese Verteilungen sollten wir vergleichen mit der Dich-

teverteilung, die entsteht, wenn sich die Bahnfläche in Abb. 15.2 auf dem Konus mit Öffnungswinkel θ um die z-Achse dreht. Die Winkel θ sind ebenfalls in Abb. 15.3 angegeben. Um den Zusammenhang zu den Aufenthaltswahrscheinlichkeiten zu erkennen, muss man sich vorstellen, dass die Bahnnormale in Richtung der gestrichelten Linie zeigt und zusammen mit der Bahn um die z-Achse rotiert.

Ein Elektron, das sich in einem angeregten Zustand mit n_i befindet, befindet sich im Prinzip in einem nichtstationären Zustand, kann also mit der Lebensdauer τ in einen tiefer liegenden Zustand $n_f < n_i$ springen und dabei ein Photon emittieren. Die Elektronenübergänge sind zwischen allen Zuständen $n_i \to n_f$ möglich. Die Übergänge, die in einem bestimmten Zustand n_f enden, bezeichnet man als **Serie** mit den dazu gehörenden Photonenenergien. Ausgedrückt in Wellenlängen λ existieren im Wasserstoffatom folgende Serien:

(1) Die Lyman-Serie mit $n_f = 1$.

$$\frac{1}{\lambda_L} = Ry \left(1 - \frac{1}{n_i^2} \right) .$$

Ihre Emissionslinien liegen im ultravioletten Spektralbereich.

(2) Die Balmer-Serie mit $n_f = 2$.

$$\frac{1}{\lambda_B} = Ry \left(\frac{1}{4} - \frac{1}{n_i^2} \right) .$$

Ihre Emissionslinien liegen im sichtbaren Spektralbereich.

(3) Die Paschen-Serie mit $n_f = 3$.

$$\frac{1}{\lambda_P} = Ry \left(\frac{1}{9} - \frac{1}{n_i^2} \right) .$$

Ihre Emissionslinien liegen im infraroten Spektralbereich.

Anhand dieser typischen Emissionslinien, insbesondere denen der Balmer-Serie, wurden die Widersprüche zu einer klassischen Beschreibung der Atomhülle offensichtlich, und die korrekte Beschreibug durch die Quantenphysik wurde experimentell verifiziert.

Wir wollen zum Schluss dieses Kapitels noch die Gleichung (15.22) untersuchen. In dieser Gleichung tritt neben der potenziellen Energie W_{pot} noch eine weitere Energie W_{rot} auf, die sich klassisch schreiben lässt, siehe Gleichung (3.24)

$$W_{rot} = \frac{L^2}{2\,I^{(z)}} \tag{15.24}$$

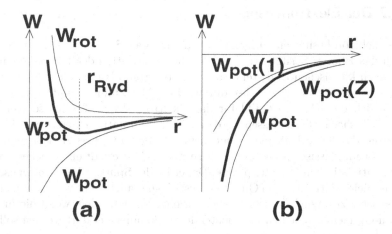

Abb. 15.4. *Links*: Die radiale Abhängigkeit der effektiven potenziellen Energie $W'_{\text{pot}}(r) = W_{\text{rot}}(r) + W_{\text{pot}}(r)$. Für $r = r_{\text{Ryd}}$ besitzt W'_{pot} ein Minimum, das den Bahnradius der Rydberg-Zustände definiert. *Rechts*: Die radiale Abhängigkeit der potenziellen Energie W_{pot} eines einzelnen Elektrons in einem Mehrelektronenatom. W_{pot} ist für kleine Radien $\propto Ze^2$, für große Radien $\propto 1e^2$

und daher der kinetischen Energie des Elekrons auf der Kreisbahn entspricht. In radialer Richtung besitzt das Elektron daher eine effektive potenzielle Energie

$$W'_{\text{pot}}(r) = W_{\text{rot}}(r) + W_{\text{pot}}(r) . \qquad (15.25)$$

Der 1. Term auf der rechten Seite dieser Gleichung ist positiv $W_{\text{rot}} \propto 1/r^2$, der 2. Term ist negativ $W_{\text{pot}} \propto -1/r$, bei kleinen Abständen dominiert der 1. Therm, bei großen Abständen der 2. Therm. In Abb. 15.4a ist die radiale Abhängigkeit von $W'_{\text{pot}}(r)$ für einen Zustand $n \gg 1$ und $l = n - 1$ dargestellt. Die Bedingung $W'_{\text{pot}}(r) < 0$ für gebundene Elektronenzustände wird nur bei sehr großen Atomradien r_{Ryd} erfüllt, d.h. diese Zustände sind sehr gut lokalisiert auf einen engen Bereich in großem Abstand vom Atomkern. In der Tat ist in Übereinstimmung mit Abb. 15.4a die Elektronenbewegung eine Kreisbahn in der Energiemulde bei $W'_{\text{pot}}(r_{\text{Ryd}})$. Derartige Elektronenzustände nennt man **Rydberg-Zustände**. Sie besitzen nur eine geringe **Ionisierungsenergie** $E_{\text{ion}} = -E_n \approx 13{,}6/n^2$ eV, aber einen großen Radius $r_{\text{Ryd}} \approx n^2 r_{\text{Bohr}} = n^2 (0{,}5 \cdot 10^{-10})$ m. Für $n = 100$ beträgt der Radius eines Rydberg-Atoms ca. 1 μm. Das Atom sollte in einem optischen Mikroskop zu erkennen sein, wenn man es beleuchten könnte, ohne es durch Ionisation zu zerstören.

15.2 Der Elektronenspin

Das Elektron besitzt eine Eigenschaft, die man als Spin S bezeichnet und die auch das Photon besitzt, wo der Spin die Polarisation des Lichts bestimmt. In einem klassischen Bild stellt man sich den Spin als Eigendrehimpuls eines Körpers vor, der um eine Achse durch seinen Massenmittelpunkt rotiert. Das ist jedoch ein schlechtes Bild für das Elektron, dessen Radius so klein ist, dass er bisher nicht gemessen werden konnte, und natürlich erst recht für das Photon, das keine Ruhemasse und keine Ausdehnung besitzt. Für den Spin gibt es kein klassisches Analogon, diese Eigenschaft erhält ein Teilchen erst in der relativistischen Quantenphysik. Daher ist der Spin als Teilcheneigenschaft in der nichtrelativistischen Quantenphysik bisher auch nicht vorgekommen. Er muss jetzt zusätzlich in diese Näherung eingeführt werden, wenn die in dem Stern-Gerlach-Versuch zu beobachtenden Phänomene erklärt werden sollen.

15.2.1 Der Stern-Gerlach-Versuch

Stern (1888 - 1969) und Gerlach (1889 - 1979) haben im Jahr 1921 in einem Versuch gezeigt, dass ein geradliniger Strahl von Silber(Ag)-Atomen in einem **inhomogenen** Magnetfeld B in zwei Teilstrahlen getrennt wird. Die Veränderung der Bahnbewegung, d.h. die Trennung, kann nur durch eine Kraft verursacht sein, die das inhomogene Magnetfeld auf das magnetische Moment $\wp_{\mathrm{mag}}$ des Ag-Atoms ausübt. Überlegen wir uns, wie diese Kraft entsteht. Die potenzielle Energie eines magnetischen Dipols in einem magnetischen Feld ist nach Gleichung (8.158) gegeben zu

$$W_{\mathrm{pot}} = -\wp_{\mathrm{mag}} B_z \, , \qquad (15.26)$$

wenn $\wp_{\mathrm{mag}}$ in die z-Richtung zeigt. Daraus ergibt sich die Kraft auf den Dipol zu

$$F_z = -\frac{\mathrm{d}W_{\mathrm{pot}}}{\mathrm{d}z} = \frac{\mathrm{d}}{\mathrm{d}z}\wp_{\mathrm{mag}}B_z = \wp_{\mathrm{mag}}\frac{\mathrm{d}B_z}{\mathrm{d}z} \, . \qquad (15.27)$$

Das bedeutet, die Kraft existiert nur, wenn $\mathrm{d}B_z/\mathrm{d}z \neq 0$, das Magnetfeld also in z-Richtung inhomogen ist.

Wie entsteht das magnetische Moment im Ag-Atom? Nach Gleichung (8.186) wird das magnetische Moment erzeugt durch einen Kreisstrom I und ergibt sich zu

$$\wp_{\mathrm{mag}} = I A \, , \qquad (15.28)$$

wobei A die vom Kreisstrom eingeschlossene Fläche ist. Die Elektronen in der Hülle des Ag-Atoms bilden derartige Kreisströme. Das Ag-Atom gehört zu den Mehrelektronenatomen, deren Eigenschaften wir in Kap. 15.3 behandeln werden. Im Augenblick ist nur wichtig, dass sich die Elektronenzustände im $^{108}_{47}$Ag gerade so überlagern, dass sich ein resultierender Strom $I = 0$ ergibt und daher das Ag-Atom kein magnetisches Moment besitzen dürfte. Trotzdem wird dessen Existenz in dem Stern-Gerlach-Versuch experimentell nachgewiesen. Wie entsteht also das magnetische Moment?

Wenn wir annehmen, dass Gleichung (8.194) den Zusammenhang zwischen magnetischem Moment und Drehimpuls beschreibt, dann ergibt sich

$$\wp_{\text{mag}} = -g_s \, \wp_{\text{Bohr}} \, m_s \, , \tag{15.29}$$

mit der Orientierungsquantenzahl m_s, die die Orientierung des Drehimpulses bezüglich der durch B_z definierten z-Achse angibt. Da das Experiment die Anzahl der Einstellmöglichkeiten auf 2 begrenzt, muss gelten

$$2s + 1 = 2 \quad \rightarrow \quad s = \frac{1}{2} \, , \, m_s = \pm \frac{1}{2} \, . \tag{15.30}$$

Daher kann die Ursache für das magnetische Moment des Ag-Atoms nicht der Bahndrehimpuls sein, zu dem immer eine ungerade Anzahl $(2l + 1)$ von Einstellmöglichkeiten gehört. Sondern die Ursache ist der Elektronenspin S mit den Eigenwerten

$$S^2 = s \, (s + 1) \, \hbar^2 \, , \quad S_z = m_s \, \hbar \, . \tag{15.31}$$

Obwohl es sich bei dem Spin nicht um eine klassische Größe handelt, sind seine Eigenschaften doch sehr ähnlich zu denen des Bahndrehimpulses L, der klassisch eine Vektorgröße ist. Man kann daher den Spin so behandeln, als sei auch er ein Vektor. Allerdings sollte man mit dieser Analogie sehr vorsichtig umgehen, denn sie lässt sich nicht in einem klassischen Bild verdeutlichen. Und sie ist auch in anderen Situationen nicht korrekt. Zum Beispiel beträgt der **Landé-Faktor** in Gleichung (15.29) $g_s = 2$ und unterscheidet sich damit um das Doppelte von dem Wert $g_l = 1$, den man im klassischen Bild erwartet.

Wir wollen den Spin S nur wie einen Vektor behandeln, wenn wir seine Einstellmöglichkeiten relativ zum Bahndrehimpuls L untersuchen.

15.2.2 Die atomare Feinstruktur

Die Erkenntnis, dass das Elektron einen Spin besitzt, hat wichtige Auswirkungen auf das Verhalten des Elektrons und anderer Quantenteilchen, die uns im Folgenden noch sehr beschäftigen werden. Zunächst wollen wir die Auswirkungen auf die Energieeigenwerte der stationären Zustände im Einelektronatom betrachten.

Erstens müssen wir die Anzahl der Quantenzahlen für jeden Zustand von drei auf vier vergrößern. Es ist jedoch nicht angebracht, n, l, m, s als unabhängige Quatenzahlen einzuführen, weil sich der Bahndrehimpuls L mit dem Spin S verbindet zu einem Gesamtdrehimpuls $J = L + S$, der die Quantenzahl $j = l + m_s$ besitzt.

Zweitens ist der Grund für diese Kopplung von S an L, dass sowohl der Spin wie auch der Bahndrehimpuls ein magnetisches Moment im Atom erzeugen und die Wechselwirkung zwischen diesen Momenten die potenzielle

Energie des Elektrons in der Atomhülle verändert, je nachdem wie sich die Momente relativ zueinander orientieren. Nach Gleichungen (8.197) und (8.199) ist mit $\wp_{\mathrm{mag}}(l)$ ein Magnetfeld $\boldsymbol{B} \propto \wp_{\mathrm{mag}}(l)\,\hat{\boldsymbol{z}} \propto -l\,\hat{\boldsymbol{z}}$ verbunden, in dem das vom Spin erzeugte magnetische Moment die potenzielle Energie

$$W_{\mathrm{pot}} = -\wp_{\mathrm{mag}}(s)\,B_z \propto l\,m_s \tag{15.32}$$

besitzt. Ist $l > 0$, vergrößert sich die potenzielle Energie für $m_s = +1/2$, und sie verkleinert sich für $m_s = -1/2$. Diese beiden Einstellmöglichkeiten unterscheiden sich neben der potenziellen Energie auch durch den Wert für die Quantenzahl des Gesamtdrehimpulses, die im ersten Fall $j = l + 1/2$ und im zweiten Fall $j = l - 1/2$ beträgt. Es ist daher zwingend, als Quantenzahlen n, l, j, m zu wählen, um die stationären Elektronzustände in der Hülle zu kennzeichnen. Dabei ist die Projektionsquantenzahl m jetzt bezogen auf den Gesamtdrehimpuls J, d.h. sie kennzeichnet alle möglichen Werte vom $J_z = m\,\hbar$ mit $-j \leq m \leq +j$. Die Projektionsquantenzahl m ist also halbzahlig, wenn j halbzahlig ist.

Die Quantenzahlen n, l, j werden zur **Nomenklatur** der stationären Zustände nach folgender Konvention benutzt:

$$\text{Wellenfunktion } \psi_{n,l,j,m} \quad \rightarrow \quad n^{2s+1}l_j \ , \tag{15.33}$$

wobei die Werte von l durch Buchstaben ersetzt werden: $l = 0 \rightarrow$ s, $l = 1 \rightarrow$ p, $l = 2 \rightarrow$ d, $l = 3 \rightarrow$ f, $l = 4 \rightarrow$ g. Zum Beispiel ist der Zustand $3^2\mathrm{p}_{1/2}$ ein Einelektronzustand mit der Hauptquantenzahl $n = 3$ und der Bahndrehimpulsquantenzahl $l = 1$, die mit der Spinquantenzahl des Elektrons zu einer Gesamtdrehimpulsquantenzahl $j = 1/2$ koppelt.

In Abb. 15.5 sind die Energieeigenwerte eines Einelektronatoms schematisch dargestellt. Wir erkennen

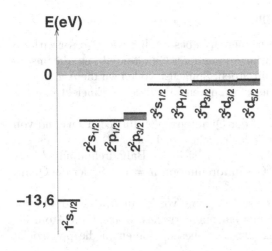

Abb. 15.5. Nomenklatur und Energieniveaus der Einelektronzustände im Wasserstoffatom. Wegen der Feinstruktur besitzen Zustände mit $j = l - 1/2$ und $j = l + 1/2$ für $l > 0$ verschiedene Energien, die Energiedifferenz (*schattiert*) ist in diesem Bild jedoch maßlos übertrieben

- Alle Zustände sind weiterhin m-entartet.
- Alle Zustände mit gleichen Quantenzahlen n und j sind entartet.
- Die Zustände mit Quantenzahl $l = 0$ spalten nicht in zwei Zustände mit $j = l - 1/2$ und $j = l + 1/2$ auf.

Die Energiedifferenz zwischen den $n^2 l_{-1/2}$ und $n^2 l_{l+1/2}$ Zuständen nennt man die **Feinstruktur** des Termschemas. Diese Differenz ist in der Größenordnung

$$\Delta E_{n,l} \approx 5 \cdot 10^{-5} \, E_n \, \frac{Z^2}{n \, l^2} \approx 6{,}8 \cdot 10^{-4} \, \frac{Z^4}{n^3 \, l^2} \text{ eV,} \tag{15.34}$$

sie ist also viel kleiner als es in der schematischen Abb. 15.5 dargestellt ist. Es waren sehr präzise Messungen nötig, um die Feinstrukturaufspaltung in den Emissionslinien des Wasserstoffs nachzuweisen.

15.2.3 Das Pauli-Prinzip

Jedes Quantenteilchen besitzt einen Spin, wenn diese Aussage die Möglichkeit $s = 0$ mit einschließt. Für das Elektron hat der Stern-Gerlach-Versuch den Wert $s = 1/2$ ergeben. Bestimmt man den Spin des Photons, findet man einen Wert $s = 1$.

Es gibt also in der Natur Teilchen, die besitzen eine halbzahlige Spinquantenzahl s. Zu diesen Teilchen gehört das Elektron und sein Antiteilchen, das Positron, aber auch das Proton und das Neutron. Die Teilchen mit halbzahliger Spinquantenzahl bezeichnet man als **Fermionen**.

Und es gibt Teilchen, die besitzen eine ganzzahlige Spinquantenzahl, wie das Photon. Diese Teilchen bezeichnet man als **Bosonen**.

Fermionen besitzen eine halbzahlige Spinquantenzahl, Bosonen besitzen eine ganzzahlige Spinquantenzahl.

Der entscheidende Unterschied zwischem dem Verhalten der Fermionen und Bosonen ist gegeben durch die Anzahl der Teilchen, die einen Zustand mit den Quantenzahlen n, l, j, m besetzen können. Für die Fermionen gilt, dass immer entweder ein Teilchen oder kein Teilchen diesen Zustand besetzen kann. Angewendet auf die Elektronen in der Atomhülle ergibt sich das

Pauli-Prinzip: Jeder Elektronenzustand eines Atoms darf nur einfach besetzt sein.

Das bedeutet z.B. dass alle s-Zustände in der Atomhülle nur von maximal zwei Elektronen besetzt sein dürfen, die sich in den Werten der Projektionsquantenzahl $m = \pm 1/2$ unterscheiden.

Dagegen können beliebig viele Bosonen denselben Zustand besetzen. Ja wir werden in Kap. 17.3 sogar lernen, dass bei freier Wahl ein Boson mit höherer Wahrscheinlichkeit den Zustand wählt, der bereits mit der größten Anzahl anderer Bosonen besetzt ist. Bosonen besitzen daher die Tendenz, dass möglichst viele von ihnen möglichst wenige Zustände besetzen. Sie neigen zu der Klumpenbildung, auf die wir bereits in Kap. 13.1 hingewiesen haben. Dagegen werden von Fermionen die vorhandenen Zustände möglichst gleichmäßig besetzt mit höchstens einem Fermion pro Zustand.

Anmerkung 15.2.1: Warum kann der Stern-Gerlach-Versuch nicht an einem Elektronenstrahl durchgeführt werden, um damit direkt die Existenz des Elektronenspins experimentell nachzuweisen? Das liegt daran, dass das Elektron einen Radius $r_e < 10^{-16}$ m besitzt und man nicht ein inhomogenes Magnetfeld erzeugen kann, dessen räumliche Veränderung dB_z/dz über eine derart kleine Strecke groß genug ist, um die Elektronen mit verschiedener Spineinstellung in dem Strahl zu trennen.

Anmerkung 15.2.2: Wie bestimmt man den Spin des Photons? Dazu untersucht man die Übergänge i → f des Elektrons zwischen dem Anfangszustand i und dem Endzustand f in der Atomhülle, die mit der Emission eines Photons verbunden sind. Damit dieser Emissionsprozess möglich ist, müssen alle Erhaltungsgesetze erfüllt sein, also Energie-, Impuls- und Drehimpulserhaltung. Die Drehimpulserhaltung erfordert für die Drehimpulse von Anfangs- und Endzustand und für den Spin des Photons $\boldsymbol{J}_i = \boldsymbol{J}_f + \boldsymbol{S}$. Da j_i und j_f halbzahlig sind, muss s ganzahlig und $s \geq 1$ sein. Bei einer genaueren Untersuchung der erlaubten Elektronenübergänge findet man $s = 1$, aber die ähnlichen Übergänge der Nukleonen im Atomkern erfolgen auch für $s = 2$ und manchmal sogar für $s = 3$.

15.3 Das Mehrelektronenatom

Das Pauli-Prinzip macht eine eindeutige Aussage darüber, wie mehr Elektronen als eines an einen Atomkern mit der Ladung $q = Z\,e$ gebunden werden.

In einem Mehrelektronenatom wird jeder Zustand n, l, j, m mit genau einem Elektron besetzt, wobei immer die energetisch tiefsten Zustände als erste besetzt werden.

Die sukzessive Besetzung der Zustände nach ihrer Lage im Termschema lässt aber die Lage der Zustandsenergien selbst nicht unberührt. Denn durch die abstoßende Kraft der Elektronen untereinander verlieren sie an potenzieller Energie, d.h. sie werden weniger stark gebunden. Die Lösung der stationären Schrödinger-Gleichung (15.3) unter diesen Bedingungen stellt ein außerordentlich schwieriges Vielteilchenproblem dar, die Lösung kann nur numerisch auf einem großen Rechner durchgeführt werden. Man kann aber das Problem etwas vereinfachen, indem man die Wechselwirkungen der Elektronen durch zwei effektive Wechselwirkungen ersetzt. Wir betrachten im Folgenden ein neutrales Atom mit Ordnungszahl Z.

(1) Durch die Anwesenheit von Z Elektronen in der Hülle wird die elektrische Ladung des Kerns nach außen abgeschirmt. Die Stärke der Abschirmung für ein einzelnes Elektron in der Hülle ist abhängig davon, wie nah das

Elektron dem Atomkern kommt. Befindet sich das Elektron in unmittelbarer Nähe des Atomkerns, wirkt die Ladung $q = Z\,e$. Ist es dagegen sehr weit vom Atomkern entfernt, wirkt nur die Ladung $q = e$, weil $Z - 1$ Elektronen die Kernladung abschirmen. Die potenzielle Energie des Elektrons weicht damit von der bisher angenommenen Form

$$W_{\text{pot}}(r) = -\frac{1}{4\pi\,\epsilon_0}\,\frac{Z\,e^2}{r} \tag{15.35}$$

ab. Sie verändert sich von diesem Wert für kleine Abstände r zu dem Wert

$$W_{\text{pot}}(r) = -\frac{1}{4\pi\,\epsilon_0}\,\frac{e^2}{r} \tag{15.36}$$

für sehr große Abstände. Dieses Verhalten ist in Abb. 15.4b skizziert.

(2) Jedes der $1 \leq i \leq Z$ Elektronen in der Hülle besitzt einen Bahndrehimpuls $\boldsymbol{L}_i$ und einen Spin $\boldsymbol{S}_i$. Aufgrund der zahlreichen Wechselwirkungen der Elektronen koppeln $\boldsymbol{L}_i$ und $\boldsymbol{S}_i$ zu einem Gesamtdrehimpuls $\boldsymbol{J}$. Dabei können zwei Kopplungmöglichkeiten auftreten:

- **L-S-Kopplung**: Ist die Wechselwirkung unter den Elektronen stärker als die Wechselwirkung zwischen den magnetischen Momenten aufgrund des Bahndrehimpulses und des Spins eines einzelnen Elektrons, werden zunächst alle Bahndrehimpulse zu einem Gesamtbahndrehimpuls koppeln und alle Spins zu einem Gesamtspin

$$\boldsymbol{L} = \sum_{i=1}^{Z} \boldsymbol{L}_i \quad , \quad \boldsymbol{S} = \sum_{i=1}^{Z} \boldsymbol{S}_i \ . \tag{15.37}$$

Gesamtbahndrehimpuls und Gesamtspin koppeln dann zu dem Gesamtdrehimpuls

$$\boldsymbol{J} = \boldsymbol{L} + \boldsymbol{S} \ . \tag{15.38}$$

Diese Möglichkeit ist in Atomen mit kleiner Ordnungszahl realisiert, weil die Feinstruktur (15.34) mit Z^4 ansteigt, also für kleine Z sehr schwach ist.

- **J-J-Kopplung**: Ist dagegen für große Werte von Z die Feinstruktur dominant, werden zunächst der Bahndrehimpuls und der Spin jedes Elektrons zu einem Drehimpuls koppeln und alle Drehimpuls dann zu einem Gesamtdrehimpuls

$$\boldsymbol{J}_i = \boldsymbol{L}_i + \boldsymbol{S}_i \quad , \quad \boldsymbol{J} = \sum_{i=1}^{Z} \boldsymbol{J}_i \ . \tag{15.39}$$

Wir haben in den Gleichungen (15.37) und (15.39) die Summation über alle Elektronen in der Hülle ausgeführt. Man kann aber, wenn man beide Effekte (1) und (2) berücksichtigt, die Summation auf einige der am wenigsten

gebundenen Elektronen beschränken. Man bezeichnet diese Elektronen als **Leuchtelektronen.**
Wir werden uns bei der Darstellung der Mehrelektronenatome auf die Atome beschränken, die nur ein Leuchtelektron besitzen, bei denen wir also die Drehimpulskopplungen zwischen mehreren Elektronen nicht berücksichtigen müssen. Dabei handelt es sich um die Wasserstoff-ähnlichen **Alkaliatome**, also um Li, Na, K, Rb und Cs. Der wesentliche Einfluss aller anderen Elektronen auf das Leuchtelektron besteht darin, die Kernladung für dieses abzuschirmen und der potenziellen Energie des Leuchtelektrons eine radiale Abhängigkeit zu geben, wie sie in Abb. 15.4b gezeigt wurde. Die Abweichung vom $1/r$-Verhalten führt zur Aufhebung der l-Entartung. Der Grund ergibt sich aus Gleichung (15.25). Je größer L^2, umso größer wird der Beitrag von W_{rot} zur effektiven potenziellen Energie W'_{pot}. Und damit wird der mittlere Abstand des Leuchtelektrons vom Atomkern größer. Der größere Abstand führt zu einer höheren Abschirmung der Kernladung und damit zu einer Erhöhung der Zustandsenergie $E_{n,l}$. Die Zustände sind also umso schwächer gebunden, je größer l bei gegebenem n ist. Man kann dieses Verhalten, und damit die Energieeigenwerte der Alkaliatome, beschreiben durch ein Gesetz, das der Gleichung (15.23) für $Z = 1$ nachgebildet ist:

$$E_{n,l} = -Ry\,(hc)\,\frac{1}{(n - \delta_{n,l})^2} \; . \tag{15.40}$$

Der Korrekturterm $\delta_{n,l}$ wird als **Quantendefekt** bezeichnet. Seine Größe ist abhängig von der Ordnungszahl Z des Atoms, er ist positiv und besitzt für große l-Werte den Wert $\delta_{n,l} \approx 0$.
In Abb. 15.6 ist das Termschema von Na schematisch gezeigt. Der Grundzustand des Leuchtelektrons besitzt die Nomenklatur $3\,^2s_{1/2}$, die ersten angeregten Zustände lauten $3\,^2p_{1/2}$ und $3\,^2p_{3/2}$. Ohne Berücksichtigung der Feinstruktur sind diese beiden Zustände entartet. Durch die Kopplung von S an

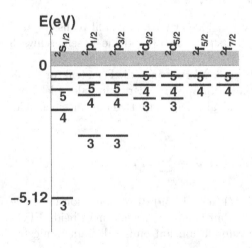

Abb. 15.6. Das typische Termschema eines Mehrelektronenatoms mit einem Leuchtelektron, hier handelt es sich um Na. Die Zahlen an den Energieniveaus sind die Werte der Hauptquantenzahl n. Die j-Entartung ist aufgehoben (vergl. mit Abb. 15.5), die Feinstruktur ist nicht gezeigt,weil sie zu klein ist

L wird die Entartung aufgehoben und der $3\,^2p_{3/2}$ Zustand erhält eine etwas größere Energie als der $3\,^2p_{1/2}$ Zustand. Die Übergänge aus diesen Zuständen in den Grundzustand liegen im sichtbaren Spektralbereich, sie verursachen das intensiv gelbliche Licht des Na-Spektrums. Wegen der Feinstruktur ist die gelbe Na-Linie in der Tat eine Doppellinie, deren Komponenten in der Spektroskopie mit D_1 und D_2 bezeichnet werden.

Wir wollen uns in den nächsten beiden Kapiteln mit der experimentellen Verifikation der beiden wichtigen Aussagen über die Mehrelektronenatome beschäftigen. Diese sind:

- Das am stärksten gebundene Elektron besitzt eine Zustandsenergie

$$E_{1,0} \approx -13{,}6\,Z^2 \text{ eV}, \tag{15.41}$$

  denn auf dieses Elektron wirkt die gesamte Kernladung Ze.
- Das Leuchtelektron besitzt eine Zustandsenergie

$$E_{n,l} \approx -13{,}6 \text{ eV}, \tag{15.42}$$

  denn $Z-1$ Elektronen schirmen die Kernladung gegen dieses Elektron ab.

15.3.1 Die Emission und Absorption von Röntgenstrahlen

Für ein Atom mit der Ordnungszahl $Z = 50$ beträgt nach Gleichung (15.41) die Zustandsenergie des $n = 1$ Elektrons ca $3{,}4 \cdot 10^4$ eV. Um es aus diesem Zustand in einen Zustand mit $n = \infty$ anzuregen, benötigt man daher z.B. ein Photon mit einer Energie $\hbar\omega = 3{,}4 \cdot 10^4$ eV, d.h. Licht mit der Wellenlänge $\lambda = 3{,}65 \cdot 10^{-11}$ m. Die Grenze $n = \infty$ trennt die gebundenen Zustände von den ungebundenen Zuständen, die von freien Elektronen besetzt werden. Man nennt diese Grenze die **Kontinuumsgrenze**, den Bereich der ungebundenen Zustände das Kontinuum.

Nach Abb. 9.14 liegt Licht mit einer Wellenlänge $\lambda = 3{,}65 \cdot 10^{-11}$ m im fernen Röntgenbereich, also im Bereich der Röntgenstrahlen. Zur Charakterisierung des Lichts in diesem Bereich benutzt man eine andere Nomenklatur als die, die wir bisher zur Kennzeichnung der Eigenzustände in der Atomhülle benutzt haben. Dieser Wechsel in der Nomenklatur ist durchaus sinnvoll, denn bisher haben wir Zustände behandelt, die unbesetzt sind und in die Elektronen angeregt werden können. Jetzt behandeln wir Zustände, die normalerweise mit Elektronen besetzt sind und aus denen wir ein Elektron entfernen und damit ein Loch zurücklassen. Zur Charakterisierung der Röntgenstrahlen fasst man die Zustände mit $n = 1,2,3,4,5$ zusammen in der **K-Schale**, der L-Schale, der M-Schale, der N-Schale und der O-Schale.

Um ein Elektron aus der K-Schale des Atoms mit Ordnungszahl $Z = 50$ in das Kontinuum zu befördern, ist also eine Mindestenergie $\varepsilon = 3{,}4 \cdot 10^4$ eV notwendig, die auf das K-Elektron übertragen werden muss. Photonen mit dieser Energie lasssen sich nicht in ausreichender Zahl mit einer natürlichen Lichtquelle, z.B. einer Glühlampe, erzeugen. Also verwendet man zur Anregung der

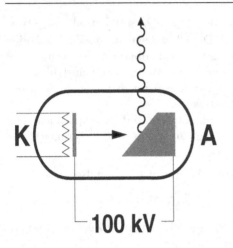

Abb. 15.7. Schematischer Aufbau einer Röntgenröhre. Elektronen, die zwischen Glühkathode K und Anode A mit ca. 100 kV beschleunigt werden, erzeugen in der Anode Röntgenstrahlen, die auf der Seite beobachtet werden können, auf der sie nicht von der Anode wieder absorbiert werden

K-Elektronen selbst Elektronen, die in einem elektrischen Feld mit der Potenzialdifferenz (Spannung) $U = 34$ kV beschleunigt werden. Das Gerät, das die freien Elektronen bereitstellt und dann beschleunigt, ist die **Röntgenröhre**. In Abb. 15.7 ist der prinzipielle Aufbau einer Röntgenröhre gezeigt. Die freien Elektronen werden von der Glühkathode emittiert, wenn man durch einen Heizstrom diese auf eine Temperatur $T > 1000$ K erhitzt. Wir werden in Kap. 17.4.1 lernen, dass dieser Emissionsprozess ähnlich zu einer Verdampfung der in der Kathode frei beweglichen Leitungselektronen ist. Die freien Elektronen werden dann in der evakuierten Röntgenröhre auf die Anode hin beschleunigt; zwischen Kathode und Anode befindet sich eine Spannung von typisch $U = 100$ kV. Der eigentliche Prozess zur Entstehung der Röntgenstrahlen findet in der Anode statt, die schräg angeschliffen ist, damit möglichst wenige der Röntgenstrahlen gleich wieder in der Anode absorbiert werden.

Misst man die spektrale Verteilung der Röntgenstrahlen mithilfe der Bragg-Reflexion (siehe Kap. 14.1), stellt man fest, dass dieses Spektrum aus zwei Komponenten besteht, einer kontinuierlichen Komponente, die Bremsstrahlung heißt, und einer diskreten Komponente, die man charakteristische Strahlung nennt. In Abb 15.8 ist das Spektrum der Röntgenstrahlen aus einer Röntgenröhre dargestellt.

Die **Bremsstrahlung** entsteht durch die Ablenkung der negativ geladenen Elektronen aus der Kathode in der Nähe der positiv geladenen Atomkerne in der Anode. Ablenkung bedeutet Beschleunigung, und eine beschleunigte Ladung strahlt elektromagnetische Wellen ab wie ein Hertz'scher Dipol. Wegen der hohen Energie der abgelenkten Elektronen liegt diese elektromagnetische Strahlung im Röntgenbereich. Damit ist auch sofort festgelegt, wie groß die obere Frequenzgrenze dieser Röntgenstrahlen ist. Da die Elektronen nicht mehr als ihre gesamte Energie in einem Ablenkungsprozess verlieren können, beträgt die obere Grenze $\hbar\omega_{max} = eU$ oder, in Wellenlängen ausgedrückt, $\lambda_{min} = hc/eU$.

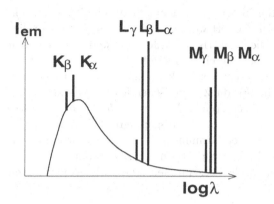

Abb. 15.8. Spektrale Verteilung der Röntgenstrahlung. Diese besteht aus einer kontinuierlichen Komponente, der Bremsstrahlung, die von diskreten Linien, der charakteristischen Strahlung, überlagert wird. Die K_α-Linie entspricht dem Übergang L $\to$ K, die K_β-Linie dem Übergang M $\to$ K, die L_α-Linie dem Übergang M $\to$ L usw. Beachten Sie den logarithmischen Maßstab der Ordinate

Zur Entstehung der **charakteristischen Strahlung** muss zunächst durch die hochenergetischen Elektronen von der Kathode ein Loch in der K-Schale oder der L-Schale der Atome in der Anode erzeugt werden. Das Loch in der K-Schale wird durch ein Elektron aus der L-Schale oder der M-Schale gefüllt, wobei ein charakteristisches Röntgenphoton emittiert wird. Diese Photonen tragen die Bezeichnung K_α- bzw. K_β-Strahlung. Die Löcher in der L- und M-Schale werden durch Elektronenübergänge aus noch höheren Schalen wieder gefüllt, bei der Füllung der L-Schale entsteht die L_α- bzw. L_β-Strahlung, bei der Füllung der M-Schale entsteht die M_α- bzw. M_β-Strahlung. Insgesamt entsteht also eine Röntgenkaskade aus vielen Photonen, deren Gesamtheit die charakteristische Strahlung ergeben. Die Strahlung heißt charakteristisch, weil die auftretenden Frequenzen charakteristisch sind für die Ordnungszahl Z der Atome in der Anode.

Treffen die Röntgenstrahlen auf ein Material, können sie in diesem Material zum Teil absorbiert werden abhängig davon, welche Dicke das Material in der Ausbreitungsrichtung der Röntgenstrahlen besitzt. Mit anderen Worten, treffen n_0 Röntgenphotonen auf das Material, werden nur n Photonen in der gleichen Richtung das Material wieder verlassen. Die relative Abnahme der Photonenzahl dn/n hängt allein von dem Absorptionsprozess und der Dicke dz des Materials ab. Es gilt

$$\frac{dn}{n} = -\mu \, dz \quad \text{oder} \quad dn = -n \, \mu \, dz \; . \tag{15.43}$$

Dies ist eine Differentialgleichung erster Ordnung mit der Lösung

$$n = n_0 \, e^{-\mu z} \; , \tag{15.44}$$

die Photonenzahl nimmt also exponentiell mit der Materialdicke ab. Das Verhalten des **Absorptionskoeffizienten** μ wird bestimmt durch die Prozesse, die zur Absorption beitragen. Für Röntgenstrahlen in dem Energiebereich $\hbar \omega < 100$ keV, den wir hier betrachten, ist der dominante Prozess der **Photoeffekt**. Dieser Effekt ist fast identisch zum lichtelektrischen Effekt, siehe Kap.

13.1, der Unterschied besteht nur in den Elektronen, die durch die Absorption des Photons in das Kontinuum befördert werden. Beim Photoeffekt sind dies die K- und L-Elektronen, beim lichtelektrischen Effekt die wenig gebundenen und z.B. frei beweglichen Elektronen in einem metallischen Leiter. Damit ein K-Elektron in das Kontinuum angeregt werden kann, muss die Photonenenergie $\hbar\omega \geq \hbar\omega_K = |E_K|$ sein, wobei E_K die Zustandsenergie des K-Elektrons ist. Freie Elektronen aus der L-Schale entstehen dann, wenn $\hbar\omega \geq \hbar\omega_L = |E_L|$ ist. Der Absorptionskoeffizient zeigt also eine ausgeprägte Abhängigkeit von der Energie $\hbar\omega$ des Photons und der Ordnungszahl Z des Absorbermaterials, weil die Werte von $|E_K|$ und $|E_L|$ quadratisch mit Z zunehmen. Aus den Absorptionsexperimenten ergibt sich, dass für den Absorptionskoeffizienten gilt

$$\mu \propto \frac{Z^4}{\omega^3} \, . \tag{15.45}$$

Dieser Koeffizient nimmt also stark mit der Ordnungszahl zu und stark mit der Photonenenergie ab. Die kontinuierliche Abnahme, die durch dieses Gesetz beschrieben wird und die in Abb. 15.9 gezeigt ist, ist immer dann unterbrochen und μ nimmt wieder zu, wenn die Photonenenergie gerade die Werte $\hbar\omega_K$ und $\hbar\omega_L$ erreicht. Die sprunghaften Zunahmen werden als K-Kante und L-Kante bezeichnet, wobei man bei letzterer mit einem hochauflösenden Spektrometer auch die Aufhebung der j-Entartung und die Feinstruktur beobachten kann. Die L-Kante gliedert sich dann in drei benachbarte Kanten, die die Bezeichnungen L_I, L_{II} und L_{III} tragen.

Die Kantenenergie ergibt also genau den Betrag der Zustandsenergie für die entsprechende Schale in der mit Elektronen besetzten Atomhülle. Dies ist eine wichtige Information, denn sie erlaubt, die Gültigkeit von Gleichung (15.41) experimentell nachzuprüfen, indem die Kantenenergien für möglichst viele verschiedene Ordnungszahlen Z bestimmt werden. Diese Prüfung wurde

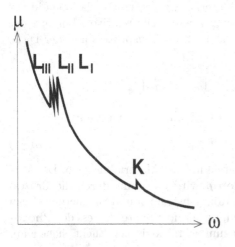

Abb. 15.9. Frequenzabhängigkeit des Absorptionskoeffizienten μ der Röntgenstrahlung bei Absorption infolge des Photoeffekts. Die Absorptionskanten treten bei den Frequenzen (Energien) auf, die benötigt werden, um das Elektron aus dieser Schale gerade in das Kontinuum zu befördern

von Moseley (1887 - 1915) vorgenommen mit dem Ergebnis, dass die Kanten-energien dem **Moseley'schen Gesetz** folgen:

$$|E_{n,0}| = 13{,}6 \, \frac{(Z - S_n)^2}{n^2} \quad \rightarrow \quad f(Z) = \sqrt{\frac{|E_{n,0}|}{13{,}6}} = \frac{1}{n}\,(Z - S_n) \,.(15.46)$$

Die Steigung der Funktion $f(Z)$ beträgt $\mathrm{d}f(Z)/\mathrm{d}Z = 1/n$, der Nulldurchgang $f(Z) = 0$ erfolgt für $Z = S_n$. Die Konstante S_n wird **Abschirmzahl** genannt, ihr Wert hängt von der Hauptquantenzahl n ab. Für $n = 1$, also Elektronen in der K-Schale, ergeben die experimentellen Daten $S_\mathrm{K} \approx 1$. Für Elektronen in der L-schale ergibt sich $S_\mathrm{L} \approx 7{,}4$. Die Kernladung für die K-Elektronen wird daher im Mittel von einem Elektron abgeschirmt, für die Elektronen in der L-Schale sind im Mittel 7 bis 8 Elektronen für die Abschirmung verant-wortlich. Diese Resultate sind in Übereinstimmung mit unseren Erwartungen aufgrund des Pauli-Prinzips und den sich daraus ergebenden Besetzungszah-len der tiefliegenden Zustände in der Atomhülle. In Kap. 15.4 werden wir uns noch einmal mit der Besetzungszahlen beschäftigen, denn sie bilden die Grundlage für das periodische System der Elemente.

15.3.2 Die Ionisierungsenergien

Im vorhergehenden Kapitel haben wir uns überlegt, was geschieht, wenn ein Elektron aus der K- oder L-Schale eines Atoms entfernt wird. Man kann ein Atom natürlich auch ionisieren, indem man das am schwächsten gebunde-ne Elektron entfernt. Die dazu benötigte Energie wird **Ionisierungsenergie** E_ion genannt. Wir erwarten, dass $E_\mathrm{ion} \approx 13{,}6$ eV, und damit ist die Ioni-sierungsenergie viel geringer als die Energie, die für die Ionisation aus der K-Schale benötigt wird. Dies ist der Grund, warum bei der experimentellen Bestimmung von E_ion besondere Vorsicht geboten ist. Die Atome müssen frei sein, d.h. sie dürfen nicht in Wechselwirkung mit Nachbaratomen stehen. Die-se Bedingung spielte bei der Untersuchung der Röntgenspektren keine Rolle, da die Eigenschaften der tiefliegenden K- und L-Schalen nicht durch die Nach-baratome beeinflusst werden. Bei der Bestimmung der Ionisierungsenergie ist das Vorhandensein von freien Atomen aber eine wichtige Bedingung. Wären sie z.B. zu einem festen Körper gebunden, würden wir die **Ablöseenergie** ε_a messen (z.B. $\varepsilon_\mathrm{a}(\mathrm{Cu}) = 4{,}39$ eV), nicht aber die Ionisierungsenergie E_ion (z.B. $E_\mathrm{ion}(\mathrm{Cu}) = 7{,}72$ eV).

Die Ionisierungsenergie wird daher immer in einer Gasatmosphäre gemes-sen. Das wohl bekannteste Experiment diesen Typs ist das von Franck und Hertz, mit dessen Hilfe sie im Jahr 1914 zwar nicht gleich die Ionisierungs-energie gemessen haben, aber das Leuchtelektron im Quecksilber (Hg) in einen höheren Zustand angeregt haben. Der prinzipielle Aufbau des **Franck-Hertz-Experiments** ist sehr ähnlich zu einer Röntgenröhre Abb. 15.7, die allerdings mit Hg-Dampf gefüllt war. Die Beschleunigungsspannung für die Elektronen, die aus der Glühkathode austreten, ist variabel und beträgt $U < 15$ V. Wird

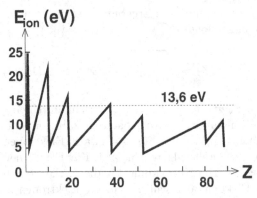

Abb. 15.10. Diese schematische Darstellung zeigt die Abhängigkeit der Ionisierungsenergie eines Atoms von dessen Ordnungszahl Z

die Spannung vom Anfangswert $U = 0$ V langsam erhöht, steigt zunächst der Strom zwischen Glühkathode und Anode, bis er bei einer Spannung $U = 4,9$ V schlagartig abnimmt. Bei dieser Spannung haben die Elektronen aufgrund der Beschleunigung gerade genügend Energie $\varepsilon = eU$ gewonnen, um das Leuchtelektron im Hg-Atom anzuregen. Sie selbst besitzen aber nach der Anregung nicht mehr genügend kinetische Energie, um die Anode zu erreichen. Der eindeutige Beweis, dass die Anregung des Elektrons gleichzeitig auch zur Ionisation des Hg-Atoms geführt hat, ist der Nachweis von Hg^+-Ionen in dem Gas. Die Ionisierungsenergie von Hg ist gemessen zu

$$E_{ion}(Hg) = 10,3 \text{ eV}. \tag{15.47}$$

Mit dieser Methode kann man die Ionisierungsenergien von sehr vielen Atomen bestimmen. Das Ergebnis dieser Messungen ist in Abb. 15.10 sehr schematisch dargestellt. Die Ionisierungsenergien schwanken mit der Ordnungszahl Z des Atoms, der Mittelwert liegt für kleine Werte von Z in der Nähe von $\langle E_{ion} \rangle = 13,6$ eV, für große Werte von Z aber deutlich darunter. Besonders interessant ist, dass bestimmte Werte von Z existieren, für die E_{ion} besonders groß ist, während für den benachbarten Wert $Z + 1$ die Ionisierungsenergie ein lokales Minimum besitzt. Dieser abrupte Wechsel von einem lokalen Maximum zu einem Minimum von E_{ion} wird beobachtet bei den Z-Werten

Z	Element
2	Helium (He)
10	Neon (Ne)
18	Argon (Ar)
36	Krypton (Kr)
54	Xenon (Xe)
(80	Quecksilber (Hg))
86	Radon (Ra)

Diese Z-Werte bezeichnet man als **magische Zahlen**. Bis auf das Quecksilber handelt es sich bei den Elementen mit magischen Zahlen um die Edelgase. Die Edelgase besitzen daher eine besonders stabile Elektronenkonfiguration, denn ihre Ionisierungsenergien E_{ion} sind sehr groß. Die sich anschließenden Alkaliatome sind dagegen sehr leicht zu ionisieren.

Durch dieses Verhalten werden die Elektronenkonfigurationen sichtbar, für die eine Schale mit bestimmter Hauptquantenzahl n vollständig (oder auch nur teilweise, wie wir im nächsten Kapitel sehen werden) mit Elektronen besetzt ist. Das nächste Leuchtelektron besetzt den Zustand $(n+1)^2s_{1/2}$, der nur sehr schwach gebunden ist. Man kann die systematische Veränderung der Ionisierungsenergie wiederum in Anlehnung an Gleichung (15.23) parametrisieren und eine effektive Kernladung Z_{eff} definieren, die sich ergibt aus

$$E_{\text{ion}} = Ry\,(hc)\,\frac{Z_{\text{eff}}^2}{n^2} \quad \rightarrow \quad Z_{\text{eff}} = n\sqrt{\frac{E_{\text{ion}}}{Ry\,(hc)}}\,. \tag{15.48}$$

Die Differenz $Z - Z_{\text{eff}}$ bestimmt die Abschirmzahl S_n für die äußere Schale des Atoms

$$S_n = \frac{n}{\sqrt{Ry\,(hc)}}\left(\sqrt{|E_n|} - \sqrt{E_{\text{ion}}}\right)\,. \tag{15.49}$$

Anmerkung 15.3.1: Das Quecksilber (Hg) ist ein Zweielektronenatom, dessen Termschema wir nicht diskutieren werden. Die inelastischen Stöße zwischen Elektronen und dem Hg-Dampf, die im Franck-Hertz-Experiment bei einer Elektronenenergie von 4,9 eV beobachtet werden, entsprechen einer Lichtwellenlänge von $\lambda = 253{,}7$ nm. Licht mit dieser Wellenlänge liegt im ultravioletten Spektralbereich (siehe Abb. 9.14), man beobachtet dieses Licht auch im Emissionsspektrum des Hg-Atoms. Die entsprechende Linie wird Interkombinationslinie genannt. Quecksilberlampen sind deswegen eine häufig benutzte Quelle für ultraviolettes Licht.

15.4 Das periodische System der Elemente

In dem periodischen System werden alle Elemente nach steigender Ordnungszahl so angeordnet, dass in einer Gruppe immer alle Elemente mit ähnlichem chemischen Verhalten stehen. In der Physik ist diese Anordnung äquivalent mit der Reihenfolge, in der mögliche Zustände der Atomhülle in Übereinstimmung mit dem Pauli-Prinzip gefüllt werden. Dabei ist von besonderer Bedeutung zu verstehen, warum sich bei den magischen Zahlen gerade die Edelgasatome formieren, also Elektronenkonfigurationen mit vollbesetzten Schalen bilden. Überlegen wir uns, wieviele Elektronen in jeder Schale gemäß dem Pauli-Prinzip Platz haben.[2]

---

[2] Wir bezeichnen die Elektronenzahl ausnahmsweise mit N, um sie nicht mit der Hauptquantenzahl n zu verwechseln.

Tabelle 15.2. Die Besetzungszahlen der 4 ersten Schalen und Unterschalen in der Atomhülle, wie sie sich aus dem Pauli-Prinzip und den Energieeigenwerten des Einelektronatoms ergeben

n	Nomenklatur	N_n	$Z = \sum N_n$	
1	$1\,^2\mathrm{s}_{1/2}$	2	2	$\rightarrow 2\,^2\mathrm{s}_{1/2}$
2	$2\,^2\mathrm{s}_{1/2}$	2	4	
	$2\,^2\mathrm{p}_{1/2}$	2	6	
	$2\,^2\mathrm{p}_{3/2}$	4	10	$\rightarrow 3\,^2\mathrm{s}_{1/2}$
3	$3\,^2\mathrm{s}_{1/2}$	2	12	
	$3\,^2\mathrm{p}_{1/2}$	2	14	
	$3\,^2\mathrm{p}_{3/2}$	4	18	$\rightarrow 4\,^2\mathrm{s}_{1/2}$
	$3\,^2\mathrm{d}_{3/2}$	4	22	
	$3\,^2\mathrm{d}_{5/2}$	6	28	
4	$4\,^2\mathrm{s}_{1/2}$	2	30	
	$4\,^2\mathrm{p}_{1/2}$	2	32	
	$4\,^2\mathrm{p}_{3/2}$	4	36	$\rightarrow 5\,^2\mathrm{s}_{1/2}$
	$4\,^2\mathrm{d}_{3/2}$	4	40	
	$4\,^2\mathrm{d}_{5/2}$	6	46	
	$4\,^2\mathrm{f}_{5/2}$	6	52	
	$4\,^2\mathrm{f}_{7/2}$	8	60	

Die Besetzungszahlen, wie sie sich aus den Energieeigenwerten des Einelektronatoms ergeben, sind in der Tabelle 15.2 angegeben. Die Doppellinien geben die Stellen an, wo nach vollständiger Auffüllung einer Schale die Besetzung der nächsten Schale beginnen sollte. Nur für $n = 1$ und $n = 2$ stimmen die Besetzungszahlen $\sum N_n$ mit den magischen Zahlen überein. Schon für $n = 3$ wird die Schale nicht mehr vollständig gefüllt, sondern nur bis zur Unterschale 3 p. Danach beginnt bereits die Besetzung der $n = 4$-Schale, bevor die $n = 3$-Schale vollständig gefüllt ist. Dasselbe geschieht in der $n = 4$-Schale.

Diese Abweichungen von dem theoretisch erwarteten Schema werden durch die Energieeigenwerte der Unterschalen verursacht, die eben nicht der Ordnung eines Einelektronatoms folgen, sondern durch die Anwesenheit der anderen Elektronen verschoben werden. Das Schema, wie tatsächlich die Schalen und Unterschalen in einem Mehrelektronenatom besetzt werden, ergibt sich aus der Abb. 15.11. So sind die Unterschalen mit einer hohen Bahndrehimpulsquantenzahl, wie nach Gleichung (15.25) erwartet, offensichtlich besonders schwach gebunden. Das hat zur Folge, dass nach der Füllung der Unterschale 4 d nicht mit der Besetzung der Unterschale 4 f fortgefahren wird, sondern

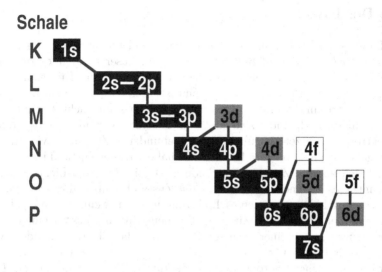

Abb. 15.11. Das Schema, nach dem die Zustände im Atom mit Elektronen besetzt werden. Nach Füllung einer n^2p-Unterschale wird als nächstes mit der Füllung der $(n+1)^2s$-Unterschale begonnen, bevor die restliche n-Schale aufgefüllt wird. Die $n^2s + n^2p$-Konfiguration (*schwarze Kästen*) ist daher besonders stabil, sie entspricht den 8 Elementen der 8 Hauptgruppen, von denen jede mit einem Edelgasatom abgeschlossen wird

mit der Besetzung der stärker gebundenen Unterschale 5 p begonnen wird. Die Ordnung des periodischen Systems lässt sich aus Abb. 15.11 aber gut erkennen:

- Die Elektronen in den n²s- und n²p-Unterschalen entsprechen den 8 Elementen in den 8 Hauptgruppen.
- Die Elektronen in der (n-1)²d-Unterschale entsprechen den 10 Elementen in den 8 Nebengruppen.

Mit der Füllung der n²s- und n²p-Unterschalen ist eine Edelgaskonfiguration 2(n²s) + 6(n²p) erreicht, die besonders stark gebunden ist. Ein Elektron weniger, d.h. die 2(n²s) + 5(n²p)-Konfiguration, ergibt die Holagenatome, ein Elektron mehr, d.h. die 2(n²s) + 6(n²p) + 1((n+1)²s)-Konfiguration entspricht den Alkaliatomen. Die größten Abweichungen treten nach der Füllung der Unterschalen 6²s und 7²s auf, nach denen mit der Besetzung von 4²f bzw. 5²f fortgefahren wird, bis diese vollständig gefüllt sind. Dies sind Unterschalen, die nicht das chemische Verhalten der betreffenden Elemente bestimmen. Daher verhalten sich alle Lantaniden, die während der Füllung der Unterschale 4²f gebildet werden, und alle Aktiniden, die während der Füllung der Unterschale 5²f gebildet werden, untereinander chemisch sehr ähnlich.

15.5 Der Laser

Der Laser ist die Abkürzung der englischen Bezeichnung *"light amplification by stimulated emission of radiation"*. Bei dem Laser handelt es sich daher um eine Lichtquelle, die Licht verstärkt durch stimulierte Emission. Um zu verstehen, welcher Prozess damit gemeint ist, müssen wir genauer betrachten, auf welche Art ein Atom dazu gezwungen werden kann, Licht zu emittieren.

Normalerweise befindet sich ein Atom in seinem Grundzustand g, d.h. alle Elektronen besetzen die am stärksten gebundenen Zustände, wie wir es im vorhergehenden Kapitel gerade diskutiert haben. Dieser Zustand ist stationär, er wird sich mit der Zeit nicht verändern. Damit ein Atom Licht emittieren kann, muss es in einen nichtstationären Zustand a überführt werden. Dies geschieht durch Anregung eines Elektrons in einen weniger stark gebundenen und daher unbesetzten Zustand. Der neue Zustand besitzt eine endliche Lebensdauer τ, nach einer gewissen Zeit t wird das Elektron mit der Wahrscheinlichkeit $P(t) = 1/\tau \exp(-t/\tau)$ wieder in den stationären Grundzustand unter Emission eines Photons mit Energie $\hbar \omega = E_a - E_g$ zurückkehren. E_g ist die Energie des Grundzustands und E_a die Energie des angeregten Zustands.

Die Präparation des angeregten Zustands erreicht man z.B. durch den Umkehrprozess. Ein Photon mit Energie $\hbar \omega = E_a - E_g$ wird von dem Atom absorbiert. Dies ist ein Resonanzprozess, d.h. das Photon muss genau diese Energie besitzen, damit es von dem Atom absorbiert werden kann. Weiterhin ist die Wahrscheinlichkeit der Absorption um so größer, je größer auch die Wahrscheinlichkeit für die sich anschließende Lichtemission ist, je kleiner also die Lebensdauer τ des angeregten Zustands ist. Diese beiden Prozesse, Photonabsorption und Photonemission, sind schematisch in Abb. 15.12 dargestellt.

Es gibt noch eine weitere Möglichkeit, ein Atom zur Lichtemission zu zwingen. Diese ensteht, wenn das Atom sich in einem quasistationären Zustand befindet, also in einem Zustand mit extrem langer Lebensdauer. Die Wahrscheinlichkeit eines spontanen Übergangs aus diesem in den stationären

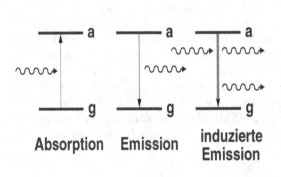

Abb. 15.12. Der Grundzustand g und der angeregte Zustand a eines Elektrons im Atom. Durch Photonabsorption wird das Elektron von g nach a befördert, bei spontaner Photonemission von a nach g. Kann der Übergang von a nach g nicht stattfinden, kann man ihn mithilfe eines weiteren Photons induzieren. Dadurch verdoppelt sich die Anzahl der emittierten Photonen

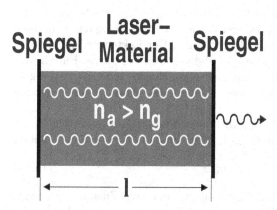

Abb. 15.13. Prinzipieller Aufbau eines Lasers. Er besteht aus dem Lasermaterial und zwei parallelen planaren Spiegeln, die alle zusammen einen optischen Resonator mit stehender Lichtwelle bilden. Der rechte Spiegel besitzt ein geringes Transmissionsvermögen, damit das Laserlicht nach außen gelangen kann. In dem Lasermaterial muss eine Besetzungsinversion $n_a > n_g$ erreicht werden

Grundzustand ist sehr klein. Aber man kann den Übergang erzwingen, indem man das Atom mit einem Photon $\hbar\omega = E_a - E_g$ stimuliert. Dabei wird das Photon selbst nicht absorbiert, sondern es zwingt das Atom nur zu dem sonst unwahrscheinlichen Übergang. Die dabei auftretende Lichtemission heißt **stimulierte** oder **induzierte Emission**, die Anzahl der Photonen wird durch diesen Emissionsprozess verdoppelt. Auch dieser Prozess ist schematisch in Abb. 15.12 dargestellt, er bildet die Grundlage für den Laser.

Der prinzipielle Aufbau eines Lasers ist in Abb. 15.13 gezeigt. Der Laser besteht aus einem lichtdurchlässigen Material in Stabform. Die Eigenschaften dieses Materials müssen die stimulierte Lichtemission zulassen. Das bedeutet, dass sich ein großer Teil n_a der Atome dieses Materials in einem quasistationären Zustand befindet, und nur ein geringer Teil n_g der Atome befindet sich im Grundzustand. Die beiden Stabenden des Materials sind mit planaren Spiegeln versehen, die das durch die stimulierte Emission erzeugte Licht hin- und zurückreflektieren und damit die elektromagnetische Wellen auf den Bereich des Materials selbst begrenzen. Damit trotzdem ein gewisser Bruchteil der Lichtintensität aus dem Laser austreten kann, ist der eine der planaren Spiegel teildurchlässig. Er besitzt ein **Reflexionsvermögen** $R \approx 0{,}995$, während der andere Spiegel praktisch vollständig reflektierend ist.

Diese Anordnung stellt einen **optischen Resonator** dar, in dem sich stehende Lichtwellen ausbilden werden, wenn die Resonanzbedingung für die Lichtwellenlänge $\lambda = 2\,l/\ell$ (mit ℓ = gerade Zahl) erfüllt ist. Die Länge des Materialstabs ist l, die Resonanzbedingung ist dieselbe, die wir im Kap. 7.2.4 für die stehenden Schallwellen in einer Luftsäule kennen gelernt haben. Es lässt sich zeigen, dass im Volumen V die Anzahl $\Delta\zeta$ der stehenden Wellen pro Frequenzintervall $d\nu$ gegeben ist durch Gleichung (6.124), d.h. es gilt, wenn wir den Impuls des Photons durch die Wellenlänge ausdrücken, für diese Anzahl

$$\Delta\zeta = \frac{8\pi V}{\lambda^2}\frac{\Delta\nu}{c}\,. \tag{15.50}$$

Die Frequenzunschärfe $\Delta\nu = \mathrm{d}\varepsilon/h$ hängt über die Heisenberg'sche Unschärferelation $\Delta\varepsilon = h/\tau_\mathrm{a}$ mit der Lebensdauer des angeregten Zustands zusammen, von dem aus der Laserübergang induziert wird. Der Faktor 8π anstelle von 4π entsteht durch die zwei Polarisationsmöglichkeiten des Lichts. Für ein Resonatorvolumen $V = 10$ cm^3 und eine Energieunschärfe $\Delta\varepsilon = 10^{-6}$ eV ergibt sich für sichtbares Licht mit $\lambda = 500 \cdot 10^{-9}$ m eine Anzahl von stehenden Wellen $\Delta\zeta \approx 10^9$.

Das eigentliche Problem bei der Konstruktion eines Lasers besteht darin, möglichst viele Atome in den quasistationären Zustand a anzuregen, sodass

$$n_a \gg n_g \ . \tag{15.51}$$

Diese **Laserbedingung**, die eine Besetzungsinversion der Zustände verlangt, kann in einem System, das nur die Anregung zwischen dem Grundzustand g und dem angeregten Zustand a zulässt, prinzipiell nicht erfüllt werden, unabhängig davon, wie groß die Lebensdauer des angeregten Zustands ist. Der Grund ist in Kap. 6.4.2 beschrieben. Zwischen den Besetzungszahlen stellt sich ein thermisches Gleichgewicht ein, für das nach Gleichung (6.142) gilt:

$$\frac{n_a}{n_g} = \mathrm{e}^{-(E_a - E_g)/kT} \ll 1 \quad \text{weil} \quad E_a > E_g \ , \tag{15.52}$$

und es werden gleichviel Photonen absorbiert wie emittiert. Im Mittel ist deswegen die Photonenzahl im Resonator konstant und so gering, dass die Anzahl der stehenden Wellen wesentlich geringer ist als durch Gleichung (15.50) vorgegeben. In diesem Fall dominiert die spontane Emsission aus dem Zustand a vollständig die induzierte Emission.

Wir müssen daher in dem Resonator den Zustand thermischen Ungleichgewichts (15.51) schaffen, was nur mithilfe eines Systems gelingt, in dem mehr als zwei Zustände an dem Laserprozess teilnehmen. Außerdem müssen wir, damit der Zustand thermischen Ungleichgewichts aufrecht erhalten werden kann, diesem System von außen ständig Energie zuführen. Wir behandeln hier ein System mit vier Zuständen, wie es in Abb. 15.14 gezeigt ist. Die Anregung aus dem Grundzustand g in den angeregten Zustand a bezeichnet man als Pumpübergang. Der Übergang vom Zustand a zurück in den Grundzustand muss verboten sein, damit dieser Zustand nur in den quasistationären Zustand i zerfallen kann. Der Zustand i bildet den Anfangszustand für den Laserübergang i $\rightarrow$ f. Der Endzustand f entleert sich durch einen Übergang zurück in den Grundzustand möglichst schnell, sodass $n_\mathrm{f} \approx 0$. Mit diesem System erreicht man die Lasereigenschaften, wenn für die Besetzungszahlen der Zustände i und f gilt:

$$n_i - n_f > \left(\frac{8\pi V}{\lambda^2} \frac{\Delta\nu}{c} \right) \frac{\tau_\mathrm{i}}{\Delta t} \ . \tag{15.53}$$

Der Faktor in der Klammer gibt die Anzahl der Moden des Lasers - so nennt man die stehenden Wellen im Resonator - an, außerdem wird die erforderliche

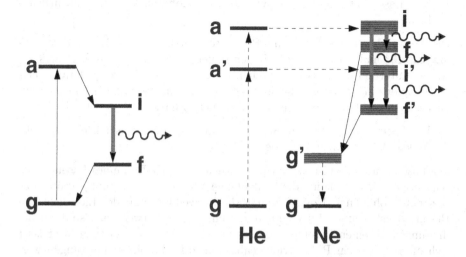

Abb. 15.14. *Links* ist das prinzipielle Schema eines Vier-Niveau-Lasers gezeigt. Die Anregung geschieht zwischen den Zuständen g → a, der Laserübergang geschieht zwischen den Zuständen i → f. *Rechts* ist die technische Realisation dieses Schemas im He-Ne-Laser gezeigt. Die Anregung geschieht im He, der Laserübergang vollzieht sich im Ne

Besetzungsinversion bestimmt durch das Verhältnis zwischen der Lebensdauer des Zustands i und der Verweilzeit Δt der Photonen in dem Laser, die durch die Güte der Spiegel bestimmt wird. Die Bedingung (15.53) verlangt, dass $\tau_i/\Delta t$ klein sein sollte, was eine Forderung an die Qualität der Spiegel bedeutet.

Bevor wir uns im nächsten Kapitel anhand des He-Ne-Lasers informieren, wie ein derartiges System praktisch realisiert wird, wollen wir uns klarmachen, worin die besonderen Eigenschaften des Laserlichts bestehen. Die Lichtwellen legen im Resonator bei einer Verweildauer $\Delta t = 1\mu s$ eine Wegstrecke $s = c\,\Delta t = 300$ m zurück. Bei einer Resonatorlänge $l = 5$ cm bedeutet dies, dass das Licht 6000 mal an den Spiegeln reflektiert wird. Damit es bei dieser großen Anzahl von Reflexionen nicht seitwärts aus dem Resonatorvolumen austritt, müssen die Spiegel mit hoher Präzision parallel justiert sein, und die Ausbreitungsrichtung der elektromagnetischen Welle ist sehr gut definiert.

- Das Laserlicht hat nur eine geringe Strahldivergenz, d.h. der Strahlquerschnitt vergrößert sich auch über große Entfernungen nur wenig.

Die **Kohärenzlänge** des Laserlichts beträgt $\Lambda = c\,\Delta t = 300$ m, sie ist damit wesentlich größer als die Kohärenzlänge von wenigen mm, die natürliches Licht besitzt.

- Das Laserlicht besitzt eine viel größere Kohärenzlänge als natürliches Licht.

Die Verweildauer des Lichts im Resonator beträgt $\Delta t = 1\mu s$ und ist damit ca. 10^5-mal größer als die Lebensdauer eines angeregten Zustands im Atom. Aufgrund der Heisenberg'schen Unschärferelationen folgt daraus, dass die Frequenzunsicherheit des Laserlichts ca. 10^5-mal geringer ist als die des natürlichen Lichts, das eine relative Energieunschärfe $\Delta\varepsilon/\varepsilon \approx 10^{-5}$ besitzt.

- Das Laserlicht besitzt nur eine sehr geringe Frequenzunschärfe, es besteht praktisch nur aus einer Farbe.

Die Laserbedingung (15.53) macht deutlich, dass der Bau eines Lasers umso schwieriger wird, je kleiner die Wellenlänge λ des Laserlichts und je größer das Resonatorvolumen V bzw. je kleiner die Verweildauer Δt des Laserlichts im Resonator ist. Ein großes Volumen und eine kleine Verweildauer sind die Bedingungen an einen Laser mit großer Leistung. Ein Hochleistungslaser lässt sich oft nur für den Pulsbetrieb realisieren, d.h. die hohen Leistungen werden nur innerhalb sehr kurzer Zeitintervalle erzeugt, die restliche Zeit wird zum Aufbau der Besetzungsinversion benutzt. Die Begrenzung auf große Wellenlängen hat zur Folge, dass auch heute noch kein Laser existiert, der Licht im ultravioletten Bereich emittiert. Um Laserlicht mit den entsprechend hohen Frequenzen zu erzeugen, muss man die Laserfrequenz verdoppeln oder vervierfachen, wozu Materialien mit nichtlinearen optischen Eigenschaften benötigt werden.

15.5.1 Der He-Ne-Laser

Der He-Ne-Laser ist ein Gaslaser, in dem die Edelgase Helium und Neon im Verhältnis von etwa 7:1 gemischt sind. Die He-Atome werden für den Pumpübergang benötigt, um die Besetzungsinversion zu erreichen. Der eigentliche Laserübergang findet im Ne-Atom statt. Der Pump- und Lasermechanismus ist in Abb. 15.14 dargestellt.

In dem He-Ne-Gemisch brennt eine Gasentladung, die durch das Gas driftenden Elektronen regen die He-Atome aus ihrem Grundzustand in die quasistationären Zustände a und a' an. Diese Anregung muss durch Elektronenstoß erfolgen, sie kann nicht durch Photonenabsorption erreicht werden. Die Absorptionswahrscheinlichkeit ist für diese Zustände nämlich praktisch null, da die Zustände quasistationär sind, also weder optisch angeregt noch zerfallen können. Das Ne-Atom besitzt bei etwa den gleichen Energien ebenfalls angeregte Zustände, auch diese Zustände sind quasistationär. Beim Zusammenstoß mit den angeregten He-Atomen übertragen diese ihre Energie auf das Ne-Atom, das dadurch selbst angeregt wird, während sich die He-Atome wieder im Grundzustand befinden. Die quasistationären Zustände im Ne bilden die Anfangszustände i für mehrere Laserübergänge in verschiedene Endzustände f. Die Endzustände sind allerdings sehr kurzlebig, sie zerfallen sehr schnell wieder in einen quasistationären Zwischenzustand g' oberhalb des Ne-Grundzustands g. Der Übergang g' → g kann nur durch inelastische Stöße mit der Wand des Behälters erfolgen, in dem das He-Ne-Gemisch eingeschlossen ist. Diese Wand bildet auch die seitliche Begrenzung des Resonatorvolumens. Daher muss die Oberfläche der Gefäßwand groß sein gegen das Gefäßvolumen, der Resonator eines He-Ne Lasers ist eine langgestreckte Kanüle mit sehr kleinem Querschnitt. Im Laserbetrieb heizt sich diese Kanüle sehr stark auf wegen der inelastischen Stöße mit den angeregen Ne-Atomen.

Die Wellenlängen des Laserlichts von einem He-Ne-Laser betragen $\lambda_1 = 0{,}633~\mu$m, $\lambda_2 = 1{,}15~\mu$m und $\lambda_3 = 3{,}39~\mu$m. Die erste Wellenlänge liegt im sichtbaren Bereich, sie verleiht dem Licht des He-Ne-Lasers die typisch rötliche Farbe. Die beiden anderen Wellenlängen liegen im infraroten Bereich, man kann ihre Intensität durch geeignete Wahl der Laserspiegel unterdrücken.

16

Kernphysik

Das Atom ist aufgebaut aus der Atomhülle und dem Atomkern. Im letzten Kapitel haben wir die Physik der Atomhülle besprochen, dieses Kapitel behandelt die Physik des Atomkerns. Dabei werden uns die Eigenschaften der Atomhülle auch den Weg zum Verständnis des Kerns weisen. Zum Beispiel besteht die Atomhülle aus negativ geladenen Elektronen. Da das Atom nach außen hin neutral ist, und um die Elektronen trotz ihrer abstoßenden elektrischen Kraft untereinander zu einem stationären Zustand zu binden, muss der Kern positiv geladen sein. Und entsprechend des Hüllenaufbaus aus Z Elektronen wird der Kern aus mindestens Z Teilchen aufgebaut sein, die wir unter dem Oberbegriff **Nukleonen** zusammenfassen. Eine Anzahl Z der Nukleonen muss positiv geladen sein, wir nennen diese Art der Nukleonen **Protonen**. Ob es nur positiv geladene Nukleonen oder auch negativ geladene Nukleonen oder ungeladene Nukleonen gibt, lässt sich aus unseren bisherigen Kenntnissen nicht herleiten. In der Tat hat erst der experimentelle Nachweis durch Chadwick (1891 - 1974) im Jahr 1932 bewiesen, dass auch ein ungeladenes Nukleon, das **Neutron**, in der Natur existiert. Erst sehr viel später, im Jahr 1955, ist auch das negativ geladene Nukleon, das **Antiproton**, im Experiment beobachtet worden. Wie der Name sagt, ist das Antiproton das Antiteilchen des Protons, so wie das Positron das Antiteilchen des Elektrons ist. Diese Antiteilchen können nicht als stabile Teilchen in der Natur existieren, sie werden durch die Vereinigung mit dem entsprechenden Teilchen vernichtet. Bei diesem Prozess entstehen Photonen im Falle der Elektron-Positron-Vernichtung, oder es entstehen bei der Vereinigung von Proton und Antiproton neue Teilchen mit Ruhemasse, die **Mesonen**. Seit Kap. 14.2 verstehen wir, dass dies ein Übergang aus dem Bereich der Zustände mit positiver Masse in ein Loch im Dirac-See ist, d.h. in den Bereich der Zustände mit negativer Masse.

Es ist nicht a priori evident, wie viele Nukleonen A in einem Atomkern mit Z Protonen wirklich enthalten sein müssen, um diesen Atomkern stabil zu machen, d.h. ihn in einen stationären Zustand zu versetzen. Dies wird von den Eigenschaften der anziehenden Kraft zwischen den Nukleonen untereinander abhängen. Diese neue Kraft muss existieren, denn andernfalls würden die abstoßenden elektrischen Kräfte zwischen den Protonen den Atomkern zerreißen. Wir nennen diese neue Kraft die **Kernkraft**, ihre Ursache wurde erst am Ende des 20. Jahrhunderts mit der Entdeckung des Quarks verstanden. Aber auch ohne ein tieferes Verständnis der Ursache können wir einige wichtige Aussagen über die Eigenschaften der Kernkraft machen.

Eine wichtige Aussage betrifft die Stärke der Kernkraft. Wir können diese mithilfe der Heisenberg'schen Unschärferelation

$$r_K\, p = h \tag{16.1}$$

abschätzen. Diese Relation bildet die eigentliche Grundlage auch für die Bestimmung des Bohr'schen Radius r_{Bohr} durch Gleichung (15.4). In diesem Fall stellte sie die Beziehung her zwischen der Ausdehnung der Atomhülle und dem Impuls des Elektrons. Jetzt benutzen wir sie, um aus unserer vorläufigen Kenntnis über die Ausdehnung des Atomkerns $r_K \approx 10^{-15}$ m den ungefähren Wert für den Impuls des Nukleons herzuleiten. Es gilt

$$p\,c = \frac{h\,c}{r_K} \approx 200 \text{ MeV}. \tag{16.2}$$

Benutzen wir auch unsere Kenntnis (siehe Gleichung (6.38)) über die Ruhemasse des Nukleons in atomaren Masseneinheiten $m_N = 1$ u $= 931$ MeV$/c^2$, so können wir die kinetische Energie des Nukleons im Atomkern in der nichtrelativistischen Näherung abschätzen

$$W_{kin} = \frac{(p\,c)^2}{2\,m_N\,c^2} \approx 20 \text{ MeV}. \tag{16.3}$$

Aus diesem Ergebnis ziehen wir folgende Schlussfolgerungen:

(1) Die Behandlung des Atomkerns kann in der nichtrelativistischen Näherung, d.h. mithilfe der stationären Schrödinger-Gleichung (14.32) erfolgen, denn die Bedingung $W_{kin} < 0{,}2\,m_N\,c^2$ ist erfüllt (siehe Kap. 12.6.2).

(2) Die kinetische Energie des Nukleons ist nicht identisch mit seiner Gesamtenergie E_K im stationären Zustand eines Atomkerns. Falls wir die Kernkraft für $r \leq r_K$ darstellen können als eine Zentralkraft von der Form

$$\boldsymbol{F}(r) \propto -\left(\frac{r}{r_K}\right)^k \widehat{\boldsymbol{r}} \quad \text{mit} \quad k \geq 1\,, \tag{16.4}$$

so ergibt sich nach der Anmerkung 2.3.1 für die Gesamtenergie $\langle W_{kin}\rangle \leq E_K \leq 2\,\langle W_{kin}\rangle$. Die obere Abschätzung für die Zustandsenergie eines Nukleons lautet daher

$$E_K \approx 40 \text{ MeV} \tag{16.5}$$

oberhalb des Energienullpunkts E_0. Definitionsgemäß wird für die Grenzenergie zum **Kontinuum**, wie bei der Atomhülle, so auch für den Atomkern ein

Wert $E = 0$ festgelegt. Und wie bei der Hülle ist für den Kern das Kontinuum der Energiebereich, für den die Nukleonen im Kern nicht mehr gebunden werden können. Der Energienullpunkt muss daher liegen bei

$$E_0 = -(E_K + E_{bin}) \ , \qquad (16.6)$$

wobei die Bindungsenergie E_{bin} der Ionisierungsenergie E_{ion} in der Hülle entspricht und die Energie ist, die auf ein Nukleon mindestens übertragen werden muss, um es aus dem gebundenen Zustand in das Kontinuum zu befördern. Diese Energie werden wir in Kap. 16.1.2 bestimmen, ihr Wert beträgt im Mittel für alle Atomkerne $\langle E_{bin} \rangle \approx 8$ MeV. Daher liegt der Energienullpunkt der gebundenen Zustände in einem Kern bei etwa

$$E_0 \approx -50 \text{ MeV}. \qquad (16.7)$$

Die Energien, die bei der Behandlung des Kerns auftreten, sind daher etwa 10^6 mal größer (das ist der Unterschied zwischen MeV und eV) als die Energien, die für die Hülle charakteristisch waren. Die Kernkräfte, die zur Bindung der Nukleonen führen, sind wesentlich stärker als die elektrischen Kräfte in der Atomhülle, die zur Bindung der Elektronen führen. Auch noch in anderen Aspekten, auf die wir in Kap. 16.2 eingehen werden, unterscheiden sich Kernkraft und elektrische Kraft. Der wesentliche Unterschied ist aber wohl der, dass es bis heute nicht gelungen ist, für die Kernkraft eine aus ihrer Ursache abgeleitete und geschlossene mathematische Form $F_K(r)$ zu entwickeln, so wie wir das für die elektrische Kraft $F_C(r)$ in der Hülle tun können. Die Kernkraft, oder besser die potentielle Energie des Nukleons W_{pot} in der stationären Schrödinger-Gleichung (14.32) kann daher nur in parametrisierter Form angegeben werden, wobei die Parameter so eingestellt werden, dass die auf ihnen basierenden Ergebnisse mit den experimentellen Beobachtungen übereinstimmen. Wir werden auf dieses Problem in Kap. 16.2.2 zurückkommen.

Anmerkung 16.0.1: Bei der Elektron-Positron-Vernichtung entstehen Photonen mit der Ruhemasse $m_0 = 0$. Bei der Proton-Antiproton-Vernichtung entstehen Mesonen mit der Ruhemasse $m_0 > 0$. Warum sind diese Vernichtungsprozesse so unterschiedlich? Die Unterschiede werden verursacht durch die unterschiedlichen fundamentalen Wechselwirkungen, welche die Hauptrolle bei der **Paarvernichtung** spielen. Im Falle des Elektron-Positron-Paars wird die Vernichtung dominiert von der elektrischen Wechselwirkung, im Falle des Proton-Antiproton-Paars von der starken Wechselwirkung, siehe Kap. 1.1. Photon und Mesonen haben aber auch gemeinsame Eigenschaften: Sie besitzen einen geradzahligen Spin, sind also Bosonen. Die Bedeutung der Bosonen für die fundamentalen Wechselwirkungen ist Thema der Elementarteilchenphysik, die in diesem Lehrbuch allerdings nicht behandelt wird.

16.1 Der Atomkern

Der Atomkern ist ein gebundener Zustand aus Nukleonen, von denen Z positiv geladen, also Protonen sind, und N ungeladen, also Neutronen sind. Die Gesamtzahl der gebundenen Nukleonen ist die Massenzahl A

$$A = Z + N \ . \tag{16.8}$$

Das Proton sowie das Neutron ist ein Fermion, d.h. es besitzt einen halbzahligen Spin mit der Spinquantenzahl $s = 1/2$. Nach dem **Pauli-Prinzip** muss daher gelten, dass jeder Zustand im Kern nur einmal von einem Proton und einem Neutron besetzt werden kann. Proton und Neutron können sich also bei der Besetzung der Zustände in der Reihenfolge der Zustandsenergien nicht gegenseitig behindern, da sie sich durch ihre Ladung unterscheiden. Im Allgemeinen ist aber die Anzahl der Protonen im stationären Grundzustand eines Atomkerns verschieden von der Anzahl der Neutronen, wobei es zu einer gegebenen Protonenzahl Z eine Reihe von Neutronenzahlen N geben kann, die alle zu einem stabilen Kern führen. Ein Kern ist daher nicht eindeutig durch die Angabe seiner Massenzahl A charakterisiert, man verwendet vielmehr für seine **Nomenklatur** dieselbe Konvention, die wir schon bei der Charakterisierung der Atome in Kap. 8.1.1 verwendet haben. Nehmen wir als Beispiel den Sauerstoffkern, der $Z = 8$ Protonen enthält.

- Alle Kerne mit der gleichen Anzahl von Protonen werden als **Isotope** bezeichnet. Stabile Kerne in der Natur bilden die Isotope

$$^{16}_{8}\text{O} \ , \ ^{17}_{8}\text{O} \ , \ ^{18}_{8}\text{O} \ .$$

- Alle Kerne mit der gleichen Anzahl von Neutronen werden als **Isotone** bezeichnet. Stabile Kerne in der Natur bilden die Isotone

$$^{15}_{7}\text{N} \ , \ ^{16}_{8}\text{O} \ .$$

- Alle Kerne mit der gleichen Anzahl von Nukleonen werden als **Isobare** bezeichnet. Es gibt außer $^{16}_{8}\text{O}$ keine weiteren stabilen Kerne mit $A = 16$ in der Natur. Die isobaren Kerne

$$^{16}_{6}\text{C} \ , \ ^{16}_{7}\text{N}$$

sind bekannt, sie sind aber instabil und zerfallen nacheinander in der Reihenfolge $^{16}_{6}\text{C} \rightarrow \ ^{16}_{7}\text{N} \rightarrow \ ^{16}_{8}\text{O}$ mit den Lebensdauern $\tau = 0{,}747$ s bzw. $\tau = 7{,}13$ s in das stabile Isobar $^{16}_{8}\text{O}$. Mit den radioaktiven Zerfällen beschäftigen wir uns in Kap. 16.4.

Wir haben in dieser Einführung zu Kap. 16 nur Abschätzungen für die Größe des Atomkerns und seine Ruhemasse benutzt. Wir werden jetzt die experimentellen Methoden besprechen, die es gestatten, diese Kerneigenschaften viel genauer zu messen.

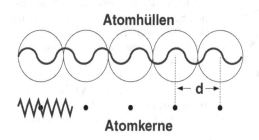

Atomhüllen

Atomkerne

Abb. 16.1. Der prinzipielle Unterchied zwischen Elektronenstreuung (*oben*) und α-Streung (*unten*). Die Wellenlänge der Elektronen ist ungefähr gleich dem Abstand der Streuzentren d, daher ist die Streuung kohärent. Die Wellenlänge der α-Teilchen ist viel kleiner als d, daher ist die Streuung inkohärent

16.1.1 Die Größe des Atomkerns

Die Größe eines Atomkerns zu messen, ist keine leichte experimentelle Aufgabe. Erst im Jahr 1910 ist unter Leitung von Rutherford (1871 - 1937) die entscheidende Technik entwickelt worden, die auch heute noch zur Untersuchung der Elementarteilchen benutzt wird. Bei dieser Technik handelt es sich um die **Streuung** von Teilchen an Teilchen, und diese Methode bildet im Prinzip auch die Grundlage für die Bragg-Reflexion. Es gibt aber zwischen der Bragg-Reflexion und der Rutherford-Streuung wichtige Unterschiede, die wir zunächst diskutieren wollen.

Bei der Bragg-Reflexion werden Elektronen oder Röntgen-Photonen an Atomen gestreut. Die Wellenlänge $\lambda \approx 10^{-9}$ m der gestreuten Teilchen ist von gleicher Größenordnung wie der Abstand $d \approx 10^{-9}$ m zwischen den Atomen, wie in Abb. 16.1 skizziert. Es handelt sich daher um eine **kohärente Streuung**, die wir in Kap. 14.1 besprochen haben, d.h. die gestreuten Materiewellen überlagern sich und zeigen Interferenzen.

Bei der Rutherford-Streuung werden $^{4}_{2}$He-Kerne (die man als α-Teilchen bezeichnet) an einem anderen schweren Kern, z.B. Gold ($^{197}_{79}$Au), gestreut. Die kinetische Energie der α-Teilchen beträgt $W_{\text{kin}} = 5{,}5$ MeV. Berechnen wir nach Gleichung (14.11) die Wellenlänge der zugehörigen Materiewelle in der nichtrelativistischen Näherung:

$$\lambda = \frac{h}{p} = \frac{h\,c}{\sqrt{2\,(m_\alpha c^2)\,W_{\text{kin}}}} \approx 6 \cdot 10^{-15} \text{ m.} \tag{16.9}$$

In diesem Fall ist $\lambda \ll d$, wie ebenfalls in Abb. 16.1 skizziert. Es handelt sich daher um eine **inkohärente Streuung** an einem einzelnen Kern, d.h. die Überlagerung von verschiedenen Streuwellen findet nicht statt. Dabei ist vorausgesetzt, dass der Atomkern selbst keine Struktur besitzt, also als punktförmig angesehen werden kann. Dies ist in der Tat der Fall, weil die kinetische Energie der α-Teilchen so gering ist, dass sie den Atomkern nicht erreichen können. Der Kern wirkt allein als Ursprung der abstoßenden Kraft

$$\boldsymbol{F}_{\text{C}} = \frac{1}{4\pi\,\epsilon_0} \frac{2\,Z\,e^2}{r^2}\,\widehat{\boldsymbol{r}} \tag{16.10}$$

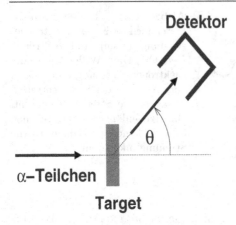

Detektor

α-Teilchen

Target

θ

Abb. 16.2. Prinzipieller Aufbau eines Streuexperiments. Die einlaufenden Teilchen (α) werden an den Atomkernen im Target gestreut und unter einem Streuwinkel θ nachgewiesen. Die Anzahl der gestreuten Teilchen unter diesem Winkel enthält Informationen über die Wechselwirkung, die für die Streuung verantwortlich ist

zwischen ihm und dem α-Teilchen.

Der prinzipielle Aufbau eines Streuexperiments ist in Abb. 16.2 am Beispiel der Rutherford-Streuung gezeigt. Die α-Teilchen mit n_0 Teilchen pro Sekunde treffen auf die Kerne, an denen sie gestreut werden. Die Kerne befinden sich in einer dünnen Folie, die man das **Target** ("Ziel") nennt. Unter dem Winkel θ gegen die Einfallsrichtung beobachtet man die Anzahl n der pro Sekunde gestreuten Teilchen. Diese Anzahl hängt ab von:

- Der Anzahl n_0 der auf das Target einfallenden Teilchen.
- Der Anzahl n_T der Kerne, an denen gestreut wird. Diese Anzahl ergibt sich aus der Dichte ρ der Targetfolie und ihrer Dicke d zu

$$n_T = \rho\, d \quad , \quad [n_T] = \text{m}^{-2} \ . \tag{16.11}$$

- Der Wahrscheinlichkeit, dass eine Streuung in den Winkelbereich um θ wirklich stattfindet. Diese Wahrscheinlichkeit wird beschrieben durch den **Wirkungsquerschnitt** $\sigma(\theta)$, $[\sigma] = \text{m}^2$.

Wir finden daher für die Anzahl der gestreuten Teilchen

$$n_\theta = n_0\, \sigma(\theta)\, \rho\, d \ . \tag{16.12}$$

Daraus lässt sich der experimentelle Wirkungsquerschnitt

$$\sigma(\theta) = \frac{n_\theta}{n_0\, \rho\, d} \tag{16.13}$$

ermitteln, der mit dem berechneten Wirkungsquerschnitt verglichen wird, um die Gültigkeit eines Modells zu prüfen.

Im Falle der Rutherford-Streuung besteht das Modell darin, dass zwischen α-Teilchen und dem Atomkern die Kraft (16.10) wirkt, solange der Abstand zwischen α-Teilchen und Kern $r > r_K$ ist (wir vernachässigen die Ausdehnung des α-Teilchens), dass aber die viel stärkere Kernkraft wirkt, wenn $r \leq r_K$.

Bei Gültigkeit von $r > r_K$ lässt sich der Wirkungsquerschnitt $\sigma(\theta)$ mithilfe der Kraft (16.10) berechnen. Es ergibt sich der **Rutherford-Streuquerschnitt**

$$\sigma_{\text{Ruth}}(\theta) = \left(\frac{1}{4\pi\,\epsilon_0} \frac{Z\,e^2}{2\,W_{\text{kin}}} \right)^2 \frac{1}{\sin^4\theta/2} \ . \tag{16.14}$$

In dem Experiment ist dieser Wirkungsquerschnitt bei allen Winkeln θ gemessen worden. Daraus folgt, dass für eine kinetische Energie $W_{\text{kin}} = 5{,}5$ MeV der α-Teilchen immer $r > r_K$ gilt. Daraus lässt sich eine obere Grenze für den Kernradius von $^{197}_{79}$Au berechnen. Das α-Teilchen gewinnt auf Kosten seiner kinetischen Energie in der Nähe des Kerns zusätzliche potentielle Energie; im Punkt der größten Annäherung gilt

$$W_{\text{pot}}(r) = W_{\text{kin}} \quad \rightarrow \quad \frac{1}{4\pi\,\epsilon_0} \frac{2\,Z\,e^2}{r_K} > W_{\text{kin}} \tag{16.15}$$

$$\text{also} \quad r_K < \frac{1}{4\pi\,\epsilon_0} \frac{2\,Z\,e^2}{W_{\text{kin}}} \approx 4 \cdot 10^{-14} \text{ m}.$$

Der Kernradius von $^{197}_{79}$Au ist also kleiner als $4 \cdot 10^{-14}$ m; wie groß er wirklich ist kann man erst messen, wenn man α-Teilchen mit variabler kinetischer Energie in Streuexperimenten verwendet. Beobachtet man die gestreuten α-Teilchen unter $\theta \approx 180°$ (Rückwärtsstreuung), so erwartet man für das Verhältnis von gemessenem zu berechnetem Wirkungsquerschnitt

$$R(W_{\text{kin}}) = \frac{\sigma(180°)}{\sigma_{\text{Ruth}}(180°)} = 1 \ , \tag{16.16}$$

solange $W_{\text{kin}} < W_{\text{pot}}(r_K)$, aber sofort eine Abweichung von $R = 1$, wenn $W_{\text{kin}} = W_{\text{pot}}(r_K)$. Das Ergebnis einer derartigen Messung ist in Abb. 16.3 gezeigt, man findet $R \approx 0$, wenn $W_{\text{kin}} \geq W_{\text{pot}}(r_K)$. Das bedeutet, die α-Teilchen werden von dem Kern vollständig absorbiert, sobald ihre kinetische Energie ausreicht, um die abstoßende elektrische Kraft des Kerns zu überwinden und die Kernoberfläche zu berühren. Man bezeichnet die dazu benötigte Energie $E_{\text{CB}} = W_{\text{pot}}(r_K)$ als die **Coulomb-Barriere** des Kerns.

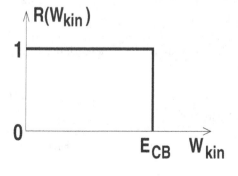

Abb. 16.3. Das Verhältnis R zwischen gemessenem Wirkungsquerschnitt und dem Rutherford-Wirkungsquerschnitt als Funktion der kinetischen Energie der einfallenden, positiv geladenen Teilchen. Sobald diese Teilchen den Kern erreichen und damit die Coulomb-Barriere E_{CB} überwunden haben, weicht R von dem erwarteten Wert $R = 1$ ab

In einer Vielzahl von Streuexperimenten hat man die Kernradien vermessen und gefunden, dass sie einem sehr einfachen Gesetz gehorchen.

Der Radius eines Atomkerns mit Massenzahl A beträgt

$$r_{\mathrm{K}} = r_0\, A^{1/3} \;, \tag{16.17}$$

wobei $r_0 = 1{,}15 \cdot 10^{-15}$ m $= 1{,}15$ fm der Radius des Nukleons ist.

Diese Gesetzmäßigkeit ist bemerkenswert, denn sie besagt, dass die Nukleonendichte im Kern

$$\rho_{\mathrm{K}} = \frac{A}{V} = \frac{3\,A}{4\pi\, r_{\mathrm{K}}^3} = \frac{3}{4\pi\, r_0^3} = 0{,}16 \ \mathrm{fm}^{-3} \tag{16.18}$$

konstant ist und in jedem Kern den gleichen Wert besitzt.

Die Kernmaterie ist inkompressibel und besitzt eine Dichte von

$$\rho_{\mathrm{K}} = 0{,}16 \ \mathrm{fm}^{-3} \;. \tag{16.19}$$

Die Eigenschaft der Inkompressibilität teilt die Kernmaterie mit den Flüssigkeiten, sie bildet die Grundlage für das in Kap. 16.2.1 zu besprechende Tröpfchenmodell.

16.1.2 Die Masse des Atomkerns

Das Atom besteht aus Kern und Hülle, die Masse des Atoms ist zusammengesetzt aus den Ruhemassen von Kern und Hülle

$$m_{\mathrm{Atom}} = m_{\mathrm{Kern}} + m_{\mathrm{Hülle}} \;. \tag{16.20}$$

Wir kennen die Ruhemasse des Elektons, des Hüllenteilchens (siehe Kap. 8.1.1):

$$m_{\mathrm{e}} = 9{,}1093897 \cdot 10^{-31} \ \mathrm{kg} \tag{16.21}$$
$$= 0{,}511 \ \mathrm{MeV/c}^2 \;.$$

Und wir kennen eine Abschätzung für die Ruhemasse des Nukleons, des Kernteilchens (siehe Kap. 6.2):

$$m_{\mathrm{N}} = 1{,}66 \cdot 10^{-27} \ \mathrm{kg} \tag{16.22}$$
$$= 931 \ \mathrm{MeV/c}^2 \;.$$

Daraus könnte man folgern, dass für die Masse der Hülle mit Z Elektronen gilt

$$m_{\text{Hülle}} = Z\, m_{\text{e}} \, .$$

Dies ist jedoch nicht ganz richtig, da die Elektronen in der Hülle gebunden sind und die Hülle dadurch etwas an Masse verliert. Tatsächlich beträgt die Ruhemasse der Hülle

$$m_{\text{Hülle}} = Z \left(m_{\text{e}} - \frac{\langle E_{\text{ion}} \rangle}{c^2} \right) \, ,$$

wobei $\langle E_{\text{ion}} \rangle$ die mittlere Ionisierungsenergie für jedes der Z Elektronen in der Hülle ist. Die Bindungskorrektur ist klein gegen die Ruhemasse des freien Elektrons, und die Masse der Hülle insgesamt ist klein gegen die die Masse des Atomkerns. Wir können daher im Folgenden die Hüllenmasse vernachlässigen und annehmen

$$m_{\text{Atom}} = m_{\text{Kern}} = m_{\text{K}} \, , \tag{16.23}$$

unabhängig davon, wieviele Elektronen sich in der Hülle befinden, d.h. welchen Ionisationsgrad das Atom besitzt. Für eine sehr genaue Massenbestimmung muss eine Hüllenkorrektur durchgeführt werden. Wie bestimmt man m_{Atom} experimentell?

Die Massenbestimmung geschieht durch Ablenkung eines q-fach ionisierten Atomstrahls in einem elektrischen und magnetischen Feld. Man nennt ein derartiges Gerät ein **Massenspektrometer**. Wir wollen den einfachsten Fall betrachten, dass sowohl das elektrische Feld $\boldsymbol{E} = E_x\,\widehat{\boldsymbol{x}}$ wie auch das magnetische Feld $\boldsymbol{B} = B_z\,\widehat{\boldsymbol{z}}$ homogen und voneinander getrennt sind. Das ionisierte Atom erhält in dem elektrischen Feld zunächst eine Geschwindigkeit $\boldsymbol{v} = v_x\,\widehat{\boldsymbol{x}}$, mit der die Atome in das Magnetfeld eintreten. Die Größe der Geschwindigkeit beträgt nach Gleichung (8.91)

$$v_x = \sqrt{2\,\frac{|q\,U|}{m}} \, , \tag{16.24}$$

wobei $U = E_x d$ die das Feld E_x erzeugende Spannung U ist und q bzw. m die Ladung bzw. Masse eines einzelnen Ions in dem Strahl. Im Magnetfeld werden die Ionen in der x-y-Ebene auf eine Kreisbahn abgelenkt, der Kreisbahnradius beträgt nach Gleichung (8.171)

$$r = \frac{m\,v}{|q\,B_z|} = \sqrt{2\,\frac{m}{|q|}\,\frac{|U|}{B_z^2}} \, . \tag{16.25}$$

Daher ergibt sich die Masse m aus der Messung von r, wenn U, B_z und auch die Ionenladung q bekannt sind:

$$m = |q|\,\frac{r^2\,B_z^2}{2\,|U|} \, . \tag{16.26}$$

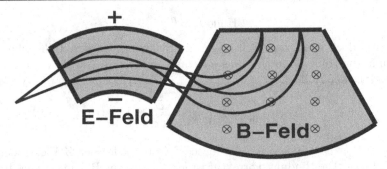

Abb. 16.4. Die Konfiguration eines Massenspektrometers aus gekreuzten elektrischen und magnetischen Feldern, das verschiedene Massen aus derselben Quelle unabhängig von ihren Geschwindigkeiten auf zwei verschiedene Punkte fokussiert

Der große Nachteil dieser Methode besteht in den Geschwindigkeitsschwankungen, die der Ionenstrahl bei seiner Präparation erhält, die i.A. in einer Ionenquelle vorgenommen wird. In der Ionenquelle brennt eine Gasentladung, die dabei auftretenden Temperaturen prägen den Ionen eine **Maxwell'sche Geschwindigkeitsverteilung** (6.33) auf. Der relative Fehler $\Delta v/v$ pflanzt sich mit doppelter Stärke in der Massenunschärfe fort:

$$\frac{\Delta m}{m} = 2\,\frac{\Delta v}{v}\;. \tag{16.27}$$

Daher verwendet man Feldkonfigurationen, die unabhängig von ihrer Geschwindigkeit die geladenen Atome in dem Strahl auf einen Punkt fokussieren. Eine Kombination von zwei Sektorfeldern mit dieser Eigenschaft ist in Abb. 16.4 gezeigt.

Auf diese Weise ist die Ruhemasse des Protons bestimmt worden, sie ergibt sich zu

$$m_\mathrm{p} = 1{,}6726231 \cdot 10^{-27}\ \mathrm{kg} \tag{16.28}$$
$$= 938{,}27231\ \mathrm{MeV/c}^2\;.$$

Etwas größer ist die Ruhemasse des Neutrons

$$m_\mathrm{n} = 1{,}6749286 \cdot 10^{-27}\ \mathrm{kg} \tag{16.29}$$
$$= 939{,}56563\ \mathrm{MeV/c}^2\;.$$

Die Massendifferenz beträgt $m_\mathrm{n} - m_\mathrm{p} = 1{,}29\ \mathrm{MeV/c}^2$ und ist also größer als die Ruhemasse des Elektrons m_e. Das Neutron ist deswegen kein stabiles Teilchen, es zerfällt, wenn es nicht im Kern gebunden ist, mit einer Lebensdauer $\tau = 898$ s in ein Proton, ein Elektron und ein Antielektronneutrino

$$\mathrm{n} \rightarrow \mathrm{p} + \mathrm{e}^- + \overline{\nu}_\mathrm{e}\;. \tag{16.30}$$

Auf die Bedeutung dieses Zerfalls kommen wir in Kap. 16.4 zurück.

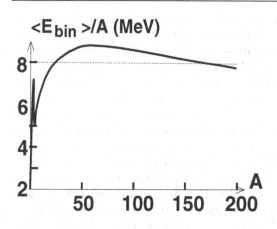

Abb. 16.5. Die mittlere Bindungsenergie eines Nukleons in Kernen mit verschiedenen Massenzahlen A (*fette Kurve*). Gemittelt über A beträgt diese Bindungsenergie etwa 8 MeV pro Nukleon

Es ist offensichtlich, dass zwischen der Masse des Nukleons und den Massen von Proton und Neutron ein Unterschied besteht. Dieser Unterschied muss vorhanden sein, denn wie die Elektronen in der Hülle sind Proton und Neutron im Kern gebunden. Es gibt also einen Bindungsbeitrag zu der Kernmasse, der diesen Unterschied verursacht. Und zwar beträgt die Ruhemasse eines Kerns mit Z Protonen und N Neutronen

$$m_{\mathrm{K}} = Z\, m_{\mathrm{p}} + N\, m_{\mathrm{n}} - \frac{\langle E_{\mathrm{bin}} \rangle}{c^2}\,, \qquad (16.31)$$

wobei der letzte Term auf der rechten Seite dieser Gleichung die Bindung von A Nukleonen im Kern berücksichtigt. Eigentlich hängt dieser Beitrag nicht allein von A, sondern von der Kombination von Z und N ab, die zu dem vorgegebenen A gehört. Gewöhnlich wird aber die Bindungsenergie E_{bin} als Funktion von A allein dargestellt, d.h. sie ist der Mittelwert $\langle E_{\mathrm{bin}} \rangle$ über alle stabilen Isobare. Diese mittlere Bindungsenergie pro Nukleon ergibt sich dann aus den experimentell bestimmten Massen zu

$$\frac{\langle E_{\mathrm{bin}} \rangle}{A} = \langle Z\, m_{\mathrm{p}} + N\, m_{\mathrm{n}} - m_{\mathrm{K}} \rangle\, \frac{c^2}{A}\,. \qquad (16.32)$$

Die Abhängigkeit der mittleren Bindungsenergie pro Nukleon von der Anzahl der Nukleonen A ist in Abb. 16.5 gezeigt. Diese Bindungsenergie erreicht einen maximalen Wert bei etwa $A = 60$, diese Isobare binden die Nukleonen besonders stark. Für Massenzahlen $A < 60$ und $A > 60$ ist die Bindung der Nukleonen schwächer, und das hat folgende Konsequenzen:

- Werden zwei Kerne vereint zu einem Kern mit $A < 60$, so wird Bindungsenergie frei, es entsteht ein stabilerer Kern. Man bezeichnet einen derartigen Prozess als **Kernfusion**.
- Wird ein Kern in zwei Kerne gespalten, von den jeder eine Massenzahl $A_i > 60$ besitzt, so wird ebenfalls Bindungsenergie frei, es entstehen zwei stabilere Kerne. Man bezeichnet diesen Prozess als **Kernspaltung**.

Die Kernfusion ist die Reaktion, die in den Sternen zur Freisetzung von Kernenergie führt, die uns letztendlich in Form von thermischer Strahlungsenergie auf der Erde erreicht. Die Kernspaltung ist die von uns in den Kernkraftwerken benutzte Reaktion, mit deren Hilfe Kernenergie in thermische und dann elektrische Energie umgewandelt wird. Wir werden auf die Details dieser Reaktionen im Rahmen dieses Lehrbuchs nicht weiter eingehen.

Für sehr grobe Abschätzungen kann man annehmen, dass die Nukleonen mit etwa 8 MeV pro Nukleon in den stabilen Kernen gebunden sind. Nur sehr leichte Kerne weichen von diesem Schätzwert stark ab. Insbesondere der $^{4}_{2}$He-Kern folgt nicht dem in Abb. 16.5 ersichtlichen Trend. Dies liegt auch daran, dass $^{4}_{2}$He das einzige stabile Isobar mit $A = 4$ in der Natur ist. Im $^{4}_{2}$He sind die Nukleonen besonders stark gebunden. Es gibt noch andere Kerne, die sich ebenfalls durch eine große Bindungsenergie pro Nukleon auszeichnen. Ähnlich wie in der Atomhülle werden diese Kerne durch **magische Zahlen** definiert, die folgende Werte besitzen

$$Z\,,\,N = 2\,,8\,,20\,,28\,,50\,,82\,,126\,. \tag{16.33}$$

Sind Z und N gleichzeitig magisch, bezeichnet man den Kern als doppelt magisch. Statt durch ihre Bindungsenergie kennzeichnet man magische, doppelt magische und einzelne Kerne auch öfters durch ihr **Massendefizit**

$$\Delta m_{\mathrm{K}} = -\frac{E_{\mathrm{bin}}}{c^2}\,. \tag{16.34}$$

Es liegt natürlich nahe zu vermuten, dass die magischen Zahlen wie in der Hülle auch im Kern durch eine Schalenstruktur der Nukleonenzustände verursacht werden. Dies ist allerdings für den Kern wesentlich schwieriger zu beweisen als für die Hülle. Mit diesen Schwierigkeiten wollen wir uns jetzt beschäftigen.

16.2 Kernmodelle

Zunächst mag folgende Überlegung sehr einfach erscheinen: Wir wenden die Methoden der Quantenphysik, die wir für die Behandlung der Atomhülle entwickelt haben, auch auf den Atomkern an. Betrachten wir aber die stationäre Schrödinger-Gleichung (14.32), die für die Nukleonen zu lösen wäre, werden sofort folgende Schwierigkeiten erkennbar:

(1) Der Atomkern besitzt kein natürliches Zentrum, von dem wir annehmen könnten, dass es so im Raum fixiert ist, dass sich alle Nukleonen unabhängig voneinander um dieses Zentrum bewegen. Wir müssten den Massenmittelpunkt S des Kerns als Zentrum wählen, und jede Bewegung eines einzelnen Nukleons beeinflusst die Bewegung aller anderen Nukleonen, wenn das Zentrum der Ursprung eines Inertialsystems ist, das sich geradlinig gleichförmig bewegt.

(2) Das Fehlen eines Zentrums hat auch zur Folge, dass die Kernkraft im Prinzip nicht als Zentralkraft behandelt werden kann. Die Kernkraft ist eine Kraft zwischen jedem einzelnen Nukleonenpaar, und sie ist kurzreichweitig. Die Kurzreichweitigkeit der Kernkraft ergibt sich unmittelbar aus dem Rutherford-Streuexperiment. Erst wenn das α-Teilchen den Kern berührt, wird das Wirken der Kernkraft sichtbar und das α-Teilchen wird vom Kern absorbiert. Die Reichweite der Kernkraft kann daher nicht größer sein als der Radius des Nukleons r_0. Aus dieser Sicht betrachtet, stellt der Kern ein kompliziertes Vielteilchenproblem dar mit einer Wechselwirkung zwischen den Teilchen, die wir nicht genau kennen.

(3) Auf der anderen Seite besitzen die Nukleonen eine Eigenschaft, die einige dieser Schwierigkeiten weniger bedeutsam macht. Die Nukleonen sind **Fermionen**; daher können sie keinen Zustand besetzen, der bereits von einem anderen Nukleon besetzt ist. Die Möglichkeit einer Umbesetzung besteht nur für die am schwächsten gebundenen Nukleonen, die wir in Analogie zur Atomhülle als **Leuchtnukleonen** bezeichnen. Für die Leuchtnukleonen, von denen es im günstigsten Fall nur eins gibt, bilden alle anderen Nukleonen einen stabilen inneren Kern, der sich nicht anregen lässt, sondern nur als das gewünschte Zentrum fungiert, und in dem die Leuchtnukleonen eine mittlere potentielle Energie besitzen.

Es ist also die Wirkung des Pauli-Prinzips, die es möglich macht, auch den Atomkern mit ähnlichen Methoden zu beschreiben wie die, die wir für die Atomhülle verwendet haben. Diese Einsicht hat sich in der zweiten Hälfte des 20. Jahrhunderts durchgesetzt. Davor wurden andere Kernmodelle entwickelt, insbesondere das Tröpfchenmodell, das die klassische Beschreibung eines inkompressiblen Flüssigkeitstropfens auf die Kernmaterie überträgt.

16.2.1 Das Tröpfchenmodell

Auch ein Flüssigkeitstropfen entsteht durch die Bindung von Atomen bzw. Molekülen untereinander. Diskutieren wir, welche Kräfte in der Flüssigkeit laut Kap. 5.1 zu der Bindung führen. Es ergeben sich für eine neutrale Flüssigkeit aus nur einer Teilchenart folgende zwei Beiträge:

(1) Der Volumenbeitrag zwischen allen Teilchen im Flüssigkeitsvolumen V, das proportional zur Massenzahl A ist,

$$E_{\mathrm{bin,V}} \propto V \quad \rightarrow \quad E_{\mathrm{bin,V}} = a_{\mathrm{V}} A \ . \tag{16.35}$$

(2) Der Oberflächenbeitrag, der die Bindung verringert, weil an der Flüssigkeitsoberfläche (O) die Hälfte der Partner zur Bindung fehlt,

$$E_{\mathrm{bin,O}} \propto -O \quad \rightarrow \quad E_{\mathrm{bin,O}} = -a_{\mathrm{O}} A^{-2/3} \ . \tag{16.36}$$

Für eine neutrale Flüssigkeit sind diese beiden Beiträge die wesentlichen Beiträge. Für die Kernmaterie müssen aber noch andere wichtige Beiträge berücksichtigt werden, weil die Kernmaterie aus 2 Teilchensorten aufgebaut ist, von denen eine sogar geladen ist. Durch die Ladung wird verursacht:

(3) Der Ladungsbeitrag, der die Bindung ebenfalls verringert, weil sich alle positiven Ladungen gegenseitig abstoßen

$$E_{bin,C} \propto -\frac{q^2}{r_K} \quad \rightarrow \quad E_{bin,C} = -a_C\, Z^2\, A^{-1/3}\,. \tag{16.37}$$

Wären diese drei Beiträge die einzigen wichtigen Beiträge, wäre es am günstigsten, der Kern bestände nur aus Neutronen. Tatsächlich erfordert aber das Pauli-Prinzip, dass jeder Kernzustand nur mit einem Proton und einem Neutron besetzt sein kann. Daher ist es noch wesentlich günstiger, alle Zustände sind mit je einem Proton und einem Neutron besetzt, d.h. deren Anzahl beträgt $Z = N = A/2$. Aus der positiven Abweichung von der Gleichbesetzung $(A - 2Z)^2$ ergibt sich:

(4) Der Symmetriebeitrag, der die Bindung ebenfalls verringert, wenn sich die Anzahl von Protonen im Kern von der der Neutronen unterscheidet,

$$E_{bin,S} \propto -\frac{(A-2Z)^2}{V} \quad \rightarrow \quad E_{bin,S} = -a_S\,(A-2Z)^2\,A^{-1}\,. \tag{16.38}$$

Mit diesen vier Beiträgen zur Bindungsenergie sind zunächst einmal alle Effekte berücksichtigt, die nach unseren bisherigen Kenntnissen bei klassischen Flüssigkeiten und ihrer Erweiterung auf Quantenflüssigkeiten auftreten können. Eine genaue Untersuchung der Stabilität von Kernen zeigt, dass Kerne, die gerade Anzahlen von Protonen und Neutronen enthalten (die g-g-Kerne), etwas stabiler sind als Kerne mit ungeraden Anzahlen von Protonen und Neutronen (die u-u-Kerne). Berücksichtigt man auch diese Tatsache bei der Bindungsenergie, ergibt sich als fünfter Beitrag:

(5) Der Paarungsbeitrag, der die Bindungsenergie für g-g-Kerne vergrößert und für u-u-Kerne verkleinert

$$E_{bin,P} = a_P\, A^{-1/2}\,\delta \quad \text{mit} \quad \delta = \begin{cases} +1 & \text{für g-g-Kerne,} \\ -1 & \text{für u-u-Kerne,} \\ 0 & \text{sonst.} \end{cases} \tag{16.39}$$

Insgesamt beträgt daher die Bindungsenergie eines Kerns mit Z Protonen und $N = A - Z$ Neutronen

$$\begin{aligned} E_{bin} = &+ a_V\, A - a_O\, A^{2/3} - a_C\, Z^2\, A^{-1/3} \\ &- a_S\,(A - 2Z)^2\, A^{-1} + a_P\, A^{-1/2}\,\delta\,. \end{aligned} \tag{16.40}$$

Tabelle 16.1. Die Werte der Parameter a in der Bethe-Weizsäcker-Formel (16.40)

a_V	a_O	a_C	a_S	a_P
15,85	18,34	0,71	23,22	11,46 MeV

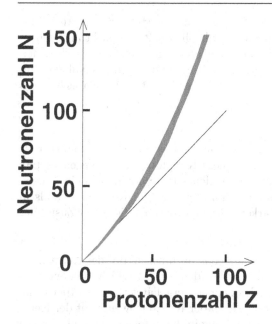

Abb. 16.6. Der Bereich der stabilen Kerne (*schattiert*) in Abhängigkeit von der Neutronenzahl N und der Protonenzahl Z. Für kleine Z gilt für die stabilen Kerne $N = Z$, aber für große Z gilt wegen der Coulomb-Abstoßung zwischen den Protonen $N > Z$.

Diese Formel wurde zuerst im Jahr 1935 von Bethe (geb. 1906) und Weizsäcker (geb. 1912) aufgestellt, man bezeichnet sie deshalb als die **Bethe-Weizsäcker-Formel**. Die Parameter a, die in dieser Formel auftauchen, müssen an die gemessenen Bindungsenergien angepasst werden. Die optimale Anpassung ergibt sich für die Werte in der Tabelle 16.1.

Die mithilfe der Bethe-Weizsäcker-Formel nach Gleichung (16.31) berechneten Massen stimmen innerhalb von 10% mit den gemessenen Massen der stabilen Kerne überein. Der Ladungsbeitrag zur Bindungsenergie $E_{\text{bin,C}}$ ist der Grund dafür, dass ab Massenzahl $A = 20$ die stabilen Kerne mehr Neutronen als Protonen enthalten, wie in Abb. 16.6 dargestellt.

16.2.2 Das Schalenmodell

Im Schalenmodell wird die stationäre Schrödinger-Gleichung (14.32) für ein Leuchtnukleon im Kern gelöst. Auch der Kern besitzt Kugelsymmetrie, d.h. die angemessenen Koordinaten zur Beschreibung des Kerns sind die durch Gleichung (15.12) definierten sphärischen Polarkoordinaten r, ϑ, φ.

Die potentielle Energie des Leuchtnukleons ist allein eine Funktion von r. Daher sind, wie in der Atomhülle, die stationären Zustände des Leuchtnukleons ebenfalls charakterisiert durch die Bahndrehimpulsquantenzahl l und die Projektionsquantenzahl m. Berücksichtigen wir weiterhin, dass das Leuchtnukleon auch eine Spinquantenzahl $s = 1/2$ besitzt, so koppeln l und s zu einer neuen Quantenzahl des Gesamtdrehimpulses $j = l + m_{\text{s}} = l \pm 1/2$. Auch die Nukleonzustände lassen sich daher katalogisieren mithilfe der **Nomenklatur**

l_j, äquivalent zur Nomenklatur der Zustände in der Hülle $^{2s+1}l_\mathrm{j}$. Allerdings wird im Falle des Kerns gewöhnlich die Multiplizität $2s + 1$ nicht angegeben.

Bisher erscheint es so, als ob keine größeren Unterschiede zwischen den stationären Zuständen des Elektrons in der Hülle und denen des Nukleons im Kern bestehen. Das ist aber nicht der Fall, beide unterscheiden sich durch zwei wichtige Fakten:

(1) Die L-S-Kopplung

Die Kopplung zwischen Bahndrehimpuls und Spin ist im Kern viel stärker als in der Hülle. Noch wichtiger ist, dass diese Kopplung das entgegengesetzte Vorzeichen besitzt und sowohl für ein geladenes Proton wie auch ein ungeladenes Neutron wirksam ist. Das hat zur Folge, dass im Kern, anders als in der Hülle, die $l_{l+1/2}$ Zustände stärker gebunden sind als die $l_{l-1/2}$ Zustände.

(2) Die potentielle Energie

Die potentielle Energie eines Leuchtnukleons im inneren Teil des Kerns kann nur in parametrisierter Form angegeben werden, sie kann nicht aus der starken Wechselwirkung zwischen den Nukleonen hergeleitet werden. Aber es ist evident, dass die potentielle Energie wegen der Kurzreichweitigkeit der Kernkräfte im Wesentlichen der Massenverteilung im Kern folgen muss, also wegen $\rho_\mathrm{K} = $ konst auch über den größten Bereich des Kerns $W_\mathrm{pot}(r) = $ konst gelten muss. Am besten hat sich die **Woods-Saxon-Parametrisierung** bewährt:

$$W_\mathrm{pot}(r) = \frac{E_0}{1 + \exp((r - r_\mathrm{K})/r_0)} \; . \qquad (16.41)$$

Im Inneren des Kerns beträgt die potentielle Energie des Nukleons demnach $W_\mathrm{pot}(r \ll r_\mathrm{K}) \approx -50$ MeV (siehe Gleichung (16.7)), innerhalb des Kernrands mit einer Dicke von ca. $r_0 = 1{,}15$ fm (siehe Gleichung (16.17)) steigt sie auf den Wert $W_\mathrm{pot}(r \gg r_\mathrm{K}) = 0$ MeV an.

Die stationäre Schrödinger-Gleichung (15.43) mit diesem Ansatz für die potentielle Energie des Leuchtnukleons kann nicht geschlossen, sondern nur numerisch unter der Randbedingung $\psi_n(r) = 0$ für $r \gg r_\mathrm{K}$ gelöst werden. Aus der Form der potentiellen Energie (16.41) ergibt sich, dass es zu einer gegebenen Hauptquantenzahl n keine Beschränkung für die erlaubten ganzzahligen Werte von l gibt. Die quantisierten Energieeigenwerte $E_{n,l,j}$ des Nukleons im Kern sind in Abb. 16.7 dargestellt. Es ergibt sich ein Verhalten ähnlich dem der Alkaliatome in Abb. 15.6. Allerdings besteht zwischen den Werten der Zustandsenergien ein relativer Unterschied von ca. 10^6, und die energetische Lage der Zustände $n\,l_j$ ist verschieden, weil sich die L-S-Kopplung und die potentielle Energie des Leuchtnukleons im Kern von denen eines Leuchtelektrons in der Hülle unterscheiden. Aus der Lage der Zustände in Abb. 16.7 ist auch ersichtlich, warum die kleinsten magischen Zahlen im Kern die Reihenfolge 2,8,20,28 besitzen: Nach Besetzung des tiefstliegenden Zustände

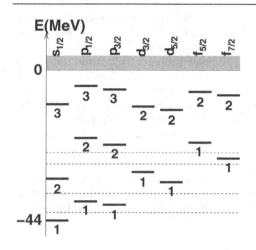

Abb. 16.7. Die Energieniveaus eines Leuchtneutrons im Schalenmodell mit einer Tiefe der potentiellen Energie $E_0 = -50$ MeV. Die Zahlen an den Energieniveaus sind die Werte der Hauptquantenzahl n. Die *gestrichelten Linien* zeigen die Übergänge von einer zur nächsten Schale, die höheren Schalen enthalten mehr Schalenmodellzustände als gezeigt. Um die Unterschiede zwischen der Bindung im Atomkern und in der Atomhülle zu erkennen, vergleiche man mit Abb. 15.6

mit diesen Anzahlen von Proton oder Neutron ist die Energiediffrenz zum nächstliegenden Zustand besonders groß.

Die Abb. 16.7 zeigt die quantisierten Zustände eines einzelnen Leuchtnukleons. Wird der Atomkern angeregt, indem man ihm von außen Energie zuführt, kann das Leuchtnukleon im Rahmen des Schalenmodells aus dem Grundzustand in einen dieser höheren Schalenmodellzustände springen. Auf die nur begrenzte Gültigkeit dieses Modells werden wir in Kap. 17.4.2 zurückkommen.

Es gibt eine weitere Komplikation. Wir haben das Termschema Abb. 16.7 des Nukleons berechnet ohne zu bedenken, dass das Proton geladen ist und daher eine zusätzliche potentielle Energie aufgrund seiner Ladung besitzt

$$W'_{\text{pot}}(r) = W_{\text{pot}}(r) + a_C\, Z^2\, A^{-1/3}\,, \tag{16.42}$$

wobei der letzte Term auf der rechten Seite der Ladungsbeitrag (16.37) zur Bindungsenergie gemäß der Bethe-Weizsäcker-Formel ist. Dieser Beitrag ist unabhängig von r, er verschiebt daher alle Energieeigenwerte des Protons um einen konstanten Betrag zu größeren Werten.

In einem Schalenmodell mit voneinander unabhängigen Nukleonen werden alle Zustände nach dem Pauli-Prinzip mit je einem Proton und Neutron besetzt, bis alle Zustände mit negativen Energieeigenwerten besetzt sind. Von dann ab können nur noch die Zustände im Kontinuum besetzt werden: Ein Kern mit besetzten Zuständen im Kontinuum besitzt aber keine stabile Konfiguration. Der schwerste noch einigermaßen stabile Kern (Lebensdauer $\tau = 6,5 \cdot 10^9$ a) ist daher das $^{238}_{92}\text{U}$ mit $Z = 92$ Protonen und $N = 146$ Neutronen. Im Anhang 8 sind die in der Natur vorkommenden stabilen Kerne aufgezählt.

In Abb. 16.8 ist die Besetzung der Zustände eines leichteren stabilen Kerns schematisch dargestellt: Alle Zustände werden bis zur **Fermi-Energie** E_F mit

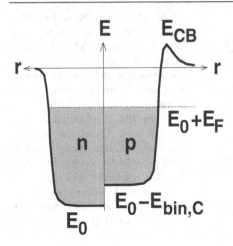

Abb. 16.8. Die anschauliche Darstellung der potenziellen Energie im Schalenmodell für Neutronen (n) und Protonen (p). Beide unterscheiden sich durch Beiträge, die durch die Ladung der Protonen verursacht werden: Die Potenzialtiefe für die Protonen vergrößert sich, und der Kern besitzt für geladene Teilchen eine Coulomb-Barriere E_{CB}. Alle Zustände sind bis zur Fermi-Energie E_F mit Nukleonen besetzt (*schattierte Bereiche*). Daher enthält ein schwerer Kern mehr Neutronen als Protonen

Protonen bzw. Neutronen aufgefüllt. Daraus ergibt sich die Aussage, die auch schon das Tröpfchenmodell gemacht hat: •

Ein stabiler schwerer Kern enthält mehr Neutronen als Protonen, besitzt also einen Neutronenüberschuss.

In der Abb. 16.8 ist für $r \approx r_K$ die potentielle Energie von Proton und Neutron verschieden. Damit ein Proton den Kernrand erreichen kann oder damit ein Proton den Kern verlassen kann, muss es die **Coulomb-Barriere** E_{CB} des Kerns überwinden. Als Schätzwert für die Coulomb-Barriere benutzen wir

$$E_{CB} = \frac{1}{4\pi \, \epsilon_0} \frac{Z' \, Z \, e^2}{r_K} \, , \tag{16.43}$$

wenn Z' die Ladung des Kernbruchstücks ist, das den Kern verlässt, also für ein Proton $Z' = 1$ und für ein α-Teilchen $Z' = 2$ wie in Gleichung (16.15). Eine derartige Coulomb-Barriere existiert nicht für die Neutronen mit $Z' = 0$.

Anmerkung 16.2.1: Die Ursache für die Kernkraft ist die **starke Wechselwirkung** zwischen den Quarks, welche die fundamentalen Bausteine des Nukleons sind. Die Kernkraft ist ein Sekundäreffekt der starken Wechselwirkung. Dieser Mechanismus ist äquivalent zum Auftreten der **Van-der-Waals-Kraft** zwischen den Atomen, die aus der elektrischen Wechselwirkung zwischen den Elektronen in der Hülle entsteht. Man kann daher die Kernkraft als Van-der-Waals-Komponente der starken Wechselwirkung interpretieren, die sich analog zu Gleichung (4.1) nur in parametrisierter Form angeben lässt.

16.3 Der Kernspin

Der Atomkern besitzt einen Gesamtdrehimpuls J mit zughöriger Drehimpulsquantenzahl j, die man kurz als den **Kernspin** I bezeichnet[1]. Es ist jedoch nicht richtig, dass der Kernspin einfach die Drehimpulsquantenzahl der Schale ist, in der sich das letzte ungepaarte Nukleon befindet. Wir wollen uns dies anhand der 1s2d-Schale klarmachen, die nach dem doppelt magischen Kern $^{16}_{8}O$ beginnt und mit dem doppelt magischen Kern $^{40}_{20}Ca$ endet, siehe Abb. 16.7. Die stabilen Kerne am Anfang dieser Schale besitzen folgende Kernspins in ihrem Grundzustand, wobei horizontal die Neutronenanzahl N und vertikal die Protonenanzahl Z aufgetragen sind:

Tabelle 16.2. Die Kernspins I im Grundzustand von Kernen der 2s1d-Schale

	$1d_{5/2}$							$2s_{1/2}$	
	$N = 8$	9	10	11	12	13	14	15	16
$Z = 8$	0	5/2	0						
9			5/2						
10			0	3/2	0				
11				3/2					
12				0	5/2	0			
13					5/2				
14						0	1/2	0	

Wir haben für dieses Beispiel eine der isolierten Schalen gewählt, trotzdem sind die Kernspins von $^{21}_{10}Ne$ und $^{23}_{11}Na$ kleiner als die Drehimpulsquantenzahl der Schale. Wir wissen heute, dass dies durch den Verlust der Kugelsymmetrie des Atomkerns verursacht wird. Viele Kerne, wie z.B. $^{21}_{10}Ne$ und $^{23}_{11}Na$ sind in ihrem Grundzustand deformiert, d.h. das Schalenmodell verliert seine Gültigkeit. Empirisch gelten aber folgende Regeln, wobei $i \geq 0$ eine ganze Zahl ist:

- Alle g-g-Kerne besitzen einen Kernspin $I = 0$.
- Alle u-g-Kerne besitzen einen halbzahligen Kernspin $I = (2i + 1)/2$.
- Alle u-u-Kerne besitzen einen ganzzahligen Kernspin $I = i$, wobei $i = 0$ die Ausnahme ist. Ein stabiler u-u-Kern kommt in der Tabelle 16.2 nicht vor.

---

[1] Das Symbol I für den Kernspin hat sich eingebürgert, wir wollen es daher auch benutzen.

16.3.1 Die Methode der Kernspinresonanz

Wie mit dem Elektronenspin ist auch mit dem Kernspin ein magnetisches Moment $\wp_{\mathrm{mag}}$ verknüpft, das sich in einem äußeren Magnetfeld B_z ausrichtet. Die dadurch erzielte Veränderung der potentiellen Energie beträgt nach Gleichung (8.158)

$$W_{\mathrm{pot}}(m_I) = -\wp_{\mathrm{mag}} B_z \ . \tag{16.44}$$

Dabei ist $-I \leq m_I \leq I$ die Orientierungsquantenzahl des Kernspins I, der sich auf $2I + 1$ verschiedene Weisen relativ zum Magnetfeld B_z orientieren kann. Das magnetische Moment des Kernspins ergibt sich zu

$$\wp_{\mathrm{mag}} = g_{\mathrm{K}} \, \wp_{\mathrm{K}} \, m_I \ . \tag{16.45}$$

Diese Gleichung ist äquivalent zur Gleichung (15.29) für das Elektron, wobei das Bohr'sche Magneton $\wp_{\mathrm{Bohr}} = (e\,\hbar)/(2\,m_{\mathrm{e}})$ ersetzt wird durch das **Kernmagneton**

$$\wp_{\mathrm{K}} = \frac{e\,\hbar}{2\,m_{\mathrm{N}}} = \frac{1}{1858}\,\wp_{\mathrm{Bohr}} \ . \tag{16.46}$$

Die Veränderungen der potentiellen Energie bei einer Orientierungsänderung des Kernspins sind daher wesentlich geringer als die bei einer Orientierungsänderung des Elektronenspins. Diese Verminderung des Orientierungseffekts wird nur zu einem kleinen Teil kompensiert durch eine Vergrößerung des **Landé-Faktors** für den Atomkern. Der Vergleich zwischen Elektron, Proton und Neutron ergibt

$$g_{\mathrm{s}}(\text{Elektron}) = 2{,}0024 \tag{16.47}$$

$$g_{\mathrm{K}}(\text{Neutron}) = -3{,}8256 \quad , \quad g_{\mathrm{K}}(\text{Proton}) = 5{,}5851 \ .$$

Der Landé Faktor g_{K} für einen Atomkern mit $A > 1$ schwankt zwischen den Werten für das Neutron und das Proton, für u-g-Kerne mit einem ungeraden Proton liegt er eher bei $g_{\mathrm{K}} \approx 1$, und bei einem ungeraden Neutron ist eher $g_{\mathrm{K}} \approx 0$. Die größte Energiedifferenz zwischen zwei Zuständen mit $\Delta m_I = 1$ wird daher für das Proton beobachtet. Dort beträgt sie

$$|\Delta E| = 1{,}74 \cdot 10^{-7} B_z \ \mathrm{eV} \ \mathrm{T}^{-1} \ , \tag{16.48}$$

also für ein Magnetfeld von $B_z = 1$ T ergibt sich

$$|\Delta E| = 1{,}74 \cdot 10^{-7} \ \mathrm{eV}. \tag{16.49}$$

Dies ist eine außerordentlich geringe Energiedifferenz, wenn man sie mit der Normaltemperatur $T_0 = 273$ K vergleicht, die einer Energie $E_0 = k\,T_0 = 0{,}024$ eV entspricht. Das relative Besetzungsverhältnis zwischen den $m_I = 1/2$ und dem $m_I = -1/2$ Zuständen beträgt nach Gleichung (6.134) nur

$$\frac{P(m_I = 1/2)}{P(m_I = -1/2)} = 1{,}000007 \qquad (16.50)$$

und ist ohne experimentelle Tricks nicht nachweisbar. Dieser Trick besteht darin, dass man das geringe Besetzungsungleichgewicht (16.50) benutzt, um mithilfe der Absorption von Radiowellen den Übergang aus dem $m_I = 1/2$ Zustand in den $m_I = -1/2$ Zustand und umgekehrt zu erzwingen. Bei einem Magnetfeld $B_z = 1$ T muss die **Resonanzfrequenz** der Radiowellen

$$\nu = \frac{|\Delta E|}{h} = \frac{1{,}74 \cdot 10^{-7}}{4{,}14 \cdot 10^{-15}} = 42 \text{ MHz} \qquad (16.51)$$

betragen. Die Bestimmung dieser Resonanzfrequenz ist, trotz des nur geringen Besetzungsungleichgewichts, mit hoher Präzision möglich.

Warum ist diese Methode, die **Kernspinresonanz**, auch für die Biophysik von so großer Bedeutung? Wasserstoff, d.h. Protonen, bildet eines der häufigsten Elemente im organischen Material, allerdings eingebaut in komplizierte Molekülverbindungen. Werden diese Verbindungen in ein Magnetfeld gebracht, so wird durch **Induktion** zusätzlich zum äußeren Magnetfeld B_z ein weiteres Magnetfeld B_{ind} erzeugt, welches durch Elektronenbewegungen im Molekül verursacht wird. Das resultierende Magnetfeld $B = B_z + B_{\text{ind}}$ ist das Magnetfeld, das die Größe der Energiedifferenz $|\Delta E|$ bestimmt. Die Stärke des induzierten Magnetfelds hängt von der Elektronenkonfiguration in der Umgebung des Wasserstoffs ab, verschiedene Konfigurationen resultieren in verschiedenen Resonanzfrequenzen. Zum Beispiel findet man für Ethanol CH_3CH_2OH drei verschiedene Resonanzfrequenzen, die den Teilgruppen OH, CH_2 und CH_3 entsprechen. Daher eignet sich die Kernspinresonanz zur Strukturuntersuchung von organischen Molekülen. Neben Wasserstoff (^1_1H) werden auch die Kerne Deuterium (^2_1H), Kohlenstoff ($^{13}_6C$) und Phosphor ($^{31}_{15}P$) für diese Methode verwendet.

16.4 Der radioaktive Zerfall des Atomkerns

Was geschieht, wenn die Zustände des Nukleons im Atomkern über die Fermi-Energie E_F hinaus entweder mit Neutronen oder Protonen gefüllt werden? In beiden Fällen entsteht ein instabiler Atomkern, der nach einer bestimmten Zeit, seiner Lebensdauer τ, in einen stabilen Atomkern zerfällt. Welche Prozesse dabei im Kern ablaufen, ist unmittelbar aus dem Energiediagramm in Abb. 16.9 ersichtlich.

(1) Der **e⁻-Zerfall**
In Abb. 16.9a ist das Besetzungsschema gezeigt für den Fall, dass der Kern zu viele Neutronen enthällt. Damit die Besetzung mit Protonen und Neutronen wieder bei der gleichen Energie E_F endet, wird das überschüssige Neutron in ein Proton zerfallen

$$n \rightarrow p + e^- + \overline{\nu}_e \ . \tag{16.52}$$

Dieser Zerfall kann allerdings nur stattfinden, wenn alle uns bekannten Erhaltungsgesetze erfüllt sind. Bezüglich der Energieerhaltung bedeutet dies, dass für den e^--Zerfall gelten muss

$$m_K - (m_{K'} + m_e + m_{\overline{\nu}_e}) = \Delta m > 0 \ . \tag{16.53}$$

Dabei ist der Index K das Symbol für die Nomenklatur des Mutterkerns $_Z^A X$, und K' steht für die Nomenklatur des Tochterkerns $_{Z+1}^A Y$. Die überschüssige Masse Δm wird verwandelt in die kinetischen Energien des Tochterkerns $_{Z+1}^A Y$, des Elektrons e^- und des Antielektronneutrinos $\overline{\nu}_e$, wobei aus Gründen der Impulserhaltung fast die gesamte kinetische Energie von den leichten Teilchen e^- und $\overline{\nu}_e$ aufgenommen wird.

(2) Der e^+-Zerfall

In Abb. 16.9b ist das Besetzungsschema gezeigt für den Fall, dass der Kern zu viele Protonen enthällt. Damit die Besetzung mit Neutronen und Protonen wieder bei der gleichen Energie E_F endet, wird das überschüssige Proton in ein Neutron zerfallen

$$p \rightarrow n + e^+ + \nu_e \ . \tag{16.54}$$

Auch in diesem Zerfall müssen alle uns bekannten Erhaltungsgesetze erfüllt sein. Bezüglich der Energieerhaltung bedeutet dies, dass für den e^+-Zerfall gelten muss

$$m_K - (m_{K'} + m_e + m_{\nu_e}) = \Delta m > 0 \ . \tag{16.55}$$

Dabei ist der Index K das Symbol für die Nomenklatur des Mutterkerns $_Z^A X$, und K' steht für die Nomenklatur des Tochterkerns $_{Z-1}^A Y$. Die überschüssige

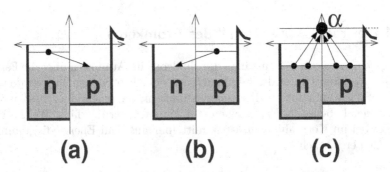

(a)   **(b)**   **(c)**

Abb. 16.9. Anschauliche Darstellung des e^--Zerfalls (a), des e^+-Zerfalls (b) und des α-Zerfalls (c) in einem instabilen Atomkern. Im Fall (a) verwandelt sich ein Neutron in ein Proton, im Fall (b) ein Proton in ein Neutron, und im Fall (c) vereinigen sich wegen des Gewinns an Bindungsenergie zwei Neutronen und zwei Protonen zu einem α-Teilchen

Masse verwandelt sich analog zum e^--Zerfall fast zu 100% in die kinetischen Energien von e^+ und ν_e

Der e^-- und e^+-Zerfall werden zusammengefasst unter der Bezeichnung β-**Zerfall**.

(3) Der α-Zerfall.

Das α-Teilchen ist ein $^4_2$He-Kern und als solches nicht elementarer Baustein eines Atomkerns. Die große Bindungsenergie des α-Teilchens macht es aber wahrscheinlich, dass sich 2 Protonen und 2 Neutronen im Kern spontan für kurze Zeit zu einem α-Teilchen vereinen können. Die dabei freiwerdende Energie E_{bin} befördert in schweren Kernen, in denen E_F nur wenig unter der Kontinuumsgrenze $E = 0$ liegt, das α-Teilchen in einen Kontinuumszustand mit Energie $E > 0$, d.h. der Kern wird instabil. Dass er nicht sofort zerfällt, liegt allein daran, dass das α-Teilchen zunächst die Coulomb-Barriere des Kerns überwinden muss, falls $E < E_{\text{CB}}$ ist. Dies ist nur mithilfe des **Tunneleffekts** möglich; schematisch ist dieser Zerfallsprozess in der Abb. 16.9c dargestellt.

Betrachten wir ein Beispiel, nämlich den α-Zerfall von $^{238}_{92}$U in $^{234}_{90}$Th. Die Ruhemassen der schweren Kerne und des α-Teilchens betragen

$$m_U = 238{,}05079 \text{ u} \quad , \quad m_{Th} = 234{,}04363 \text{ u} \quad , \quad m_\alpha = 4{,}00260 \text{ u} .$$

Daraus errechnet sich eine Überschussmasse

$$\Delta m = m_U - (m_{Th} + m_\alpha) = 0{,}00456 \text{ u} \tag{16.56}$$
$$= 4{,}25 \text{ MeV/c}^2 .$$

Das α-Teilchen besetzt also einen Kontinuumszustand mit der Energie $E = 4{,}25$ MeV, die Coulomb-Barriere für das α-Teilchen besitzt allerdings einen Wert $E_{\text{CB}} = 36{,}5$ MeV. Das bedeutet, der zu durchtunnelnde Bereich hat eine große Länge l, und damit ist nach Gleichung (14.36) die Tunnelwahrscheinlichkeit $P(l)$ sehr gering. In der Tat, die Lebensdauer des $^{238}_{92}$U Kerns beträgt $\tau = 6{,}5 \cdot 10^9$ a, sie ist also etwas größer als das Alter des Universums. Und daher ist das $^{238}_{92}$U auch heute noch auf der Erde anzutreffen.

Wir lernen, dass der α-Zerfall nur in schweren Kernen auftritt und nur dann, wenn für die Überschussmasse gilt

$$m_K - (m_{K'} + m_\alpha) = \Delta m > 0 , \tag{16.57}$$

wobei der Index K den Mutterkern ^A_ZX kennzeichnet und K' den Tochterkern $^{A-4}_{Z-2}$Y.

(4) Der γ-**Zerfall**

Nicht immer führen die bisher besprochenen Kernzerfälle direkt in den stationären Grundzustand des Tochterkerns, sondern der Tochterkern bleibt in einem angeregten Zustand zurück. In diesem Fall verliert der Tochterkern seine überschüssige Energie in Form von elektromagnetischer Strahlung, so wie

Tabelle 16.3. Die vier wichtigsten in der Natur auftretenden radioaktiven Zerfälle des Atomkerns. Der hochgestellte Stern zeigt, dass der Kern angeregt sein kann und anschließend weiter zerfällt

Zerfallsart	Mutter	Tochter	Vorkommen
α-Zerfall	$^A_Z X$	$^{A-4}_{Z-2} Y^*$	nur in schweren Kernen
e^--Zerfall	$^A_Z X$	$^A_{Z+1} Y^*$	in allen Kernen möglich
e^+-Zerfall	$^A_Z X$	$^A_{Z-1} Y^*$	in allen Kernen möglich
γ-Zerfall	$^A_Z X^*$	$^A_Z X$	in allen Kernen möglich

Licht auch von der Hülle emittiert wird, wenn sich diese in einem angeregten Zustand befindet. Allerdings besitzt das vom Kern emittierte Licht eine 10^6-fach höhere Energie, liegt also im Bereich der γ-Strahlung, siehe Abb. 9.14.

Wir haben 4 radioaktive Zerfälle des Atomkerns kennen gelernt mit den in Tabelle 16.2 aufgeführten charakteristischen Eigenschaften.

16.4.1 Das radioaktive Zerfallsgesetz

Bei der Untersuchung des radioaktiven Zerfalls machen wir unsere Messungen immer an einer großen Anzahl n von radioaktiven Kernen. Wann genau ein bestimmter Kern aus dieser Menge zerfällt, kann nicht vorhergesagt werden. Aber es ist sicher, dass die Anzahl dn der pro Zeit dt zerfallenden Kerne davon abhängt, wie viele radioaktive Kerne vorhanden sind und wie groß ihre Lebensdauer τ ist:

$$\frac{dn}{dt} = -\frac{n}{\tau} \ . \tag{16.58}$$

Das negative Vorzeichen ist notwendig, da n positiv ist, aber mit der Zeit immer kleiner wird. Das negative Verhältnis $-dn/dt$ bezeichnet man als **Aktivität** Ak der radioaktiven Probe. Die Differentialgleichung (16.58) besitzt die Lösung

$$n(t) = n_0 \, e^{-t/\tau} \ , \tag{16.59}$$

wobei n_0 die Anzahl der radioaktiven Kerne zur Zeit $t = 0$ angibt. Entsprechend erhält man für die zeitliche Abnahme der Aktivität:

Die Aktivität einer radioaktiven Probe nimmt exponentiell mit der Zeit ab

$$Ak(t) = Ak_0 \, e^{-t/\tau} \quad \text{mit} \quad Ak_0 = \frac{n_0}{\tau} \ . \tag{16.60}$$

In einem Experiment wird in den meisten Fällen die Aktivität $Ak(t)$ gemessen. Der Logarithmus dieser Messgröße nimmt linear mit der Zeit ab

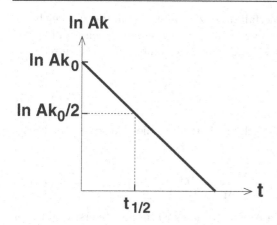

Abb. 16.10. Die logarithmische Abnahme der Aktivität einer radioaktiven Probe mit der Zeit. Der Achsenabschnitt für $t = 0$ ergibt die Anfangsaktivität, die Steigung der Geraden die Lebensdauer τ oder die Halbwertszeit $t_{1/2} = \tau \ln 2$

$$\ln Ak(t) = \ln Ak_0 - \frac{t}{\tau} \, . \tag{16.61}$$

In Abb. 16.10 ist $\ln Ak(t)$ als Funktion der Zeit aufgetragen. Aus dem Achsenabschnitt $t = 0$ ergibt sich die Anfangsaktivität Ak_0 der Probe, aus der Steigung der Geraden lässt sich die Lebensdauer τ des radioaktiven Kerns bestimmen.

Folgende andere Größen werden oft anstelle der Lebensdauer τ verwendet:

- Die **Zerfallskonstante** $\lambda = 1/\tau$, $[\lambda] = \mathrm{s}^{-1}$.
- Die **Halbwertszeit** $t_{1/2} = \tau \ln 2$.

Betrachtet man die Abnahme der Aktivität einer radioaktiven Probe, die von einem Organismus inkorporiert wurde, so tritt zusätzlich zu der Abnahme durch den radioaktiven Zerfall mit der Zerfallskonstanten λ_0 noch eine Abnahme λ_1 durch Ausscheidung hinzu. Die gemessene Zerfallskonstante ist dann gegeben durch

$$\lambda = \lambda_0 + \lambda_1 \quad \text{oder} \quad \frac{1}{\tau} = \frac{1}{\tau_0} + \frac{1}{\tau_1} \, . \tag{16.62}$$

Die Zerfallskonstante vergrößert sich, die Lebensdauer nimmt ab verglichen mit der freien Probe.

Etwas schwieriger ist es, radioaktive Zerfallsketten zu behandeln, in denen radioaktive Zerfälle zeitlich aufeinander folgen mit der Anfangsaktivität $Ak_{0,1}$. Betrachten wir eine Kette mit zwei Zerfällen

$$^{A_1}_{Z_1}\mathrm{X}_1 \xrightarrow{\ \tau_1\ } {^{A_2}_{Z_2}}\mathrm{X}_2 \xrightarrow{\ \tau_2\ } {^{A_3}_{Z_3}}\mathrm{X}_3 \, . \tag{16.63}$$

Für den ersten radioaktiven Zerfall in der Kette ergibt sich nach Gleichung (16.60)

$$Ak_1(t) = Ak_{0,1}\, \mathrm{e}^{-\lambda_1 t} \, . \tag{16.64}$$

Für den zweiten radioaktiven Zerfall muss zunächst einmal die zu Gleichung (16.66) analoge Differentialgleichung formuliert werden, die einen Verlustterm $-\lambda_2 n_2$ durch den zweiten Zerfall und einen Gewinnterm $+\lambda_1 n_1$ durch den ersten Zerfall enthält:

$$\frac{dn_2}{dt} = +\lambda_1\, n_1 - \lambda_2\, n_2 \; . \tag{16.65}$$

Die Lösung dieser Differentialgleichung bestimmt die Aktivität des Kerns $_{Z_2}^{A_2}X_2$, sie ergibt sich zu

$$Ak_2(t) = Ak_{0,1}\,\frac{\lambda_2}{\lambda_2 - \lambda_1}\,\left(e^{-\lambda_1\, t} - e^{-\lambda_2\, t}\right) \; . \tag{16.66}$$

Zur Zeit $t = 0$ beträgt daher die Aktivität dieses Kerns, der ja erst durch den Zerfall von $_{Z_1}^{A_1}X_1$ gebildet wird, $Ak_2(0) = 0$. Nach sehr langen Zeiten ergibt sich

$$\text{für} \quad \lambda_2 \gg \lambda_1 : Ak_2(t) = Ak_{0,1}\,e^{-\lambda_1\, t} \; ,$$

$$\text{für} \quad \lambda_1 \gg \lambda_2 : Ak_2(t) = Ak_{0,1}\,\frac{\lambda_2}{\lambda_1}\,e^{-\lambda_2\, t} \; .$$

Das bedeutet, das zeitliche Verhalten der Aktivität wird bestimmt durch den Kern in der Zerfallskette, der die größte Lebensdauer besitzt.

16.4.2 Die Wechselwirkung radioaktiver Strahlen mit der Materie

Die radioaktive Strahlung ist in hohen Dosen gefährlich für den Organismus. Dies liegt an dem Energieverlust, den die Strahlung in Materie erleidet. Mit dem Energieverlust ist eigentlich eine Energieumwandlung gemeint, denn die Energie der radioaktiven Strahlung wird in Materie letztendlich in thermische Energie umgewandelt. Dies ist ein sehr komplizierter Vorgang, den wir hier im Detail nicht behandeln werden. Uns interessiert allein die erste Stufe in diesem Umwandlungsprozess, die sehr oft darin besteht, dass die Atome in der Materie durch die Strahlung ionisiert werden. Dabei können die chemischen Bindungen in einem Molekül zerstört werden und es bildet sich u.U. ein neues und anderes Molekül.

Alle die radioaktiven Strahlen, die wir in Kap. 16.4 behandelt haben, besitzen die Fähigkeit Atome zu ionisieren. Wir werden im Folgenden die α-Strahlung, die e^--Strahlung und die γ-Strahlung behandeln. Radioaktive Kerne, die bei ihrem Zerfall Positronen emittieren, stellen nur dann eine Gefahr dar, wenn sie direkt in den Organismus gelangen. Andernfalls werden die Positronen bereits in der Probe durch Vereinigung mit Elektronen vernichtet, und es entsteht bei der Vernichtung γ-Strahlung.

Eine radioaktive Probe emittiert bei ihrem Zerfall pro Zeiteinheit n Teilchen (α, β, γ), jedes dieser Teilchen verliert in Materie seine Energie ε. Der gesamte Energieverlust beträgt daher $E = n\,\varepsilon$. Die wichtige Größe ist, wie viel dieser Energie dE pro Weglänge dx verloren geht, d.h. wie dick die Materie sein muss, damit die Gesamtenergie in thermische Energie verwandelt werden kann. Der **spezifische Energieverlust** ist

$$\frac{dE}{dx} = \frac{d}{dx}(n\,\varepsilon) \ . \tag{16.67}$$

Diese Beziehung macht deutlich, dass drei Fälle eintreten können:

(1) Die Energie ε verändert sich längs der Wegstrecke x nicht, aber die Teilchenzahl verändert sich. Dieser Fall tritt ein für die γ-Strahlung, weil die Photonen in einem einzigen Prozess absorbiert werden können und bei diesem einzigen Prozess ihre gesamte Energie verlieren. Der spezifische Energieverlust beträgt in diesem Fall

$$\frac{dE}{dx} = \varepsilon\,\frac{dn}{dx} \ . \tag{16.68}$$

(2) Die Zahl der Teilchen n verändert sich längs der Wegstrecke x nicht, aber die Energie verändert sich. Dieser Fall tritt ein für die α-Strahlung, weil etwa 10^6 Ionisationsprozesse notwendig sind, bevor ein α-Teilchen seine kinetische Energie $\varepsilon \approx 5$ MeV verloren hat. Da die Masse des α-Teilchens sehr viel größer ist als die Masse der Elektronen in der Atomhülle, verändert das α-Teilchen seine Bewegungsrichtung nach Gleichung (2.81) praktisch nicht. Der spezifische Energieverlust beträgt in diesem Fall

$$\frac{dE}{dx} = n\,\frac{d\varepsilon}{dx} \ . \tag{16.69}$$

(3) Der am schwierigsten zu behandelnde Fall ist der, für den sowohl n wie auch ε abhängig von der Wegstrecke x sind. Dies tritt bei der e^--Strahlung ein, weil die Elektronen wegen ihre geringen Masse leicht aus ihrer Wegrichtung abgelenkt werden können. In diesem Fall ist der spezifische Energieverlust gegeben zu

$$\frac{dE}{dx} = \left(n\,\frac{d\varepsilon}{d\xi} + \varepsilon\,\frac{dn}{d\xi} \right) \frac{d\xi}{dx} \ , \tag{16.70}$$

wobei ξ den tatsächlichen Weg des Elektrons beschreibt und x den Weg in Einfallsrichtung der Strahlung in die Materie. Wir sollten beachten, dass der Term $\varepsilon\,dn/d\xi$ nur berücksichtigt wurde, um noch einmal den Unterschied zwischen dem Energieverlust von Positronen und Elektronen zu verdeutlichen. Für Elektronen (e^-) ist $dn/d\xi = 0$, da Elektronen nicht vernichtet werden können, für Positronen (e^+) ist dieser Term dominant, da sie mit großer Wahrscheinlichkeit vernichtet werden.

Die wichtigen Größen, die den Energieverlust eines Teilchens bei seinem Durchgang durch Materie beschreiben, sind

- die Energieabhängigkeit des spezifischen Energieverlusts pro Teilchen $d\varepsilon(\varepsilon)/dx$,

- die Wegabhängigkeit des Teilchenzahl $n(x)$,
- und aus diesen Informationen die Wegabhängigkeit des totalen spezifischen Energieverlusts $dE(x)/dx$,

Wir werden uns jetzt diese charakteristischen Funktionen für die γ-, α- und β-Strahlung anschauen.

(1) Die γ-Strahlung
Die Prozesse, die zwischen den Photonen und den Atomen der Materie stattfinden können, kennen wir bereits. Es sind dies

- der Photoeffekt (Kap. 15.3.1),
- die Paarerzeugung (Kap. 13.3),
- der Compton-Effekt (Kap. 13.2).

Die beiden ersten Prozesse führen immer zur vollständigen Absorption des Photons, der dritte Prozess lässt das Photon mit einer wesentlich geringeren Energie zurück, sodass es anschließend absorbiert wird.

Die Abnahme dn der Photonenzahl pro Weglänge dx wird beschrieben durch den **Absorptionskoeffizienten** μ und zwar gilt

$$dn = -\mu\, n\, dx \qquad (16.71)$$

mit der Lösung

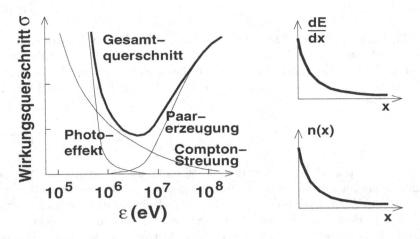

Abb. 16.11. *Links*: Die Wirkungsquerschnitte für den Photoeffekt, die Compton-Sreuung und die Paarbildung in Abhängigkeit von der Photonenenergie ε (*dünne Kurven*). Die Summe dieser Wirkungsquerschnitte ergibt den totale Absorptionswirkungsquerschnitt (*fette Kurve*). *Rechts*: Die Abhängigkeiten des spezifischen Energieverlusts dE/dx und der Teilchenzahl n von der Weglänge x im Material in Einfallsrichtung der γ-Strahlung. Da n exponentiell abnimmt, ist $n(x) \propto dn(x)/dx \propto dE(x)/dx$

$$n = n_0 \, e^{-\mu \, x} \ . \tag{16.72}$$

Die Photonenzahl nimmt exponentiell mit der zurückgelegten Wegstrecke x ab. Wie stark die Abnahme ist, bestimmt der Absorptionskoeffizient μ, und damit die **Wirkungsquerschnitte** σ_{Phot}, σ_{Paar} und σ_{Compt}, mit denen die oben genannten Prozesse bei der Wechselwirkung zwischen Photon und Atom auftreten. Neben dem Wirkungsquerschnitt ist auch wichtig die Anzahl der Absorberatome, die durch ihre Anzahldichte ρ oder alternativ durch ihre Massendichte ρ_{m} beschrieben werden kann. Es ergibt sich

$$\mu = \sigma \, \rho_{\text{m}} \, \frac{n_{\text{A}}}{m_{\text{Mol}}} \quad \text{mit} \quad \sigma = \sigma_{\text{Phot}} + \sigma_{\text{Paar}} + \sigma_{\text{Compt}} \ . \tag{16.73}$$

Oft wird anstelle des Absorptionskoeffizienten die von der Absorberdichte unabhängige **Absorptionslänge** λ zur Charakterisierung des Absorptionsprozesses benutzt. Die Absorptionslänge ist definiert als

$$\lambda = \frac{m_{\text{Mol}}}{n_{\text{A}} \, \sigma} = \frac{\rho_{\text{m}}}{\mu} \quad \text{sodass} \quad n = n_0 \, e^{-\rho_{\text{m}} \, x/\lambda} \ . \tag{16.74}$$

λ besitzt eine ähnlich Bedeutung wie die mittlere freie Weglänge, die allerdings von der Dichte des durchquerten Materials abhängt, siehe Gleichung (6.50).

Wie groß sind die Wirkungsquerschnitte, die in Gleichung (16.73) auftreten? Ihr Größe ist abhängig von der Energie ε des Photons und der Ordnungszahl Z des Absorbermaterials. Für einen Absorber aus Atomen mit großer Ordnungszahl findet man

$$\sigma_{\text{Phot}}(\varepsilon) \propto \frac{Z^4}{\varepsilon^3} \tag{16.75}$$

$$\sigma_{\text{Paar}}(\varepsilon) \propto Z^2 \, \ln \varepsilon$$

$$\sigma_{\text{Compt}}(\varepsilon) \propto \frac{Z}{\varepsilon} \ .$$

Die gemessenen Energieabhängigkeiten dieser Wirkungsquerschnitte sind schematisch in Abb. 16.11 gezeigt. Ebenfalls finden sich dort die Funktionen $dE(x)/dx$ und $n(x)$. Für beide ergibt sich eine exponentielle Abnahme; im Prinzip ist die Reichweite der γ-Strahlung in Materie daher unendlich groß.

(2) Die α-Strahlung

Die α-Teilchen ionisieren die Atome in dem Absorbermaterial aufgrund ihrer Ladung $q = 2 \, e$. Das von dieser Ladung erzeugte elektrische Feld beschleunigt die Elektronen aus den Atomhüllen des Absorbers, sie gelangen so in das Kontinuum und das α-Teilchen verliert kinetische Energie. Dieser Prozess lässt sich im Rahmen der klassischen Physik beschreiben, die Rechnung dazu ist aber zu aufwendig, um hier dargestellt zu werden. Man findet für den spezifischen Verlust an kinetischer Energie pro α-Teilchen

$$\frac{d\varepsilon}{dx} \approx -C_1 \, \frac{Z}{\varepsilon} \, (C_2 \, \ln \varepsilon + C_3) \ , \tag{16.76}$$

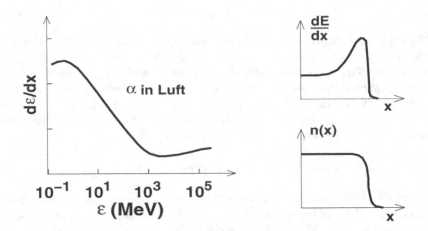

Abb. 16.12. *Links*: Der spezifische Energieverlust eines einzelnen α-Teilchens in Abhängigkeit von seiner kinetischen Energie ε. *Rechts*: Die Abhängigkeiten des spezifischen Energieverlusts dE/dx und der Teilchenzahl n von der Weglänge x im Material in Einfallsrichtung der α-Strahlung. Da n praktisch über die gesamte Weglänge konstant ist, ist $dE(x)/dx \propto d\varepsilon(x)/dx$

wobei C_1, C_2, C_3 von dem Absorbermaterial und der Teilchenart und Geschwindigkeit abhängige Funktionen sind, die auch Abweichungen für sehr kleine und große Geschwindigkeiten des α-Teilchens berücksichtigen. In Abb. 16.12 ist der spezifische Energieverlust (16.76) schematisch dargestellt, diese Kurve wird **Bethe-Bloch-Kurve** genannt.

Wie schon erwähnt, ist der Durchgang der α-Teilchen durch die Materie dadurch gekennzeichnet, dass die Teilchenzahl längs des Wegs x konstant bleibt, bis alle α-Teilchen ihre kinetische Energie vollständig verloren haben. Auch dies ist in Abb. 16.12 dargestellt. Aus diesem Verhalten lässt sich ableiten, wie sich der spezifische Energieverlust längs des Wegs x verändert. Beim Eintritt in den Absorber besitzen die α-Teilchen noch eine große kinetische Energie, ihr Energieverlust ist daher gering. Am Ende ihres Wegs hat sich ihre kinetische Energie stark reduziert, und dann ist der Energieverlust nach Abb. 16.12 besonders groß. Daraus ergibt sich für die Weglängenabhängigkeit des spezifischen Energieverlusts $dE(x)/dx$ die **Bragg'sche Kurve**, wie sie in Abb. 16.12 dargestellt ist. Die α-Teilchen, und allgemein schwere Kerne, besitzen die bemerkenswerte Eigenschaft, dass sie erst am Ende ihres Wegs das Absorbermaterial stark ionisieren. Man kann diesen Ort verändern, indem man die kinetische Energie der α-Teilchen verändert. Man besitzt damit die Möglichkeit, gezielt an ausgewählten Orten im Organismus Änderungen in seiner atomaren Struktur vorzunehmen.

(3) Die e^--Strahlung
Auch Elektronen ionisieren die Atome des Absorbermaterials durch das elek-

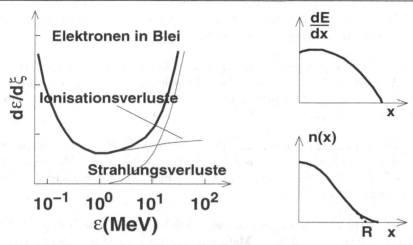

Abb. 16.13. *Links*: Der spezifische Energieverlust eines einzelnen Elektrons in Abhängigkeit von seiner Energie ε. Bei kleinen Energien dominiert Ionisation der Atome im Absorbermaterial, bei großen Energien dominiert der Bremsstrahlungsprozess. Die Summe aus beiden ergibt die *fett* gezeichnete Kurve. *Rechts*: Die Abhängigkeiten des spezifischen Energieverlusts dE/dx und der Teilchenzahl n von der Weglänge x im Material in Einfallsrichtung der Elektronen. Die exakte Form dieser Abhängigkeiten muss entweder gemessen werden oder numerisch auf einer Rechneranlage berechnet werden. Als Reichweite der Elektronen wird der extrapolierte Wert R angegeben

trische Feld, das von ihrer Ladung $q = -e$ erzeugt wird. Der spezifische Energieverlust eines Elektrons ist daher ähnlich zu dem, der durch Gleichung (16.76) beschrieben wird. Bei der Ionisation verändern Elektronen aber i.A. auch ihre Bewegungsrichtung, sie werden inelastisch gestreut. Darüber hinaus ist nicht jeder Streuvorgang mit der Ionisation eines Absorberatoms verbunden, Elektronen können auch elastisch gestreut werden. Und schließlich wissen wir aus Kap. 15.3.1, dass Elektronen auch ihre Energie teilweise dadurch verlieren können, dass sie Bremsstrahlung erzeugen. Dieser Mechanismus des Energieverlusts wird dominant, wenn die kinetische Energie des Elektrons größer ist als seine Ruheenergie. In Abb. 16.13 ist der spezifische Energieverlust pro Elektron $d\varepsilon/d\xi$ als Summe dieser beiden Mechanismen dargestellt. Dabei ist nicht berücksichtigt der Einfluss der Streuung auf den angenommenen Weg x, der immer in der Richtung des Elektroneneinfalls in den Absorber gemessen wird. Wegen der Streuprozesse, die zufällig ablaufen, ist es sehr schwierig, die Weglängenabhängigkeiten von $dE(x)/dx$ und $n(x)$ zu berechnen. Aus experimentellen Untersuchungen ergibt sich ein Verhalten, wie es in Abb. 16.13 gezeigt ist.

Wir erkennen, dass sich die radioaktiven Strahlen bei ihrem Durchgang durch Materie ganz unterschiedlich verhalten. Zur Charakterisierung dieser Unterschiede können wir z.B. die Reichweite R der Strahlung in Materie heranziehen. Diese hängt natürlich von der Energie der Strahlung ab. Daher vergleichen wir Strahlenenergien von ca. 1 MeV, für die wir finden:

Die γ-Strahlen besitzen in Materie keine definierte Reichweite, sondern nur eine Absorptionslänge λ. Es ist daher schwierig, einen γ-Strahler mithilfe einer Materieschicht abzuschirmen. Die beste Abschirmung erreicht man durch ein Material mit einer hohen Ordnungszahl, also z.B. Blei.

Die α-Strahlung besitzt in Materie eine sehr gut definierte Reichweite. Es ist daher relativ einfach, einen α-Strahler mithilfe einer dünnen Materieschicht abzuschirmen. Zum Beispiel ist eine Aluminiumschicht von weniger als 1 mm Dicke ausreichend.

Die β-Strahlung besitzt in Materie eine diffuse Reichweite. Trotzdem lässt sich ein β-Strahler leicht durch Materie abschirmen, die Dicke muss wegen der unterschiedlichen Ladung der Teilchen etwa viermal so groß sein wie bei einem α-Strahler. Außerdem sollte man beachten, dass Elektronen auch entgegen der Einfallsrichtung wieder das Material verlassen können, da sie im Material im Gegensatz zu den α-Teilchen gestreut werden.

16.5 Die radioaktive Belastung des Menschen

Es gibt natürliche radioaktive Quellen, die ohne das Zutun des Menschen dauernd Strahlen emittieren und denen wir deshalb ständig ausgesetzt sind. Um die Stärke dieser Quellen und ihre Wirksamkeit zu kennzeichnen, wurden folgende Größen eingeführt:

- Die Anzahl der radioaktiven Zerfälle pro Zeit, also die **Aktivität** Ak, besitzt die Einheit Bq "Becquerel"

$$Ak = -\frac{dn}{dt} \quad , \quad [Ak] = \text{s}^{-1} = \text{Bq}. \qquad (16.77)$$

Eine radioaktive Quelle hat die Aktivität $Ak = 1$ Bq, wenn pro Sekunde ein radioaktiver Zerfall stattfindet, und das ist eine sehr geringe Anzahl von Zerfällen.
Anmerkung: Früher wurde als Einheit der Aktivität das Ci "Curie" verwendet. Es ist 1 Ci $= 3,7 \cdot 10^{10}$ Bq.

- Die **Energiedosis** D ist das Maß für die physikalische Strahlenwirkung in Materie. Die Energiedosis ist definiert als das Verhältnis von Energieverlust pro Masse

$$D = \frac{dE}{dm} \quad , \quad [D] = \text{J kg}^{-1} = \text{Gy} \quad \text{"Gray"}. \qquad (16.78)$$

Anmerkung: Früher wurde als Einheit der Energiedosis rad verwendet. Es ist 1 rad $= 1 \cdot 10^{-2}$ Gy.

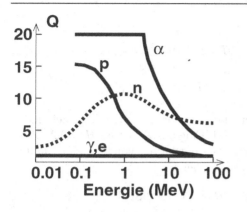

Abb. 16.14. Der Bewertungsfaktor Q für die verschiedenen Strahlungsarten in Abhängigkeit von deren Energie

- Die **Äquivalenzdosis** H berücksichtigt die unterschiedlichen Wirksamkeiten der verschiedenen radioaktiven Strahlungen auf den Organismus. Die Äquivalenzdosis ist definiert als das Produkt aus Energiedosis D und Bewertungsfaktor Q

$$H = Q D \quad , \quad [H] = \text{J kg}^{-1} = \text{Sv} \quad \text{“Sievert”.} \tag{16.79}$$

Anmerkung: Früher wurde als Einheit der Äquivalenzdosis rem verwendet. Es ist $1 \text{ rem} = 1 \cdot 10^{-2}$ Sv.

Der Bewertungsfaktor Q ist strahlungs- und energieabhängig. In Abb. 16.14 ist dies für die natürlichen Strahlungsarten (α, β, γ) und auch für die künstlichen Strahlungsarten (p , n) dargestellt. Demnach sind α-Strahlen mit einer kinetischen Energie unterhalb von 2 MeV für den Organismus besonders gefährlich, während e^-- und γ-Strahlen nur eine geringe Wirksamkeit besitzen. Allerdings kann man sich bei ersteren relativ leicht gegen äußere Quellen abschirmen, die Abschirmung ist für letztere viel aufwendiger. Extrem gefährlich ist es, wenn ein α-Strahler in den Organismus gelangt und eine Abschirmung unmöglich ist.

Für die natürlich vorkommenden radioaktiven Strahlen gibt es im wesentliche zwei Quellen, die Höhenstrahlung und die terrestrische Strahlung.

(1) Die **Höhenstrahlung**

Die Höhenstrahlung entsteht in etwa 20 km Höhe in der Erdatmosphäre durch Reaktionen der Primärstrahlung aus dem Weltraum mit den Kernen der Atmosphärenatome. Die Primärstrahlung besteht zum überwiegenden Teil aus hochenergetischen Protonen und zum kleineren Teil aus hochenergetischen schweren Kernen. Durch die Kernreaktionen entstehen als Sekundärstrahlung überwiegend β-, γ-Strahlen und Protonen. Aus Kap. 12.3 wissen wir, dass auch Myonen gebildet werden; diese besitzen aber keine Wirksamkeit im Organismus.

Die von der Höhenstrahlung verursachte Äquivalenzdosis hängt sehr stark von der Höhe ab. An verschiedenen Orten in Deutschland beträgt die jährliche

Dosisleistung

Meereshöhe (0 m): $H = 0{,}3 \cdot 10^{-3}$ Sv a^{-1} ,

Garmisch (2000 m): $H = 0{,}6 \cdot 10^{-3}$ Sv a^{-1} ,

Zugspitze (3000 m): $H = 1{,}4 \cdot 10^{-3}$ Sv a^{-1} .

Dagegen beträgt die Äquivalenzdosis der empfangenen Strahlung bei einem Flug von Deutschland nach den USA (7 h Flugdauer) bereits $H = 0{,}2 \cdot 10^{-3}$ Sv. Wenn man dies umrechnet auf eine Gesamtflugzeit von 10% eines Jahres (bei Piloten), ergibt sich eine Dosisleistung bei

Flugreisen (10000 m): $H = 25 \cdot 10^{-3}$ Sv a^{-1} .

(2) Die **terrestrische Strahlung**
Die terrestrische Strahlung entsteht durch den Zerfall von in der Natur vorkommenden radioaktiven Kernen mit sehr langer Lebensdauer. Einen dieser Kerne haben wir bereits kennen gelernt, $^{238}_{92}$U. Dieses Uranisotop ist der Ausgangskern einer ganzen Kette von radioaktiven Zerfällen. Von diesen Ketten gibt es im Prinzip vier verschiedene in der Natur, die sich durch die Massenzahl ihres Mutterkerns voneinander unterscheiden. Für n = ganze Zahl sind dies:

(1) Die $A = 4n$-Kette
Der Mutterkern ist $^{232}_{90}$Th mit Lebensdauer $\tau = 2 \cdot 10^{10}$ a.

(2) Die $A = 4n + 1$-Kette
Der Mutterkern ist $^{241}_{94}$Pu mit Lebensdauer $\tau = 1{,}4$ a. Wegen der extrem kurzen Lebensdauer ist diese Kette seit langem ausgestorben.

(3) Die $A = 4n + 2$-Kette
Der Mutterkern ist $^{238}_{92}$U mit Lebensdauer $\tau = 6{,}5 \cdot 10^{9}$ a.

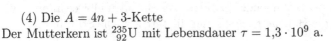

(4) Die $A = 4n + 3$-Kette
Der Mutterkern ist $^{235}_{92}$U mit Lebensdauer $\tau = 1{,}3 \cdot 10^{9}$ a.

Alle diese Ketten enden nach einer Vielzahl von α- und β-Zerfällen bei den stabilen Bleiisotopen $^{206}_{82}$Pb , $^{207}_{82}$Pb , $^{208}_{82}$Pb und dem stabilen Wismutkern $^{209}_{83}$Bi.

Die radioaktiven Ausgangskerne befinden sich in der Erdkruste, von dort gelangen sie in Baumaterialien und von dort z.B. in die Zimmerwände. Unter den radiokativen Zwischenkernen befindet sich auch das Edelgas Radon, das aus der Erdkruste oder aus den Wänden in die Luft tritt und eingeatmet wird.

Neben diesen radioaktiven Zerfallketten gibt es eine große Anzahl von weiteren radioaktiven Kernen mit langen Lebensdauern in der Natur. Das bekannteste Beispiel ist wohl das $^{40}_{19}$K mit einer Lebensdauer $\tau = 1{,}9 \cdot 10^{9}$ a, das wir mit der Nahrung aufnehmen. Mit der Nahrung nehmen wir auch auf das radioaktive $^{14}_{6}$C, das zwar nur eine Lebensdauer $\tau = 8 \cdot 10^3$ a besitzt, das aber ständig von der Höhenstrahlung neu produziert wird.

Die Äquivalenzdosis der terrestrischen Strahlung hängt stark von dem Ort ab. In der Nähe von Uranlagerstätten ist sie natürlich hoch, weit davon entfernt ist sie klein. In Deutschland schwankt die jährliche Belastung zwischen $0,1 \cdot 10^{-3}$ Sv a^{-1} in Schleswig-Holstein und $1 \cdot 10^{-3}$ Sv a^{-1} in Baden-Württemberg. Es gibt bewohnte Orte in der Welt, wo noch wesentlich höhere Belastungen erreicht werden. Zum Beispiel in Indien mit ca. $27 \cdot 10^{-3}$ Sv a^{-1}, in Brasilien mit ca. $87 \cdot 10^{-3}$ Sv a^{-1}, und ein extremer Wert findet sich offenbar im Iran, wo ca. $200 \cdot 10^{-3}$ Sv a^{-1} gemessen werden.

Neben den natürlichen Quellen für die radioaktive Belastung gibt es auch solche, für die der Mensch selbst verantwortlich ist. Zu den stärksten dieser Quellen gehört der Einsatz von Röntgengeräten und radioaktiven Präparaten in der Medizin. Verglichen damit ist die Belastung durch Kernkraftwerke wegen der strengen Sicherheitsvorschriften vernachlässigbar klein. Diese Belastung ist etwa ebenso groß wie die, welche durch konventionelle Kraftwerke auf der Basis von fossilen Brennstoffen verursacht wird. Brennstoffe enthalten nämlich ebenfalls radioaktive Beimischungen, die mit dem Abgas ins Freie gelangen. Für die Gesamtbelastung des Menschen ergibt sich die Zusammenstellung in Tabelle 16.4. Insgesamt beträgt die jährliche radioaktive Belastung

Tabelle 16.4. Beiträge zur radioaktiven Belastung des Menschen

	Radioaktive Quelle	Jährliche Äquivalenzdosis (mSv a^{-1})
Natürliche Belastung	Höhenstrahlung	0,3
	Terrestrische Strahlung	
	im Freien	0,4
	in Häusern	1,0
	Nahrungsaufnahme	0,3
	total	2,0
Menschlich verursachte Belastung	Anwendung in Medizin	2,0
	Kernkraftwerk	0,01
	Konventionelles Kraftwerk	0,01
	total	2,0
insgesamt		4,0

des Menschen durch natürliche und künstliche Quellen etwa 4 mSv a^{-1}.

Dies ist zu vergleichen mit den durch die Strahlenschutzverordnung festgelegten Grenzen für eine zusätzliche Belastung. Bei diesen Belastungsgrenzen wird unterschieden zwischen den normal exponierten Personen, die keiner ärztlichen Überwachung unterliegen, und den beruflich exponierten Personen, die der ärztlichen Überwachung unterliegen. Es gelten folgende jährlichen Belastungsgrenzen

- Normal exponiert: 1 mSv a^{-1}.
- Beruflich exponiert: 20 mSv a^{-1},
  einmalig   50 mSv a^{-1},
  im Lebensalter nicht mehr als   400 mSv.

Quantenphysik der Vielteilchensysteme

Unter einem Vielteilchensystem versteht man ein System aus n Teilchen, wobei n eine so große Zahl ist, dass es keinen Sinn macht, die Trajektorie jedes einzelnen Teilchens im **Phasenraum** beschreiben zu wollen. Selbst wenn wir voraussetzen, dass es sich um **freie Teilchen** in einem abgeschlossenen Volumen V handelt, also keine Kräfte auf oder zwischen den Teilchen wirken, so werden sich wegen der elastischen Stöße zwischen den Teilchen bzw. zwischen den Teilchen und der Wand des Volumens ihre Trajektorien ständig verändern. Unter diesen Bedingungen ist es sinnvoller, man beschreibt die Eigenschaften des Systems durch Mittelwerte, z.B. die innere Energie U des Systems durch den Mittelwert der kinetischen Energie aller freien Teilchen, vergleichen Sie mit Gleichung (6.42):

$$U = n \, \langle \varepsilon_{\text{kin}} \rangle = \frac{3}{2} \, \tilde{n} \, R \, T \; . \tag{17.1}$$

Da wir im Folgenden immer freie Teilchen betrachten, schreiben wir zur Vereinfachung für die kinetische Energie einfach ε. Mit ε bezeichnen wir in diesem Kapitel die Energie eines einzelnen Teilchens, mit $E = n \, \varepsilon$ die Energie des Vielteilchensystems.

In dem Kap. 6, in dem wir uns mit der Thermodynamik beschäftigten, haben wir diese Methode zur Beschreibung eines idealen Gases benutzt. Das ideale Gas ist ein klassisches Vielteilchensystem, d.h. jedes Teilchen gehorcht den Gesetzen der klassischen Physik und alle Teilchen besitzen denselben Mittelwert $\langle \varepsilon \rangle$, wenn sich das System im thermischen Gleichgewicht befindet. Wir kennen aber bereits Systeme, in denen die Teilchen nicht mehr den Gesetzen der klassischen Physik gehorchen, sondern ihre Energien gequantelt sind. Wir nennen derartige Systeme kurz **Quantensysteme**, dazu gehören z.B. die freien Elektronen in einem metallischen Leiter, die für dessen Stromleitung verantwortlich sind. Aber auch die Nukleonen in einem Kern kann man u.U. wie ein Quantensystem behandeln, denn auch sie erfüllen zwei Bedingungen:

- Sie sind, wegen des **Pauli-Prinzips**, in gewissem Umfang frei.
- Sie sind eingeschlossen in einem festen Volumen, dem Kernvolumen V_K.

Unsicher ist, ob ihre Anzahl A genügend groß ist, sodass sich die Kerneigenschaften durch Mittelwerte beschreiben lassen.

Die Frage ist dann, wie berechnet man die Mittelwerte in einem Vielteilchensystem. Die Antwort hängt davon ab, ob es sich um ein System aus klassischen Teilchen oder um ein Quantensystem handelt. Den Grund für diese Unterscheidung finden wir in der fundamentalen Annahme darüber, ob ein Teilchen von allen anderen Teilchen unterschieden werden kann oder ob das unmöglich ist.

In einem klassischen Vielteilchensystem sind die Teilchen unterscheidbar: Jedes Teilchen kann mit einer Nummer versehen werden, welche dieses Teilchen von allen anderen Teilchen unterscheidet. Die Vertauschung von zwei Teilchen im Phasenraum ergibt daher einen neuen Zustand des Systems.

In einem Quantensystem sind die Teilchen nicht unterscheidbar: Die Vertauschung von zwei Teilchen im Phasenraum verändert den Zustand des Systems nicht.

Wir werden uns im Folgenden damit beschäftigen, welche Konsequenzen diese unterschiedlichen Annahmen über die Unterscheidbarkeit von Teilchen auf die Eigenschaften des Systems haben. Unsere Vorgehensweise wird durch die vorausgegangenen Kapitel festgelegt.

Ein Teilchen i, das einen bestimmten Zustand j besetzt, wird durch eine Wellenfunktion $\psi_j(i)$ beschrieben. Für den Fall, dass es sich um einen gebundenen Zustand handelt, steht der Index j für alle Quantenzahlen, die notwendig sind, um den Zustand eindeutig zu beschreiben. Handelt es sich aber um freie Teilchen, liegen die Zustände im **Energiekontinuum** mit Energie ε, das wiederum ein Teil des gesamten Phasenraums ist, der selbst in Zellen von der Größe $d\Pi = h^3$ zerfällt. In diesem Fall repräsentiert der Index j eine der vielen Phasenraumzellen $d\Pi$.

17.1 Die Vielteilchenwellenfunktion

Unsere Aufgabe ist, aus den Wellenfunktionen $\psi_j(i)$ der einzelnen Teilchen die Wellenfunktion des Systems zu konstruieren. Um das Problem prinzipiell zu erläutern, beschränken wir uns auf ein System aus zwei Teilchen $1 \leq i \leq 2$, das nur zwei Zustände $1 \leq j \leq 2$ besitzt. Allgemein ergibt sich die Wellenfunktion des Systems durch Multiplikation der Wellenfunktionen aller Teilchen. In einem klassischen System führt dies zu vier Wellenfunktionen, die vier verschiedene Zustände des Systems beschreiben:

$\Psi_1(1,2) = \psi_1(1)\,\psi_1(2)$, (beide Teilchen im Zustand 1)

$\Psi_2(1,2) = \psi_1(1)\,\psi_2(2)$, (je ein Teilchen im Zustand 1 oder 2)

$\Psi_3(1,2) = \psi_2(1)\,\psi_1(2)$, (je ein Teilchen im Zustand 1 oder 2)

$\Psi_4(1,2) = \psi_2(1)\,\psi_2(2)$, (beide Teilchen im Zustand 2)

In einem Quantensystem beschreiben dagegen die Systemwellenfunktionen $\Psi_2(1,2)$ und $\Psi_3(1,2)$ den exakt gleichen Zustand des Systems. Denn es spielt keine Rolle, welches Teilchen sich im Zustand 1 oder 2 befindet, da zwischen den Teilchen nicht unterschieden werden kann. Daher setzt sich die Wellenfunktion eines Quantensystems aus beiden Möglichkeiten zusammen:

$$\Psi_\pm(1,2) = \frac{1}{\sqrt{2}}\left(\Psi_2(1,2) \pm \Psi_3(1,2)\right) \tag{17.2}$$

Der Normierungsfaktor $2^{-1/2}$ muss auftreten, damit die Gesamtwahrscheinlichkeit der Besetzung von zwei Zuständen im Phasenraum genau eins ergibt.

In der Gleichung (17.2) haben wir beide Möglichkeiten der Überlagerung von Wellen berücksichtigt, die konstruktive Überlagerung $(+)$ und die destruktive Überlagerung $(-)$. Diese beiden Möglichkeiten beschreiben aber total verschiedene Quantensysteme, d.h. verschiedene Quantenteilchen, die diese Systeme aufbauen. Man erkennt dies sofort, wenn wir die Eigenschaften des Quantensystems für den Fall untersuchen, dass beide Teilchen den gleichen Zustand i besetzen. Die Gleichung (17.2) liefert für die konstruktive Überlagerung dann die Systemwellenfunktion

$$\Psi_+(1,2) = \frac{1}{\sqrt{2}}\left(\psi_i(1)\,\psi_i(2) + \psi_i(2)\,\psi_i(1)\right) = \sqrt{2}\,\psi_i(1)\,\psi_i(2) \ . \tag{17.3}$$

Diese Wellenfunktion ist identisch zu den klassischen Wellenfunktionen $\Psi_1(1,2)$ bzw. $\Psi_4(1,2)$, bis auf den Vorfaktor $\sqrt{2}$. Wenn wir uns daran erinnern, dass $P = |\Psi_+(1,2)|^2$ ein Maß für die Wahrscheinlichkeit ist, dass zwei Teilchen diesen Zustand besetzen, dann ist

$$P_{\mathrm{BE}}(2) = 2\left|\psi_i(1)\,\psi_i(2)\right|^2 = 2\,P_{\mathrm{MB}}(2) \ . \tag{17.4}$$

Das bedeutet, das Quantensystem, das wir mit dem Index BE versehen haben, ist so beschaffen, dass zwei Quantenteilchen mit besonders hoher Wahrscheinlichkeit (verglichen mit der Wahrscheinlichkeit $P_{\mathrm{MB}}(2)$ eines klassischen Systems) denselben Zustand besetzen. Diese Eigenschaft zeichnet die **Bosonen** aus, daher steht der Index BE für die Namen der Physiker Bose (1894 - 1947) und Einstein (1879 - 1956), die sich mit den Eigenschaften von Bosonensystemen besonders beschäftigt haben, während der Index MB für die Physiker Maxwell (1831 - 1879) und Boltzmann (1844 - 1906) steht, die sich mit den klassischen Vielteilchensystemen beschäftigt haben, siehe Kap. 6. Das Ergebnis (17.4) können wir auch so ausdrücken: Die Besetzung des Phasenraums mit Bosonen ist dadurch gekennzeichnet, dass sie mit großer Wahrscheinlichkeit die Phasenraumzellen besetzen, die bereits mit anderen Bosonen besetzt sind. Die Phasenraumbesetzung zeichnet sich durch eine Klumpenbildung aus, die uns bereits in den Kap. 13.1 und 15.2.3 aufgefallen war. Bezogen auf die Wellenfunktion eines Quantensystems aus Bosonen gilt daher:

Die Wellenfunktion eines Systems aus Bosonen ist **symmetrisch** gegenüber der Vertauschung von zwei Bosonen, d.h. sie verändert bei Teilchenvertauschung ihr Vorzeichen nicht.

Das Verhalten der Systemwellenfunktion $\Psi_-(1,2)$ ist, verglichen damit, total verschieden. Betrachten wir auch hier den Fall, dass beide Teilchen denselben Zustand besetzen. Die Systemwellenfunktion lautet dann

$$\Psi_-(1,2) = \frac{1}{\sqrt{2}} \left(\psi_i(1)\,\psi_i(2) - \psi_i(2)\,\psi_i(1) \right) = 0 \; , \tag{17.5}$$

und die Besetzungswahrscheinlichkeit beträgt

$$P_{\mathrm{FD}}(2) = 0 \; . \tag{17.6}$$

Die Wahrscheinlichkeit, dass zwei Teilchen denselben Zustand besetzen, ist null, und dies ist eine charakteristische Eigenschaft der **Fermionen**. Denn eine Doppelbesetzung ist wegen des **Pauli-Prinzips** ausgeschlossen, jeder Quantenzustand kann nur mit maximal einem Fermion besetzt sein. Der Index FD in Gleichung (17.6) steht für die Physiker Fermi (1901 - 1954) und Dirac (1902 - 1984), welche die Statistik von Fermionensystemen entwickelt haben. Bezogen auf die Wellenfunktion eines Fermionensystems gilt daher:

Die Wellenfunktion eines Systems aus Fermionen ist **antisymmetrisch** gegenüber der Vertauschung von zwei Fermionen, d.h. sie wechselt bei Teilchenvertauschung ihr Vorzeichen.

17.2 Die statistische Verteilungsfunktion

Die verschiedenen Symmetrien der Systemwellenfunktion entscheiden, wie und mit wie vielen Teilchen die Zellen des Phasenraums besetzt werden können. Die Besetzung eines einzelnen Zustands, der durch seine Energie ε gekennzeichnet ist, wird beschrieben durch die **Verteilungsfunktion** $f(\varepsilon)$, deren Form davon abhängt, ob sich die Teilchen wie klassische Teilchen oder wie Quantenteilchen verhalten. Wir setzen wieder ein System mit zwei Zuständen und ihren Energien $\varepsilon_1 < \varepsilon_2$ voraus; die Gesamtenergie des Systems ist wie in Gleichung (6.34) durch seine Temperatur T gegeben. Dann wird im Mittel der Zustand 1 mit $n(\varepsilon_1)$ Teilchen besetzt sein, der Zustand 2 mit $n(\varepsilon_2)$ Teilchen. Aber gleichzeitig werden auch Teilchen mit der **Übergangswahrscheinlichkeit** $P_{1 \to 2}$ von dem Zustand 1 in den Zustand

2 wechseln, und mit der Übergangswahrscheinlichkeit $P_{2\rightarrow1}$ geschieht der Übergang von 2 nach 1. Diese beiden Übergangswahrscheinlichkeiten müssen gleich groß sein, denn im thermischen Gleichgewicht darf sich die Besetzung eines Zustands nicht verändern,

$$P_{1\rightarrow2} = P_{2\rightarrow1} \, . \tag{17.7}$$

Wovon hängen die Übergangswahrscheinlichkeiten ab? In einem klassischen Vielteilchensystem davon, wie viele Teilchen den Anfangszustand besetzen, und wie groß die Wahrscheinlichkeit ist, den Endzustand neu zu besetzen. Das heißt, wir finden

$$n(\varepsilon_1) \, P(\varepsilon_2) = n(\varepsilon_2) \, P(\varepsilon_1) \, , \tag{17,8}$$

oder

$$\frac{n(\varepsilon_2)}{n(\varepsilon_1)} = \frac{f_{\mathrm{MB}}(\varepsilon_2)}{f_{\mathrm{MB}}(\varepsilon_1)} = \frac{P(\varepsilon_2)}{P(\varepsilon_1)} = \exp\left(\frac{\varepsilon_1 - \varepsilon_2}{k\,T}\right) \, . \tag{17.9}$$

Dabei haben wir die Ergebnisse des Kap. 6 benutzt, insbesondere die Gleichung (6.134), die die relative Besetzungswahrscheinlichkeit von zwei vorher unbesetzten Zuständen angibt. Darüber hinaus kennen wir auch schon die **Verteilungsfunktion** der Teilchen im Phasenraum, wenn es sich um klassische Teilchen handelt. Ausgedrückt als Funktion der Energie ε und mit dem Index MB versehen, um ein klassisches Vielteilchensystem zu charakterisieren, gilt gemäß Gleichung (6.131)

$$n(\varepsilon) = f_{\mathrm{MB}}(\varepsilon) = C_0 \, \mathrm{e}^{-\varepsilon/(kT)} \, . \tag{17.10}$$

C_0 ist die Normierungskonstante, die berücksichtigt, dass das System eine vorgegebene und konstante Anzahl n von Teilchen enthält. Im Folgenden werden wir uns überlegen, wie die Verteilungsfunktion für Quantensysteme aussieht. Dabei ist zu berücksichtigen, dass die Teilchenenergien gequantelt sind und die Symmetrie der Systemwellenfunktion die klassische Gleichung (17.10) für die Besetzung der Energiezustände modifiziert.

17.3 Die Bose-Einstein-Statistik

Handelt es sich um ein Quantensystem aus Bosonen, so wissen wir bereits, dass die Besetzungswahrscheinlichkeit eines Zustands davon abhängt, wie viele Bosonen sich bereits in diesem Zustand befinden. Für den Fall, dass ein zweites Boson einen Zustand besetzt, der bereits mit einem Boson besetzt ist, ergibt die Gleichung (17.4)

$$P_{\mathrm{BE}}(2) = 2 \, (P_{\mathrm{BE}}(1))^2 = (1+1) \, P_{\mathrm{BE}}(1) \, P_{\mathrm{BE}}(1) \, . \tag{17.11}$$

Der Vorfaktor $(1 + 1)$ im rechten Teil dieser Gleichung stellt die Verstärkung der Besetzungswahrscheinlichkeit dar: Sie steigt um den Faktor 2, wenn ein zweites Boson den mit einem Boson bereits besetzten Zustand zusätzlich besetzt. Dieses Gesetz lässt sich verallgemeinern. Nehmen wir an, der Zustand sei bereits mit n Bosonen besetzt, dann beträgt die Wahrscheinlichkeit, ihn zusätzlich mit dem $(n + 1)$ten Boson zu besetzen

$$P_{BE}(n + 1) = (1 + n)\, P_{BE}(n)\, P_{BE}(1) = (n + 1)!\, (P_{BE}(1))^{(n+1)} \ . \quad (17.12)$$

Der Verstärkungsfaktor für die Besetzung durch das $(n + 1)$te Boson ist also $(1 + n)$, und das muss in Gleichung (17.8) berücksichtigt werden. Für Bosonen gilt daher die modifizierte Gleichung

$$n(\varepsilon_1)\,(1 + n(\varepsilon_2))\, P(\varepsilon_2) = n(\varepsilon_2)\,(1 + n(\varepsilon_1))\, P(\varepsilon_1) \ , \quad (17.13)$$

oder

$$\frac{n(\varepsilon_1)}{1 + n(\varepsilon_1)}\, \exp\left(\frac{\varepsilon_1}{kT}\right) = \frac{n(\varepsilon_2)}{1 + n(\varepsilon_2)}\, \exp\left(\frac{\varepsilon_2}{kT}\right) \ . \quad (17.14)$$

Dies gilt für beliebige Energien ε_1 und ε_2; daher müssen beide Seiten der Gleichung (17.14) denselben konstanten Wert C_+ besitzen. Es ergibt sich

$$\frac{n(\varepsilon)}{1 + n(\varepsilon)}\, \exp\left(\frac{\varepsilon}{kT}\right) = C_+ \quad (17.15)$$

und daraus folgt

$$n(\varepsilon) = f_{BE}(\varepsilon) = \left(\frac{1}{C_+}\, \exp\left(\frac{\varepsilon}{kT}\right) - 1\right)^{-1} \ . \quad (17.16)$$

Dabei ist C_+ eine Konstante, die im Prinzip so bestimmt werden muss, dass sich die Anzahl der Bosonen im System nicht verändert, also

$$\frac{2s + 1}{h^3} \int f_{BE}(\varepsilon)\, g(\varepsilon)\, d\varepsilon = \frac{n}{V} \quad (17.17)$$

gilt. Hier taucht zusätzlich im Vergleich zur klassischen Gleichung (6.129) die **Multiplizität** $2s + 1$ auf, weil Quantenteilchen auch durch die Einstellung ihres Spins unterschieden werden können. Bosonen sind Teilchen mit ganzzahliger Spinquantenzahl s, und in der Natur existieren verschiedene Typen derartiger Teilchen. Zum Beispiel ist das $^{4}_{2}$He-Atom ein Boson mit $s = 0$, ebenso wie das doppelt ionisierte $^{4}_{2}$He^{++}-Ion, aber das einfach ionisierte $^{4}_{2}$He^{+}-Ion ist ein Fermion, denn es besitzt die Spinquantenzahl $s = 1/2$. Alle diese Teilchen besitzen eine große Ruhemasse und zum Teil auch eine Ladung. Daher können wir immer davon ausgehen, dass die Anzahl der $^{4}_{2}$He-Bosonen in diesen Systemen sich nicht verändert und die Bedingung (17.17) erfüllt werden muss. Die Berechnung des Integrals ist geschlossen nicht möglich, aber es stellt sich heraus, dass unter **Normalbedingungen** $1/C_+ \gg 1$ gilt. Man bezeichnet das Bosonensystem in diesem Fall als **nicht entartet**, und der Term -1 in Gleichung (17.16) kann vernachlässigt werden. Dann ist $f_{BE}(\varepsilon) \approx C_+ \exp\left(-\varepsilon/(kT)\right)$, und man erhält für ein nicht entartetes Quantensystem aus Bosonen

$$f_{BE}(\varepsilon) \approx f_{MB}(\varepsilon) \, . \tag{17.18}$$

Ein nichtentartetes Quantensystem aus Bosonen, z.B. das $_2^4$He-Gas unter Normalbedingungen, verhält sich wie ein klassisches Vielteilchensystem.

Was aber passiert, wenn die Bedingung für die Nichtentartung $1/C_+ \gg 1$ nicht erfüllt ist? Dann kann es geschehen, dass $1/C_+ \exp(\varepsilon/(kT)) = 1$ oder sogar $1/C_+ \exp(\varepsilon/(kT)) < 1$ wird. Der zweite Fall darf nicht auftreten, weil dann die Anzahl der Bosonen in dem Zustand mit Energie ε negativ werden würde. Aber auch der erste Fall $\exp(\varepsilon/(kT)) = C_+$ bedeutet, dass $f_{BE}(\varepsilon) \to \infty$ divergiert, stellt also einen Grenzfall in der Besetzung des Phasenraums mit Bosonen dar. Diesen Grenzfall bezeichnet man als **Bose-Einstein-Kondensation**. Im kondensierten Zustand vergrößert sich der räumliche Teil des Phasenraums dV auf das gesamte zur Verfügung stehende Volumen V, und alle Bosonen besitzen dieselbe Energie ε. Die Konsequenz ist, dass sich die Wellenfunktion des kondensierten Systems nicht mehr als das Produkt aus Teilchenwellenfunktionen darstellen lässt, wie in Gleichung (17.3), denn die Teilchen haben ihre Individualität vollständig verloren, sondern die Wellenfunkion ergibt sich als Lösung der Schrödinger-Gleichung für den kondensierten Zustand. Die **Heisenberg'schen Unschärferelationen** erlauben uns aber, die Temperatur T_E abzuschätzen, bei welcher der Übergang in den kondensierten Zustand erfolgt. Aus

$$dx \approx \left(\frac{V}{n}\right)^{1/3} \qquad \text{folgt} \qquad dp_x \approx h\left(\frac{n}{V}\right)^{1/3} , \tag{17.19}$$

und damit ergibt sich

$$\varepsilon = k\,T_E = \frac{3}{2\,m}\,(dp_x)^2 \approx \frac{3\,h^2}{2\,m}\left(\frac{n}{V}\right)^{2/3} , \tag{17.20}$$

also

$$T_E \approx \frac{3\,h^2}{2\,m\,k}\left(\frac{n}{V}\right)^{2/3} . \tag{17.21}$$

Man nennt T_E die **Einstein-Temperatur**, ihr Wert ist für ein Gas aus Teilchen mit der Masse $m \approx 100$ u und bei einer Teilchendichte von $n/V \approx 10^{18}$ m^{-3} geringer als $T_E < 10^{-6}$ K. Es ist daher nicht verwunderlich, dass die Bose-Einstein-Kondensation erst 1995 experimentell beobachtet wurde, nachdem die Technik zur Erzielung derart tiefer Temperaturen entwickelt worden war.

17.3.1 Die Hohlraumstrahlung

Im letzten Kapitel haben wir Systeme behandelt, in denen die Anzahl der Bosonen sich nicht verändert. Es gibt aber auch Systeme, in denen die Gesamtanzahl der Bosonen nicht erhalten ist. Das bekannteste Beispiel für ein Boson, das sowohl erzeugt wie auch vernichtet werden kann, ist das Photon mit Spinquantenzahl $s = 1$. Das Photon besitzt keine elektrische Ladung und keine Ruhemasse, aber es besitzt Energie und Impuls, die mit anderen Quantenteilchen ausgetauscht werden können. Ein Prozess für die Photonerzeugung ist z.B. die Elektron-Positron-Vernichtung (Anmerkung 16.0.1), ein Prozess für die Photonvernichtung die Paarerzeugung (Kap. 13.3). In der Tat, jede Lichtquelle ist ein Beweis dafür, dass die Photonenzahl in einem Quantensystem nicht erhalten sein muss.

In einem Vielteilchensystem aus Photonen ist die Gesamtzahl der Photonen im Allgemeinen nicht erhalten.

In diesem Fall ergibt sich für die Konstante C_+ ein Wert $C_+ = 1$ und die Anzahl der Photonen im Zustand mit Energie ε beträgt

$$f_{\text{BE}}(\varepsilon) = \left(\exp\left(\frac{\varepsilon}{k\,T}\right) - 1\right)^{-1} . \tag{17.22}$$

Unter Normalbedingungen ist $k\,T_0 = 0{,}024$ eV, d.h. für Photonenenergien $h\,\nu > 1$ eV ist $f_{\text{BE}}(\varepsilon) \approx f_{\text{MB}}(\varepsilon)$ und das Photonensystem verhält sich wie ein klassisches Vielteilchensystem. Die Abweichungen vom klassischen Verhalten werden erst bei kleinen Frequenzen beobachtbar. Zuerst gelang es Planck im Jahr 1900, diese Abweichung mithilfe der Quantennatur des Photons zu erklären. Wir werden diese Erklärung, allerdings auf eine andere Weise, jetzt nachvollziehen.

Mit $f_{\text{BE}}(\varepsilon)$ kennen wir die Anzahl der Photonen, die einen Zustand mit Energie $\varepsilon = h\,\nu$ bei der Temperatur T im thermischen Gleichgewicht besetzen. Wir kennen aber noch nicht die Zustandsdichte $g(\varepsilon)$, d.h. die Anzahl der Zustände in einem gegebenen Energieintervall $d\varepsilon$. Photonen besitzen keine Ruhemasse, und daher gilt $\varepsilon = c\,p$ bzw. $d\varepsilon = d(c\,p)$, wenn p der Impuls des Photons ist. Man kann in der Zustandsdichte $g(\varepsilon)$ daher die Energie auch durch den Impuls ersetzen, also $g(cp)$ berechnen. Weiterhin müssen wir uns Gedanken zur Multiplizität der Photonen machen. Obwohl Photonen die Spinquantenzahl $s = 1$ besitzen, beträgt ihre Multiplizität nur 2. Dies ergibt sich experimentell aus der Tatsache, dass der elektrische Feldvektor immer senkrecht auf der Ausbreitungsrichtung des Lichts stehen muss und daher nur rechts oder links zirkular polarisiertes Licht existieren kann. Der eigentliche Grund für die scheinbare Verkleinerung der Multiplizität ist die verschwindende Ruhemasse des Photons. Die Anzahl der Photonenzustände in einem gegebenen Impulsintervall beträgt daher

$$\frac{2s+1}{h^3}\,g(\varepsilon)\,d\varepsilon = \frac{2}{h^3\,c^3}\,4\pi\,(cp)^2\,d(cp) . \tag{17.23}$$

Wegen $cp = h\nu$ ergibt sich daraus

$$\frac{2s+1}{h^3}\, g(\varepsilon)\, d\varepsilon = \frac{8\pi}{c^3}\, \nu^2\, d\nu \ . \tag{17.24}$$

Mithilfe der Gleichung (17.17) lässt sich so die Anzahl der Photonen pro Frequenzintervall $d\nu$ berechnen:

Das Planck'sche Strahlungsgesetz
Die Anzahl der Photonen dn pro Frequenzintervall $d\nu$ in einem Hohlraum mit dem Volumen V und der Temperatur T ist gegeben durch

$$dn = \frac{8\pi V}{c^3}\, \frac{\nu^2\, d\nu}{e^{h\nu/kT} - 1} \ . \tag{17.25}$$

Man nennt einen Körper, der bei der Temperatur T diese Photonenverteilung besitzt, einen **schwarzen Körper**. Um einen schwarzen Körper experimentell zu realisieren, benutzt man eine vollständig absorbierende Hohlkugel, deren Wand die Temperatur T besitzt. Im Inneren der Hohlkugel wird dann ein elektromagnetisches Feld erzeugt, dass sich als Quantensystem aus Photonen beschreiben lässt und die Photonenverteilung (17.25) besitzt. Man kann diese Verteilung messen, indem man ein kleines Loch in die Wand der Hohlkugel bohrt und einen Teil der Strahlung austreten lässt. Wenn die Wand auf konstanter Temperatur gehalten wird, ist die Störung der Photonenverteilung durch das Loch vernachlässigbar klein. Die Intensität der durch das Loch austretenden Strahlung dI pro Frequenzintervall $d\nu$ ist definitionsgemäß (siehe Gleichung (9.116))

$$dI = c\,\frac{d\varepsilon}{V} = c\,h\,\nu\,\frac{dn}{V} = \frac{8\pi h}{c^2}\,\frac{\nu^3\, d\nu}{e^{h\nu/kT} - 1} \ . \tag{17.26}$$

Mithilfe des Planck'schen Strahlungsgesetzes lassen sich eine ganze Reihe von Aussagen über die Strahlung eines schwarzen Körpers machen. Von diesen wollen wir nur zwei der wichtigsten diskutieren.

• Das **Wien'sche Verschiebungsgesetz**

In Abb. 17.1 ist die spektrale Intensitätsverteilung $dI/d\lambda = (\nu/\lambda)\, dI/d\nu$ als Funktion der Wellenlänge λ aufgetragen. Die Intensitätsverteilung besitzt bei einer bestimmten Wellenlänge λ_{max} einen maximalen Wert, der von der Temperatur T des schwarzen Körpers abhängt. Durch Ableitung $d^2I/d\lambda^2 = 0$ kann man verifizieren, dass die Position maximaler spektraler Intensität bestimmt wird durch das Wien'sche Verschiebungsgesetz

$$T\,\lambda_{max} = \text{konst} = 0{,}0029 \text{ m K.} \tag{17.27}$$

Zum Beispiel kann man die Sonne recht gut als schwarzen Strahler behandeln. Bei einer Oberflächentemperatur von $T = 6000$ K liegt daher das Maximum

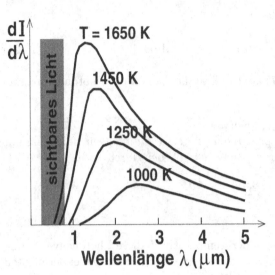

Abb. 17.1. Die Strahlungs-intensität dI, die von einem schwarzen Körper pro Wellenlängenintervall $d\lambda$ bei verschiedenen Temperaturen T emittiert wird. Der spektrale Bereich des sichtbaren Lichts ist *schattiert* dargestellt. Erst bei Temperaturen $T > 5000$ K liegt das Maximum der Intensitätsverteilung im sichtbaren Bereich

der von der Sonne emittierten Strahlung bei der Wellenlänge $\lambda_{max} = 480$ nm, also im gelben Teil des sichtbaren Spektralbereichs.

- Das **Stefan-Boltzmann'sche Strahlungsgesetz**

Durch Integration über alle Frequenzen und den Raumwinkel ergibt sich aus Gleichung (17.26) die Gesamtintensität I, die ein schwarzer Strahler bei der Temperatur T pro Zeiteinheit emittiert. Diese Intensität kann nur noch von der Temperatur abhängen, die Integration der Gleichung (17.26) ist jedoch so aufwendig, dass wir nur das Ergebnis notieren wollen: Die Gesamtintensität eines schwarzen Strahlers beträgt

$$I = \sigma T^4 \quad \text{mit} \quad \sigma = 5{,}6705 \cdot 10^{-8} \ \text{W m}^{-2} \ \text{K}^{-4}. \quad (17.28)$$

Auch hier kann man aus der Oberflächentemperatur und der Oberfläche der Sonne berechnen, wie viel Energie die Sonne pro Zeit abstrahlt. Diese Leistung ist unglaublich groß, sie beträgt

$$P_{\odot} = 4 \cdot 10^{26} \ \text{W}.$$

Davon erreicht die Erdoberfläche allerdings nur ein sehr geringer Bruchteil. Und zwar beträgt dieser Bruchteil, wenn man die Reflexionsverluste an der Erdatmosphäre noch berücksichtigt, pro Erdoberfläche und gemittelt über ein Jahr nur noch

$$I_{\oplus} = 218 \ \text{W m}^{-2}.$$

17.4 Die Fermi-Dirac-Statistik

Neben den Bosonen gibt es in der Natur auch die **Fermionen**, also Teilchen mit halbzahliger Spinquantenzahl. Die bekanntesten Beispiele für Fermionen sind das Elektron und die Nukleonen mit Spinquantenzahl $s = 1/2$. Die Fermionen gehorchen dem **Pauli-Prinzip**, d.h. es können nicht mehr als ein Fermion einen Quantenzustand besetzen. Ausgedrückt mithilfe der Besetzungswahrscheinlichkeit ergibt die Gleichung (17.6)

$$P_{FD}(2) = (1 - 1)\left(P_{FD}(1)\right)^2 = 0 \ . \tag{17.29}$$

Und entsprechend muss Gleichung (17.8) für ein Quantensystem aus Fermionen modifiziert werden, so wie wir es auch für ein Quantensystem aus Bosonen getan haben:

$$n(\varepsilon_1)\left(1 - n(\varepsilon_2)\right)P(\varepsilon_2) = n(\varepsilon_2)\left(1 - n(\varepsilon_1)\right)P(\varepsilon_1) \tag{17.30}$$

oder

$$\frac{n(\varepsilon_1)}{1 - n(\varepsilon_1)}\exp\left(\frac{\varepsilon_1}{kT}\right) = \frac{n(\varepsilon_2)}{1 - n(\varepsilon_2)}\exp\left(\frac{\varepsilon_2}{kT}\right) \ . \tag{17.31}$$

Dies gilt für beliebige Energien ε_1 und ε_2, daher müssen beide Seiten der Gleichung (17.31) denselben konstanten Wert C_- besitzen. Es ergibt sich

$$\frac{n(\varepsilon)}{1 - n(\varepsilon)}\exp\left(\frac{\varepsilon}{kT}\right) = C_- \ , \tag{17.32}$$

daraus folgt

$$n(\varepsilon) = f_{FD}(\varepsilon) = \left(\frac{1}{C_-}\exp\left(\frac{\varepsilon}{kT}\right) + 1\right)^{-1} \ . \tag{17.33}$$

Dabei ist C_- eine Konstante, die so bestimmt werden muss, dass sich die Fermionenzahl in dem System nicht verändert. Denn im Gegensatz zu den Bosonen gilt

In einem Quantensystem aus Fermionen ist die Gesamtzahl der Fermionen immer erhalten.

Es ist üblich, dass die Normierungskonstante C_- mit in den Exponenten der Gleichung (17.33) geschrieben wird, d.h. man erhält für die Anzahl der Fermionen in einem Zustand mit der Energie ε

$$f_{FD}(\varepsilon) = \left(\exp\left(\frac{\varepsilon - \varepsilon_F}{kT}\right) + 1\right)^{-1} \ , \tag{17.34}$$

wobei $\varepsilon_F = kT\ln C_-$ die **Fermi-Energie** ist. Da für $C_- < 1$ der Logarithmus $\ln C_- < 0$ ist, erkennen wir, dass die Fermi-Energie u.U. auch negativ werden kann. Wir werden bald erkennen, wann dies der Fall ist.

Die Fermi-Energie berechnet sich aus der Bedingung

$$\frac{2s+1}{h^3} \int f_{\text{FD}}(\varepsilon)\, g(\varepsilon)\, \mathrm{d}\varepsilon = \frac{n}{V}\ , \tag{17.35}$$

wobei $g(\varepsilon)$ die Anzahl der Zustände im Energieintervall $\mathrm{d}\varepsilon$ angibt. Im Gegensatz zu dem Photon besitzen alle oben genannten Fermionen in der nichtrelativistischen Näherung eine Ruhemasse $m_0 = m$. Daher finden wir mithilfe der Gleichung (6.130)

$$\frac{2s+1}{h^3}\, g(\varepsilon) = \frac{2s+1}{h^3}\, 4\pi\, m^{3/2} \sqrt{2\varepsilon}\ . \tag{17.36}$$

Das heißt, für diese Fermionen mit Spinquantenzahl $s = 1/2$ ergibt sich für den zu integrierenden Teil auf der linken Seite von Gleichung (17.35)

$$\frac{2s+1}{h^3}\, f_{\text{FD}}(\varepsilon)\, g(\varepsilon) = \frac{8\pi}{h^3}\, m^{3/2} \sqrt{2\varepsilon} \left(\exp\left(\frac{\varepsilon - \varepsilon_{\text{F}}}{kT}\right) + 1 \right)^{-1}. \tag{17.37}$$

Die Berechnung des Integrals in Gleichung (17.35) ist geschlossen nicht durchführbar, und wir wollen uns daher auf zwei Grenzfälle beschränken, und für diese die Fermi-Energie bestimmen.

1) Das **nichtentartete Fermionensystem**
Dieser Fall tritt auf, wenn

$$e^{(\varepsilon - \varepsilon_{\text{F}})/(kT)} \gg 1$$

ist, also die $+1$ in Gleichung (17.34) vernachlässigt werden kann. Diese Bedingung verlangt, dass $\varepsilon_{\text{F}} < -kT$, ist, die Fermi-Energie muss also negativ sein. Ein Fermionensystem mit negativer Fermi-Energie ist ein nichtentartetes Fermionensystem. Die Fermi-Energie ergibt sich für ein derartiges System aus der Normierungsbedingung (17.35)

$$\frac{n}{V} = \frac{8\pi}{h^3}\, (2\,m)^{3/2}\, e^{\varepsilon_{\text{F}}/(kT)} \int e^{-\varepsilon/(kT)} \sqrt{\varepsilon}\, \mathrm{d}\varepsilon \tag{17.38}$$

$$= \frac{2}{h^3}\, (2\pi\, m\, k\, T)^{3/2}\, e^{\varepsilon_{\text{F}}/(kT)}$$

oder in Übereinstimmung mit Gleichung (6.128)

$$e^{-\varepsilon_{\text{F}}/(kT)} = \frac{2V}{n} \left(\frac{2\pi\, m\, k\, T}{h^2} \right)^{3/2}. \tag{17.39}$$

Da die rechte Seite dieser Gleichung > 1 ist, muss $\varepsilon_{\text{F}} < 0$ sein. Es ist leicht nachzurechnen, dass z.B. für einfach ionisiertes ${}_2^4\text{He}^+$ unter Normalbedingungen die Fermi-Energie in der Größenordnung von $\varepsilon_{\text{F}} \approx -0{,}3$ eV ist. In diesem Fall verhält sich das ${}_2^4\text{He}^+$-Gas wie ein klassisches Vielteilchensystem, und

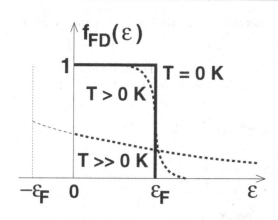

Abb. 17.2. Die Verteilungsfunktion $f_{FD}(\varepsilon)$ für ein Fermionengas. Der Grad der Entartumg wird in diesem Bild durch die Temperatur T bestimmt. Ist $T = 0$, ist das Gas vollständig entartet, für $T > 0$ ist die Entartung in der Nähe der Fermi-Energie ε_F aufgehoben, und erst für $T \gg 0$ ist das Gas vollständig nichtentartet und besitzt eine negative Fermi-Energie

dieses Ergebnis ist äquivalent zu unseren Schlussfolgerungen für ein anderes nichtentartetes Gas, in dem $^4_2$He wegen seiner Spinquantenzahl $s = 0$ als Boson auftritt. Ob Fermion oder Boson, unter Normalbedingungen bildet neutrales oder geladenes $^4_2$He ein ideales Gas, in dem die Quantennatur des $^4_2$He unbeobachtbar bleibt. Erst bei sehr tiefen Temperaturen tritt diese Quantennatur in Erscheinung. Bei $T = 2{,}2$ K weicht die molare Wärmekapazität von atomarem $^4_2$He sprunghaft vom klassischen Wert $C_V = 3/2\,R$ ab, und $^4_2$He wird **superfluid**.

1) Das entartete Fermionensystem
Dieser Fall tritt ein, wenn $\varepsilon_F > kT$ wird, also die Fermi-Energie sehr stark positiv ist. In diesem Fall darf die +1 in Gleichung (17.34) nicht mehr vernachlässigt werden, und für $T \to 0$ beträgt die Anzahl der Fermionen in einem Zustand mit Energie ε

$$f_{FD}(\varepsilon) = \begin{cases} 1 & \text{für } \varepsilon < \varepsilon_F\,, \\ 1/2 & \text{für } \varepsilon = \varepsilon_F\,, \\ 0 & \text{für } \varepsilon > \varepsilon_F\,. \end{cases} \qquad (17.40)$$

In Abb. 17.2 ist die Funktion $f_{FD}(\varepsilon)$ für ein entartetes Fermionensystem dargestellt. Gibt es in der Natur entartete Fermionensysteme? Die Gleichung (17.39) lässt erwarten, dass ein System dann entartet ist, wenn die Teilchendichte $\rho = n/V$ sehr groß wird oder wenn die Teilchenmasse oder die Temperatur sehr klein werden. Unter Normalbedingungen erfüllen die freien Elektronen in einem metallischen Leiter zwei dieser Bedingungen:

- Elektronen besitzen, verglichen mit $^4_2$He, eine wesentlich kleinere Ruhemasse.
- Die Elektronendichte ρ in einem Festkörper ist wesentlich größer als die Gasdichte, wenn jedes Gitteratom in dem Festkörper z.B. ein freies Elektron besitzt.

Die Leitungselektronen in einem metallischen Leiter bilden ein entartetes Fermionensystem.

Für ein entartetes Fermionensystem können wir die Fermi-Energie wiederum leicht bestimmen. Es gilt unter Berücksichtigung von Gleichung (17.40)

$$\frac{n}{V} = \frac{8\pi}{h^3} m^{3/2} \int_0^{\varepsilon_F} \sqrt{2\,\varepsilon}\,d\varepsilon \qquad (17.41)$$

$$= \frac{8\pi}{3} V \left(\frac{2\,m\,\varepsilon_F}{h^2}\right)^{3/2} ,$$

und daraus ergibt sich die Fermi-Energie zu

$$\varepsilon_F = \frac{h^2}{2\,m} \left(\frac{3\,n}{8\pi\,V}\right)^{2/3} , \qquad (17.42)$$

also eine Funktion, die nur von der Masse m der Fermionen und ihrer Teilchendichte ρ abhängt.

Betrachten wir zuerst die Ladungselektronen in Kupfer(Cu). Ihre Ruhemasse beträgt $m_e = 0{,}5$ MeV c^{-2}, ihre Teilchendichte ist $\rho_e = 8{,}6 \cdot 10^{28}$ m^{-3}, wenn jedes Cu-Atom eine freies Elektron besitzt. Daraus ergibt sich für die Fermi-Energie der Leitungselektronen $\varepsilon_F \approx 7$ eV. Dieser Wert ist unter Normalbedingungen wesentlich größer als die thermische Energie $\varepsilon = 0{,}024$ eV der Elektronen. Die Leitungselektronen in Cu bilden also ein entartetes Fermionensystem.

Betrachten wir jetzt die Nukleonen in einem Cu-Atomkern. Ihre Ruhemasse beträgt $m_N = 931$ MeV c^{-2}, ihre Teilchendichten sind, nach Protonen und Neutronen getrennt, $\rho_K = 0{,}8 \cdot 10^{44}$ m^{-3}. Und daraus ergibt sich eine, verglichen mit den Leitungselektronen, noch wesentlich höhere Fermi-Energie von $\varepsilon_F \approx 40$ MeV. Dies ist in Übereinstimmung mit unserer früheren Abschätzung Gleichung (16.5). Für einen nichtangeregten Kern beträgt die Kerntemperatur $T = 0$ K, daher stellen auch die Nukleonen im Atomkern ein entartets Fermionensystem dar. Für beide Systeme wollen wir untersuchen, welche Eigenschaften für die jeweiligen Systeme sich daraus ableiten lasssen.

17.4.1 Die molare Wärmekapazität freier Leitungselektronen

Die freien Elektronen in einem Festkörper bilden ein Gas, das im Prinzip eine molare Wärmekapazität besitzen sollte, so wie auch ideale Gase (z.B. $^4_2$He) eine molare Wärmekapazität besitzen. Verhielten sich die Elektronen wie klassische Teilchen, sollte ihre Wärmekapazität $C_V = 3/2\,R$ betragen, d.h. die gesamte molare Wärmekapazität eines metallischen Leiters ergäbe sich nach dem **Dulong-Petit'schen Gesetz** zu

$$C_V = 3\,R + \frac{3}{2}\,R = \frac{9}{2}\,R \ ,$$

wenn pro Gitteratom ein freies Elektron existiert. Dies wird experimentell nicht beobachtet, vielmehr besitzten alle Festkörper bei Zimmertemperatur etwa dieselbe molare Wärmekapazität von $C_V \approx 3\,R$, siehe Tabelle 6.2. Die Anzahl freier Elektronen in einem Festkörper ist offensichtlich ohne Bedeutung für seine Wärmekapazität.

Der Grund dafür liegt in der Entartung des Elektronengases. Berechnen wir die mittlere Energie $\langle \varepsilon \rangle$ eines freien Elektrons, dann ergibt sich nach Gleichung (17.41), wenn wir nur die von der Energie abhängigen Faktoren berücksichtigen,

$$\langle \varepsilon \rangle = \frac{\int_0^\infty \varepsilon \sqrt{\varepsilon}\, f_{\mathrm{FD}}(\varepsilon)\, \mathrm{d}\varepsilon}{\int_0^\infty \sqrt{\varepsilon}\, f_{\mathrm{FD}}(\varepsilon)\, \mathrm{d}\varepsilon} \ . \tag{17.43}$$

Die Energieintegration erstreckt sich im Prinzip bis nach ∞. Wenn wir aber $f_{\mathrm{FD}}(\varepsilon)$ nach Gleichung (17.40) für ein entartetes Fermionensystem einsetzen, ergibt sich

$$\langle \varepsilon \rangle = \frac{\int_0^{\varepsilon_{\mathrm{F}}} \varepsilon \sqrt{\varepsilon}\, \mathrm{d}\varepsilon}{\int_0^{\varepsilon_{\mathrm{F}}} \sqrt{\varepsilon}\, \mathrm{d}\varepsilon} = \frac{3}{5}\, \varepsilon_{\mathrm{F}} \ . \tag{17.44}$$

Die mittlere Elektronenenergie ist daher unabhängig von der Temperatur T, und daher ist die molare Wärmekapazität des entarteten Elektronengases

$$C_V = \frac{\mathrm{d}E}{\mathrm{d}T} = n_{\mathrm{A}}\frac{\mathrm{d}\langle \varepsilon \rangle}{\mathrm{d}T} = n_{\mathrm{A}}\frac{3}{5}\frac{\mathrm{d}\varepsilon_{\mathrm{F}}}{\mathrm{d}T} = 0 \ . \tag{17.45}$$

Anschaulich bedeutet dieses Ergebnis, dass in der Nähe des absoluten Temperaturnullpunkts die thermische Energie nicht ausreicht, um ein Elektron in einen unbesetzten Zustand oberhalb der Fermi-Energie anzuregen. Bei Temperaturen $T > \varepsilon_{\mathrm{F}}/k$ ist das Elektronengas nicht mehr entartet, die Anregung der Elektronen wäre möglich und sie würden dann zur molaren Wärmekapazität des Festkörpers beitragen. Unsere Abschätzung über die Größe von ε_{F} in Cu zeigt aber, dass bei diesen Temperaturen Cu längst geschmolzen ist.

17.4.2 Das Fermi-Modell des Atomkerns

Die Fermi-Energie der Protonen bzw. Neutronen in einem Atomkern mit Temperatur $T = 0$ beträgt $\varepsilon_{\mathrm{F}} \approx 40$ MeV. Dies ist die Energie, bis zu der die Quantenzustände des Kerns vollständig mit Nukleonen besetzt sind, siehe Abb. 16.8. Da die mittlere Bindungsenergie der Nukleonen $E_{\mathrm{bin}} \approx 8$ MeV beträgt, muss die potentielle Energie der Nukleonen im Atomkern etwa $E_0 = -50$ MeV betragen, und dies stimmt gut mit unserer Abschätzung Gleichung (16.1) überein.

Wie im Falle der Leitungselektronen kann auch ein Atomkern bei Temperatur $T = 0$ nicht angeregt werden, seine Wärmekapazität ist $C_V = 0$ und die Dichte der vollständig besetzten Zustände beträgt

$$g_K(\varepsilon, T = 0) = g(\varepsilon) \propto \sqrt{\varepsilon} \ . \qquad (17.46)$$

Experimentell beobachtet man aber, dass ein Atomkern relativ leicht anzuregen ist, z.B. durch die Streuung langsamer Neutronen. Dabei besitzt der Streuquerschnitt immer dann einen maximalen Wert, wenn die Neutronenergie gerade der Anregungsenergie eines Kernzustands entspricht. Man bezeichnet dieses Verhalten als **Resonanzstreuung**. Durch die Anregung in den Resonanzzustand mit Energie ε erwärmt sich der Kern auf eine Temperatur $T > 0$ K. Welcher Zusammenhang besteht zwischen T und ε? Entwickeln wir die Energie nach der Temperatur um $\langle \varepsilon \rangle = 3/5\,\varepsilon_F$, so muss gelten

$$\varepsilon = \frac{3}{5}\,\varepsilon_F + a\,(k\,T)^2 + \dots \ , \qquad (17.47)$$

damit $C_V = \mathrm{d}E/\mathrm{d}T = A\,\mathrm{d}\varepsilon/\mathrm{d}T = 0$ für $T = 0$. Aus dem Ansatz (17.47) folgt, was hier nicht bewiesen werden soll, dass die Anzahl der angeregten Kernzustände pro Energieintervall zunehmen muss wie

$$g_K(\varepsilon, T > 0) \propto \mathrm{e}^{2\sqrt{a\,\varepsilon}} \ . \qquad (17.48)$$

Das bedeutet, dass die Zustandsdichte bei hohen Kerntemperaturen exponentiell mit der Wurzel der Energie zunimmt. Durch Abzählen der in der Neutronenstreuung beobachteten Resonanzen ist diese Aussage des statistischen Fermi-Modells experimentell verifiziert worden. Der Vorfaktor a hat die Größe $a \approx 0{,}08\,A$ MeV^{-1}, hängt also von der Anzahl der Nukleonen ab. Die Zustandsdichte ist daher wesentlich größer, als das Schalenmodell mit einem Leuchtnukleon nach Abb. 16.7 erwarten lässt. Der Grund ist, dass die Wechselwirkung zwischen dem Leuchtnukleon und den $A - 1$ Nukleonen des restlichen Kerns die Zustandsdichte um einen Faktor A erhöht. Wir werden diesem Phänomen gleich im nächsten Kap. 17.5 wieder begegnen, dann allerdings bei den Leuchtelektronen in einem Festkörper, deren Anzahl n_e um mehr als 23 Größenordnungen höher ist als die Anzahl der Nukleonen in einem Kern.

Bei kleinen Kerntemperaturen und damit für kleine Anregungsenergien ε lässt sich die exponentielle Zustandsdichte in eine **Taylor-Reihe** um $\varepsilon_0 = 0$ entwickeln,

$$g_K(\varepsilon, T \approx 0) \propto 1 + 2\sqrt{a\,\varepsilon} + \dots \ , \qquad (17.49)$$

und wir erhalten bis auf die 1, die den Grundzustand des Kerns berücksichtigt, wiederum das Ergebnis (17.46).

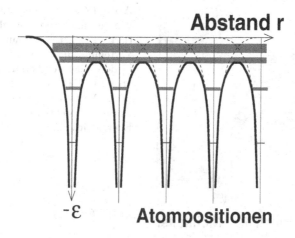

Abstand r

Atompositionen

$-\varepsilon$

Abb. 17.3. Die angeregten Zustände der Hüllenelektronen, wenn die Atome im Kristallgitter einen Abstand $d \approx 2\,r_{\mathrm{Bohr}}$ besitzen. Die am schwächsten gebundenen Elektronen sind nicht mehr an ein bestimmtes Atom gebunden, sondern können sich frei von Atom zu Atom bewegen

17.5 Die Elektronenzustände in einem Festkörper

Ein Festkörper ist aus einer regelmäßigen Anordnung von Atomen aufgebaut, diese Anordnung bezeichnen wir als **Atomgitter**. Es ist keineswegs offensichtlich, dass in diesem Gitter freie Elektronen existieren können, denn in jedem Einzelatom sind die Elektronen in gequantelten Zuständen gebunden. Die Ursache, dass sich diese Bindungen lösen, kann nur in den elektrischen Kräften zwischen einem Gitteratom und seinen Nachbarn im Gitter liegen. Die Wirkung dieser elektrischen Kräfte, die eine Reichweite von der Größe des Atomradius besitzen, kann man sich anschaulich so vorstellen, wie es in Abb. 17.3 gezeigt ist. Ist der Abstand zwischen benachbarten Gitteratomen von gleicher Größe wie der Atomradius, dann wird die potenzielle Energie der Elektronen im Gitter verändert. Für die am schwächsten gebundenen Elektronen eines Atoms wird diese Veränderung so stark, dass sie ihre Bindung an dieses Atom verlieren und zu den Nachbaratomen wandern können: Sie verhalten sich wie freie Elektronen.

Allerdings sind auch die Zustände, die von den freien Elektronen besetzt werden, weiterhin gequantelt. Aber der energetische Abstand zwischen zwei Zuständen ist so klein, dass er experimentell nicht beobachtbar ist.

Die schwach gebundenen Zustände von n Gitteratomen führen zu einem **Energieband** aus n sehr eng nebeneinander liegenden Zuständen, die von den freien Elektronen besetzt werden.

Für die elektrischen Eigenschaften eines Festkörpers sind zwei Energiebänder von besonderer Bedeutung, das **Leitungsband** und das **Valenzband**. Zwi-

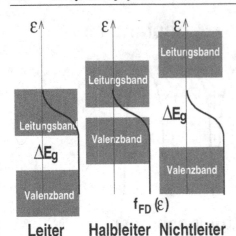

Abb. 17.4. Die energetischen Lagen von Leitungs- und Valenzband (schattierte Flächen) zusammen mit den Verteilungsfunktionen $f_{FD}(\varepsilon)$, die nur in der Nähe der Fermi ε_F nicht entartet sind. Bei einem Leiter liegt ε_F in der Mitte des Leitungsbands, beim Halb- und Nichtleiter in der Mitte der Energielücke ΔE_g

schen beiden befindet sich eine **Energielücke** ΔE_g, die in einem Festkörper mit idealem Gitter frei von Elektronenzuständen ist. Eine schematische Darstellung der energetischen Lagen von Leitungs- und Valenzband ist in Abb. 17.4 gezeigt. Die Besetzung von Leitungsband und Valenzband mit Elektronen ist bestimmend dafür, ob der Festkörper ein elektrischer Leiter oder ein Nichtleiter ist. Wir betrachten den Fall, dass die Temperatur des Festkörpers $T > 0$ ist, die Zustandsdichte aber nur in der Nähe der Fermi-Energie ε_F nicht entartet ist. Dann gilt:

Ist das Leitungsband nur zur Hälfte mit Elektronen besetzt, dann ist der Festkörper ein elektrischer Leiter.

Ist das Leitungsband nicht mit Elektronen besetzt, dann ist der Festkörper ein elektrischer Nichtleiter.

Es muss allerdings berücksichtigt werden, dass die Besetzungswahrscheinlichkeiten nach Gleichung (17.9) von der Temperatur T abhängen. Ist die Energielücke ΔE_g zwischen Valenz- und Leitungsband von der Größenordnung $\Delta E_g \approx kT$, dann können Elektronen aus dem Valenzband in das unbesetzte Leitungsband angeregt werden, und aus dem Nichteiter wird ein **Halbleiter**.

Aus einem Nichtleiter bei $T = 0$ K entsteht bei endlichen Temperaturen ein Halbleiter, wenn die Energielücke ΔE_g so klein ist, dass Elektronen aus dem voll besetzten Valenzband in das unbesetzte Leitungsband angeregt werden können.

In Abb. 17.4 sind diese Verhältnisse dargestellt, wobei in dieser Abbildung auch die Anzahl der Elektronen $f_{FD}(\varepsilon)$ in einem Zustand mit dargestellt ist. Durch die Anregung der Elektronen aus dem Valenzband in das Leitungsband

3.	4.	5.
B	C	N
Al	Si	P
Ga	Ge	As
In	Sn	Sb
Tl	Pb	Bi

Abb. 17.5. Die Elemente aus der 3., 4., und 5. Hauptgruppe, die Halbleiter sind (*stark schattiert*) oder Mischhalbleiter bilden (*schwach schattiert*)

bleiben im Valenzband unbesetzte Zustände zurück, die ebenfalls frei beweglich sind und die man **Löcher** nennt. Zwischen der elektrischen Leitung in einem metallischen Leiter und einem Halbleiter bestehen daher wesentliche Unterschiede:

Die Leitfähigkeit eines metallischen Leiters wird verursacht durch die Elektronen im Leitungsband, deren Anzahl nicht von der Temperatur abhängt.

Die Leitfähigkeit eines elektrischen Halbleiters wird verursacht durch die Elektronen im Leitungsband und die Löcher im Valenzband, deren Anzahl gleich groß ist und mit der Temperatur zunimmt.

Wir wollen uns im Folgenden nur mit den elektrischen Eigenschaften der Halbleiter weiter beschäftigen.

17.5.1 Die elektrischen Halbleiter

Die elektrischen Halbleiter liegen in der 4. Hauptgruppe des **periodischen Systems**, siehe Abb. 17.5. Von diesen Elementen werden besonders Silizium (Si) und Germanium (Ge) als Halbleitermaterial verwendet, z.B. Si für die Herstellung von elektronischen Bauelementen und von Solarzellen. Darüber hinaus gibt es auch Mischhalbleiter, die durch die Mischung von einem Element aus der 3. Hauptgruppe mit einem Element der 5. Hauptgruppe entstehen, z.B. InSb oder GaAs.

Unter **Normalbedingungen** setzen sich die freien Ladungsträger in einem reinen Halbleiter zusammen aus den Elektronen mit Anzahl n^- im Leitungsband und den Löchern mit Anzahl n^+ im Valenzband. Für die Ladungsträgerdichten gilt $dn^-/dV = dn^+/dV = \rho_e$, was voraussetzt, dass die Fermi-Energie E_F eines Halbleiters genau in der Mitte der Energielücke ΔE_g liegt. Die Ladungsträgerdichten sind sehr gering, sie hängen stark von der Größe der Energielücke und der Temperatur ab:

$$\rho_e(T) = \rho_{e,0}\, e^{-\Delta E_g/(2\,k\,T)} \approx 10^{28}\, e^{-\Delta E_g/(2\,k\,T)} \ . \tag{17.50}$$

Bei einer Energielücke von $\Delta E_g = 1$ eV ergibt sich bei Zimmertemperatur $T = 293$ K

$$\rho_e \approx 10^{19} \text{ m}^{-3} . \tag{17.51}$$

Und das ist um ca. 10 Größenordnungen geringer als die Dichte der Leitungselektronen in einem metallischen Leiter wie Cu. Entsprechend ist der **spezifische Widerstand** in einem Halbleiter um ca. 10 Größenordnungen höher, vergleiche mit Gleichung (8.113)

$$r_\Omega = \frac{1}{(u^- - u^+)\,\rho_C^-} \approx 10^3 \ \Omega \text{ m.} \tag{17.52}$$

Die Größen u^- und u^+ stellen die Beweglichkeiten der Elektronen im Leitungsband und der Löcher im Valenzband dar, für die Ladungsdichte gilt $\rho_C^- = -e\,\rho_e$. Der spezifische Widerstand eines Halbleiters nimmt wegen Gleichung (17.50) allerdings mit der Temperatur ab. Die Abb. 17.6 stellt schematisch das gemessene Temperaturverhalten eines Halbleiterwiderstands dar. Es fällt auf, dass die Gleichung (17.52) nur für große Temperaturen gilt, für kleine Temperaturen dagegen sinkt der spezifische Widerstand mit sinkender Temperatur, im Widerspruch zu Gleichung (17.52). Dieses Phänomen ist auf die Verunreinigungen im Halbleitermaterial zurückzuführen, die zusätzliche

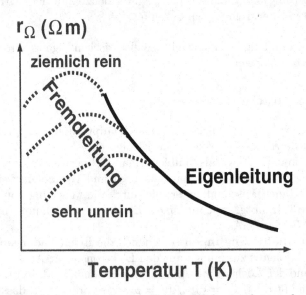

Abb. 17.6. Die Abhängigkeit des spezifischen Widerstands von der Temperatur in einem Halbleiter. Bei hohen Temperaturen dominiert die Eigenleitung, weil sich genügend Elektronen im Leitungsband und Löcher im Valenzband befinden. Bei tiefen Temperaturen stammen die Ladungsträger von Verunreinigungen im Halbleitermaterial und der Widerstand ist umso geringer, je größer der Verunreinigungsgrad ist

Ladungsträger für die elektrische Leitung zur Verfügung stellen und ein Temperaturverhalten besitzen, das ähnlich zu dem eines metallischen Leiters ist: Der spezifische Widerstand eines metallischen Leiters nimmt mit sinkender Temperatur ab. Man spricht daher in dem Niedrigtemperaturbereich von **Fremdleitung**, in dem Hochtemperaturbereich dagegen von **Eigenleitung**. Den Anteil der Fremdleitung kann man durch die Konzentration der Verunreinigung gezielt steuern. Verwendet man als Fremdatome die Elemente der 3. und 5. Hauptgruppen des periodischen Systems, so nennt man den Vorgang der gezielten Verunreinigung **Dotierung**.

Die Dotierung mit Fremdatomen aus der 3. Hauptgruppe, z.B. mit Bor (B), erzeugt in dem Halbleiter lokalisierte Elektronenzustände etwas oberhalb des Valenzbands, die mit Elektronen aus dem Valenzband besetzt werden können. Dadurch entstehen Löcher in dem Valenzband, der Halbleiter wird **p-leitend**. Dotiert man mit Elementen aus der 5. Hauptgruppe, z.B. mit Phosphor (P), so werden lokalisierte Elektronenzustände gerade unterhalb des Leitungsbands geschaffen, aus denen Elektronen in das Leitungsband angeregt werden und dort frei beweglich sind. Der Halbleiter wird dadurch **n-leitend**. Die Wirkung der Dotierung ist schematisch in Abb. 17.7 dargestellt, sie besteht in einer deutlichen Zunahme der elektrischen Leitfähigkeit eines Halbleiters.

17.5.2 Die Halbleiterdiode

Die große technische Bedeutung der Halbleiter entsteht durch die geladene **Grenzfläche** zwischen einem n-dotierten und einem p-dotierten Halbleiter. Zwei Halbleiter, die eine derartige Grenzfläche besitzen, nennt man eine **Halbleiterdiode**. Die Lage der Elektronenzustände in der Nähe der Grenzfläche ist in Abb. 17.7 gezeigt. Auf der p-Seite der Grenzfläche besteht ein Überschuss an Löchern, auf der n-Seite ein Überschuss an Elektronen. Daher werden Elektronen über den Grenzflächenkontakt hinweg von der n-Seite in die p-Seite diffundieren, um die Löcher aufzufüllen. Es entsteht dadurch auf beiden Seiten der Grenzfläche eine Zone, die arm an freien Ladungsträgern ist und die deswegen **Verarmungszone** genannt wird. In der n-Seite bleiben lokalisierte und positiv geladene Fremdatome und in der p-Seite bleiben lokalisierte und

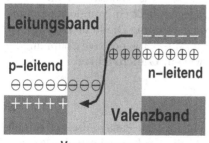
Verarmungszone

Abb. 17.7. Die geladene Grenzfläche zwischen einem p- und n-dotierten Halbleiter. Außerhalb der Grenzfläche verhalten sich die dotierten Halbleiter normal, innerhalb der Grenzfläche bildet sich infolge der Ladungsträgerdiffusion eine Zone mit stark reduzierten Dichten an beweglichen Elektronen und Löchern aus, die man als Verarmungszone bezeichnet

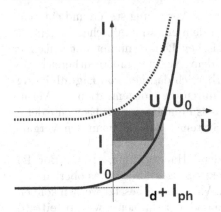

Abb. 17.8. Die Strom-Spannungs-Kennlinie einer Halbleiterdiode. Die *gepunktete Kurve* ergibt sich, wenn in der Verarmungszone nur Elektron-Loch-Paare aufgrund der Umgebungstemperatur gebildet werden, Die *ausgezogene Kurve* ergibt sich, wenn durch einfallendes Licht die Anzahl der in der Verarmungszone gebildeten Elektron-Loch-Paare ganz wesentlich erhöht wird, wie es bei der Solarzelle der Fall ist. Der Arbeitsbereich einer Solarzelle ist *stark schattiert*, der ideale Arbeitsbereich ist *schwach schattiert*

negativ geladene Fremdatome zurück. Diese Grenzflächenladungen erzeugen eine elektrisches Gegenfeld, das schließlich die weitere Diffusion von Elektronen von der n-Seite in die p-Seite unterbindet. Bei endlichen Temperaturen können aber in der Verarmungszone Elektron-Loch-Paare gebildet werden, die durch das Gegenfeld getrennt werden und die zu einem **Dunkelstrom** I_d von der n-Seite auf die p-Seite einer Halbleiterdiode führen (man beachte, dass die Stromrichtung definitionsgemäß immer die Richtung ist, in die sich eine positive Ladung bewegt). Einen viel stärkeren elektrischen Strom in die Gegenrichtung kann man dadurch erzeugen, dass man eine negative Spannung U an die n-Seite der Halbleiterdiode legt, welche die frei beweglichen Elektronen im Valenzband über die Verarmungszone auf die p-Seite treibt, wo sie mit den Löchern im Valenzband rekombinieren. Die Strom-Spannungs-Kennlinie einer Halbleiterdiode lautet daher genähert

$$I = I_d \left(e^{(e\,U)/(k\,T)} - 1 \right) \tag{17.53}$$

und ist in Abb. 17.8 dargestellt. Dabei ist der Dunkelstrom I_d überproportional groß dargestellt. Die Halbleiterdiode zeigt daher kein **Ohm'sches Verhalten**. Ursache ist die elektrische Doppelschicht in der Verarmungszone, siehe Kap. 8.2. Die Folge ist, dass durch die Diode, bis auf den Dunkelstrom, kein Strom fließt, wenn die Diode in **Sperrrichtung** geschaltet ist (positive Spannung an n-Seite, negative Spannung an p-Seite). Dagegen fließt ein von der Spannung U und der Temperatur T abhängiger Strom, wenn die Diode in **Durchlassrichtung** geschaltet ist (negative Spannung an n-Seite, positive Spannung an p-Seite). Die Halbleiterdiode wirkt daher wie ein **Gleichrichter**.

17.5.3 Die Solarzelle

Die Halbleiterdiode bildet das Grundelement für viele elektronische Bauteile, die wir hier aber nicht behandeln werden. In diesem Kapitel soll eine Anwendung besprochen werden, die auch für Biologen von besonderem Interesse ist, die Solarzelle. Mit dieser Halbleiterdiode, denn darum handelt es sich, wird die Strahlungsenergie der Sonne in elektrische Energie umgewandelt, und dieser Prozess ist daher ähnlich zu dem Prozess der Photosynthese, bei dem in der Zelle Sonnenenergie in chemische Energie umgewandelt wird.

Die Umwandlung von Sonnenenergie in elektrische Energie geschieht in der Verarmungszone einer Halbleiterdiode. Ähnlich wie bei der Entstehung des Dunkelstroms werden durch das Sonnenlicht in der Verarmungszone Elektron-Loch-Paare erzeugt. Dazu muss die mit dem Sonnenlicht eingestrahlte Energie $\varepsilon = h\,\nu$ die Bedingung erfüllen

$$h\,\nu \geq \Delta E_{\mathrm{g}}\ , \tag{17.54}$$

d.h. es kann immer nur ein Teil der spektralen Energieverteilung des Sonnenlichts in elektrische Energie umgewandelt werden. Dieser Teil hängt von der Größe der Energielücke zwischen Valenz- und Leitungsband ab.

Da der durch die Sonnenstrahlung erzeugte Strom I_{Ph} den Dunkelstrom verstärkt, lautet die Strom-Spannungs Kennlinie einer Solarzelle

$$I = I_{\mathrm{d}}\left(e^{(e\,U)/(k\,T)} - 1\right) - I_{\mathrm{Ph}}\ . \tag{17.55}$$

Diese Kennlinie ist in Abb. 17.8 dargestellt. Die Kennlinie schneidet die Achse $U = 0$ an der Stelle $I_0 = -I_{\mathrm{ph}}$, man bezeichnet den Strom I_0 als den Kurzschlussstrom der Solarzelle. Weiterhin schneidet die Kennlinie die Achse

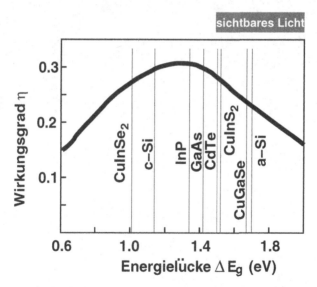

Abb. 17.9. Der ideale Wirkungsgrad einer Solarzelle in Abhängigkeit von der Energielücke zwischen Valenz- und Leitungsband. Die Stellung einiger Halbleitermaterialien und der Bereich des sichtbaren Lichts (*schattiert*) sind ebenfalls gezeigt. Der technisch erreichbare Wirkungsgrad ist etwa nur halb so groß wie der hier gezeigte

$I = 0$ an der Stelle $U_0 = (k\,T)/e\,\ln(I_{\mathrm{Ph}}/I_{\mathrm{d}})$, man bezeichnet die Spannung U_0 als die Leerlaufspannung einer Solarzelle. Dabei haben wir den Beitrag des Dunkelstroms zur Leerlaufspannung vernachlässigt, da immer $I_{\mathrm{Ph}} \gg I_{\mathrm{d}}$ gilt. Bei Zimmertemperatur ist die Leerlaufspannung einer Solarzelle stets kleiner als die zugehörige Energielücke, es gilt etwa $U_0 \approx 0{,}5\,\Delta E_{\mathrm{g}}/e \approx 0{,}5$ V, und mit steigender Temperatur nimmt die Leerlaufspannung weiter ab.

Der Operationsbereich einer Solarzelle liegt im 4. Quadranten ihrer Strom-Spannungs-Kennlinie, also zwischen dem Kurzschlussstrom I_0 und der Leerlaufspannung U_0. Die elektrische Leistung, die eine Solarzelle erzeugen kann, beträgt

$$P_{\mathrm{el}} = U\,I = c_f\,U_0\,I_0 \ , \tag{17.56}$$

wobei $c_f = (U\,I)/(U_0\,I_0)$ als Füllfaktor bezeichnet wird. Die Größe des Füllfaktors hängt von der Form der Kennlinie im 4. Quadranten ab, die Kennlinie sollte dort möglichst die Form eines Kastens besitzen. Gebräuchliche Solarzellen erreichen Füllfaktoren in der Größe $c_f \approx 0{,}5$. Dies und die Bedingung (17.54) schränken den Wirkungsgrad einer Solarzelle, mit dem Sonnenenergie in elektrische Energie umgewandelt wird, drastisch ein. In Abb. 17.9 sind die theoretisch zu erwartenden Wirkungsgrade in Abhängigkeit von der Energielücke dargestellt. Die tatsächlich erreichbaren Werte sind etwa nur halb so groß, sie betragen für amorphes Si, aus dem heute die Mehrzahl aller Solarzellen gefertigt werden, nur etwa $\eta \approx 0{,}12$.

18

Molekülphysik

Atome können sich zu größeren Aggregaten zusammenlagern und einen stabilen Aggregatzustand bilden. Solche Aggregatzustände sind uns aus den Kap. 5 (flüssiger Aggregatzustand) und Kap. 4 (fester Aggregatzustand) bekannt. Ihre Eigenschaften lassen sich im Rahmen der klassischen Physik durch makroskopische Variablen beschreiben, d.h. die Quantennatur der eigentlichen Bausteine dieser Zustände, und das sind die Atome, bleibt in vielen Experimenten unbeobachtbar. Und selbst wenn sie beobachtbar wird, wie z.b. in der elektrischen Leitfähigkeit eines metallischen Leiters, ist eine statistische Behandlung der Quantenphänomene ausreichend, wie wir sie in Kap. 17 diskutiert haben. Der Grund ist, dass der Aggregatzustand aus sehr vielen, ca. 10^{23} Atomen, aufgebaut ist.

In diesem Kapitel werden wir uns mit den Molekülen beschäftigen, die aus wesentlich weniger Atomen aufgebaut sind. Ja, wir werden im Wesentlichen sogar nur solche Moleküle behandeln, die aus zwei Atomen bestehen. Sind diese beiden Atome identisch, nennt man das Molekül **homonuklear**, anderenfalls handelt es sich um ein **heteronukleares** Molekül.

Die wichtigsten Fragen sind:

* Warum bilden diese beiden Atome einen stabilen Zustand, den wir Molekül nennen?
* Welches sind die Eigenschaften dieses Moleküls?

Beide Fragen lassen sich nur im Rahmen der Quantenphysik beantworten, da die Atome selbst Quantenteilchen sind und ihre Anzahl im Molekül so gering ist, dass eine statistische Beschreibung ausscheidet. Die quantenmechanische Behandlung selbst eines so einfachen Moleküls wie H_2 wird dadurch sehr kompliziert, und mit Recht bildet die Molekülphysik den Abschluss dieses Lehrbuchs. Wir werden nur die Ideen und Grundzüge der quantenmechanischen Behandlung dieser Zwei-Atom-Systeme darstellen, die detaillierte Darstellung auch komplizierterer Moleküle erfolgt in der Quantenchemie.

18.1 Die Molekülbindung

Zunächst mag es so erscheinen, als ob der Mechanismus der Molekülbindung auch klassisch zu verstehen ist. Betrachten wir zwei neutrale Atome A und B, so könnte ein Elektron vom Atom A zum Atom B wandern, wodurch zwei Ionen A^+ und B^- entstehen, die sich elektrostatisch anziehen. Dieser Typ der Bindung wird in der Tat in der Natur beobachtet, z.B. beim HCl (Chlorwasserstoff). Man nennt diese Bindung **heteropolar** oder **Ionenbindung**. Was natürlich klassisch nicht zu verstehen ist, ist die Tatsache, dass das Elektron spontan vom H-Atom zum Cl-Atom wandert und sich zwischen den beiden Ladungen daraufhin eine stabile Gleichgewichtslage einstellt.

Ersetzen wir das Cl-Atom durch ein zweites H-Atom, entsteht H_2 (Wasserstoff). Da beide Atome ununterscheidbar sind, wird sich das Elektron bei einem gewissen Abstand der H-Atome mit gleicher Wahrscheinlichkeit bei beiden Atomen aufhalten, d.h. im zeitlichen Mittel sind beide H-Atome weiterhin ungeladen. Aber die Pendelbewegung der Elektronen zwischen den Atomen führt ebenfalls zur Molekülbindung. Man nennt diese Bindung **kovalent** oder **homöopolar**, anschaulich wird die Bindung verursacht durch die Lokalisation der negativ geladenen Elektronen zwischen den beiden positiv geladenen H^+-Ionen. Warum diese Elektronen lokalisieren, kann aber nur quantenmechanisch verstanden werden. Und mit diesem Quantenphänomen wollen wir uns jetzt beschäftigen. Und zwar werden wir zunächst das Molekül H_2^+ betrachten, das sich leichter quantenmechanisch behandeln lässt, da es nur ein Elektron besitzt.

18.1.1 Das H_2^+-Molekül

Im Prinzip müssen wir zur quantenmechanischen Behandlung des H_2^+-Moleküls die Schrödinder-Gleichung (14.32) für das Elektron im elektrischen Feld der beiden H^+-Ionen lösen, die einen Abstand r_{ab} voneinander haben. In Abb. 18.1 sind die Ortsvektoren für dieses Problem dargestellt, die Indices a und b bezeichnen je eines der beiden H^+-Ionen, S die Lage ihres Massenmittelpunkts. Es gilt

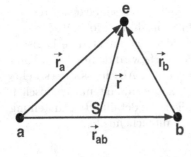

Abb. 18.1. Die Lage der Ortsvektoren, die bei der quantenmechanischen Behandlung des H_2^+-Moleküls eine Rolle spielen. a und b kennzeichnen die beiden H^+-Ionen, e das Elektron, S ist der Massenmittelpunkt des Moleküls

$$r_{\mathrm{a}} = r + \frac{r_{\mathrm{ab}}}{2} \quad , \quad r_{\mathrm{b}} = r - \frac{r_{\mathrm{ab}}}{2} \ , \tag{18.1}$$

wenn r der Ortsvektor vom Massenmittelpunkt S zum Elektron ist, und r_{a} bzw. r_{b} die Ortsvektoren von je einem der H^+-Ionen zum Elektron kennzeichnen. S ist auch der Massenmittelpunkt des Gesamtsystems, da m_{e} gegen m_{p} vernachlässigbar klein ist. Wichtig für die Schrödinger-Gleichung ist die potenzielle Energie des Systems, die sich aus 3 Anteilen zusammensetzt:

• Die potenzielle Energie zwischen den H^+-Ionen

$$W_{\mathrm{pot,a-b}} = \frac{1}{4\pi\epsilon} \frac{e^2}{r_{\mathrm{ab}}} \ . \tag{18.2}$$

• Die potenzielle Energie zwischen Elektron und dem H^+-Ion a

$$W_{\mathrm{pot,a-e}} = -\frac{1}{4\pi\epsilon} \frac{e^2}{r_{\mathrm{a}}} \ . \tag{18.3}$$

• Die potenzielle Energie zwischen Elektron und dem H^+-Ion b

$$W_{\mathrm{pot,b-e}} = -\frac{1}{4\pi\epsilon} \frac{e^2}{r_{\mathrm{b}}} \ . \tag{18.4}$$

Die gesamte potenzielle Energie beträgt daher

$$W_{\mathrm{pot}} = W_{\mathrm{pot,a-b}} + W_{\mathrm{pot,e}} \quad \mathrm{mit} \quad W_{\mathrm{pot,e}} = -\frac{e^2}{4\pi\epsilon} \left(\frac{1}{r_{\mathrm{a}}} + \frac{1}{r_{\mathrm{b}}} \right) \ . \tag{18.5}$$

Die Schrödinger-Gleichung kann mit viel Aufwand für diesen Ansatz der potenziellen Energie gelöst werden und ergibt die Energieeigenwerte $E_j(r_{\mathrm{ab}})$ des Elektrons als Funktion des Ionenabstands r_{ab}. Der bestimmte Abstand r_j, für den $E_j(r_j)$ einen minimalen Wert erreicht, ergibt dann den Gleichgewichtsabstand des Moleküls für diesen speziellen Energieeigenwert.

Die exakte Lösung der Schrödinger-Gleichung ist jedoch viel zu aufwendig und verschleiert auch den Mechanismus, der zur Molekülbildung führt. Instruktiver ist es, man löst das H_2^+-Problem im Rahmen einer Näherung, die als **LCAO-Näherung** bezeichnet wird. LCAO steht für *"linear combination of atomic orbitals"*. Wie dieser Name besagt, wird die Wellenfunktion des Elektrons im Molekül genähert dargestellt durch die Linearkombination der Elektronenwellenfunktionen für ein isoliertes H-Atom. Im Grundzustand des Wasserstoffatoms a lautet die Wellenfunktion eines Elektrons

$$\psi_{\mathrm{a}}(r_{\mathrm{a}}) = \frac{1}{\sqrt{\pi \, a_{\mathrm{Bohr}}^3}} \, \mathrm{e}^{-r_{\mathrm{a}}/a_{\mathrm{Bohr}}} \ , \tag{18.6}$$

und ebenso für das Wasserstoffatom b

$$\psi_{\mathrm{b}}(r_{\mathrm{b}}) = \frac{1}{\sqrt{\pi \, a_{\mathrm{Bohr}}^3}} \, \mathrm{e}^{-r_{\mathrm{b}}/a_{\mathrm{Bohr}}} \ , \tag{18.7}$$

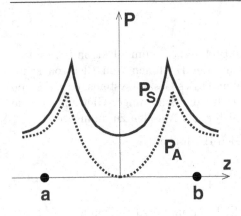

Abb. 18.2. Die Verteilung der Wahrscheinlichkeitsdichten $P = |\Psi|^2$ des Elektrons entlang der Symmetrieachse z des H_2^+-Moleküls mit den H^+-Positionen bei a und b. Die *ausgezogene Kurve* bezieht sich auf den symmetrischen Zustand, die *gepunktete Kurve* auf den antisymmetrischen Zustand

Die LCAO-Näherung des Elektrons im H_2^+-Molekül ist daher, da das Elektron zwischen a und b nicht unterscheiden kann,

$$\Psi_\pm(r) = \frac{1}{\sqrt{2}}\left(\psi_a(r) \pm \psi_b(r)\right), \qquad (18.8)$$

wobei r_a und r_b durch r nach Gleichung (18.1) ersetzt werden.

Wie in Kap. 17.1 haben wir für die Überlagerung von zwei Zustandswellenfunktionen sowohl die symmetrische Möglichkeit $\Psi_+(r)$ wie auch die antisymmetrische Möglichkeit $\Psi_-(r)$ angesetzt. Diesen beiden Möglichkeiten entsprechen verschiedene Aufenthaltswahrscheinlichkeiten des Elektrons im Molekül:

• Die symmetrische Wellenfunktion besitzt die Dichte der Aufenthaltswahrscheinlichkeit

$$P_S(r) = \frac{1}{2}\left(|\psi_a(r)|^2 + |\psi_b(r)|^2\right) + |\psi_a(r)|\,|\psi_b(r)|, \qquad (18.9)$$

und besitzt an der Stelle $r = 0$ einen Wert $P_S(0) > 0$.

• Die antisymmetrische Wellenfunktion besitzt die Dichte der Aufenthaltswahrscheinlichkeit

$$P_A(r) = \frac{1}{2}\left(|\psi_a(r)|^2 + |\psi_b(r)|^2\right) - |\psi_a(r)|\,|\psi_b(r)|, \qquad (18.10)$$

und besitzt an der Stelle $r = 0$ einen Wert $P_A(0) = 0$.

In Abb. 18.2 sind diese beiden Wahrscheinlichkeitsdichten dargestellt. Auf Grund der anschaulichen Interpretation der kovalenten Bindung (das Elektron lokalisiert zwischen den beiden H^+-Ionen) vermuten wir, dass allein der symmetrische Zustand $\Psi_+(r)$ zur Molekülbindung führt, nicht dagegen der antisymmetrische Zustand $\Psi_-(r)$. Dies ist das Ergebnis, das man durch die Lösung der Schrödinger-Gleichung erhält. Es lässt sich aber auch in der LCAO-Näherung verifizieren.

In dieser Näherung erhält man die Energie des Elektrons nicht als einen Eigenwert (die Wellenfunktion ist ja nur näherungsweise bekannt), sondern als **Erwartungswert** $\langle E \rangle$. Weiterhin nehmen wir die für eine zentrale Coulomb-Kraft gültige Beziehung (siehe Anmerkung 2.3.2) an

$$\langle E(r_{ab}) \rangle = \frac{1}{2} \langle W_{pot}(r_{ab}) \rangle \ , \tag{18.11}$$

d.h. wir müssen allein die Erwartungswerte der potenziellen Energie $\langle W_{pot,a-b}(r_{ab}) \rangle$ und $\langle W_{pot,e}(r_{ab}) \rangle$ betrachten. Der Erwartungswert für die potenzielle Energie bei einer gegebenen Wellenfunktion $\Psi_{\pm}(r)$ ergibt sich zu

$$\langle W_{pot}(r_{ab}) \rangle_S = \int \Psi_+(r) \, W_{pot}(r_{ab}) \, \Psi_+(r) \, dV_r \tag{18.12}$$

$$\langle W_{pot}(r_{ab}) \rangle_A = \int \Psi_-(r) \, W_{pot}(r_{ab}) \, \Psi_-(r) \, dV_r \ ,$$

wobei die Integration über alle möglichen Werte von r durchzuführen ist. Bei dieser Berechnung ist allein $W_{pot,e}(r)$ von Interesse, da dieser Anteil der potenziellen Energie direkt von r abhängt. Es ergeben sich für den symmetrischen und den antisymmetrischen Zustand je drei Terme

$$\langle W_{pot}(r_{ab}) \rangle_S = W_{pot,a-b}(r_{ab}) + W_{CLB}(r_{ab}) + W_{Aust}(r_{ab}) \tag{18.13}$$
$$\langle W_{pot}(r_{ab}) \rangle_A = W_{pot,a-b}(r_{ab}) + W_{CLB}(r_{ab}) - W_{Aust}(r_{ab})$$

mit den Beiträgen

$$W_{CLB}(r_{ab}) = \int \psi_a(r) \, W_{pot,e}(r) \, \psi_a(r) \, dV_r < 0 \ , \tag{18.14}$$

$$W_{Aust}(r_{ab}) = \int \psi_a(r) \, W_{pot,e}(r) \, \psi_b(r) \, dV_r < 0 \ ,$$

da $W_{pot,e}(r)$ für alle Werte von r negativ ist.

Der symmetrische und der antisymmetrische Zustand besitzen also einen gemeinsamen Coulomb-Term $W_{CLB}(r_{ab})$, aber sie unterscheiden sich in dem Vorzeichen des Austauschterms $W_{Aust}(r_{ab})$, der für den symmetrischen Zustand die gesamte potenzielle Energie kleiner macht als für den antisymmetrischen Zustand. Dieses Verhalten ist in Abb. 18.3a zusammen mit $W_{pot,a-b}(r_{ab})$ > 0 dargestellt. Nur im symmetrischen Zustand ergibt der Erwartungswert der Energie bei dem Abstand $r_j = 0{,}106$ nm einen minimalen Wert, der $-2{,}65$ eV unterhalb der Grundzustandsenergie von $-13{,}6$ eV des Wasserstoffatoms liegt, siehe Abb. 18.3b. Dieser Zustand entspricht dem stabilen Grundzustand des H_2^+-Moleküls. Der antisymmetrische Zustand hat dagegen sein Energieminimum für $r_{ab} \to \infty$, d.h. in diesem Zustand existiert kein stabiles H_2^+-Molekül.

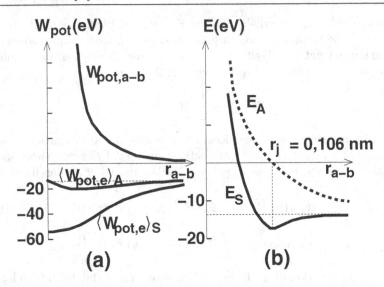

Abb. 18.3. Unter (a) die Abhängigkeiten von dem intermolekularen Abstand r_{a-b} für die potenziellen Energien $W_{\text{pot,a-b}}$ (zwischen den beiden H^+-Ionen) und $\langle W_{\text{pot,e}} \rangle$ (zwischen Elektron und den Ionen) sowohl für den symmetrischen wie auch den antisymmetrischen Zustand. Unter (b) ist die Gesamtenergie für den symmetrischen Zustand (*ausgezogene Kurve*) und den antisymmetrischen Zustand (*gepunktete Kurve*) zu sehen. Nur ersterer besitzt bei r_j ein Energieminimum, bildet also ein stabiles Molekül

Die Bindung im H_2^+-Molekül wird also allein durch das Auftreten der Austauschterms $W_{\text{Aust}}(r_{ab})$ verursacht, der rein quantenmechanischen Ursprungs ist und dadurch entsteht, dass in der Quantenphysik identische Teilchen ununterscheidbar sind.

18.1.2 Das H_2-Molekül

Das H_2-Molekül besitzt, im Gegensatz zum H_2^+-Molekül, zwei Elektronen, die wir mit den Indices 1 und 2 kennzeichnen wollen. Es ist offensichtlich, dass dieses weitere Elektron das quantenmechanische Problem noch wesentlich weiter kompliziert. Und in der Tat ist die Schrödinger-Gleichung nicht mehr exakt lösbar und man muss auf Näherungsverfahren, wie z.B. die LCAO-Näherung zurückgreifen.

Die Schwierigkeiten werden allein schon dadurch sichtbar, dass wir uns die potenzielle Energie des Systems überlegen. Wegen des zweiten Elektrons lautet diese jetzt im Gegensatz zu Gleichung (18.5)

$$W_{\text{pot}}(\boldsymbol{r}_1, \boldsymbol{r}_2, r_{ab}) = \frac{e^2}{4\pi\epsilon} \left(\frac{1}{r_{ab}} - \frac{1}{r_{a1}} - \frac{1}{r_{b1}} - \frac{1}{r_{a2}} - \frac{1}{r_{b2}} + \frac{1}{r_{12}} \right) \quad (18.15)$$

wobei die Abstände zwischen Elektronen und den beiden H^+-Ionen sich sinngemäß aus der Abb. 18.1 ergeben, wenn Elektron 1 mit Elektron 2 ergänzt wird. Der Term $\propto 1/r_{12}$ bechreibt die abstoßende Wechselwirkung zwischen den beiden Elektronen.

Auch für das H_2-Molekül dürfen wir annehmen, dass die Molekülbindung durch die Austauschterme $W_{\text{Aust}}(r_{ab})$ verursacht wird, von denen es jetzt mehrere gibt, da das H_2-Molekül zwei Elektronen besitzt. Daher lassen sich nur mithilfe der Wellenfunktionen $\Psi_+(r_1)$ und $\Psi_+(r_2)$ stabile Molekülzustände konstruieren. In der LCAO-Näherung lautet die Wellenfunktion für den stabilen Grundzustand des H_2-Moleküls

$$\Phi(r_1, r_2) = \Psi_+(r_1)\, \Psi_+(r_2) \ . \tag{18.16}$$

Diese Zustandsfunktion widerspricht jedoch dem **Pauli-Prinzip**, da sie nicht antisymmetrisch gegen die Elektronenvertauschung $1 \leftrightarrow 2$ ist. Denn wir erinnern uns: Die Wellenfunktion von zwei Fermionen muss die Bedingung $\Phi(1,2) = -\Phi(2,1)$ erfüllen. Um die Zustandsfunktion antisymmetrisch zu machen, müssen die Spins der Elektronen entgegengesetzt gerichtet sein, d.h. der Zustand muss den Gesamtspin $S = 0$ besitzen. Einen derartigen Zustand nennt man einen **Singulettzustand**, weil seine **Multiplizität** den Wert $2s + 1 = 1$ besitzt, wobei $s = 0$ die zum Spin S gehörende Quantenzahl ist. Beschreibt man die Orientierung der Elektronenspins symbolisch durch eine Wellenfunktion $\chi_{\pm 1/2}$, dann lautet die Wellenfunktion für den bindenden Grundzustand in der LCAO-Näherung

$$\Phi_{s=0, m_s=0}(1, 2) = \tag{18.17}$$
$$\frac{1}{\sqrt{2}}\, \Psi_+(r_1)\, \Psi_+(r_2) \left(\chi_{1/2}(1)\, \chi_{-1/2}(2) - \chi_{1/2}(2)\, \chi_{-1/2}(1) \right) \ .$$

Diese Funktion ist, wie vom Pauli-Prinzip gefordert, antisymmetrisch gegen Vertauschung der Elektronen 1 und 2, aber symmetrisch gegen die Vertauschung der H^+-Ionen a und b. Der aus den Wellenfunktionen eines einzelnen Elektrons aufgebaute Triplettzustand mit $s = 1$ besitzt die drei Wellenfunktionen

$$\Phi_{s=1, m_s=-1}(1, 2) = \tag{18.18}$$
$$\frac{1}{\sqrt{2}} \left(\Psi_+(r_1)\, \Psi_-(r_2) - \Psi_+(r_2)\, \Psi_-(r_1) \right) \chi_{-1/2}(1)\, \chi_{-1/2}(2)$$
$$\Phi_{s=1, m_s=0}(1, 2) =$$
$$\frac{1}{2} \left(\Psi_+(r_1)\, \Psi_-(r_2) - \Psi_+(r_2)\, \Psi_-(r_1) \right) \left(\chi_{1/2}(1)\, \chi_{-1/2}(2) + \chi_{1/2}(2)\, \chi_{-1/2}(1) \right)$$
$$\Phi_{s=1, m_s=+1}(1, 2) =$$
$$\frac{1}{\sqrt{2}} \left(\Psi_+(r_1)\, \Psi_-(r_2) - \Psi_+(r_2)\, \Psi_-(r_1) \right) \chi_{+1/2}(1)\, \chi_{+1/2}(2) \ .$$

Diese Wellenfunktionen des Triplettzustands sind ebenfalls antisymmetrisch gegen Vertauschung der Elektronen 1 und 2, und sie sind auch antisymme-

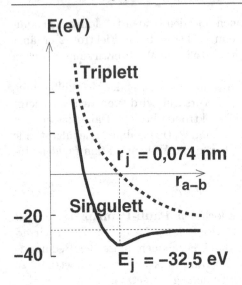

Abb. 18.4. Die Abhängigkeiten der Gesamtenergien in einem H_2-Molekül von dem intermolekularen Abstand r_{a-b}. Die *durchgezogene Kurve* gilt für den Singulettzustand mit symmetrischer Ortswellenfunktion, die *gepunktete Kurve* für den Triplettzustand mit antisymmetrischer Ortswellenfunktion. Nur der Singulettzustand besitzt bei r_j ein Energieminimum E_j, bildet also ein stabiles Molekül

trisch gegen die Vertauschung der H^+-Ionen a und b. Im Gegensatz zum Singulettzustand ist der Triplettzustand aber nichtbindend, d.h. er führt zu keinem Minimum der Zustandsenergie bei einem bestimmten Abstand r_{ab}. Die Erwartungswerte der Energie in Abhängigkeit von r_{ab} sind für Singulett- und Triplettzustand in Abb. 18.4 gezeigt.

18.1.3 Die Elektronenzustände in zweiatomigen Molekülen

In einem Atom werden die Elektronenzustände definiert durch die Quantenzahlen n, l, m_l. Der Bahndrehimpuls L mit Bahndrehimpulsquantenzahl l und Projektionsquantenzahl m_l ist zeitlich konstant, da das elektrische Feld des Atomkerns kugelsymmetrisch ist. Daraus folgt, dass die Zustände in einem Atom m_l entartet sind. Dies gilt nicht mehr für die Moleküle. In einem zweiatomigen Molekül ist das elektrische Feld nicht kugelsymmetrisch, sondern nur noch rotationssymmetisch um die Verbindungslinie zwischen den beiden Atomkernen. Daher präzediert der Bahndrehimpuls L um diese Symmetrieachse z, wobei die Projektion des Bahndrehimpulses L_z auf die z-Achse weiterhin zeitlich konstant bleibt, aber jetzt auch den Energieeigenwert eines Zustands mitbestimmt. In der Molekülphysik werden diese Projektionen durch die Quantenzahl λ definiert, d.h. es gilt

$$L_z = \lambda \hbar \quad \text{mit} \quad |\lambda| \le l \ . \tag{18.19}$$

Ein Elektron in einem Zustand mit $\lambda = 0$ wird ein σ-Elektron genannt, das mit $|\lambda| = 1$ wird π-Elektron genannt. Daher sind die Elektronenzustände in einem zweiatomigen Molekül definiert durch die Quantenzahlen n, l, λ, und dazu treten noch die Quantenzahlen, welche die verschiedenen Einstellmöglichkeiten des Elektronenspins festlegen. Diese Einstellmöglichkeiten sind beschränkt durch eine weitere Symmetrie, die nur in den zweiatomigen homonuklearen Molekülen auftritt und deren Ursache in der Identität der beiden Atomkerne a und b liegt. Bei Vertauschung von a mit b, wobei $r_{ab} \rightarrow r_{ba}$ gilt, muss die Wellenfunktion jedes Elektronenzustands bis auf ihr Vorzeichen in sich selbst übergehen. Die Einelektronwellenfunktionen (18.8) erfüllen diese Bedingung, sie wird auch von den Wellenfunktionen (18.17) und (18.18) des Zweielektronensystems erfüllt. Nach der Gleichung (18.1) entspricht der Vertauschung von a mit b einer Spiegelung $r \rightarrow -r$ der Wellenfunktion am Massenmittelpunkt des Moleküls. Die Wellenfunktion der Elektronen besitzt daher folgende Eigenschaft und Bezeichnung:

- Ein Zustand wird gerade genannt, wenn für seine Wellenfunktion gilt

$$\Phi_g(r) = +\Phi_g(-r) \, , \tag{18.20}$$

und daher besitzt die Wellenfunktion den Index g.
- Ein Zustand wird ungerade genannt, wenn für seine Wellenfunktion gilt

$$\Phi_u(r) = -\Phi_u(-r) \, , \tag{18.21}$$

und daher besitzt die Wellenfunktion den Index u.

Im H_2-Molekül ist offensichtlich nur der Zustand $(1s\sigma)_g^2$ bindend, dagegen der Zustand $(1s\sigma)_u^2$ nichtbindend. Der Exponent in dieser Nomenklatur gibt an, mit wie viel Elektronen dieser Zustand besetzt ist.

Diese Zuordnung lässt sich auch für die Zustände durchführen,, die durch eine höhere Hauptquantenzahl n und Drehimpulsquantenzahlen l,λ definiert werden, d.h. für die Molekülzustände $(n\,l\,\lambda)_g$ bzw. $(n\,l\,\lambda)_u$. Die Zustandsenergien hängen, wie schon öfters erwähnt, von dem Abstand r_{ab} zwischen den beiden Atomkernen mit der Ordnungszahl Z ab. Ist der Abstand $r_{ab} = 0$, müssen die Molekülzustände in die Einelektronzustände des vereinigten Atoms mit Ordnungszahl $2Z$ übergehen. Für $r_{ab} \rightarrow \infty$ erhalten wir die Einelektronzustände von 2 isolierten Atomen mit Ordnungszahl Z. Die Zustandsenergien verändern sich zwischen diesen Extremfällen. Die Veränderungen, ohne die Beiträge von $W_{pot,a-b}(r_{ab})$ zu berücksichtigen, werden in dem **Korrelationsdiagramm** Abb. 18.5 dargestellt.

Die eingezeichneten Energiewerte sind nur qualitativ; um die exakten Energiewerte zu erhalten, müssen die entsprechenden quantenmechanischen Rechnungen mithilfe der Schrödinger-Gleichung durchgeführt werden. Das Korrelationsdiagramm Abb. 18.5 ist im Wesentlichen gedacht zur Feststellung, welche Wellenfunktionen den Grundzustand eines gegebenen zweiatomigen, homonuklearen Moleküls bilden und wie stark die Molekülbindung bei welchem Abstand r_{ab} ungefähr ist. Die Wellenfunktionen der vereinigten Atome sind ebenfalls durch die Indices g und u gekennzeichnet. In einem isolierten Atom wird dieses Kennzeichen die **Parität** des Zustands genannt, sie wird allein bestimmt durch den Wert der Bahndrehimpulsquantenzahl l:

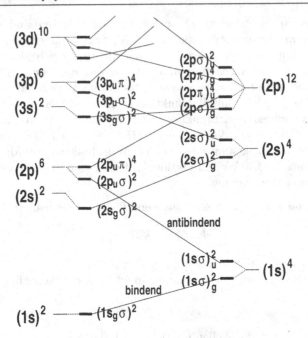

Abb. 18.5. Das Korrelationsdiagramm für die homonuklearen zweiatomigen Moleküle. Auf der linken Seite sind die Zustandsenergien der vereinigten Atome gezeigt, auf der rechten Seite die der vollständig getrennten Atome mit ihren maximalen Besetzungszahlen als Exponent. Bindende Zustände besitzen eine fallende Korrelationslinie, antibindende eine steigende Korrelationslinie

Alle $l = 0$-Zustände(s-Zustände) haben die Parität g, alle $l = 1$-Zustände(p-Zustände) haben die Parität u. Die Exponenten der Zustandsfunktionen geben an, mit wie viel Elektronen ein bestimmter Zustand besetzt werden kann. Die Veränderung der Zustandsenergien wird im Wesentlichen durch die Regel festgelegt, dass sich die Symmetrie g bzw. u nicht in Abhängigkeit von r_{ab} verändern darf und dass sich die Linien der Zustandsenergien gleicher Symmetrie nicht kreuzen dürfen.

Mithilfe des Korrelationsdiagramms lässt sich vorhersagen, welche Atome ein zweiatomiges Molekül bilden können und wie die Wellenfunktion der Elektronen dieses Moleküls im Grundzustand aussieht. Für die 6 leichtesten Atome ergeben sich die in Tabelle 18.1 aufgeführten Möglichkeiten (b. bedeutet, dass die Grundzustandskonfiguration bindend ist, n.b. heißt nichtbindend, und KK ist eine Abkürzung dafür, dass die 1s Schale vollständig gefüllt ist).

Das C_2-Molekül ist besonders interessant, denn hier tritt der Fall ein, dass durch Mischung der $(2\,s\,\sigma)_g$- und $(2\,p\,\sigma)_g$-Konfigurationen die Energie des Grundzustands abgesenkt werden kann und damit die Bindung verstärkt wird. Man nennt die Konfigurationsmischung **Hybridisierung**; ihre Folge ist, dass die Aufenthaltswahrscheinlichkeit der beiden Elektronen auf der Verbin-

Tabelle 18.1. Grundzustandskonfigurationen der 6 leichtesten zweiatomigen und homonuklearen Moleküle. Bindende Zustände sind mit b. gekennzeichnet, nichtbindende mit n.b.. KK bedeutet, dass die 1s-Schale vollständig mit Elektronen besetzt ist

Molekül	Bindung	Konfiguration
H_2	b.	$(1s\sigma)_g^2$
He_2	n.b.	$(1s\sigma)_g^2 (1s\sigma)_u^2$
Li_2	b.	KK $(2s\sigma)_g^2$
Be_2	n.b.	KK $(2s\sigma)_g^2 (2s\sigma)_u^2$
B_2	b.	KK $(2s\sigma)_g^2 (2p\sigma)_g^2 (2p\pi)_u^2$
C_2	b.	KK $(2s\sigma)_g^2 (2p\sigma)_g^2 (2p\pi)_u^4$

dungslinie zwischen den Atomkernen a und b verstärkt wird, wie in Abb. 18.6 anschaulich dargestellt. Diese Bindung wird σ-Bindung genannt, ihr Merkmal ist die Konzentration der Elektronendichte entlang der z-Achse. Dann bleiben 6 weitere Elektronen zurück, die zusätzliche kovalente Bindungen mit anderen Atomen eingehen können, vorzugweise mit H-Atomen. Durch diese zusätzlichen Bindungen wird allerdings die Rotationssymmetrie des Moleküls um die z-Achse zerstört und die Projektionsquantenzahl λ und die Symmetrie g bzw. u verlieren ihre Relevanz. Es ist dann angebrachter, die Elektronenzustände nicht mehr durch
$$(2s\sigma)_g^2 (2p\sigma)_g^2 (2p\pi)_u^4$$
zu definieren, sondern durch die an den Atomkernen a und b lokalisierten Elektronenzustände

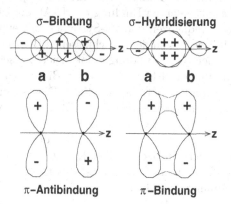

Abb. 18.6. Dies Bild zeigt die verschiedenen kovalenten Bindungstypen in einem homonuklearen zweiatomigen Molekül. Die σ-Bindung entsteht durch Elektronenüberlappung längs der z-Achse; durch Mischung der s- und p-Zustände (Hybridisierung) wird die Bindung noch verstärkt. Die π-Bindung erfolgt durch Elektronenüberlappung parallel zur z-Achse, aber nur im antisymmetrischen Zustand. Die Vorzeichen geben die Vorzeichen der Wellenfunktionen

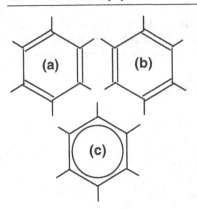

Abb. 18.7. Die Wanderung der Doppelbindung in einem Benzolring. Die Bilder (a) und (b) stellen die Positionen der Doppelbindung zu verschiedenen Zeiten dar, das Bild (c) macht direkt deutlich, dass die π-Bindung nicht lokalisiert ist

$$(2\,s)_a^1\,(2\,s)_b^1\,(2\,p_x)_a^1\,(2\,p_x)_b^1\,(2\,p_y)_a^1\,(2\,p_y)_b^1\,(2\,p_z)_a^1\,(2\,p_z)_b^1\;.$$

In dieser Darstellung ist die (sp)-Hybridisierung eine Mischung aus den $(2\,s)$- und $(2\,p_z)$-Zuständen, sie verstärkt ebenfalls die Konzentration der Elektronendichte auf der z-Achse, stellt also die σ-Bindung dar. Das Ethan H_3C-CH_3 ist ein Molekül mit diesem Bindungstyp, an die neben der C-C-Bindung noch vorhandenen 6 Elektronen werden kovalent 6 H-Atome gebunden.

Neben der σ-Bindung können auch die $(2\,p_x)$- bzw. $(2\,p_y)$-Konfigurationen an der Kohlenstoffbindung teilnehmen, und zwar in der Kombination $(2\,p_x)_a^1 - (2\,p_x)_b^1$, die bindend ist, während $(2\,p_x)_a^1 + (2\,p_x)_b^1$, nichtbindend ist. Dieser Bindungstyp wird π-Bindung genannt, ihr Merkmal ist die Elektronenkonzentration ober- und unterhalb der z-Achse, wie in Abb. 18.6 anschaulich dargestellt. Das Ethen H_2C=CH_2 ist ein Molekül dieses Bindungstyps. Da 4 Elektronen zur Bindung der Kohlenstoffatome benötigt werden, stehen nur noch 4 Elektronen zur kovalenten Bindung der H-Atome zur Verfügung. Die aufeinander folgenden Sequenzen von C_2-Systemen mit einfacher σ-Bindung und $(\sigma\,\pi)$-Bindung führen z.B zu dem geschlossenen Benzolring C_6. In diesem Ring sind die Elektronen der σ-Bindungen lokalisiert zwischen den einzelnen C-Atomen, dagegen sind die Elektronen der π-Bindungen nicht lokalisiert, d.h. diese Elektronen wandern entlang des Rings. Dies ist anschaulich in Abb. 18.7 dargestellt. Die Wanderbewegung der π-Elektronen verstärkt noch die kovalente Bindung zwischen den C-Atomen.

Und schließlich existiert das C_2-System auch noch in der Form der Dreifachbindung $(\sigma\,\pi^2)$, an der gleichzeitig alle $(2\,p)^6$-Elektronen teilnehmen. Das erste Glied in dieser Reihe von Molekülen ist das Ethin HC≡CH mit der gebräuchlicheren Benennung Azetylen.

Führt der Austauch von Elektronen zwischen zwei Atomen zu einer Konzentration der Elektronendichte längs der z-Achse, so entsteht eine kovalente σ-Bindung. Erhöht sich durch den Austausch die Elektronendichte parallel zur z-Achse, entsteht eine π-Bindung.

Anmerkung 18.1.1: Schreiben wir die symmetrische Zweiteilchenwellenfunktion (18.16) aus, ergibt sich

$$\Phi(r_1,r_2) = \frac{1}{2} \left(\, (\psi_a(r_1)\,\psi_a(r_2) + \psi_b(r_1)\,\psi_b(r_2)) \right.$$
$$\left. + \quad (\psi_a(r_1)\,\psi_b(r_2) + \psi_b(r_1)\,\psi_a(r_2)) \, \right).$$

Der erste Term beschreibt eine Konfiguration, bei der beide Elektronen entweder am Atomkern a oder b sitzen. Dieser Fall tritt bei der Ionenbindung auf, sollte in einer kovalenten Bindung aber nur eine geringe Wahrscheinlichkeit haben. Der zweite Term gilt für den Fall, dass je ein Elektron an a und an b sitzt, entspricht also der kovalenten Bindung. In der LCAO-Näherung lässt sich die symmetrische Wellenfunktion daher auch schreiben

$$\Phi(r_1,r_2) = \frac{1}{\sqrt{2}} \left(\Phi_{ion}(r_1,r_2) + \Phi_{kov}(r_1,r_2) \right)$$

oder in einer allgemeineren Näherung

$$\Phi(r_1,r_2) = \frac{1}{\sqrt{a^2+b^2}} \left(a\,\Phi_{ion}(r_1,r_2) + b\,\Phi_{kov}(r_1,r_2) \right).$$

Für einen rein kovalenten Zustand ist daher die Kombination $a = 0$ wahrscheinlich eine bessere Näherung der Wellenfunktion als die LCAO-Näherung.

Anmerkung 18.1.2: In einem Atom ist die Hybridisierung von Zuständen wegen der Kugelsymmetrie unmöglich. Erst in einem Molekül ergibt sich diese Möglichkeit durch Brechung der Kugelsymmetrie, d.h. Zustände mit verschiedener Bahndrehimpulsquantenzahl l, aber gleicher Projektionsquantenzahl λ können sich "mischen".

Anmerkung 18.1.3: Die Gleichung (18.11) ist natürlich für ein Molekül nicht streng gültig, sondern wurde nur benutzt, um das Problem der Energieberechnung transparent zu machen. Korrekter ist, dass wir auch den Erwartungswert der kinetischen Energie $\langle W_{kin}(r_{ab})\rangle$ mithilfe der LCAO-Wellenfunktion berechnen und darauf den Erwartungswert der Gesamtenergie erhalten: $\langle E(r_{ab})\rangle = \langle W_{kin}(r_{ab})\rangle + \langle W_{pot}(r_{ab})\rangle$.

18.2 Molekülspektroskopie

Unter dem Begriff Molekülspektroskopie verstehen wir die Emission und Absorption von elektromagnetischen Wellen durch ein Molekül. Da das Molekül ein quantisiertes System ist, erfolgt die Emission und Absorption im Normalfall immer in Form von Energiequanten, deren Größen uns somit einen direkten Zugang zu den Energiewerten E eines Moleküls vermitteln.

Bisher haben wir als Energieeigenwerte eines Moleküls nur die Energien der Elektronenzustände $E = E_{elek}$ betrachtet. Die ungefähre Größe von

E_{elek} ergibt sich aus dem Korrelationsdiagramm Abb. 18.5, wenn wir Elektronen aus der Grundzustandskonfiguration eines Moleküls in seine angeregten Zustände propagieren. Neben der Elektronenanregung kann ein zweiatomiges Molekül aber auch noch Schwingungen der beiden Atomkerne a und b um deren Gleichgewichtslage ausführen, und es kann um eine Achse durch den Massenmittelpunkt des Moleküls rotieren. In Kap. 6 haben wir uns ausführlich mit diesen Bewegungsformen beschäftigt und gelernt, dass jeder eine gewisse Anzahl von Freiheitsgraden zugeordnet ist. Je nach Schwingungsamplitude bzw. Rotationsgeschwindigkeit verändern sich die Schwingungsenergie E_{vib} oder Rotationsenergie E_{rot}, aber natürlich sind diese Veränderungen gequantelt.

Allgemein ergibt sich die gequantelte Energie eines Moleküls zu

$$E = E_{\text{elek}} + E_{\text{vib}} + E_{\text{rot}} \, . \tag{18.22}$$

Dabei sind die Veränderungen dieser drei Anteile zur Gesamtenergie von ganz unterschiedlichen Größenordnungen:

$$\Delta E_{\text{elek}} \approx 10 \text{ eV}, \tag{18.23}$$
$$\Delta E_{\text{vib}} \approx 10^{-1} \text{ eV},$$
$$\Delta E_{\text{rot}} \approx 10^{-4} \text{ eV}.$$

Also wird für die Untersuchung der Elektronenzustände Licht im sichtbaren und ultravioletten Spektralbereich benötigt (siehe Abb. 9.14), für die Untersuchung der Molekülschwingungen Licht im infraroten Bereich; die Untersuchung der Molekülrotationen erfordert Mikrowellen.

Allerdings können diese Untersuchungen an einem Molekül nur dann durchgeführt werden, wenn sich bei der Veränderung der Zustandsenergie um ΔE auch das **elektrische Dipolmoment** $\wp_{\text{el}}$ des Moleküls verändert. Die Emission bzw. Absorption von Licht setzt immer eine Veränderung $\Delta \wp_{\text{el}} \neq 0$ voraus. Bei Veränderung des Elektronenzustands ist das üblicherweise der Fall, dagegen besitzen diatomare, homonukleare Moleküle im Grundzustand wegen ihrer Symmetrie (Ladungs- und Massenmittelpunkt fallen zusammen) kein permanentes elektrisches Dipolmoment. Bei Veränderung der Vibrations- und Rotationszustände im elektronischen Grundzustand ist daher $\Delta \wp_{\text{el}} = 0$, d.h. derartige Moleküle können durch Licht nicht zu Übergängen innerhalb der Vibrations- und Rotationszustände veranlasst werden. Bei diatomaren heteronuklearen Molekülen, wie z.B. HCl, ist dies aber möglich. Die **Raman-Spektroskopie** eröffnet auch für die homonuklearen Moleküle eine Möglichkeit zur Untersuchung ihrer Vibrations- und Rotationszustände, siehe Kap. 18.2.4.

Wir wollen uns jetzt mit der Frage beschäftigen, wie groß die Energie E in Gleichung (18.22) wirklich ist. Dazu müssen wir die stationäre Schrödinger-Gleichung lösen, die sich, wie wir in Kap. 14.2 gelernt haben, ganz allgemein mithilfe der Energieoperatoren so darstellen lässt:

$$(E)_{\text{Op}} \, \Phi = \left((E_{\text{elek}})_{\text{Op}} + (E_{\text{vib}})_{\text{Op}} + (E_{\text{rot}})_{\text{Op}} \right) \Phi = E \, \Phi \, . \tag{18.24}$$

Der einfachste Ansatz für die Gesamtwellenfunktion Φ des Moleküls ist die **Born-Oppenheimer-Näherung**

$$\Phi = \Phi_{\text{elek}} \, \Phi_{\text{vib}} \, \Phi_{\text{rot}} \, , \tag{18.25}$$

die dafür sorgt, dass sich Gleichung 18.24 in drei Gleichungen separieren lässt

$$(E_{\text{elek}})_{\text{Op}} \, \Phi_{\text{elek}} = E_{\text{elek}} \, \Phi_{\text{elek}} \tag{18.26}$$

$$(E_{\text{vib}})_{\text{Op}} \, \Phi_{\text{vib}} = E_{\text{vib}} \, \Phi_{\text{vib}} \tag{18.27}$$

$$(E_{\text{rot}})_{\text{Op}} \, \Phi_{\text{rot}} = E_{\text{rot}} \, \Phi_{\text{rot}} \, . \tag{18.28}$$

Mit der Lösung der Schrödinger-Gleichung (18.26) haben wir uns im vorherigen Kapitel beschäftigt und gesehen, welche Schwierigkeiten dabei auftreten und mit welchen Methoden diese überwunden werden können. Mit den Lösungen von (18.27) und (18.28) werden wir uns in den nächsten beiden Kapiteln beschäftigen.

18.2.1 Das molekulare Rotationsspektrum

Ein diatomares Molekül stellt einen Körper mit einem **Trägheitsmoment** I dar, dessen Größe im Wesentlichen durch die Masse und die Lage der Atomkerne im **Schwerpunktsystem** des Moleküls gegeben ist. Für ein homonukleares Molekül mit $m = m_{\text{a}} = m_{\text{b}}$ ergibt sich z.B.

$$I = \frac{m}{2} \, (r_{\text{ab}})^2 \, . \tag{18.29}$$

Für ein heteronukleares Molekül finden wir

$$I = m_{\text{red}} \, (r_{\text{ab}})^2 \quad \text{mit} \quad m_{\text{red}} = \frac{m_{\text{a}} \, m_{\text{b}}}{m_{\text{a}} + m_{\text{b}}} \, . \tag{18.30}$$

m_{red} wird als **reduzierte Masse** eines Körpers bezeichnet. Dreht sich das Molekül um eine seiner **Hauptträgheitsachsen**, so ist die Rotation **kräftefrei**, d.h. die Drehachse steht fest im Raum. Die zugehörige Rotationsenergie beträgt in der klassischen Physik

$$E_{\text{rot}} = \frac{1}{2} \, I^{(\text{A})} \, \omega^2 \, , \tag{18.31}$$

wobei A eine der drei Hauptträgheitsachsen ist. Allerdings sind nur zwei dieser Achsen, die x- und y-Achse, von Bedeutung, denn bezüglich der z-Achse ist $I^{(\text{z})} = 0$, weil in einem zweiatomigen Molekül die Gesamtmasse praktisch auf der z-Achse liegt. Diatomare Moleküle haben daher nur zwei Rotationsfreiheitsgrade, wie wir bereits in Kap. 6.2.2 festgestellt haben. Für die beiden zur z-Achse senkrechten Achsen gilt

$$I^{(\text{x})} = I^{(\text{y})} = I \, . \tag{18.32}$$

Mithilfe des Drehimpulses $L^2 = I^2 \omega^2$ lässt sich Gleichung (18.31) auch schreiben:

$$E_{\text{rot}} = \frac{L^2}{2\,I}\;. \tag{18.33}$$

Diese klassische Beziehung kann, wie in Kap. 14.2 beschrieben, in die zugehörige Schrödinger-Gleichung eines Quantensystems umgewandelt werden und ergibt

$$(E_{\text{rot}})_{\text{Op}}\, \Phi_{\text{rot}} = \frac{1}{2\,I}\,(L^2)_{\text{Op}}\, \Phi_{\text{rot}} = E_{\text{rot}}\, \Phi_{\text{rot}}\;. \tag{18.34}$$

Daraus erkennen wir: Die Energieeigenwerte des quantenmechanischen Rotators ergeben sich, bis auf einen Faktor, aus den Eigenwerten L^2 des Operators $(L^2)_{\text{Op}}$, die wir bereits seit Kap. 15.1.2 kennen

$$L^2 = l\,(l+1)\,\hbar^2\;, \tag{18.35}$$

mit der Drehimpulsquantenzahl l, die man in der Molekülphysik üblicherweise durch das Symbol J ersetzt. Wir erhalten daher für die Rotation eines Moleküls die Energieeigenwerte

$$E_{\text{rot}} = h\,B\,J\,(J+1) \quad \text{mit} \quad B = \frac{\hbar}{8\pi\,I}\;. \tag{18.36}$$

Die Energiedifferenz zwischen zwei benachbarten Rotationszuständen mit $\Delta J = 1 \rightarrow J' = J + 1$ beträgt

$$\Delta E_{\text{rot}} = h\,B\,((J+1)(J+2) - J(J+1)) = 2\,h\,B\,(J+1)\;. \tag{18.37}$$

Diese Energiedifferenz steigt linear mit der Drehimpulsquantenzahl J des unteren Zustands an. Lichtabsorption bzw. Lichtemission findet innerhalb einer Rotationsbande nur mit der **Auswahlregel** $\Delta J = \pm 1$ statt. Die Frequenzen

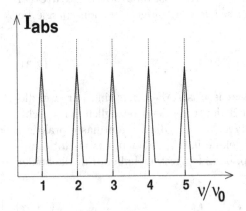

Abb. 18.8. Schematische Darstellung des Frequenzspektrums, das von einem zweiatomigen Molekül bei Übergängen innerhalb einer seiner Rotationsbanden emittiert bzw. absorbiert wird. Die Frequenzlinien sind äquidistant angeordnet, ihr Frequenzabstand beträgt $\Delta\nu = \hbar/(4\pi\,I)$, er ist also umgekehrt proportional zum Trägheitsmoment I des Moleküls

des absorbierten bzw. emittierten Lichts ordnen sich daher auf einer Frequenz-
skala in gleichmäßigen Abständen an, wie es schematisch in Abb. 18.8 gezeigt
ist. Der Abstand zwischen zwei Frequenzen beträgt $\Delta\nu = 2B$ und erlaubt die
experimentelle Bestimmung von B, d.h. des Trägheitsmoments des Moleküls.
Betrachten wir z.B. HCl, so findet man $B = 3 \cdot 10^{11}$ Hz, und endsprechend
beträgt der Energieabstand zwischen dem $J = 1$- und dem $J = 0$-Zustand

$$\Delta E_{\mathrm{rot}} = 2{,}5 \cdot 10^{-3} \text{ eV}. \tag{18.38}$$

Es ist interessant zu berechnen, wie viele der Rotationszuständen in diesem
Molekül bei **Normaltemperatur** $kT = 2{,}4 \cdot 10^{-2}$ eV besetzt sind. Für das
Verhältnis der Besetzungszahlen ergibt Gleichung (6.134)

$$\frac{P(J)}{P(J = 0)} = \mathrm{e}^{-h\,B\,J(J+1)/kT} = \mathrm{e}^{-0{,}05\,J(J+1)} \ . \tag{18.39}$$

Also ist z.B. der $J = 5$-Rotationszustand bei Normaltemperatur nur 5-mal
schwächer besetzt als der $J = 0$-Zustand. Dies ist auch der Grund, warum
in den Absorptionsspektren dieser Moleküle eine so große Anzahl der Rotationsübergänge zu beobachten ist.

18.2.2 Das molekulare Vibrationsspektrum

Moleküle können um ihre Gleichgewichtslage schwingen, der Grund ist die
Abhängigkeit der potenziellen Energie des Moleküls $W_{\mathrm{pot}}(r_{\mathrm{ab}})$ vom Abstand
r_{ab} zwischen den Atomkernen, wie er für das H_2 Molekül z.B. in Abb. 18.4
gezeigt ist. Entwickeln wir die potenzielle Energie um den Abstand r_j, bei
dem $W_{\mathrm{pot}}(r_j)$ minimal ist, und brechen wir diese Entwicklung nach dem 1.
Glied ab, so erhalten wir nach Kap. 4.1 die **harmonische Näherung**

$$W_{\mathrm{pot}}(z) = k\,\frac{z^2}{2} \ , \tag{18.40}$$

wobei die Konstante k von der Form der potenziellen Energie um die Gleichgewichtslage $z = 0$ mit $z = r_{\mathrm{ab}} - r_j$ abhängt. Die Gleichung (18.40) stellt die
potenzielle Energie einer harmonischen Schwingung in der klassischen Phy-
sik dar. In der Quantenphysik sind die Energien dieser Schwingung gequantelt, die Energieeigenwerte E_{vib} ergeben sich aus der stationären Schrödinger-
Gleichung (14.32)

$$-\frac{\hbar^2}{2\,m}\,\frac{\mathrm{d}^2}{\mathrm{d}z^2}\,\Phi_{\mathrm{vib}} + k\,\frac{z^2}{2}\,\Phi_{\mathrm{vib}} = E_{\mathrm{vib}}\,\Phi_{\mathrm{vib}} \ . \tag{18.41}$$

Diese Differentialgleichung mit der Randbedingung $\Phi_{\mathrm{vib}}(z \to \infty) = 0$ ist relativ leicht zu lösen, ohne dass wir hier im Detail auf diese Rechnung eingehen
wollen. Wir sind allein an den Energieeigenwerten interessiert, und diese ergeben sich zu

$$E_{\text{vib}} = \hbar\,\omega_0\,(n_{\text{vib}} + 1/2) \qquad \text{mit} \qquad \omega_0 = \sqrt{\frac{k}{m}} \; . \qquad (18.42)$$

Die Vibrationsquantenzahl n_{vib} besitzt nur ganzzahlige und positive Werte $n_{\text{vib}} = 0, 1, 2, \ldots$. Die Energiedifferenz zwischen benachbarten Zuständen $n'_{\text{vib}} = n_{\text{vib}} + 1$ ist daher konstant in der harmonischen Näherung

$$\Delta E_{\text{vib}} = \hbar\,\omega_0 = h\,\nu_0 \qquad \text{mit} \qquad \nu_0 = \frac{\omega_0}{2\pi} \; . \qquad (18.43)$$

Dieses Ergebnis ist aber, wie schon gesagt, nur so lange korrekt, solange die Schwingung wirklich harmonisch ist. Bei großen Werten der Quantenzahl n_{vib} weicht die potenzielle Energie $W_{\text{pot}}(r_{\text{ab}})$ relativ stark von der harmonischen Näherung $k\,z^2/2$ ab und die Energiedifferenzen werden mit wachsendem n_{vib} immer kleiner.

Die Absorption bzw. Emission von Licht und die dabei auftretende Veränderung der Vibrationsenergie gehorcht der **Auswahlregel** $\Delta n_{\text{vib}} = \pm 1$. Also besitzt in der harmonischen Näherung das absorbierte bzw. emittierte Licht nur eine einzige Frequenz ν_0. Bei Normaltemperatur lässt sich unter Berücksichtigung der Größenordnungen (18.23) leicht zeigen, dass für das Besetzungsverhältnis eines angeregten Vibrationszustands zum Grundzustand gilt

$$\frac{P(n_{\text{vib}})}{P(n_{\text{vib}} = 0)} \approx e^{-4\,n_{\text{vib}}} \approx 0 \; , \qquad (18.44)$$

d.h. bei der Lichtabsorption wird auch im anharmonischen Fall nur eine Frequenz ν_0 beobachtet, die dem Übergang vom Grundzustand in den ersten angeregten Vibrationszustand entspricht.

18.2.3 Die Molekülspektren

Nach Gleichung (18.22) lautet die Gesamtenergie eines Zustands in einem Molekül

$$E = E_{\text{elek}} + h\,B\,J(J + 1) + h\,\nu_0\,(n_{\text{vib}} + 1/2) \; . \qquad (18.45)$$

In Abb. 18.9a ist dies schematisch dargestellt, wobei Gültigkeit der harmonischen Näherung Voraussetzung ist. Die Übergänge zwischen Elektronenzuständen mit den Quantenzahlen j und j' schließen meist auch Übergänge zwischen den Vibrationszuständen und den Rotationszuständen ein. Dasselbe gilt für Übergänge innerhalb einer Vibrationsbande mit $\Delta n_{\text{vib}} = \pm 1$, die meistens auch Übergänge innerhalb der Rotationsbanden mit $\Delta J = \pm 1$ induziert. Betrachten wir den letzten Fall in Abb. 18.9b zuerst. Auf Grund der Auswahlregeln müssen folgende Vibrations-Rotations-Übergänge zu beobachten sein:

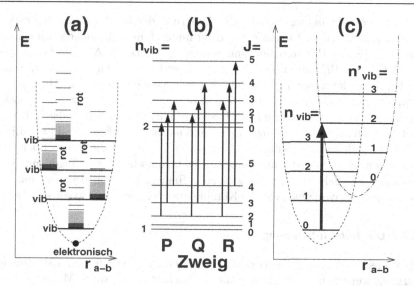

Abb. 18.9. Unter (a) sind schematisch alle Anregungsenergien eines zweiatomigen Moleküls gezeigt, welche dieselbe Elektronenkonfiguration (elektronisch) besitzen. Die Gültigkeit der harmonischen Näherung (*gepunktete Parabel*) wird angenommen. Der mittlere Teil (b) zeigt die möglichen Übergänge zwischen den Rotations- und Vibrationszuständen. Unter (c) ist dargestellt, dass Übergänge zwischen verschiedenen Elektronenkonfigurationen bevorzugt bei konstantem intermolekularem Abstand r_{a-b} an den Umkehrpunkten der Schwingungen erfolgen

$$\text{Q Zweig:} \quad \nu = \nu_0 \quad (\Delta J = 0) \tag{18.46}$$
$$\text{R Zweig:} \quad \nu = \nu_0 + 2\,B\,(J+1) \quad (\Delta J = +1)$$
$$\text{P Zweig:} \quad \nu = \nu_0 - 2\,B\,(J+1) \quad (\Delta J = -1)\,.$$

Die Frequenz ν_0 des Q Zweigs wird i.A. nicht beobachtet, wenn die Rotations-Vibrations-Übergänge innerhalb einer konstanten Elektronenkonfiguration auftreten, weil Übergänge mit $\Delta J = 0$ dann nicht erlaubt sind. Die Linien in dem Absorptionsspektrum liegen daher bei kleineren und größeren Frequenzen symmetrisch um ν_0, wobei der Abstand zwischen zwei benachbarten Linien konstant ist. Dies ist der Idealfall, in Wirklichkeit weichen die Lagen der Spektrallinien innerhalb eines Zweigs von der Gleichung (18.46) ab, wenn die Trägheitsmomente des Moleküls zu verschiedenen Vibrationszuständen verschieden sind oder wenn sie sich mit der Rotationsgeschwindigkeit verändern.

Findet gleichzeitig auch noch ein Übergang zwischen verschiedenen Elektronenzuständen $j \rightarrow j'$ statt, so involviert dieser bevorzugt solche Vibrationszustände, deren Schwingungsumkehrpunkte beim gleichen Abstand r_{ab} zwischen den Atomkernen auftreten. Man nennt diese Auswahlregel das **Franck-Condon-Prinzip**. Es trägt der Tatsache Rechnung, dass sich ein schwingendes Molekül bei großen Quantenzahlen n_{vib} die meiste Zeit in den Umkehrpunkten der Schwingung aufhält. Die Änderung der Elektronenkonfiguration durch Absorption oder Emission von Licht findet daher mit hoher Wahrscheinlichkeit in diesen Punkten bei konstantem r_{ab} statt. In Abb. 18.9c ist das Franck-Condon-Prinzip grafisch dargestellt, es ist auch dann wirksam, wenn sich bei dem Elektronenübergang die Vibrationsquantenzahl um $\Delta n_{vib} \neq \pm 1$ verändern muss. Darüber hinaus werden bei einem Übergang zwischen Elektronenzuständen noch diverse Rotationszustände mit angeregt, sodass die Molekülspektren i.A. sehr kompliziert sind und aus einer großen Anzahl von Linien bestehen, deren Frequenzen eng benachbart sind und die in den Spektren als Banden auftreten, die auf einzelnen elektronischen Übergängen mit dazu gekoppelten Schwingungsübergängen aufbauen. Die Abb. 18.9a vermittelt eine Eindruck davon, wie groß die Komplexität der Molkülspektren sein kann.

18.2.4 Die Raman-Streuung

Vibrations- und Rotationsübergänge ohne einen gleichzeitigen Elektronenübergang werden in Molekülen nicht beobachtet, wenn diese Moleküle kein permanentes elektrisches Dipolmoment besitzen, wie z.B. in linearen Molekülen mit Spiegelsymmetrie an einer Ebene durch ihren Massenmittelpunkt. O-C-O oder H-H sind Moleküle von diesem Typ. Man kann aber in diesen Molekülen ein Dipolmoment von außen induzieren, z.B. durch das elektrische Feld einer elektromagnetischen Welle. Anschaulich betrachtet bedeutet diese Polarisation des Moleküls eine virtuelle Absorption und Emission des Lichts. Virtuell deswegen, weil die Absorption nicht in einen stationären Zustand des Moleküls erfolgen muss, das Licht also nicht die Bedingung $h\nu = \Delta E$ erfüllen muss. Die Emission muss dann auch nicht unbedingt in den Anfangszustand des Moleküls zurückführen, sondern kann alternativ in einem davon verschiedenen Rotations- bzw. Vibrationszustand enden. Den ersten Fall der virtuellen Absorption-Emission bezeichnet man als **Rayleigh-Streuung**. Unterscheiden sich Anfangszustand i und Endzustand f des Moleküls, so spricht man von **Raman-Streuung**. Die Raman-Streuung zeichnet sich dadurch aus, dass das einfallende Licht und das an den Molekülen gestreute Licht verschiedene Frequenzen besitzt. Im Normalfall wird Licht aus dem sichtbaren oder ultravioletten Spektralbereich in der Raman-Spektroskopie verwendet. Die relative Frequenzdifferenz der Streulichts $\Delta\nu/\nu = (E_f - E_i)/h\nu$ ist daher in der Größenordnung 10^{-5}, und das Raman-Spektrometer muss ein entsprechend hohes Auflösungsvermögen besitzen. Auf der anderen Seite macht dann die Raman-Spektroskopie eine direkte Aussage über die Energien von Vibrations- und Rotationszuständen. Die Raman-Spektroskopie ist deswegen eine weit verbreitete Methode zur Untersuchung von Molekülen, insbesondere von solchen ohne permanentes elektrisches Dipolmoment, deren Ergebnisse oft einfacher zu interpretieren sind als die, die man im Zusammenhang mit elektronischen Übergängen beobachtet.

Anmerkung 18.2.1: Warum muss sich bei der Absorption bzw. Emission von elektromagnetischen Wellen das elektrische Dipolmoment des Moleküls verändern? Wir erinnern uns an Kap. 9.4.3, in dem erläutert wurde, dass wir uns ein Molekül als einen Hertz'schen Dipol vorstellen können, der nach Gleichung (9.108) das elektrische Dipolmoment $\wp_{el}(t)$ besitzt. Der Hertz'sche Dipol sendet oder empfängt nur elektromagnetische Wellen, wenn $\Delta\wp_{el} = d\wp_{el}/dt\,\Delta t \neq 0$ ist. Dies ist nur eine notwendige Bedingung; bei der Lichtemission bzw. Lichtabsorption müssen auch alle Erhaltungsgesetze erfüllt sein. Die Gültigkeit der Energieerhaltung $h\nu = \Delta E$ benutzen wir ständig, aber auch die Drehimpulserhaltung und die Paritätserhaltung dürfen nicht verletzt werden. Das Photon besitzt die Spinquantenzahl $s = 1$ und hat die Parität u. Daraus ergeben sich die **Auswahlregeln**, die wir in diesem Kapitel öfters erwähnt haben. Vergleichen Sie auch mit Anmerkung 15.2.2, die ausführliche Diskussion der Auswahlregeln geht aber weit über den Rahmen dieses Lehrbuchs hinaus.

19

Anhänge

In den Anhängen zu diesem Lehrbuch sollen kurz einige wichtige mathematische Formeln und Rechenregeln zusammnengefasst werden, die öfters in diesem Lehrbuch benutzt werden. Am Schluss befinden sich zwei Tabellen mit den wichtigsten physikalischen Konstanten und den Definitionen der Vorsilben zu den physikalischen Maßeinheiten, und ganz am Schluss eine Liste der in der Natur vorkommenden stabilen Atomkerne.

Eine wesentlich umfangreichere Zusammenstellung aller wichtigen mathematischen Methoden und Formeln findet sich z.B. in dem Buch:

I.N. Bronstein, K.A. Semendjajew:
Taschenbuch der Mathematik (Verlag Harri Deutsch, Frankfurt)
ISBN 3-817-12005-2

19.1 Anhang 1: Rechenregeln für Vektoren.

Operation	Schreibweise	Komponentendarstellung
Vektor	r	$r = x\,\widehat{x} + y\,\widehat{y} + z\,\widehat{z}$
Betrag	$|r|$	$|r| = \sqrt{x^2 + y^2 + z^2} = \sqrt{r^2}$
Gleichheit	$r_1 = r_2$	$x_1 = x_2$ $y_1 = y_2$ $z_1 = z_2$
Spiegelung	$r_1 = -r_2$	$x_1 = -x_2$ $y_1 = -y_2$ $z_1 = -z_2$
Addition	$r_1 = r_2 + r_3$	$x_1 = x_2 + x_3$ $y_1 = y_2 + y_3$ $z_1 = z_2 + z_3$
Subtraktion	$r_1 = r_2 - r_3$	$x_1 = x_2 - x_3$ $y_1 = y_2 - y_3$ $z_1 = z_2 - z_3$
Nullvektor	$r = 0$	$x = 0$ $y = 0$ $z = 0$
Multiplikation mit Skalar s	$r_1 = s\,r_2$	$x_1 = s\,x_2$ $y_1 = s\,y_2$ $z_1 = s\,z_2$

19.2 Anhang 2: Das Skalar-Produkt

Durch das **Skalar-Produkt** $r_1 = r_2 \cdot r_3$ wird ein Skalar r_1 definiert, der den Wert besitzt $r_1 = |r_2| \, |r_3| \cos \theta$ mit $0 \le \theta \le \pi$. Der Winkel θ ist der eingeschlossene Winkel zwischen den Vektoren r_2 und r_3. Das bedeutet $r_1 = 0$, wenn

(1) $r_2 = 0$, oder
(2) $r_3 = 0$, oder
(3) $\theta = \pi/2$.

Die Rechenregeln für das Skalar-Produkt lauten;

Tabelle 19.1. Eigenschaften des Skalar-Produkts

Operation	Schreibweise	Komponentendarstellung
Skalar insbesondere	$r_1 = r_2 \cdot r_3$ $r^2 = r \cdot r$	$r_1 = x_2\, x_3 + y_2\, y_3 + z_2\, z_3$
Vertauschung	$r_2 \cdot r_3 = r_3 \cdot r_2$	
Klammerung	$r_4 \cdot (r_2 + r_3)$ $= r_4 \cdot r_2 + r_4 \cdot r_3$	
Multiplikation mit Skalar	$a_2\, a_3\, (r_2 \cdot r_3)$ $= (a_2\, r_2) \cdot (a_3\, r_3)$	
Ableitung	$\frac{\mathrm{d}}{\mathrm{d}t}(r_2 \cdot r_3)$ $= \left(\frac{\mathrm{d}r_2}{\mathrm{d}t} \cdot r_3\right) + \left(r_2 \cdot \frac{\mathrm{d}r_3}{\mathrm{d}t}\right)$	

19.3 Anhang 3: Das Vektor-Produkt

Durch das **Vektor-Produkt** $r_1 = r_2 \times r_3$ wird ein neuer Vektor r_1 definiert, der senkrecht auf den Vektoren r_2 und r_3 steht und die Anforderungen für ein rechtshändiges Koordinatensystem erfüllt (siehe Abb. 2.8). Die Komponente dieses Vektors ist $r_1 = |r_2|\,|r_3| \sin\theta$ mit $0 < \theta < \pi$.

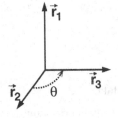

Abb. 19.1. Die Orientierung der senkrecht aufeinander stehenden Vektoren r_2, r_3 und r_1, die zusammen ein rechtshändiges kartesisches Koordinatensystem bilden

Tabelle 19.2. Eigenschaften des Vektor-Produkts

Operation	Schreibweise	Komponentendarstellung
Vektor	$r_1 = r_2 \times r_3$	$x_1 = y_2\,z_3 - y_3\,z_2$ $y_1 = z_2\,x_3 - z_3\,x_2$ $z_1 = x_2\,y_3 - x_3\,y_2$
Nullvektor	$r_1 = r_2 \times r_2$ $= r_2 \times (-r_2) = 0$	$x_1 = y_2\,z_2 - y_2\,z_2 = 0$ $y_1 = z_2\,x_2 - z_2\,x_2 = 0$ $z_1 = x_2\,y_2 - x_2\,y_2 = 0$
Vertauschung	$r_2 \times r_3 = -(r_3 \times r_2)$	$y_2\,z_3 - y_3\,z_2 = -(y_3\,z_2 - y_2\,z_3)$ $z_2\,x_3 - z_3\,x_2 = -(z_3\,x_2 - z_2\,x_3)$ $x_2\,y_3 - x_3\,y_2 = -(x_3\,y_2 - x_2\,y_3)$
Klammerung	$r_1 \times (r_2 + r_3)$ $= r_1 \times r_2 + r_1 \times r_3$	
Multiplikation mit Skalar	$a_2\,a_3\,r_1$ $= (a_2\,r_2) \times (a_3\,r_3)$	
Ableitung	$\dfrac{\mathrm{d}}{\mathrm{d}t}(r_2 \times r_3)$ $= \left(\dfrac{\mathrm{d}r_2}{\mathrm{d}t} \times r_3\right) + \left(r_2 \times \dfrac{\mathrm{d}r_3}{\mathrm{d}t}\right)$	

19.4 Anhang 4: Die wichtigsten Beziehungen zwischen den harmonischen Funktionen $\sin\varphi$ und $\cos\varphi$.

$$\sin\varphi = -\sin(-\varphi) \qquad \cos\varphi = \cos(-\varphi)$$
$$\frac{d}{d\varphi}\sin\varphi = \cos\varphi \qquad \frac{d}{d\varphi}\cos\varphi = -\sin\varphi$$

$$\sin\varphi = \cos(\pi/2 - \varphi) = \sin(\pi - \varphi)$$
$$\cos\varphi = \sin(\pi/2 - \varphi) = -\cos(\pi - \varphi)$$

$$\sin(\varphi_1 + \varphi_2) = \sin\varphi_1\cos\varphi_2 + \cos\varphi_1\sin\varphi_2$$
$$\cos(\varphi_1 + \varphi_2) = \cos\varphi_1\cos\varphi_2 - \sin\varphi_1\sin\varphi_2$$

$$\sin\varphi_1 + \sin\varphi_2 = 2\sin((\varphi_1 + \varphi_2)/2)\cos((\varphi_1 - \varphi_2)/2)$$
$$\sin\varphi_1 - \sin\varphi_2 = 2\sin((\varphi_1 - \varphi_2)/2)\cos((\varphi_1 + \varphi_2)/2)$$
$$\cos\varphi_1 + \cos\varphi_2 = 2\cos((\varphi_1 + \varphi_2)/2)\cos((\varphi_1 - \varphi_2)/2)$$
$$\cos\varphi_1 - \cos\varphi_2 = -2\sin((\varphi_1 + \varphi_2)/2)\sin((\varphi_1 - \varphi_2)/2)$$

Zwischen den harmonischen Funktionen und der Exponentialfunktion mit komplexem Argument bestehen wichtige Beziehungen, die insbesondere auch zum Beweis der Additionstheoreme in der obigen Zusammenstellung benutzt werden können:

$$\sin\varphi = \frac{1}{2\,i}\left(e^{i\,\varphi} - e^{-i\,\varphi}\right)$$
$$\cos\varphi = \frac{1}{2}\left(e^{i\,\varphi} + e^{-i\,\varphi}\right)\ .$$

Daraus ergeben sich auch die Umkehrungen

$$e^{i\,\varphi} = \cos\varphi + i\sin\varphi \quad , \quad e^{-i\,\varphi} = \cos\varphi - i\sin\varphi\ ,$$

die uns bei der Behandlung der Schwingungen in Kap. 7.1.4 wieder begegnen werden.

19.5 Anhang 5: Die Taylor-Entwicklung

Jede mehrfach differenzierbare Funktion $f(x)$ kann um den Wert x_0 mit $x = x_0 + \Delta x$ in eine **Taylor-Reihe** entwickelt werden:

$$f(x) = \sum_{k=0}^{\infty} \frac{(\Delta x)^k}{k!} \frac{\mathrm{d}^k f(x_0)}{\mathrm{d}x^k}$$

$$= f(x_0) + \Delta x \frac{\mathrm{d}f(x_0)}{\mathrm{d}x} + \frac{(\Delta x)^2}{2!} \frac{\mathrm{d}^2 f(x_0)}{\mathrm{d}x^2} + \frac{(\Delta x)^3}{3!} \frac{\mathrm{d}^3 f(x_0)}{\mathrm{d}x^3} + \dots .$$

Dabei ist $\mathrm{d}^k f(x_0)/\mathrm{d}x^k$ der Wert der k. Ableitung der Funktion $f(x)$ nach x an der Stelle $x = x_0$.

Spezialfälle:
Ist eine Funktion symmetrisch um x_0 $(f(-\Delta x) = f(\Delta x))$, so enthält die Reihe nur die geraden Glieder $k = 2n$.
Ist eine Funktion antisymmetrisch um x_0 $(f(-\Delta x) = -f(\Delta x))$, so enthält die Reihe nur die ungeraden Glieder $k = 2n + 1$.

Es folgen jetzt einige Reihenentwicklungen für ausgesuchte Funktionen:

Die **Binomialreihe** um $x_0 = 0$ für $|x| < 1$

$$(1 \pm x)^n = 1 \pm n\,x + \frac{n(n-1)}{2!}\,x^2 \pm \frac{n(n-1)(n-2)}{3!}\,x^3 + \dots$$

Die **Exponentialfunktion** um $x_0 = 0$ für $|x| < \infty$

$$\exp(\pm x) = 1 \pm x + \frac{x^2}{2!} \pm \frac{x^3}{3!} + \dots$$

Der **natürliche Logarithmus** um $x_0 = 1$ für $0 < x < 2$

$$\ln(x) = (x-1) - \frac{(x-1)^2}{2} + \frac{(x-1)^3}{3} - \frac{(x-1)^4}{4} + \dots$$

Die **Sinusfunktion** um $x_0 = 0$ für $|x| < \infty$

$$\sin(x) = x - \frac{x^3}{3!} + \frac{x^5}{5!} - \frac{x^7}{7!} + \dots$$

Die **Cosinusfunktion** um $x_0 = 0$ für $|x| < \infty$

$$\cos(x) = 1 - \frac{x^2}{2!} + \frac{x^4}{4!} - \frac{x^6}{6!} + \dots$$

19.6 Anhang 6: Differentialgleichungen

Eine Differentialgleichung ist das naheliegende Instrument, um Zustandsänderungen in der Natur auch mathematisch beschreiben zu können. Wird
ein Zustand in einem gegebenen Raum-Zeit-Punkt durch eine Anzahl von Zustandsgrößen $\{\xi_i\}$ beschrieben, so genügen diese Zustandsgrößen i.A. einem
physikalischen Gesetz

$$f(\{\xi_i\}, t, x, y, z) = 0 \ .$$

Die Veränderung dieses Zustands in Raum und Zeit wird dann durch eine Differentialgleichung beschrieben. Wir wollen das beispielhaft anhand der zeitlichen Veränderungen untersuchen.

Die zeitliche Veränderungen der Zustandsgrößen sind gegeben durch ihre Ableitungen nach der Zeit $d^k\xi_i/dt^k$, und die zeitliche Veränderung des
Zustands genügt dann i.A. physikalischen Gesetzen, die ein System von
gewöhnlichen Differentialgleichungen ergeben

$$F_i(\{\xi_i, \frac{d\xi_i}{dt}, ..., \frac{d^k\xi_i}{dt^k}\}, t, x, y, z) = 0 \ .$$

Die Differentialgleichungen werden "gewöhnlich" genannt, weil die Ableitungen nach nur einer Variablen, nämlich nach der Zeit t, darin auftreten. Außerdem sind diese Differentialgleichungen linear und von der Ordnung k, weil
die Ableitungen nur linear und bis zur maximalen Ordnung k auftreten. In
diesem Lehrbuch benutzen wir nur Differentialgleichungen mit der maximalen Ordnung $k = 2$, und weiterhin genügt sehr oft nur eine Zustandsgröße
ξ, um den Zustand zu kennzeichnen. Bis auf eine wichtige Ausnahme, die die
raum-zeitliche Ausbreitung von Wellen betrifft, stoßen wir in diesem Lehrbuch
daher auf Differentialgleichungen der Form

$$F(\xi, \frac{d\xi}{dt}, \frac{d^2\xi}{dt^2}, t) = 0 \ .$$

Ein Beispiel für eine Differentialgleichung der Ordnung 1 ist das radioaktive
Zerfallsgesetz

$$\frac{d\xi}{dt} + a\,\xi = 0 \ ,$$

wobei ξ die Anzahl der radioaktiven Kerne repräsentiert. Ein Beispiel für
eine Differentialgleichung der Ordnung 2 ist die Bewegungsgleichung für eine
harmonische Schwingung

$$\frac{d^2\xi}{dt^2} + a\,\xi = 0 \ ,$$

wobei ξ für die Auslenkung aus der Ruhelage steht.

Differentialgleichungen in der Physik besitzen immer eine Lösung, denn sie stellen die mathematische Formulierung für eine beobachtbare Zustandsänderung dar. Die Lösung ist der Wert der Zustandsgröße $\xi(t)$ zu jeder Zeit t. Aber diese Lösung ist nicht eindeutig, denn sie besitzt eine Anzahl von k zunächst unbestimmten Integrationskonstanten C_k. Diese werden allerdings dadurch bestimmt, dass man den Wert der Zustandsvariablen ξ und aller ihrer zeitlichen Ableitungen bis zur Ordnung $k-1$ für einen gewissen Zeitpunkt $t = t_0$ festlegt. Man nennt diese Werte die "Anfangsbedingungen", wenn zeitliche Veränderungen untersucht werden. Bei räumlichen Untersuchungen spricht man von den "Randbedingungen". In unserem Fall machen erst die Anfangsbedingungen die Lösung der Differentialgleichung eindeutig.

Wie sehen diese Lösungen aus? Die meisten Differentialgleichungen, die in diesem Lehrbuch behandelt werden, besitzen eine Lösung in der Form

$$\xi(t) = \sum_{i=1}^{k} C_i \, e^{\alpha t} \, ,$$

ergeben sich also als Linearkombination von Exponentialfunktionen. Für die Differentialgleichung von der Ordnung 1 liefert dieser Ansatz die Lösung

$$\xi(t) = C_1 \, e^{-a t} \, .$$

Die Zustandsvariable nimmt daher exponentiell ab oder zu, je nachdem ob a positiv oder negativ ist. Für die Differentialgleichung von der Ordnung 2 liefert dieser Ansatz die Lösung

$$\xi(t) = C_1 \, e^{-\sqrt{a}\, t} + C_2 \, e^{+\sqrt{a}\, t} \, .$$

In diesem Fall sieht es zunächst so aus, als ob Schwierigkeiten auftreten könnten, wenn $a < 0$ ist und daher $\sqrt{a}$ imaginär wird. Aber im Anhang 4 ist gezeigt, dass dies der Darstellung der harmonischen Funktionen $\sin(\sqrt{a}\, t)$ und $\cos(\sqrt{a}\, t)$ entspricht.

Zum Schluss wollen wir noch kurz die Differentialgleichung für die Wellenausbreitung betrachten, die von der Form

$$\frac{d^2 \xi}{dt^2} - a \, \frac{d^2 \xi}{dx^2} = 0 \qquad \text{mit} \qquad a > 0$$

ist. Dies ist eine partielle Differentialgleichung von der Ordnung 2, denn es treten in ihr die Ableitung nach Ort und Zeit auf. Durch den Lösungsansatz $\xi = \xi_t \, \xi_x$, wobei ξ_t nur von der Zeit und ξ_x nur von dem Ort abhängen, kann man die partielle Differentialgleichung in zwei gewöhnliche Differentialgleichungen separieren:

$$\frac{d^2 \xi_t}{dt^2} - b \, \xi_t = 0 \qquad \text{mit} \qquad b > 0$$

$$\frac{d^2 \xi_x}{dx^2} - \frac{b}{a} \, \xi_x = 0 \, .$$

Dies sind zwei entkoppelte Differentialgleichungen der harmonischen Schwingung, deren Lösungen ξ_t und ξ_x wir bereits kennen. Mit $\beta^2 = b$ und $\alpha^2 = b/a$ ergibt sich als vollständige Lösung

$$\xi(t,x) = \left(C_1\, e^{-i(\beta\,t - \alpha\,x)} + C_2\, e^{+i(\beta\,t - \alpha\,x)} \right)$$
$$+ \left(C_3\, e^{-i(\beta\,t + \alpha\,x)} + C_4\, e^{+i(\beta\,t + \alpha\,x)} \right) .$$

Davon stellt, bei richtiger Wahl der Integrationskonstanten C_i, der erste Teil der Lösung eine in positiver x-Richtung fortschreitende Welle dar, der zweite Teil eine in negativer x-Richtung fortschreitende Welle.

19.7 Anhang 7: Physikalische Konstanten und Vorsilben zu den Maßeinheiten

Tabelle 19.3. Ausgesuchte physikalische Konstanten

Physikalische Größe	Symbol	Wert
Vakuumlichtgeschwindigkeit	c	$2{,}99792458 \cdot 10^8$ m s^{-1}
Elementarladung	e	$1{,}60217646 \cdot 10^{-19}$ C
Planck'sche Konstante	h	$6{,}62606876 \cdot 10^{-34}$ J s^{-1}
		$4{,}13566727 \cdot 10^{-15}$ eV s^{-1}
Feinstrukturkonstante	α	$7{,}29735308 \cdot 10^{-3}$
	α^{-1}	$137{,}0359895$
Avogadro-Konstante	n_A	$6{,}0221367 \cdot 10^{23}$ mol^{-1}
Universelle Gaskonstante	R	$8{,}314510$ J K^{-1} mol^{-1}
Boltzmann-Konstante	k	$1{,}3806503 \cdot 10^{-23}$ J K^{-1}
		$8{,}617342 \cdot 10^{-5}$ eV K^{-1}
Elektrische Feldkonstante	ϵ_0	$8{,}854187871 \cdot 10^{12}$ A^2 s^2 N^{-1} A^{-2}
Magnetische Feldkonstante	μ_0	$4\pi \cdot 10^{-7}$ N A^{-2}
Stefan-Boltzmann-Konstante	σ	$5{,}67051 \cdot 10^{-8}$ W m^{-2} K^{-4}
Atomare Masse	u	$1{,}66053873 \cdot 10^{-27}$ kg
		$931{,}4940$ MeV/c^2
Elektronenmasse	m_e	$9{,}10938188 \cdot 10^{-31}$ kg
		$0{,}510998$ MeV/c^2
Protonenmasse	m_p	$1{,}67262158 \cdot 10^{-27}$ kg
		$938{,}271998$ MeV/c^2
Neutronenmasse	m_n	$1{,}67492716 \cdot 10^{-27}$ kg
		$939{,}565330$ MeV/c^2
Bohr'sches Magneton	$\wp_{Bohr}$	$9{,}27400899 \cdot 10^{-24}$ J T^{-1}
		$5{,}788381749 \cdot 10^{-5}$ eV T^{-1}

Tabelle 19.4. Die Vorsilben zu den physikalischen Maßeinheiten

Vorsilbe	Wert	Abk.	Vorsilbe	Wert	Abk.
Atto	10^{-18}	a	Deka	10^1	da
Femto	10^{-15}	f	Hekto	10^2	h
Piko	10^{-12}	p	Kilo	10^3	k
Nano	10^{-9}	n	Mega	10^6	M
Mikro	10^{-6}	μ	Giga	10^9	G
Milli	10^{-3}	m	Tera	10^{12}	T
Zenti	10^{-2}	c	Peta	10^{15}	P
Dezi	10^{-1}	d	Exa	10^{18}	E

Beachten Sie, dass ab 10^3 alle Vorsilben als Abkürzung nur noch einen großen Buchstaben besitzen.

19.8 Anhang 8: Stabile Atomkerne

Unter stabilen Atomkernen verstehen wir nur solche, die nicht radioaktiv zerfallen, also mit unser heutigen Messgenauigkeit eine unendlich lange Lebensdauer besitzen.

Tabelle 19.5. Stabile Atomkerne. Für jede Ordnungszahl Z ist das Isotop mit der größten Häufigkeit unterstrichen

Z	Symbol	Name	Neutronenzahl N (prozentuale Häufigkeit)				
1	H	Wasserstoff	0 (99,985)	1 (0,015)			
2	He	Helium	1 (0,00014)	2 (99,99986)			
3	Li	Lithium	3 (7,5)	4 (92,5)			
4	Be	Beryllium	5 (100)				
5	B	Bor	5 (20,0)	6 (80,0)			
6	C	Kohlenstoff	6 (98,9)	7 (1,1)			
7	N	Stickstoff	7 (99,63)	8 (0,37)			
8	O	Sauerstoff	8 (99,76)	9 (0,04)	10 (0,20)		
9	F	Fluor	10 (100,0)				
10	Ne	Neon	10 (90,51)	11 (0,27)	12 (9,22)		
11	Na	Natrium	12 (100,0)				
12	Mg	Magnesium	12 (78,99)	13 (10,00)	14 (11,01)		
13	Al	Aluminium	14 (100,0)				
14	Si	Silizium	14 (92,23)	15 (4,67)	16 (3,10)		
15	P	Phosphor	16 (100,0)				
16	S	Schwefel	16 (95,02)	17 (0,75)	18 (4,21)	20 (0,02)	
17	Cl	Chlor	18 (75,77)	20 (24,23)			
18	Ar	Argon	18 (0,337)	20 (0,063)	22 (99,600)		
19	K	Kalium	20 (93,27)	22 (6,73)			
20	Ca	Calcium	20 (96,941)	22 (0,647)	23 (0,135)	24 (2,086)	26 (0,004)
			28 (0,187)				
21	Sc	Scandium	24 (100,0)				
22	Ti	Titan	24 (8,2)	25 (7,4)	26 (73,8)	27 (5,4)	28 (5,2)
23	V	Vanadium	27 (0,25)	28 (99,75)			
24	Cr	Chrom	26 (4,35)	28 (83,79)	29 (9,50)	30 (2,36)	
25	Mn	Mangan	30 (100,0)				
26	Fe	Eisen	28 (5,8)	30 (91,7)	31 (2,2)	32 (0,3)	
27	Co	Kobalt	32 (100,0)				
28	Ni	Nickel	30 (68,27)	32 (26,10)	33 (1,13)	34 (3,59)	36 (0,91)
29	Cu	Kupfer	34 (69,17)	36 (30,83)			
30	Zn	Zink	34 (48,6)	36 (27,9)	37 (4,1)	38 (18,8)	40 (0,6)
31	Ga	Gallium	38 (60,1)	40 (38,9)			
32	Ge	Germanium	38 (20,5)	40 (27,4)	41 (7,8)	42 (36,5)	44 (7,8)
33	As	Arsen	42 (100,0)				
34	Se	Selen	40 (0,99)	42 (9,93)	43 (8,39	44 (25,94)	46 (54,75)

Z	Symbol	Name	Neutronenzahl N (prozentuale Häufigkeit)				
35	Br	Brom	44 (50,99)	46 (49,31)			
36	Kr	Krypton	42 (0,3)	44 (2,3)	46 (11,6)	47 (11,5)	48 (57,0)
			50 (17,3)				
37	Rb	Rubidium	48 (100,0)				
38	Sr	Strontium	46 (0,56)	48 (9,86)	49 (7,00)	50 (82,58)	
39	Y	Yttrium	50 (100,0)				
40	Zr	Zirkon	50 (51,45)	51 (11,32)	52 (17,19)	54 (17,28)	56 (2,76)
41	Nb	Niob	52 (100,0)				
42	Mo	Molybdän	50 (14,84)	52 (9,25)	53 (15,92)	54 (16,68)	55 (9,55)
			56 (24,13)	58 (9,63)			
43	Tc	Technetium					
44	Ru	Ruthenium	52 (5,5)	54 (1,9)	55 (12,7)	56 (12,6)	57 (17,0)
			58 (31,6)	60 (18,7)			
45	Rh	Rhodium	58 (100,0)				
46	Pd	Palladium	56 (1,02)	58 (11,14)	59 (22,33)	60 (27,33)	62 (26,46)
			64 (11,72)				
47	Ag	Silber	60 (51,83)	62 (48,17)			
48	Cd	Cadmium	58 (1,42)	60 (1,01)	62 (14,25)	63 (14,59)	64 (27,49)
			66 (32,72)	68 (8,52)			
49	In	Indium	64 (100,0)				
50	Sn	Zinn	62 (1,0)	64 (0,7)	65 (0,4)	66 (14,7)	67 (7,7)
			68 (24,3)	69 (8,6)	70 (32,4)	72 (4,6)	74 (5,6)
51	Sb	Antimon	70 (57,3)	72 (42,7)			
52	Te	Tellur	68 (0,03)	70 (7,76)	72 (14,38)	73 (21,30)	74 (56,53)
53	I	Iod	74 (100,0)				
54	Xe	Xenon	70 (1,0)	72 (0,1)	74 (1,9)	75 (26,4)	76 (4,1)
			77 (21,2)	78 (26,9)	80 (10,4)	82 (8,9)	
55	Cs	Cäsium	78 (100,0)				
56	Ba	Barium	74 (0,106)	76 (0,101)	78 (2,417)	79 (6,592)	80 (7,854)
			81 (11,230)	82 (71,700)			
57	La	Lanthan	82 (100,0)				
58	Ce	Cer	78 (0,19)	80 (0,25)	82 (88,48)	84 (11,06)	
59	Pr	Praseodym	82 (100,0)				
60	Nd	Neodym	82 (35,60)	83 (15,98)	85 (10,89)	86 (22,56)	88 (7,56)
			90 (7,40)				
61	Pm	Promethium					
62	Sm	Samarium	82 (4,21)	87 (18,72)	88 (10,04)	90 (36,23)	92 (30,80)
63	Eu	Europium	88 (47,8)	90 (52,2)			
64	Gd	Gadolinium	90 (2,18)	91 (14,83)	92 (20,51)	93 (15,68)	94 (24,89)
			96 (21,90)				
65	Tb	Terbium	94 (100,0)				
66	Dy	Dysprosium	90 (0,1)	92 (0,1)	94 (2,3)	95 (18,9)	96 (25,5)
			97 (24,9)	98 (28,2)			
67	Ho	Holmium	98 (100,0)				

Z	Symbol	Name	Neutronenzahl N (prozentuale Häufigkeit)				
68	Er	Erbium	94 (0,1)	96 (1,6)	98 (33,6)	99 (23,0)	100 (26,8)
			102 (14,9)				
69	Tm	Thulium	100 (100,0)				
70	Yb	Ytterbium	98 (0,1)	100 (3,1)	101 (14,3)	102 (21,9)	103 (16,1)
			104 (31,8)	106 (12,7)			
71	Lu	Lutetium	104 (100,0)				
72	Hf	Hafnium	104 (5,2)	105 (18,6)	106 (27,2)	107 (13,7)	108 (35,3)
73	Ta	Tantal	108 (100,0)				
74	W	Wolfram	106 (0,1)	108 (26,3)	109 (14,3)	110 (30,7)	112 (28,6)
75	Re	Rhenium	110 (100,0)				
76	Os	Osmium	108 (0,02)	111 (1,63)	112 (13,51)	113 (16,36)	114 (26,82)
			116 (41,66)				
77	Ir	Iridium	114 (37,3)	116 (62,7)			
78	Pt	Platin	114 (0,8)	116 (32,9)	117 (33,8)	118 (25,3)	120 (7,2)
79	Au	Gold	118 (100,0)				
80	Hg	Quecksilber	116 (0,1)	118 (10,1)	119 (17,0)	120 (23,1)	121 (13,2)
			122 (29,7)	124 (6,8)			
81	Tl	Thallium	122 (29,5)	124 (70,5)			
82	Pb	Blei	124 (24,4)	125 (22,4)	126 (53,2)		
83	Bi	Bismut	126 (100,0)				

Sachverzeichnis

Druck: Mercedes-Druck, Berlin
Verarbeitung: Stein+Lehmann, Berlin